DAS NEUE UNIVERSUM
102

DAS NEUE UNIVERSUM
102

**Wissen,
Forschung, Abenteuer**

Ein Jahrbuch

Südwest Verlag München

Abbildung auf Vorsatz: Baader Planetarium KG, München
Abbildung auf Seite 2: Baader Planetarium KG, München
Redaktion: Dr. Marcus Würmli und Gabriele Fentzke
Layout: Manfred Metzger

1.–45. Tausend
© 1985 by Südwest Verlag GmbH & Co. KG, München
Alle Rechte, insbesondere der Übersetzung, der Übertragung durch Rundfunk, des Vortrags und der Verfilmung, vorbehalten. Nachdruck aus dem Inhalt ist nicht gestattet.
Umschlag: Manfred Metzger, München
Umschlag-Foto: Mauritius, Mittenwald
Satz, Repro und Druck: Wenschow-Franzis-Druck, München
Einband: Buchbinderei Conzella, Pfarrkirchen
ISBN 3-517-00862-1

INHALT

Erzähltes und Erlebtes

131   1001 Nacht – Mittelasien heute.
Gabriele Holst

249   Wanderung im Panätoliko.
Stefan Etzel

417   Auch im Urwald kann es kalt werden.
Gregor Frechen

Länder und Völker

9   Malta: zwischen Urzeittempeln und Ritterfesten.
Joachim Knuf

91   Bei den Igoroten.
Carmen Rohrbach

167   Kampf der Wüste in China:
Eberhard F. Brünig

207   Nuba-Nuba!
Georg Kirner und Alfred Beck

Technik und Bauwerke

80   Weltraumbilder von MOMS und der Metrischen Kamera.
Susanne Päch und Herbert W. Franke

147   Die Milliardenfresser.
Jörn Hansen

265   Bildschirmtext – eine neue Informationsquelle?
Peter Ruppenthal

309   Das Sturmflutwehr in der Oosterschelde.
Herbert Ruland

394   Die sicherste Deponie der Erde.
Walter Baier

Verkehrswesen

41   Satelliten als Navigationshelfer.
Gottfried Hilscher

69   Orange bedeutet Gefahr.
Siegfried Volz

112   Sonntags Bus und montags Lkw.
Lothar Behr

304   Vom Blocksignal zum elektronischen Stellwerk.
Bernhard Wagner

Von Arbeit und Beruf

118   Tierzucht und Tierschutz auf Kollisionskurs?
Wilhelm Wegner

320   Mikrokapseln – chemische Formeln für Formulare.
Uwe Zündorf

425 Abenteuer im Alltag.
Claus Militz

Geheimnisvolles Leben

33 1985 – das »Jahr des Waldes«.
Theo Löbsack

57 Sind die Elefanten noch zu retten?
Gerhard Gronefeld

157 Biologie des Gedächtnisses.
Alessandro Minelli

241 Manche Fische sehen doppelt.
Rudolf König

275 Volkszählung bei den Amphibien.
Eva Merz

327 Kannibalen und Orientierungskünstler.
Carmen Rohrbach

362 Kraken: Intelligenzbestien mit Gemüt.
Klaus Zimniok

400 Pflanzenjäger.
Wilfried Thien

Kraft und Stoff

73 $E = mc^2$.
Walter Popp

199 Sprengstoffe – Helfer der Menschheit.
Heinz Walter Wild

222 Auf der Suche nach der Nadel im Heuhaufen.
Heinz Schultheis

257 Silizium – Element der Zukunft.
Reiner Korbmann

383 Im Kampf mit der Ölpest.
Ernst-Karl Aschmoneit

Die Erde und das Weltall

101 Zeitbombe Grundwasser.
Theo Löbsack

231 Blick bis an den Rand des Universums.
Ernst-Karl Aschmoneit

284 Halley kommt!
Peter Schröder

352 Karsttürme, Cockpits und steinerne Wälder.
Peter Schröder

Kunst und Kultur

295 Ein Jungbrunnen alter Handwerkskünste.
Ursula Kristen

337	Salmiak, Bakelit und Firnis. Jacques und Johanna Vasseur	48	Stierkampf auf portugiesisch. Götz Weihmann
343	Liegt da Gold? Heinz-Werner Stürzer	184	Den Sternen auf der Spur. Wolfgang Engelhardt
372	Flüssiges Brot. Erich Wiedemann		

Sport und Freizeit

Register

| 21 | Kunstflug – die Hohe Schule der Fliegerei.
Peter Grobschmidt | 437 | Gesucht und gefunden |

Joachim Knuf

MALTA: ZWISCHEN URZEITTEMPELN UND RITTERFESTEN

Auf Malta und der Nachbarinsel Gozo gehen die Uhren anders. Nicht nur, daß auf diesen goldfarbenen Inseltupfern im blauen Mittelmeer ein anderer Lebensrhythmus herrscht, die Zeit sich ein wenig nach dem Leben streckt. Nein, die Uhren gehen wirklich anders, und das hat seinen guten Grund. Wer vor einer der zahlreichen barock geschmückten Kirchen steht und zum Turm hinaufschaut, wird dort oft nicht nur eine, sondern gleich zwei Uhren entdecken. Eine zeigt, wie ein Vergleich mit der Armbanduhr ergibt, wirklich die mehr oder weniger genaue Tageszeit an, die andere steht dagegen still. Das liegt nicht an mangelnder Sorgfalt des Glöckners, das angerichtete Durcheinander ist vielmehr beabsichtigt und zielt gegen niemand anders als den Teufel: Da beide Uhren bis auf zwei kurze Momente am Tag widersprüchliche Zeitangaben machen, weiß der Teufel nie, welche Stunde geschlagen hat. In seiner Verwirrung, so meinen die Malteser, kann er nicht mehr so großen Schaden anrichten, und wenn für eine arme Seele die Todesstunde gekommen ist, mag es wohl angehen, daß der Teufel sie verpaßt!

Schmelztiegel alter Kulturen

Die öffentliche Auseinandersetzung mit dem Teufel ist allgegenwärtig und äußert sich im maltesischen Straßenbild in ungezählten Heiligenstatuen, Kruzifixen und anderen religiösen Symbolen. Sie gehört zum christlichen Aspekt, einem der vielen Aspekte in der Kultur und Geschichte dieser kleinen Inselgruppe auf halbem Weg zwischen Afrika, Asien und Europa. Denn hier sind die Kulturen des Abendlandes und des Morgenlandes über die Jahrtausende hinweg immer wieder aufeinandergestoßen, haben sich vermischt und vielfältige Spuren hinterlassen. Überall auf der Insel lassen sie sich wiederfinden, in der Architektur ebenso wie in den Volkstraditionen.

Nun hat der heutige Malteser sicherlich nichts mehr gemeinsam mit der vorgeschichtlichen Inselbevölkerung, deren monumentale Bauten den Archäologen noch viele Rätsel aufgeben. Aufgrund vieler Ausgrabungen wissen wir heute, daß Malta und Gozo schon vor über 7000 Jahren bewohnt waren. Woher aber diese Urmalteser kamen und aus welchen Gründen sie sich hier ansiedelten, ist nicht bekannt. Vielleicht wußten sie die relative Sicherheit zu schätzen, die ein Inselleben bietet, vielleicht aber nutzten sie auch die besondere Lage Maltas im

Der Tempelbezirk von Ħaġar Quim auf Malta stammt aus der Zeit um 2700 v. Chr. Damals bauten die Ägypter die Cheopspyramide. In den maltesischen Urzeittempeln wurde eine weibliche Gottheit verehrt, von der es zahlreiche Skulpturen mit großen Brüsten und riesigem Gesäß gibt. Foto Astrid und Joachim Knuf

Die steinzeitliche Tempelanlage von Ħaġar Quim gehört zu den landschaftlich am schönsten gelegenen. Man bezeichnet diese Monumente auch als Megalithen, wörtlich aus dem Griechischen übersetzt: »große Steine«.

Fast hat es den Anschein, als seien hier Riesen am Werk gewesen – nicht umsonst heißt einer dieser maltesischen Tempel Ġgantija, was mit unserem Wort »Giganten« verwandt ist. Foto Astrid u. Joachim Knuf

Zentrum des Mittelmeeres, nur knapp 100 Kilometer von Sizilien und etwa 300 Kilometer von der afrikanischen Küste entfernt.

Tempel für die Urmutter

Wenn der heutige Eindruck nicht täuscht, hat es sich jedenfalls um eine friedliebende Kultur gehandelt, die keine Verteidigungsanlagen hinterlassen hat. Statt dessen sind an vielen Stellen der Inselgruppe monumentale Tempelbauten oder auch kleinere Ruinenstätten zu besichtigen, die teilweise 4500 bis 6000 Jahre alt sind, also schon vor den Pyramiden Ägyptens errichtet wurden. Għar Dalam, die »Höhle der Finsternis«, enthält die ältesten Funde; großartig die Tempelbezirke von Ħagar Quim, Mnaidra oder Ħal Tarxien, die Ġgantija auf Gozo, die Katakomben des Hypogäums bei der Hauptstadt La Valetta. Und nicht nur die Höhe der zivilisatorischen Entwicklung einer prähistorischen Kultur bezeugen sie, sondern auch die zentrale Bedeutung, die die Religion in dieser Gesellschaft gehabt haben muß.

Aus der Zeit, in der diese Bauten entstanden, besitzen wir Statuen und kleinere Figürchen, die wahrscheinlich Fruchtbarkeitsgöttinnen darstellen. Die Verehrung einer solchen Urmutter ist ein Thema, das sich in beinahe allen großen Religionen wiederfindet, doch gerade im Mittelmeerraum ist es bis heute von besonderer Bedeutung. Von der Ungebrochenheit dieser Tradition zeugen zum Beispiel die vielen der Muttergottes geweihten maltesischen Kirchen.

Malta vor den Maltesern

Über das Schicksal der ursprünglichen Inselbevölkerung ist sonst nur wenig bekannt, sie muß jedoch noch in vorgeschichtlicher Zeit ausgestorben sein, wie einige unvollendete Bauten vermuten lassen. Besser informiert sind wir dagegen über die Geschichte der letzten dreitausend Jahre.

1000 Jahre vor Christus erschienen die Phönizier und bauten Malta zu einer Etappe ihres Vorstoßes ins westliche Mittelmeer aus. Ihnen folgten die Karthager, und schließlich fiel die Insel als Beute des Zweiten Punischen Krieges von 218 v. Chr. an Rom. Römisch, später oströmisch, blieb Malta nun für ein Jahrtausend. Dann folgte ein kurzes islamisches Zwischenspiel: 809 kamen die Sarazenen, wurden 1090 aber von den Normannen wieder für den christlich-abendländischen Einflußbereich zurückgewonnen. Von 1282 bis 1530 regierten spanische Adelshäuser, doch verarmte die Insel unter ihrer Herrschaft völlig, und viele Einwohner waren gezwungen, ihre Heimat zu verlassen. Maltesisches Schicksal, das sich bis heute wiederholt!

Fremde Herren, neue Sitten

Die Folgen wechselnder Machtkonstellationen im Mittelmeer sind bis heute im Inselalltag spürbar. Da ist einmal die maltesische Sprache, Malti genannt. Sie hat ihre Ursprünge im Phönizischen, zeigt Beimischungen aus dem Griechischen und Lateinischen. Arabisches klingt an. Normannen und Spanier nehmen Einfluß, Engländer leihen Wörter her. Die Nähe zu Sizilien tut ein übriges, um ein Sprachgemisch entstehen zu lassen, das seinesgleichen sucht: Der Sprachforscher wird hier zum Kolonialgeschichtler des Mittelmeerraumes.

Oben: Blick auf die Hauptstadt La Valetta mit der anglikanischen St. John's Co-Kathedrale. Das englische Element ist auf Malta noch stark vertreten.
Unten: Das Leben verläuft auf Malta etwas geruhsamer als bei uns – davon zeugen auch die Pferdetaxis, die Carrozin. Fotos Astrid und Joachim Knuf

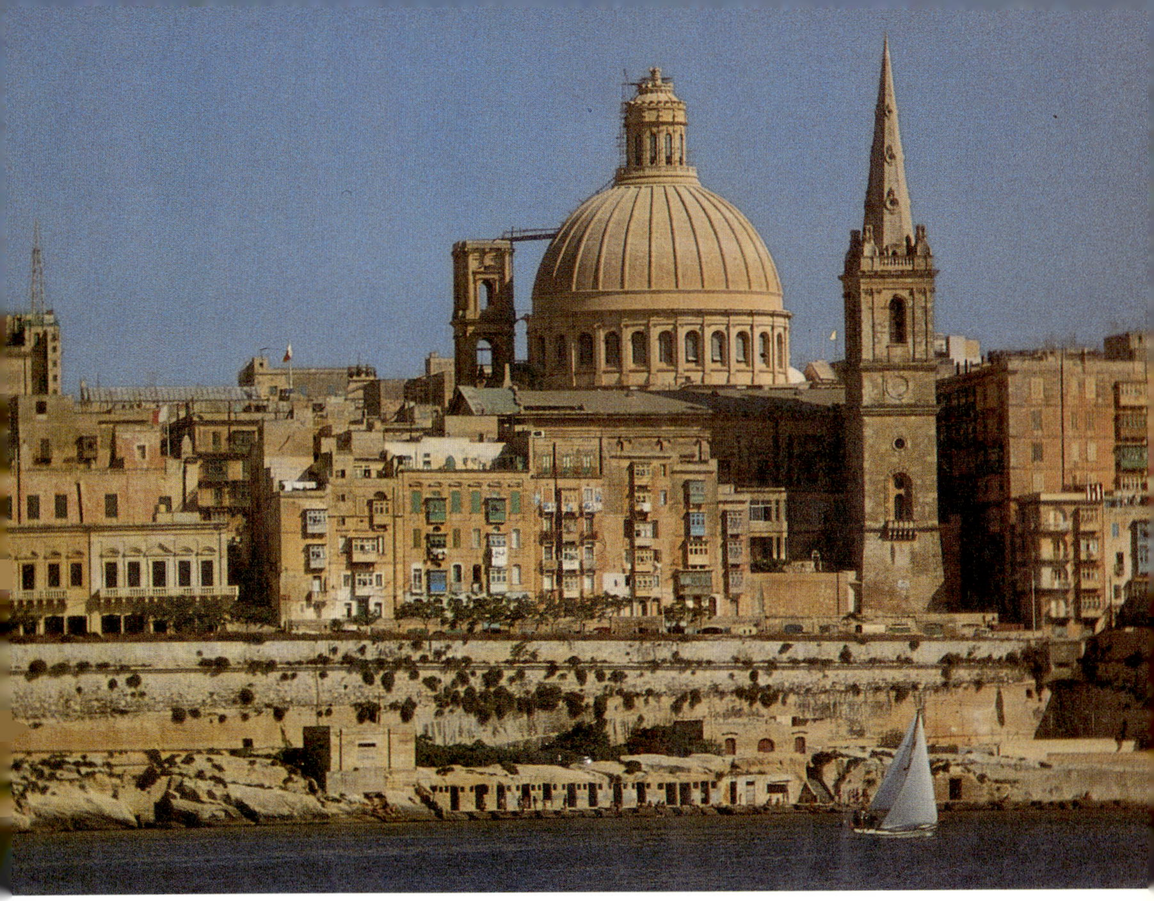

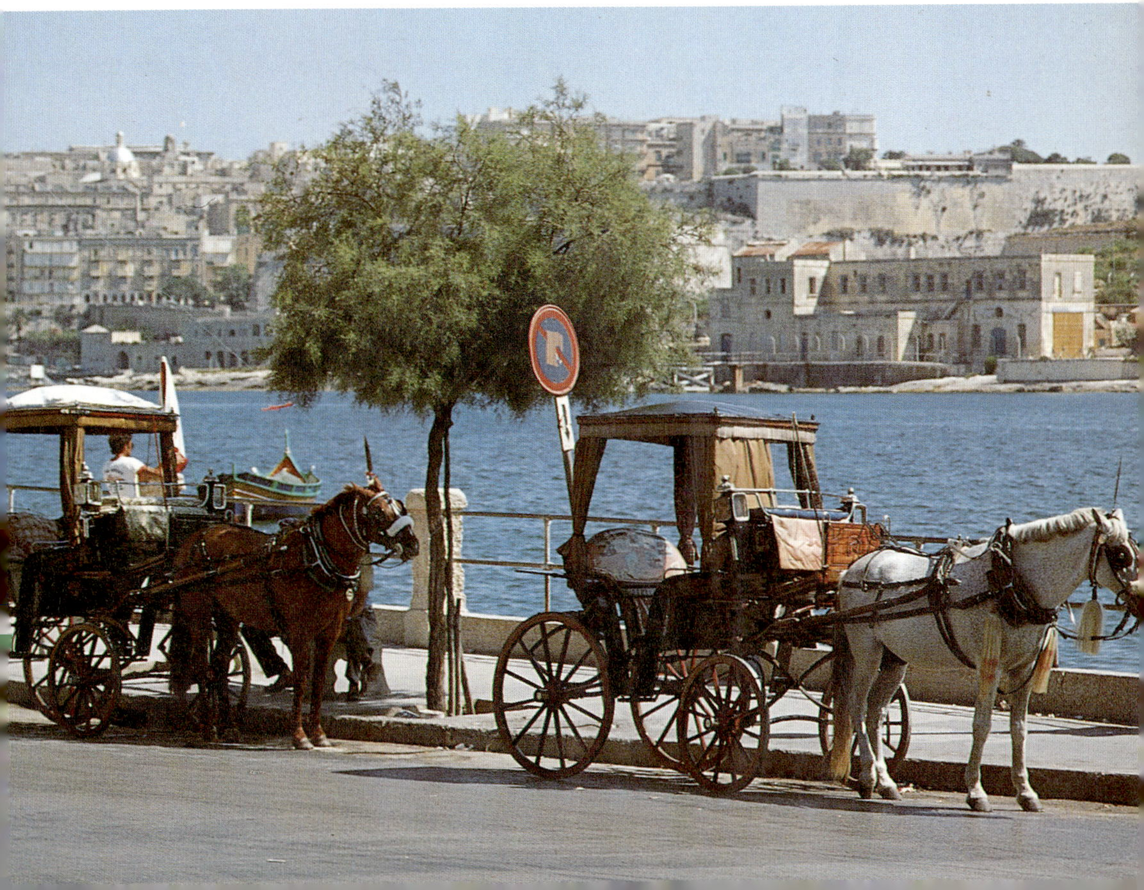

Die Hauptstadt Maltas hat ihren Namen vom Johanniter-Großmeister la Valette, der die Insel 1565 gegen die Türken verteidigte. Sein Grab liegt zusammen mit Hunderten weiterer prunkvoller Gräber in der Johanneskathedrale. Die Johanniter, die später einfach Malteser genannt wurden, bauten in La Valetta überaus prächtige Barockpaläste, was der Stadt noch heute ein festliches Gepräge verleiht. Fotos Astrid und Joachim Knuf

Unglücklicheres Andenken an die Phönizier ist die verkarstete Landschaft. Früher waren die Inseln bewaldet, doch fielen die Bäume für den Flottenbau: Von der phönizischen Marinepolitik hat sich die Natur Maltas nie wieder erholt. Heute kostet es die Bauern manchen Tropfen Schweiß, dem kargen Boden etwas Obst und Gemüse, Wein, einige schmackhafte Frühkartoffeln und andere Produkte abzuringen.

Europas Schutzschild

Das Jahr 1530 ist für die moderne Geschichte Maltas, ja Europas von größter Bedeutung. In diesem Jahr gingen die Inseln an den Johanniterorden über. Die gegen das Abendland vorrückenden türkischen Heere hatten ihn von Rhodos vertrieben und heimatlos gemacht. Die Grenzen zwischen Islam und Christentum wurden damit zunächst westwärts verschoben, in den folgenden Jahrzehnten aber an dieser wichtigen Stelle festgeschrieben: Malta wurde zum Schutzschild Europas.

Nach der Gründung als Krankenpflegeorden während des Ersten Kreuzzuges (1096–1099) hatten sich die Johanniter bald zu einer eigenen militärischen Organisation entwickelt. Sie unterhielten eine Reihe von Festungen zum Schutz der christlichen Pilger auf dem Weg durch das Heilige Land. Auf die Dauer jedoch waren die Burgen nicht zu halten und mußten nach und nach aufgegeben werden, zuletzt Akron im Jahre 1291. Die Johanniter flohen, wandten sich erst nach Zypern, fanden aber dann eine neue Heimat auf Rhodos, direkt unter den Augen der Türken. 1453 fiel Konstantinopel, doch die Ordensritter konnten sich noch sieben Jahrzehnte auf Rhodos behaupten. 1523 mußten sie aber einem türkischen Invasionsheer weichen, mit Hab

und Gut auf ihre Schiffe gehen und der Insel den Rücken kehren. Nach langen Verhandlungen mit Kaiser Karl V. erhielt der Orden Malta und Gozo zum Lehen, und das Schicksal dieser Inselgruppe nahm damit eine entscheidende Wende.

Ein schlagkräftiger Krankenpflegeorden

Die Johanniter, stolze Besitzer einer schlagfertigen und aggressiven Kriegsflotte, bauten Malta zu einer christlichen Feste gegen den Islam aus. Die Aussichten auf Erfolg waren nicht eben gut. »Malta«, so berichteten die ausgesandten Kommissare, »hat ungefähr 12 000 Bewohner, von denen die meisten arm und bemitleidenswert sind, einmal wegen der Kargheit der Böden, zum anderen wegen der regelmäßigen Überfälle durch Seeräuber, die ohne das geringste Mitgefühl alle Malteser verschleppen, die ihnen in die Hände fallen.« Den Piraten legten die Ordensritter natürlich sofort das Handwerk, war ihre Flotte doch im ganzen Mittelmeer gefürchtet. Sie bestand vor allem aus schnellen Galeeren, schlank und schnittig gebaut, denen niemand entkommen konnte. Die Johanniter unternahmen Plünderfahrten tief in die türkischen Gewässer hinein und machten dort reiche Beute. Mit sicherem Gefühl für Understatement, das jedem Briten Ehre machen würde, nannten sie diese kriegerischen Expeditionen »Karawanen«.

Kein Wunder, daß die Verlegung des Johanniterordens nach Malta den Unmut der Türken erweckte. Schon 1565 mußte sich der Orden unter dem Großmeister la Valette gegen ein überlegenes türkisches Invasionsheer zur Wehr setzen und konnte sich nach erbittertem Kampf nur mit äußerster Not behaupten. Nach diesem verheerenden Angriff mußte die Insel neu aufgebaut werden, und es entstand

die heutige Hauptstadt La Valetta. Die Ordensritter, bald allgemein als »Malteser« bekannt, bestimmten nun die Inselkultur: Sie gaben den Städten ein neues Bild, errichteten Burgen, Schlösser und Paläste, ungezählte Kirchen und Kapellen. Die heutigen Stadtanlagen stammen aus dieser Zeit, wenn auch der Baustil der Wohnhäuser mit ihren typischen Holzbalkons und den flachen Dächern unverkennbar nordafrikanisches Gepräge zeigt.

Malta in Zahlen und Stichworten

Oberfläche: 315,6 km^2
Einwohner: 370 000, davon fast 95% in Städten ansässig
Religion: fast ausschließlich römisch-katholisch
Hauptstadt: La Valetta mit 14 000 Einwohnern
Entfernungen: von Sizilien 85 km, von Tunesien 300 km
Inseln: Hauptinsel Malta (246 km^2), Gozo (67 km^2), Comino, Cominotto (unbewohnt), Filfla (unbewohnt)
Wirtschaft: Baumwolle, Textilien, landwirtschaftliche Produkte und Fremdenverkehr

---

Napoleon vor Malta

Für den Untergang der weltlichen Macht des Malteserordens sorgte schließlich Ferdinand von Hompesch, Starrkopf und erster deutscher Großmeister des Ordens. Von Hompesch mußte sich im Jahre 1798 ausgerechnet Napoleon Bonaparte als Gegner suchen, dem er prompt unterlag. Malta gelangte daraufhin unter die Herrschaft der Franzosen, allerdings nur für zwei Jahre, denn das Jahr 1800 sah die Engländer als Eroberer. Die Inselgruppe blieb bis 1964 britische Kolonie und wurde schließlich unabhängig.

Festa feiern – feste feiern!

Die wechselhafte Geschichte des Mittelmeerraumes hat den Maltesern neben einer besonderen Anpassungsfähigkeit ein nationales Selbstbewußtsein gegeben, das sie heute mit berechtigtem Stolz pflegen. Denn wenn auch die Herrscher der Insel immer wieder gewechselt haben, sind doch Brauchtum und Religion immer Mittelpunkte im maltesischen Leben gewesen.

Steter Tropfen höhlt den Stein. Hier sind es allerdings die Wellen des Meeres, die das Kalkgestein aushöhlten und die erstaunlichsten Erosionsformen bewirkten. Foto Astrid und Joachim Knuf

Ihren gemeinsamen Höhepunkt finden sie in einer besonderen maltesischen Institution, der Festa. Die maltesische Festa ist eine gelungene Mischung aus religiösem Feiertag und Volksfest, nicht nur in christlichen Landen eine bewährte und beliebte Kombination. Das ganze Jahr über gibt es Anlässe genug zu solchen Feiern; neben den verschiedenen Marienfesten sind es vor allem der Karfreitag und Peter und Paul. Doch jede Kirche hat natürlich ihren besonderen Gemeindepatron, dessen Gedenktag ebenfalls begangen sein will.

Die jährliche Festa einer Pfarre ist ein ungemein prunkvolles Ereignis, auf das sich jeder wochenlang vorbereitet. Schließlich soll die eigene Festa ja auch glanzvoller ausfallen als die der Nachbargemeinde. Pfarrkirche, Häuser und Straßen werden geschmückt, große Pappmachéfiguren von Heiligen sowie Fahnen ausgestellt, Verkaufsstände für Naschwerk und die heute auch auf Malta unvermeidlichen Hot dogs errichtet. Besonders verwegene Pfarrkinder tauchen auch unter Lebensgefahr nach alter Munition in den vor der Insel gesunkenen Schiffswracks des letzten Krieges. Aus dem geborgenen Pulver basteln sie Feuerwerkskörper. Diese selbstmörderische Form der Heimindustrie fordert auf der Insel bis heute Jahr für Jahr ihre Opfer.

Nach einem feierlichen Hochamt beginnt

in der Abenddämmerung die große Prozession, bei der eine übergroße Heiligenfigur durch die Gemeinde getragen und am Ende auf einem besonderen Platz aufgebaut wird, wo sie einige Tage stehenbleibt. Verschiedene Musikkapellen spielen während der Prozession, die sich aber nur stockend vorwärtsbewegt, denn die Männer, welche die zentnerschwere Figur auf einer besonderen Transportplattform tragen, bedürfen regelmäßiger Stärkung in den vielen Kneipen am Straßenrand... Beendet wird der Abend mit einem großen Feuerwerk, das den Nachthimmel über der Insel hell erleuchtet.

Neben den malerischen Felsstränden, dem klaren Wasser, den alten Bauten und dem herrlichen Klima sind es auch solche Feste, die den Besuch Maltas zu einem Erlebnis machen. Und wenn man es recht bedenkt, steckt der Teufel vielleicht doch eher in der Turmuhr, welche die richtige Stunde anzeigt, während man sich lieber an der anderen orientieren möchte, deren Räder die Zeit magisch festzuhalten suchen.

Links: Die Bauern auf Malta büßen heute noch für die Sünden ihrer phönizischen Vorfahren. Damals wurden die ohnehin schon lichten Wälder abgeholzt, und die Erosion konnte sich ausbreiten. Ihre Schäden sind kaum wiedergutzumachen, und die Bauern haben ihre liebe Mühe, dem kargen Boden etwas Obst und Gemüse abzuringen.

Oben: Ein vertrautes Bild auf Malta sind die Trockenmauern, die blühenden Oleanderbüsche und die Opuntien. Dieser Feigenkaktus wurde aus Mittelamerika eingeführt und hat sich überall im Mittelmeergebiet eingebürgert. Die Früchte sind eßbar, wenn die Haut violett geworden ist, doch Vorsicht vor den mit Widerhaken versehenen Stacheln! Fotos Astrid und Joachim Knuf

Bücher zum Thema

Egger, H.: Malta. Leichlingen 1982
Göckeritz, H./Göckeritz, P.: Malta mit Gozo und Comino. München
Hughes, Qu.: Malta. München 1972
May, J.: Malta, Gozo, Comino. München 1980
Peterich, E.: Italien 3 Bde. Bd. 3: Apulien – Kalabrien – Sizilien – Sardinien und Malta. München 1972
Thimme, J./Aström, P./Lilliu, G./Wiesner, J.: Frühe Randkulturen des Mittelmeerraumes I. Kykladen – Zypern – Malta – Altsyrien. Baden-Baden 1980
Tetzlaff, J.: Malta und Gozo. Köln 1983
Weimert, F.: Malta kennen und lieben. Ein kleines Inselreich mit (fast) unbegrenzten Möglichkeiten. Lübeck 1979
Die Badeplätze auf den Urlaubs-Inseln. Mittelmeer I: Mallorca, Menorca, Ibiza, Formentera, Hyerische Inseln, Korsika, Elba, Ischia, Capri, Sardinien, Sizilien, Liparische Inseln, Malta. ADAC-Reiseführer. München 1980
Malta: Polyglott Reiseführer. München 1973
Sizilien und Malta. Grieben-Reiseführer. München 1982

Peter Grobschmidt
KUNSTFLUG – DIE HOHE SCHULE DER FLIEGEREI

Zu den Höhepunkten der großen Luftfahrtsalons und Showflugveranstaltungen gehören zweifellos die Vorführungen bekannter Kunstflugstaffeln. Man kann über den Sinn und Wert solcher waghalsiger Demonstrationen geteilter Meinung sein, fliegerisches Können und einen hohen Ausbildungsstand wird man diesen Piloten allerdings nicht absprechen. Wer jemals Gelegenheit hatte, die namhaften »Aerobatic-Teams« unserer Zeit in Paris, Turin, Hannover oder auf anderen Veranstaltungen zu sehen, der ist von der perfekten Darbietung der Teams als Ganzem beeindruckt. Man ist geneigt zu vergessen, daß in jedem der Flugzeuge ein einzelner Pilot, ein Individuum, sitzt. Jeder dieser Piloten mag, je nach Temperament und Gefühl, anders reagieren, im Teamwork demonstrieren sie jedoch eine unglaubliche Beherrschung ihrer Maschine und die Fähigkeit, sich ins Team einzuordnen. Sie verkörpern ein hohes Maß an fliegerischer Disziplin. Eine Flugart, die leicht zum Spektakel ausarten könnte, wird so zur reinen Ästhetik.

Riskieren die Piloten einem sensationslüsternen Publikum zuliebe ihr Leben?

Ein Kunstflugteam der englischen Luftwaffe mit der legendären Hawker Hunter. Kein Pilot kann sich auch nur die geringste Unaufmerksamkeit leisten. Foto Süddeutscher Verlag

Oder wollen sie nur die Extremsituationen des Fliegens meistern? Was treibt sie? Weshalb suchen sie den Streß des Fliegens, wo passionierte Überlandflieger im Halten des exakten Kurses und der Höhe das große Glück finden? Eines ist gewiß: Wer sich über die Grenzen hinauswagt, die Technik, Aerodynamik und die Fähigkeiten des Piloten dem tollkühnen Spiel mit dem Flugzeug setzt, ist in tödlicher Gefahr.

Der Nervenkitzel lockt die Zuschauer. Was sich in der Luft abspielt, ist, so scheint es, mit physikalisch-aerodynamischen Gesetzen kaum erklärbar. Die völlige Einheit von Mensch und Maschine verwandelt sich in Schwerelosigkeit. Es gibt unzählige Figuren, die als Programmpunkte etwa folgendermaßen heißen: Gestoßene Rolle senkrecht nach unten... 180-Grad-Rollenkehre aus dem Rückenflug in den Normalflug mit halber Rolle senkrecht nach oben... Überschlagkehre 45 Grad abwärts mit eineinhalb Rollen aus dem Normalflug in den Normalflug... Zwei Umdrehungen Rückentrudeln aus dem Rückenflug... Halber negativer Loop aus dem Normalflug in den Normalflug mit eineinhalb Rollen... Sie gehören zum Standard-Repertoire jedes Kunstfliegers.

Extreme Belastungen

Der Pilot wirbelt seine gesteuerten und gerissenen Rollen durch die Lüfte, stra-

Oben: Der erste Dreidecker wurde während des Ersten Weltkriegs gebaut: Der Sopwith-Triplane war 1917 deutschen Flugzeugen hoch überlegen. Als Antwort darauf ließen die Deutschen von Anthony Fokker ebenfalls einen Dreidecker bauen, die Fokker Dr. I. In einem solchen Flugzeug stürzte der »Rote Baron« Manfred von Richthofen 1918 ab. Dreidecker bestechen durch ihre Wendigkeit und ihre hervorragende Steigfähigkeit. Diese Vorzüge haben sich bis auf den heutigen Tag gehalten. Es gibt kunstflugtaugliche Dreidecker. Foto Bavaria/Schmied

Gegenüberliegende Seite: Kunstflugfiguren können durch das Versprühen von chemischem Nebel oder Rauch für kurze Zeit sichtbar gemacht werden. Foto Bavaria/Thorbecke

Oben: Die Flieger-Werke Hans Grade in Berlin bauten 1913 ein Kunstflugzeug mit doppeltem Fahrwerk. Wenn der Pilot sein Flugzeug aus der Rückenlage nicht mehr in Normalfluglage brachte, konnte er – so meinte man – auf dem Rücken landen. Leicht muß das jedenfalls nicht gewesen sein! Foto Grobschmidt

Rechts: Bekannte Pflicht einer Kunstflug-Weltmeisterschaft, zusammengestellt nach dem Aresti-System. Jede Figur und Fluglage hat ihr eigenes Symbol und ihren eigenen K-Faktor. Für die 19 Figuren sind dies: 25, 37, 32, 39, 40, 15, 23, 18, 17, 32, 16, 25, 33, 30, 28, 21, 8, 20 und 22. Neun Punktrichter beurteilen den Flug, und fünf Raumrichter beobachten, ob der Pilot seinen vorgeschriebenen Flugraum verläßt.

paziert seinen Körper mit Flugfiguren, die der Mensch im Kopf nicht aushält, und erfindet immer wieder neue, raffiniertere Kombinationen. Um derart spektakuläre Übungen sicher zu beherrschen, ist ein halbes Dutzend Jahre intensiven Trainings nötig; Selbstüberschätzung ist für einen Kunstflieger das größte Sicherheitsrisiko. Im Vergleich zu dem, was er an Beschleunigungskräften erträgt, muten die Belastungen eines Phantom-Piloten wie sanftes Wiegenschaukeln an. In seinen Sitz gepreßt, kämpft er gegen die Beschleunigungs- und Verzögerungskräfte an. Sie werden in Vielfachen der Erdanziehungskraft angegeben. Ein Körper zum Beispiel, der einer Beschleunigung von 3 g ausgesetzt ist, wiegt dreimal soviel wie auf der Erdoberfläche. Positive Werte wirken stauchend, negative zerrend auf den Körper ein. Der Mensch kann für wenige Sekunden positive Werte und damit Beschleunigungen bis etwa 10 g und negative Werte oder Verzögerungen bis etwa 5 g aushalten.

Damit auch Laien die kunstvollen Figuren sehen und verfolgen können, malt die Maschine Rollen oder Männchen, Schleifen oder Loopings mit künstlich erzeugtem farbigem Nebel in den Himmel. Man erwartet, nach zwanzig Minuten derartiger aerodynamischer Folter, einen schweißüberströmten, hochrot angelaufenen Kopf aus der heranrollenden Maschine ragen zu sehen. Nichts von alledem! Eben noch ein scheinbar schwerelos durchs All taumelnder Punkt, jetzt ein simpler Mensch, der seine Schultergurte löst und sich in seiner Montur nicht ganz so elegant wie in der Luft bewegt.

Die Zeiten der Pioniere

Der Kunstflug ist fast so alt wie die Motorfliegerei selbst. Nachdem am 17. Dezember 1903 Orville Wright in den Sanddünen von Kitty Hawk an der amerikanischen Ostküste erstmals mit einem Motorflugzeug geflogen war, begann bereits im Sommer 1912 die große Zeit der Kunstflug-Meetings. Die theoretischen Grundlagen des Kunstflugs hatte bereits einige Jahre zuvor der Engländer F. W. Lanchester in seiner »Phugoid«-Theorie gelegt. Seine Bücher »Aerodynamics« und »Aerodonetics«, die heute zu den Klassikern der Luftfahrttheorie zählen, blieben allerdings jahrelang völlig unbeachtet. Lanchesters Theorie spielt noch heute eine große Rolle im Zusammenhang mit der Längsstabilität von Flugzeugen und kann auch für theoretische Vergleiche zwischen verschiedenen Kunstflugzeugen herangezogen werden.

Bis zum Beginn des Ersten Weltkrieges beschränkte sich der Kunstflug auf Steilkurven, Loopings (engl. loop = Schleife), steile Steig- und Sinkflüge, also auf sogenannte positive Figuren. In dieser Zeit machte ein Mann von sich reden, den die europäische Presse als »Mann ohne Nerven« bezeichnete: Adolphe Pégoud, Meisterschüler Blériots, des ersten Bezwingers des Ärmelkanals in seinem Eigenbau-Eindecker und späteren Flugzeugfabrikanten. Pégoud beherrschte den Blériot-Eindecker meisterhaft; er zeigte damit Flugfiguren, die bis dahin noch niemand gesehen hatte und die auch heute noch zum Repertoire eines Kunstfliegers gehören. Er flog Steilkurven, zeigte Sturzflüge, führte mehrere Loopings hintereinander aus und krönte seine artistische Leistung mit Rückenflügen. Seine Vorführungen wurden von der Presse als einzigartig gefeiert; Hunderttausende von Zuschauern strömten herbei, um seine Flugkunst zu bewundern.

Zum kühnsten und beliebtesten Kunstflieger in Deutschland vor dem Ersten Weltkrieg entwickelte sich der Holländer Anthony Fokker, der seine Kapriolen in der Luft auf einem selbstgebauten 80-PS-Eindecker vorführte. Seine Maschine bewährte sich, einsitzig geflogen, ganz außerordentlich bei Sturz- und Rückenflügen und bestach durch sensationell kurze Start- und Landestrecken.

Der Kunstflug als Lehrmeister

In der Zeit zwischen den beiden Weltkriegen begann mit dem Aufschwung der Sportfliegerei die erste goldene Ära der Kunstfliegerei. Piloten und Flugzeugkonstrukteure gewannen in den darauffolgenden Jahren aus dem Kunstflug Erkenntnisse, die wesentlich zur Weiterentwicklung des Flugzeugs und zur Verbesserung der fliegerischen Fähigkeiten beitrugen. Rollen, Loopings, hochgezogene Kehrtkurven und Trudeln stellten hohe Anforderungen an Mensch und Material. In der Folge wurden die Steuerung, die Stabilität und Manövrierfähigkeit verbessert, und angehende Piloten erhielten eine intensivere Ausbildung.

Die ersten Kunstflieger glaubten noch an die unbegrenzten Möglichkeiten des Flugzeugs und nahmen das Risiko als Preis des Fortschritts in Kauf. Nicht immer ging alles glimpflich ab: Im Jahre 1923 waren »Flugakrobaten« in nicht weniger als 179 Unfälle verwickelt, bei denen 85 Menschen getötet und 126 zum Teil schwer verletzt wurden. Kritik wurde laut. Die Zeitungen reagierten besonders heftig, wenn Zuschauer ums Leben kamen, was oft genug der Fall war. Viele Piloten und Flugzeugkonstrukteure glaubten, die Flugakrobaten schadeten der Luftfahrt, weil sie das Augenmerk des Publikums auf die Gefahren und nicht die Sicherheit, Zuverlässigkeit und Nützlichkeit des Flugzeugs lenkten. So endeten die Pioniertage der Flugakrobaten und ihrer Vorführungen.

Der heutige Kunstflug teilt sich immer noch in drei Sparten auf, die aus der historischen Entwicklung hervorgegangen sind: den Trainingskunstflug, der eine wichtige Rolle bei der fliegerischen Ausbildung spielt zur Retablierung ungewohnter Flugzustände, den Meeetingskunstflug, das heißt die Vorführungen an Flugtagen, sowie den Wettbewerbskunstflug als erlebnisreiche Ausgleichs- oder Leistungssportart.

Rollen, Nicken und Gieren

Um die Kunstflugmanöver zu verstehen, müssen wir uns erst ein wenig mit der Theorie des Flugzeugs auseinandersetzen. Man kann die sechs Freiheitsgrade der Flugzeugbewegung durch ein Achsensystem festhalten, wobei sich das Flugzeug theoretisch entlang der Achsen bewegen oder um diese drehen kann. In der Praxis kommt normalerweise jedoch nur die Bewegung entlang der x-Achse vor, während um die anderen Achsen nur Drehbewegungen auftreten. Entsprechend nennt man eine Drehung um die x-Achse Rollbewegung, eine Drehung um die Nick- oder y-Achse Nickbewegung und eine Drehung um die y-Achse Gierbewegung. Dieses auf das Flugzeug bezogene Achsensystem hat den Vorteil, daß wir Bewegungen so beschreiben können, wie sie der Pilot sieht. Bewegungen um die Roll-x-Achse werden mit Querruder, Bewegungen um die Nick-y-Achse mit dem Höhenruder und Bewegungen um die Gier-z-Achse mit dem Seitenruder kontrolliert. Das Flugzeug benötigt zur Einhaltung seines stationären Fluges eine Geschwindigkeit v, die mehr oder weniger parallel zur x-Achse verläuft. Sie wird in bestimmten Grenzen durch die Motorleistung kontrolliert, Steuerorgan dazu ist der Gashebel. Große Geschwindigkeiten in Richtung y- oder z-Achse treten normalerweise auch im Kunstflug nicht auf und bedürfen daher keiner Steuermöglichkeit. Fliegt ein Flugzeug im stationären Flug geradeaus, muß der Auftrieb gleich dem Gewicht des Flugzeugs sein. In diesem Flugzustand wirkt also nur die Erdbeschleunigung auf das Flugzeug ein.

»Alpha-Jets in Kunstflugformation auf dem Flugtag von Ramstein.«

Kunstflug zeichnet sich nun dadurch aus, daß die Geschwindigkeit v rasch in Richtung und Betrag wechselt und schnelle Drehbewegungen um x-, y- und z-Achse auftreten. Die Schwierigkeit für den Piloten besteht darin, die Fluglage im Luftraum jederzeit kontrollieren zu können. Dafür steht ein einziges Mittel zur Verfügung: der Horizont. Das Einprägen der Horizontallagen ist deshalb für den Piloten eine entscheidende Voraussetzung für das Training aller Figuren.

Da Beschleunigung als Geschwindigkeitsänderung pro Zeiteinheit definiert ist, resultiert daraus ein rascher Wechsel von Kurvenbeschleunigungen, die sich mit der stets wirkenden Erdbeschleunigung überlagern. Und je rascher sich die Geschwindigkeit ändert, um so größer werden die Kurvenbeschleunigungen. Die Anforderungen an ein voll kunstflugtaugliches Flugzeug sind dementsprechend hoch: Wegen der sehr hohen Beschleunigung – ein Vielfaches gegenüber dem Normalflug – muß es eine große Festigkeit aufweisen. Für schnelle Bewegungen muß es große Drehgeschwindigkeiten um alle Achsen erreichen. Und um die Geschwindigkeit variieren zu können, ist ein großer Bereich zwischen minimaler und maximaler Geschwindigkeit erforderlich.

Wie ein Kunstflugzeug konstruiert wird

Wie sehr ein Flugzeug beansprucht wird, hängt nicht allein vom Piloten ab, sondern auch direkt von den Figuren. So kann beispielsweise gar kein Looping geflogen werden, ohne daß das Doppelte bis Vierfache der Erdbeschleunigung auftritt. Fehler in der Bedienung der Steuer sowie Böen können diese Grundbeanspruchung erhöhen oder vermindern. Zudem fliegt jeder Pilot seinen eigenen Stil wie jeder Autofahrer auch.
Dies alles in Zahlen zu fassen ist bei der Konstruktion eines kunstflugtauglichen Flugzeugs Aufgabe des Flugmechanikers. Das ist gleichermaßen ein Experte für Aerodynamik, Stabilität, Steuerbarkeit und Berechnung der zu erwartenden Flugleistungen und Flugeigenschaften. Zunächst geht es darum, herauszufinden, welchen Beanspruchungen ein Kunstflugzeug unterworfen wird. Dabei müssen wir zunächst unterscheiden zwischen einer Zulassung des Flugzeuges für eine begrenzte Zahl von Kunstflugfiguren und einer Zulassung für unbeschränkten Kunstflug.

Der beschränkte Kunstflug wird von Bauvorschriften dahingehend eingegrenzt, daß bestimmte Lastvielfache und Geschwindigkeiten nicht überschritten werden dürfen. Es ist Sache des Lastannahmeexperten im Projektbüro eines Flugzeugwerkes, einen Rahmen zu entwerfen, der alle denkbar möglichen Beanspruchungen aushält. Das ist nur durch umfangreiche Voruntersuchungen möglich, deren Hauptbestandteil sogenannte Bewegungsrechnungen sind. Man untersucht dabei Schritt für Schritt die Belastungen, die sich bei bestimmten Kunstflugfiguren ergeben. Natürlich müssen bereits sehr genaue aerodynamische Unterlagen vorliegen. Kunstflugmeister steuern ihre Erfahrungen bei. Man kann aber auch Meß- und Schreibgeräte in vorhandene Kunstflugzeuge einbauen und mit ihnen die Beanspruchungen während eines Kunstflugprogrammes aufzeichnen. Aus diesen Daten werden nunmehr die Flugbahnen, der Verlauf der resultierenden Beanspruchungen und der Staudruckverlauf berechnet. Man kann auch noch die Hand- und Fußkräfte an den Steuerorganen sowie die Beanspruchungen der Teile selbst messen, etwa mit Dehnmeßstreifen, die auf elektrischem Wege die örtlich auftretenden Werkstoffspannungen registrieren.

Stabilität und Steuerbarkeit

Von einem Reise- und Sportflugzeug erwartet man, daß es in erster Linie um alle

Achsen stabil reagiert. Das heißt: Jede Störung durch eine Bö oder durch eine Steuerbewegung soll sich von selbst ausgleichen. Bei losgelassenem Steuer fliegt ein derart entworfenes Flugzeug besser, als ein ungeschickter Pilot am Steuer auf Störungen reagiert. Beim kunstflugtauglichen Flugzeug verschiebt sich nun der Akzent wesentlich auf die gute Steuerbarkeit und Wendigkeit, sogar auf Kosten der Stabilität, besonders wenn man zum Beispiel gute Rückenflugeigenschaften fordert.

Wie werden nun Stabilität und Steuerbarkeit im Stadium des Flugzeugentwurfs bestimmt? Das ist ein weites und schwieriges Feld, teilweise noch wenig erforscht und mit widersprüchlichen Ergebnissen. Modellmessungen im Windkanal geben natürlich wichtige Daten, aus denen man sehr viel vorausberechnen kann. Da aber in der Praxis auch die Massenverhältnisse, Massenverteilungen, Trägheitsmomente und vor allem Dämpfungswerte eine wichtige Rolle spielen, kann die Windkanalmessung keine endgültigen Werte ergeben. Beim Windkanalmodell erreicht man meist nur die äußere Formenähnlichkeit, die Massenähnlichkeit hingegen fast nie. Außerdem ist das Modell immer um bestimmte Achsen drehbar gelagert und kann sich daher niemals frei im Raum bewegen.

Die Vervollkommnung ist nur durch eine methodische und eingehende Flug-Erprobung möglich. Ein guter Ingenieur-Pilot als Testflieger muß in engster Zusammenarbeit mit Aerodynamikern, Flugmechanikern und Konstrukteuren das Flugzeug Schritt für Schritt verbessern. Dazu sind nicht selten erhebliche Änderungen erforderlich. Oft aber genügen auch bereits kleine Abänderungen der Leitwerksform, des Flügelrandbogens oder der Klappenspalte, um die gewünschten Flugeigenschaften zu erhalten.

Ist das neue Kunstflugzeug den langen und mühsamen Weg durch die Musterprüfung hindurchgegangen, dann kommen erst die eigentlichen Experten, die Kunstflieger selbst. Der eine verliebt sich auf Anhieb in das neue Modell, der andere kommt vielleicht mit Vorurteilen, die er nicht mehr ablegen kann. Der Dritte ist enttäuscht und erhebt Forderungen, die bisher nirgendwo festgelegt waren. Die Kunst, ein Kunstflugzeug jedem Kunstflieger recht zu machen, beherrscht niemand.

Eine Folter für den Piloten?

Den gleichen hohen Beanspruchungen wie das Flugzeug unterliegt auch der Pilot. Besonders bei Wettkampfprogrammen tritt eine enorme Kreislaufbelastung auf, die sich im sogenannten »Blackout«, in Sehstörungen, äußert. Die meisten Kunstflugpiloten kennen auch das »Überstoßen«, einen Zustand, der durch hartes negatives Abfangen des Flugzeugs plötzlich auftreten kann und sich in starkem Druck im Kopf, Übelkeitsgefühl und »Horizontkippen« im Takt des Herzschlags äußert. Wenn dies auftritt, muß der Pilot den Flug sofort abbrechen und behutsam landen, da es sich um eine Art Gehirnerschütterung mit allen Folgen für die Beherrschung des Flugzeugs handelt. Der Kunstflug stellt also erheblich höhere körperliche Anforderungen als der Normalflug, und der Besitz einer Normalfluglizenz bedeutet in medizinischer Sicht noch keineswegs eine Eignung für den Kunstflug.

Zwischen der »Hohen Schule« des Kunstflugs und dem, was das Rasen- und Zaunpublikum auf Showflugveranstaltungen zu sehen wünscht, klaffen Gräben wie Erdbebenrisse. Die Wünsche des Publikums lassen sich leicht definieren: Möglichst laut, möglichst tief, möglichst riskant. Kunstflugweltmeisterschaften dagegen sind die Olympiade der Motorfliegerei. In zweijährigem Turnus werden sie seit 1960 ausgetragen. Ähnlich wie beim Eiskunstlaufen gibt es auch hier

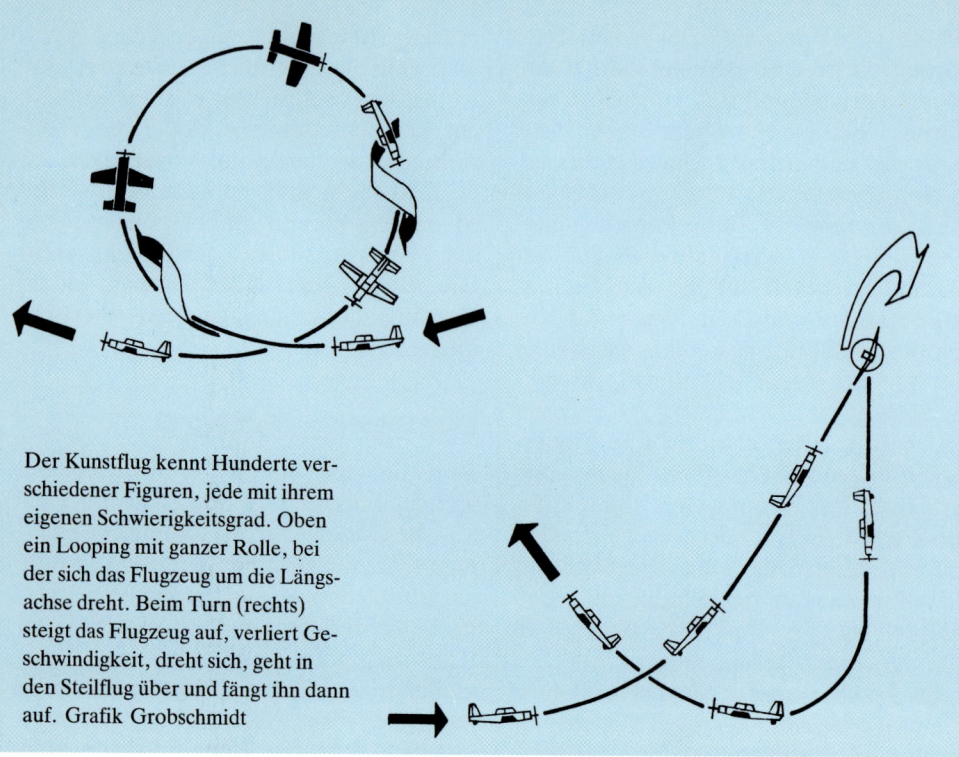

Der Kunstflug kennt Hunderte verschiedener Figuren, jede mit ihrem eigenen Schwierigkeitsgrad. Oben ein Looping mit ganzer Rolle, bei der sich das Flugzeug um die Längsachse dreht. Beim Turn (rechts) steigt das Flugzeug auf, verliert Geschwindigkeit, dreht sich, geht in den Steilflug über und fängt ihn dann auf. Grafik Grobschmidt

unterschiedliche Wettbewerbsprogramme: Bekannte Pflicht, Unbekannte Pflicht, Kür und Finalkür.

Wertung im Wettbewerb

Dem spanischen Kunstflieger Aresti war es in mühevoller, fast 25jähriger Arbeit gelungen, einige tausend Kunstflugfiguren nach Basisfiguren und Figurenfamilien zu ordnen und alles mit einprägsamen Symbolen für Figur und Fluglage darzustellen. Jede Figur des Aresti-Katalogs, der »Kunstflugbibel«, hat einen bestimmten, genau festgelegten Schwierigkeitsgrad, den sogenannten K-Faktor. Neun Punktrichter geben dazu eine Ausführungsnote von 1 bis 10 in Schritten von 0,5, die mit dem K-Faktor multipliziert wird und die zusammen mit ebenfalls festgelegten Koeffizienten für Präzision, Raumaufteilung und Vielseitigkeit die Gesamtnote ergeben. Die beiden höchsten und niedrigsten Wertungen werden gestrichen, um Fehlbeurteilungen weitgehend zu verhindern.

Das komplizierte Wertungssystem wurde von der Fédération Aéronautique Internationale (FAI) anerkannt und für alle großen internationalen Wettbewerbe seit 1962 vorgeschrieben. Später erfolgte noch eine Begrenzung der Figurenzahl; ein Zeitlimit von 9 Minuten für die Kür wurde festgelegt, sowie die maximal erreichbare Punktzahl begrenzt. Diese Bestimmungen bieten die Möglichkeit, die zum Teil erheblichen Leistungsunterschiede bei der Vielzahl von Flugzeugtypen annähernd auszugleichen. Während die schwächsten Exemplare mit 160 PS motorisiert sind, verfügt der Kraftprotz unter den Kunstflugzeugen, die Pitts Special, über 300 Pferdestärken.

Kunstflug spielt sich bei Meisterschaften keinesfalls, wie man zunächst glauben möchte, im freien Luftraum ab, sondern in einer fiktiven »Box«: Sämtliche Figuren müssen in einem Quadrat von 1000

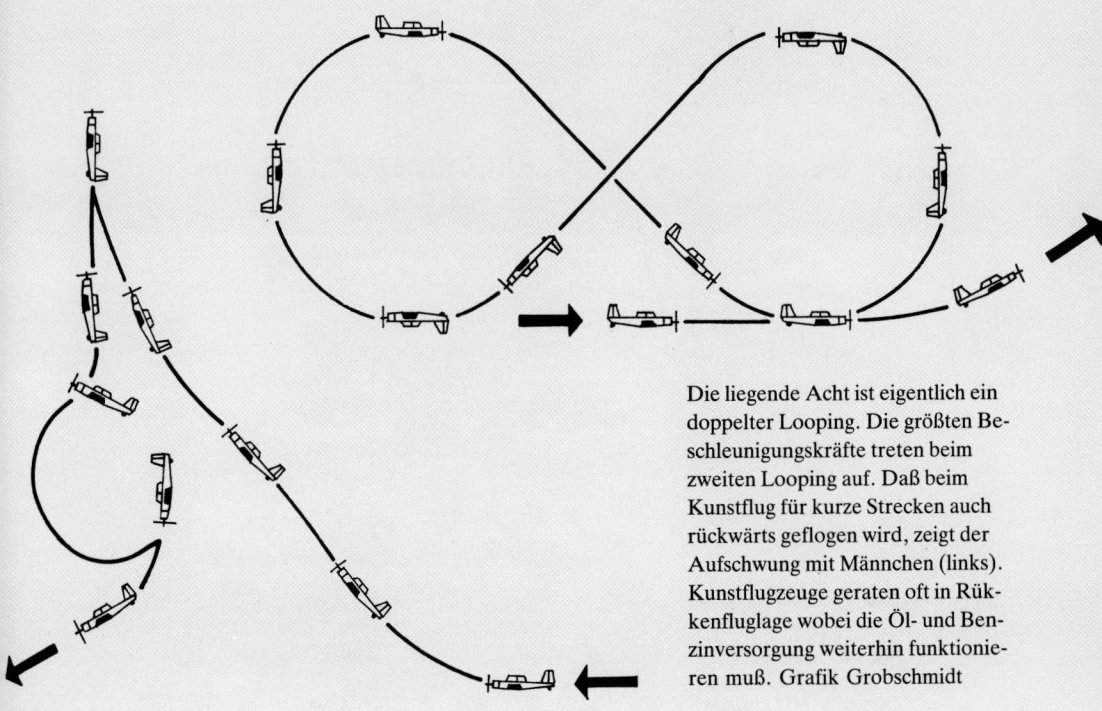

Die liegende Acht ist eigentlich ein doppelter Looping. Die größten Beschleunigungskräfte treten beim zweiten Looping auf. Daß beim Kunstflug für kurze Strecken auch rückwärts geflogen wird, zeigt der Aufschwung mit Männchen (links). Kunstflugzeuge geraten oft in Rückenfluglage wobei die Öl- und Benzinversorgung weiterhin funktionieren muß. Grafik Grobschmidt

mal 1000 Meter und in einem Höhenraum zwischen 100 und 1100 Meter absolviert werden. Wer die Grenzen überfliegt, handelt sich Strafpunkte von den fünf Raum-Schiedsrichtern ein, die mit Hilfe optischer Meßgeräte und einem in der Maschine installierten Barografen die Höhenbegrenzungen kontrollieren.

Selbst der raffinierteste Flugsimulator oder jede Menge Bücher bieten keinen Ersatz für die Unterweisung durch einen Fluglehrer. Gerade für den angehenden Kunstflugpiloten ist es unerläßlich, durch einen guten Piloten unterwiesen zu werden, der sein Wissen mit viel Geduld und Verständnis vermittelt. Ein guter Kunstfluglehrer wird, wenn er auf dem Vorfeld des Flughafens steht und seinen Schüler beobachtet, genau wissen, was im Cockpit vorgeht, wie wenn er selbst darin säße. Er wird jeden Irrtum sehen und Fehler gewöhnlich erkennen, bevor sie gemacht werden. Fortgeschrittener Kunstflug kann nicht in der altbewährten Weise, das heißt, durch Unterweisung im Fluge, gelehrt werden, denn die meisten kunstflugtauglichen Flugzeuge unterliegen Beschränkungen, wenn zwei Personen an Bord sind, oder können sie überhaupt nicht aufnehmen.

Es gibt eine Vielzahl von Gründen für den Wunsch, Kunstflug zu betreiben – Schönheit der Bewegung, Faszination, Nervenkitzel. Allerdings ist die Kunstfliegerei auch ein teures Vergnügen: Eine wettbewerbsfähige Maschine kostet um 100 000 Mark und jede Flugstunde schlägt bei den heutigen Benzinpreisen mit etwa 260 Mark zu Buche. Ohne die Gagen für seine Darbietungen bei Showflugveranstaltungen kann sich kaum ein Kunstflieger diesen teuren Sport leisten.

Ein Buch zum Thema

Leihse, M.: Artisten am Himmel. Die Geschichte der Kunstflugstaffeln 1921 bis heute. Stuttgart 1973

Theo Löbsack
1985 – DAS »JAHR DES WALDES«
Was wir gegen das Waldsterben tun können

Mit dem Beschluß, das Jahr 1985 zum »Jahr des Waldes« zu erklären, hat die UNO-Organisation für Ernährung und Landwirtschaft (FAO) internationale Anstrengungen gefordert, die Waldbestände in aller Welt vor der Vernichtung zu bewahren. Vieles ist zwar zum Schutz der Wälder schon geschehen, doch bei weitem nicht genug. Noch immer gehen alljährlich 11 Millionen Hektar tropischen Regenwaldes verloren, das entspricht ziemlich genau der Landfläche von Bayern und Baden-Württemberg zusammen oder mehr als der doppelten Fläche der Schweiz. Wie lange wird es noch dauern, bis es auf der Erde keine Wälder mehr gibt?

Dabei findet das Waldsterben längst nicht mehr nur fern von Europa statt, es ist auch zu einem hautnahen hausgemachten Problem geworden. Was uns Deutsche betrifft, so wissen wir durch eine Schadenserhebung der Bundesregierung vom Herbst 1984, daß unser heimischer Wald bereits zur Hälfte geschädigt ist. Mit anderen Worten: Jeder zweite Baum ist krank oder schon tot. Der deutsche Wald wird sterben, wenn ihm nicht rasch und wirksam geholfen wird. Das aber heißt: Wir alle müssen jetzt mithelfen, jeder einzelne muß ohne Rücksicht auf Unbequemlichkeiten etwas tun, um zu retten, was noch zu retten ist.

Diese Aufgabe wiegt um so schwerer, als es nicht nur um den Verlust der Wälder geht. Zu befürchten sind nicht weniger bedrohliche Folgen wie Bodenerosion, Versteppung, Verkarstung, Vernichtung ungezählter Tier- und Pflanzenarten, auch Klimaverschlechterung. Es droht eine Katastrophe für die Holzwirtschaft, und es geht nicht zuletzt auch um den Verlust Zehntausender von Arbeitsplätzen. Wenn der Wald stirbt, sagt man, stirbt auch der Mensch. Ein Wort, das kaum übertrieben ist.

Was kann geschehen?

Die größte Gefahr droht dem Wald von der Luftverschmutzung. Diese aber geht vor allem auf die Emissionen von Industrieanlagen, Kraftwerken und Haushaltungen, außerdem auf die 25 Millionen Kraftfahrzeuge auf den deutschen Straßen zurück. Hauptübeltäter ist der saure Regen. Er wird durch Schwefeldioxid, Stickoxide und einige andere Schadstoffe erzeugt. Außerdem beteiligen sich sogenannte Photooxidantien an dem Vernichtungswerk. Dabei handelt es sich um Schadstoffe, die aus den Abgasen der Industrie unter Einwirkung des ultravio-

Mindestens 2 von 7 Millionen Hektar Wald in der Bundesrepublik Deutschland sind schwerkrank oder bereits tot. Besonders betroffen vom sauren Regen ist der Schwarzwald.
Foto Süddeutscher Verlag/AP

letten Sonnenlichts in größerer Höhe entstehen und anschließend herabsinken.
Wir müssen also diese Schlußfolgerung ziehen:
Wenn wir weniger Energie verbrauchen, dann brauchen wir auch weniger Öl und weniger stromerzeugende und luftverschmutzende Kraftwerke. Und wenn wir die Abgase unserer Autos entgiften oder langsamer fahren, so helfen wir auch dadurch mit, die Luft sauberer zu machen.

Was im Haushalt getan werden kann

In Haushalten wird Öl verbrannt und Elektrizität benötigt. Auf die privaten Haushalte entfallen mehr als ein Viertel des gesamten Elektrizitätsverbrauchs. Zwar wird die Umwelt nicht beim Verbrauch, dafür aber um so mehr bei der Erzeugung des Stroms belastet, denn gerade in den Kraftwerken entstehen erhebliche Mengen von Luftschadstoffen. Zu raten ist deshalb:
Wir benutzen elektrischen Strom nur dort, wo Öl, Gas oder andere günstigere Möglichkeiten ausscheiden.
Wie heizen auf keinen Fall elektrisch, weil dies die unwirtschaftlichste Form des Energieverbrauchs ist. Verglichen mit der Ölheizung bedeutet eine Heizung mit Strom zur Zeit rund das Zehnfache an Emissionen, weil die Kraftwerke nur etwa ein Drittel der Kohle-Energie für die Stromgewinnung nutzen können und in der Kohle mehr Schwefel enthalten ist als im Heizöl.
Wir lassen im eigenen Haus nach Möglichkeit Sonnenkollektoren fachgerecht installieren.
Wir achten beim Einkauf von Elektrogeräten auf deren Stromverbrauch und entscheiden uns für das sparsamste Modell.
Wir schalten Elektrogeräte nur dann ein, wenn sie auch wirklich benötigt werden.
Wir denken immer daran: Mit jeder gesparten Kilowattstunde Strom bewahren wir unsere Atemluft vor einigen Gramm Schwefeldioxid und Stickoxiden, den Hauptverursachern des sauren Regens, außerdem vor Staub, giftigen Schwermetallen und Radioaktivität.

Sparsam heizen

Die meiste Energie verbrauchen wir für die Heizung unserer Häuser und Wohnungen. Gerade beim Heizen läßt sich aber sparen und die Belastung der Luft mit Schadstoffen verringern. Zu empfehlen ist:
Wir halten die Raumtemperatur niedrig und überheizen auf keinen Fall. Tagsüber 20, nachts 16 Grad reichen völlig aus.
Wir heizen regelmäßig nur solche Räume, die ständig benutzt werden. Wir halten nicht oder nur wenig benutzte Zimmer kühl, aber nicht eiskalt. Wer die Raumtemperatur auch nur um 1 Grad absenkt, spart 6 Prozent Heizenergie.
Wir lassen Thermostatventile dort einbauen, wo die Raumtemperatur nicht zentral geregelt wird.
Wenn wir lüften, dann kurz und intensiv. Wir machen die Fenster weit auf und schließen sie bald wieder. Das ist wirksamer als eine stundenlange Kippstellung.
Wir lassen die Heizung einmal jährlich gründlich überprüfen. Dazu gehört auch, den Brenner richtig einzustellen und Brennergehäuse sowie Heizkessel zu reinigen. Schon eine millimeterstarke Rußschicht läßt den Energieverbrauch um 6 Prozent ansteigen.

Diese drei Tannen sind aufs schwerste geschädigt und nicht mehr zu retten. In diesem letzten Stadium wird die Bedrohung jedermann klar. Frühere Stadien erkennt man an einer Reihe von Merkmalen: allmähliche Verlichtung der Krone durch Verlust alter Nadeljahrgänge, höherer Anteil toter Äste, Einstellen des Spitzenwachstums, dafür vermehrtes Wachstum der obersten Äste und Ausbildung eines »Storchennestes«. Foto Süddeutscher Verlag/Petri

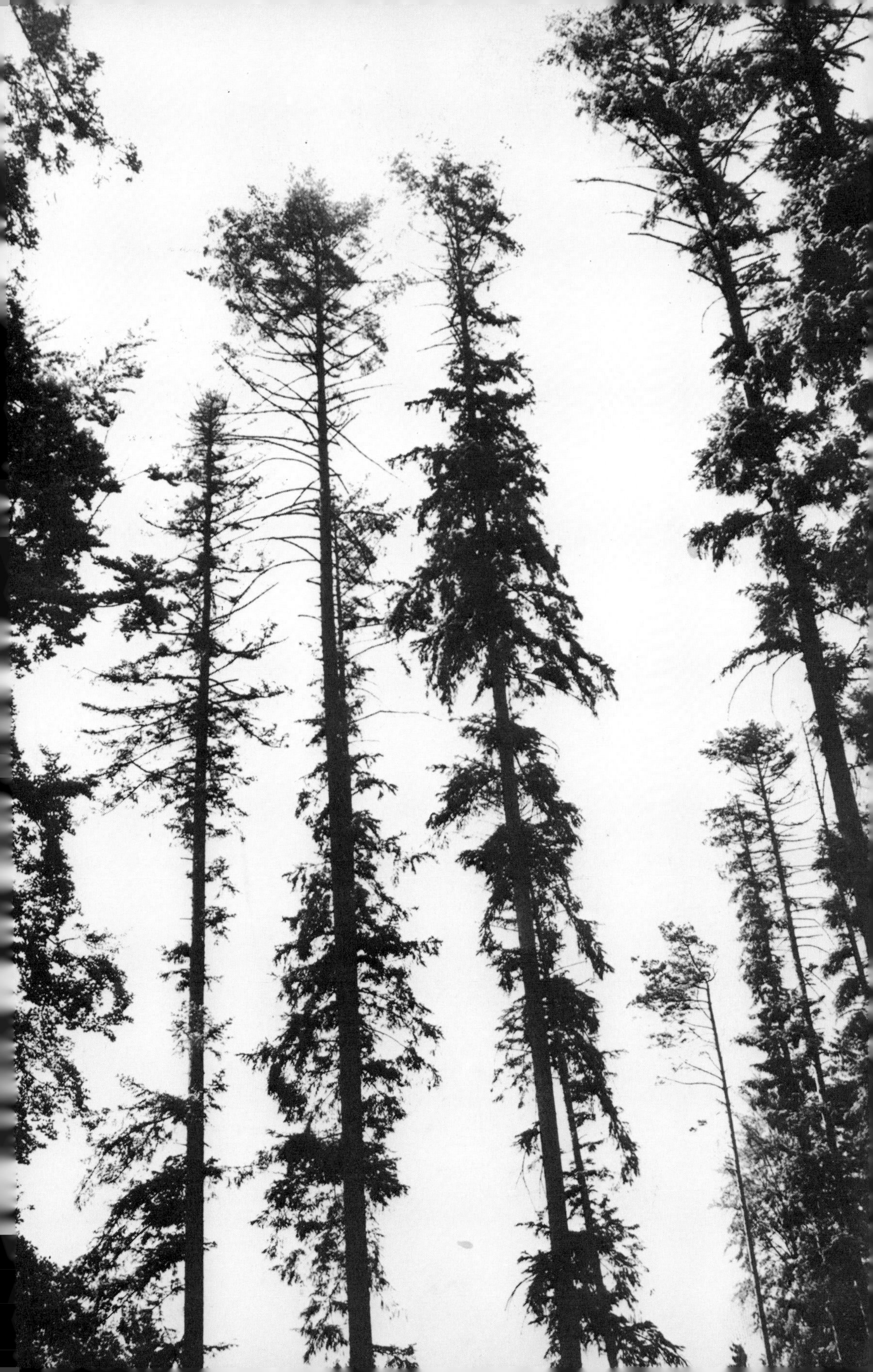

Wir lassen Wände, Fenster, Türen, Rollädenkästen, Dachböden und Heizungsrohre fachmännisch isolieren, um den Wärmeverlust einzudämmen. Wir müssen aber dabei bedenken, daß das Haus noch »atmen« muß.

Wir lassen eine veraltete Heizanlage modernisieren. Das kommt nicht zuletzt den Heizkosten zugute. Wir erkundigen uns nach Niedertemperaturkesseln und ölsparender Regeltechnik. Wir verzichten auf Nachtstrom-Speicherheizung und ersetzen diese durch Öl-, Gas- oder – wenn möglich – durch eine Fernwärmeheizung. Bei den Heizkesseln achten wir auf schadstoffarme Brenner.

Glücklich ist, wer einen Kachelofen hat. Es wäre zu überlegen, ob wir uns einen anschaffen. Er spendet nicht nur umweltfreundliche, sondern auch gemütliche Wärme. Wir müssen aber lernen, ihn richtig zu bedienen.

Wir bevorzugen schwefelarme Brennstoffe, welche die Luft weniger belasten. Ein Beispiel dafür ist das Erdgas.

Wir wählen stromsparende Umwälzpumpen und stellen sie ab, wenn wir sie nicht brauchen. Für diese Pumpen gibt es auch elektronische Regler.

Tips zur Warmwasserversorgung

Wenn unser Warmwasser von einer modernen Ölzentralheizung bereitet wird, stellen wir im Sommer keinesfalls auf Elektrobetrieb um. In diesem Fall würden wir auf eine – bei der Erzeugung im Kraftwerk – wesentlich stärker luftverschmutzende Energieform umsteigen.

Das Warmwasser sollte höchstens 50 Grad warm sein, sonst verliert es schnell zuviel Wärme. Kalkreiches hartes Wasser setzt bei hohen Temperaturen außerdem mehr energiefressenden Kalk im Kessel und in den Leitungen ab.

Kessel und Leitungen sollten gut isoliert sein. Empfehlenswert ist ein gut wärmegedämmter, separater Warmwasserspeicher anstelle des Heizkesselboilers. Dieser Speicher wird energiesparend vom Heizkessel erwärmt. Er kann auch auf Solarenergie umgerüstet werden. Wir informieren uns bei einer Fachfirma.

Wo elektrische Warmwasserbereiter nicht zu ersetzen sind, sollten sie mit Zeitschaltuhren versehen sein.

Thermostatische Mischbatterien bringen das Wasser im Hahn sofort auf die richtige Temperatur, so daß wir das wasser- und energievergeudende Einregeln sparen.

Wenn wir duschen statt zu baden, verbrauchen wir dreimal weniger Wasser und entsprechend weniger Energie.

Haushaltsgeräte kritischer nutzen

Jede Hausfrau sollte wissen: Zu den größten Stromverbrauchern im Haushalt gehören nicht nur die Nachtstrom-Speicherheizungen und die elektrischen Warmwasserbereiter, sondern auch Elektroherde, Wasch- und Geschirrspülmaschinen sowie Wäschetrockner. Wir ziehen daraus folgende Lehren:

Wir kaufen nur stromsparende Geräte und vergleichen dazu erst den Stromverbrauch verschiedener Modelle. Die Werte sind in Kilowatt in den Gerätebeschreibungen bzw. auf den Geräten selbst angegeben und können ganz erheblich differieren. Das gilt zum Beispiel für Kühl- und Gefriergeräte, Fernseher und Waschmaschinen.

Wir waschen nur, wenn wir die Trommel vollständig füllen können. Wir meiden nach Möglichkeit hohe Waschtemperaturen, etwa bei 90 Grad; 60 Grad tun's meistens auch.

Wir verzichten auf einen Wäschetrockner.

Wir stellen den Kühlschrank nicht unnötig auf tiefe Temperaturen ein. Plus 7 Grad reichen aus. Wir tauen den Schrank öfter ab, denn die Eisschichten führen zu erhöhtem Stromverbrauch.

Wir schalten die Herdplatten rechtzeitig zurück und nutzen ihre Restwärme aus.

»Bleifreies bitte!«

Gasherde sind übrigens umweltfreundlicher als Elektroherde.
Wir benützen nur Kochtöpfe mit plangeschliffenen Böden und decken sie beim Kochen zu. Empfehlenswert sind Dampfdrucktöpfe und -pfannen. Auch Töpfe für fettarmes Kochen haben sich bewährt und sparen nicht nur Strom und Zeit, sondern erhalten vermehrt wertvolle Inhaltsstoffe des Kochgutes, vor allem Vitamine.
Wenn wir eine Geschirrspülmaschine besitzen, so schließen wir sie an die Warmwasserleitung an. Wir benutzen den Geschirrspüler nur dann, wenn es sich auch wirklich lohnt. Besser noch: wir schaffen uns erst gar keinen an.
Wir benutzen »Stromfresser« im Haushalt möglichst außerhalb der Spitzenzeiten des Stromverbrauchs. Diese liegen zwischen 8 und 12.30 Uhr und zwischen 17 und 19 Uhr. Zu diesen Zeiten wird dem Netz der meiste Strom entnommen. Die Elektrizitätswirtschaft verweist auf den täglichen Spitzenverbrauch als Vorwand für den Bau immer neuer Kraftwerke. Der Überhang an Kraftwerken wird dann benutzt, um ungeniert Reklame für stromfressende Elektrogeräte zu machen. Wir fallen auf diese Werbung nicht herein und vermeiden es, unnötige Elektrogeräte zu kaufen. Wir nutzen die vorhandenen Hochverbrauchsgeräte möglichst vor 8 Uhr, zwischen 12.30 und 17 Uhr sowie nach 19 Uhr.
Wir führen Buch, lesen regelmäßig den Stromzähler ab und kontrollieren damit den Erfolg unserer Sparmaßnahmen.

Recycling: Auf daß nichts umkomme...

Das Wort »Recycling« bedeutet soviel wie »Wiedereinbringen in den Kreislauf«. Damit ist die umweltschonende Wiederverwertung einmal benutzter Materialien gemeint, etwa von Glas, Papier oder Metallen. Wer Recycling betreibt, schont die natürlichen Ressourcen der

An der Landesanstalt für Immissionsschutz in Essen und an vielen Universitäten werden die Ursachen des Waldsterbens erforscht. Man setzt dabei Baumschößlinge allen möglichen schädlichen Einflüssen aus, zum Beispiel dem Gas Ozon.
Foto dpa/Athenstädt

Erde und hilft mit, Energie zu sparen. Was kann man konkret tun?
Wir benutzen für Briefe, in der Küche und im WC Recycling-Papier. Es wird aus Altpapier hergestellt und ist ein Beitrag zum aktiven Umweltschutz, also auch zum Kampf gegen das Waldsterben. Wir lehnen beim Einkaufen überflüssige Verpackungen ab. Wir verlangen nicht unnötig Plastiktüten, sondern bringen selbst eine Tüte oder einen Korb mit.
Wenn möglich, benutzen wir Mehrweg-Flaschen, die – gegen Pfand – wiederverwendbar sind.

Sparsamkeit ist bei Aluminiumdosen angebracht. Man erkennt sie daran, daß sie keine Naht haben. Wenn wir jeden Tag eine solche Dose öffnen, verbrauchen wir im Jahr 7 Kilogramm Aluminium. Das entspricht einem Stromverbrauch von über 100 Kilowattstunden. Wir sammeln statt dessen Aluminium aller Art wie gebrauchte Dosen, Joghurtbecher-Deckel, Alu-Haushaltsfolien usw. und bringen sie zu einer Sammelstelle.
Wir benutzen die Container für Altglas und entlasten damit die Müllabfuhr und die Umwelt. Wir bündeln Altpapier und halten es an den Abholtagen bereit.
Wer einen Garten hat, verwertet die dafür geeigneten Küchenabfälle zum Kompostieren. Ein Kompostbehälter ist kein Schandfleck! Man kann auf den Seiten einer Kompostmiete Kürbis, Zucchini, Tomaten oder Blumen ziehen.
Wir informieren uns beim Kauf von Ge-

räten aller Art, ob gegebenenfalls eine Reparatur möglich ist. Wir ziehen reparierfähige Gebrauchsgegenstände den umweltbelastenden Wegwerfartikeln vor.

Auto und Straßenverkehr

Es gibt heute kaum noch einen Zweifel, daß der Kraftfahrzeugverkehr auf unseren Straßen einen hohen Anteil an der waldzerstörenden Umweltverschmutzung hat. Die wichtigsten vom Auto in die Umwelt gebrachten Schadstoffe sind Kohlenmonoxid, verschiedene Stickoxide, organische Verbindungen, Schwefeldioxid, Staub und Blei. Ein Großversuch der Bundesregierung im Jahre 1985 hat wertvolle Aufschlüsse darüber geliefert. Jeder einzelne kann mithelfen, die Schadstoffbelastung durch das Auto zu senken. Das fängt beim Kauf eines neuen Wagens an:
Wenn irgend möglich, erwerben wir einen Wagen mit Abgas-Katalysator und fahren mit bleifreiem Benzin, das inzwischen an immer mehr Tankstellen angeboten wird. Auch viele ältere Fahrzeuge können bleifrei fahren. Wir erkundigen uns danach!
Wir kaufen in jedem Fall ein Modell mit geringem Benzinverbrauch. Als günstig gelten, auf 100 Kilometer berechnet, höchstens 9 Liter im Stadtverkehr, 6 Liter bei 90 und 8 Liter bei 120 Stundenkilometer. Es gibt aber auch Autos, die nur 5 bis 6 Liter verbrauchen.
Wir achten auf geringe Schadstoffwerte im Abgas. Diese lassen sich bei einer Fahrt über ein paar Kilometer ermitteln. Es sollten die folgenden Werte nicht überschritten werden: 45 Gramm Kohlenmonoxid, 5 Gramm Stickoxide, 4 Gramm Kohlenwasserstoffe bei einer Fahrt über 4 Kilometer. Die Leerlaufwerte der Betriebsanleitungen sind dafür nicht maßgebend. Wir besorgen uns die tatsächlichen Werte über den Autohändler vom Werk.

Ein Fünfgang-Getriebe spart Benzin, und eine elektronische Zündanlage hält die Abgaswerte konstant niedrig.
Die Bremsbeläge sollten keinen Asbest enthalten. Asbest steht im Verdacht, Lungenkrebs zu erregen.
Der Motor sollte eine niedrige Verdichtung haben und im Leerlauf automatisch abschalten.
Der Luftwiderstandsbeiwert (c_w) sollte niedrig liegen.

Auch die Wartung ist wichtig

Vergaser- und Zündeinstellung öfter kontrollieren lassen.
Verschmutzte Luftfilter müssen regelmäßig gereinigt bzw. ersetzt werden, um den Spritverbrauch niedrig zu halten.
Zündkerzen rechtzeitig erneuern lassen. Wir überprüfen regelmäßig den Reifendruck und passen ihn der Belastung an – dies besonders vor längeren Fahrten mit viel Gepäck. Zu niedriger Reifendruck erhöht den Benzinverbrauch.
In der Bundesrepublik Deutschland müssen die Abgaswerte seit kurzem jedes Jahr überprüft werden; wir erhalten dafür eine Prüfplakette. Gegebenenfalls müssen wir die Einstellung korrigieren.
Wir informieren uns über neue Techniken zur Abgasminderung bei Altfahrzeugen.

Richtiges und falsches Fahrverhalten

Der Freundin imponiert man heute nicht mehr mit Kavalierstarts, sondern mit sanftem Fahren.
Wir vermeiden überhaupt unnötiges Beschleunigen und Bremsen.
Wir fahren mit angemessener Geschwindigkeit und halten auf Autobahnen und Landstraßen das vorgeschriebene oder empfohlene Tempo ein. Bei Geschwindigkeiten über 100 Stundenkilometer steigen Benzinverbrauch und Umweltbelastung stark an.
Wir fahren möglichst im mittleren Dreh-

zahlbereich und benutzen den ersten Gang nur kurz zum Anfahren oder an extremen Steigungen bzw. auf steilen Gefällstrecken.

Wir stellen bei längerem Stop oder Stau und vor Schranken den Motor ab, falls der Wagen keine automatische Motorabschaltung im Leerlauf hat.

Wenn es der Motor zuläßt, tanken wir bleifreies Benzin, wo immer es zu haben ist.

Wir fahren »vorausschauend« und geben im Leerlauf kein Gas.

Wir montieren Dachständer ab, wenn sie nicht gebraucht werden. Ein ungenutzter Dachständer erhöht den Luftwiderstand und kostet 10 bis 12 Prozent mehr Benzin.

Kalte Motoren verbrauchen mehr Sprit. Wir unterlassen darum, wenn irgend möglich, Kurzfahrten, und nehmen dafür öffentliche Verkehrsmittel. Der ADAC hat errechnet, daß an verkaufsoffenen Samstagen bis zu 75 Prozent des Straßenverkehrs auf Parkplatzsuchende entfallen!

Wir bilden Fahrgemeinschaften, fahren öfter mit dem Rad oder gehen zu Fuß.

Politische und soziale Aktivitäten

Wir sollten nicht vergessen, daß die gewählten Politiker Vertreter des Volkes sind und eigentlich für die Interessen ihrer Wähler einstehen sollten. Scheuen wir uns nicht, sie anzusprechen, ihnen zu schreiben und sie immer wieder zu drängen, für den Umweltschutz tätig zu werden.

Wir fragen die Politiker, was sie gegen das Waldsterben unternehmen.

Wir veranlassen die Politiker, die Industrie mit Auflagen gegen den Schadstoff-Ausstoß der Fabriken und Kraftwerke zu belegen. Wir fordern die Verantwortlichen hartnäckig dazu auf, daß sie Vorkehrungen zur Reduzierung des Schadstoff-Ausstoßes der Kraftfahrzeuge beschließen. Wir fordern Energie- und Stromsparmaßnahmen von unserer Gemeinde. Wir treten für verbilligte Abonnements für den öffentlichen Nahverkehr ein.

Wir beteiligen uns an den Gemeinschaftsaktionen gegen das Waldsterben und sprechen darüber auch mit Freunden und Bekannten.

Bücher zum Thema

Bölsche, J.: Das gelbe Gift – Todesursache: Saurer Regen. Reinbek 1984

Grill, B. und M. Kiener: Er war einmal. Gießen 1984

Hartkopf, G. und E. Bohne: Umweltpolitik, Band 1 und 2, Opladen 1983/84

Jenik, J.: Bilderlexikon des Waldes. Gütersloh 1979

Mitchell, A. u. a.: Die Wälder der Welt. Bern und Stuttgart 1981

Poruba, M. u. a.: Der Kosmos-Waldführer. Stuttgart 1979

»Saurer Regen auf Wälder, Wiesen und Felder«, Informationsblatt der Deutschen Umwelthilfe, Öhningen

Schütt, P. u. a.: So stirbt der Wald. München 1983

Stern, H. u. a.: Rettet den Wald. München 1979

»Waldschadenskarte 1984«, Umweltbundesamt, Berlin 1985

»Was Sie schon immer über Umweltchemikalien wissen wollten«, Umweltbundesamt, Berlin 1980

Gottfried Hilscher
SATELLITEN ALS NAVIGATIONSHELFER

Navigieren heißt wissen, welchen Kurs ein Fahrzeug nehmen muß, um an das gewünschte Ziel zu gelangen. Jahrtausendelang war das eine wahre Kunst. Sie verlangte viel Wissen und Erfahrung und stützte sich auf die Erkenntnisse großer Astronomen und Mathematiker, aber auch auf die Kunstfertigkeit von Instrumentenbauern. Im Jahr 1908 erfand Hermann Anschütz-Kaempfe den Kreiselkompaß, der die Arbeit der Navigatoren erleichterte. Dann trat die Funk- und Funkmeßtechnik auf den Plan. Damit verlagerte sich das navigatorische »Geschehen« mehr und mehr in das Innere von Kästen, von sogenannten »black boxes«, deren elektronisches Zusammenspiel in den meisten Verkehrsflugzeugen den Navigator entbehrlich machte. Auch die Navigationsgenauigkeit konnte enorm gesteigert werden. Heute übernimmt eine Automatik fast die ganze Navigation. Wo der Mensch noch mitwirkt, beschränkt sich seine Tätigkeit auf Überwachungs- und Meßaufgaben, die man ziemlich leicht erlernen kann.

Die Aufgabe der Navigation ist seit ältesten Zeiten dieselbe geblieben: Wie muß ich mein Fahrzeug steuern, um ein zwar bekanntes, aber nicht unmittelbar sichtbares Ziel zu erreichen? Die Aufgabe wird erschwert, wenn wir unterschiedliche Wind- und Wasserströmungen beachten, bestimmte Gebiete zwar umgehen, aber möglichst wenig Zeit verlieren und Kraftstoff sparen sollen. Stets kommt es zunächst darauf an zu wissen, wo sich das Fahrzeug augenblicklich befindet und in welcher Richtung und mit welcher Geschwindigkeit es sich bewegt. Der Standort des Fahrzeugs muß immer wieder neu geortet werden, natürlich in einem Bezugssystem, das sich auf einer Land-, See- oder Flugstreckenkarte abbilden läßt. Ist auch die jeweilige Flughöhe von navigatorischem Interesse, so spricht man von einer dreidimensionalen Navigation. Kommen noch Zeiten hinzu, zu denen bestimmte Positionen zu erreichen sind, so wird daraus eine vierdimensionale Navigation.

»Rückkehr« zur Vergangenheit

Viele Verfahren sind im Laufe der Zeit entwickelt worden, um Wege einhalten zu können, die uns zum Ziel führen. Mit Hilfe des Sextanten, der zur Bestimmung der Höhe eines Gestirns über dem Horizont dient, kann man seinen Standort überall auf der Welt bis auf etwa 10 Kilometer genau bestimmen – vorausgesetzt natürlich, daß der Himmel nicht bewölkt ist. Bei den verschiedenen Funknavigationsverfahren spielen die Wolken keine Rolle mehr. Es kommt dabei vielmehr auf die Reichweite von Funksignalen, auf einwandfrei funktionierende Empfänger an Bord sowie auf die richtige Signalauswertung durch Mensch und/oder Automaten an. Gegenüber der astronomischen Navigation ist die Ortsbestimmung mit Funkmeßverfahren etwa um das Zehnfache genauer. Noch einmal um eine Zehnerpotenz präziser ist die Trägheitsnavigation, das modernste Verfahren, das weder Sterne noch Funkstationen als Fixpunkte benötigt.

Neben der Sonne wurde am häufigsten der Mond angepeilt, der natürliche Satellit der Erde. Mit einem von Millionen Menschen vernommenen »Piep-piep« gesellte sich am 4. Oktober 1957 ein künstlicher Erdtrabant zu ihm, Sputnik 1. Mit Sputnik 2, der ihm vier Wochen später folgte, lieferten die Sowjets den Amerikanern, ohne es zu wollen, ein bemerkenswertes Versuchsobjekt. Wissenschaftler des Applied Physics Laboratory der Johns Hopkins Universität in Baltimore konnten von Bodenstationen aus die Positionen des Sputniks sehr genau bestimmen. Sie bedienten sich dabei vor allem des Dopplereffekts, indem sie die Frequenzänderungen der Sputnik-Funksignale auswerteten, die sich bei der Annäherung des Satelliten an eine Empfangsstation sowie bei dessen Entfernen einstellten.

Wenn es möglich ist, auf diese Weise die Position eines Satelliten zu ermitteln, so muß man umgekehrt aus bekannten Satellitenpositionen seinen eigenen Standort auf der Erde orten können. Mit diesem einfachen Umkehrschluß war die Idee von einer satellitenbezogenen Navigation, kurz Satellitennavigation, geboren: Es sollten von Satelliten Funksignale empfangen und zu Navigationszwecken ausgewertet werden. Bei seiner Bewegung auf der kosmischen Bahn folgt der künstliche Satellit genauso wie der Mond den Keplerschen Gesetzen und ist damit im wahrsten Sinne des Wortes berechenbar.

Von Kepler bis Einstein

Entsprechend dem ersten Keplerschen Gesetz bewegt sich der Planet oder Satellit auf einer ellipsenförmigen Bahn – in unserem Falle um die Erde, die in einem der beiden Ellipsenbrennpunkte steht. Das zweite Gesetz besagt, daß die Verbindungslinie zwischen dem Planeten und dem Mittelpunkt der Sonne – im Fall des Mondes der Erde – in gleichen Zeiten gleiche Flächen im Inneren der Ellipse überstreicht. Das dritte Gesetz hört sich kompliziert an: Die Quadrate der Umlaufzeiten zweier Planeten verhalten sich zueinander wie die dritten Potenzen ihrer mittleren Sonnenabstände. Soweit die Gesetze, die eine Satellitenbahn bestimmen. Wo sich der Satellit zu einer gewissen Zeit jeweils befindet, wird durch sechs sogenannte Bahnelemente festgelegt, die als »klassisch« bezeichnet werden, weil sie schon Kepler festlegte.

Alle diese Gesetze und Elemente wurden zu einem umfangreichen Formelschatz verschmolzen, mit dem die Computer in der Zentralstation eines Satellitennavigationssystems und an Bord der zu navigierenden Fahrzeuge ständig arbeiten. Ihre Berechnungen würden zu genauen Positionsangaben für den Satelliten führen, wenn das Gravitationsfeld der Erde exakt kugelförmig wäre. Das ist aber leider nicht der Fall. Unser Globus ist an den Polen bekanntlich leicht abgeplattet, was ebenso zu Abweichungen vom »idealen« Gravitationsfeld führt wie die ungleiche Verteilung der Land- und Wassermassen. Ebbe und Flut sorgen darüber hinaus für periodische Veränderungen der Gravitation. Als weitere Störgrößen wirken der Strahlungsdruck der Sonne sowie die Gravitationsfelder von Sonne und Mond auf die Bahn eines Satelliten ein. Sie verändern ständig die Werte aller sechs Bahnelemente, was durch entsprechend einprogrammierte Korrekturen bei den Positionsberechnungen durch die Computer möglichst von vornherein berücksichtigt wird. Unvorhersehbare Wirkungen werden aus den laufend eintreffenden Meßdaten und ihrer Verarbeitung ermittel und kompensiert.

Gestört ist auch die Ausbreitung der

Links: Der Holzschnitt aus dem 16. Jahrhundert zeigt, wie damals Sterne beobachtet und unbekannte Standorte auf der Erde berechnet wurden. Eine große Rolle in der astronomischen Winkelmessung spielte in jener Zeit der Jakobsstab mit der verschiebbaren Querlatte (Bildmitte). *Rechts:* Leonardo da Vinci beschrieb um 1500 die Funktionsweise des Kompasses, dessen Nadel auf Wasser schwimmt. Den Kompaß erfanden wahrscheinlich die Chinesen bereits im 2. Jahrhundert v. Chr. Fotos Historia-Photo

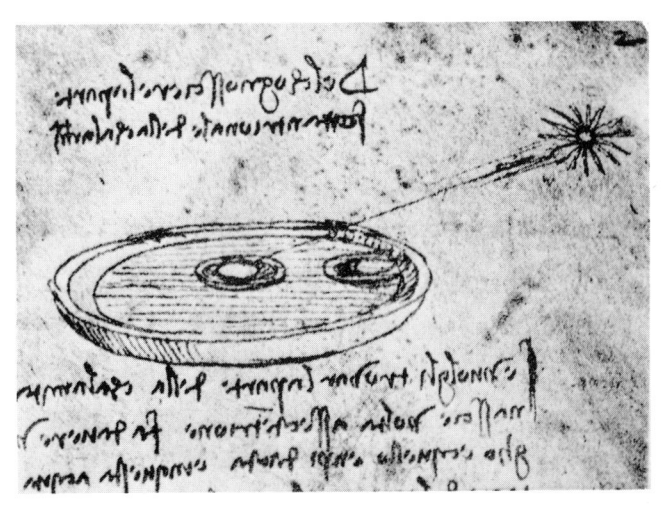

Funksignale zwischen Bodenstation und Satellit einerseits, Satellit und Navigationsempfängern andererseits. Die Signale gelangen nur theoretisch mit der Lichtgeschwindigkeit c vom Sender zum Empfänger. In 100 bis 200 Kilometer Höhe über der Erde beeinflussen Veränderungen in der Ionosphäre die Signalausbreitung, und auch in der Troposphäre und Atmosphäre gibt es Störungen. Relativistische Effekte spielen ebenfalls eine Rolle: Würde man in einer Bodenstation und im Satelliten genau gleiche Uhren synchron anlaufen lassen, würde die Satellitenuhr gegenüber der Bodenuhr bald meßbar hinterher hinken. Dieser Effekt entspricht den Lehren der speziellen Relativitätstheorie und wird überlagert von einem Effekt, den die allgemeine Relativitätstheorie erklärt. Das mit der Höhe des Satelliten über der Erde zunehmende Gravitationspotential wirkt sich nämlich wie eine Abnahme der Uhrenfrequenz an Bord aus. Gegenüber einer Uhr am Boden geht eine an Bord eines in 20 000 Kilometer Höhe dahinfliegenden Satelliten nach einem Tag um 38,7 Mikrosekunden vor. Könnte man diese unterschiedlichen und sich periodisch ändernden Zeitfrequenzen nicht synchronisieren, müßte man auf die gesamte Satellitennavigation verzichten. Schließlich müssen alle Entfernungen und Positionen eines Fahrzeugs aus den Laufzeiten von Funksignalen ermittelt werden, was voraussetzt, daß man genau weiß, wann ein Signal abgesendet und empfangen wurde.

Navy Navigation Satellite System

Die Geburtsstunde der Satellitennavigation schlug, wie gesagt, mit der gelungenen Bahnverfolgung des Sputniks. Ab Mitte der sechziger Jahre konnten Seeschiffe in gewissen Gebieten das von der amerikanischen Marine eingerichtete Navy Navigation Satellite System (NNSS/Transit) zur Ortsbestimmung nutzen. Die Transit-Satelliten umkreisen die Erde auf Bahnen, die über die Pole hinwegführen. Bei fünf Satelliten können in mittleren Breiten ihre Signale maximal vier Stunden täglich genutzt werden. Schiffe erhalten ihre Informationen genaugenommen allerdings von Bodenstationen und nicht direkt von den Satelliten. Die Stationen ermitteln nach dem Dopplerverfahren die Bahnpositionen des Satelliten und teilen diesem mit, wo er sich jeweils befindet. Erst dadurch wird der Satellit in

Den ersten praktisch brauchbaren Kreiselkompaß baute H. Anschütz-Kaempfe. Eine Weiterentwicklung war der hier abgebildete Dreikreiselkompaß (um 1925). Er vermeidet Störungen des Kompasses infolge der Schlingerbewegungen des Schiffes. Der Kreiselkompaß macht von der Tatsache Gebrauch, daß ein Kreisel seine Drehachse parallel zur Erdachse einstellt. Foto Historia-Photo

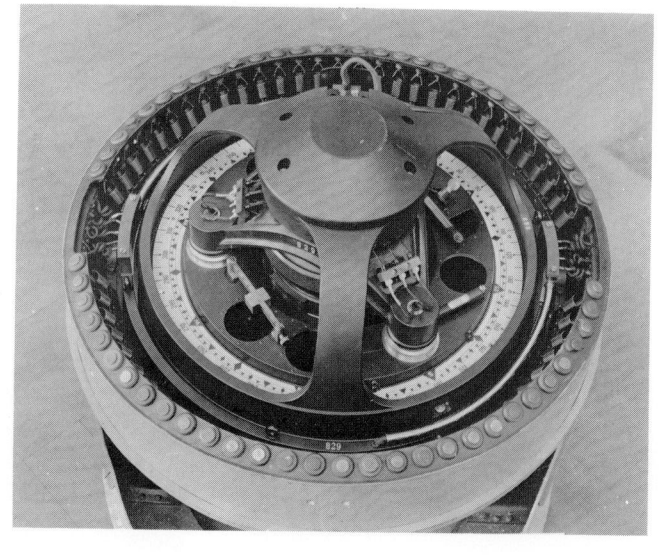

Im modernst eingerichteten Kartenraum der »Anton Dohrn« bleibt die Aufgabe der Navigation trotz aller Elektronik noch halbwegs einsichtig. In Zukunft werden aber immer mehr »schwarze Kästen« die Auswertung navigatorischer Daten aus dem Weltraum übernehmen. Foto Krügler

die Lage versetzt, Trägerfrequenzen mit Bahndateninformationen zur Erde zu senden. Zu ihrer eigenen Ortsbestimmung nutzen die Schiffe wiederum den Dopplereffekt: sie messen alle zwei Minuten die Differenz zwischen der vom Satelliten gesendeten und der von ihnen empfangenen Frequenz. Aus dieser Differenz geht der Entfernungsunterschied vom Schiff zu den zwei Bahnpunkten des Satelliten hervor, die dieser zu Beginn und am Ende des zweiminütigen Intervalls durchlaufen hat. Da Orte mit gleicher Entfernungsdifferenz zu zwei Bahnpunkten auf einer hyperbolischen Linie liegen, läßt sich auf einer Navigationskarte mit entsprechend gekennzeichneten Linien während des ersten Meßintervalls eine Standlinie ermitteln, auf der sich das Schiff theoretisch befinden muß. Eine zweite Standlinie, ermittelt während des nächsten Meßintervalls, schneidet die erste. Der Schnittpunkt beider kennzeichnet den momentanen Standort des Schiffes.

Das Transit-System hat sich für die maritime Navigation bewährt, für die Luftfahrt ist es jedoch kaum brauchbar. Die Zeitspannen, während derer kein Satellit erreichbar ist, sind, verglichen mit den großen Fluggeschwindigkeiten, zu groß. Doch konnten die Ingenieure anhand von NNSS/Transit die Anforderungen an ein neues System formulieren:

Weltweit sollten die neuen Satelliten von militärischen und zivilen Land-, See- und Luftfahrzeugen genutzt werden. Die Zahl der Benutzer sollte unbegrenzt und die Standorte in Echtzeit, daß heißt ohne merkliche Zeitverzögerung, bis auf weniger als 10 Meter genau bestimmbar sein. 24 Stunden Betriebsbereitschaft und rein passive Empfangsanlagen an Bord der

Fahrzeuge waren weitere Forderungen an das neue Satellitensystem, das den Namen GPS/Navstar (Global Positioning System) bekam. Es dient in erster Linie militärischen Zwecken, ein bestimmtes Signal ist jedoch auch frei nutzbar. Ein Großkunde könnte die Verkehrsluftfahrt werden, wenn alle Satelliten auf ihren Bahnen sind. Aber das ist noch nicht entschieden.

1979 wurde die erste GPS/Navstar-Testphase abgeschlossen. Im Dezember 1980 befanden sich bereits sechs GPS-Satelliten auf ihren Bahnen. Ursprünglich sollten insgesamt 24 Satelliten im Raum plaziert werden, aber das Programm wurde auf 18 reduziert, die nun bis 1989 voll betriebsbereit sein sollen.

Während beim NNSS nach dem Dopplerverfahren nur Laufzeitdifferenzen erfaßt und verarbeitet werden, basiert das GPS-Verfahren auf der direkten Entfernungsmessung über die Laufzeit der vom Satelliten abgesendeten Signale. Die Ergebnisse sind nur deswegen verwertbar, weil vor allem in den Satelliten hochgenaue Atomuhren eingebaut sind, die eine »Entfernungsbestimmung durch Uhrenvergleich« gestatten. Das GPS besteht aus drei Gerätegruppen: den Satelliten, Bodenstationen und den Empfangsanlagen. Die Hauptkontrollstation zur Bahnverfolgung und Betriebsüberwachung befindet sich im kalifornischen Vandenberg, unbesetzte Überwachungsstationen liegen in Alaska, Hawaii und Guam.

Global Positioning System

Beginnen wir beim Satelliten, um das Zusammenspiel mit den vier Bodenstationen, den vier jeweils erforderlichen Satelliten und der Empfangsanlage an Bord eines Flugzeuges prinzipiell zu verstehen: Der Satellit führt seine Bahnelemente elektronisch gespeichert mit sich und sendet sie zur Erde. Dort werden sie vom Flugzeug und den Bodenstationen empfangen. Auf die Trägerfrequenz im

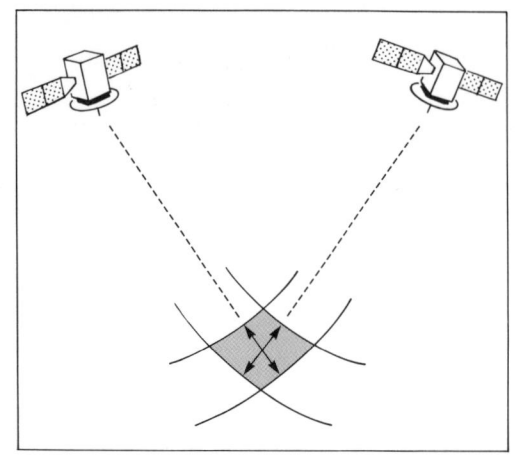

Oben: Bei der Satellitennavigation sind die Standlinien hyperbolisch gekrümmt. Theoretisch befindet sich das Fahrzeug an der Schnittstelle zweier solcher Standlinien. In der Praxis hält es sich aber in einem Gebiet auf, das hier als graue Fläche markiert ist.
Rechts: Übersicht über das im Ausbau befindliche Navsat-System.

1,5-Gigahertz-Bereich sind die Bahndaten und Zeitmarken aufmoduliert. Daraus errechnet der Flugzeugcomputer für jeden Meßzeitpunkt die Satellitenposition bezogen auf sein erdfestes Referenzsystem. Er kann das, weil die Informationen vom Satelliten jeweils mit ihrer exakten Absendezeit versehen sind. Festgestellt wird allerdings eine sogenannte Pseudolaufzeit, denn die Satelliten- und die Flugzeuguhr laufen nicht synchron. Entsprechend falsch ist die errechnete Entfernung zum Satelliten. Werden von einem Standort aus dagegen Pseudolaufzeiten von jeweils vier Satelliten festgestellt, sieht die Sache anders aus. Dann hat der Rechner im Flugzeug vier Gleichungen mit vier Unbekannten zu lösen, in denen vier Pseudolaufzeiten und je drei Koordinaten von insgesamt vier Satelliten bekannt sind. Unbekannt sind die drei Positionskoordinaten des eigenen Luftfahrzeugs und die Uhrzeitdifferenz zur GPS-Zeit.

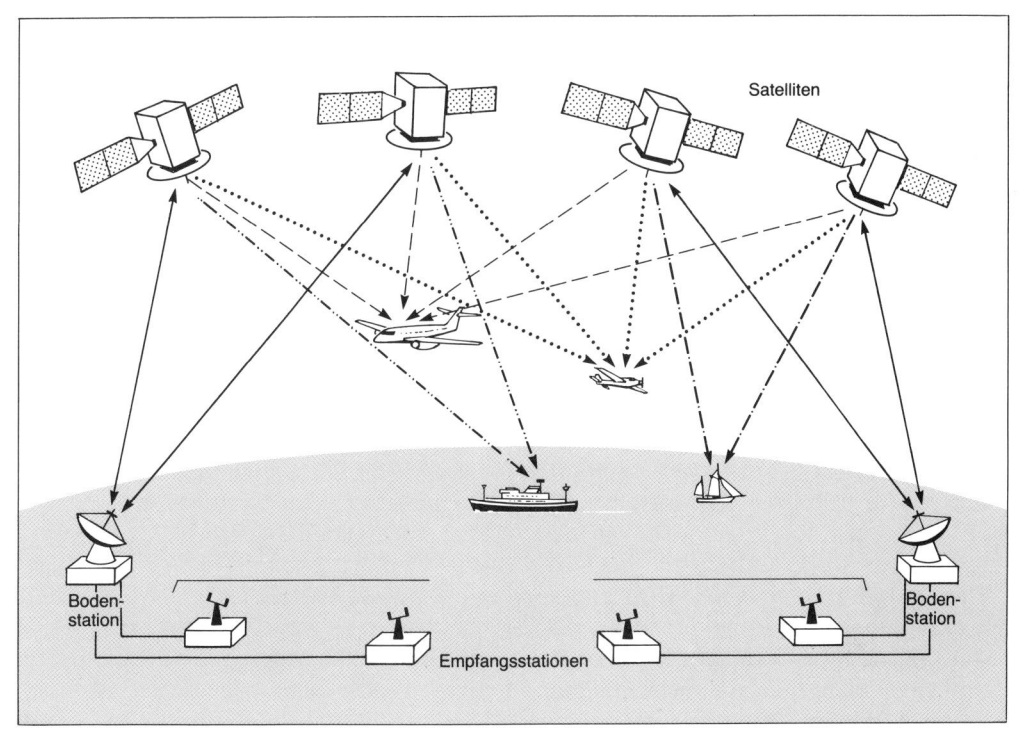

Bezugszeit für alle Gruppen, die im Spiel sind, nämlich die Bodenstationen, die Satelliten und die Navigationsanlagen, ist die GPS-Systemzeit. Die vier Bodenstationen entsprechend zu synchronisieren, ist verhältnismäßig einfach. Dagegen ist die Satellitenzeit gegenüber der Bodenzeit mit Abweichungen behaftet, die von der Kontrollstation ermittelt werden, um sie in die Berechnungen einfließen zu lassen. Etwa alle 24 Stunden werden zahlreiche Korrekturen, die vor allem die Bahnelemente und die funktechnischen Größen betreffen, nach oben zum Satellitencomputer geschickt. Welche von den Satelliten übermittelten Informationen wie zu korrigieren sind, ermittelt der Computer in der zentralen Kontrollstation im Verlaufe seiner ununterbrochenen Tagesarbeit. Er bedient sich dazu im Prinzip ebenfalls des angesprochenen Gleichungssystems mit vier Unbekannten. Diesmal gelten allerding die Positionskoordinaten eines Satelliten als unbekannt. Die Gleichungen sind wiederum lösbar, weil die Koordinaten der vier Bodenstationen und die Pseudolaufzeiten der Satellitensignale zu ihnen bekannt sind.

Der Empfang und die Auswertung der Satellitensignale kann an Bord eines Flugzeuges vollautomatisch ablaufen. Übergibt man dann die gewonnenen Navigationsdaten dem Trägheitsnavigationssystem und dem Autopiloten, so merkt der Pilot gar nicht, wie er von Satelliten ans Ziel geführt wird. Längst laufen auch militärische Versuche, Landfahrzeuge mit Hilfe von Navigationssatelliten zu leiten. Dabei ergeben sich natürlicherweise neue Schwierigkeiten bei der Auswertung der Signale, denn diese werden von Gebäuden und Bergen abgeschirmt und reflektiert und können bis zur Unbrauchbarkeit verfälscht werden. Trotzdem ist es keine Utopie, daß Satelliten in 20 000 Kilometer Höhe einmal Polizei- und Rettungsfahrzeuge bei großräumigen Einsätzen an ihre Einsatzorte führen.

Götz Weihmann
STIERKAMPF AUF PORTUGIESISCH

Alcochete liegt an der Ostseite der Tejo-Bucht, nicht weit von der Hauptstadt Lissabon. Es ist ein völlig unscheinbares und auch wohl bedeutungsloses Dorf. Aber es hat eine Stierkampfarena, und hier wird morgen um 17 Uhr eine »Corrida de Touros« stattfinden. Zwei berühmte Stierkämpfer sind angekündigt, dazu zwei der bekanntesten Kämpfer zu Pferde sowie eine Gruppe von »Forcados amadores do barrete verde«. Wörtlich übersetzt heißt das »Amateur-Stiertreiber mit der grünen Mütze«. Sie sind es, die dem Stierkampf in Portugal seine besondere Note geben – sie und auch die anderen Teilnehmer zu Fuß und zu Pferde. Denn der portugiesische Stierkampf verläuft im Gegensatz zum spanischen und mexikanischen unblutig: Das Tier verläßt die Arena nach dem Schauspiel zwar müde und abgekämpft, doch quicklebendig und so gut wie unverletzt. Für die Menschen ist die Sache schon riskanter! In dieser Art des sportlichen Kampfes zeigen sich geradezu symbolhaft die beiden hervorstechendsten Wesenszüge des Portugiesen: der ritterliche und der bäuerliche.

Trotz der stürmischen Nachfrage gelingt es mir, am Kartenhäuschen an der Avenida da Liberdade in Lissabon noch eine Sombra-Eintrittskarte zu bekommen, einen Platz also im Schattenbereich des Zuschauerrunds. »Sombra« ist natürlich teurer als »Sol«, als ein Sonnenplatz. Wer nicht recht weiß, was er nehmen soll, wählt »Sol-Sombra«. Dann hat er die erste Stunde Sonne, und in der zweiten genießt er den Schatten.

Früh am anderen Tag breche ich auf. Der Weg von Lissabon nach Alcochete ist umständlich, wenn man nicht die Fähre benutzen will. Aus 15 Kilometer Luftlinie werden 45 oder gar 75 Kilometer Straßenfahrt. Denn dazwischen liegt das Mar da Palha, das »Strohmeer«, wie man die Mündungsbucht des Tejo nennt. Erst weiter stromaufwärts, bei Vila Franca de Xira, erlaubte der mächtige Fluß einen ersten Brückenschlag. Es ist ein kühnes Bauwerk, das hier den breiten Strom bezwingt: die Ponte Marechal Carmona, fast anderthalb Kilometer lang und im Jahre 1951 eingeweiht. Später, im Jahre 1966, kam bei dem südlich gelegenen Lissaboner Vorort Belém ein zweites, gewiß noch kühneres Bauwerk hinzu: die 2,3 Kilometer lange Salazar-Brücke über den hier gut 2 Kilometer breiten Fluß, den sie in 70 Meter Höhe überspannt.

Zur Abwechslung nehme ich den ersten, etwas weiteren Weg, den über die Ponte

Jedes Jahr findet in Vila Franca de Xira, dem portugiesischen Zentrum der Stierzucht, das »Eintreiben« der Stiere, die Espera de touros, durch die Straßen statt. Jeder junge Mann kann seinem Mädchen zeigen, wieviel Mut er hat! Foto Internationales Bildarchiv Irmer

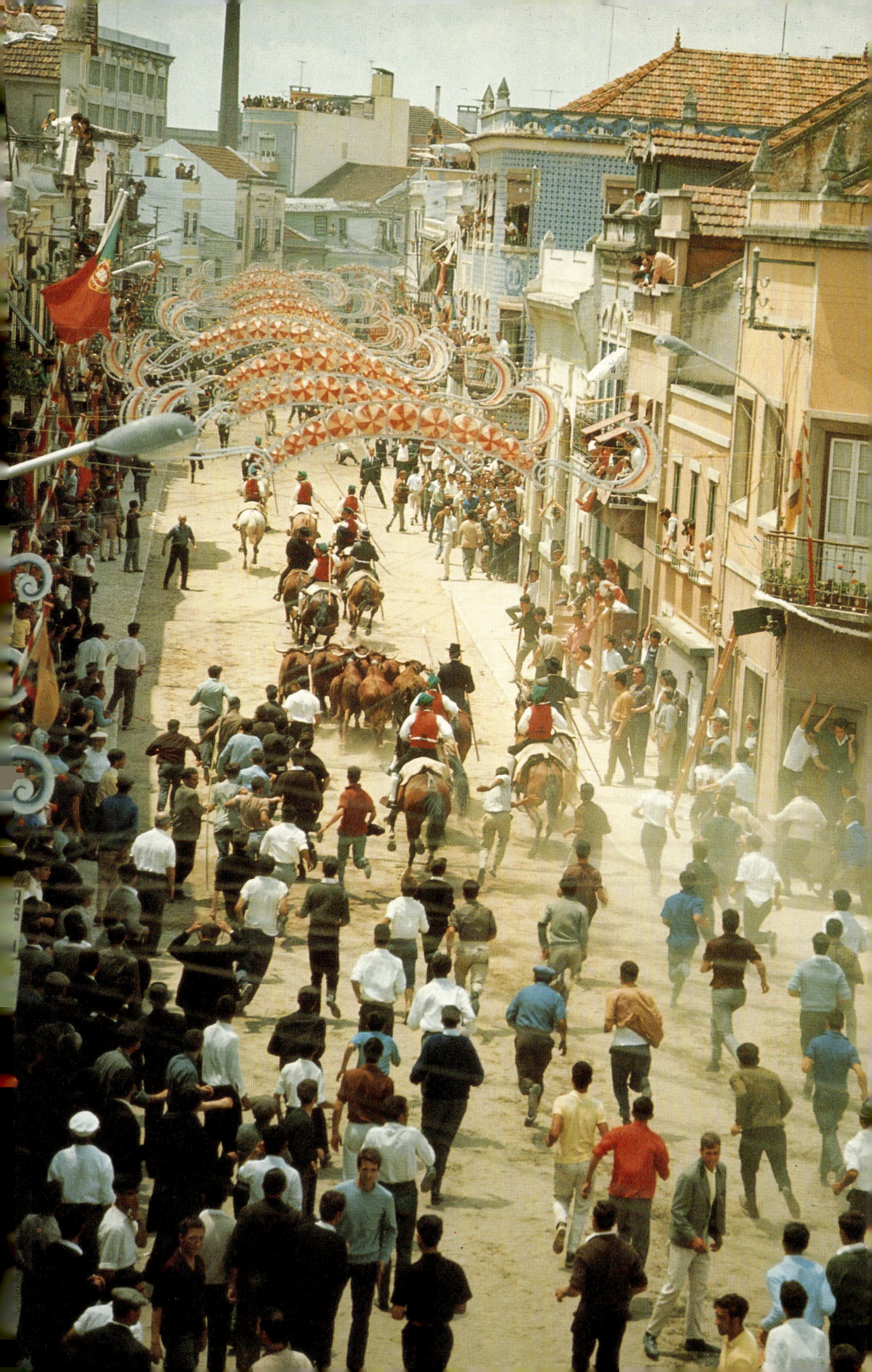

Marechal Carmona. Jenseits des Flusses verwandelt sich die Landschaft: Es sind nicht mehr die hügelig-bewegten Formen der Provinzen Estremadura und Ribatejo, sondern das weite Flachland des Alemtejo (além-Tejo = jenseits des Tejo). Der Unterlauf des Tejo ist, wie selten sonst ein Strom, eine deutliche geologische Scheidelinie.

Das Volksfest

Kilometer um Kilometer führt die Straße jetzt schnurgeradeaus. Links und rechts Felder, einmal auch ein schöner Eukalyptushain. Kaum Dörfer. Kurz vor Alcochete geht es ganz dicht an die seenartige Mündungsbucht des Stromes heran. Hier gewinnen die Menschen in Verdunstungsbecken Meersalz. Weithin leuchten die hohen weißen Kegel der Salzpyramiden über das sumpfig-brackige Flachland.

Und dann bin ich in Alcochete. Die Dorfstraße ist wie zu einem Volksfest mit grellbunten Girlanden geschmückt. Es ist auch ein Volksfest, was heute stattfindet! Die Autonummern zeigen an, daß die Leute von weither gekommen sind, um »ihre« Helden der Arena und nicht zuletzt die Forcados der Rinderzuchtstätten des Alemtejo zu sehen.

In den Straßen herrscht ein fröhlicher Trubel. Alles quirlt durcheinander. Noch immer kommen neue Besucher. Händler drängen sich durch die Massen. »Uma boné do sol – eine Sonnenmütze?« schreit einer herüber. »Limonada?« ein anderer. Der Mützenhändler hat sie selber zurechtgebastelt, die papiernen Sonnenschilde. Und dann die fliegenden Kartenhändler, die kleinen Spekulanten, die sich rechtzeitig ein paar Dutzend Eintrittskarten zu verschaffen wußten und sie nun ums Doppelte an den Mann zu bringen suchen: »Sombra faz favor? Solsombra? Die letzte Gelegenheit!«

Die Arena ist kreisrund, die Ränge steigen ringsum in Stufen bis zur Umfassungsmauer an. Von oben bietet sich ein überaus buntes Bild: die Zuschauer als farbige Tupfer in einer unbestimmten Masse, in der Mitte der gelbe Sand der noch leeren Kampfstätte, gleißend im Licht der glühenden Nachmittagssonne. Welch ein Kontrast: diesseits der hölzernen Schutzbarriere die Versammlung der Menschenmassen, abgeschirmt von jeder Gefahr, jenseits der Sperrwände die Einsamkeit des Kampfplatzes ohne Möglichkeit der Rettung. Dieser Kontrast zwischen Geborgenheit und äußerster Gefahr erklärt vielleicht die Erregung, die jeden Anwesenden befällt, noch ehe das Kampfspiel beginnt.

Reitkünste in der Arena

Ein Fanfarenstoß! Der Präsident hat das Zeichen zur Ouvertüre gegeben. Im Barrierenrund öffnet sich ein Doppeltor, die Teilnehmer marschieren ein. Voran die »Cavaleiros«, die Matadore zu Pferde, beide in der höfischen Tracht des Mittelalters, der eine in Rot, der andere in Blau. Ihnen folgt die Gruppe der acht Forcados in knappsitzenden knallroten Jacken, mit roten Schlipsen, grauen Kniehosen, weißen Strümpfen, braunen Halbschuhen und als besonderem Kennzeichen einer wollenen grünen Zipfelmütze. Ihnen schließen sich zwölf Toreros zu Fuß an. Ihre Kleidung ist ganz die des spanischen Stierkämpfers, und wie die Spanier tragen sie beim Einmarsch den linken Arm in einer Bandschlinge. Den Schluß bilden zwei hemdsärmelige zipfelbemützte Viehhirten mit einer merkwürdigen langen Stange.

Die Kämpfer verteilen sich in Gruppen über die Arena. Und dann zeigen die beiden Matadore zu Pferd zunächst ihre Reitkunst: Piaffieren – Traben auf der Stelle; Traversieren – quergehend die Bahn durchreiten; dann die Levade – Aufrichten des Pferdes auf der Hinterhand... Bewundernd, aber auch kritisch-kenntnisreich verfolgen die Zuschauer die edlen Gangarten der Hohen Schule. Und dann formiert man sich zum Ausmarsch, während die Kapelle eine flotte Weise intoniert.

Wieder ein Trompetenstoß! Der eigentliche Kampf, der erste von acht, beginnt. Aus dem Barrierentor gegenüber der Präsidentenloge stürzt ein Koloß. Er stutzt, geblendet von der Sonne, denn er kommt aus dem dunklen Stall. Man hat den Stier vorher auf die Waage gebracht: 462 Kilogramm! Aber – und das ist wieder etwas Besonderes am portugiesischen Stierkampf – die Hörner sind mit einem Lederschutz überzogen. Dem Kampf Mensch gegen Tier soll die Schärfe genommen werden. Der Portugiese will mutigen »Sport« sehen, zwar mit einem gewissen Risiko, doch ohne tödliche Gefährdung.

Der Kampf beginnt

Der Bulle scharrt im Sand – ein Zeichen, daß er in Kampfstimmung ist. Der Cavaleiro, der soeben in die Arena einreitet, merkt es sofort. Schon die erste Lockung bringt den Stier in Bewegung: Er rast auf den Reiter zu, der sich dem Angriff mit einer eleganten Wendung entzieht. Und nun beginnt ein Schauspiel, das sich von den Verhältnissen auf den großen Rinderfarmen ableitet. Denn wo immer Rinder freilebend gezüchtet werden, müssen die Reiter mit dem Stier fertig werden, müssen sie ihn abdrängen und absondern können, müssen sie auf unerwartetes Verhalten des Tieres gefaßt sein. Und dazu dienen die Reitkünste, die uns jetzt vorgeführt werden. Der Matador lockt und reizt das Tier, bis es erneut auf ihn ansetzt. Auf Meterentfernung läßt er es herankommen, dann schnellt sein Pferd aus dem Stand nach vorn und dreht in vollem Galopp zur Seite ab. Der Stier rast an ihm vorbei.

Beim nächstenmal nähern sie sich beide in vollem Schwung und in spitzem Winkel. Der Reiter reißt sein Pferd in letzter Zehntelsekunde nach der entgegengesetzten Richtung herum, und wieder hat der Kampfgegner das Nachsehen.

Ebenso erstaunlich wie die Wendigkeit des Matadors ist die Ruhe und Sicherheit des Pferdes angesichts seines wutschnaubenden Gegners. Völlig unbeirrt überläßt es sich der Zügel- und Schenkelführung des Reiters. Keinerlei Zeichen von Angst, keine Bewegung, die nicht der Reiter veranlaßt hätte.

Damit diese Kontrolle und das zentimetergenaue Arbeiten allen deutlich sichtbar wird, setzt der Matador vom galoppierenden Pferd aus in schnellem Vorbeiritt eine und noch eine und dann noch dreimal eine »Banderilla« in den Nacken des Tieres, den buntgebänderten Holzstock mit der Eisenspitze. Wohl werden dabei ein paar Tropfen Blut auf dem Rücken des Stieres sichtbar, doch ist das Ganze nicht schlimmer als bei uns der Stich mit der Impfspritze.

Die Kraftmänner mit den grünen Zipfelmützen

Der Neun-Zentner-Bulle schüttelt sich, um das lästige Zeug loszuwerden, und will sich erneut seinem Gegner zuwenden. Aber der Reiter hat die Arena bereits verlassen, und die Forcados betreten den Kampfplatz.

Die Männer sind waffenlos, nicht einmal ein Lasso schwingen sie in ihren Händen. Sie verlassen sich auf ihre kräftigen Arme mit Fäusten wie Schraubstöcke, und sie haben eine gehörige Portion Mut.

Der Stier hat sich an die gegenüberliegende Seite zurückgezogen und schaut ein wenig verwundert dem Aufzug der Forcados zu, die in roter Jacke und grüner Zipfelmütze im Gänsemarsch, einer hinter dem anderen, mitten durch die Kampfbahn langsam auf ihn zukommen, der vorderste, zweifellos mutigste mit herausfordernd hochgerecktem Oberkörper und die Hände selbstsicher in die Hüften gestützt, die anderen rechts und

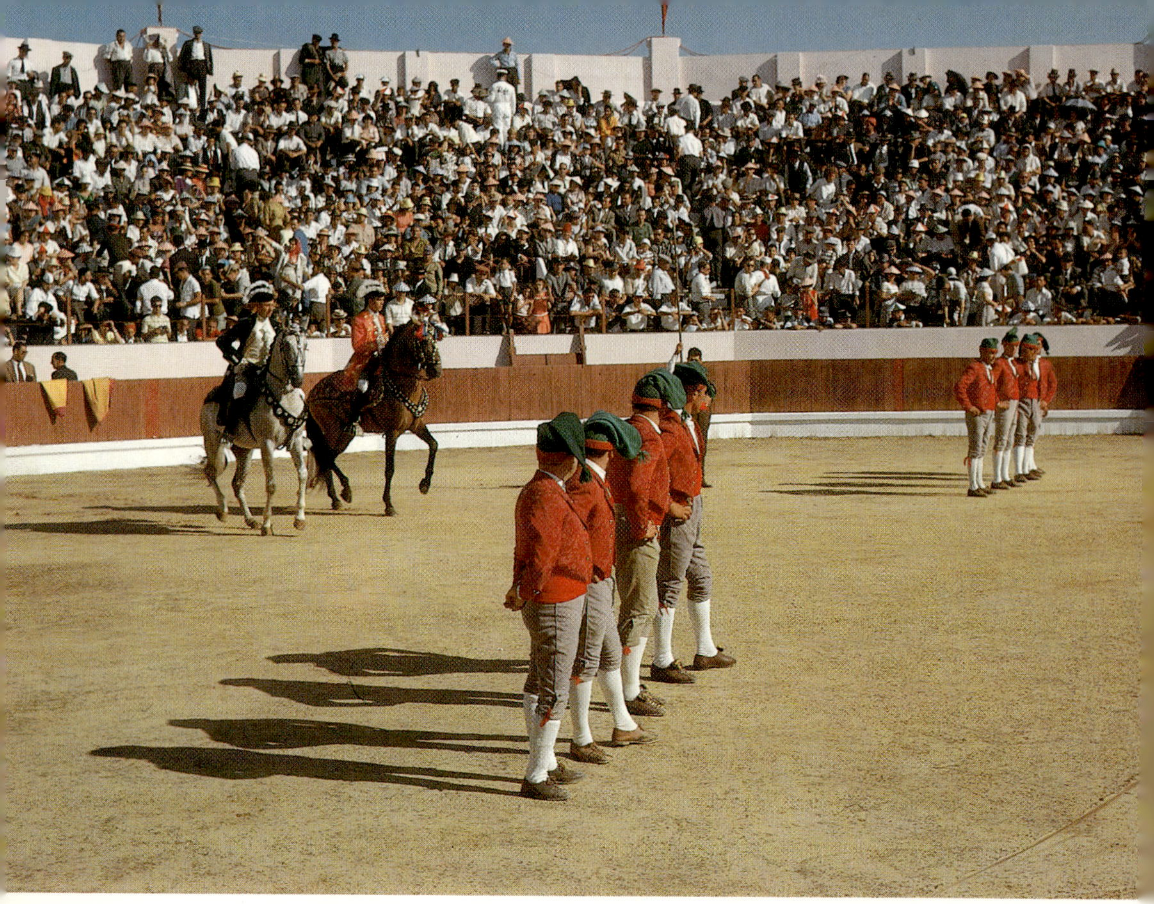

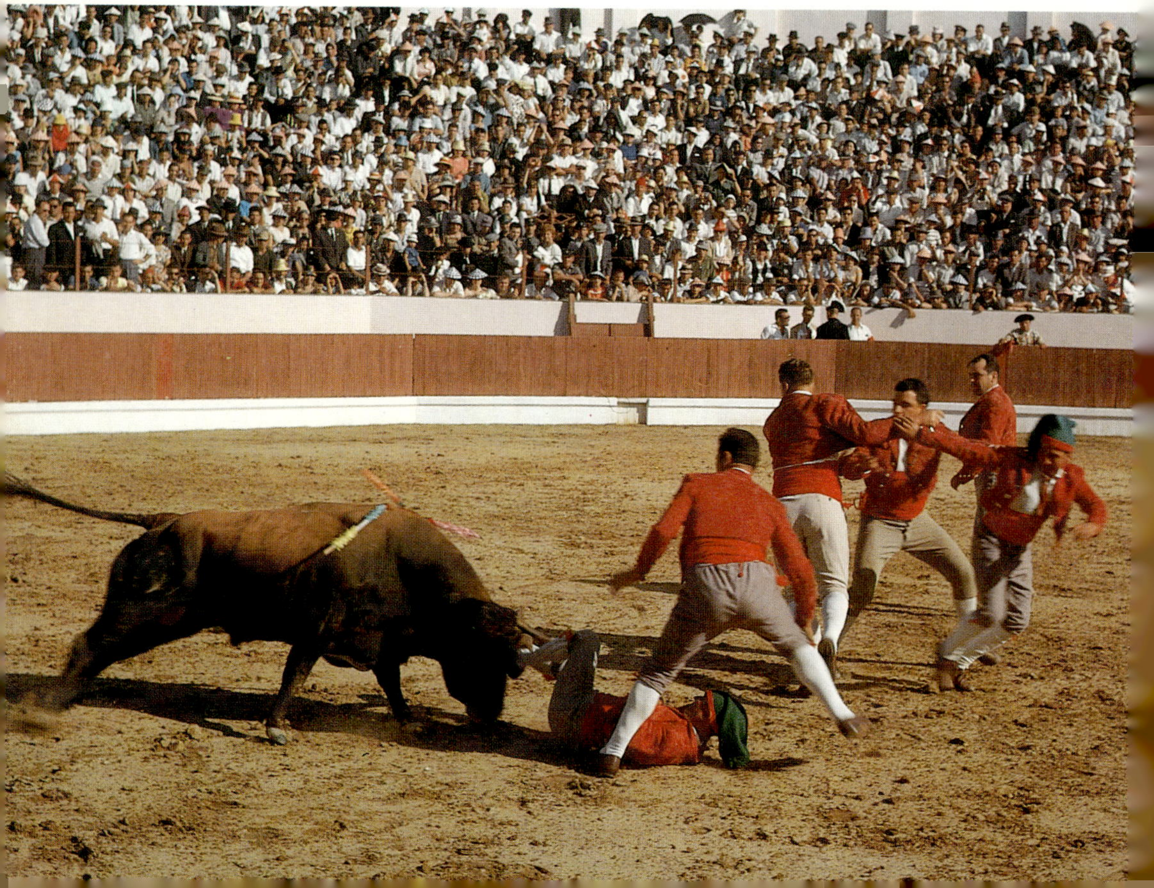

Vier Phasen im unblutigen portugiesischen Stierkampf. Oben links der Einmarsch der Kämpfer, der Cavaleiros und vor allem der Forcados. Unten links: Der Kampf des Reiters mit dem Stier – ein Bravourstück sondergleichen. Oben rechts marschieren die Forcados im Gänsemarsch auf den Stier zu, der schon in Kampfstimmung ist. Der mutige Vordermann ruft den Stier an: »Ai touro!« und stürzt sich ihm zwischen die Hörner, wenn dieser angreift. Unten rechts: Gefährlich ist der Stierkampf vor allem für die Menschen... Fotos Weihmann

Letzter friedlicher Akt im Stierkampf: Viehhirten dirigieren Kühe in die Arena, und diese geleiten den besiegten Stier unter dem beruhigenden Gebimmel ihrer Glocken hinaus. Foto Weihmann

links an ihm vorbeilugend und die Arme schon in Bereitschaft des Zupackens.
Der Stier hat die Lage jetzt erfaßt. Er geht ein paar Schritte vor, trabt an und rast schließlich mit der Wucht einer Lokomotive auf die Menschenschlange zu. Noch fünf Meter, noch drei, zwei... Da setzt der vorderste Forcado zum Sprung an, wirft sich dem Gegner zwischen die Hörner, umgreift den dicken Hals und klammert sich fest. Im gleichen Augenblick umstellen die übrigen Kraftmänner das Tier, packen es an Leib, Beinen und Schwanz, um es wehrlos zu machen.

Der Stier bäumt sich auf, und der Mann zwischen den Hörnern fliegt in hohem Bogen in den Sand; zwei andere werden beiseitegeschleudert, die letzten müssen schleunigst das Weite suchen. Schon eilen bereitstehende Toreros heran, wedeln mit ihren lilaroten Capas und locken den Gegner aus dem Bereich der Forcados. Schließlich bleibt das Tier ärgerlich stehen. Den ersten Angriff hat es erfolgreich abgeschlagen.
Der zweite erfolgt auf dieselbe Weise. Wieder trifft es den vordersten der Kraftmänner, so daß man ihn hinter die Sperrwand schaffen muß, wo ein Arzt dem völlig Benommenen etwas Blut von der Stirn tupft. Von einem Stierschädel hin- und hergebeutelt zu werden, ist keine Kleinigkeit!
Doch schon ist der Hörnermann wieder zur Stelle, wagt den dritten Angriff. Und diesmal gelingt es. Von allen Seiten eingekeilt und von starken Fäusten gehal-

ten, ergibt sich der Stier endlich seinen Gegnern. Sein Aggressionstrieb ist erlahmt, Zorn und Kampfeslust sind verraucht. Die Tausende auf den Rängen klatschen Beifall.

Forcados – Männer mit Mut

Was sind das für Männer, diese Forcados? Was befähigt sie zu diesen Kraftakten? Es sind Viehhirten von den großen Rinderzuchtstätten, den weitläufigen Landsitzen im Süden Portugals, die man dort »Quintas« nennt. Der Umgang mit Stieren ist diesen Männern tägliches Brot. Sie kennen die Tiere – ihre Kräfte, ihre Reaktionen, aber auch ihre Ungeschicklichkeiten und Schwächen. Nur deshalb sind sie in der Lage, das zu zeigen, was man nur hier in Portugal sehen kann: den Faustkampf mit wilden Zuchtstieren. Ein bäuerlich-urwüchsiges und sportliches Schauspiel und ein überaus traditionsreiches dazu.

Das Kampfspiel hat noch einen dritten Akt. Wieder öffnet sich eines der Tore, und herein kommen sieben Kühe mit umgehängten Glocken. Sie sollen den Stier endgültig besänftigen und aus der Arena hinausgeleiten. Jetzt greifen auch die beiden Viehhirten mit ihren langen Stangen ein: Die Stangen quer vor sich hertragend, dirigieren sie die Kühe so, daß der Stier in ihre Mitte kommt und weder nach rechts noch nach links entweichen kann. Wieder jubelt die Menge, denn leicht ist auch dieses Manöver nicht. Im Geleit der Kühe verläßt der besiegte Stier die Arena und wird in seinen Stall zurückgebracht.

Acht Stiere sind für diesen Nachmittag in Alcochete angekündigt. In vier Kämpfen stehen den Stieren nur Toreros und Matadore zu Fuß gegenüber. Im äußeren Bild verlaufen diese Kämpfe wie in Spanien – mit zwei Ausnahmen: Es gibt auch bei diesen Auftritten keine blutige Lanzenarbeit und keinen Todesstoß. Über Sieg oder Niederlage entscheidet die geschickte Handhabung des scharlachroten Tuches, das übrigens nicht durch seine Farbe, sondern allein durch seine Bewegung auf den Stier wirkt, entscheiden mutige Stellungen und Schritte, blitzschnelle Ausweichbewegungen, Körperwendungen und als Höchstes die gespannte Abwehrbereitschaft beim Hinknien vor dem allmählich ermüdeten, aber noch immer unberechenbaren Kampfstier. Wohl führt auch der portugiesische Matador einen Degen unter der »Muleta«, dem Scharlachtuch; aber er trägt ihn nur als Ehrenzeichen und im übrigen als praktischen Halter für die Muleta. Ein einziges Mal ist in den letzten Jahren in Portugal einem Kämpfer das Temperament durchgegangen: Er zog den Degen und tötete den Stier. Er hat sein unritterliches Verhalten mit einer Gefängnisstrafe gebüßt.

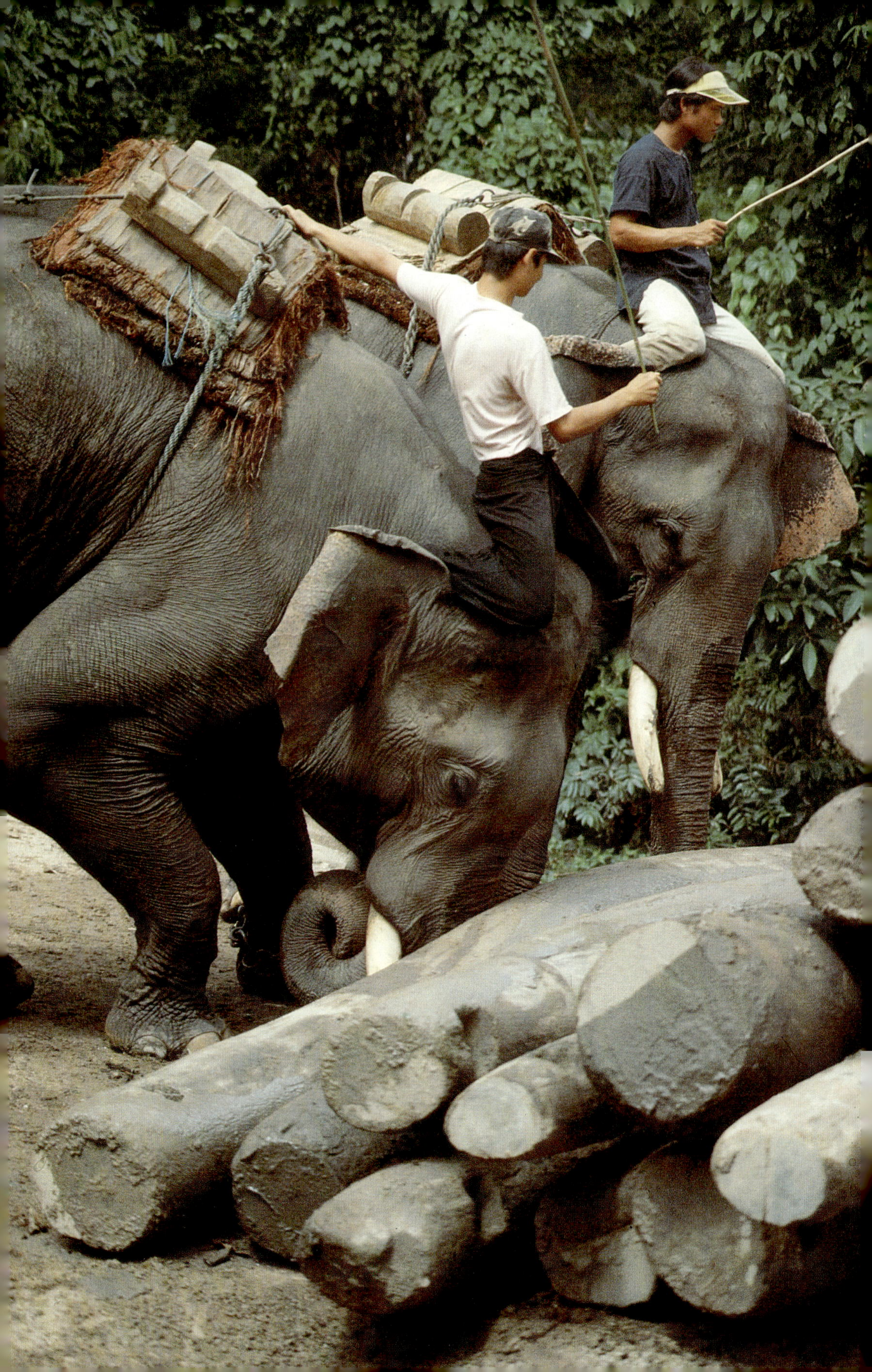

Gerhard Gronefeld
SIND DIE ELEFANTEN NOCH ZU RETTEN?
Bullenhaltung und Zucht weitab der Heimat

Die letzten Zahlen sind erschreckend. In ganz Süd- und Südostasien von Indien und Nepal über Burma, Thailand, Laos, Kambodscha und Vietnam, bis hinunter nach Malaysia, Sumatra und Borneo gibt es von den einstigen Hunderttausenden nur noch ein paar zehntausend Elefanten. Ihr Bestand nimmt seit Beginn dieses Jahrhunderts in einem solchen Ausmaß ab, daß sie heute auf der »Roten Liste« der vom Untergang bedrohten Tiere stehen.

Der Inhalt des Blattes »Der Asiatische Elefant« aus dem »Red Data Book«, dessen Zeilen auf Zählungen und Schätzungen der »IUCN/SSC Asian Elephant Group« basieren, läßt bestürzt aufhorchen.

Auf dem afrikanischen Riesenkontinent vollzieht sich eine ähnlich traurige Entwicklung, wenn auch die augenblickliche Kopfzahl der Afrikanischen Elefanten auf den ersten Blick darüber hinwegtäuscht. Aber von den Millionen grauer Riesen, die noch vor hundert Jahren den Schwarzen Erdteil bevölkerten, ziehen heute vielleicht noch 1,2 bis 1,5 Millionen auf ihren immer kürzer werdenden Wegen durch Steppe, Savanne und Regenwald. Bernhard Grzimek schätzte ihre Zahl in den siebziger Jahren sogar noch weit geringer: auf 350 000!

Die Schuld an dieser besorgniserregenden Entwicklung trägt eindeutig und allein der Mensch mit seiner Überbevölkerung und seiner Gier nach Elfenbein. Die Besiedelung und Kultivierung drängt das größte Landtier unserer Erde immer mehr aus seinen angestammten Lebensräumen. Ist dem noch Einhalt zu gebieten? Wo könnte man ansetzen, wo zeigt sich ein Weg?

Namhafte Zoologen, Wissenschaftler, Verhaltensforscher, Tierärzte und Tierschützer dringen seit Jahrzehnten darauf, mit den Elefanten, die sich in Menschenhand befinden, konsequent und weltweit zu züchten. Es ist eine beachtliche Großherde, was da an zahmen Elefanten aus zoologischen Gärten, Zirkussen und den Beständen der Arbeitselefanten Asiens zusammenkommt, Tausende von Tieren sind das.

Dressur Afrikanischer Elefanten?

Die Afrikanischen Elefanten stellen in einem umfassenden Zuchtplan einen beängstigend geringen Teil. Man kann nur auf Tiere in Zoos und Zirkussen zurückgreifen. Afrika kennt nämlich keine dressierten Arbeitselefanten, wenn man von den zwei Dutzend zahmer Tiere absieht,

Ein Großteil der Wälder in Nordthailand ist abgeholzt, und Arbeitselefanten finden kaum mehr eine Beschäftigung. Mit Leichtigkeit tragen oder ziehen sie Baumstämme und verhalten sich dabei sehr geschickt. Foto Gronefeld

die im zairischen Gangala na Bodio und am Epulufluß gehalten werden.

Afrikanische Elefanten zu zähmen, geht nicht auf afrikanische Ideen zurück. Schwarze Menschen kamen niemals auf den Gedanken, einen Elefanten zu fangen, um ihn zu zähmen und sich seine Kräfte dienstbar zu machen. Er bedeutete für sie nur Fleisch und Elfenbein. Als der Kongo, das heutige Zaire, noch belgische Kolonie war, hatte der dort stationierte Major Laplume eine faszinierende Idee. Er trug sie seinem Landesherrn, dem König Leopold II., vor und stieß auf begeisterte Zustimmung: Wenn es die Zeitgenossen Hannibals vor mehr als 21 Jahrhunderten fertiggebracht hatten, den heute längst ausgestorbenen Atlas-Elefanten, eine nordafrikanische Unterart, zu zähmen, könnten das doch die Belgier wiederholen, zumindest aber versuchen.

Laplume ließ acht Mahouts, indische Elefantenlehrer, aus Asien anreisen, überredete die Elefantenjäger des Mangbetu-Stammes, einige Jungtiere zu fangen, und trat alsbald den Beweis an, daß auch ein Afrikanischer Elefant genauso wie sein indischer Verwandter zum Helfer der Menschen zu erziehen ist.

Um 1940 standen 80 dressierte Elefanten in Gangala na Bodio und anderen Stationen. Mit ihren Mahouts – inzwischen hatten die herbeigerufenen Inder Mangbetu-Leute zu Elefantenführern herangeschult – wurden die Tiere an Farmer zu Schwerstarbeiten gegen gutes Entgelt ausgeliehen.

Nach der Selbständigkeit und dem Abzug der belgischen Kolonialmacht im Jahr 1961 schlief das Interesse an der Arbeit mit gezähmten Elefanten sehr rasch ein. Aus Prestigegründen hält man heute noch in Gangala na Bodio und am Epulufluß im Ituri-Urwald ein paar Tiere, zuwenig, um mit ihnen erfolgreich züchten und den Fortbestand des afrikanischen Elefanten sichern zu können. Das bleibt offensichtlich die Aufgabe der zoologischen Gärten.

Die Musth

Von den Schwierigkeiten der Elefantenzucht machen sich Außenstehende keine Vorstellung. Elefantenbullen sind in Gefangenschaft unberechenbar und gefährlich; sie zählen zu den Problemtieren der Zoos. Die geballte Kraft der Bullen verbindet sich in unregelmäßigen Abständen mit Wutanfällen, die das Tier urplötzlich zu einer tödlichen Gefahr für den Menschen werden lassen. Diesen Zustand nennt man mit einem indischen Wort Musth. Seine Ursachen sind bis heute noch unerforscht und haben mit der Brunst nichts zu tun. Der Austritt eines dickflüssigen und stark riechenden Sekrets aus einer Drüse zwischen Ohrrand und Augenwinkel zeigt ihren Beginn äußerlich erkennbar an. Die Musth kann mehrere Stunden bis Wochen anhalten. In dieser Zeit ist der Bulle nicht nur höchst unzuverlässig, sondern äußerst aggressiv, taub und blind gegen jeden Besänftigungsversuch.

Eine Dokumentation »Elefantenhaltung in Zoos« der Münchener »Zoologischen Gesellschaft für Arten- und Populationsschutz«, die bisher die Schicksale von rund 300 Elefantenbullen in Europa und den USA seit 1880 erfaßt hat, stellt fest: »Der überwiegende Teil der gehaltenen Elefantenbullen mußte vor Erreichen des 20. Lebensjahrs (die meisten zwischen 10 und 16 Jahren) aufgrund aggressiven Verhaltens getötet werden. Unzureichende Haltungseinrichtungen, speziell die fehlenden Sicherheitsvorkehrungen sind der Grund für eine Kette von tragischen Unfällen des Pflegepersonals. Auf jeden gehaltenen Elefantenbullen kommt im Durchschnitt ein toter oder schwerverletzter Elefantenpfleger.«

Unberechenbare Bullen

Kein Jahr vergeht ohne eine Nachricht von einer solchen Tragödie in Zoo oder Zirkus. 1984 wurde ein Pfleger des Zoos

Wolfgang Ramin vom Zoo in Hannover ist der einzige Elefantenpfleger in Europa, dem ein Elefantenbulle auch während der Musth gehorcht. Ramin kann es wagen, zu seinem »Tembo« ins Abteil zu gehen und ihm die Ketten anzulegen. Foto Gronefeld

im britischen Bekesborn von einem Elefantenbullen getötet; ein anderer verlor sein Leben in Österreich bei einem Gastspiel der Elefantengruppe des Schweizer Zirkus Knie; einen dritten verletzte eine Elefantenkuh im Zoo von Wuppertal schwer. Man kann willkürlich Jahrgänge aus den Annalen herausgreifen: 1951 tötete »Salim«, ein afrikanischer Steppenelefant, seinen Pfleger Günther Lenz im Berliner Zoo, und den grausamen Tod seines Tierpflegerkameraden Hans Riedtmann im Zoo von Zürich am Heiligen Abend des Jahres 1947 wird Fritz Bucher, heute Tierinspektor im selben Zoo, nie vergessen:

»Mit Hans Riedtmann zusammen arbeitete ich im Elefantenstall. Im gleichen Abteil wie ›Manjula‹, die indische Elefantenkuh, stand der Bulle ›Chang‹. Vor ihm, so hatte mir Riedtmann eingeschärft, müsse man sich besonders vorsehen. Der Bulle war nach einem gräßlichen Erlebnis unzuverlässig geworden. Eines Nachts nämlich war eine anscheinend geistig umnachtete Frau, die sich hatte im Zoo einschließen lassen, über

Jeden November findet in der ostthailändischen Stadt Surin das große Elefantentreffen statt. Aus allen Landesteilen kommen hier bis zu 200 Elefanten zusammen. Für die vielen Touristen werden die Tiere als

Kriegselefanten herausgeputzt und zeigen die Technik einer mittelalterlichen Elefantenschlacht gegen die Burmesen. Foto Gronefeld

die Absperrungen hinweg zu ›Chang‹ geklettert. Am nächsten Morgen fand Hans den furchtbar zugerichteten Leichnam der Frau. Kurz danach gab es einen weiteren Zwischenfall. ›Chang‹ griff einen Pfleger ohne ersichtlichen Grund plötzlich an und zertrümmerte mit einem einzigen Rüsselschlag dessen Schlüsselbein. Es wird mir ewig unbegreiflich bleiben, daß nach diesen Vorkommnissen für die Sicherheit der Pfleger keine Konsequenzen gezogen wurden. Ja, noch einmal konnte ›Chang‹ einen Pfleger schwer verletzen. Das mächtige Tier drückte den Mann beim Heuvorlegen an die Wand. Mit Rippenbrüchen und einer schweren Schädelquetschung lieferte man ihn ins Krankenhaus ein. Und wieder geschah nichts zur Sicherheit der Pfleger!

Und dann kam der Weihnachtstag. Hans und ich taten Dienst. Wir hatten gerade ›Manjula‹ und ›Chang‹ hereingelassen. Hans legte wie immer der Elefantin zuerst die Ketten für die Nacht an. Ins Scheppern der Ketten hinein sagte Hans plötzlich zu mir: ›Ich habe vorhin mein Schlüsselbund an der Futterkammer steckenlassen. Holst du es mir, bitte?‹ Es dauerte ein paar Minuten, bis ich wiederkam. Schon vor dem Elefantenhaus hörte ich Schreie: ›Chang, zurück!‹ – ›Mein Gott!‹ durchschoß es mich: ›Sollte der Bulle wieder verrückt spielen?‹ Ich riß die Tür auf, es war furchtbar. Zwei Kollegen zogen Hans Riedtmann aus der Reichweite des ganz ruhig dastehenden ›Chang‹. Hans röchelte schwach, ein dünner Blutfaden sickerte aus seinem Mund. Auf dem Wege ins Spital noch starb mein Freund. Beim Anketten des Vorderfußes hatte ihn der Bulle plötzlich mit dem Rüssel umschlungen, mit der Masse seines Körpers an die Gitterstangen gepreßt und ihm mit einem kurzen Ruck den Brustkorb eingedrückt. Die splitternden Rippen hatten Herz und Lunge durchbohrt.

Ich weinte, ich schäme mich nicht – und eine heiße, ohnmächtige Wut packte mich. Das alles war doch vermeidbar gewesen, der Bulle selbst hatte die Alarmzeichen gegeben.« Drei Tage später wurde »Chang« erschossen.

Zuchtversuche

Seitdem kämpft Fritz Bucher für Pflegersicherheit im Zoo und die Reformierung der Bullenhaltung. Als Professor Heini Hediger 1954 die Leitung des Zoos übernahm, unterstützte er tatkräftig Buchers Anliegen in Sicherheitsfragen. Der Elefantenbullenstall aber blieb zum großen Leidwesen Hedigers aus finanziellen Gründen in der Planung stecken. Der Direktor traf eine entsagende, aber richtige Entscheidung: »Solange ich keine absolut sichere Unterbringung habe, kommt mir kein Bulle nach Zürich!« Und er beschränkte sich auf die Haltung weiblicher Tiere.

Nach zwanzig Jahren wurde Hediger von seinem langjährigen Zootierarzt Dr. Peter Weilenmann abgelöst. Der wandte sich sofort dem Elefantenproblem zu und hatte auch gleich eine Idee, wie er eine Elefantenzucht ohne einen Zürcher Bullen beginnen könnte: »Ich schicke einfach meine beste Elefantin auf Hochzeitsreise. Solange ich Tierarzt bin, bedrückte es mich zu sehen, wie viele zuchtfähige Elefantinnen in den zoologischen Gärten und den Zirkussen in aller Welt herumstehen und wie wenig Elefanten gezüchtet werden. Der Grund dafür ist die enorme Schwierigkeit, Bullen zu halten. Wir in Zürich wollten die Voraussetzungen zur Elefantenzucht schaffen. Aber als wir endlich unser neues Elefantenhaus errichten konnten, waren die Kosten so gestiegen, daß das Geld für den Bullenstall nicht mehr reichte.«

Wo aber gab es einen Bullen für Dr. Weilenmanns 12jährige »Thaia«? Viel Auswahl war da wirklich nicht. Im Hannoveraner Zoo, dem Ort erfolgreichster Elefantenzucht in Europa mit 16 asiatischen und drei afrikanischen Geburten,

Wolfgang Ramin kann sich im Zoo von Hannover getrost den gewaltigen Zähnen des Elefantenpaares »Tembo« und »Iringa« stellen. Auf Ramins Befehl legt sich der afrikanische Riese gehorsam in den Staub.
Foto Gronefeld

stand zwar der zuchtfähige asiatische Bulle »Siporex«, aber der Stall in Hannover war vollbesetzt. Blieb nur noch ein Platz: Kopenhagen. Hier bot sich für die Züricherin »Thaia« Raum und Gelegenheit zur Hochzeit mit dem bereits einige Male erfolgreichen Vater »Chiang-mai«, einem Thailänder.

Zwischen 1975 und 1980 ging »Thaia« für zweimal 16 Monate auf die lange Reise nach Kopenhagen. Doch Dr. Weilenmanns Hoffnungen erfüllten sich nicht. Inzwischen aber war Geld in die Zürcher Zookasse gekommen. 1981 waren Bullenstall und Bullenaußengehege endlich fertig. Eine perfekte Anlage, die modernste in Europa, ohne Risiko für die Pfleger. Niemand braucht nun mehr in das Abteil hinein, wenn der Bulle drin ist. Kettenanlegen ist überflüssig geworden, da sich das Tier Tag und Nacht frei bewegen kann. Alle Tore und Türen sind elektrisch von außen zu betätigen, und

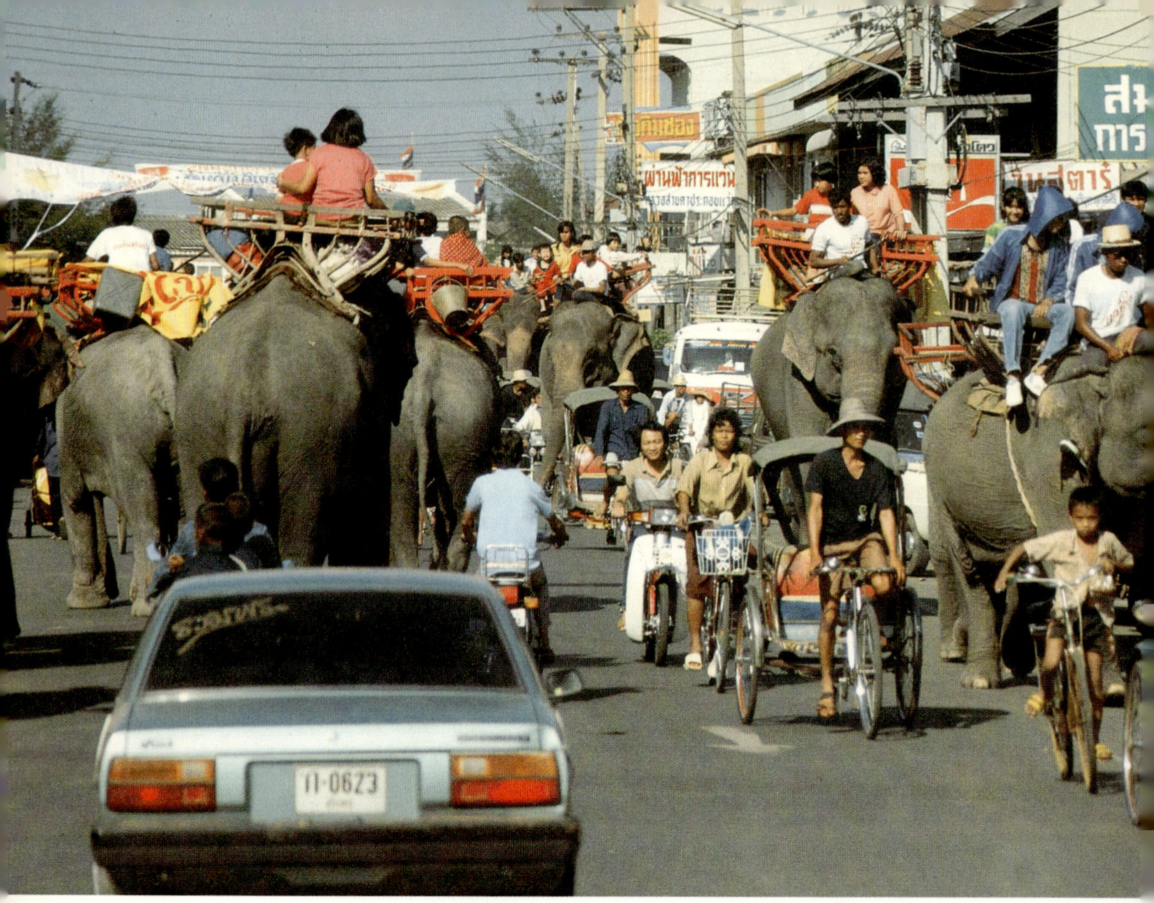

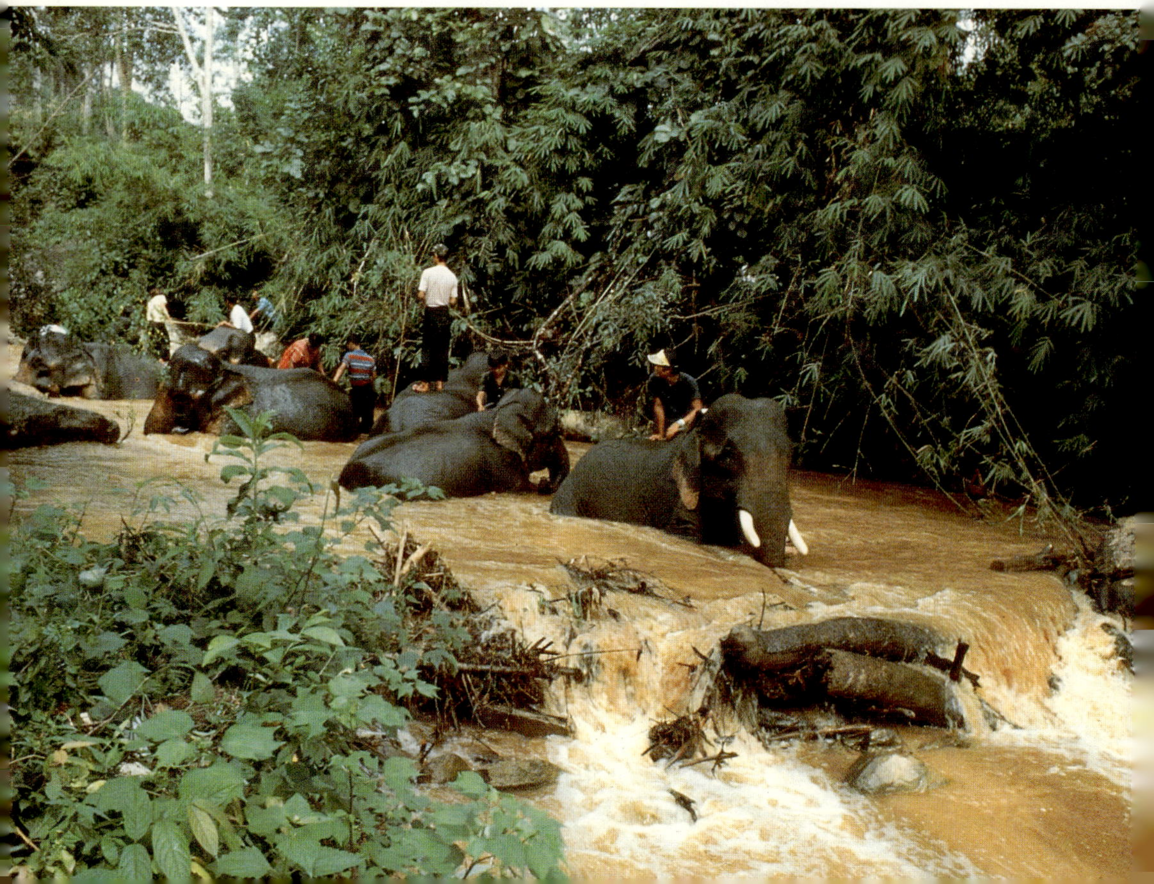

ein Wechselstall ermöglicht gefahrlose Fütterung wie Reinigung.
Nun ging in Zürich alles nach Plan. Vom englischen Zirkus Chipperfield kaufte Dr. Weilenmann den für den Zirkusbetrieb zu bockig gewordenen Bullen »Maxi«, der sich nach kurzer Eingewöhnung mit den vier Zürcher Elefantinnen anfreundete. Um »Ceyla-Himali«, die kleinste der drei, hatte sich »Maxi« am meisten bemüht – und mit Erfolg. Der Zürcher Zoo konnte froh melden: »Am Freitag, dem 27. Juli 1984, um 7.37:26 Uhr war es soweit. 142 Kilogramm Elefant platschten aus der Geburtsöffnung von ›Ceyla-Himali‹, und sofort stürzten sich die Helfer auf die Kleine und befreiten sie von den schützenden Eihäuten, denn von diesem Moment an mußte die Spontanatmung einsetzen. 678 Tage Spannung und Warten waren vorbei.«

Langsame Fortpflanzung

Zürich hatte einen Beitrag zur Erhaltung der Asiatischen Elefanten geliefert. Dr. Weilenmann erwartet wohl berechtigterweise weitere Vaterschaften von »Maxi«. Hannover rechnet im Frühjahr mit der Geburt eines Asiatischen Elefanten. Der Tierpark Hellabrunn in München übernahm vom kleinen Zirkus »Atlas« einen asiatischen Bullen, der seinen Dompteur angegriffen hatte, und baute für ihn eine spezielle Anlage. Der Hannoveraner Zoo übergab einen afrikanischen Bullen an den Zoo von Basel, weil Hannovers afrikanische Elefantinnen noch zu jung für den fortpflanzungsfähigen Bullen

Oben: Nach den Vorführungen am Vormittag können sich die Mahouts am Nachmittag in Surin mit ihren Tieren ein paar Bath verdienen. Man kann auf Elefanten reiten.
Unten: Elefanten sind keine »Dickhäuter«. Ihre Haut ist vielmehr recht empfindlich und muß regelmäßig gebadet werden. Fotos: Gronefeld

sind, Basel aber geeignete Elefantenkühe für ihn hat. Der Opelzoo im Taunus erwarb einen dreijährigen Bullen zusammen mit einem gleichaltrigen weiblichen Tier aus Simbabwe zur Vervollständigung seiner kleinen Elefantenherde, aus der in den sechziger Jahren schon einmal zwei Geburten hervorgingen. Um Anschluß an diese Erfolge zu gewinnen, braucht es aber Zeit. Erst mit ungefähr 12 Jahren ist ein Elefantenmann fortpflanzungsfähig, ein Weibchen mit 9 Jahren. Und an die vier Jahre lang wird ein Elefantenkalb von der Mutter betreut und auch zum Teil gesäugt, bis es seine eigenen Wege geht. Zweiundzwanzig Monate währt die durchschnittliche Tragzeit. Höchstens alle vier Jahre kann eine Elefantin ein Junges zur Welt bringen. Professor Dr. Lothar Dittrich, der Leiter des Zoos von Hannover, stellte vor kurzem die Anzahl der Elefantengeburten in Europa von 1882 bis 1982 zusammen. In diesen 100 Jahren kamen nur 87 Tiere zur Welt, davon nur 8 Afrikanische Elefanten.
Bis vor wenigen Jahren spielte Amerika bei der Elefantenzucht kaum eine Rolle. Doch in der Zwischenzeit war man nicht untätig geblieben. Allein der Zoo von Portland in Oregon kann mit der stolzen Zahl von 24 Geburten aufwarten und wurde damit zur Hochburg für die Zucht von Elefanten. In Amerika gibt es ja jede Menge Land und reiche Leute. So kann es einen nicht wundern, wenn man von einem Mann in Texas hört, der sich der Nachzucht Afrikanischer Elefanten verschrieb und als Grundstock dazu 100 Elefanten erwarb.

Und der Schutz der Wildelefanten?

Aber, so hoffnungsvoll sich das alles anzulassen scheint, es bleibt eine Notlösung für das Überleben der beiden Arten in abzählbaren, wenigen Exemplaren – und das auch nur in menschlicher Obhut. Man hat damit wenigstens einen kleinen

Gerade drei Tage alt ist dieses Baby des Asiatischen Elefanten im Zoo von Hannover. Die Trächtigkeit dauert 22 Monate. Bei der Geburt helfen andere Weibchen. Das Baby kann bereits nach fünf Minuten stehen. Bald trinkt es mit seinem Mund – nicht mit dem Rüssel – von den Brustdrüsen, die zwischen den Vorderbeinen der Mutter liegen. Fotos Gronefeld

Rest der Riesen zum Vorzeigen für die, die nach uns kommen.
Die Nachzuchten in westlichen Ländern haben leider keinerlei Einfluß auf die Erhaltung der letzten Wildpopulationen in ihren Stammländern. Allzu großen Hoffnungen darf man sich aber nicht hingeben. An den politischen, wirtschaftlichen und kriegerischen Realitäten in den Elefantenländern Asiens und Afrikas wird sich so schnell nichts ändern. Die Flüchtlinge aus Kambodscha und Vietnam haben andere Sorgen, als an die Erhaltung wilder Elefanten zu denken. Und die Menschen aus den Hungerzonen Afrikas können verständlicherweise im Elefanten nichts anderes sehen als einen Berg von Fleisch und den Zerstörer ihrer letzten kargen Felder.
Einmal im Jahr setzen sich die Arbeitselefanten Thailands mit ihren Mahouts zu einem oft Hunderte von Kilometer langen Marsch in Bewegung. Sie alle haben dasselbe Ziel: das Städtchen Surin unweit der Grenze zu Kambodscha. Dem größten Elefantenfest der Welt streben sie entgegen. Mehr als zweihundert Tiere jeden Alters und Geschlechts versammeln sich da vom gerade auf dem Marsch geborenen Baby bis zum »ergrauten« Bullen, eine gigantische Massenschau grauer Riesenleiber. Aus aller Welt kommen Menschen für zwei Tage im November angereist, um dieses Spektakel zu bewundern. Keiner der Zuschauer ahnt, daß sich hinter den Manifestationen von Kraft und Stärke der langsame Untergang des Asiatischen Elefanten zeigt.

Zuwenig Muttermilch

Mit Aktentasche und Besteckkoffer geht Dr. Surachet Usanagornkul, der Distriktstierarzt von Surin, aufmerksam beobachtend durch die Elefantentrupps, die auf ihren Auftritt warten. Er inspiziert jedes Tier und muß die meisten behandeln. Sie haben oft faustgroße, kreisrunde Ekzeme mit einem blutigen Krater im Zentrum. Mahouts umstehen den Doktor, reden auf ihn ein: er möge sich doch auch ihre Elefantinnen ansehen. Elefantenmüttern mit saugenden Jungtieren gilt Dr. Usanagornkuls ganz besondere Aufmerksamkeit. Kaum eine der Elefantinnen nämlich führt genügend Muttermilch für ihr Kind. Der Veterinär spritzt ein milchflußförderndes Medikament. In den letzten Jahren häufte sich dieses Minus bei den Arbeitselefantinnen. Der Grund dafür? Der Arzt zieht resignierend die Schultern hoch. Er weiß es nicht, noch nicht.

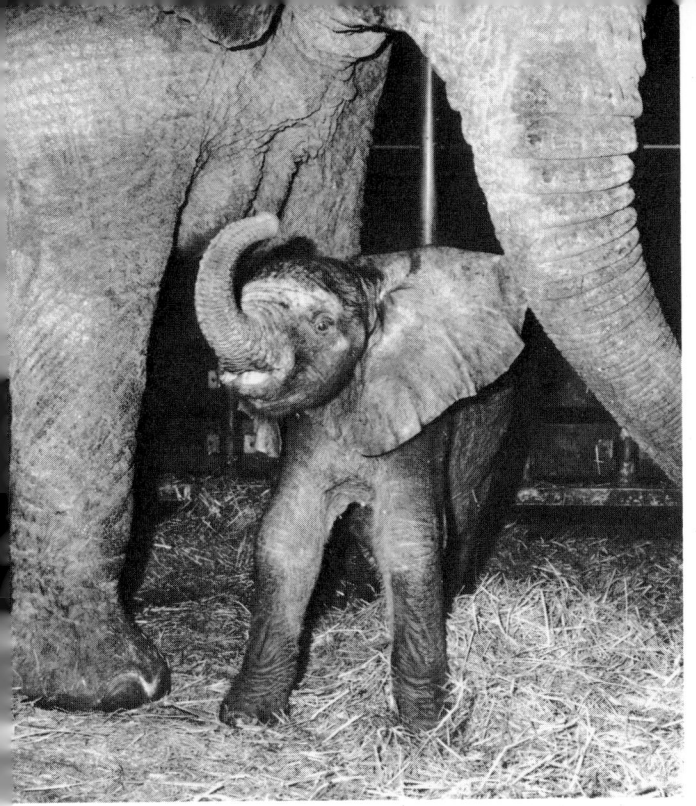

Professor Dittrich vom Zoo Hannover meint: »Bei unseren Elefantenmüttern hatten wir das noch nie. Wir füttern unsere Tiere aber auch ganz anders, gehaltvoller, geben Kraftfutter dazu. Seit Generationen schon erhalten die Arbeitselefanten Asiens ein höchst einseitiges Futter auf der Basis von Zuckerrohr, Bananen und Küchenabfällen. Es ist denkbar, daß diese einseitige Mangelernährung sich auf die Bildung der Muttermilch auswirkt.«

Bettler in Bangkok

Was nach den Tagen von Surin passiert, sieht kein Festtagsbesucher. Wochen später trifft man eine größere Zahl von Elefanten in Bangkok wieder. Almosenheischend schlurfen sie durch die Straßen, von Haus zu Haus. Die Mahouts bitten um Wasser und Futter für ihre Tiere und malen auf die grauen Flanken der Elefanten mit Kalkschriftzeichen: »Schlüpfe unter dem Elefantenbauch hindurch, und deine Pechsträhne hat ein Ende! Die Runde 12 Baht.« Glücklicherweise sind die Thailänder sehr abergläubisch, und die Mahouts verdienen gelegentlich einige Baht.

Die Riesenbettler in Bangkoks Straßen sind arbeitslose Arbeitselefanten. Zu 60 Prozent sind Thailands Wälder abgeholzt. Da gibt es nicht mehr viel zu tun für die vierbeinigen Helfer. Zu anderer Arbeit taugen sie nicht in Thailand. Es sei denn, man bringt ihnen das Fußballspielen bei. Das war eine Idee der Forstverwaltung in Chiang-mai, die plötzlich zwei Dutzend Elefanten nicht mehr beschäftigen konnte. Die Stadt Chiang-mai stellte die Arbeitslosen bei sich unter, übernahm die Verpflegung und bestellte einen Trainer. Seit einiger Zeit schickt die Stadt gegen Honorar zum Gaudium der Bevölkerung zwei Elefanten-Fußballmannschaften auf Tournee zu allen großen Festen des Landes. Auch auf dem Suriner Elefantentreffen konnte man ein solches Gastspiel bewundern.

Zukunftsaussichten

An Nachzucht ist kein arbeitsloser Mahout interessiert und erst recht keiner, der mit seinem Tier noch Arbeit in den Wäldern hat. Würde seine Elefantin nämlich Mutter werden, fiele ihre Arbeitskraft für drei bis vier Jahre aus, die sie braucht, um ihr Baby aufzuziehen, und damit natürlich auch der Verdienst für ihren Besitzer. »Züchten, damit die Art nicht untergeht?« Trotz aller Liebe und Fürsorge für sein Tier, kein Elefantenbesitzer könnte in dieser Aufforderung einen Sinn für sich entdecken. Er hat es heute schon schwer, sich einen Lebensunterhalt zu verdienen und regelmäßige Arbeit zu finden.

Die Wildpopulationen Asiatischer und Afrikanischer Elefanten gehen unaufhaltsam ihrem Untergang entgegen. Ihre Lebensräume schrumpfen ständig; in Reservaten und Nationalparks können sich vielleicht kleinere Restbestände halten, vorausgesetzt, man kontrolliert und begrenzt ihre Kopfzahl, um eine Überweidung der an sich zu kleinen Biotope auszuschließen. Die Verhältnisse in den Ursprungsländern der Elefanten auf beiden Kontinenten lassen kaum auf Besserung und auf Dauerschutzmaßnahmen hoffen, und so liegt die Aufgabe der Arterhaltung wohl außerhalb der Stammländer. Nur eine konsequente Zucht in zoologischen Gärten kann mit einiger Aussicht auf Erfolg die grauen Riesen retten.

Die Lage des Asiatischen Elefanten
(aus dem Red Data Book)

Gefährdet. Gesamtzahl heute geschätzt auf 28 000–42 000 Individuen. Schwerwiegende Zerstörung des Lebensraumes führt zur Zersplitterung und schließlich zur Ausrottung der Wildpopulation. Reservate werden dringend benötigt, um die verbleibenden Restpopulationen zu schützen.

Population. Im Abnehmen begriffen. Richtige Schätzung der Anzahl ist außerordentlich schwierig wegen der politischen Schwierigkeiten und der Tendenz der Populationen, internationale Grenzlinien zu überschreiten bzw. zu umspannen. Die hier genannten Zahlen sind Vermutungen, die niedrigen Zahlen wahrscheinlich realistischer, die höheren entsprechen absoluten Maxima.

Bedrohung des Überlebens. Lebensraumzerstörung ist die schlimmste Bedrohung. Alle verbleibenden Lebensräume sind bedroht durch Ausbeutung, vor allem mit Hilfe moderner Technologie. Unter diesem Druck befinden sich die überlebenden wilden Populationen in unterschiedlichen Stadien der Zersplitterung, die schließlich zur Ausrottung führt. Alle Populationen sind im Abnehmen begriffen.

Ergriffene Schutzmaßnahmen. Der Asiatische Elefant ist im Anhang I des Washingtoner Artenschutzübereinkommens aufgeführt: der Handel der Art sowie der Handel mit Produkten daraus ist strikten Vorschriften unterworfen, die von den Signatar-Staaten eingehalten werden müssen; der Handel für kommerzielle Zwecke ist verboten.

Der Elefant ist durch Gesetz zwar in den meisten Ländern seines ursprünglichen Vorkommens geschützt, und das meist schon seit vielen Jahren. Trotzdem befinden sich die Lebensräume der Tiere oft außerhalb der Reichweite des Gesetzes. Der Lebensraum des Elefanten als solcher ist nirgendwo geschützt.

Der momentane Status gesetzlichen Schutzes in Vietnam, Laos, Kambodscha und China ist unbekannt. Generell ist zu sagen, daß keiner der Parks und Schutzgebiete, in denen Elefanten vorkommen, mehr als einen Teil dieser Populationen für einen Teil des Jahres schützt.

Siegfried Volz

ORANGE BEDEUTET GEFAHR
Die Kennzeichnung gefährlicher Stoffe beim Transport

Am 11. Juli 1978 kam in Spanien ein Tankzug, der Flüssiggas geladen hatte, von der Straße ab, raste in einen Campingplatz, explodierte dort und verwandelte ihn in eine Feuerhölle. 215 Menschen kamen ums Leben, darunter 32 deutsche Urlauber. Die Bundesrepublik Deutschland ist von solchen großen Unfällen bisher verschont geblieben, was mit den schärferen gesetzlichen Bestimmungen zusammenhängen mag, obwohl auf unseren Straßen viele solcher Transporte unterwegs sind. Wer die Augen offenhält, erkennt sie sofort an den orangefarbenen Warntafeln mit den schwarzen Ziffern.

Die Ziffernkombination geben den Männern von Feuerwehr, Polizei und Rettungsdienst wichtige Hinweise über die transportierte Fracht und ihre Gefährlichkeit. Auch für Laien haben die Warnschilder eine gewisse Bedeutung, denn bei Unfallmeldungen sollte man die Zahlenkombinationen mit durchgeben.

Was bedeuten die Ziffernkombinationen?

Die orangefarbenen Schilder tragen zwei vierstellige Ziffernkombinationen, die obere heißt Kemlerzahl, die untere UN-Nummer. Die erste Ziffer der oberen Zahlenkombination gibt Auskunft über die Hauptgefahr. Das kann zum Beispiel sein:

Gas hat die Kennziffer 2
entzündbarer flüssiger Stoff hat die Kennziffer 3
entzündbarer fester Stoff hat die Kennziffer 4
entzündend (oxidierend) wirkender Stoff hat die Kennziffer 5
giftiger Stoff hat die Kennziffer 6
ätzender Stoff hat die Kennziffer 8
Die Ziffern 1 und 7 fehlen.

Die zweite und dritte Ziffer der oberen Zahl bezeichnen Zusatzgefahren:
ohne Bedeutung 0
Explosionsgefahr 1
Entweichen von Gas 2
Entzündbarkeit 3
Entzündende (oxidierende) Eigenschaften 5
Giftigkeit 6
Ätzbarkeit 8
Gefahr einer heftigen Reaktion, Selbstzersetzung oder Polymerisation 9
Hier fehlen die Ziffern 4 und 7.

Ist dieser oberen Zahlenkombination ein großes X vorgesetzt, so heißt dies, daß der geladene Stoff auf keinen Fall mit Wasser in Berührung kommen darf. Dies ist ein wichtiger Hinweis für die Feuerwehr.
Eine Verstärkung der Hauptgefahr bedeutet es, wenn die ersten beiden Ziffern gleich sind. Beispiel: 33 ist eine sehr leicht entzündbare Flüssigkeit.

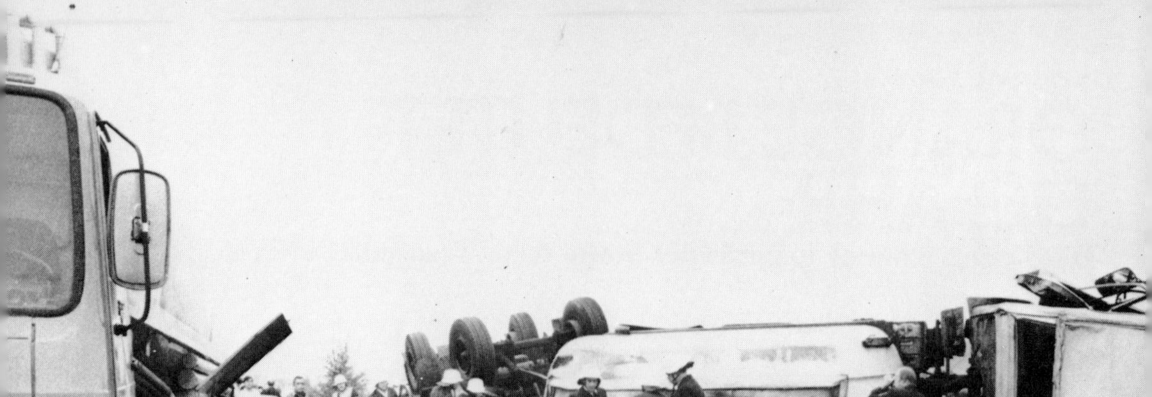

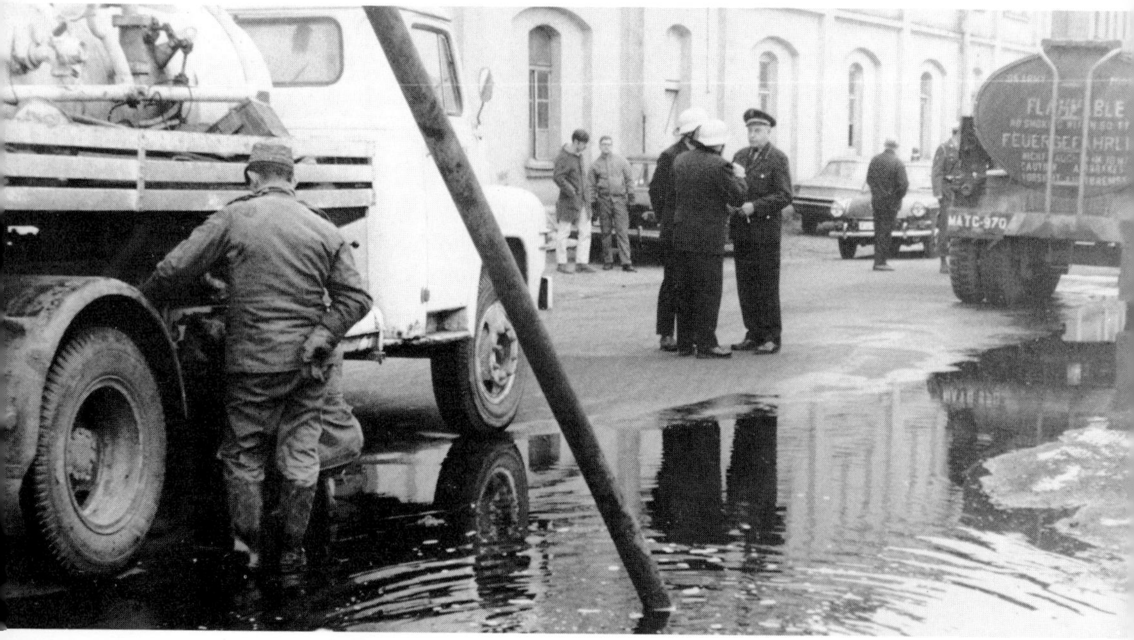

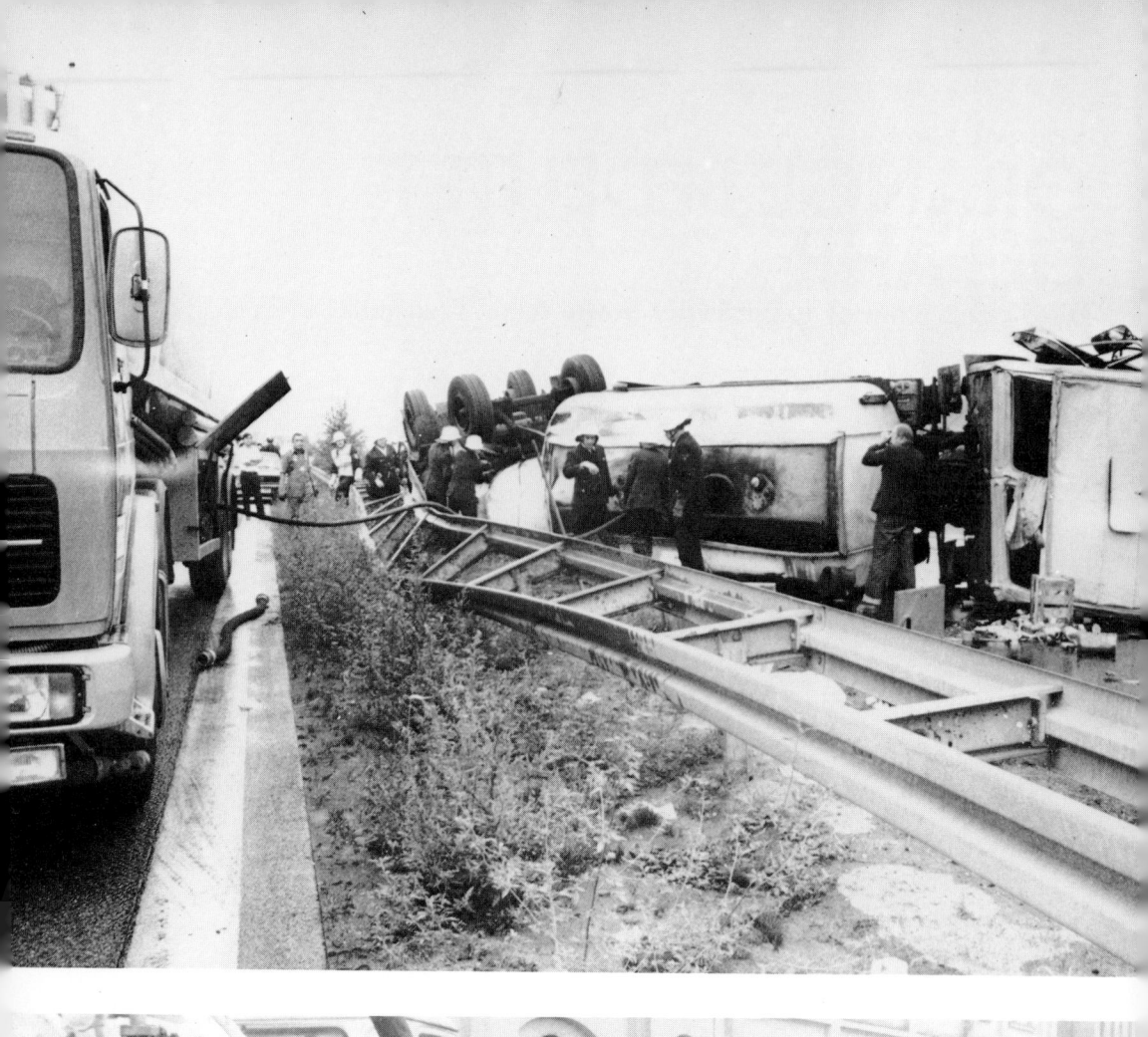

Von Acetylen bis Zyankali

Anhand der UN-Nummer kann man in einem Verzeichnis nachsehen, welche Ladung sich in dem verunfallten Fahrzeug befindet. Die Liste wurde von Experten der Vereinten Nationen – daher »UN« – zusammengestellt. Hier einige Beispiele:

1001	ist Acetylen
1011	ist Butan
1017	ist Chlor
1016	ist Kohlenoxid
1115	ist Benzin
1338	ist Roter Phosphor
1339	ist Gelber Phosphor
1520	ist Tetralin
1624	ist Quecksilber-Chlorid
1779	ist Ameisensäure
1824	ist Natronlauge

Das abgebildete Schild auf Seite 74 sagt also folgendes aus:
Obere Reihe
X Nicht mit Wasser in Berührung bringen
4 Hauptgefahr ist ein entzündbarer fester Stoff
2 Es besteht Gefahr, daß Gas entweicht
3 Es besteht die Gefahr der Selbstentzündung

Untere Reihe
1428 heißt, daß es sich bei dem zu befördernden Stoff um Natrium handelt.

Oben links: Bei Unfällen mit Tankwagen sollte man der Polizei bzw. Feuerwehr die Ziffern auf den orangefarbenen Warntafeln durchgeben.
Unten links: Aus einem Tankzug ausgelaufene brennbare Flüssigkeit wird abgesaugt.
Oben rechts: Der orangegelbe Längsstreifen auf Tankwagen weist auf verflüssigtes Gas hin.
Unten rechts: Die obere Nummer sagt dem Fachmann, daß die Ladung ätzend wirkt: es handelt sich um Salzsäure. Fotos Volz

Ist das Gefahrengut entladen, darf die Tafel nicht mehr geführt werden. Beim gleichzeitigen Transport verschiedener gefährlicher Stoffe, muß an den betreffenden Tankseiten die zugehörige Tafel befestigt werden. Sie hat an ihrer Rückseite einen Behälter, in welchem die entsprechenden Unfallmerkblätter mitzuführen sind.

Werden explosive oder radioaktive Stoffe befördert, ist eine zusätzliche Kennzeichnung verlangt. Eisenbahnwagen, die explosionsgefährliche Stoffe geladen haben, müssen zusätzlich mit einem roten Ring, bei massenexplosionsgefährlichen Gegenständen, z. B. Munition, mit einem gelben Dreieck gekennzeichnet werden. Ein 30 Zentimeter breiter, den Behälter umlaufender gelber Streifen macht auf die Gefahren von verflüssigtem Gas aufmerksam.

Oben: Die Ladung besteht aus zwei Stoffen. In der zweiten Kammer von links befindet sich Heizöl oder Dieselkraftstoff mit einem Flammpunkt zwischen 55 und 100 °C. Die Flüssigkeit ist brennbar. In den übrigen Kammern liegt Leichtbenzin mit einem Flammpunkt unter 21 °C. Da es sich sehr leicht entzündet, steht in der Kemlerzahl zweimal die 3. Foto Volz

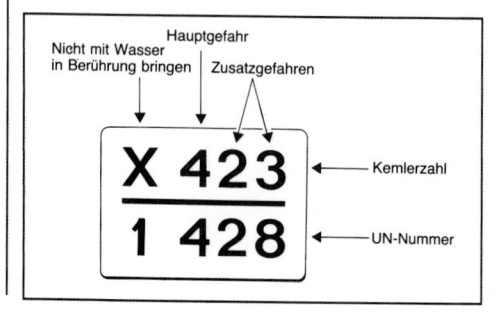

Bücher zum Thema

Gefahrengutschlüssel, München
Blum, Paul D.: Achtung! Gefährliche Chemikalien. Maßnahmen am Unfallort. München 1976.
Stratil, Alfred: Beförderung gefährlicher Güter auf der Straße. Wien 1981.
Widetschek, Otto: Transport gefährlicher Güter. Gefahren, Verhaltensmaßnahmen und Erste Hilfe bei Unfällen. Graz 1980.

Walter Popp

E = mc²

80 Jahre Relativitätstheorie

Nach monatelangen Vorbereitungen war es 1881 endlich soweit. Der knapp 30jährige amerikanische Physiker Albert Abraham Michelson war am Ziel seiner Wünsche angelangt. Mit einem Versuch, der alle bisherigen Experimente an Aufwand und Genauigkeit übertreffen sollte, würde er die Geschwindigkeit des Lichtes in verschiedenen Richtungen bestimmen. Die Genauigkeit sollte ein Milliardstel betragen. Auf vertraute Geschwindigkeiten angewandt, hieße das: Die Geschwindigkeit eines Autos, das mit 100 Kilometer pro Stunde fährt, wird auf 0,1 Millimeter pro Stunde bestimmt!

Kernstück der Versuchsanlage von Michelson war eine große Steinplatte, die in einem kleinen Quecksilbersee schwamm. Auf der Platte waren Spiegel montiert, die einen Lichtstrahl auf eine insgesamt 11 Meter lange Reise schickten. Durch Drehen der Steinplatte konnte man den Lichtstrahl in verschiedene Richtungen lenken, und Michelson erwartete, daß sich dabei die Lichtgeschwindigkeit, wenn auch nicht stark, so doch meßbar, änderte.

Nun warteten die Physiker der ganzen Welt gespannt auf das Ergebnis. In der Umgebung des Laboratoriums war man darauf bedacht, jede Erschütterung der empfindlichen Versuchsanordnung zu vermeiden, es wurde sogar die Straßenbahn während des Versuchs angehalten. Michelson beobachtete durch Fernrohre den Lichtstrahl. Man begann die Steinplatte zu drehen – und er stellte mit Verblüffung fest, daß sich die Geschwindigkeit des Lichtes nicht änderte, wie man auch immer die Platte drehte. Auf den ersten Blick war also der aufwendige Versuch mißglückt – und doch sollte er schließlich der Anlaß sein, eine neue Theorie über den Aufbau unserer Welt zu entwickeln.

Um zu verstehen, wie es zu dieser Theorie kam und warum man überhaupt ein Experiment dieser Art anstellte, müssen wir ein wenig in der Geschichte der Physik zurückblättern, bis in die zweite Hälfte des 17. Jahrhunderts. Dort treffen wir den genialen englischen Physiker und Mathematiker Sir Isaac Newton. Er beschäftigte sich intensiv mit dem Begriff der Bewegung.

Was heißt Bewegung?

Auf den ersten Blick sieht diese Frage simpel aus. Bei genauerem Hinsehen tun sich aber doch Schwierigkeiten auf. Wie soll man zum Beispiel feststellen, ob sich ein Fahrzeug, das mit gleichbleibender Geschwindigkeit dahinfährt – die Physiker nennen so etwas gerne ein »System« –, gegenüber seiner Umgebung bewegt oder nicht, wenn man nicht aus dem Fenster sehen kann?

Newton hatte erkannt, daß ein Seemann auf einem ruhig dahinfahrenden Schiff seine Suppe genauso löffeln kann, wie wenn das Schiff im Hafen vor Anker liegt. Die Suppe im Teller ist völlig unbewegt. Es gibt für den Seemann im Innern des Schiffes keines Möglichkeit, die Geschwindigkeit seines Schiffes zu bestimmen. Nur der Vergleich zum vorbeigleitenden Meer ermöglicht ihm eine Geschwindigkeitsmessung. Auf dem Schiff herrschen stets die gleichen Naturgesetze, ob es nun fährt, während das Meer stillsteht, oder umgekehrt.

Uns modernen Menschen wird diese Erscheinung deutlich, wenn wir in einem Zug sitzen, der ganz sacht in einem Bahnhof anfährt, während auf dem Nebengleis ein anderer Zug steht. Man kann oft nicht sagen, ob der eigene Zug, der Zug auf dem Nebengleis oder gar beide zusammen fahren. Bei zwei sich gleichförmig bewegenden Systemen kann man nicht entscheiden, welches ruht und welches sich bewegt. Es gelten in beiden die gleichen Naturgesetze.

Gibt es den festen Raum?

Den Astronomen und Physikern machte das Problem der gegenseitigen Bewegung viele Schwierigkeiten. Zuerst glaubte sie, die Erde ruhe und die Sonne, der Mond, die Planeten und die anderen Sterne bewegten sich um die Erde. Da aber die Bahnen dieser Himmelskörper sehr kompliziert waren, nahm man seit dem Beginn des 16. Jahrhunderts an, die Sonne ruhe und die Erde umkreise wie die anderen Planeten diesen Himmelskörper. Später erkannte man aber, daß sich auch die Sonne im Vergleich zu den anderen Fixsternen bewegte, und dies mit großer Geschwindigkeit. Um in die Bewegung der Himmelskörper zueinander etwas Ordnung zu bringen, dachte sich Newton ein Gebilde, das sich in Ruhe befindet und in dem sich diese Bewegungen abspielen. Dieses Gebilde nannte er den »Raum«. Niemand hat aber diesen »Raum« je gesehen und niemand konnte genau sagen, was er in Wirklichkeit ist.

Der amerikanische Physiker Albert Abraham Michelson (1852–1931) erhielt 1907 den Nobelpreis für seine spektrometrischen Untersuchungen und optischen Geräte. Zu ihnen gehörte auch ein Interferometer, mit dem er das Vorhandensein des Äthers nachzuweisen versuchte.
Foto Bavaria/Interfoto

Da alle Himmelskörper zueinander in Bewegung sind, gibt es keinen Gegenstand, der in Ruhe ist und von dem man sagen könnte, er gebe den Raum an.
Zur Verdeutlichung soll folgender Vergleich dienen: Man stelle sich eine große Kiste vor, in deren Zentrum eine Anzahl Fliegen herumschwirrt. Wenn sie nie an die Wände stoßen, bemerken sie von dieser Kiste nichts. Jede der Fliegen kann annehmen, daß sie der Mittelpunkt dieser Welt ist und die anderen um sie herumfliegen. Eine besonders intelligente Fliege könnte aber auch auf die Idee kommen, es gebe einen festen „Raum", den sie zwar nicht erkennen kann, in dem sich aber alle Fliegen bewegen.
Das war die Grundidee Newtons: Es gibt einen festen »Raum«, der für den Men-

schen nicht erkennbar ist, auf den aber alle Bewegungen bezogen werden können. Die Entwicklung der Physik in der nächsten Zeit schien Newton recht zu geben, bis sich im Zusammenhang mit der Ausbreitung des Lichtes erste Probleme zeigten. Zum Verständnis dieser Schwierigkeiten müssen auch wir uns jetzt kurz damit beschäftigen.

Die Ausbreitung des Lichtes

Während Newton annahm, Licht bestünde aus kleinen Teilchen, die von der Lichtquelle ausgesandt werden, erkannte der Holländer Christian Huygens 1650, daß Licht eine Wellenerscheinung ist, vergleichbar etwa mit den Wasserwellen. Wenn man einen Stein ins Wasser wirft, versetzt er an der Auftreffstelle die Wasseroberfläche in Schwingungen. Die schwingende Wassersäule regt die benachbarten Wasserschichten ebenfalls zu Schwingungen an, diese die nächste Schicht usw. Auf diese Weise setzt sich die Auf- und Abbewegung der Wasseroberfläche wellenförmig fort, die Welle breitet sich aus. Auf die gleiche Art breitet sich auch der Schall durch Schwingungen der Luft oder ein Erdbeben durch Schwingungen der Erdkruste aus. In jedem Fall ist zur Ausbreitung einer Welle ein Stoff nötig, der schwingen kann, ein sogenanntes Medium.

Nachdem unter den Physikern als ziemlich sicher galt, daß sich auch das Licht wellenförmig ausbreitet, tauchte sofort ein großes Problem auf. Offensichtlich breitet sich das Licht auch im leeren Weltraum aus, sonst könnten wir die Sterne nicht sehen, und das Sonnenlicht könnte uns nie erreichen. Die Lichtteilchen Newtons hätten auch durch den leeren Weltraum fliegen können, aber eine Welle kann sich in einem völlig leeren Raum nicht ausbreiten.

Es muß also im scheinbar leeren Weltraum doch eine unsichtbare Substanz geben, in der sich die Himmelskörper bewegen, ohne daß ein Widerstand spürbar ist. Diese geheimnisvolle Substanz nannte man den Äther. Diesen recht dubiosen Stoff, der nichts mit dem bekannten Betäubungsmittel zu tun hat, konnte zwar niemand so recht beschreiben, er leistete aber den Physikern lange Zeit gute Dienste zur Rettung ihrer Theorie. Gegen Ende des vorigen Jahrhunderts wurden aber immer stärkere Zweifel an der Existenz des »Äthers« laut.

Gibt es den Äther wirklich?

Mit dieser Frage kehren wir zum Versuch von Michelson aus dem Jahr 1881 zurück. Er wollte klären, wie sich die Erde im »Äther« bewegt, in welcher Richtung und mit welcher Geschwindigkeit sie durch den Raum fliegt. Um den Grundgedanken des Versuchs zu verstehen, machen wir folgendes Gedankenexperiment: wir stellen uns vor, die Erde würde sich wie ein Schiff im ruhenden Äthermeer bewegen oder – noch einfacher – die Erde wäre eine ruhende Insel in einem Ätherfluß. Da es ja nur auf die Bewegung von Erde und Äther gegeneinander, also auf die sogenannte relative Bewegung ankommt, erhalten wir in beiden Fällen die gleiche Aussage.

Wir nehmen an, daß von einer Insel zwei Boote mit gleicher Geschwindigkeit abfahren, das Schiff A quer zur Flußströmung und das Schiff B gegen die Flußströmung. Nach 100 Meter kehren beide Schiffe um und fahren wieder zurück:

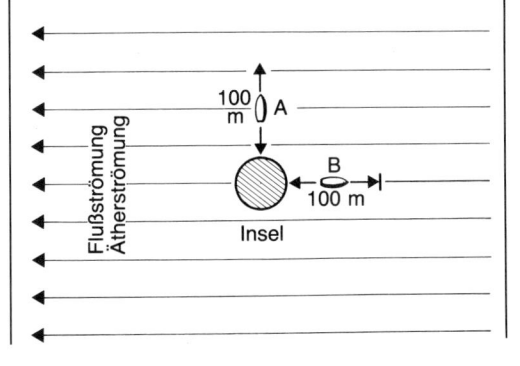

Wegen der Strömung kommt das Schiff B auf dem Hinweg natürlich langsamer voran. Es erreicht die 100-Meter-Marke also später als Schiff A. Auf dem Rückweg ist aber Schiff B schneller als Schiff A und holt wieder auf. Die Erfahrung lehrt aber – und eine einfache Rechnung bestätigt dies – daß Schiff B den Vorsprung nicht mehr ganz aufholt, das Schiff A kehrt also früher auf die Insel zurück.

Michelsons Versuch

Diese Überlegung übertrug nun Michelson auf die Erde. Wenn sich die Erde im ruhenden Äther bewegt, oder Äther sich an der ruhenden Erde vorbeibewegt, dann müßte ein Lichtstrahl, der gegen den Ätherstrom ausgesandt und wieder reflektiert wird, später zurückkommen als ein Lichtstrahl, der die gleiche Entfernung quer zum Ätherstrom zurücklegt.
Um diese Vermutung zu überprüfen, baute Michelson eine Versuchsanordnung, die von oben so aussah:

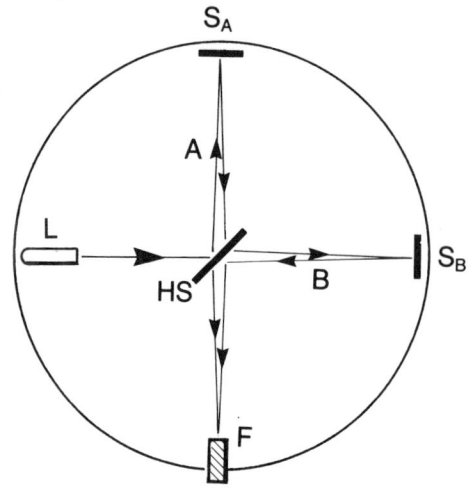

L: Lichtquelle
HS: halbdurchlässiger Spiegel
S_A, S_B: Spiegel
F: Beobachtungsfernrohr

Der von der Lichtquelle L ausgehende Lichtstrahl wird durch den halbdurchlässigen Spiegel HS in zwei Teile (A und B) geteilt. A wird nach der Reflexion am Spiegel S_A, B nach der Reflexion am Spiegel S_B in das Fernrohr F gelenkt, in dem der Forscher mit Hilfe eines optischen Geräts, Interferometer genannt, feststellen kann, welcher Strahl zuerst ankommt.
Wie schon anfangs erwähnt, war die ganze Vorrichtung auf einer drehbaren Steinplatte aufgebaut, die es gestattete, den Lichtstrahl B gegen den Ätherstrom und den Lichtstrahl A quer zum Ätherstrom zu schicken. Es verblüffte die Forscher, daß sich – wie man die Platte auch drehte – immer die gleiche Laufzeit ergab. Man konnte sich dieses Ergebnis nur dadurch erklären, daß die Erde im Äther zu ruhen scheint.
Nun konnte sich aber niemand recht vorstellen, daß die Erde im Weltall eine Sonderstellung einnimmt. Man mußte also annehmen, daß auch alle anderen Himmelskörper im Äther ruhen. Andererseits wußte man, daß sich die Himmelskörper gegeneinander bewegen.
Das Experiment von Michelson führte deshalb bei den Physikern in aller Welt zu großer Ratlosigkeit. Fast 25 Jahre vergingen, bis ein Forscher diesen scheinbaren Widerspruch auflöste.

Des Rätsels Lösung

Im Jahr 1905 veröffentlichte ein erst 26jähriger Ingenieur am Patentamt in Bern einen Artikel, der die Lösung des Ätherproblems enthielt. Der junge Mann, ein gebürtiger Ulmer mit Namen Albert Einstein, wurde mit dieser Theorie schlagartig berühmt. Wir kennen sie heute unter der Bezeichnung »Relativitätstheorie«. Einsteins Lösung war radikal und einfach: Es gibt keinen Äther und somit auch nicht den Raum als festes, ruhendes Bezugssystem. In allen gleichförmig zueinander bewegten Systemen gelten die gleichen Naturgesetze, insbesondere ist die Lichtgeschwindigkeit immer gleich groß.

Wie sich aus dieser einfachen Grundannahme die Beobachtungen von Michelson erklären lassen, werden wir noch sehen. Zuerst wollen wir eine wichtige Folgerung aus Einsteins Überlegungen besprechen, nämlich die Tatsache, daß es keine universelle Weltzeit gibt, die in allen zueinander bewegten Systemen gilt. Man kann zum Beispiel nicht einmal entscheiden, ob zwei Ereignisse an verschiedenen Orten zur gleichen Zeit stattfinden oder nicht. Am eindrucksvollsten wird das an einem Gedankenexperiment klar, das Einstein selbst erfunden hat.

Das Problem der »Gleichzeitigkeit«

Ein Mann steht an einem geradlinig verlaufenden Bahndamm und beobachtet, wie zwei Blitze 100 Meter zu seiner Linken (Punkt A) und zu seiner Rechten (Punkt B) einschlagen. Er sieht die beiden Blitze im gleichen Augenblick und sagt mit Recht, die beiden Blitzschläge seien zur gleichen Zeit erfolgt.

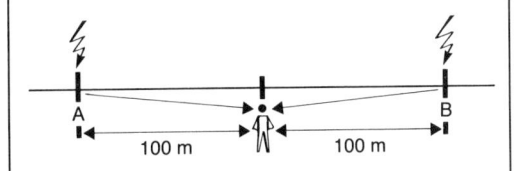

Ein zweiter Beobachter sitzt auf dem Dach eines Zuges, der mit hoher Geschwindigkeit vorbeifährt, und befindet sich gerade auf gleicher Höhe mit dem ersten Mann. Sieht auch dieser Beobachter die beiden Blitze gleichzeitig?

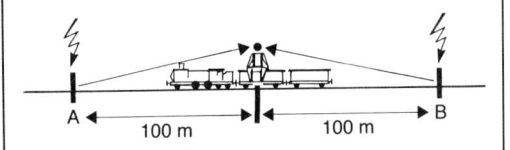

Sicher nicht, denn er fährt ja den von A ausgehenden Lichtstrahlen entgegen. Diese werden etwas eher in sein Auge fallen als die Lichtstrahlen von B, von denen er wegfährt. Für ihn schlägt der Blitz also bei A eher ein als bei B. Die für den ruhenden Beobachter gleichzeitigen Ereignisse finden also für den bewegten Beobachter keineswegs zur gleichen Zeit statt. Es stellt sich natürlich die Frage, warum diese Tatsache bis dahin niemand beobachtet hat. Der Grund ist einfach: Die Geschwindigkeit des Lichtes ist mit 300 000 Kilometer pro Sekunde so groß gegenüber der Zuggeschwindigkeit mit angenommen 0,04 km pro Sekunde – immerhin 144 Stundenkilometer –, daß der Zeitunterschied in der Praxis nicht erkennbar ist, er beträgt nicht einmal den billionsten Teil einer Sekunde.

Einstein fand auch eine verblüffende Erklärung, welche für beide Beobachter die Welt wieder in Ordnung bringt, nämlich die Längenverkürzung und die Zeitdehnung in einem bewegten System.

Die Längenverkürzung

Wenn die Lichtgeschwindigkeit immer konstant ist, dann müßten sich andere Größen in einem bewegten System ändern, damit die experimentellen Ergebnisse, insbesondere der Versuch von Michelson, erklärt werden können. Eine der eigenartigsten Folgen der Bewegung ist die Verkürzung eines bewegten Gegenstandes: Nehmen wir an, daß ein Würfel mit 1 Meter Kantenlänge an uns mit einer Geschwindigkeit von 259 000 Kilometer pro Sekunde vorbeifliegt. Die Kanten, die in Bewegungsrichtung liegen, schrumpfen auf die Hälfte zusammen, während die quer zur Bewegungsrichtung verlaufenden Kanten unverändert bleiben. Dieser Effekt ist allerdings nur für einen ruhenden Beobachter erkennbar, oder – was ja wegen der Relativität der Bewegung auf das gleiche hinausläuft – für einen Beobachter, der mit 259 000 Kilometer pro Sekunde an einem ruhenden Würfel vorbeifliegt. Ein Beobachter in der Kiste merkt von der Schrumpfung der Kiste nichts.

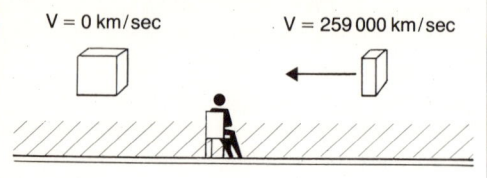

V = 0 km/sec   V = 259 000 km/sec

Warum uns im täglichen Leben diese Längenverkürzung nicht auffällt, sehen wir mit etwas Mathematik leicht ein. Die einfache Formel für die Länge L eines mit der Geschwindigkeit v bewegten Stabes von 1 Meter lautet nämlich:

$$L = \sqrt{1-\left(\frac{v}{c}\right)^2}$$

wobei c die Lichtgeschwindigkeit (300 000 km/s) ist. Bei v = 259 000 km/s kommt für L etwa 0,5 Meter heraus, also eine Verkürzung auf die Hälfte. Nun ist aber 259 000 km/s eine ungeheure, unerreichbare Geschwindigkeit. Berechnen wir einmal die Länge eines Meterstabs bei einer Geschwindigkeit von 30 km/s, das ist etwa die 100fache Schallgeschwindigkeit:
Für L ergibt sich dann

$$L = \sqrt{1-\left(\frac{30}{300\,000}\right)^2}\,m = \sqrt{1-0{,}0001^2}\,m = \sqrt{0{,}9999999}\,m = 0{,}99999995\,m$$

Das ist eine Verkürzung um ein Zwanzigmillionstel der ursprünglichen Länge. Eine direkte Beobachtung dieser Längenverkürzung ist nicht möglich. Die Veränderung einer anderen Größe bei hohen Geschwindigkeiten läßt sich allerdings beobachten, nämlich die Veränderung der Zeit.

Die Zeitdehnung

In einem sich schnell bewegenden System verläuft die Zeit langsamer als in einem ruhenden System. Um sich diese gewiß eigenartige Erscheinung vorstellen zu können, denken wir uns ein Raumschiff, das am 1. Januar 1986 um 0 Uhr von der Erde startet. Wir nehmen an, das Raumschiff könne mit einer Geschwindigkeit fliegen, die nur um 15 Kilometer pro Sekunde kleiner ist als die Lichtgeschwindigkeit. Beim Start beginnen zwei Uhren zu laufen. Eine bleibt auf der Erde und läuft – zumindestens nach Ansicht der Erdenbewohner – normal, die andere befindet sich im Raumschiff und geht 100mal langsamer. Kehrt das Raumschiff am 1. Januar 1996, also nach 10 Jahren, zur Erde zurück, so ist im Raumschiff nur $\frac{1}{100}$ der Zeit vergangen, etwas mehr als ein Monat. Aber nicht nur die Uhren zeigen diesen Unterschied an, auch die Menschen. Während die Erdenbewohner 10 Jahre älter geworden sind, ist die Besatzung des Raumschiffs nur um $\frac{1}{10}$ Jahr gealtert.

Es gibt noch keine Raumschiffe mit solchen Geschwindigkeiten. Doch kleine Teilchen, die man in der Strahlung aus dem Weltraum findet, die Mesonen, werden so schnell. Sie leben nicht lange, wenn sie auf die Lufthülle der Erde treffen, sondern zerfallen im Durchschnitt nach einer millionstel Sekunde. Da sie mit fast 300 000 km/s auf die Lufthülle treffen, würden sie nur 300 000 km/s · $\frac{1}{1\,000\,000}$ s = 0,3 km weit fliegen, bis sie zerfallen. Sie könnten also gar nicht die Erdoberfläche erreichen. In Wirklichkeit kommen sie aber doch an, einfach deshalb, weil sie wegen ihrer hohen Geschwindigkeit 100mal länger leben, also $\frac{1}{10\,000}$ Sekunde. Sie legen im Durchschnitt 300 000 km/s · $\frac{1}{10\,000}$ s = 30 km zurück.

Die Zeitdehnung ist sicher der spektakulärste Effekt der Relativitätstheorie. Noch wichtiger in ihren Auswirkungen ist aber die Veränderung der Masse eines bewegten Körpers.

Die Zunahme der Masse

Neben der Länge und der Zeit ist die Masse die dritte Grundgröße der Physik. Die Masse, gemessen in Kilogramm, war in der klassischen Physik eine unveränderliche Größe: Ein Stein, der auf der Waage 1 Kilogramm wiegt, sollte die gleiche Masse haben, auch wenn er mit einer Geschwindigkeit v durch die Luft fliegt. Einstein aber stellte fest: Das ist falsch, seine Masse wird größer, und zwar errechnet sie sich nach der Formel

$$\frac{m}{\sqrt{1-\left(\frac{v}{c}\right)^2}}$$

Bei einem Stein, der in die Luft geworfen wird, kann man diese Massenzunahme wegen der Kleinheit der Größe $\left(\frac{v}{c}\right)^2$ nicht feststellen. Wenn ein Körper aber eine Geschwindigkeit nahe der Lichtgeschwindigkeit erreicht, ist die Zunahme erheblich. Könnte er gar mit Lichtgeschwindigkeit fliegen, so würde sich aus der Formel ergeben, daß seine Masse dann unendlich groß würde:

$$\frac{m}{\sqrt{1-\left(\frac{c}{c}\right)^2}} = \frac{m}{\sqrt{1-1}} = \frac{m}{0}$$

Durch verhältnismäßig einfache mathematische Überlegungen fand er ferner die berühmte Formel $E = m \cdot c^2$, wobei E die Energie eines Körpers der Masse m ist. Diese Formel, die die Masse eines Körpers mit seiner Energie verknüpft, hat unsere Welt verändert. Sie ist die Grundformel der Atomenergie. Sie besagt nämlich, daß durch die Umwandlung der Masse, wie sie bei der Kernspaltung und bei der Kernverschmelzung auftritt, wegen der Größe von c ungeheure Energiemengen freiwerden.

Albert Einstein (1879–1955) war schon als 40jähriger einer der berühmtesten Physiker. 1921 erhielt er den Nobelpreis. Foto Süddeutscher Verlag

Bei der vollständigen Umwandlung von 1 Kilogramm eines beliebigen Stoffes wird eine Energie von 25 Milliarden Kilowattstunden frei. Sie könnten den Energiebedarf eines mittleren Industriestaats für ein ganzes Jahr decken. Aus einer Theorie, die vor 80 Jahren als reine wissenschaftliche Spekulation entstanden ist, wurde so ein Programm für die Lösung der Energiefrage unserer modernen Welt.

Bücher zum Thema

Aichelburg, P. C. von und Sexl, R. U.: Albert Einstein. Sein Einfluß auf Physik, Philosophie und Politik. Wiesbaden 1979.

Armin, H.: Die neue Physik. Der Weg in das Atomzeitalter. Zum Gedenken an Albert Einstein, Max von Laue, Otto Hahn, Lise Meitner. München 1978

Chargaff, E.: Unbegreifliches Geheimnis. Wissenschaft als Kampf für und gegen die Natur. Stuttgart 1981.

Schmutzer, E.: Relativitätstheorie – aktuell. Frankfurt 1981.

Susanne Päch und Herbert W. Franke

WELTRAUMBILDER VON MOMS UND DER METRISCHEN KAMERA

Es ist schon so eine Sache mit den Abkürzungen! Für Laien wirken sie wie Kauderwelsch; sie schrecken ab oder geben Anlaß zu falschen Interpretationen. Wer zum Beispiel weiß, was mit »MOMS« und »Metrische Kamera« gemeint ist? Die meisten denken bei MOMS wohl an eine Kinderkrankheit, vielleicht auch an eine Hunderasse. Im Ernst, MOMS steht für »Modularer Optoelektronischer Multispektral-Scanner« – das ist zwar länger, auf Anhieb aber auch nicht verständlicher. Etwas klarer ist die Bezeichnung »Metrische Kamera«, denn immerhin kann man aus diesem Namen schließen, daß es sich um Bilder handeln muß.

Tatsächlich bedeuten beide Systeme, obwohl sie auf unterschiedlicher Technik beruhen, den Start der deutschen Raumfahrtindustrie in den internationalen Markt für Weltraumbilder. Zwei Kameras für den Weltraumeinsatz, mag da mancher fragen, – und dann noch beide aus der Bundesrepublik Deutschland? Muß man sich bei den teuren Entwicklungen der Raumfahrt sogar im eigenen Land Konkurrenz machen? Trotzdem sind beide Kameras in ihren Anwendungsgebieten so sehr verschieden, daß sie nicht wirklich miteinander wetteifern. Doch behaupten natürlich Verantwortliche beider Systeme, daß gerade sie die schönsten Bilder der Erde aus dem Weltraum liefern. Der Leser mag in dieser Streitfrage selber entscheiden!

Eine Luftbildkamera wird weltraumtauglich

Der erste Einsatz der Metrischen Kamera erfolgte bei der ersten Spacelab-Mission vom 28. November bis zum 8. Dezember 1983; es war jener Flug, bei dem erstmals auch ein bundesdeutscher Astronaut, Ulf Merbold, teilnahm. Die Vorbereitung und Leitung des Projekts lag bei der Deutschen Forschungs- und Versuchsanstalt für Luft- und Raumfahrt (DFVLR), dem größten ingenieurtechnischen Institut der Bundesrepublik, das man auch als die »deutsche NASA« bezeichnen könnte.

Das Prinzip der Metrischen Kamera ist das eines herkömmlichen Fotoapparats: Die Aufnahmen werden auf Filmmaterial gespeichert und später durch chemische Entwicklung sichtbar gemacht. Die Kamera zeichnet sich nur durch ein besonders genau geschliffenes Objektiv aus, welches die Verzerrungen, die bei jeder fotografischen Abbildung auftreten, möglichst gering hält. Die Bilder der Metrischen Kamera sollen nämlich zur Herstellung von Karten unzugänglicher Ge-

Das erste MOMS-Bild mit der Nummer 01 zeigt die chilenische Küste in der Nähe von Arica mit den Anden. Der Ausschnitt der Originalaufnahme betrug 138 mal 94 Kilometer. Die Sonne stand in einem Winkel von 40,5°. Foto ZGF/MBB/space press

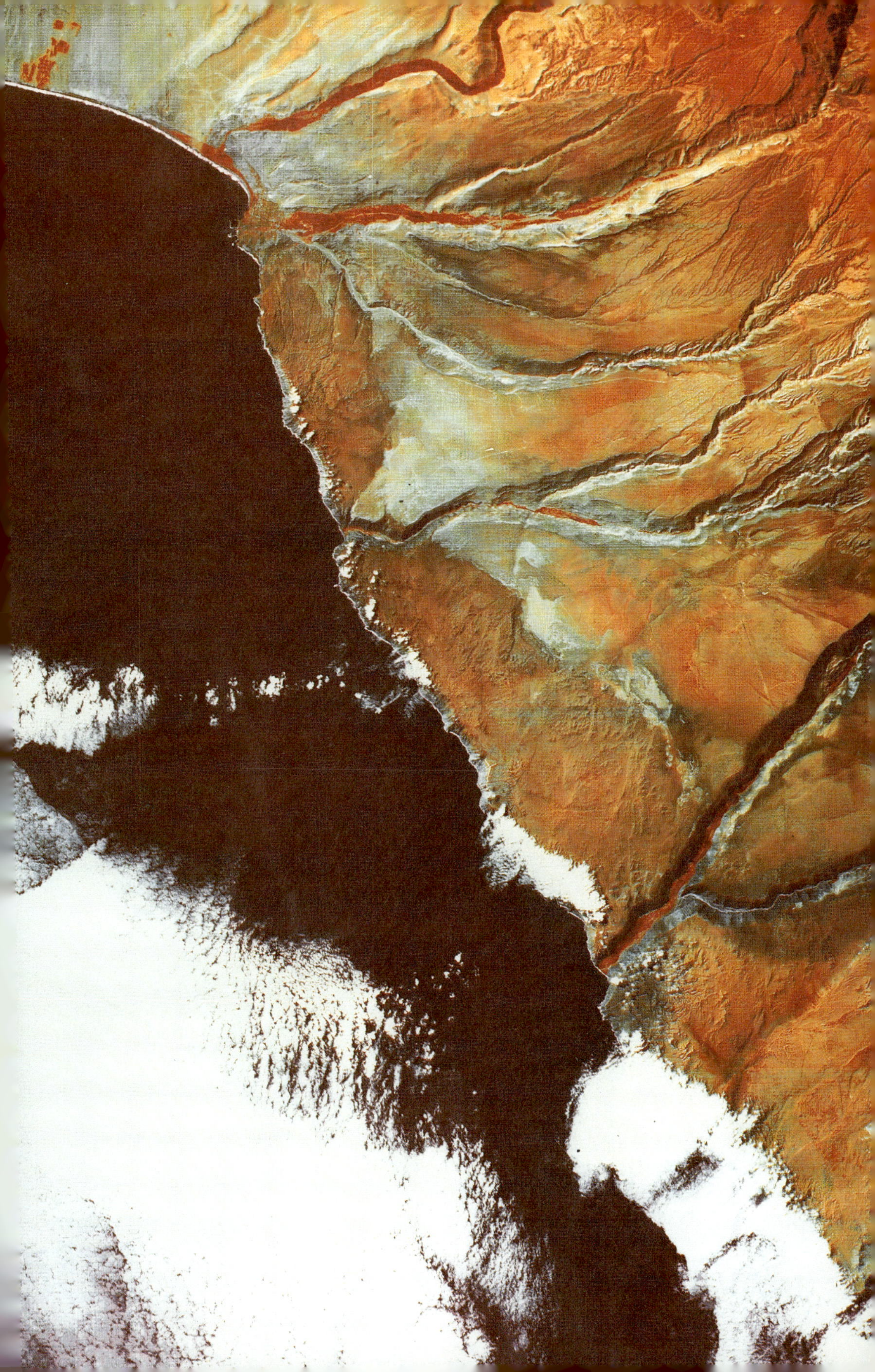

genden dienen. Die Metrische Kamera unterscheidet sich nicht wesentlich von einer Luftbildkamera des üblichen Typs, etwa der Zeiss-RMK A 30/23, die schon lange für Erdaufnahmen von Flugzeugen aus eingesetzt wird. Das Filmmaterial entspricht nicht ganz dem üblichen, denn man benutzt neben einem Schwarzweißfilm auch einen Infrarot- oder Falschfarbenfilm. Das Sonnenlicht, das auf die Erdoberfläche fällt, enthält auch einen Teil an Infrarot- oder Wärmestrahlung, die mit solchen Filmen aufgezeichnet wird. Blau zeigt kalte Regionen mit geringer Wärmestrahlung, rot Gebiete mit höchster Wärmeabgabe an. Diese Farbzuordnung ist völlig willkürlich, denn wir können Infrarot mit unseren Augen nicht sehen, ebensowenig wie ultraviolettes Licht. Infrarotfilme gibt es übrigens auch für Kleinbildkameras zu kaufen, und jedermann kann damit experimentieren.

In der Space Shuttle

Auf jedem Bild erkennt man ein Quadrat etwa 190×190 Kilometer – die Metrische Kamera macht die Aufnahme in 250 Kilometer Höhe. Auf dem Bild sind noch 20 bis 30 Meter große Objekte zu erkennen! Immer mehr Einzelheiten will man vom Weltraum aus sehen. Dafür reichen selbstverständlich keine Kleinbilddias mehr – jedes Bild der entwickelten Filmrollen hat ein Format von 23×23 cm.

Die Aufnahmen der Erde erfolgten durch ein spezielles Fenster, das in die Wand des Transporters geschnitten und mit Spezialglas abgedichtet wurde. Für den Betrieb der Kamera mußte die Space Shuttle so orientiert werden, daß das Fenster genau senkrecht auf die Erde schaute. Aufgabe der Astronauten war es, die Kamera vor das Fenster zu montieren, die Filmmagazine und Filter zu wechseln. Drei Stunden dauerte das gesamte Experiment mit der Metrischen Kamera. In dieser »Rückenlage« fotografierten die Astronauten eine Fläche von über 12 Millionen Quadratkilometer in knapp tausend Einzelbildern, darunter wunderbare Serien von China und Afrika.

Da sich der Raumtransporter ziemlich rasch über die Erdoberfläche bewegt, mußten die Belichtungszeiten auf $\frac{1}{500}$ bis $\frac{1}{1000}$ Sekunde beschränkt werden, um durch die Bewegung nicht zu große Unschärfen zu bekommen. Bei so kurzen Belichtungszeiten ist es wichtig, daß die Objekte möglichst gut ausgeleuchtet sind. Als Lichtquelle kam natürlich nur die Sonne in Frage. Schon vor dem Flug legten Experten fest, wann von den gewünschten Gebieten Aufnahmen gemacht werden sollten. Man verband die Bahndaten mit dem jeweiligen Stand der Sonne und errechnete, welche vom Transporter überflogenen Gebiete die besten Lichtverhältnisse für die Aufnahmen bieten würden. Doch diese Planungen wurden leider zum Teil umgestoßen, weil eine Startverzögerung von mehreren Wochen zu ganz anderen Lichtverhältnissen führte.

Auch während des Flugs kam es zu einer kleinen Panne: Das zweite Filmmagazin klemmte, so daß der Film nicht mehr transportierte. Die Astronauten Bob Parker und Ulf Merbold waren einige Zeit damit beschäftigt, den Defekt zu beheben. Nach der Landung des Raumtransporters kam das belichtete Filmmaterial ins Labor der DFVLR und wurde dort entwickelt. Trotz der nicht allzu günstigen Lichtverhältnisse erfüllte die Metrische Kamera ihre Aufgabe aufs beste, und auch amerikanische Raumfahrtexperten waren beeindruckt. Weitere Einsätze der Metrischen Kamera werden zur Zeit vorbereitet.

Die Erde – mit dem Elektronenauge gesehen

MOMS hatte seine Premiere im Juni 1983 – bei der siebten Mission des Raumtransporters. Der neuartige Sensor für

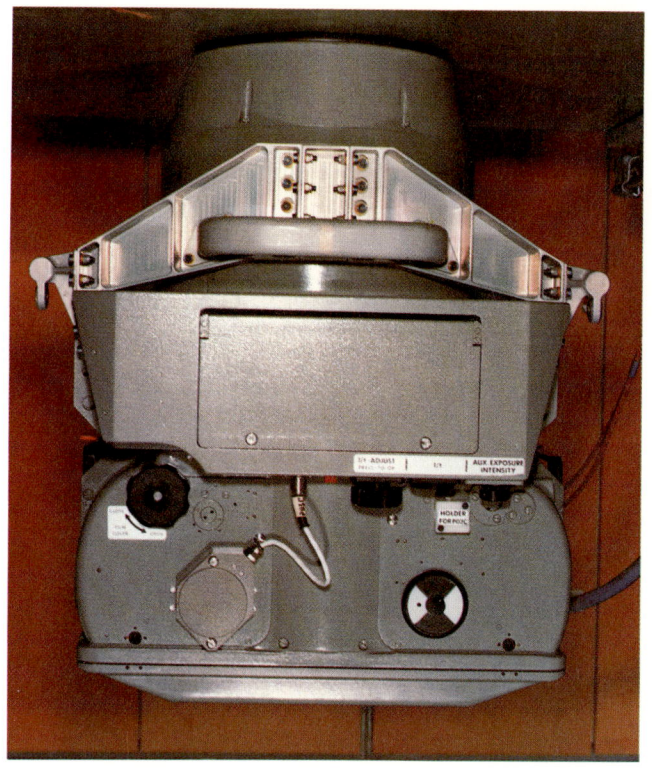

Reihenmeßkammer von Zeiss, umgebaut für den Einsatz bei Weltraumflügen in der Space Shuttle. Diese metrische Kamera macht normale Fotografien, die entwickelt werden müssen. Das Format der Bilder beträgt 23 mal 23 Zentimeter. Die metrische Kamera kam erstmals zum Einsatz, als der erste bundesdeutsche Astronaut Ulf Merbold im Weltraum war. Foto DFVLR/space press

Satellitenbilder war in die wiederverwendbare Plattform SPAS eingebaut. Sie dient als eine Art Weltraumgerüst, an dem sich unterschiedliche Vorrichtungen für Experimente anbringen lassen. Vor dem Start wurde SPAS in die Ladebucht des Raumtransporters gebracht und startete mit MOMS in den Weltraum. Die Astronauten hatten bei diesem Flug unter anderem die Aufgabe, SPAS mit einem langen ferngesteuerten Greifarm aus der Ladebucht zu heben. Dann setzten sie die Plattform in sicherer Entfernung von der Space Shuttle ab; ohne jede materielle Verbindung schwebte SPAS stundenlang neben dem Raumtransporter. Das war die Zeit, in der MOMS seine Erdaufnahmen machte. Nach Abschluß aller Tests fingen die Astronauten die Plattform mit dem Greifarm wieder ein und brachten sie sicher in die Ladebucht zurück.

Im Gegensatz zur Metrischen Kamera gehört MOMS zur Klasse der elektronischen Sensoren, wie sie in der Fernerkundung von Satelliten aus zum Einsatz kommen. Auch hier braucht man ein optisches System, um ein Bild zu erzeugen und auf eine Auffangfläche zu leiten. Allerdings besteht sie nicht aus einem Film, auf dem das Bild chemisch gespeichert vorliegt. Das Licht fällt bei MOMS auf Detektoren, die aus mehreren tausend winzigen lichtempfindlichen Bausteinen bestehen. Sie werden durch den Lichteinfall aufgeladen – und zwar desto mehr, je heller das Licht einfällt. Das Bild liegt also in diesem Stadium in Form elektrischer Ladungen vor. Die Hell-Dunkel-Werte werden dann in einem zweiten Schritt von der Detektorzeile abgerufen und auf einem Magnetband digital aufgezeichnet.

Jedes Bild läßt sich also – wie ein Fernsehbild auch – in lauter winzige Bildpunkte auflösen. Aus 6912 Pixel – so

Ein Ausschnitt aus dem ersten Bild von MOMS (siehe auch Seite 81). Spuren menschlicher Besiedlung zeigen sich in der roten Farbe der Flußtäler. Foto ZGF/MBB/space press

Auch diese Aufnahme stellt einen Ausschnitt aus dem ersten MOMS-Bild dar. Sie zeigt das Grenzgebiet zwischen Bolivien und Chile. Foto ZGF/MBB/space press

Bei einem Testflug vom Flugzeug aus wurde dieses Bild mit der metrischen Kamera aufgenommen. Welchen süddeutschen See stellt es dar? Foto DFVLR/space press

Beim Spacelab-Flug STS 9 nahm die metrische Kamera dieses beeindruckende Bild einer chinesischen Landschaft auf. Foto DFVLR/space press

MOMS beim Einbau in die wiederverwendbare Plattform SPAS, welche die Space Shuttle in ihrer Ladebucht in den Weltraum transportierte. Dort wurde SPAS mit einem Greifkran herausgehievt und neben dem Raumtransporter abgesetzt. Dann machte MOMS die Aufnahmen. Foto DFVLR/space press

bezeichnen Fachleute diese Bildpunkte – besteht jede Zeile der MOMS-Bilder. Ein Vergleich dazu: Eine Zeile des Fernsehbildes hat nur 525 Pixel! Um ein besonders breites Bild zu erhalten, arbeitet MOMS mit zwei nebeneinandergesetzten Foto-Optiken; sie erfassen einen Bereich, der 140 Kilometer der Erdoberfläche entspricht. Obwohl das elektronische Auge bei seinem ersten Einsatz aus einer Entfernung von rund 300 Kilometer auf die Erdoberfläche spähte, konnte es noch Einzelheiten von 20 Meter auseinanderhalten – was der Auflösung der Metrischen Kamera entspricht.

Später einmal – wenn die Erprobung von MOMS abgeschlossen ist – wird der Sensor die Bilddaten elektronisch zur Erde funken. Sein erster Flug im Raumtransporter war nur ein Testflug, um die Möglichkeiten dieser deutschen Entwicklung zu erproben. Man verzichtete deshalb darauf, die Bilder elektronisch zur Erde zu übertragen, sondern wartete die Landung des Raumtransporters ab. Anschließend wurde MOMS ausgebaut; dann entnahm man die Magnetbänder direkt aus dem Gerät und brachte sie umgehend zur Firma MBB.

Keine Farbe ohne Computer

Elektronisch gespeicherte Bilder brauchen nicht wie chemische Filme »entwickelt« zu werden, doch muß man sie noch »bearbeiten«, ehe sie so aussehen, wie auf diesen Seiten abgebildet. Diese Bildbearbeitung erfolgt mit Hilfe des Computers. Dazu werden ihm sämtliche Informationen, die auf den Magnetbändern aufgezeichnet wurden, eingegeben. Erst der Computer zaubert aus diesen Daten die bunten Bilder, die uns so faszinieren. Da ist zuerst einmal die Farbe. Wir haben schon gehört, daß die Bilder nur in Hell-Dunkel-Werten gespeichert vorliegen. Insgesamt 126 verschiedene Grautöne kann MOMS in jedem seiner winzigen Bildpunkte wahrnehmen. Aber erst der Computer setzt sie in Farben um. Jeder Grauwert erhält eine Farbe zugeordnet, gleiche Grauwerte entsprechen also immer gleichen Farben. Dabei ist es für Wissenschaftler gar nicht so wichtig, die Farben möglichst realitätsnah zu wählen. Es stört sie beispielsweise wenig, daß MOMS derzeit noch keine grüne Farbe »wahrnehmen« kann. Sie stellen Vegetation auf andere Weise fest, denn MOMS sieht auch Infrarot. MOMS kann also messen, wieviel Wärme die Erde abstrahlt. Von allen natürlichen Oberflächen geben Pflanzen die höchste Infrarotstrahlung ab. Man stellt sie üblicherweise in roter Farbe dar, und das satte Rot von MOMS-Aufnahmen deutet immer auf Pflanzenwuchs hin.

Für die ersten Testaufnahmen wurden die südamerikanischen Tropen sowie Wüstenbereiche und bebaute Flächen in Saudi-Arabien ausgewählt. Diese Landschaften unterscheiden sich grundlegend voneinander – und genau das war beabsichtigt, denn man wollte das Verfahren unter allen möglichen Bedingungen ausprobieren. Es hing vom Wetter ab, welche Ausschnitte schließlich fotografiert wurden. Die Entscheidung traf während der Mission das Weltraumzentrum Houston aufgrund von Daten, die Wettersatelliten übermittelten. Um immer auf dem aktuellen Stand zu bleiben, stand Houston in telefonischer Verbindung mit allen Wettersatelliten-Kontrollzentren, auch mit dem Darmstädter Kontrollzentrum von Meteosat.

Die Aufgaben von Satellitenbildern

Das allererste Bild, das MOMS aufnahm – es war am 18. Juni 1983 –, zeigt einen Teil der Küstenkordilleren im Grenzgebiet zwischen Peru und Chile. Darauf ist sogar die weiße Brandung zu erkennen, über der sich gelegentlich kleine weiße Cumuluswolken bilden. Tiefe Rinnen zerschneiden das steil bis auf 5000 Meter ansteigende Gelände. Die rote Farbe zeigt Vegetation an, während die braunroten Schattierungen Aufschluß über unterschiedliche Gesteinsarten geben.

Ein anderes Bild zeigt das Grenzgebiet zwischen Bolivien und Chile. Große Vulkane mit ihren Lavaergüssen sind ebenso zu erkennen wie der eindrucksvolle Salar Coipasa, eine gigantische Salzpfanne, in der sich das Wasser eines großen Einzugsgebietes sammelt. Dieser einzigartige Salzsee bildete sich, da hier mehr Wasser verdunstet, als Regenwasser fällt. Die gelblich-grünen Schlieren sind Stellen, an denen sich Restwasser mit dem Salz vermengt und einen zähen Brei bildet. Die gesamte Region ist äußerst dünn besiedelt; nur in Flußtälern weist die kräftige rote Farbe auf Pflanzen hin – in diesem Fall auf landwirtschaftlich genutzte Flächen.

Neben dem rein wissenschaftlichen Nutzen haben Satellitenbilder, wie sie mit Hilfe des neuen MOMS möglich sind, auch praktische Bedeutung. Sogar beim Weltproblem Nummer eins, der Umweltfrage, kommt der Auswertung von elektronischen Aufnahmen eine wichtige Aufgabe zu. Nur mit Hilfe solcher Satellitenaufnahmen ist es uns beispielsweise möglich, großräumige Gebiete fotografisch festzuhalten; es ist beinahe unglaublich, was Fachleute aus solchen Bildern herauslesen können – speziell dann, wenn sie über längere Zeit hinweg Aufnahmen der gleichen Gebiete vorliegen haben. Zunehmende Wasserverschmutzung von Küstengebieten, sich ausbreitendes Waldsterben oder den Reifezustand des Getreides – all das können elektronische Sensoren heute schon vom Himmel aus unterscheiden.

Das Aufspüren von Rohstoffen gehört ebenfalls zu den Aufgaben der Satellitenbilder. Zwar ist es nicht möglich, mit elektronischen Sensoren tief ins Innere der Erde zu »sehen«, doch können Geologen oft schon aufgrund bestimmter Oberflächenstrukturen auf Lagerstätten schließen.

Beide deutschen Entwicklungen haben ihre Chance für die Zukunft. Während die Metrische Kamera auf den Einsatz bei bemannten Flügen beschränkt bleiben wird – dafür aber billig arbeitet –, wird sich MOMS auf dem gewinnbringenden Weltmarkt der Satellitenbilder sicher durchsetzen können. In einigen Jahren also wird jeder wissen, was es mit diesen beiden Begriffen auf sich hat!

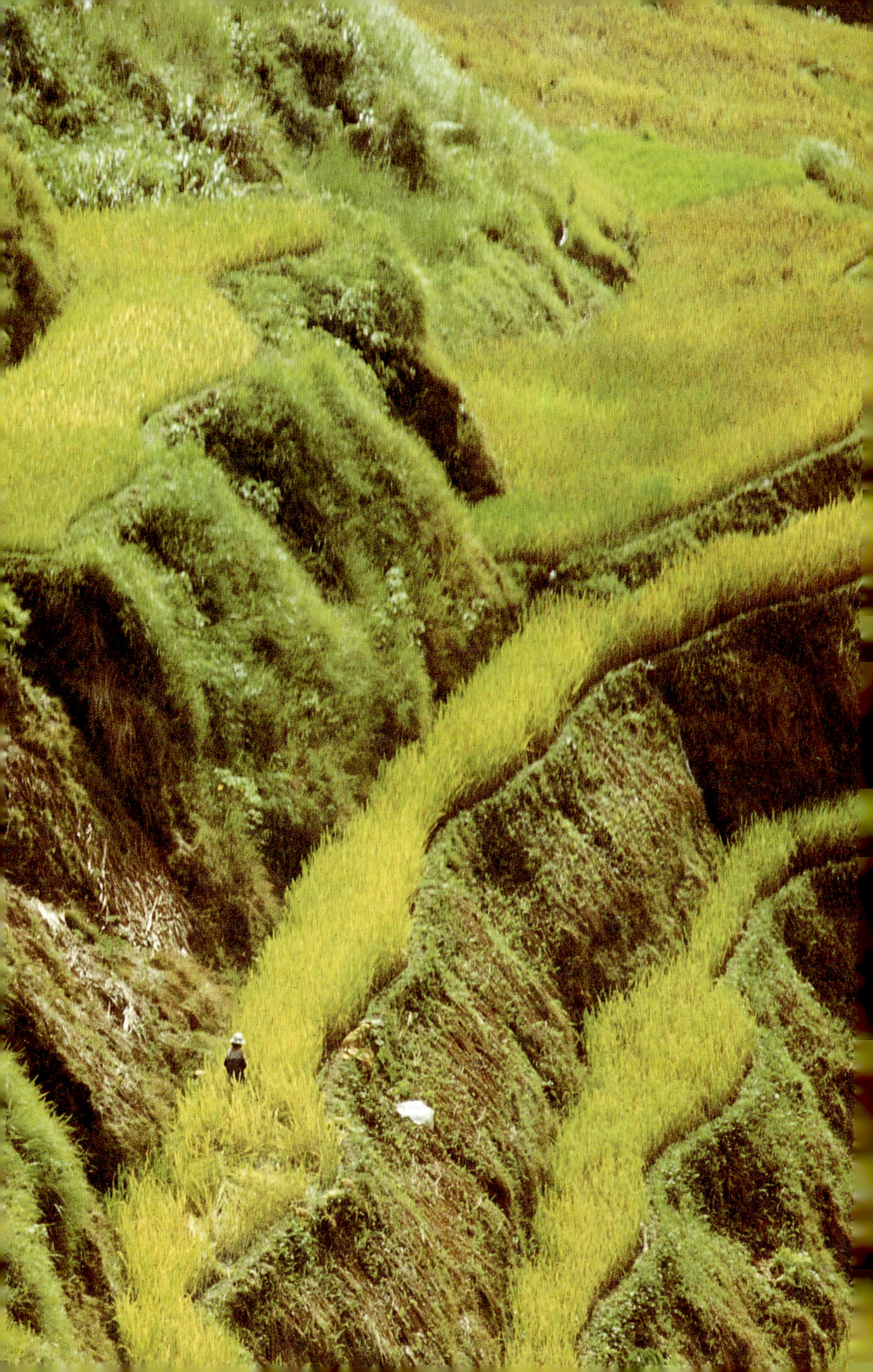

Carmen Rohrbach
BEI DEN IGOROTEN
Bergvölker in Nord-Luzon

Acht braune Fäuste packen das Schwein, reißen es zu Boden und fesseln es mit einem derben Strick. Es ist ein riesiges schwarzes Tier, und die vier Männer haben Mühe, es aus der tiefgelegenen Schweinegrube herauszuheben. Ein fünfter Mann eilt hinzu und stemmt sich von unten gegen den runden Rücken des Schweines. Das Tier quietscht laut und durchdringend. Die Männer schleppen es auf den kleinen Dorfplatz. Dort sitzen schon wartend die Mitglieder der Dorfgemeinschaft: Die Frauen in ihren selbstgewebten langen Röcken, die schwarzen Haare mit bunten Perlenketten verschlungen, die Männer nur mit einem Lendenschurz, dem Bahag, und abgetragenen Jacketts bekleidet, am Hinterkopf ein schiefsitzendes, kleines Bastkäppchen, in dem sie ihre wichtigsten Utensilien aufheben. Mit ernsten Gesichtern schauen alle der Schlachtzeremonie zu.

Es war ein Glück, daß ich während meiner Reise durch die Philippinen in der Stadt Baguio eine junge Frau kennenlernte. Sie lebt dort mit ihrem Mann und

Die Igoroten betreiben Naßreisanbau und brauchen dafür Terrassen, in denen das Wasser stehenbleibt. Als die größten Meister des Terrassenbaus gelten die Ifugao, ein Stamm der Igoroten. Dieses Wort bedeutet: »die in den Bergen leben«.
Foto Rohrbach

vier Kindern. Prisca arbeitet als Krankenschwester, spricht ein ausgezeichnetes Englisch, kleidet sich am liebsten mit Jeans und T-Shirt. Als sie mein Interesse für alte Kulturen bemerkte, lud sie mich in ihr Heimatdorf ein, wo noch ihre Eltern und Geschwister leben.

Ankunft im Dorf

Die Hinfahrt ist abenteuerlich. Sie geht durch eine wilde Berglandschaft mit felsigen Abstürzen, tiefen Tälern. Die Straße besteht erst seit wenigen Jahrzehnten und windet sich in Haarnadelkurven den Berghängen entlang, oft in über 2000 Meter Höhe. Eigentlich ist es gar keine Straße, sondern nur ein aus dem Gebirge herausgeschnittener Weg, unbefestigt, unasphaltiert. Prisca steuert den Wagen artistisch durch tiefe ausgewaschene Löcher. Manchmal ist die Straße so weit abgebrochen, daß wir hart am Abgrund fahren. Einmal versperrt uns ein Bergrutsch den Weg. Wir müssen stundenlang warten, bis sich in dieser verkehrsarmen Gegend so viele Fahrzeuge und Menschen ansammeln, um mit vereinten Kräften die Erd- und Lehmmassen zu überwinden. In der Ortschaft Bontoc lassen wir den Wagen bei Verwandten meiner Begleiterin stehen und machen uns auf einen langen Fußmarsch in die Berge. Wir folgen schmalsten steilen Pfaden, für meine ungeübten Augen oft kaum als Weg erkennbar. Er führt durch wild wuchernden Bergwald, duftende Pinienhaine, durch Schutt und Geröll und durch hartes hohes Gras, dann immer häufiger durch steinummauerte Terrassenfelder. Gegen Abend, als das Licht in zauberhafter Stimmung die Berglandschaft modelliert, erreichen wir das kleine Dorf. Die Bewohner mustern mich, die Fremde, aufmerksam, halten sich aber höflich schweigend zurück. Zuerst verlieren die Kinder ihre Scheu und probieren an mir ihre Englischkenntnisse aus, denn Schulen gibt es auch in der verlassensten Gegend auf den Philippinen, und in allen wird Englisch unterrichtet. Die Kleinsten sind am mutigsten und proben gleich den Text für die morgige Schulstunde; sie zeigen auf ihren Kopf und sagen: »This is my head«, dann auf die Augen »this are my eyes«. Sobald sie am großen Zeh angelangt sind, beginnen sie wieder am Kopf.

Gastfreundschaft bei Kopfjägern

Die Frauen haben inzwischen Töpfe voller Reis gekocht. Wenn man Reis hat, ist erst einmal die Ernährung gesichert; er darf zu keiner Mahlzeit fehlen. Dazu gibt es als Beilage, was gerade greifbar ist – gekochte Blätter von Camote, der Süßkartoffel, ferner Kürbis, Mais, gebratene Bananen, Bohnen. Fleisch essen die Igorots nur selten, meist nur dann, wenn sie zu religiös-kultischen Zwecken die Schweine des Dorfes schlachten. Der einzige Löffel auf dem Tisch liegt bei meinem Teller, denn die Igorots wissen, daß es die meisten Ausländer noch nicht gelernt haben, mit den Fingern zu essen. Als ich sehe, wie selbst die kleinen Kinder geschickt mit Daumen, Zeige- und Mittelfinger ein Essensbällchen formen, es graziös auf den Fingern balancieren und mit dem Daumen in den Mund schnipsen, versuche ich es auch. Aber es ist schwer, den körnigen Reis zusammen mit den Camote-Blättern, die noch im Kochwasser schwimmen, und dem Kürbisgemüse in den Mund zu bekommen. Mein Bällchen zerbröckelt mir zwischen den Fingern, und da ich sehr hungrig bin, greife ich doch lieber wieder zum Löffel.

Oben: Landschaft in Nord-Luzon. In höheren Lagen herrscht oft Nebel, weil sich aufsteigende Luftmassen abkühlen und Wasserdampf kondensiert. In diesen Zonen liegen feuchte üppige Bergwälder.
Unten: Igorot-Haus mit modernem funktionellem, aber unschönem Wellblechdach. Fotos Rohrbach

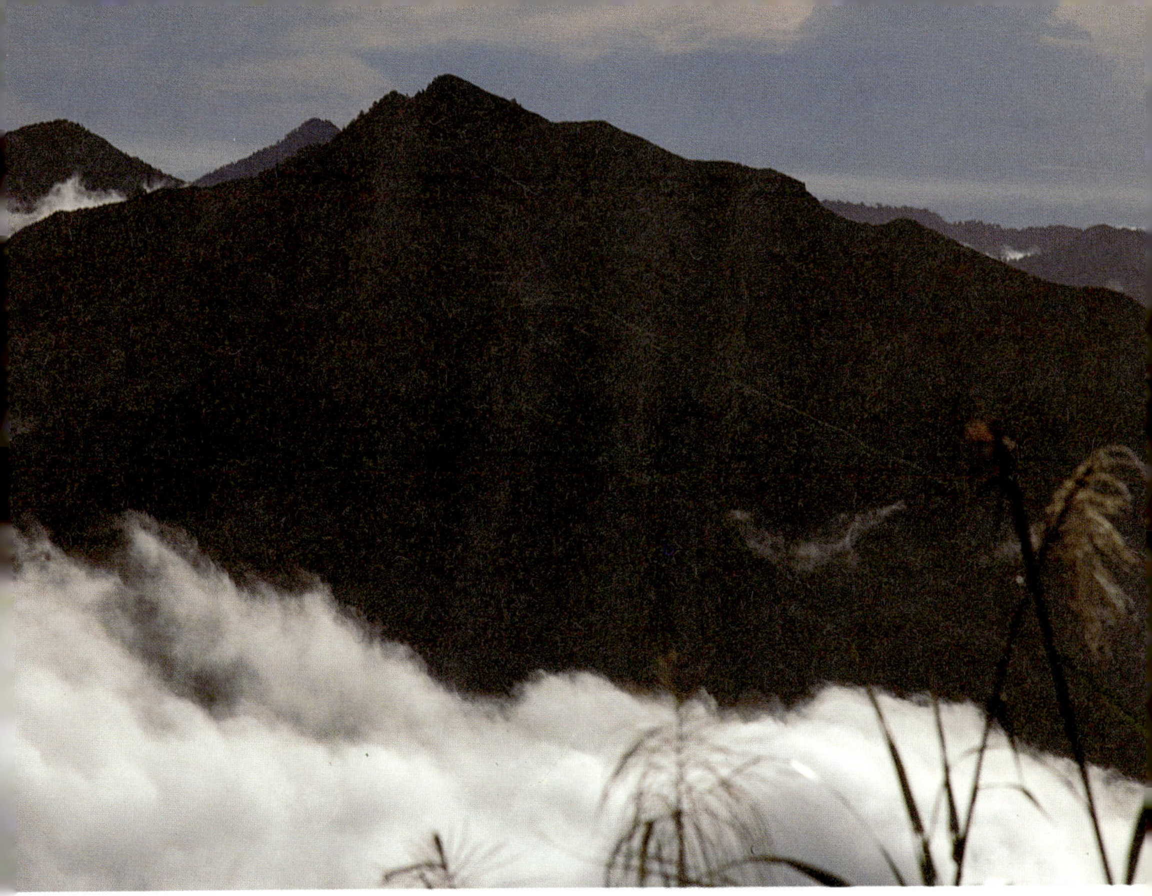
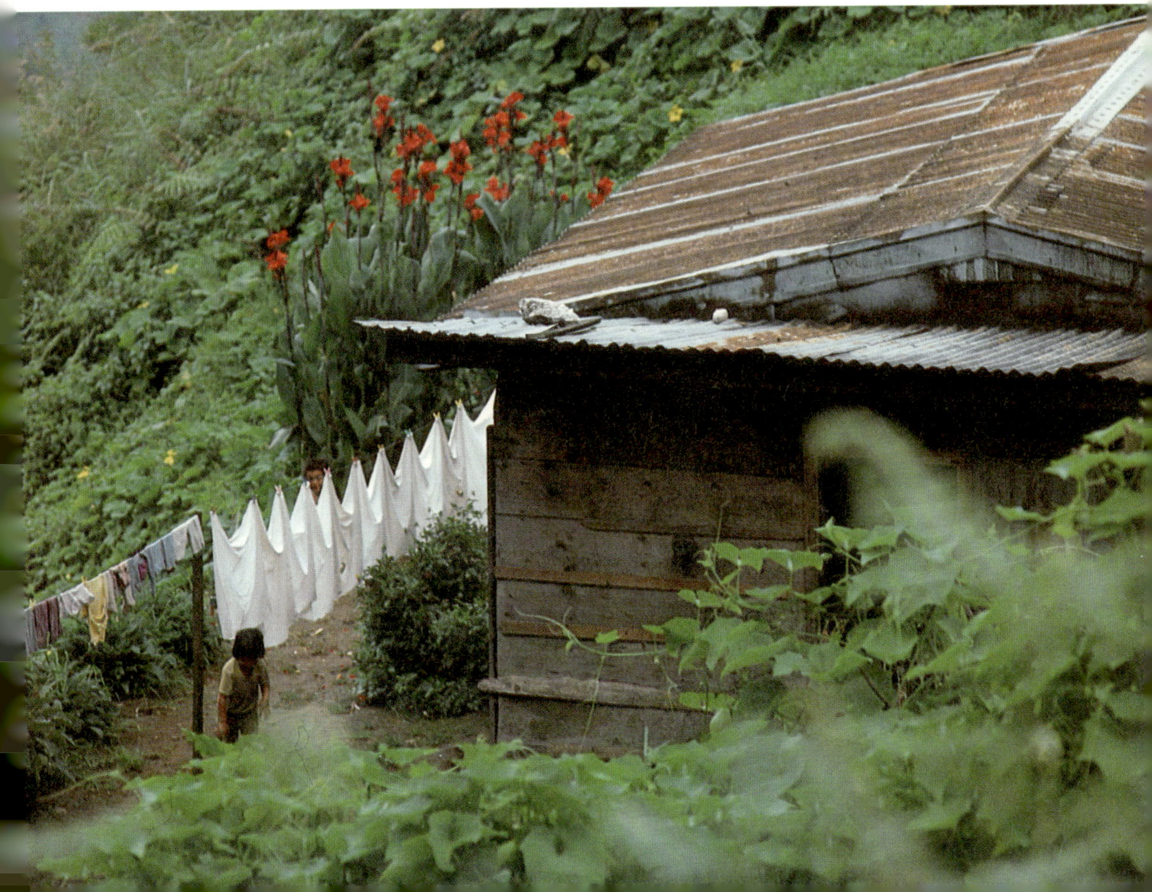

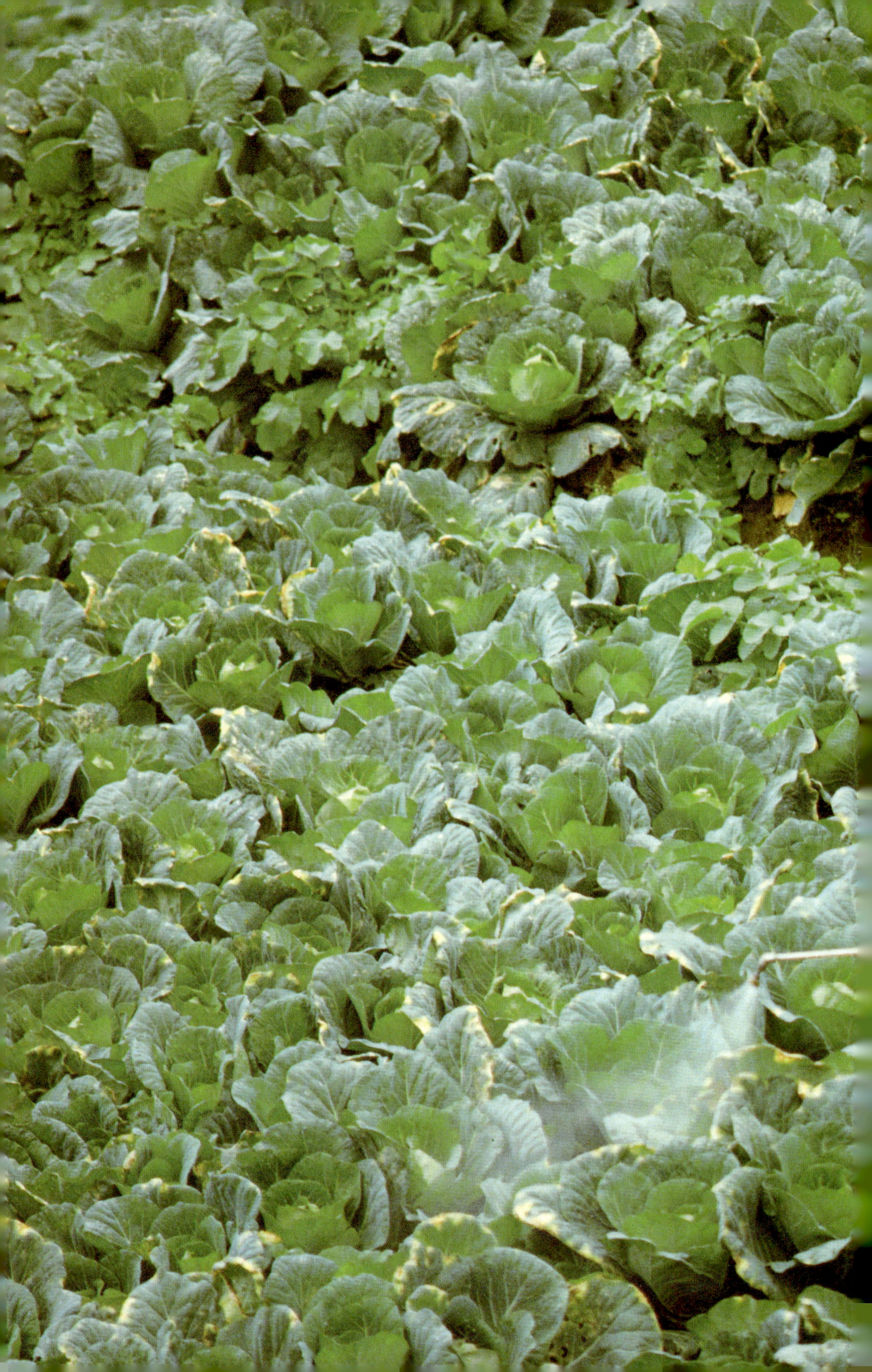

Oben: Wie fast überall in Asien begegnet der Wanderer an Wegen und Verkehrsknotenpunkten einem regen Straßenverkauf. Die Herrlichkeiten des Landes liegen ausgebreitet da, appetitlich präsentiert in einfachen, doch formschönen Flechtkörben. Foto Rohrbach

Links: Überall, wo eine Monokultur angelegt wird, stellen sich Pflanzenschädlinge ein. Auch in dem abgelegenen Bontoc-Dorf im Norden Luzons müssen sie mit Spritzmitteln bekämpft werden, damit die Ernte an Kohl gesichert bleibt. Foto Rohrbach

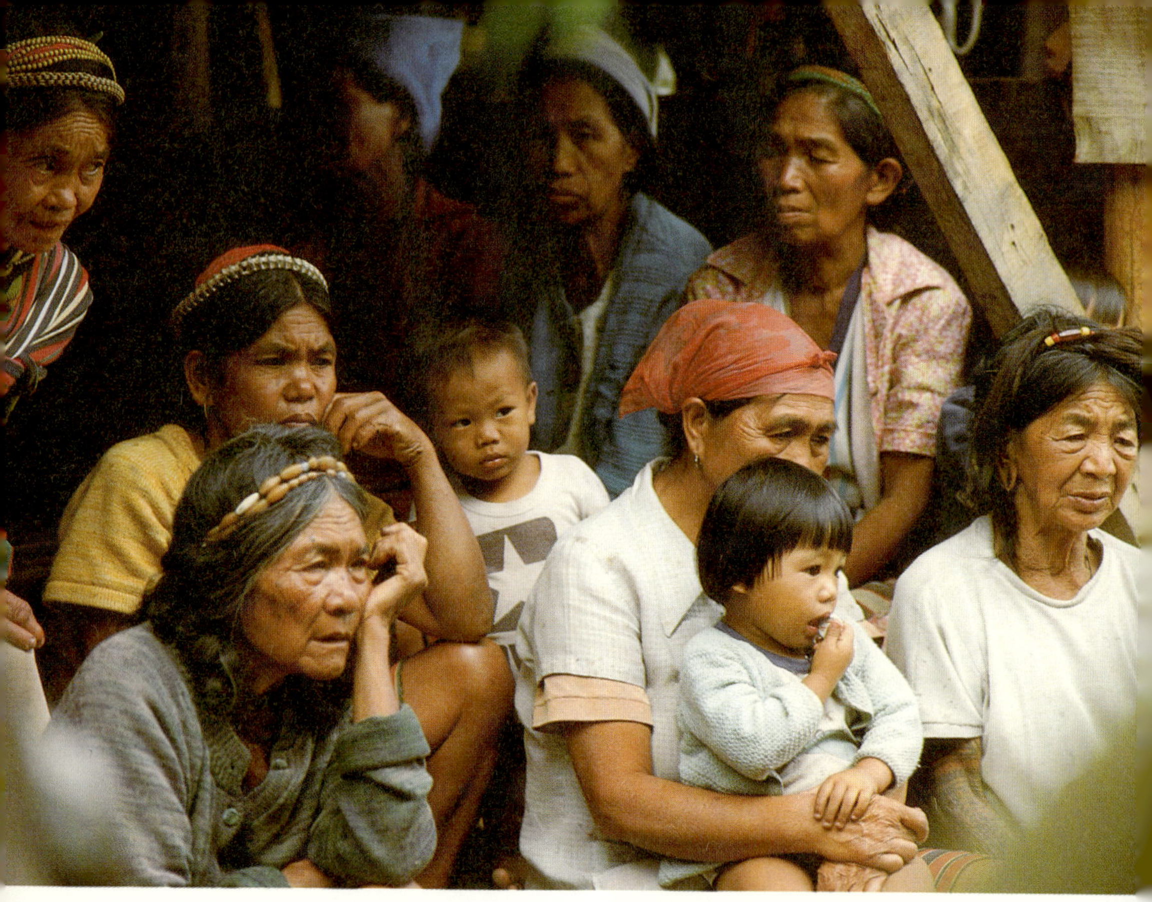

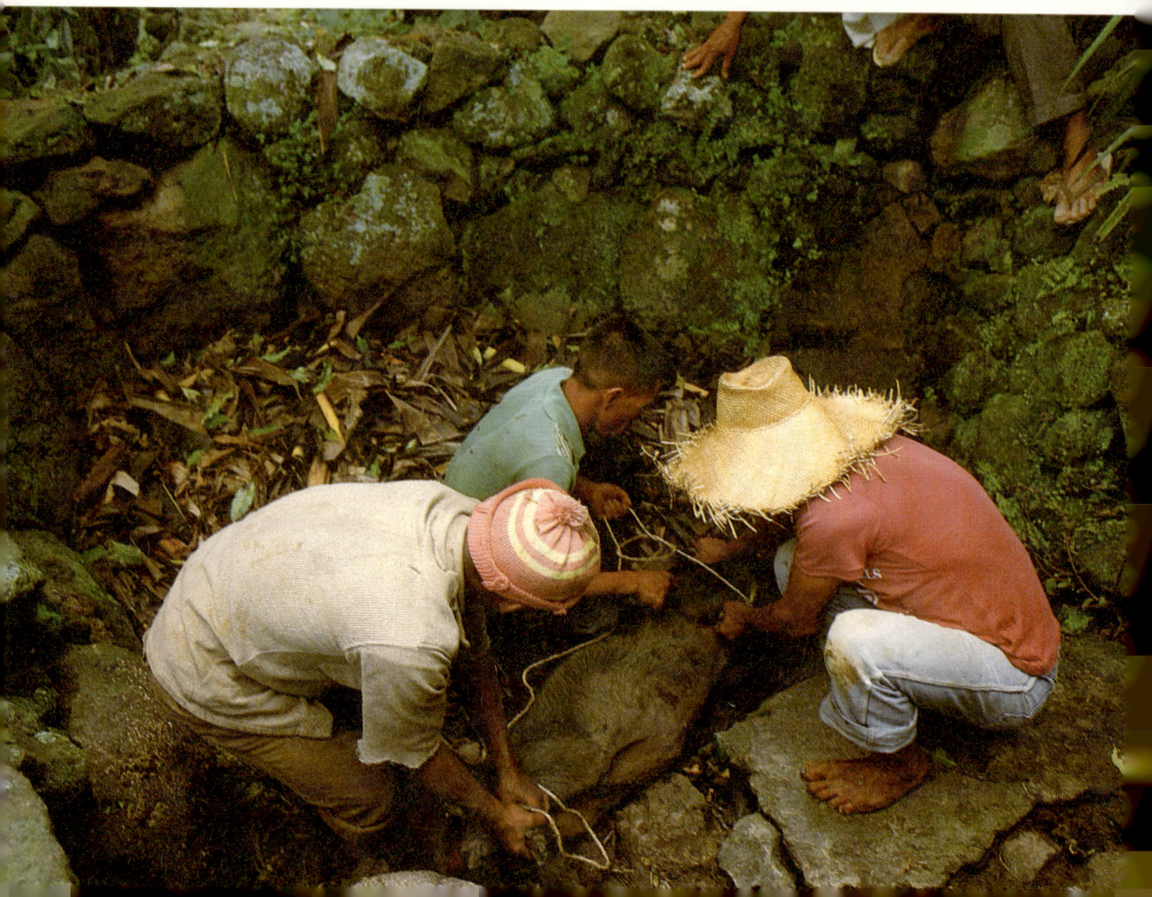

Die alten Sitten

Die Menschen, die mich so friedlich umringen und mit mir ihr Essen teilen, sind Bauern. Das sieht man ihren verarbeiteten Händen, ihren von Wetter und Wind zerfurchten Gesichtern an. Was man nicht sieht: Sie waren noch bis in unser Jahrhundert hinein Kopfjäger. Einige der alten Männer sind vielleicht noch als Jünglinge losgezogen in die benachbarten feindlichen Dörfer, und die alten Frauen, deren Unterarme bis über die Ellenbogen mit symmetrischen Mustern tätowiert sind, erinnern sich sicher noch an die Feste, wenn ein abgeschlagener Kopf heimgebracht wurde. Obwohl die Igoroten eine hohe Kultur besitzen, in selbstverwalteten Dorfgemeinschaften leben und den Reisanbau in Terrassen entwickelte haben, pflegten sich doch früher die jungen Männer in benachbarte Täler zu schleichen und dort den ersten besten Menschen zu erschlagen – egal, ob Greis oder Kind, ob Mann oder Frau. Sie hacken dem Opfer Kopf oder Hand ab und kehrten nach eiliger Flucht voller Triumph ins heimatliche Dorf zurück. Es ging ihnen darum, mit dem Menschenopfer die Fruchtbarkeit der Felder zu verbessern, die Kinderlosigkeit von Frauen zu heilen, die Bewohner vor Dämonen und Krankheiten zu schützen. Das Menschenopfer forderte aber auch Rache. Denn wer den Kopf verloren hatte, war entehrt und wurde eiligst außerhalb des Dorfes verscharrt. Um das Familienansehen wiederherzustellen, mußten die Verwandten nun ihrerseits einen Feind töten. Nicht zuletzt war die Kopfjagd auch eine Mutprobe für die jungen Männer, ein tödlicher Wettkampf, der die Möglichkeit bot, sich hervorzutun und an Ansehen im Dorf zu gewinnen. Die Igoroten leben nämlich in einer klassenlosen Gesellschaft ohne Privateigentum. Es ist dem einzelnen nicht möglich, ein Vermögen anzuhäufen und sich dadurch gegenüber den übrigen Dorfmitgliedern auszuzeichnen. Nur durch das Töten konnten die Männer Ruhm, Ansehen und Macht erlangen. Amerikanische Missionare schafften die Kopfjagd um die Jahrhundertwende ab. Aber die Vergangenheit ist noch nicht erloschen, sie lebt weiter in Gedanken und Liedern.

Das große Fest

Ich bin gerade zum Ende der Erntezeit in das Dorf gekommen. Am frühen Morgen, als der Nebel die Täler mit dicken Wattedecken füllt, ertönen das rhythmische Schlagen einer Trommel, das Klirren und Scheppern verschiedener Schlaginstrumente. Fünf Männer ziehen durchs Dorf, die fünf Ältesten. Sie tragen nur ihren Bahag, sind behängt mit Instrumenten, Beuteln und Taschen und recken hohe Eisenspieße drohend empor. An jeder Hütte kommen sie vorbei und umkreisen dann das Dorf im weiten Bogen, beziehen auch die zum Dorf gehörenden Felder mit ein. Erst nach Stunden kehren sie zurück. Inzwischen ist alles für das Schweineschlachten vorbereitet. Drei Tiere sollen als Dank für die gute Ernte und als Bitte um eine ebensogute künftige getötet werden. Während der Schlachtung halten sich alle Dorfbewohner ruhig im Hintergrund, auch die Kinder schauen nur stumm zu. Aus den Innereien der Tiere versucht man, das zukünftige Geschick des Dorfes zu lesen. Danach ist es Aufgabe der Frauen, die Därme zu wa-

Oben: Ehrfürchtig schauen die Frauen zu, während die Männer ein Schwein schlachten. Das ist bei den Igoroten eine religiöse Handlung. Danach gibt es gekochtes Fleisch zu essen. Die Frage, ob es schmeckt, wird nie gestellt. Natürlich schmeckt es! Westliche Vorstellungen von der Kochkunst sind diesen Menschen ganz fremd.
Unten: Die Männer schlachten das Schwein und brennen ihm die Borsten ab. Fotos Rohrbach

schen. Das Fleisch wird einfach in großen Töpfen gekocht. Reis türmt sich in geflochtenen Tellern und Schalen. Jeder kann zugreifen. Vom Fleisch bekommt jeder nur ein verhältnismäßig kleines Stück in die Hand gedrückt. Da es ohne Gewürz einfach in Wasser gekocht wurde, schmeckt es mir nicht. Als besondere Delikatesse wird das heiße Kochwasser in leere halbierte Kokosschalen geschüttet und laut schlürfend getrunken. Ich würze mit Salz nach und leere es schnell, um die Gastgeber nicht zu enttäuschen – die Flüssigkeit ist heiß und fettig. Die Igoroten freuen sich, daß es mir scheinbar so gut schmeckt und füllen sofort nach. Nach dem Essen bilden sich Gruppen, getrennt nach Alter und Geschlecht. Die alten Männer hocken im Kreis am Boden und singen. Abwechselnd trägt jeder der Männer einige Verse vor, und die anderen schließen sie mit einer Art Refrain ab. In meinen Ohren klingen die fremden unverständlichen Worte ungefähr so: »Ja, ja, so war es gewesen, genauso wie du gesagt hast.« Ich bin überzeugt, daß es gesungene Geschichten sind, die von wirklichen Begegenheiten und Ereignissen aus der Vergangenheit des Dorfes berichten. Ich bitte meine Freundin Prisca, mir doch einige der Lieder zu übersetzen. Aber sie schüttelt bedauernd den Kopf, nein das dürfe sie nicht; es seien Stammesgeheimnisse. Für mich liegt in den Liedern soviel Ausdruck, soviel Leben und Erlebnis, daß ich weiter fasziniert zuhöre. Und da ich nicht verstehe, wovon sie erzählen, beginnt meine Phantasie, angeregt zu dem melodiösen Singsang, ihre eigenen Bilder zu malen.

Wie der Friede bewahrt bleibt

Es ist heute nicht mehr festzustellen, woher die Igoroten ursprünglich kamen. Wahrscheinlich wanderten noch in vorgeschichtlicher Zeit Menschen in mehreren Einwanderungswellen von Südchina und Indonesien ein. Mit ihren kleinen Booten wurden sie an die philippinische Küste getrieben. Kulturelle Parallelen lassen sich heute noch zu einigen Stämmen Thailands, Borneos und Vietnams finden. In dem zerklüfteten Bergland von Nord-Luzon bilden die Igoroten – so ihr Sammelname – einzelne Stämme: Die Bontoc, bei denen ich zu Gast bin; die Ifugao, die besonders grandiose Reisterrassen bis in 1000 Meter Höhe bauten, und die Kalinga im Norden, die noch am ursprünglichsten ihre Kultur bewahrt haben. Aber auch die Kalinga regeln ihre einst kriegerischen Auseinandersetzungen zwischen den Dörfern jetzt meist durch ein besonderes Friedenspaktsystem, das Bodong. Sobald sich eine Feindschaft zwischen zwei Dörfern anzubahnen droht, tritt ein von allen gewählter Friedenshalter in Aktion. Es ist der anerkannt weiseste und wohlhabendste Mann. Denn um den Frieden wiederherzustellen, müssen viele Schweine ihr Leben lassen. Bei einem Zusammentreffen erhält jede der feindlichen Parteien die Gelegenheit, ihre Argumente vorzutragen. Der Friedenshalter hat dabei die Aufgabe, ausgleichend und versöhnend einzuwirken. Die Streitgespräche dauern so lange, bis der Konflikt gelöst ist. Danach wird gemeinsam gegessen und getrunken. Jeder Teilnehmer ist dadurch bei seiner Ehre verpflichtet, den Friedenspakt einzuhalten, sonst würde er aus seiner eigenen Dorfgemeinschaft verstoßen.

Tradition und Neuzeit

Im Dorf meiner Freundin Prisca stehen noch nicht die unschönen und teuren, aber hygienischen, pflegeleichten und dauerhaften Wellblechhäuser, sondern noch die alten Holzhütten auf Pfählen mit dichtem Grasdach. Auch den Ato, das Männerhaus, gibt es noch. Er dient als Schlafraum für die unverheirateten Männer, und dort werden alle sozialen und politischen Entscheidungen des Dorfes getroffen und religiöse Zeremonien vorbereitet. Dabei geht es ganz demokratisch zu, denn die Igoroten haben keinen Häuptling. Alle sind gleichberechtigt, allerdings unter Ausschluß der Frauen. Prisca äußert sich abfällig über die Männerherrschaft: »Ach, die Männer, die reden doch nur herum und trinken Unmassen von Reiswein. Bei ihrem Gelaber kommt nichts raus. In Wirklichkeit bestimmen doch die Frauen – denn die haben das Geld und die Kinder!«

Da es im Dorf natürlich keine Elektrizität gibt, legen wir uns, sobald es dunkel ist, zum Schlafen nieder. Die Igoroten rollen feingeflochtene Matten einfach auf dem Boden aus. So wird der einzige Raum der Hütte, der vorher als Küche und Stube diente, zum Schlafzimmer. Störende Möbel gibt es nicht. Gäste können auf diese Weise unvermutet auftauchen und über Nacht bleiben. Ich habe meinen Platz auf der Matte zwischen Kathleen und Sheryl, zwei neun- und elfjährigen Mädchen. Sie plaudern noch lange mit mir. Von den Erwachsenen hört man kein Wort der Ermahnung. Die Igoroten erziehen ihre Kinder nicht mit Verboten, Vorwürfen und Strafen. Möchten die Eltern, daß die Kleinen etwas tun oder unterlassen, so bitten sie darum. Und es sind wirkliche Bitten, keine verkleideten Forderungen. Das Ergebnis dieser Erziehungsmethode sind besonders hilfsbereite, selbstbewußte, lebensfrohe Kinder, die ihre Eltern achten und lieben.

Kathleen und Sheryl geben mir einen Gutenachtkuß und schmiegen sich von beiden Seiten eng an mich. Am nächsten Tag gehen wir zur nahen Quelle. Die Morgenluft ist sehr kühl, und das eisige Gebirgswasser jagt einen Schauder über die nackte Haut. Aber die Mädchen sind nicht zimperlich, waschen sich von Kopf bis Zeh und bespritzen auch mich ordentlich mit Wasser. Die Kleidung, die man nachts nicht ablegt, wird gleich mitgewaschen.

Kathleen und Sheryl verabschieden sich winkend, als sie mit ihren geflochtenen Basttaschen auf dem Rücken den Berghang hinab zur Schule laufen. Bei ihrer Rückkehr am Nachmittag werden sie mich nicht mehr antreffen. Ich will weiterwandern, um noch die Ifugaos und Kalingas kennenzulernen. »Aber du mußt wiederkommen! Ganz bestimmt, ja?« rufen sie mir noch zu. Die Frauen gehen zum Bach, um wie jeden Tag zu waschen, beschäftigen sich im Garten oder begleiten die Männer zu den Terrassenfeldern, die für die nächste Reisaussaat vorbereitet oder mit Zwischenfrüchten wie Süßkartoffeln oder dem Wurzelgemüse Kassaba bepflanzt werden. Ein friedliches Leben. Nur in den Alten ist noch die Angst und Erinnerung an die Kopfjagd wach – wie bei der Großmutter, die mir auf einem schmalen Gebirgspfad entgegenkam. Gebeugt unter einem schweren Sack mit Camote hielt sie erschrocken inne, als sie hörte, daß ich nach dem 40 Kilometer entfernten Banaue wandern wollte. Sie war überzeugt, ich würde unterwegs Kopf und Hand verlieren und war nicht eher zu beruhigen, als ich mit ihr zurückging – zur Bushaltestelle.

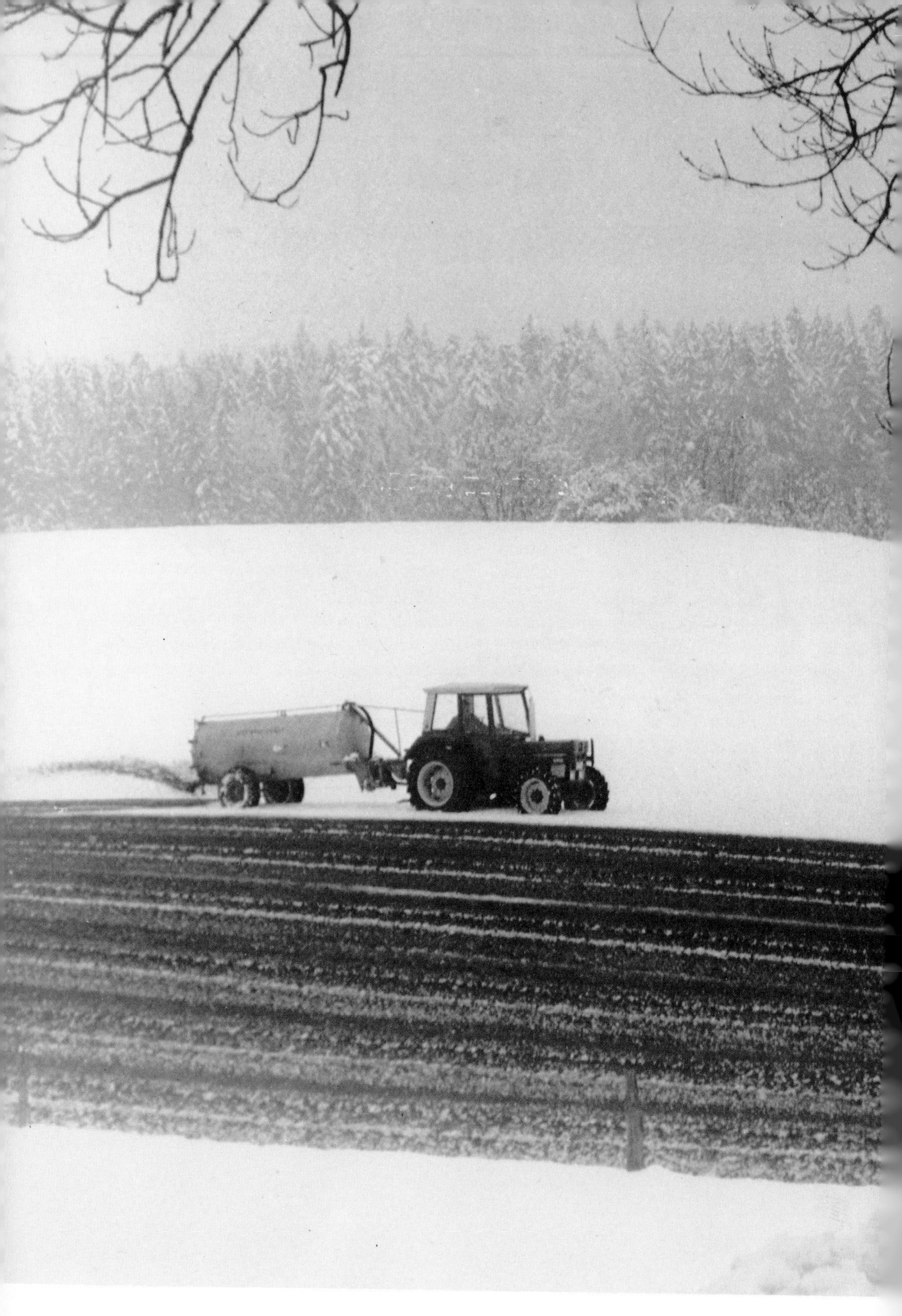

Theo Löbsack
ZEITBOMBE GRUNDWASSER

Mit dem Waldsterben fing es an. Noch haben wir das unheimliche Geschehen nicht im Griff, noch seine Ursachen kaum erkannt, da gibt es schon Grund für neue Sorgen. Denn das Grundwasser, aus dem wir unser Trinkwasser größtenteils beziehen, wird vom Menschen zunehmend verschmutzt. Das, was wir für selbstverständlich halten, daß es immer da ist, daß es aus der Leitung kommt wie der elektrische Strom aus der Steckdose, dieses Wasser ist gegen Verunreinigungen anfälliger, als wir bisher vermutet haben. Nitrate aus Düngemitteln und chlorierte Kohlenwasserstoffe aus Pestiziden und Industrieabfällen – sie vor allem sind es, die die Wasserqualität gefährden und das Wasser stellenweise schon ungenießbar gemacht haben. Und wenn nicht bald etwas zur Abwendung der Gefahr geschieht, dann wird der kostbare Rohstoff Grundwasser womöglich eine noch größere Gefahr als das Waldsterben bilden. Doch was ist Grundwasser und wie wird es verseucht?

Im Winter Jauche und Mist auf die Felder und Wiesen zu verteilen, ist unsinnig, denn die stickstoffhaltigen Dünger ziehen mit dem Schmelzwasser in den Boden und verschmutzen das Grundwasser. Man kann also auch mit natürlichen Düngemitteln die Umwelt schädigen. Foto Süddeutscher Verlag/Göllinger

Grundwasser bildet sich, wenn Niederschläge und oberflächliches Wasser aus Seen und Flüssen in die Erde einsickern. Das geschieht in sandigen und kiesigen Böden rasch, in lehmigen langsamer. Der Schwerkraft folgend, sinkt das Wasser ab, bis es von wasserundurchlässigen Schichten – etwa Ton – aufgehalten wird. Hier sammelt es sich als erstes Stockwerk an. Doch kann die undurchlässige Schicht stellenweise durchbrochen sein. Durch solche Löcher sickert ein Teil des Wassers weiter in noch tiefere Erdschichten ab, bis es auf neue Hindernisse stößt. So können sich zwei oder mehrere Stockwerke bilden. Das erklärt, warum man Grundwasser mal tiefer, mal weniger tief in der Erde antrifft – es kommt einfach auf die undurchlässigen Schichten an, die entweder tiefer oder flacher verlaufen können. Dementsprechend baut man auch Flach- oder Tiefbrunnen, je nachdem, aus welchem Stockwerk das Wasser hochgepumpt werden soll.

Grundwasser fließt langsam

Insgesamt bildet das Grundwasser zwar eine zusammenhängende Masse, doch ruht es nicht still in der Erde. Abhängig von der Bodenbeschaffenheit und dem Nachschub von oben wandert es mehr oder weniger bedächtig, ungefähr mit der Geschwindigkeit von einem Meter pro Tag. Auch das Sickertempo, die Bewegung von oben nach unten, ist unter-

Schädlingsbekämpfung mit chemischen Mitteln läßt sich noch nicht überall vermeiden. Leider ziehen viele Pestizide – meistens chlorierte Kohlenwasserstoffe – ins Grundwasser und verseuchen es. Diese Verbindungen werden von Mikroorganismen nicht oder nur sehr langsam abgebaut. Foto Süddeutscher Verlag

schiedlich. In schwer durchlässigen Böden kann es ein Jahr dauern, bis das Wasser einen Meter tiefer gesunken ist. An solchen Stellen kann man in größeren Tiefen auf Wasser stoßen, das mehrere Jahre vorher versickert ist.

Nur langsam transportiert das Grundwasser dementsprechend auch die in ihm gelösten oder mitgeschwemmten Schadstoffe. Als sich im Grundwasser von Karlsruhe einmal Zyanidverbindungen zeigten, wußte man zunächst nicht, woher sie kamen. Zufällig erinnerte sich da jemand, daß im Jahre 1908 einige Kilometer entfernt eine chemische Fabrik stillgelegt worden war, von der die Verunreinigungen stammten. Die Tatsache, daß sie erst jetzt auftraten, ließ sich nur mit der geringen Wandergeschwindigkeit des Grundwassers erklären.

Glücklicherweise bleiben nun nicht alle Schadstoffe im Grundwasser erhalten, denn der Erdboden hat je nach seiner Beschaffenheit eine mehr oder weniger starke Reinigungskraft. Während im Oberflächenwasser vielerorts mehrere Millionen Keime pro Kubikzentimeter gezählt werden, findet man im Wasser durchschnittlich filternder Böden schon in etwa sechs Meter Tiefe nur noch wenige. Solches Grundwasser ist Trinkwasser bester Qualität. Es ist schmackhaft und kühl. Enthält es zudem nur wenige natürliche Inhaltsstoffe, so nennen wir es süßes Grundwasser. Im Gegensatz dazu stehen die meist in größerer Tiefe vorkommenden Mineralwässer. Sie enthalten oft mehr als 1000 Milligramm gelöste Salze oder 250 Milligramm freies Kohlendioxid pro Liter, und man schätzt sie wegen ihrer Heilkraft.

Es ist hinlänglich bekannt, daß die Bundesrepublik zu den wasserreichsten Ländern der Erde gehört. Wir haben ausreichende Niederschläge, viele Flüsse und Seen und ergiebige Grundwasservorkommen. Dennoch gibt es Probleme. Auf eine einfache Formel gebracht, bestehen sie darin, daß einerseits immer mehr Wasser verbraucht, andererseits die vorhandenen Wasservorräte immer stärker verschmutzt werden. Tatsächlich ist Trinkwasser guter Qualität heute schon knapp geworden. Mancherorts ist es mit Schadstoffen derart belastet, daß es als Trinkwasser kaum noch zu verwenden ist und mit teuren Verfahren gereinigt werden muß.

Drei Beispiele

Im November 1983 fand sich bei Ausschachtungsarbeiten im Kölner Stadtteil Porz im Grundwasser giftiges Phenol, also Karbolsäure. Eine Isolierfabrik, die neun Jahre zuvor in Konkurs gegangen

Höchste Gefahr für das Grundwasser herrscht bei Unfällen mit Lastwagen, die Chemikalien transportieren. Bei diesem Unglück platzten einzelne Fässer auf, und ihr giftiger Inhalt ergoß sich auf den Boden. Feuerwehrleute mußten die gefährliche Fracht bergen. Foto Süddeutscher Verlag/dpa

war, hatte hier mit wassergefährdenden Stoffen Isolierlacke hergestellt. Unterirdische Wannen, in denen das Phenol lagerte, waren undicht geworden. Bei Villingen geriet Teeröl ins Grundwasser. Auch dieses Öl stammte aus unterirdischen Behältern, die dort zwanzig Jahre zuvor einem Industriebetrieb gedient hatten.

In Stuttgart gab es im Februar 1984 einige Aufregung, als bekannt wurde, daß Chemiker ein halbes Jahr vorher, während routinemäßiger Untersuchungen, bei 30 von 248 analysierten Proben teils erheblich überhöhte Mengen giftiger Chlorkohlenwasserstoffe im Grundwasser festgestellt hatten, in einem Fall mehr als das Zwanzigfache des Zulässigen. Auch die Bad Cannstatter Mineralquellen bei Stuttgart, so hieß es, seien mitverseucht. Allerdings beruhigten die Stadtväter die aufgeschreckten Stuttgarter. Die Trinkwasserversorgung der Stadt sei nicht gefährdet, gaben sie bekannt, da man das Trinkwasser überwiegend aus dem Bodensee beziehe.

Inzwischen waren in zwölf weiteren Städten Baden-Württembergs überhöhte Mengen von chlorierten Kohlenwasserstoffen im Trinkwasser festgestellt worden. Im Raum Heidelberg–Mannheim mußten 20 Millionen Mark aufgewendet werden, um einen verseuchten Brunnen zu sanieren. Insgesamt registrierten die Gewerbeaufsichts- und Gesundheitsämter im Südwesten der Bundesrepublik seit 1978 mehr als 150 Schadensfälle mit chlorierten Kohlenwasserstoffen im Grundwasser: Das sind sehr giftige Substanzen, die als Entfettungsmittel in der metallverarbeitenden Industrie, als Lösungsmittel bei der chemischen Reinigung, außerdem im Pflanzenschutz als Pestizide und als Holzschutzmittel verwendet werden. Sie stehen sogar im Verdacht, Krebs zu erregen.

Anderswo ist die Lage nicht besser. Mitte März 1983 stießen Bauarbeiter im Gebiet der Hamburger Lufthansawerft in 7 Meter Tiefe auf eine übelriechende Brühe. Der Fund bestätigte, daß in der Nähe großer Flughäfen nicht nur Lärm und Luftverpestung zur Gefahr geworden sind, sondern auch die Verseuchung des Grundwassers durch schadhafte Tankleitungen oder andere technische Pannen drohen. Erst wenige Monate zuvor waren bei einem Unfall auf dem Frankfurter Rhein-Main-Flughafen fast 2 Millionen Liter Kerosin ausgelaufen und in der Erde versickert. Damals warnte der Bremer Wasserkundler Uwe Lahl: »Flughäfen sind vom Gefahrenpotential her mit einer chemischen Fabrik vergleichbar.«

Lahl verweist auch auf den Transport grundwassergefährdender Chemikalien, der nicht weniger risikoreich sei. Schätzungsweise werden ja alljährlich mehr als 500 Millionen Tonnen solcher Stoffe auf unseren Straßen und Schienen bewegt. In den letzten Jahren kam es dabei zu rund 1700 Unfällen jährlich, 30 Prozent davon beim Transportvorgang, 70 Prozent während der Lagerung.

Es sieht also alles andere als rosig für das Grundwasser aus. Verschmutzungen, wohin man blickt. Dabei haben wir die schlimmste Belastungsquelle noch gar nicht erwähnt, nämlich die zunehmende Anreicherung mit Nitraten – hauptsächlich als Folge übertriebener Düngung in der Landwirtschaft.

Nitrate

Für den Menschen wird Nitrat nach einer chemischen Umwandlung gefährlich. Bakterien im Mund, Magen und Darm machen daraus Nitrit, das bei Säuglingen die Sauerstoffaufnahme der roten Blutkörperchen hemmt und zu Blausucht führen kann, einer Folge des eingetretenen Sauerstoffmangels. Außerdem kann das Nitrit mit den in der Nahrung vorhandenen Aminen sogenannte Nitrosamine bilden, die als stark krebserregend bekannt sind.

Nitrate, das wissen wir schon länger, können auf verschiedene Weise in den Erdboden gelangen, etwa über Abfälle, Abwässer, über den Abbau organischer Substanzen und andere. Die bei weitem vorherrschende Ursache für die Grundwasserbelastung ist jedoch die überhöhte und oft genug falsche Düngung mit organischen und mineralischen Stickstoff-Düngern. Nitrate sind zwar nötig, um die

Wilde Müllkippen sind nicht nur ein Schandfleck für die Landschaft, sondern auch eine stete Gefahr für das Grundwasser. Selbst wenn hier keine giftigen Chemikalien liegen, wohin zieht mit der Zeit das Motor- und Schmieröl dieser Altautos? Foto Süddeutscher Verlag/Vollmer

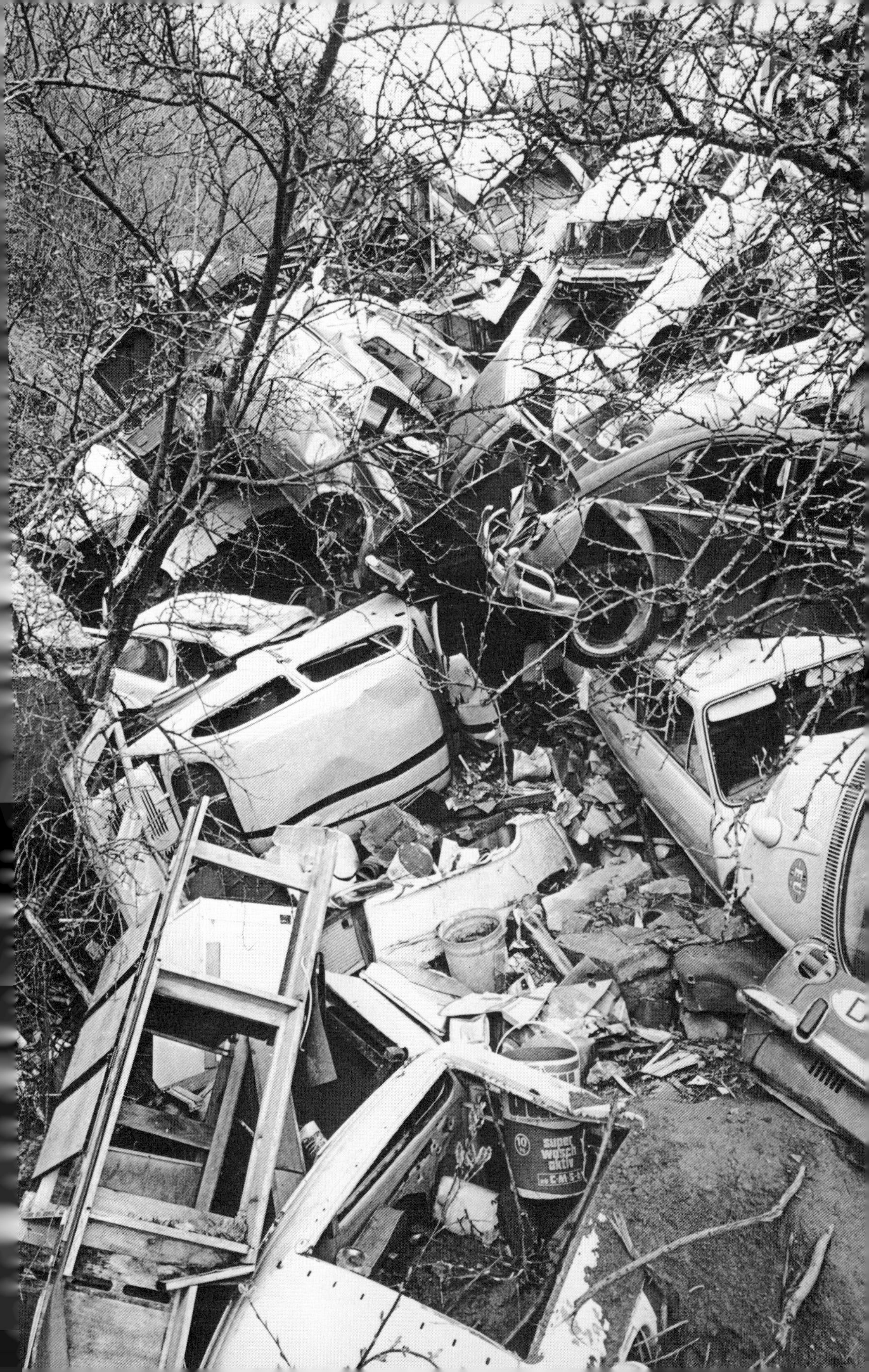
10
super
wasch
aktiv

Pflanzen wachsen zu lassen. Darum ist es auch das Ziel jeder Bodendüngung, dem Erdreich ausreichend Stickstoff-Verbindungen zuzuführen, die von den Bodenbakterien über verschiedene Zwischenstufen in die wasserlöslichen Nitrate umgewandelt werden.

Wenn das Angebot nicht zu groß ist, nehmen die Wurzeln die Nitrate auf und führen sie den grünen Pflanzenteilen zu. Wenn aber im Spätherbst oder Winter gedüngt wird, also außerhalb der Vegetationsperioden, in denen die Pflanzen wachsen, oder wenn zuviel Dünger auf die Felder kommt, dann transportiert der Regen das Nitrat unverwertet ins Grundwasser.

Das muß nicht sein, doch leider ist manchem Bauern dieser Zusammenhang nicht oder nur ungenügend bekannt. Andererseits sehen sich viele Landwirte in einem Zwiespalt: Auf der einen Seite wird die Massentierhaltung immer intensiver, auf der anderen verringern sich die Anbauflächen. In den Viehställen fällt heute viel mehr Gülle und Stallmist mit hohem Stickstoffgehalt an, als auf die Felder gebracht werden dürfte. Würde der Dünger zum richtigen Zeitpunkt und vor allem maßvoll eingesetzt, also im Frühjahr ab April entsprechend den Anbauflächen und Fruchtfolgen, so wäre alles in Ordnung. Der übermäßige Düngeranfall in den Ställen führt aber dazu, auch im Winter zu düngen, wenn die Vegetation ruht oder dort, wo auf schwarzbrachliegenden Äckern gar nichts wächst.

Die Gefahr rückt immer näher

Darum nimmt auch die Nitratbelastung des Grundwassers heute immer stärker zu. Wenn wir trotzdem nur erst stellenweise einen starken Anstieg des Nitratgehalts in den unterirdischen Wasservorräten verzeichnen, so hat dies seine Ursache in der geringen Sickergeschwindigkeit des Nitrats. Man hat nachgewiesen, daß zwischen dem Eindringen in den Boden und der Aufnahme in die Ansaugöffnungen der tiefgehenden Brunnenrohre Jahre, sogar Jahrzehnte vergehen können.

Das wieder heißt: Wir haben es mit einer Zeitbombe zu tun, die langsam, aber stetig tickt. Denn in den letzten Jahren sind den Ackerböden zunehmend Nitrate zugeführt worden, die jetzt auf dem Weg nach unten sind.

Nun wird zwar einiges getan, um die Nitratgefahr für unser Trinkwasser zu begrenzen. So ist in der Trinkwasserverordnung des Bundes vom 1. Mai 1975 ein Nitratgrenzwert von 90 Milligramm pro Liter festgelegt worden, der laut EG-Richtlinie über die Wasserqualität für den menschlichen Verbrauch ab 15. August 1985 auf 50 Milligramm pro Liter herabgesetzt ist. Von diesem Zeitpunkt an gelten also noch strengere Maßstäbe. Die Frage ist aber, ob die neuerliche Einschränkung auch überall eingehalten werden kann.

Langfristig werden wir jedenfalls nicht darum herumkommen, die nitrathaltige Düngung zu verringern oder sie zumindest dem tatsächlichen Pflanzenbedarf anzupassen. Dazu würden regelmäßige Messungen erforderlich werden und eine bessere Information der Landwirte über die Grundwassergefährdung. Was in den vergangenen Jahren an Nitraten auf die Felder gekippt worden ist und noch weiter auf sie gelangt – es sei wiederholt –, das sickert unweigerlich tiefer und nähert sich unaufhaltsam den Öffnungen der Brunnenrohre. Davor warnt auch eine Informationsschrift des Bundesverbandes Bürgerinitiativen Umweltschutz:

Auch die Verschmutzung der oberflächlichen Gewässer macht sich heute im Grundwasser bemerkbar. Schließlich werden die Grundwasservorräte von der Oberfläche ergänzt. Foto Bavaria/Bahnmüller

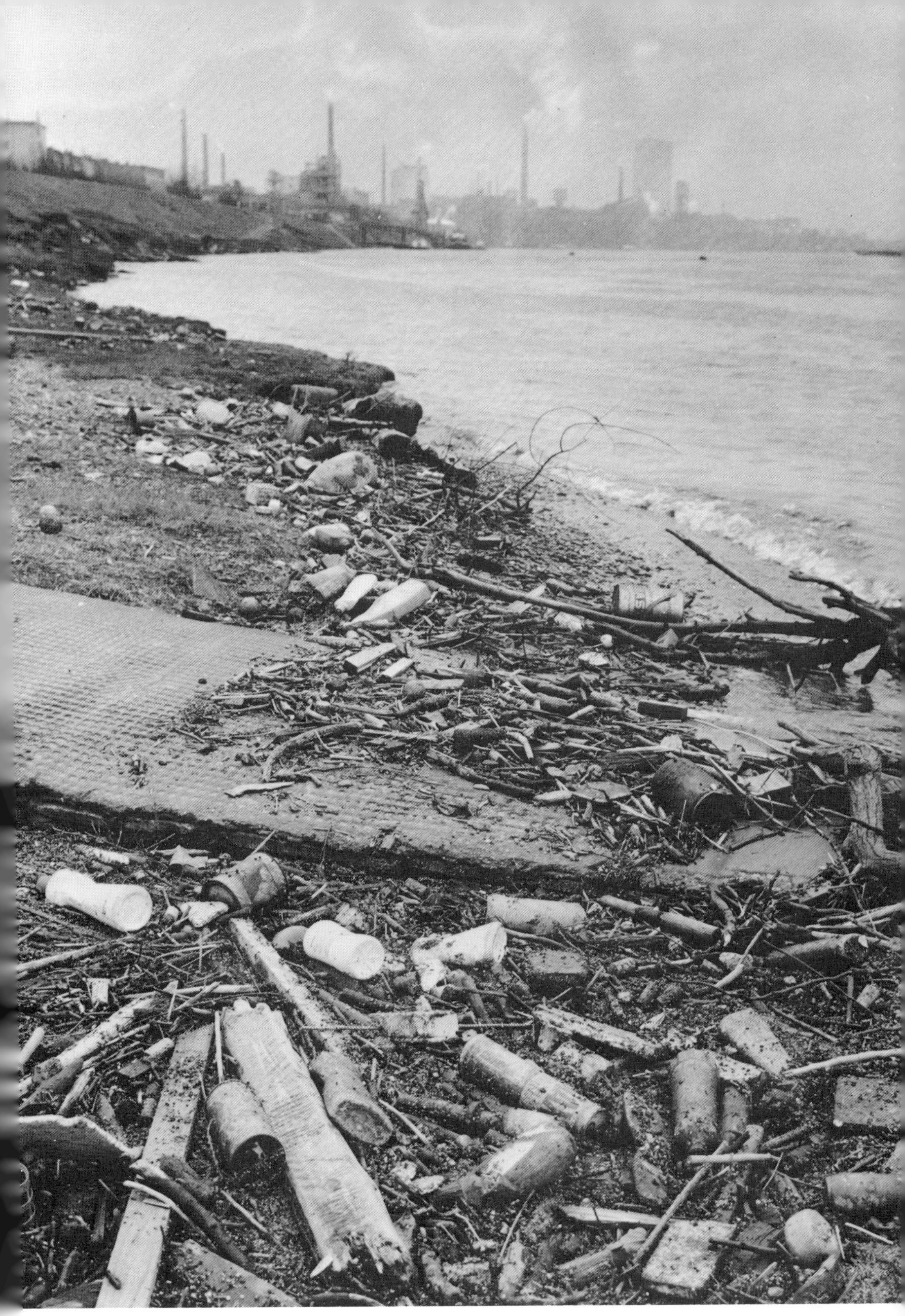

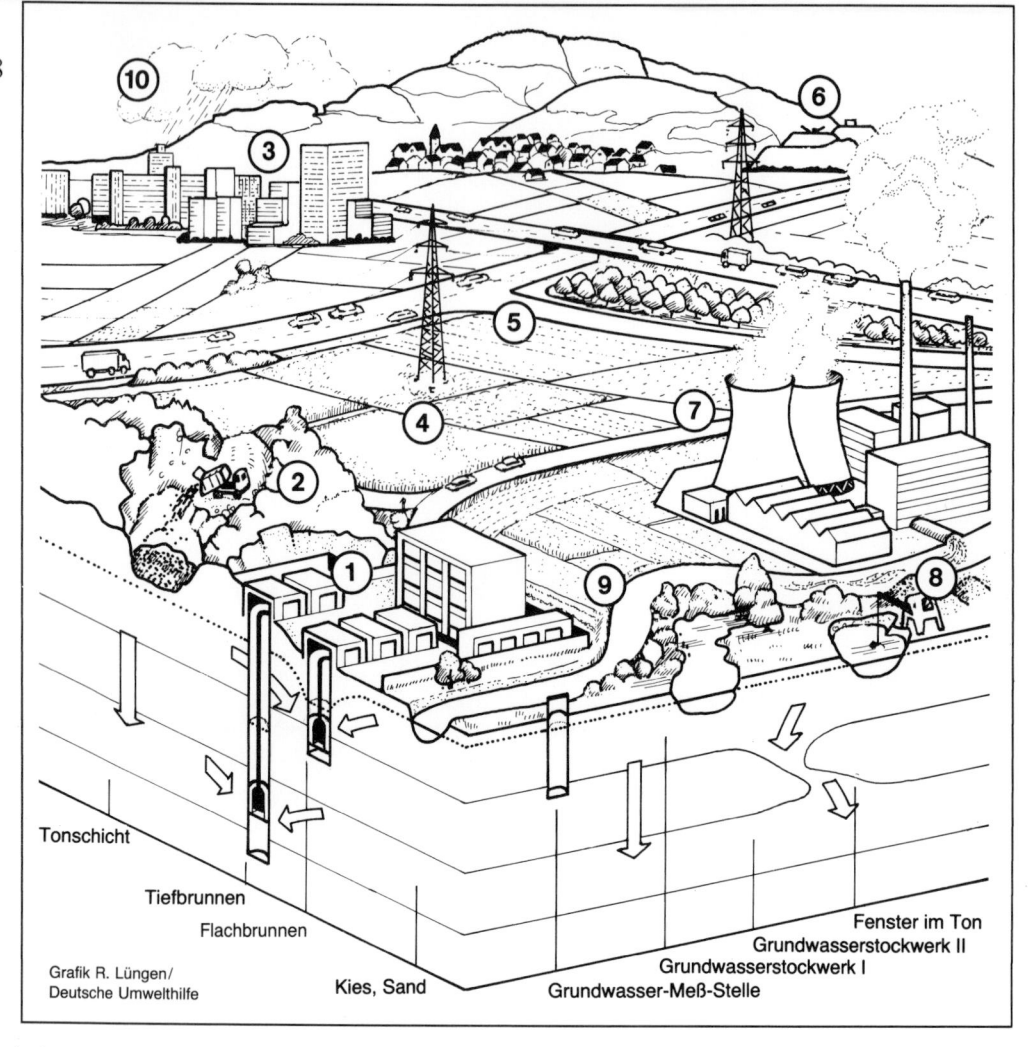

Tonschicht
Tiefbrunnen
Flachbrunnen
Grafik R. Lüngen/
Deutsche Umwelthilfe
Kies, Sand
Grundwasser-Meß-Stelle
Grundwasserstockwerk I
Grundwasserstockwerk II
Fenster im Ton

1 Wasserwerk Hier wird das Grundwasser hochgepumpt und zu Trinkwasser aufbereitet. Die Grundwasservorräte werden heute aber auf vielfältige Weise geschädigt.

2 Müllplätze Vor allem ältere Müllkippen bilden eine Gefahr, weil sie meist nicht abgedichtet sind und gefährliche Chemikalien aus ihnen ins Grundwasser absickern können.

3 Siedlungen Die betonierte (»versiegelte«) Erde verhindert, daß Regenwasser eindringt und neues Grundwasser bildet. Tausalze, Öle und andere Schadstoffe können über Abwasserkanäle ins Grundwasser ziehen.

4 Landwirtschaft Durch sie wird das Grundwasser am nachhaltigsten belastet. Wichtigster Schadstoff ist das Nitrat, das bei übermäßiger Düngung ins Grundwasser gerät.

5 Straßen Von den Rändern der Verkehrswege gelangen Tausalze, Bleizusätze zum Benzin, Öle und Kraftstoffe in den Erdboden und damit ins Grundwasser.

6 Halden Abraumhalden sind Lagerplätze für Abfälle des Bergbaus, von Eisenhütten, Kraftwerken und anderen Großbetrieben. Meist sind sie nicht nach unten abgedichtet, so daß schädliche Stoffe wie Schwermetalle oder Sulfate in den Untergrund gelangen.

7 Industrie Fast alle Flüsse im Bereich der Bundesrepublik sind heute mehr oder weniger von Industrieabwässern verunreinigt.

8 Kies- und Rohstoffabbau Normalerweise wirken Erdschichten wie Filter für das Regenwasser. Wo Kies, Sand oder Rohstoffe abgebaut werden, entfällt deren Filterwirkung.

9 Oberflächenwasser Da heute verschmutzte Flüsse und Seen Zulieferer für die Grundwasser-Reservoire sind, gefährden auch sie inzwischen unser Trinkwasser.

10 Saurer Regen Der saure Regen erhöht nicht nur den Säuregrad des Wassers. Die Säure löst auch Aluminium und andere giftige Metalle aus den Bodenteilchen.

»Die Vorräte an altem unbelasteten Grundwasser brauchen sich auf; die höheren, mit Nitratsalzen stark belasteten Schichten rücken unaufhaltsam nach. Der Tag ist abzusehen, an dem der Nitratsprung unmittelbar in das Leitungswasser eintritt. Die Nitratbelastung nimmt dann innerhalb ganz kurzer Zeit um ein Vielfaches zu.«

Der Grundwasserspiegel sinkt

Nicht genug damit, daß zuviel Nitrate und chlorierte Kohlenwasserstoffe heute das Grundwasser belasten. Es wächst auch die Gefahr, daß der Grundwasserspiegel weiter absinkt. Das hat verschiedene Gründe. Einer davon ist die fortgesetzte Überbauung von immer mehr Natur durch Straßen, Plätze, Siedlungen und Fabrikanlagen. Wo aber der Erdboden versiegelt wird, kann der Niederschlag nicht mehr in die Erde eindringen. Statt neues Grundwasser zu bilden, fließen Regen und tauender Schnee ins Kanalsystem ab. Welches Ausmaß dies schon angenommen hat, wird deutlich, wenn man weiß, daß schon fast 10 Prozent der Fläche unseres Landes asphaltiert und betoniert sind und jährlich etwa 500 Quadratkilometer Land neu überbaut werden, was etwa der Fläche des Bodensees entspricht.

Ähnlich verheerend wirken sich Flußbegradigungen und die Entwässerung von Feuchtgebieten aus, zwei besonders törichte Eingriffe des Menschen in den Naturhaushalt. Auch sie lassen den Grundwasserspiegel sinken und führen überdies dazu, daß vorhandene Schadstoffe vermehrt im Grundwasser auftreten.

Grundwasserschäden werden auch durch andere Tätigkeiten des Menschen angerichtet. Der großflächige Kiesabbau beispielsweise schwächt die Filterkraft des Bodens und fördert die Verdunstung, sobald die Bagger auf den Grundwasserspiegel stoßen. Auch die Salzbefrachtung großer Flüsse und die giftigen Sickerwässer aus unsachgemäß angelegten (zumal alten) Mülldeponien tragen dazu bei, das Grundwasser zu verseuchen. Zwar wirken die Erdschichten wie Filter, doch tun sie dies nicht unbegrenzt. Die gefährlichen Salze beispielsweise sind meist gut löslich, das heißt, sie werden ohne weiteres mit dem Regenwasser durch Kies und Sand hindurchgeschwemmt. Hohen Salzgehalt haben der Rhein, die Weser und die Werra – auch die Mosel und die untere Lippe sind sehr salzhaltig als Folge von Abwässern, welche die Industrie in die Flüsse leitet.

Hundertfache Sünden gegen das Wasser

Zugeschüttete wilde Müllkippen aus früherer Zeit, deren genaue Lage oft nicht einmal bekannt ist, gefährden ebenfalls das Grundwasser, indem die dort gelagerten chemischen Abfälle vom Regen in den Untergrund mitgenommen werden. Es gibt zahlreiche Beispiele dafür, aber auch für andere Risikofaktoren, wie etwa Flughäfen. Hier sind es Harnstoffe, die zum Auftauen der Maschinen benutzt werden und Salze, die auf die Pisten kommen. Oder denken wir an Industriebetriebe, die Öle, Trichloräthylen, Trichloräthan, Perchloräthylen, Chloroform, Zyanidverbindungen und andere Chemikalien verwenden und zum Teil noch immer allzu sorglos mit ihnen umgehen. Solche Substanzen müssen den Erdboden und damit auch das Grundwasser über kurz oder lang krank machen, wie die Luftverpestung unsere Wälder krank gemacht hat.

Natürlich gibt es Möglichkeiten, das verschmutzte Grundwasser zu reinigen und es damit wieder genießbar zu machen, das wollen wir nicht verschweigen. Hier ist das Karlsruher Naturheilverfahren zu nennen, bei dem verdorbenes Grundwasser durch Ozonzufuhr dazu gebracht wird, den reinigenden Bodenbakterien gewissermaßen bessere Arbeitsbedingungen zu bieten. Auch ein Aktivkohle-Verfahren hat sich bewährt. Doch sind alle diese Möglichkeiten nur mehr oder weniger lokal anzuwenden und teilweise auch recht kompliziert. Vor allem dürfen sie nicht als Alibi dafür dienen, daß wir in unseren Bemühungen zum Grundwasserschutz erlahmen.

Zu einem pfleglichen, schützenden Umgang mit dem lebenswichtigen Naß gibt es zahlreiche praktische Möglichkeiten. Vor allem müßte die Industrie mit ihrem rund 86prozentigen Anteil am gesamten Wasserverbrauch weitgehend darauf verzichten, hochwertiges Quell- und Grundwasser als Brauchwasser zu verwenden. Sie sollte statt dessen auf Oberflächenwasser zurückgreifen. Auf diese Weise würden die Grundwasser-Vorräte geschont und könnten sich auffüllen. Auch sollte in absehbarer Zeit kein Abwasser mehr, vor allem kein mit Schadstoffen belastetes Abwasser, direkt in den Untergrund gelangen können.

Vorschläge zur Besserung

Dazu würde eine Reihe von Verfahren zur Behandlung verschmutzter Abwässer notwendig werden, die streng zu überwachen wären. Einmal müßte man überprüfen, ob die bisherige Praxis des Lagerns und des Transports von wassergefährdenden Gütern überhaupt noch dem Stand der Technik entspricht. Wo dies nicht der Fall ist, müßten zuverlässige Methoden dafür entwickelt und deren Kosten von den verursachenden Betrieben getragen werden. Das Verfüllen wassergefährdender Stoffe in Anlagen, die der TÜV nicht regelmäßig überprüft, müßte gänzlich verboten und Zuwiderhandlungen müßten strafrechtlich verfolgt werden. Anzustreben ist, daß der Technische Überwachungsverein solche Anlagen ebenso in zweijährigen Abständen zu überprüfen hätte, wie dies mit den Autos geschieht. Und dies müßte auch für Abwasserleitungen und Abwasser-Sammelsysteme verbindlich sein, deren sichere Funktion gewährleistet sein muß.

Jeder kann beitragen

Auch im täglichen Leben haben wir, ja hat jeder von uns viele Möglichkeiten, etwas für die Reinhaltung des Grundwassers zu tun. Eine davon besteht darin, grundsätzlich sparsam mit dem Wasser umzugehen. Zum Beispiel in den Haushaltungen. Hier müßte die bislang beispiellose Verschwendung von Trinkwasser ein Ende haben, etwa bei den Wasch- und Spülmaschinen, für deren Funktion oft eine halbe Füllung ausreichte. Das Wasser für die letzten Spülgänge könnte zum Vorspülen bei der nächsten Wäsche dienen.

Schon fast skandalös ist die Verschwendung hochwertigen Wassers, die wir auf unseren Toiletten treiben. Warum müssen wir sie immer noch mit Trinkwasser spülen? Es ginge durchaus auch anders. Die Japaner haben einen Toiletten-Spülkasten entwickelt, der unterschiedliche Wassermengen für die »kleine« und »große« Spülung abgibt. Außerdem ist der Kasten mit dem Waschbecken verbunden, von wo er zur Füllung das gebrauchte Waschwasser bezieht. So wird Trinkwasser gespart, weil zur Spülung bereits gebrauchtes Wasser benutzt wird.

Teilweise verwirklicht ist schon die Weiterverwendung von Dusch- und Badewasser zur Wärmerückgewinnung. Die Installation getrennter Leitungssysteme für Trink- und Brauchwasser wird leider nur erst erwogen. Zwar würden dafür beträchtliche Aufwendungen für ein zweites Rohrsystem notwendig werden, also auch erhebliche Kosten anfallen, doch wäre der Nutzen wahrscheinlich größer als die jetzt überall vorgenommenen Verkabelungen für immer noch mehr Fernsehprogramme. Würde ein Brauchwasser-Leitungssystem in unseren Wohnungen installiert, so hätten wir künftig zwei Wasserhähne zur Auswahl – den für

Keine Tropfsteinhöhle, sondern ein Behälter der Münchner Wasserwerke. Die Verstrebungen fangen den Druck und das Gewicht des Wassers auf. Heutzutage können wir das meiste Grundwasser noch ohne aufwendige Behandlung als Trinkwasser verwenden. Alles deutet aber darauf hin, als seien diese Zeiten bald vorbei. Der Nitratgehalt des Wassers wird sehr bald stark ansteigen. Foto Süddeutscher Verlag/von Quandt

Trink- und den für Brauchwasser, oder vielleicht sogar vier, wenn auch hier Kalt- und Warmwasser angeboten würde. Auch ohne solche Zukunftstechnik sollte uns jedoch Sparsamkeit im Wasserverbrauch zu einer Selbstverständlichkeit werden. Und das darf nicht nur für die Haushalte gelten. Wieviel wertvolles Trinkwasser vergeuden wir allein bei der Bewässerung in der Landwirtschaft, beim Rasensprengen und Autowaschen!

Nur keine Begradigungen mehr!

Ein wahrer Segen für unser Grundwasser wäre es auch, wenn dort, wo es möglich ist, früher einmal begangene Sünden an Bächen und Flüssen wiedergutgemacht würden, indem man die oft kurzsichtig durchgeführten Begradigungen der Wasserläufe wieder rückgängig machte. Wo das Wasser in Betonröhren oder gemauerte Betten gepreßt und die Gewässer zum schnurgeraden Abfließen gezwungen worden sind, da ist der Grundwasserspiegel in der Umgebung gesunken. Da haben sich auch zahlreiche andere Nachteile ergeben, ganz zu schweigen von dem unschönen, die Landschaft verschandelnden Anblick, den solche kanalisierten Flüsse und Bäche bieten! Fließt das Wasser wieder in schön geschwungenen Linien und Schleifen – in Mäandern, wie die Geographen sagen –, so verweilt es auch länger in der betroffenen Landschaft. Es hat Zeit zu versickern und kann den Grundwasserspiegel heben.

Fassen wir zusammen: Einwandfreies Grundwasser ist heute zwar noch ausreichend verfügbar, doch die Schadstoffbelastung wächst. Und sie wird weiter wachsen, wenn wir nicht energische Gegenmaßnahmen treffen. Noch haben wir genug von dem kostbaren Naß, und noch brauchen wir auch nicht in Panik zu verfallen. Doch für Selbstzufriedenheit besteht kein Grund. Die Zeichen der Verknappung und der Qualitätsverschlechterung des Grundwassers sind alarmierend. Das gilt sogar weltweit. Es wird daher notwendig sein, überall die Menschen aufzuklären und dem Problem unserer Wasserversorgung weit mehr Beachtung zu schenken, als dies heute geschieht. Nur dann werden wir vermeiden können, daß wir in eine Katastrophe geraten ähnlich der, die wir jetzt mit dem Waldsterben erleben.

Bücher zum Thema

Rössert, R.: Grundlagen der Wasserwirtschaft und Gewässerkunde. München 1984
Heyn, E.: Wasser – ein Problem unserer Zeit. Frankfurt a. M. 1981
Lahl, U. und B. Zeschmar: Wie krank ist unser Wasser? Freiburg i. Br. 1984
Wasser, Abwasser, Abfall: Stuttgart 1980

Lothar Behr
SONNTAGS BUS UND MONTAGS LKW
Wie ein Stuttgarter Erfinder die Lkw-Welt verändern möchte

Der futuristische »Steinwinter« nutzt die gesetzlich gerade noch zugelassenen Ausmaße für einen Lkw. Grafik Steinwinter Nutzfahrzeuge

Der Stuttgarter Kleinunternehmer Manfred Steinwinter ist ein Mann voller Gegensätze. Im Hauptberuf rüstet er mit zehn Mitarbeitern Personenfahrzeuge um, die kleiner kaum ausfallen könnten. Als Freizeiterfinder dagegen stellt er einen Superlastzug auf die Räder, der mit seinen gigantischen Ausmaßen gerade noch den gesetzlichen Vorschriften entspricht. Genauer gesagt: Für Behinderte und Führerscheinveteranen, die noch über die alte Fahrerlaubnis der Klasse 4 – Automobile bis 250 Kubikzentimeter Hubraum – verfügen, baut Steinwinter in einem Stuttgarter Hinterhofbetrieb Fiat-Modelle der 500-Kubikzentimeter-Hubraumklasse auf 250 Kubikzentimeter um. Man hört, daß der Stuttgarter heute immer noch über eine beträchtliche Anzahl von 250-Kubikzentimeter-Goggomotoren auf Zweitaktbasis verfügt, die er seinerzeit aus der Konkursmasse des Dingolfinger Unternehmers Hans Glas übernommen hatte. Der Niederbayer Glas hatte in den fünfziger und sechziger Jahren vom Motorroller über Kleinst- und Mittelklasseautos bis zur luxuriösen Achtzylinder-Limousine alles produziert, was sich auf Rädern fortbewegen konnte. Diese Vielfalt wurde ihm Anfang der siebziger Jahre zum Verhängnis. Die Pleite und der Verlust mehrerer tausend Arbeitsplätze konnte nur dadurch verhindert werden, daß die Bayerischen Motorenwerke (BMW) die marode Fabrik übernahmen.

Mit einer solchen Spezialumrüstung läßt sich recht gut verdienen, doch der findige Schwabe hat Größeres im Sinn. Vorerst ist er sich nur der Publicity gewiß, doch er hofft in Zukunft auf das mögliche große Geld. Im Augenblick laufen die Dinge recht gut. Reporter sind seit einiger Zeit bei Steinwinter ständige Tagesgäste, und wenn er seinen »Steinwinter« mit der offiziellen Typenbezeichnung 20.40 in der Öffentlichkeit zeigt, erregt er sehr wohl die Aufmerksamkeit des Publikums. Der 20.40 ist ein Gefährt auf fünf Achsen, das nach Steinwinters Vorstellung einmal der Lastwagen der Zukunft werden soll.

Was das Steinwinter-Vehikel von herkömmlichen Lastkraftwagen unterscheidet, ist die superflache, flunderartige Fahrerkabine, die unterhalb des Container-Aufbaues angeordnet ist. Darüber sind sich sogar Fachleute einig: Das hat es in dieser Form – sieht man von einigen utopischen Lösungen der Vergangenheit ab – noch nie gegeben. Konstrukteur Steinwinter mangelt es nicht an Selbstbewußtsein, wie die fast metergroßen Buchstaben der Eigenwerbung zeigen. Am Aufbau sehen wir das springende Pferd, ein Emblem, in das sich die Stadt Stuttgart und der schwäbische Sportwagen-Produzent Porsche teilen. Ärger oder Eifersüchteleien hat es deswegen – wie man hört – noch nicht gegeben.

Laderaum um jeden Preis

Was bezweckt Manfred Steinwinter mit seiner revolutionären Erfindung? Ganz richtig hatte der nachdenkliche Schwabe, der in Sachen Lastkraftwagen kein Anfänger ist und selbst schon ein Ferntransportunternehmen leitete, die Wirtschaftlichkeit heutiger Fernlastzüge überdacht. Der Gesetzgeber setzt Maximalausmaße für Fernlastzüge fest. Fahrerkabine und Ruheraum heutiger Lkws verringern aber merklich den Stauraum und damit die Nutzfläche. Die Idee war einfach, man muß sie nur haben: Steinwinter baute mit zwei Partnern und einem Kostenaufwand von drei Millionen Mark einen extremen Sattelzug, bei dem das Fahrerhaus unter den Aufbau verbannt wurde. Mit seinen 18,35 Metern Länge und den fünf Achsen wird er vom Gesetzgeber gerade noch akzeptiert. Und nach Meinung des Konstrukteurs kann dieses Extremfahrzeug noch im Straßenverkehrs-Zulassungs-Ordnungs-Kreis kurven.

Aber gerade in diesem Punkt scheiden sich die Geister. Manche halten es für eine Zumutung, daß der Fahrer unterhalb der Ladepritsche nur 15 Zentimeter über der Fahrbahn ein Supervehikel von 18,35 Meter Länge lenken muß. Branchenkenner sprechen von einem hohen Sicherheitsrisiko. In der Praxis ergeben sich Lenkprobleme. Das Cockpit ist

Oben: Der fünfachsige Lkw von Steinwinter als mobile Diagnoseklinik.
Unten: Der »Steinwinter« ist 18,35 Meter lang und hat mehr als die Hälfte mehr Ladefläche als ein herkömmlicher Lkw. Im Auto ist Platz für 150 Kubikmeter! Fotos Steinwinter Nutzfahrzeuge

ECK Super Cargo
MOBIELE MEDISCHE DIAGNOSTIEK
STEINWINTER - PROJECT
S 04298

steinwinter nutzfahrzeuge
Die zukunftsweisende Nutzfahrzeug-Generation als vielseitiges Komplett-System mit ca. 50 % mehr durchgehender Ladefläche.
In Kooperation mit DRÖGMÖLLER und SCHMITZ
Daimler-Benz Aggregate und Service
BOSCH ABS
VOITH
Veedol
TURBOSTAR

Viele Firmen sind dabei, neue Typen von Lkw zu entwerfen. Sie müssen verschiedene, oft entgegengesetzte Forderungen erfüllen: möglichst geringer Kraftstoffverbrauch und damit aerodynamische Form, große Ladefähigkeit, Verkehrssicherheit und möglichst gut gestalteter Arbeitsplatz. Grafik Behr

mehr auf einen Formel-I-Piloten als für einen aufrechten Kapitän der Landstraße zugeschnitten. Der Lkw-Fahrer muß in gebeugter Haltung einsteigen – Schalensitze und Leder, wo man hinblickt! In Sitz-Liegehaltung müssen die ausgestreckten Beine eine Doppelscheibenkupplung betätigen. Die angewinkelten Arme werden sich auch mit dem Schalten und dem Getriebe schwertun. Die tiefe Sitzposition verunsichert den Fahrer, und Holperstraßen im Balkan sind damit nicht zu befahren. Das Sichtfeld ist stark verringert, und in der Kurve bewegt sich die Aufbau-Vorderkante nahezu bis zwei Meter über die äußere Kurvenbahnbegrenzung hinaus. Welcher Lkw-Fahrer wäre in der Lage, solche Kunststücke zu vollbringen?

Steuergelder aus Stuttgart

Indessen: So lächerlich scheint der Schwabenstreich gar nicht zu sein, denn nach Steinwinter hat das Bundesland Baden-Württemberg eine ganze Million Mark Steuergelder beigesteuert und sogar zu verhindern versucht, daß öffentliche Mittel aus dem Bonner Forschungsministerium angelegt wurden, weil – so der Konstrukteur wörtlich – »die Schwaben diese Entwicklung für sich allein behalten wollten!« Solche Informationen sind bis zur Stunde von den Behörden noch nicht dementiert worden. Dagegen scheint die Stuttgarter Daimler-Benz-Zentrale kein übergroßes Interesse zu zeigen, doch hat sie für den »Steinwinter 20.40« immerhin den 380 PS starken Mercedes-Benz-Motor OM 422LA leihweise zur Verfügung gestellt.

Wenn man dem pfiffigen Steinwinter Glauben schenken darf, haben sich inzwischen 40 ernsthafte Interessenten mit Festaufträgen ausschließlich aus der Bundesrepublik gemeldet. Weitere Kaufwillige sollen in den USA und Kanada auf die Auslieferung von Steinwinter-Nutzfahrzeugen warten. Mit einem weiteren potenten Partner will er pro Jahr bis zu 50 Einheiten absetzen, hat aber die Erwartungen in jüngster Zeit bis auf zehn Jahreseinheiten zurückgeschraubt. Es gilt jedoch als sicher, daß zumindest der bundesdeutsche Fuhrunternehmer Stephan Müller wegen der ausgefallenen Technik und der hohen Werbewirksamkeit einen Kaufvertrag über mindestens 250 000 DM unterzeichnet hat. Für den enthusiastischen Kaufwilligen spielen weder die höheren Treibstoffkosten noch der gigantische Anschaffungspreis eine Rolle. »Dafür kann ich ein Vielfaches mehr transportieren!« Und Konstrukteur Steinwinter vertritt sogar die Meinung, daß das überwiegend in Handarbeit hergestellte Nutzfahrzeug mit ruhigem Gewissen bis zu 500 000 Mark kosten darf.

Sonntags Bus, montags Lkw

Bis zur Stunde hat Steinwinter seine möglichen Kunden noch auf die Auslieferung warten lassen; er bemüht sich aber seit geraumer Zeit ohne Erfolg um eine TÜV-Abnahme. Kenner zweifeln daran, ob sich Steinwinters Absicht, mit der Auslieferung im Jahre 1985 zu beginnen, so schnell verwirklichen läßt. Noch ist eine ganze Reihe behördlicher und technischer Hürden zu nehmen. Solche Schwierigkeiten halten den optimistischen Steinwinter aber nicht davon ab, bereits in neuen Zukunftsplänen zu schwelgen. In Zusammenarbeit mit zwei Firmen hat er eine neue Omnibus-Konzeption entwickelt. Nach dem Motto »Sonntags Bus, montags Lkw« möchte der Schwabe bei einem einzigen Trägerfahrzeug verschiedene Aufbauten verwenden. Diese Konzeption ist übrigens gar nicht so neu, denn schon kurz nach Kriegsende haben sich verschiedene bundesdeutsche Nutzfahrzeug-Produzenten mit ähnlichen Ideen befaßt. Und sogar die Bundeswehr möchte Steinwinter mit seinen kostensparenden Vielzweckfahrzeugen beglücken, fand bei der Bonner Hardthöhe aber kein Gehör.

Ein Phantast also, der nur Schlagzeilen machen möchte? Da hatte vor nahezu einem Jahrzehnt der eigenwillige Berliner Designer Luigi Colani einen aufsehenerregenden, futuristischen Lkw vorgestellt, der jedoch bald wieder in der Versenkung verschwand. Auch die Entwicklungsingenieure des weltgrößten Reifenkonzerns Goodyear in Akron im amerikanischen Bundesstaat Ohio haben in jüngster Vergangenheit neue aerodynamische Nutzfahrzeugentwürfe präsentiert, die den enormen Treibstoffverbrauch von Fernlastzügen senken sollen. Doch einen Vergleich mit Colani weist Steinwinter entrüstet zurück: »Ich bin kein Phantast wie Colani, sondern möchte mit meinen Ideen ernst genommen werden!« Offensichtlich ist sich Steinwinter noch darüber im unklaren, wie ernst die Konstrukteure renommierter europäischer Nutzfahrzeug-Produzenten seinen Lkw-Flachmann nehmen. Kein Wunder, denn nach Steinwinter kommen die Konstrukteure vor lauter Nach-Denken gar nicht zum Denken. Und Manfred Steinwinter indes erfindet nur nach Feierabend.

Wilhelm Wegner

TIERZUCHT UND TIERSCHUTZ AUF KOLLISIONSKURS?

Der Mensch als hochentwickelter Säuger beherrscht den Globus – und alle anderen Tierarten. Wir brauchen pflanzliche und tierische Produkte zum Überleben und halten, töten und verwerten dafür landwirtschaftliche Nutztiere. Innerhalb gewisser Grenzen ist dies biologisch bedingt, denn der Mensch ist ein Allesfresser und auf tierisches Eiweiß angewiesen; eine rein vegetarische Kost führt meistens zu schweren Mangelerscheinungen. Daß wir – übrigens wie das Schwein – Allesfresser sind, hat der liebe Gott, haben nicht wir zu verantworten. Doch selbst bei den Gesellschaftstieren, die nicht getötet und gegessen werden, ist der Mensch das Maß aller Dinge: er hält diese vierbeinigen, flatternden oder schwimmenden Weggenossen, um sich an ihnen zu erfreuen, als Kurzweil für einsame Stunden, oder auch nur, um sich mit ihnen zu schmücken – als Statussymbol sozusagen.

Beim Verhältnis zwischen Mensch und Tier steht meistens der Eigennutz des Menschen im Vordergrund, nur selten kann man von einer echten Symbiose zu beiderlei Nutzen und mit ausgeglichenen Interessen sprechen, und noch seltener werden Tiere aus völlig uneigennützigen, idealistischen Gründen gehalten. Nach dem altrömischen Recht galt und gilt zum Teil heute noch die Verletzung oder Tötung eines Haustieres einfach als Sachbeschädigung. Die Tierschutzidee und die entsprechende Gesetzgebung liefern in zivilisierten Ländern – und wir rechnen gottlob wieder dazu – neuerdings andere Maßstäbe, denn es gibt immer mehr Menschen, die sich mit einer solchen gefühllosen Einstellung gegenüber dem Tier nicht abfinden können. Sie empfinden Verantwortung für die benachteiligten Mitlebewesen, und sie wissen auch, daß Tierschutz zur Menschlichkeit erzieht. Nicht umsonst sind manche Gewalttäter in ihrer Jugend durch Tierquälereien aufgefallen. Das Strafrecht droht heute demjenigen mit empfindlichen Strafen, der ein Tier ohne vernünftigen Grund tötet oder ihm Schmerzen und Schaden zufügt.

Extreme Nutzung auf Abwegen

Die Nutztierzucht versucht – so sollte man mindestens meinen –, die Rassen zu verbessern, schädliche Erbmerkmale auszuschalten und gute einzuzüchten.

Der Sharpei, eine chinesische, mit dem Chow-Chow verwandte Hunderasse, »verdankt« seine kuriose faltige Haut einem Erbfehler. Da dieser Hund exotisch und interessant aussieht, wird der genetische Fehler, der diese »Cutis laxa« bewirkt, hemmungslos weitergezüchtet. Man kann dies nur als Tierquälerei bezeichnen. Der Tierarzt spricht in diesem Zusammenhang von Defektzuchten. Foto dpa

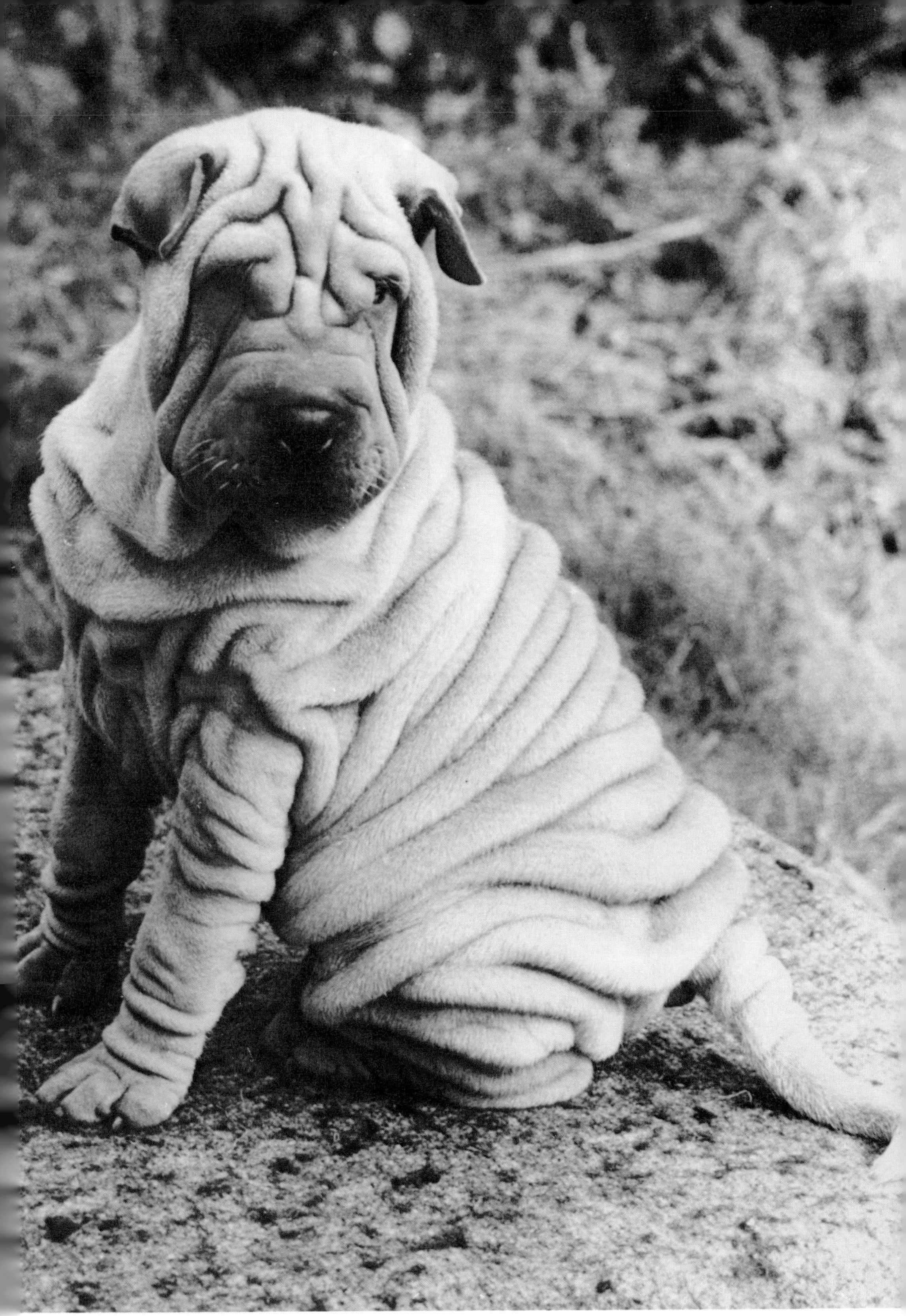

Links: Sehr viele Hochleistungskühe haben stark vergrößerte Euter, die sich leicht entzünden und an der gefürchteten Mastitis erkranken. Die einseitige Zucht führt zu ungesunden Tieren. Foto Gronefeld

Gegenüberliegende Seite rechts: Diese Katze hat links ein braunes, rechts ein blaues Auge – Züchter nennen das »odd-eyed«. Diese Tiere neigen verstärkt zu Taubheit. Sie tragen lebenslang an ihrer Erbkrankheit. Foto Reinhard

Gegenüberliegende Seite links: Der Merle-Faktor führt bei diesem Tigerteckel zu gestörten blauen Augen und zur Harlekinsprenkelung. Gleichzeitig leidet das Tier unter schweren Störungen der Augen und Ohren. Foto Wegner

Nur gesunde vitale Tiere, die sich wohl fühlen, garantieren dem Tierzüchter und Bauern einen hohen und gleichmäßigen Gewinn. Körperliche Merkmale oder Eigenschaften, die von der Norm in Bau und Funktion abweichen, verbieten sich von selbst. Tierzüchter und Tierbesitzer schnitten sich ins eigene Fleisch, wenn sie gegen diesen Grundsatz verstießen.

In der Praxis sieht es oft anders aus. Viele Wissenschaftler erzüchten Nutztierformen, die dem Züchter und dem Verkäufer tierischer Produkte guten Gewinn bringen – allerdings auf Kosten der Gesundheit der Tiere und auf Kosten des Verbrauchers. Den Schaden trägt also nicht derjenige, der ihn verursacht, sondern andere, unter ihnen das Tier.

Ein Beispiel dafür kann jeder sehen, wenn er aufs Land fährt. Manche Kühe erbringen heute schon Milchleistungen bis über 26 Liter pro Tag. Die Euter sind bei ihnen oft vergrößert, hängen bis in den Stalldreck und neigen überdies stark zu Entzündungen, der gefürchteten Mastitis. Die Wissenschaft hat längst erkannt, daß nicht die Kuh mit der größten Milchleistung am meisten Nutzen bringt. Es ist vielmehr eine Kuh mit solider mittlerer Jahres- und Lebensleistung bei guter Gesundheit. Solange aber eine rohe Standespolitik den Steuerzahler dazu zwingt, Milch und Butter zu subventionieren, solange wird die Milchkuh weiter auf Höchstleistungen gezüchtet werden. Sie wird weiterhin zu ihrer »Berufskrankheit«, der Euterentzündung und dem Milchfieber, neigen und damit auch die einträglichste Patientin des Tierarztes bleiben. Der bekämpft die Mastitis mit Antibiotika, oft in so massiver Dosis, daß auf der gefällten Milch kein Käsepilz mehr wachsen will und sich der Verbraucher fragt, woher er denn die Arzneimittelallergie bekommen hat. Wissenschaftler, die solche Zuchtziele fördern, betreiben Auftragsforschung, deren Erkenntnisse der Standespolitik dienen, und hier wird die Wissenschaft zur Hure der Politik. Mit Geduld gelänge es durchaus, Tiere zu züchten, die eine hohe Milchleistung erbringen und gleichzeitig widerstandsfähig gegenüber Euterentzündung sind. Das sollten auch Tierärzte einmal feststellen, da man ihnen sonst unterstellt, nichts wäre ihnen unerwünschter, als daß plötzlich die Gesundheit unter den Tieren ausbräche.

Das PSE-Schwein – bleich, weich und wäßrig

Ist es denn in der Zucht des modernen Fleischschweins anders? Der Metzger und der Verbraucher verlangen zwar fettarme, fleischreiche Körper. Die willfährige Tierzucht hat aber inzwischen ein Fleischschwein mit soviel Muskeln herangezüchtet, daß die Durchblutung nur noch ungenügend ist. Das Schwein kann »vor Kraft nicht gehen« und bekommt bei dem geringfügigsten Streß einen Kreislaufkollaps oder zeigt Muskelveränderungen. Dadurch steigen die Verluste durch Lahmheiten und vor allem beim Transport enorm an. Der Verbraucher schaut mißtrauisch auf das bleiche (pale), weiche (soft) und wäßrige Fleisch (exudative, PSE) und kaut nach dem Braten in der Pfanne auf zäher Schuhsohle herum. Hier wurden in einigen Schweinerassen ganz offenbar krankhafte Formen des Muskelwachstums gefördert. Wir nennen diese Tiere Schinken-Doppellender – sie können als Krankheitsmodell für ähnliche Fehlentwicklungen beim Menschen dienen, etwa für jenen muskelbepackten »Mister Universum«, der zwar prächtig anzuschauen ist – die Meinungen darüber sind auch geteilt –, aber in seiner Muskelverkrampfung nicht einmal einen Eimer Wasser mehr stemmen kann.

Auch die Rinderzucht kennt solche Auswüchse. Hier neigen die Doppellender, besonders bei den Fleischrassen Charolais und Blauweiße Belgier, vermehrt zu Schwergeburten, weil die Muskulatur zwar vergrößert, das Skelett gleichzeitig aber geschwächt wird. Natürliche Geburten werden teilweise gar nicht erst riskiert, sondern der Vertragstierarzt nimmt gleich einen Kaiserschnitt vor – im Dutzend billiger.

Selbst in der ach so sachlichen Nutztierzucht gibt es also Vorgänge, die mit Interessen des Tierschutzes und sogar der Volkswirtschaft in Widerspruch stehen. Unsere Liste ließe sich beliebig verlängern, besonders beim Geflügel. Aber hier ist die Öffentlichkeit schon genügend auf die Haltungsbedingungen der »KZ-Hühner« aufmerksam geworden.

Wenn Zuchtfehler zu Rassen werden

Wie sieht es in der Hobbyzucht, der Heimtierzucht aus? Hier sollte man meinen, daß Menschen ihre Gesellschaftstiere aus Liebhaberei züchten und auch gefühlsmäßig stark mit ihnen verbunden sind. Ohne Zweifel identifizieren sich viele Menschen mit der Tierschutzidee und handeln danach. Andere tun dies aber sicher nicht – und für sie interessieren wir uns hier. Eines darf man nie vergessen: Selbst beim beliebtesten Heimtier, dem Hund, kann eine kommerzielle Verwendung, die sich nur für eine bestimmte Leistung interessiert, durchaus im Vordergrund stehen. Man denke nur an die Hundewettrennen und die hohen Wettsummen in angelsächsischen Ländern. Da wird keine Rücksicht genommen auf Verluste bei Windhunden. Sie landen oft schon nach zwei bis drei Jahren wegen Verletzungen und Verschleiß beim alten Eisen – das ist oft wörtlich zu nehmen, denn sie werden ausgesetzt und machen in diesen Ländern einen hohen Prozentsatz der streunenden Hunde aus.

Aber hier ist es nicht das Zuchtziel – die hohe Geschwindigkeit –, sondern die einseitige Verwendung, die Rekord- und Profitsucht, die Mißstände schafft – wie übrigens bei Pferderennen auch. Möglichst schnelle Hunde zu züchten ist an sich nicht tierschutzwidrig, eher schon die Haltung solcher Rennhunde auf der 5. Etage – mit Balkonauslauf.

Es gibt aber tatsächlich Zuchtziele und Rassestandards – Vorschriften, wie ein Rassehund auszusehen hat –, die Schäden und Krankheiten bei den Tieren in Kauf nehmen, und es gibt sie in beträchtlicher Zahl und zum Teil in derart krasser Form, daß man nur von rassegewordenen Defektzuchten sprechen kann. Erschrocken fragt man sich, wie es möglich ist, den Tieren Erbfehler anzuzüchten, obwohl sie ein schweres Handikap bedeuten? Der Hauptgrund ist sicher die Renommiersucht, der Hang aufzufallen mit dem Besonderen, dem Exotischen. Man will etwas Ausgefallenes an der Leine führen und den erstaunten Partygästen vorführen. Ein solches Statussymbol kostet natürlich viel, und nicht jeder kann es sich leisten. Und da entblödet man sich nicht, nackte Katzen und Hunde mit schweren Gebißschäden und verminderter Lebenskraft zu züchten. Sie »verdanken« ihre Mängel einem Erbfaktor, der in doppelter Dosis – also auf beiden Chromosomen – tödlich wirkt. In einfacher Dosis – nur auf einem Chromosom – ist das Überleben gerade noch möglich. Oder man züchtet Hunde mit so tiefliegenden Augen und so starken Hautfalten, daß der Arzt ihnen die Augen in einer Operation öffnen muß, wie vielfach bei den Sharpeis, den kurzhaarigen Vettern des Chow-chows. Hauptsache der Preis stimmt. Denn das sind die Hunde, die das Guinness-Buch der Rekorde als teuerste und »exotischste« Hunde der Welt registriert. In der Tat öffnen diese erbkranken Hunde im Knautschlook die Herzen und die Geldbeutel spezieller Enthusiasten, die sich nicht darum kümmern, daß man die vielen Falten dieser Tiere eigentlich täglich reinigen müßte, um schwere Hauterkrankungen zu vermeiden. Diese bedauernswerten Tiere sind genaue Modelle für die sogenannte Cutis laxa des Menschen, eine schreckliche Erbkrankheit der Haut, die schon 16jährige Teenager aussehen läßt wie ihre eigenen Großmütter. Die Sharpeis werden von einem »Club für exotische Rassehunde« gezüchtet – man sollte ihn umbenennen in »Club für Defekthunde«.

Rechts unten: Die Chihuahua-Hündin ist 400 Gramm schwer. Je kleiner die Tiere dieser Rasse, um so größer ihr Wert, um so tierfeindlicher aber auch die Zucht solcher Winzlinge. Man sollte nie vergessen, daß auch diese Westentaschenhunde vom Wolf abstammen... Gesund ist dieses Tier keineswegs, mag es noch so niedlich aussehen. Seine unnatürlichen Glotzaugen laufen stets Gefahr verletzt zu werden. Foto dpa

Oben: Deutsche Doggen müssen, um diesen Namen zu verdienen, im männlichen Geschlecht eine Widerristhöhe von 80, im weiblichen Geschlecht von 72 Zentimeter erreichen. »Es ist jedoch erwünscht, daß diese Maße wesentlich überschritten werden«, so oder ähnlich lesen wir in den Standards, den offiziellen Beschreibungen an die Rasse. Diese systematische Zucht auf Riesenwuchs führt zu manchen Defekten, die den Krankheiten mancher riesenwüchsiger Menschen ähneln. Vor allem sind das Skelett und die Gelenke betroffen. Verbreitet ist zum Beispiel die Hüftgelenksdysplasie, das angeborene Hervortreten des Gelenkkopfes aus der Hüftgelenkpfanne. Diese Störung kann leicht bis sehr schwer ausgeprägt sein. Riesenhunde wie die deutsche Dogge zeigen eine deutlich verkürzte Lebensdauer. Foto Südd. Verlag

Oben: Die in der Kälte zitternden, da weitgehend haarlosen chinesischen Schopfhunde leiden unter Mißbildungen des Skeletts, zum Beispiel splitternden Knochen, und sind weitgehend zahnlos. Foto Angermayer

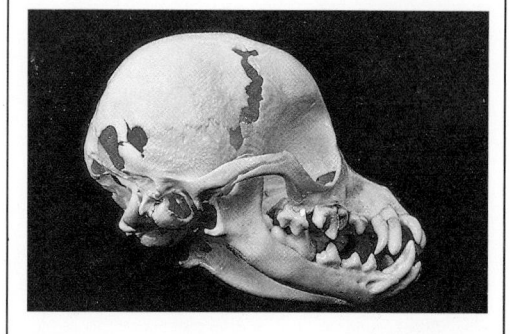

Der Zwergwuchs führt beim Yorkshire Terrier (gegenüberliegende Seite) dazu, daß der Schädel pergamentdünn ausgebildet ist und Löcher enthält (oben). Foto Südd. Verlag/Schumann und Wegner (oben)

Aussortieren von »Fehlfarben« wie bei Zigarren

Schlimm wirkt es sich auch aus, wenn der Züchter Erbanlagen benutzt, die zwar ein extravagantes, auffälliges Farbmuster ergeben, doch gleichzeitig schwere Organfehler hervorrufen. Trauriges Beispiel dafür ist der getigerte Hund mit dem sogenannten Merlefaktor und die blauäugige weiße Katze. Der Merlefaktor wird in vielen Hunderassen dazu mißbraucht, um eine Harlekinsprenkelung zu erzeugen, zum Beispiel bei Blue-merle-Collies, bei Corgies, Shelties, Tigerdoggen und Tigerteckeln. Wenn er in den Chromosomen in doppelter Ausführung, also homozygot, vorhanden ist, führt er zu schwersten Störungen der Augen und Ohren – bis zur Taubblindheit. Auch wenn er nur in einfacher Ausführung vorkommt, bei heterozygoten Tieren, sind die dem Rassestandard entsprechenden Tiere zu einem hohen Prozentsatz mit Seh- und Hörverlusten geschlagen, so daß man die Zucht mit dem Merlefaktor am besten aufgibt. Hinzu kommt, daß in solchen Zuchten abweichend gemusterte und gesunde Welpen, sogenannte Fehlfarben, wie in der Zigarrenindustrie ausgesondert und getötet werden – jedes Jahr sind es Hunderte. Auch bei anderen Rassen, zum Beispiel den Dalmatinern, werden dauernd Welpen eliminiert, weil sie eine Farbe aufweisen, die nicht dem willkürlich festgelegten Rassestandard entsprechen. Das alles ist durchaus von Bedeutung für den Tierschutz.

Die weißen Katzen mit blauen oder verschiedenfarbigen Augen – der Züchter nennt sie mit einem englischen Ausdruck »odd-eyed« – neigen ebenfalls verstärkt zu Taubheit. Katzenzüchter meinen allerdings, man könne sich auch mit tauben Katzen gut verständigen, man brauche bloß mit dem Fuß aufstampfen...

»Avoid extremes«, sagt Shakespeare, »Extreme meiden«

Der Hang zu Extremen treibt erstaunliche Blüten, insbesondere der Hang zu Zwergenhaftigkeit und Riesenwuchs. Es gibt heute Exemplare des Chihuahuas, jenes mexikanischen Taschenterriers, die ausgewachsen nur 500 Gramm wiegen, während die größten Bernhardiner ein »Mastendgewicht« von 135 kg erreichen – dabei stammen beide vom Wolf ab. Wenn zum Zwergwuchs noch die Zucht auf Nasenlosigkeit und verbreiterten Rund- oder »Apfelkopf« kommt – eigentlich müßte man von Wasserkopf sprechen –, dann wird es für die Tiere schlimm. Sie entwickeln Glotzaugen, die ständig Gefahr laufen, verletzt zu wer-

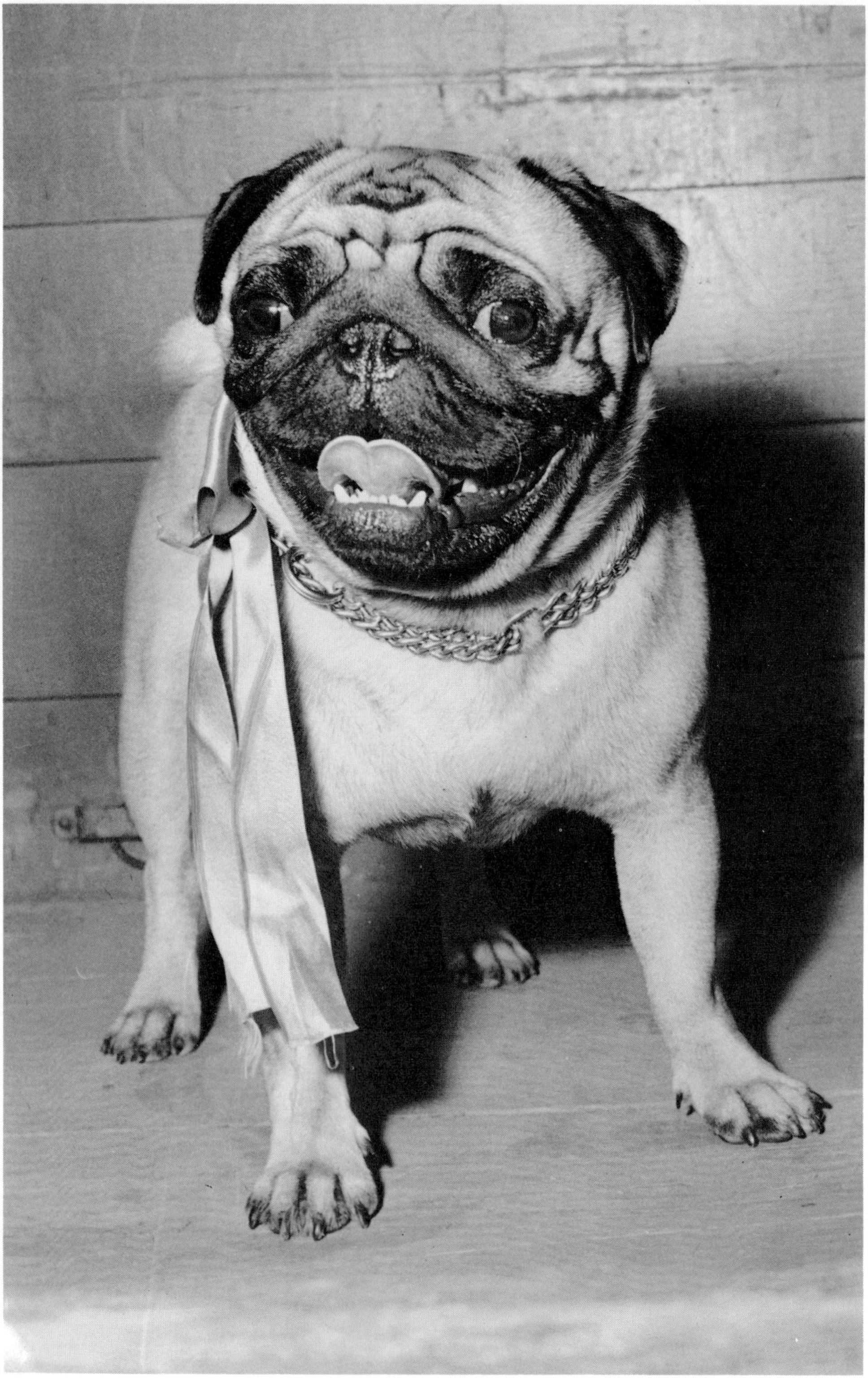

den, sie tragen krankmachende Falten im Gesicht, gebären wegen der verbreiterten Köpfe nur schwer, können schlecht atmen, weil Nase und Gaumen mißgestaltet sind. Der Tierarzt spricht in diesem Zusammenhang von chondrodystrophen Zwergen.

Ein Super-Mini-Yorkshireterrier fiel tot um, als der Besitzer ihm einen Hausschuh an den Kopf warf – sein pergamentdünner, löchriger Schädel platzte wie ein rohes Ei. Bei Hunden sind es Rassen wie Bullies, Pekinesen und Toy-Spaniels, bei Katzen die Perser, die mehr und mehr nasenlos und rundköpfig gezüchtet werden und durch Kaiserschnitt auf die Welt kommen, das heißt der Tierarzt öffnet den Bauch der Mutter mit einem Schnitt.

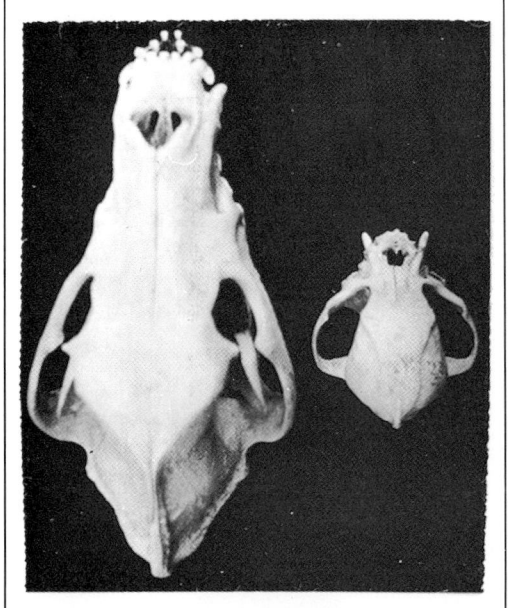

Rundköpfige und nasenlose Hunde entsprechen dem Kindchenschema, und wir finden sie ungewollt herzig und niedlich. Wohin die Zucht zur Mopsköpfigkeit oder Brachyzephalie führt, zeigt das Bild oben: Vergleich des Wolfsschädels mit dem Mopsschädel (rechts). Dickköpfige Hunde kommen fast nur noch mit Kaiserschnitt auf die Welt. Foto links Süddeutscher Verlag/Huhle, oben Wegner

Genausoweit vom Wildhund und von der Normalität entfernt man sich, wenn man zentnerschwere Giganten züchtet – und vielleicht durch Spritzen männlicher Geschlechtshormone das unnormale Wachstum noch weiter fördert. Solche Riesen leiden vermehrt an allen möglichen Skelett- und Gelenkserkrankungen, zum Beispiel der Hüftgelenksdysplasie. Die Parallele zu den weiter vorne erwähnten Fleischschweinen läßt sich nicht übersehen: Wenn in der Jugend das Skelett sehr schnell wächst, reift es nicht in entsprechendem Maße, sondern bleibt schließlich in der Entwicklung zurück. Auch die Jungmasthähnchen im »Wienerwald« sind schon mit 10–12 Wochen schlachtreif. Läßt man sie älter werden, so treten gehäuft Skelettschäden auf. Die großen Renommierhunde, die repräsentativen Ungetüme, wie der in Unterweltkreisen beliebte Mastino Napoletano – »Bild« apostrophierte ihn als »Mörderhund« – oder auch Deutsche Doggen müssen ihren Riesenwuchs mit verkürzter Lebensdauer bezahlen. Und da mit zunehmender Körpergröße auch die Zahl der Welpen pro Wurf wächst, müssen bei diesen Rassen ständig viele »überzählige« Welpen ihr Leben lassen.

Avoid extremes – in der Tat: Der Hund als Nippesfigur oder als Koloß, beides ist von Übel. Hier tragen auch die Hundehalter und Käufer Verantwortung, denn Züchter produzieren nur, was man ihnen abnimmt.

Tödliche Erbfaktoren

Zur Liste der Zuchtperversionen tragen aber keineswegs nur Hundezüchter bei. Die schwanzlose Manxkatze liefert uns ein Beispiel, daß selbst tödliche Faktoren zur Erzielung solcher Zuchtprodukte mißbraucht werden. In doppelter Dosis, bei homozygoten Tieren, wirkt der Manxfaktor tödlich, in einfacher Dosis, bei heterozygoten, im Rassestandard stehenden Katzen Schwanzverlust und ei-

128

nen kaninchenähnlichen hoppelnden Gang. Es handelt sich um nichts anderes als um Lähmungserscheinungen, die sich auch auf das Harn- und Kotabsetzen auswirken können. Die Parallele dazu aus der Rassegeflügelzucht sind die Kaulhühner, denen man mit dem Schweif auch die Bürzeldrüse wegzüchtete. Ähnlichen Zuchtpraktiken verdanken die Krüperhühner ihre Existenz. Sie haben verkürzte Beine und kriechen deswegen über den Boden. Erben die Nachkommen den Krüperfaktor von Hahn und Henne und haben ihn damit in homozygoter Form, so sterben sie schon vor dem Ausschlüpfen. Dieses Schicksal erleiden auch die reinerbigen Haubenhühner und Haubenenten, da sie ihren prächtigen Federschmuck organisierten Hirnbrüchen verdanken. Und in diesem Zusammenhang sollten wir auch die Strupphühner erwähnen, deren Federkleid so aussieht, als hätte man sie entgegengesetzt zur Fahrtrichtung durch ein Knopfloch gezogen. Bei Homozygotie sind sie dann oft ganz nackt. Auch Rexkatzen und Rexkaninchen zeigen ein ausgedünntes Fell und sind deswegen längst nicht so widerstandsfähig.

Zucht zur Bösartigkeit

Trauriges Beispiel einer pervertierten »Fancy-Zucht« sind die »Superscratcher«-Katzen in den USA. Man züchtete ihnen bis zu 5 Extrazehen an und behauptet, sie hätten beim Prankenschlag einen höheren Wirkungsgrad – ähnlich den asiatischen Kampfhühnern, die man auch lieber mit angeborenen, zusätzlichen Sporen und kleinen Messerchen drauf in den Kampf schickt, denn nur so wird es ein schönes Schlachtfest. Doch sollten wir Europäer uns über solche Sitten nicht erheben, denn auch in angelsächsischen Hinterhöfen frönt man wieder einer verbotenen Wettleidenschaft bei Hundekämpfen, zu denen besonders aggressiv gezüchtete und abgerichtete Bullterrier verwendet werden. Hier liegt zweifellos ein weiteres bedeutsames tierschützerisches Problem in der Hundezucht: Angeborene oder anerzogene »Bösartigkeit« stellt heute einen der Hauptgründe für das Einschläfern gesunder großer Hunde im besten Alter dar. Ihren Charakter haben sie vorwiegend Zeitgenossen zu verdanken, die nicht über den nötigen »Hundeverstand« verfügen oder die solche Tiere bewußt in Zwingern bösartig werden lassen. Eine Zeitlang züchtete man in der Schweiz bei Berner Sennenhunden eine sogenannte »Seftigschwendervarietät« mit Spalt- und Doppelnase, das heißt mit angeborener Lippen-Kiefer-Gaumenspalte, die besonders angriffig gewesen sein soll. Wahrscheinlich fühlten die Hunde sich behindert und zahlten es dem Menschen heim. Tierzucht ist nicht pauschal zu verteufeln, sondern absolut notwendig, weil sie wichtige, ja unabdingbare Voraussetzungen für unser Erdendasein liefert. Leider sind aber manche Mitmenschen bereit, die Tierschutzidee und erbhygienische Maßstäbe rücksichtslos geschäftlichen Interessen oder einer gewissen Raritätensucht zu opfern. Sind dies aber »vernünftige Gründe« im Sinne des Tierschutzgesetzes? Nach Paragraph 17 wird bestraft, wer einem Wirbeltier länger anhaltende Leiden zufügt. Welche Leiden dauern aber länger als angeborene Erbschäden? Sie halten ein Leben lang an.

Wir sollten uns über diese »rohen« Balinesen nicht erheben, die am Hahnenkampf Vergnügen finden. Tierquälerei gibt es in Europa zuhauf, zum Beispiel Zwingerhaltung, Hundekampf und eben Defektzuchten. Foto Süddeutscher Verlag/Schadt

Bücher zum Thema

Weger, W.: Kleine Kynologie, Konstanz 1979
–: Defekte und Dispositionen, Hannover

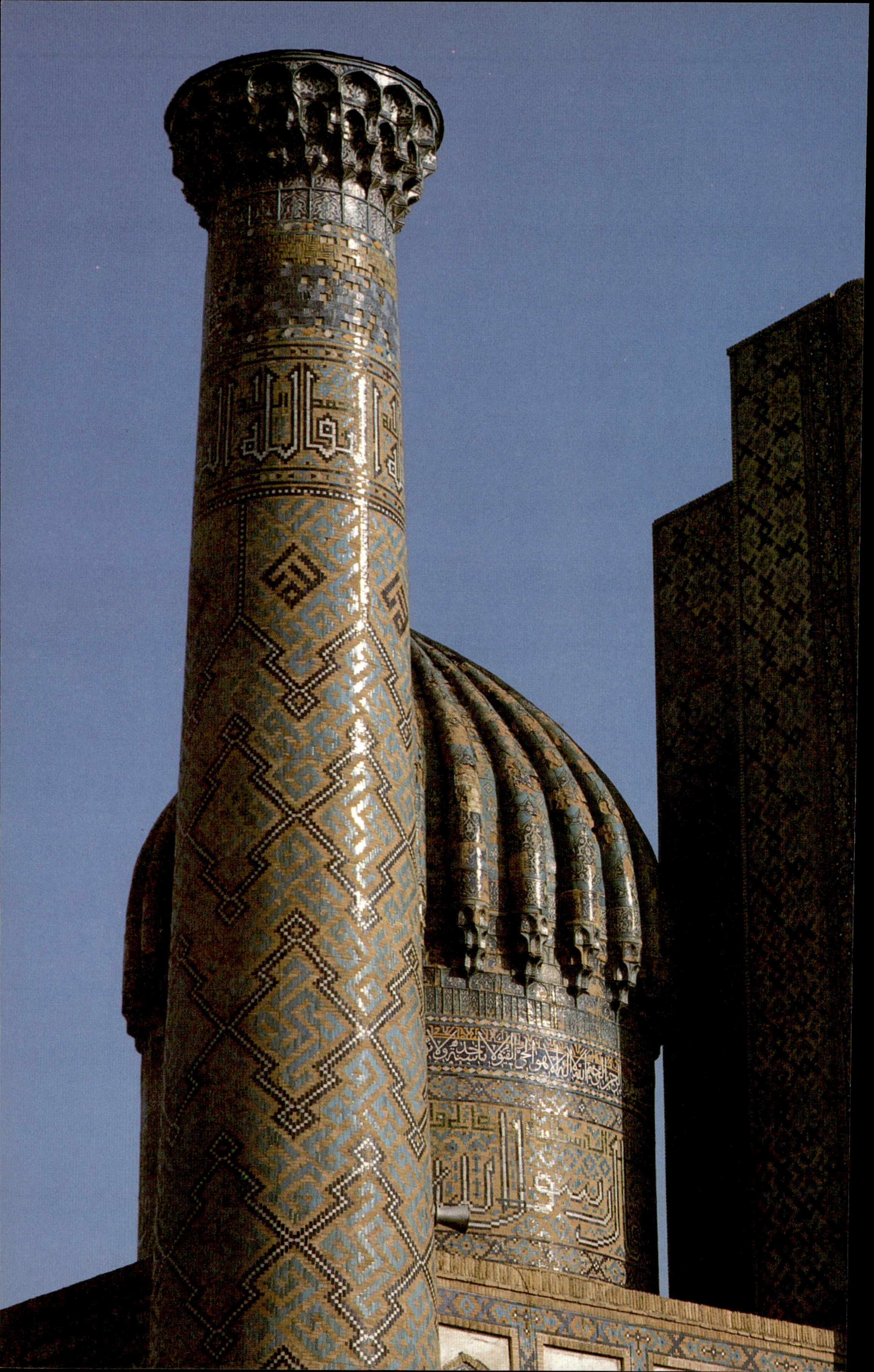

Gabriele Holst
1001 NACHT – MITTELASIEN HEUTE
Der sowjetische Orient

> Die Perle unter den Städten Innerasiens aber ist Samarkand.... Der große Marktplatz, Rigistan, ist der schönste Platz der Welt...
>
> Sven Hedin

Ohne Zweifel: Der Registan ist ein schöner, ein sehr schöner Platz; aber der schönste Platz der Welt? Vielleicht wäre er es, wenn er wie all die anderen weltbekannten Plätze mit Leben erfüllt wäre. Mit echtem, volksnahem Leben, das heißt mit Geschäften, mit Buden, mit Menschen, die den Platz ausfüllen und ihn – eben: beleben. Aber was ist der Registan heute? Ein Museumsplatz, den die Samarkander meiden, da er überlaufen ist von Touristen, die ihre Fotoapparate wie im Rausch klicken und die Filmkameras surren lassen. Kaum einer ist dabei, der sich die Ruhe nimmt, sich am Rande des Platzes niederzulassen, sich den Menschenwirrwarr, der jetzt zu sehen ist, wegzudenken und dafür von dem anderen, dem historischen Registan zu träumen. Dann kann er sie hören: die Koranschüler der drei Medre-

Teilansicht vom Registan in Samarkand. Die Kuppeln der Moscheen und Medresen sind den Jurten – den Zelten der Nomaden – nachempfunden. Das Frische und Kühle verheißende Blau der Keramiken konkurriert mit dem Blau des Himmels unter südlich gleißender Sonne. Foto Holst

sen, den Muezzin, der zum Gebet ruft, das Geschrei der Verkäufer am nahen Bazar. Für solche Experimente ist der Platz abends am schönsten, wenn er, einsam und nur noch von wenigen Touristen besucht, sich in seiner eben doch überwältigenden Schönheit anbietet. Dann kann man schon zum Romantiker werden und sich freuen über den Mond, der die Gebäude anleuchtet. Schrecklich dagegen das gleiche Erlebnis in der Hochsaison, wenn mit dem Spektakel »Son et lumière« alles in gleißendes Licht und Musik aus der Konserve getaucht wird.

»Löwen-Besitzende« und »Vergoldete«

Betrachten wir einmal die drei großen Bauten dieses Platzes, der »sandigen Stelle«, wie er wörtlich übersetzt heißt. Ulug Bek, der Enkel des großen Tamerlan, von dem später noch die Rede sein wird, baute sich selbst ein Denkmal mit der Medrese, die auf der linken Seite des nach Süden offenen Platzes steht. Es ist die älteste Samarkands (1418–1422), und sie zeigt ein sehr schönes Sternenmuster. Ihr gegenüber steht die um 200 Jahre jüngere Medrese Schir-Dor, die »Löwen-Besitzende«, obwohl die in den oberen Ecken des Iwáns abgebildeten Tiere eher an Tiger erinnern. Noch mehr überraschen die auf den Tiger-Löwen ruhenden Sonnen mit ihren menschlichen Gesichtern. Solche Abbildungen verbietet bekanntlich die islamische Religion.

Aber bei den Schiiten waren Darstellungen dieser Art durchaus erlaubt. Trotzdem sieht man sie selten; die Muster sind meist rein geometrisch, mit Ornamenten und Kalligraphien geschmückt. Die in den Keramiken vorwiegend verwendeten Farben Blau und Türkis sollen in dieser heißen Gegend an Kühle und Wasser erinnern. Erdfarbene, warme Töne wie Braun oder Rot kann man bisweilen in später entstandenen Bauten sehen, zum Beispiel in der Sommerresidenz des letzten Emirs Mustafa in Bucharà, typisch für den Islam sind sie aber nicht. In der Mitte des Registan steht die jüngste Medrese, Tilja-Kari, die »Vergoldete« (1646–1661). Alle drei Medresen sind in gutem Zustand, auch die noch vor einigen Jahren schiefstehenden Türme sind »geradegerückt« worden, nur bei der »Vergoldeten« wurde mit Gold gespart. Wenn alle historischen Bauten Mittelasiens so gut wiederhergestellt würden wie diese drei Medresen auf dem Registan, so hätte sich die Sowjetunion wohl einen Stern für die Erhaltung historischen Kulturgutes verdient. Allerdings: Keine der drei Medresen erfüllt noch ihren eigentlichen Zweck, sie sind nur noch Besichtigungsobjekte, stumme Zeugen einer Zeit, als Samarkand eine Hochburg des Islams war.

Mittelpunkt des Weltalls und der Astronomie

Samarkand ist jetzt 2500 Jahre alt. Als der erste Eroberer dieser Stadt, Alexander der Große, im Jahre 329 v. Chr. Samarkand erreichte, war es schon 200 Jahre alt. Nach Alexander kamen die Chinesen auf der heute noch existierenden Seidenstraße, um hier ihre Geschäfte abzuwickeln. Dann folgten die Sassaniden, die Türken, die Araber. Im Jahre 1220 überfielen die Mongolen des großen Dschingis-Khan die Stadt, folterten und töteten die Bewohner, bereiteten der Stadt ein Ende. Sie erblühte aufs neue – etwas südlicher – zu Beginn des 14. Jahrhunderts unter Timur dem Lahmen. Er und seine Nachfolger – die Timuriden – konnten endlich die Stadt von den fremden Herrschern befreien, und eine große Bautätigkeit setzte ein. Mit Sicherheit war Timur kein sanftmütiger Herrscher, und er wird häufig mit Dschingis-Khan verglichen, den er selbst zum Vorbild erkoren hatte. Er wollte Samarkand zum »Mittelpunkt des Weltalls« machen. Und doch fällt nicht Timurs Denkmal auf, sondern das seines Enkels Ulug Bek. Dieser ist weniger als Gebieter denn als großer Gelehrter in die Annalen der Stadt eingegangen. Er war vor allem ein berühmter Astronom – der bedeutendste seiner Zeit – und schuf eine Sternwarte, die mit ihrem riesigen Sextanten einzigartig in der damaligen Welt war. Der Bogen des Sextanten war in Minuten und Sekunden eingeteilt, und mit Hilfe dieses Instruments stellte Ulug Bek von 1420 bis 1437 seinen berühmten Sternatlas zusammen, dessen Genauigkeit wir heute noch bewundern. Leider ist von der Sternwarte nur mehr wenig zu sehen, trotzdem steht sie an erster Stelle der offiziellen Stadtbesichtigung. Ein Zeichen der heute noch großen Verehrung der Samarkander für diesen großen Mann? Zu seiner Zeit hielt sich die Verehrung in Grenzen; von der mohammedanischen Priesterschaft wurde Ulug Bek sogar gänzlich abgelehnt. Er vertrat fast revolutionäre Ansichten über die Frau und die Menschenwürde allgemein: »Der Wissensdurst sollte für jeden Mohammedaner

Rechts oben: Auf der künstlich bewässerten Steppe rund um Samarkand begegnet man häufig Maulbeerbäumen. Ihr Laub dient Seidenraupen als Nahrung. Die Seidenraupenzucht hat eine lange Tradition in Mittelasien.
Rechts unten: Auf dem Weg zum Markt. Fotos Holst

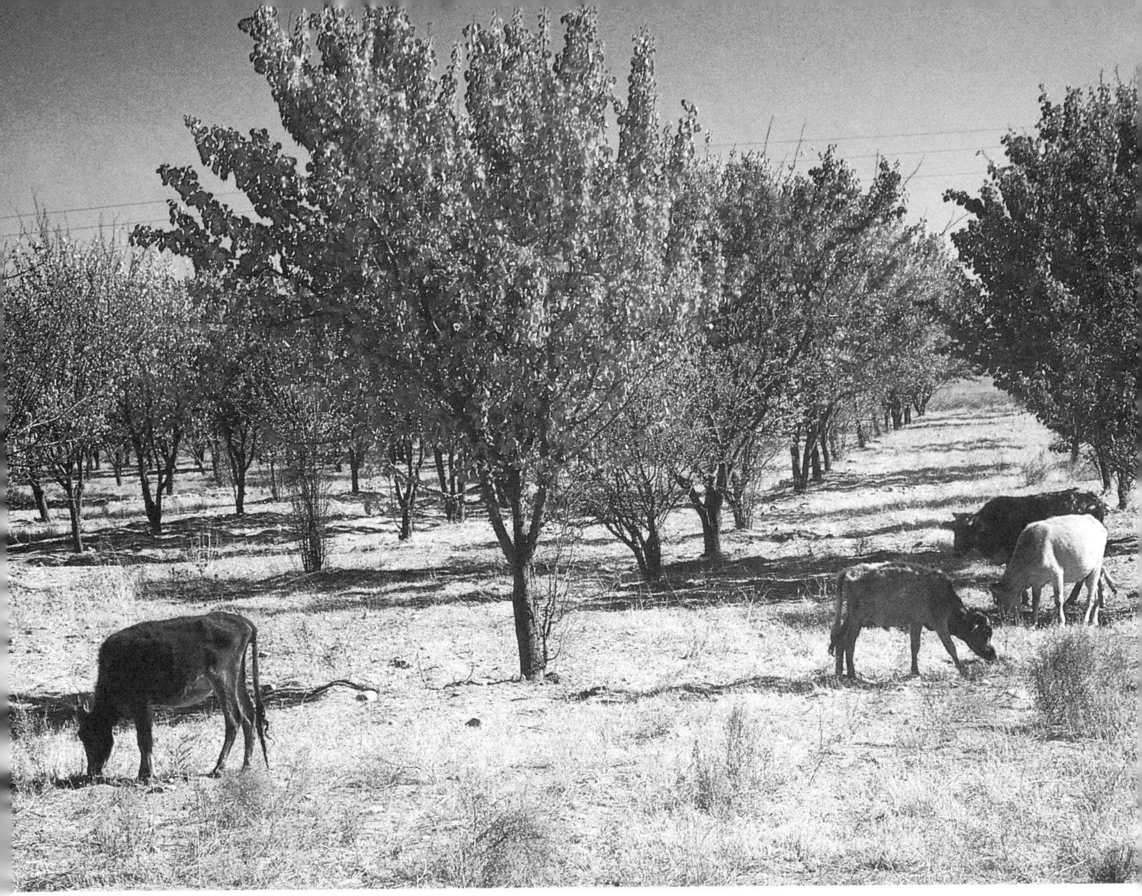

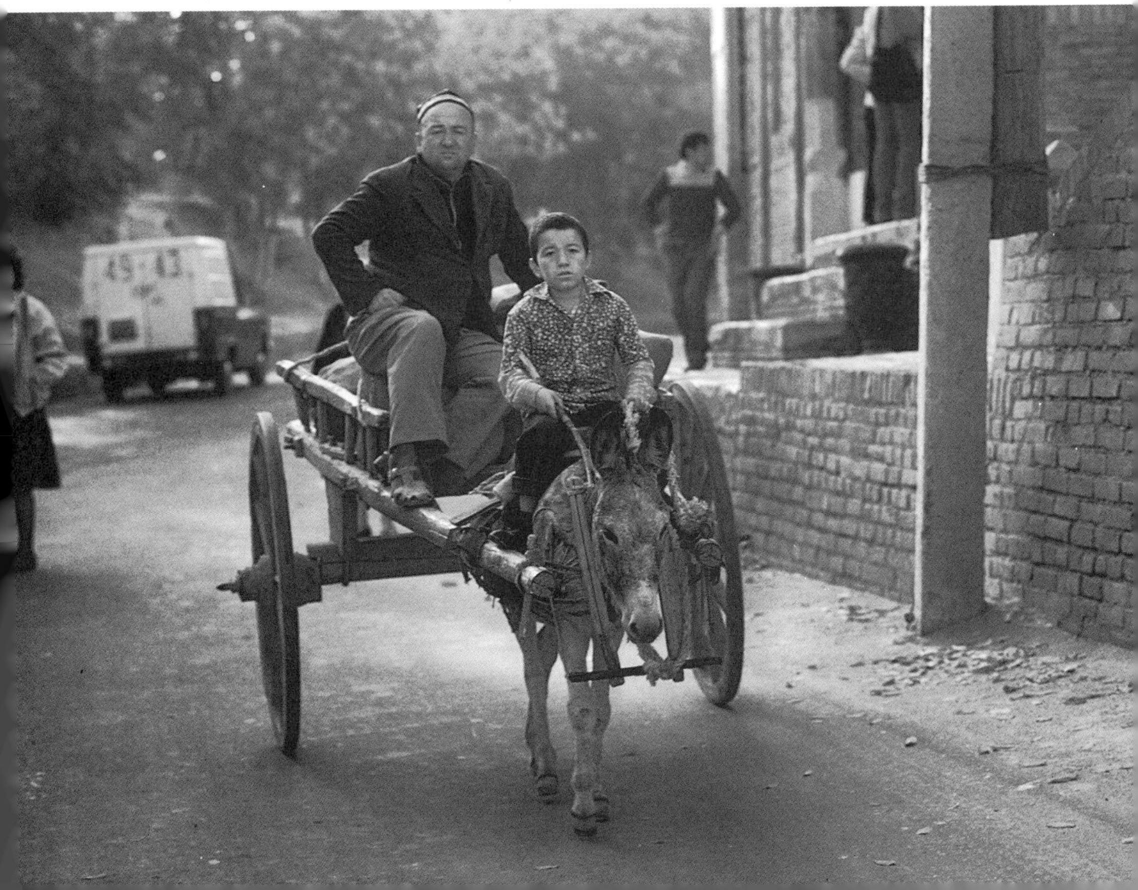

Die Medrese Schir-Dor, die »Löwen-Besitzende«, auf dem Registan. Sie ist die wohl eindrucksvollste Medrese, da sie neben der üblichen Ornamentik auch Tier- und Menschenabbildungen trägt. Solche

Darstellungen – vor allem die menschlicher Gesichter – sind nur bei den Schiiten erlaubt, obwohl gerade diese islamische Religion im allgemeinen besonders streng ist. Foto Holst

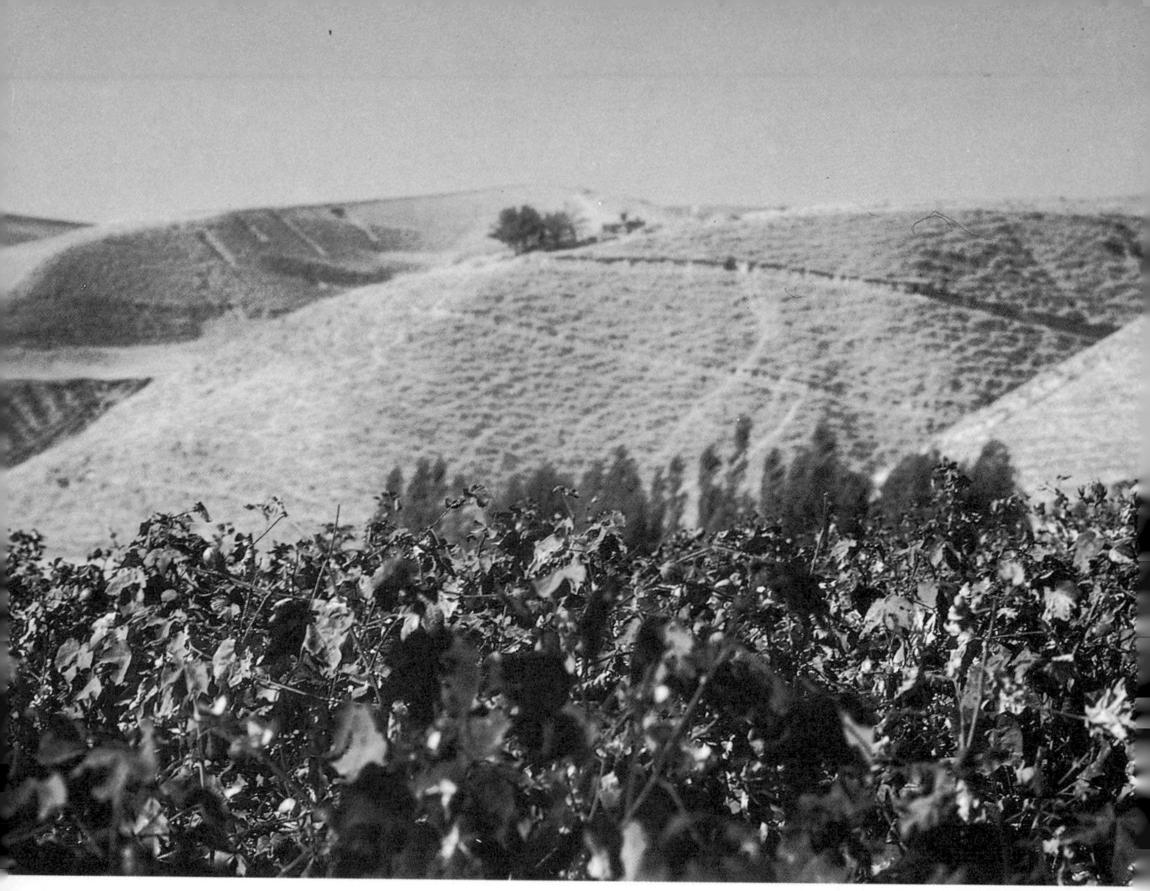

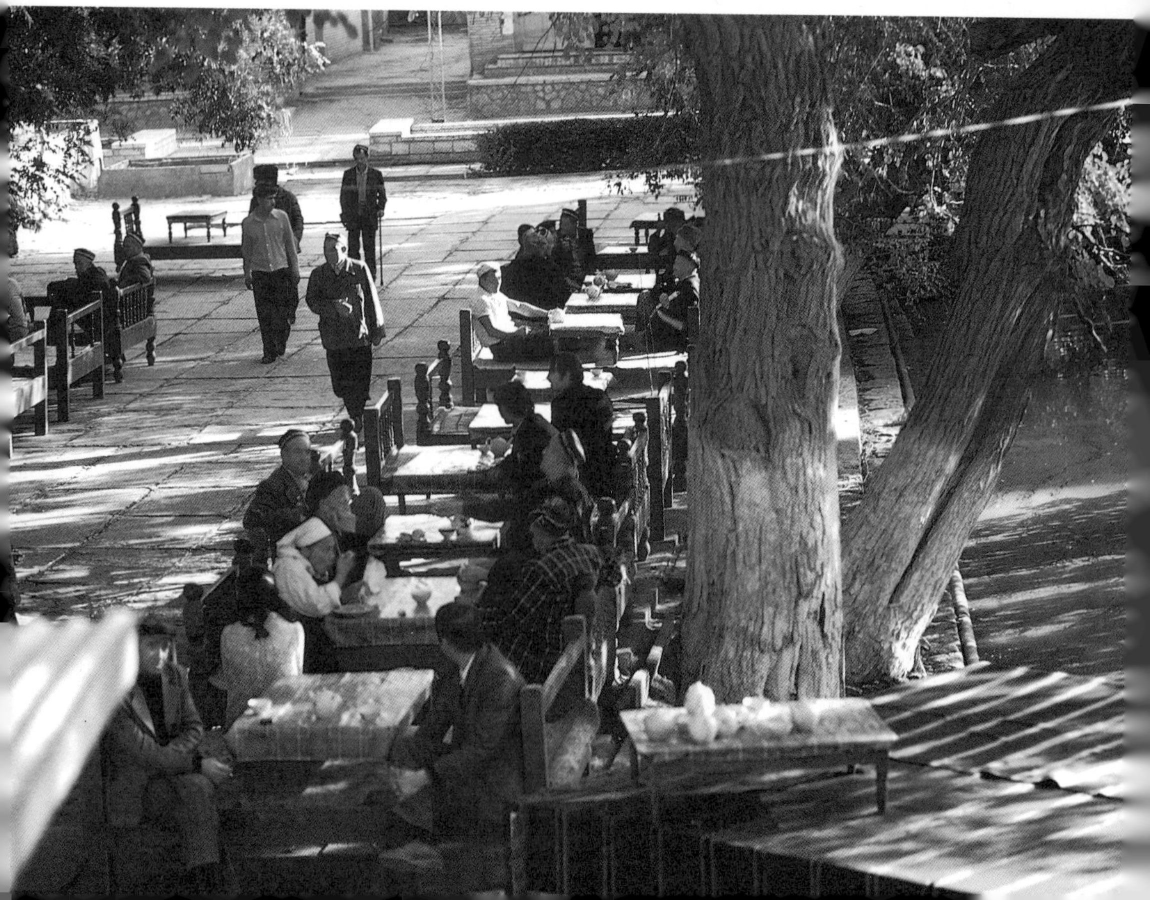

und jede Mohammedaner*in* eine Pflicht sein!« Ulug Bek kam den unduldsamen Anhängern Mohammeds sehr verdächtig vor, und sie schmiedeten einen Plan – zusammen mit dessen Sohn –, um den Herrscher und vor allem den unbequemen Gelehrten loszuwerden. 1449 wurde er mit einen Schwertstreich ermordet. Man hielt dies lange Zeit für eine Legende, doch fand man Körper und Kopf – getrennt voneinander – und meint heute, die Legende bestätigen zu können. Der Leichnam fand seine endgültige Ruhe im Gur-Emir-Mausoleum, wo er friedlich neben seinem Großvater Tamerlan liegt. Dieses riesige Bauwerk hatte sich Tamerlan selbst errichten lassen, doch nicht als Mausoleum, sondern als Moschee; später wurde es Medrese, noch später Palast.
Die meisten anderen Timuriden und ihre Angehörigen ruhen in den Gebäuden der Sha-i-Zinda-Mausoleenstraße. Einige dieser Gebäude sehen leider sehr mitgenommen aus, Gras wächst aus den Ritzen zwischen den schönen Keramiken, die Türme und Aufbauten stehen gefährlich schief, und alles macht einen etwas verwahrlosten Eindruck. Man sieht auch kaum Bauarbeiter, nur an der berühmten Bibi-Chanym-Moschee wird – mit riesigem technischem Aufwand, aber wenig Leuten – gewerkelt. Diese Moschee – in einer Rekordzeit von vier Jahren (1399–1404) erbaut – verfiel schon während der Bauzeit, sollte aber das schönste und prächtigste Bauwerk werden, das Tamerlan je gebaut hatte. Es war für seine Lieblingsfrau, eine chinesische Prinzessin – Bibi Chanym – gedacht.

Links oben: Nur wo der Mensch Steppen und Wüsten bewässert, kann er auch ernten: Baumwollfeld in der Kisilkum, der »Roten Wüste«.
Links unten: Eine Tschaichana – Teestube – vor einem künstlich angelegten See in Bucharà unter schattenspendenden Bäumen. Fotos Holst

Heute liegt das meiste davon in Trümmern, und doch kann man die Pracht erahnen, in der das Gebäude einstmals geglänzt haben muß, wenn auch nur für kurze Zeit. Im übrigen versichern die Intourist-Reiseleiter immer wieder, daß spätestens in zehn Jahren Samarkand in altem Glanze zu sehen sein wird. Wir sollten dann wiederkommen, und wir werden staunen über das, was die sozialistische Arbeiterschaft aus dem historischen Samarkand gemacht haben wird...

Auch Mittelasien hat Umweltprobleme

Es fällt besonders auf, daß der Tourist in Samarkand und anderen Brennpunkten des Islams wie Bucharà oder Chiwa von den Reiseleiterinnen nur das gezeigt bekommt, weswegen er die Reise wirklich unternimmt, nämlich die historischen Baudenkmäler. Keine Leninplätze, Leninbibliotheken, Lenindenkmäler, keine Bauten der Sowjet-Ära; auf keine großartigen Errungenschaften des Riesenstaates wird hingewiesen. Offensichtlich weiß Intourist genau, was es dem Besucher schuldig ist. Nur bei einer Fahrt über Land zu den Ausgrabungsstätten der alten versunkenen Stadt Pendschikent – dem Pompeji Mittelasiens – und bei anderen Besuchen in der Steppe klingt leise der Stolz über das – in der Tat – großartige Bewässerungssystem an. Die Sowjets nahmen es nach der Revolution in Angriff, und es macht möglich, daß diese Gebiete fruchtbar geworden und nicht mehr nur Brachland sind. Immer wieder wird auf die riesigen Baumwollfelder, die Wein- und Obstplantagen hingewiesen. Doch schon bei Marco Polo kann man nachlesen: »Samarkand ist eine vornehme Stadt, geschmückt mit schönen Gärten und umgeben von einer Ebene, in der alle Früchte wachsen, die man sich nur wünschen kann...«
Leider hat das Bewässerungssystem der Sowjets große Nachteile. Die künstlichen

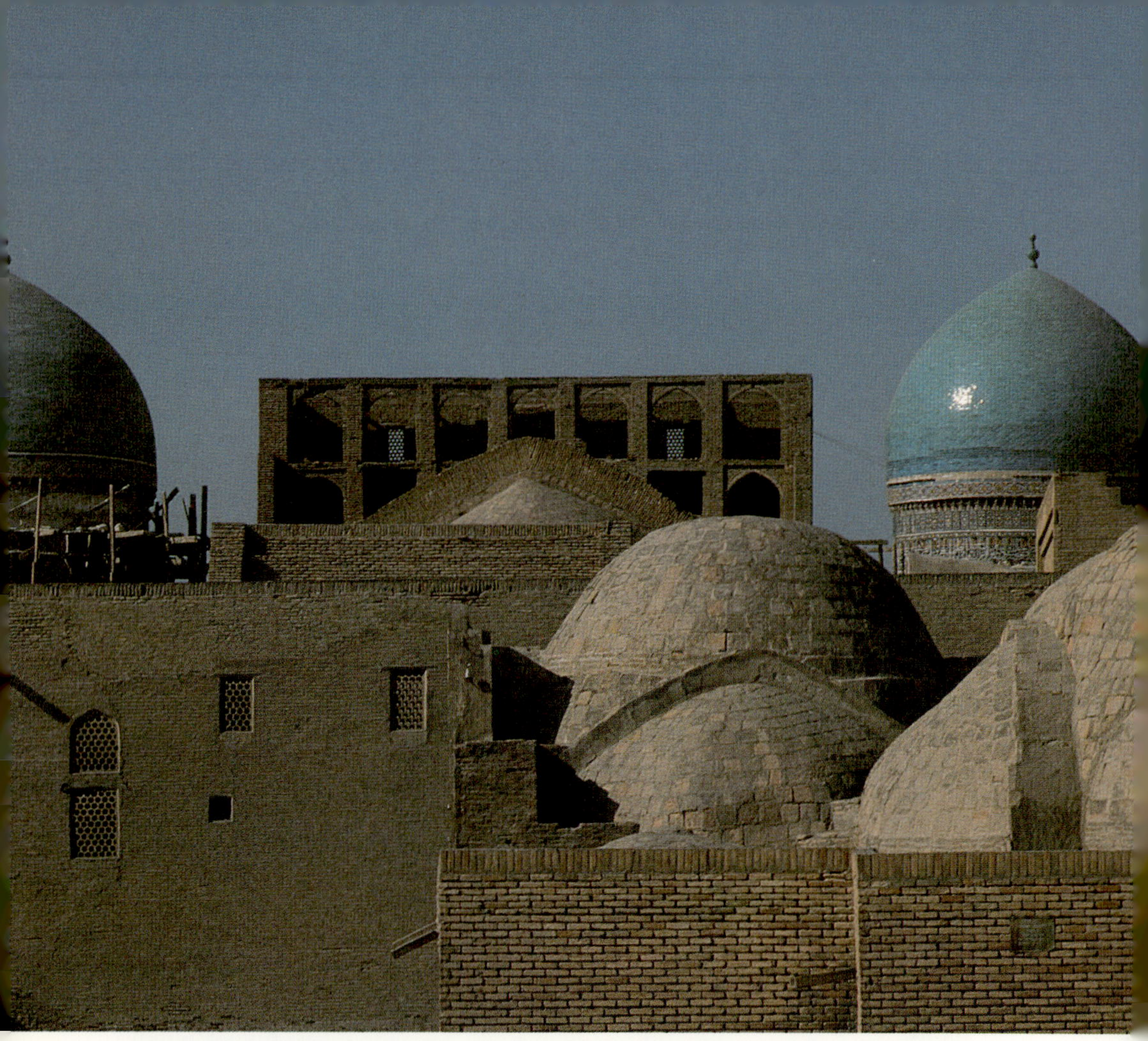

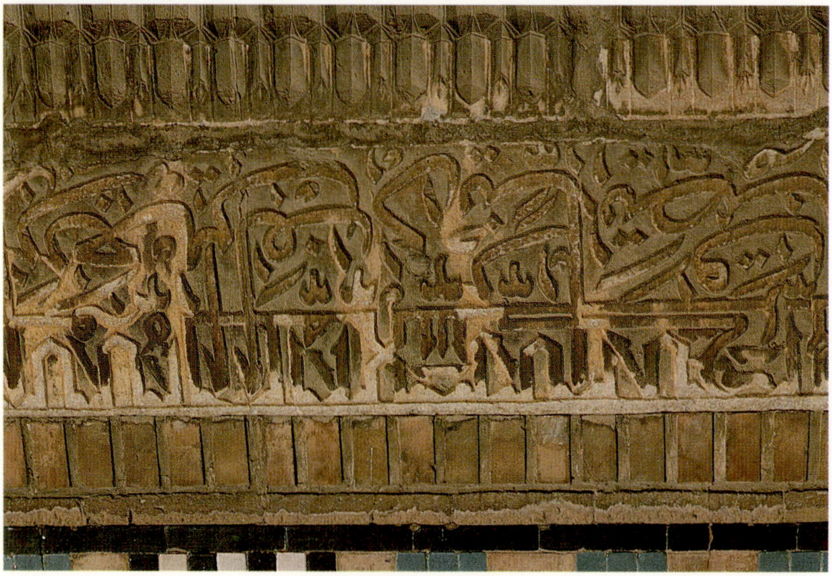

Oben: Die berühmten Kuppelbauten von Bucharà. Unter jeder Kuppel befand sich früher ein Ladengeschäft, in dem die durchziehenden Karawanen einkaufen konnten.
Ganz links: Erdbebenschäden an einer Fassade.

Links: Das Zeichen Zarathustras. Die Lehre dieses Priesters des Mithras-Glaubens hat vermutlich auch im mittelasiatischen Raum etwa tausend Jahre lang die kulturelle und geistige Entwicklung beeinflußt, bevor der Islam sich ausbreitete.
Fotos Holst

Kanäle erhalten nämlich ihr Wasser aus den Flüssen Syr-Darja und Amu-Darja, die in den Aralsee münden. Dazu eine Meldung der englischsprachigen Moskauer Zeitung Moscow News: »Mittlerweile ist der Wasserspiegel des Aralsees um zehn Meter gesunken. Ein 50 bis 60 km breiter Uferstreifen sei bereits ausgetrocknet und in eine staubige Salzwüste verwandelt. Bei einem nicht mehr auszuschließenden völligen Austrocknen des Sees würde nach den Worten des sowjetischen Umweltexperten Abdhishamil Nurpeisow eine Million Tonnen im Seewasser gelöstes Salz über das angrenzende Land geweht werden und dieses für die Landwirtschaft unbrauchbar machen.« Darauf angesprochen, geben einem zwar alle Reiseleiterinnen Recht, betonen jedoch gleichzeitig, daß bereits andere noch großartigere Bewässerungspläne in den Schubladen der Ingenieure lägen, nämlich die Umleitung der sibirischen Flüsse Ob und Irtysch in den Aralsee. Ein ungeheures Vorhaben, das mit Sicherheit große ökologische Konsequenzen nach sich ziehen wird, vermutlich nicht nur für die Sowjetunion. Es ist durchaus möglich, daß durch solche enormen Eingriffe in die Natur sich auch Klima und Ökosysteme südlich der Sowjetunion und auch in Europa ändern. Aber sehr bemerkenswert und völlig neu ist das Eingeständnis der Sowjets, daß auch sie mit Umweltproblemen und Umweltverschmutzung zu kämpfen haben. Bis vor kurzem wurde über solche Dinge Stillschweigen bewahrt; man mußte annehmen, nur der westliche Teil der Welt habe diese Schwierigkeiten. Doch nun weiß man: Auch in der Sowjetunion gibt es inzwischen sterbende Wälder...

Der Islam im Sowjetstaat

Nehmen wir Abschied von Samarkand und unserer reizenden und allwissenden Dolmetscherin Munira, deren Name aus dem Arabischen kommt und »Edelstein« bedeutet. Aber außer ihrem Namen kann sie kein anderes arabisches Wort, sie kennt auch den Koran nicht, und sie besucht keine Moschee. Ohne jede innere Anteilnahme zeigte sie uns die Moscheen und Medresen Samarkands als touristische Sehenswürdigkeiten. Keine versieht mehr ihren eigentlichen Zweck als religiöse Stätte. Erst in Bucharà – die Betonung liegt auf dem letzten a – sehen wir nun endlich die einzige heute noch »arbeitende« Medrese von ganz Mittelasien, die Miri-Arab-Medrese aus dem 16. Jahrhundert. Hier, und nur hier können gläubige Mohammedaner, die in der Sowjetunion leben, ein Koranstudium absolvieren. Doch wird dieses nicht staatlich anerkannt, obwohl es immerhin sieben Jahre dauert. Die Begründung: In diesen Schulen wird nur der Koran gelehrt und nichts, was ein tüchtiger Sowjetbürger für ein arbeitsreiches Leben als vollgültiges Mitglied eines zivilisierten Riesenstaates wissen muß. Das bedeutet, daß ein strenggläubiger Moslem, der beispielsweise Ingenieur werden will, nach dem Besuch der allgemeinen Schule, bei der zehn Klassen Pflicht sind, die Koranhochschule besucht und danach noch ein staatlich anerkanntes Hochschulstudium ablegen muß. Wie viele dies tun, kann man sich denken. Mit Sicherheit haben die nicht mehr so jungen Leute, wenn sie endlich fertig sind mit ihrem Studium, keinen leichten Stand bei der Arbeitssuche und während ihrer Berufsausübung. Und trotzdem: Wie überall auf der Welt erlebt der Islam auch in der Sowjetunion zur Zeit eine Blüte, an die niemand mehr geglaubt hatte. Es wird sogar modern, wieder streng gläubig und in traditioneller Tracht zu heiraten. Die Männer treffen sich in ihren Wohnungen zum gemeinsamen Gebet. Man sieht sie oft, besonders abends zur Stunde des letzten Tagesgebets, einem Haus in der Altstadt zustreben, in dem das Wohnzimmer zur privaten Moschee umfunktioniert wurde. Der Islam ist für das Regime ein weitaus

Islamisches Wörterbuch

Allah	Gott. Im Islam ist Gott Alleinherrscher.
Hadith	neben dem Koran wichtigste Vorschriftensammlung der islamischen Religion. Angeblich Aussprüche des Propheten Mohammed.
Heiliger Krieg oder Dschihad	eine im Koran verankerte Pflicht eines jeden Moslem, gegen Ungläubige zu kämpfen. Ungläubige sind alle Menschen, die nicht dem islamischen Glauben anhängen.
Iwán, Aiwan oder Liwan	Eingangsveranda an den Innenseiten von Moscheen und Medresen. Führt zum Hof und dient als Lern- und Betplatz.
Koran	das Heilige Buch des Islams in arabischer Sprache. Letzte Botschaft Gottes an die Menschheit, die dem Propheten Mohammed offenbart wurde.
Medrese	ursprünglich islamische Hochschule, in der der Koran gelehrt wurde. Geistiges Zentrum, meist mit Wohnzellen für Studenten und Lehrer (Internat). Heute auch Bezeichnung für Koranschulen, in denen Kinder unterrichtet werden.
Mekka	Geburtsort Mohammeds in Saudi-Arabien. Heilige Stadt und wichtigster Wallfahrtsort mit dem Heiligen Stein, der Kaaba.
Minarett	zu einer Moschee gehörender Turm, von dem aus der Muezzin zum Gebet ruft. Arabisch: »Leuchtturm«.
Mohammed	»der Gepriesene«; Prophet und Begründer des Islams. Geboren in Mekka um 570, gestorben in Medina am 8. 6. 632. Erhielt göttliche Botschaften und schrieb den Koran. Hatte erst wenige Anhänger, wurde sogar 622 zur Auswanderung nach Medina gezwungen, konnte sich aber ab 630 in Mekka durchsetzen. Damit begann der Siegeszug des Islams. Einführung des Heiligen Krieges. Starke Verknüpfung von Religion und Politik.
Moschee	Gebetshaus der Moslems mit Minarett, Gebetsnische und Predigtstuhl. Der Innenraum ist nach Mekka gerichtet und mit Teppichen ausgelegt. Im Vorhof häufig Brunnen für die rituelle Reinigung vor dem Gebet.
Muezzin	ruft vom Minarett aus die Gläubigen zum Gebet.
Schiiten	neben den Sunniten wichtigste islamische Konfession mit etwa 8 Prozent Anhängern. Etliche Abspaltungen (z. B. Bahai). Im Iran Staatsreligion. Obwohl gesetzlich keine Unterschiede zu den Sunniten bestehen, haben sich die beiden Richtungen im Laufe der Zeit sehr voneinander entfernt. Schiiten bedeutend strenger als Sunniten. Andererseits sind bei Schiiten Mensch- und Tierdarstellungen erlaubt.
Sunniten	größte Glaubensgruppe des Islams mit 92 Prozent Anhängern. Halten sich an die Sunna, d. h. an die im Hadith überlieferten Bräuche und Sitten.
Sure	Koran-Kapitel.

größeres Problem als das Christentum. Einerseits ist der Staat durchaus bemüht, seinen autonomen Republiken ihre Eigenständigkeit zu lassen und die verschiedenen Völker – und seien sie zahlenmäßig noch so klein – nicht als minderwertige Rassen zu behandeln. Andererseits gehört Russisch seit der Revolution zu den Pflichtfächern aller jungen Bürger. Und da Staat und Kirche in der Sowjetunion getrennt existieren, kann es dem Staat in der Theorie egal sein, ob einer gläubig ist oder nicht, ob er Christ, Jude, Armenier oder Moslem ist. Doch wie soll ein gläubiger Moslem nach dem Koran leben, wenn er voll ins Arbeitsleben integriert ist? Wie soll er fünfmal pro Tag, gegen Mekka gewandt, seine Gebete verrichten? Wie soll er seine Pilgerreise nach Mekka, die für ihn eigentlich Pflicht ist,

Links: Das mächtige, über 44 Meter hohe Minarett zur Medrese Islam Chodscha ist das letzte bedeutende Bauwerk der islamischen Kunst in Mittelasien. Es wurde 1910 gebaut und ist von jeder Stelle der Oasenstadt Chiwa zu sehen.

Rechts: Eines der Wahrzeichen Bucharàs, die Tschor-Minor-Medrese, mit Storchennest. Das Gebäude wurde auch verhältnismäßig spät gebaut – 1807 –, und seine Abbildung ziert heute jeden Prospekt über Mittelasien. Fotos Holst

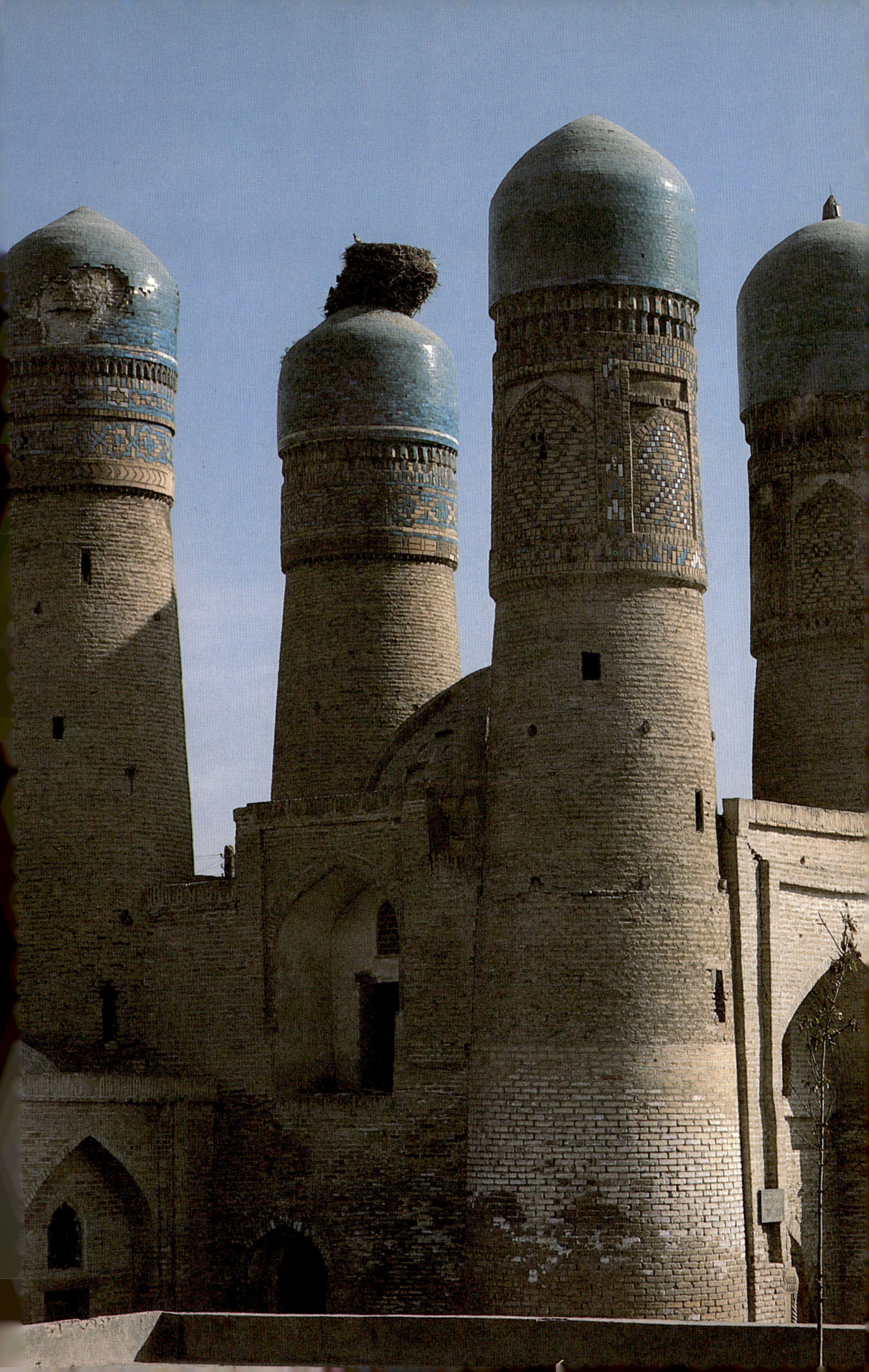

unternehmen? Mit diesen Schwierigkeiten müssen die Bürger und Gläubigen selbst fertig werden; Hauptsache, sie sind in erster Linie gute Bürger der Sowjetunion. Aber strenggläubige Mohammedaner haben unter anderem auch den Heiligen Krieg und den Kampf gegen die Ungläubigen auf ihre Fahnen geschrieben. Wer weiß, ob nicht eines Tages sich auch die Sowjetunion mit diesem Problem ernsthafter als heute auseinandersetzen muß? Christen, Juden und auch Armenier haben sich arrangiert. Im islamischen Teil jedoch brodelt es unter der noch ruhigen Oberfläche, und es steht zu befürchten, daß es in nicht allzu ferner Zeit zu einem Aufruhr kommt, bei dem mehr als nur ein paar Steine durch die Luft fliegen.

Im strengen Bucharà

Gerade Bucharà befolgte seine Religion schon immer viel strenger als Samarkand. So war man bis ins letzte Jahrhundert hinein bemüht, möglichst wenige Einflüsse von außen zuzulassen, dazu gehörten auch Verbote für Einreisewillige. Neugierige Ausländer wurden kurzerhand ermordet. Noch im Jahr 1842 wurden die beiden Engländer Stoddart und Conolly in das berüchtigte Gefängnis »Wanzengrube« geworfen und schließlich nach langen Torturen getötet. Auch der Ungar Vámbéry, der 1863 nach Bucharà reiste, ging ein hohes Risiko ein. Er verkleidete sich als Derwisch und konnte so überleben. Er hat in seinen Reiseskizzen Schlimmes über Bucharà und Chiwa geschrieben, wo damals noch verdächtige Fremde zu Sklaven gemacht wurden, Hunger leiden mußten und getötet wurden. Bucharà kapselte sich völlig ein, und noch heute spürt man eine gewisse Strenge: Manch einer wehrte ab, wenn ich ihn fotografieren wollte. Die Bauten – sakrale wie weltliche – sind viel schlichter und einfacher als in Samarkand, und es fehlt völlig der Prunk der Tamerlanzeit. Bekanntestes Beispiel dafür ist das Ismail-Samani-Mausoleum, wo Ismail ibn Ahmad, einer der Herrscher der Samaniden-Dynastie aus dem 9. Jahrhundert, begraben liegt. Das Bauwerk ist nun 1000 Jahre alt, wurde nie restauriert und ist vollständig erhalten. Es besteht nur aus einfachen Ziegelsteinen, die je nach Lichteinfall verschiedene Muster erkennen lassen. Verbunden sind die Steine mit einem Mörtel, über dessen Zusammensetzung man sich heute noch nicht im klaren ist. Man weiß nur, daß unter anderem auch Kamelmilch dazugehörte. Das Gebäude ist in seiner Schlichtheit hinreißend schön und steht unter dem Schutz der UNESCO. Dies gilt auch für das Minarett der Kaljan-Moschee. Es wurde 1127 errichtet und ist das eigentliche Wahrzeichen Bucharàs. Auf Prospekten sieht man immer wieder die vier blauen Kuppeln der Tschor-Minor-Medrese. Meistens trägt mindestens eine davon ein Storchennest, was die Bewohner Bucharàs als Glückszeichen auffassen.

Tee und Plow

Eines darf man in Bucharàs Altstadt auf keinen Fall vergessen: in ein Teehaus – eine Tschaichana – gehen. Es kann ein richtiges Haus sein, mit schönen Ornamenten und in bunten Farben leuchtend. Meistens handelt es sich nur um eine Art »Biergarten«; man sitzt im Freien auf einem teppichbedeckten Diwan – er stellt Tisch, Stuhl und Bett zugleich dar. Man zieht die Schuhe aus, setzt sich auf das Gestell, zieht die Beine unter den Körper und schlürft seinen Tee, die Kanne für 5 Kopeken, 15 Pfennige. Übrigens wird ein guter Usbeke auch heute noch die Schale nie vollgießen, besonders wenn sie für einen Fremden oder einen Gast vorgesehen ist. Heißt es doch unter Usbeken: »Dein Besuch ist mir sehr willkommen, ich will dir so oft wie möglich zu Diensten sein, und deshalb gieße ich dir die Teeschale nicht voll.« Wird die Teeschale hingegen voll eingegossen, so heißt dies:

»Danke für deinen Besuch, Du kannst gleich wieder gehen...«
Das usbekische Nationalgericht ist Plow, ein Reisgericht, bekannt auch als Pilaf oder Palau. Man kann es überall bekommen, im Hotel gelegentlich, auf dem Bazar immer, auch wenn man es dort im Stehen essen muß. Am besten schmeckt es im Kreis einer usbekischen Familie. Es kommt tatsächlich nicht selten vor, daß ein Tourist beim Bummel durch die Altstadt von freundlichen Frauen erst in den Hof, dann ins Haus und schließlich zum Essen eingeladen wird. Einer solchen Einladung kann man nicht nur getrost folgen, man *muß* sie sogar annehmen, die Enttäuschung wäre riesengroß. Und dann läßt man sich nieder zum Plow, und da jedes Haus ein eigenes Plowrezept hat, kann man in Usbekistan monatelang Plow essen, ohne die Geschmacksnerven zu langweilen:

> Plow mit Hammelfleisch, gebraten, und Karotten
> Plow mit Hammelfleisch, gedünstet, und Gemüse
> Plow mit Fleisch, gekocht, und Eiern
> Plow mit Hammelfleisch und Nudeln
> Plow mit Hammelfleisch und Saft von Granatäpfeln
> Plow mit Möhren und Rosinen
> Plow mit süßem Paprika
> Plow mit Dörrobst und gehackten Mandeln
> Plow mit gemischtem Gemüse
> Plow mit Kürbis
> Plow mit Hagebutten
> Plow mit frischen Pilzen
> Plow mit Omelett und Dill
> Plow mit Maronen
> Plow mit Aiwa
> Plow mit Rosinen
> Plow mit Tomaten
> Plow mit
> Plow

Bücher für interessierte Reisende

Christ, R./Kállay, K.: Taschkent, Bucharà, Samarkand. Usbekische Reisebilder. Berlin-Ost 1979

Knobloch, E.: Turkestan – Taschkent, Bucharà, Samarkand. München 1973

Pander, K.: Sowjetischer Orient. Köln 1982

Parigi, I.: Sibirien und Zentralasien. Stuttgart 1978

Vámbéry, H.: Mohammed in Asien. Stuttgart 1983

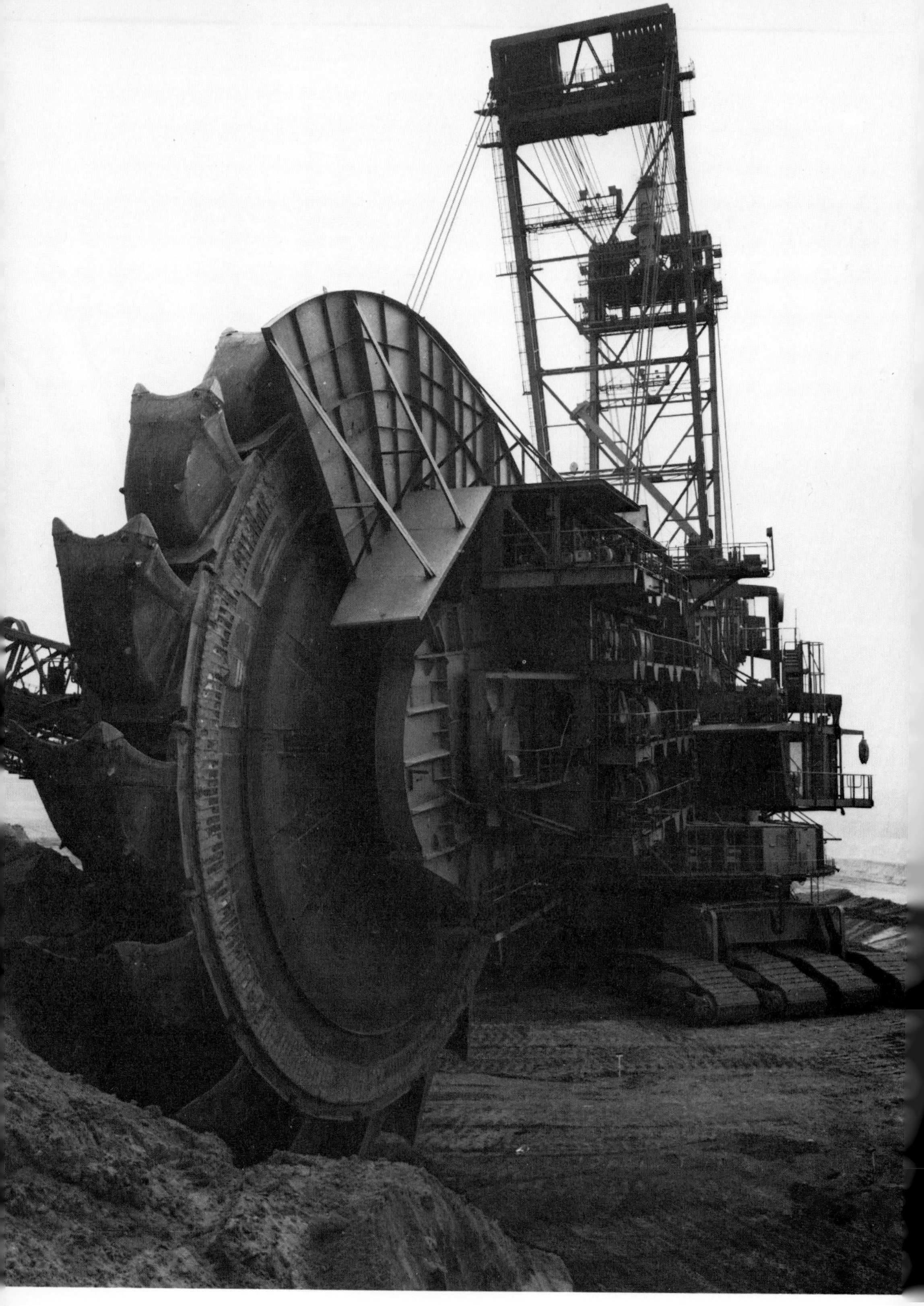

Jörn Hansen
DIE MILLIARDENFRESSER
Reibung und Verschleiß

Mögen Sie den Bohrer beim Zahnarzt? Nein? – Der Bohrer mag Ihre Zähne auch nicht. Nach 250 Füllungen oder 50 Kronenbehandlungen ist der teure Diamantbohrer stumpf geschliffen und wird weggeworfen.
Fahren Sie Auto? Dann wissen Sie, wie schnell Reifen, Bremsbeläge und Kupplungen verschleißen. Auch der Motor altert und stirbt durch Reibung und Verschleiß von Ventilen, Kolbenringen, Zylindern und Lagern. Und Sie können ermessen, wie teuer Reparaturen, Ausfallzeiten und schließlich der Ersatz des Autos wegen Reibung und Verschleiß sind. Schauen wir uns an, was als Sperrmüll an den Straßenrand gestellt wird! Manche Waschmaschine steht dort, nur weil die Stifte in ihrer Schaltuhr um Bruchteile von Gramm verschlissen sind und nicht mehr schalten können. Manches Haushaltsgerät wandert viel zu früh zum Sperrmüll, nur weil ein Zahnrad abgerieben, ein Lager festgefressen, ein Schalter ausgeleiert ist.
Überall dort, wo Oberflächen aufeinanderrollen, gleiten, bohren oder stoßen, tritt Reibung auf. Reibung hat stets Energieverlust zur Folge, und unter ungünstigen Verhältnissen entstehen erhebliche Verschleißverluste. Welche Auswirkungen haben nun Reibung und Verschleiß in der Technik? Welche Anstrengungen sind nötig, um mit diesen Problemen fertig zu werden?

Eine teure Angelegenheit

Reibung und Verschleiß führen vor allem auf drei Ebenen zu Verlusten: Durch Reibung wird Bewegungsenergie in Wärmeenergie umgesetzt und geht verloren. Neben diesem Verlust »brauchbarer« Energie bereitet die Ableitung der Reibungswärme oft große Probleme. Gelingt die Kühlung nicht, kommt es zum Wärmestau, und die Reibstelle wird geschädigt. Der Schaden kann bis zur Zerstörung der Maschine führen. Wer schon mit einem Kolbenfresser am Straßenrand liegenblieb, weiß ein Lied davon zu singen.
Durch fortschreitenden Verschleiß sinkt der Wirkungsgrad von Maschinen und technischen Anlagen. Es ergeben sich Kosten für Wartungsarbeiten, Inspektionen und Instandsetzungen mit Arbeitslöhnen und Ersatzteilkosten. Auch der verringerte Nutzungsgrad und schließlich der Ersatz der Anlage kosten Geld. Außerdem steigt mit dem Verschleiß auch die Gefahr von Betriebsstörungen und Unfällen.

Die Schaufeln, Prallbleche und Förderbänder solcher Bagger des Braunkohleabbaus verschleißen sehr schnell. Dieser Riese hat eine Tagesleistung von 200 000 Kubikmeter! Alle Lager müssen gut gegen Sand und Staub abgekapselt sein. Foto Rheinbraun/Kamp

Muß eine Anlage für Inspektionen, Wartungsarbeiten oder Reparaturen stillgelegt werden, so entsteht ein Produktionsausfall, dessen Kosten beträchtlich höher sein können als die direkten Kosten durch Energie- und Verschleißverluste. Wenn ein Walzwerk ausfällt, gehen bis zu 25 000 Mark pro Stunde verloren!

Techniker haben für die Bundesrepublik Deutschland abgeschätzt, wie hoch die Verluste durch Reibung und Verschleiß sind. Ihnen zufolge entsteht der deutschen Volkswirtschaft von Jahr zu Jahr ein Schaden von mehr als 15 Milliarden DM! Heute besteht die Neigung, immer größere und leistungsfähigere Maschinen und technische Anlagen zu bauen. Dieser Entwicklung sind aber häufig Grenzen gesetzt, weil Reibstellen wie Lager, Führungen, Dichtungen und Ventile nicht über eine bestimmte Grenze hinaus belastet werden können. Nicht nur die Milliardenverluste, sondern auch diese Hemmnisse der technischen Weiterentwicklung machen es also nötig, den Problemen mit wissenschaftlichen Methoden zu begegnen. Auch der Umweltschutz fordert dies, denn jede unnötig verbrauchte Energie, jede Reparatur und Beseitigung eines verschlissenen Teiles, jede Herstellung eines Ersatzes belastet unsere Umwelt. Wenn wir heute die Leistungsfähigkeit einer Anlage steigern, so heißt das auch, daß die Umweltbelastung durch geringeren Verbrauch und geringere Schadstoffabgabe gesenkt wird.

Nichts geht reibungslos

Ohne Reibung wäre unser Leben gar nicht möglich: Wir könnten nicht gehen, denn wir würden wie auf Glatteis hilflos ausrutschen. Keine Mütze würde auf dem Kopf sitzenbleiben, und das Butterbrot würde uns aus der Hand flutschen. Ohne Reibung würde auch kein Zug und kein Auto fahren – und wie sollte man sie ohne Reibung bremsen? Oft geht es also nicht ganz ohne Reibung. Es geht vielmehr darum, die Größe der Reibung dem jeweiligen Zweck anzupassen und den Verschleiß so gering wie möglich zu halten. Dieser Wunsch ist so alt wie der Wille des Menschen, seine Umwelt technisch zu nutzen. Schon früh gelang die größte Erfindung auf diesem Gebiet, das Rad. Dabei wird Gleitreibung durch die viel geringere Rollreibung ersetzt. Die Technik entwickelte sich erst langsam, dann immer schneller. Die Größe, Leistungsfähigkeit und Komplexität technischer Anlagen wuchsen rapide an. Schon längst wird die alte Ölkanne nicht mehr mit Reibung und Verschleiß fertig. Man sah, wie schwierig es war, die entsprechenden Probleme zu lösen, und welche wirtschaftliche Bedeutung der Reibung zukommt. Deswegen entstand vor etwa 20 Jahren ein eigenes Wissensgebiet: die Tribologie. Das Lexikon definiert: Tribologie ist die Wissenschaft und Technik der aufeinander einwirkenden, in Bewegung zueinander befindlichen Oberflächen und der damit verbundenen Probleme.

Die Tribologie ist keineswegs ein höchst spezielles Fachgebiet, sozusagen ein Garten für Paradiesvögel, vielmehr vereint sie das Wissen aus vielen Wissenschaften wie Chemie, Physik, Metallurgie, Werkstoffkunde, Schmierstofftechnik und Konstruktionslehre, und nicht zuletzt spielt die praktische Betriebserfahrung eine große Rolle.

Reibung tritt bei einer Konstruktion meistens nur an mehr oder weniger eng begrenzten Stellen auf, eben dort, wo sich Oberflächen aufeinander bewegen. Die Tribologie grenzt gedanklich einen solchen Bereich von der übrigen Konstruktion ab und nennt ihn ein tribologisches System oder ein Tribosystem. Im Verbrennungsmotor beispielsweise bildet der Bereich des obersten Kolbenrings und der Zylinderinnenwand eine solche Einheit. Ein Tribosystem besteht aus den Elementen Grund- und Gegenkörper, dem Zwischenstoff und dem Umge-

Struktur des Tribosystems

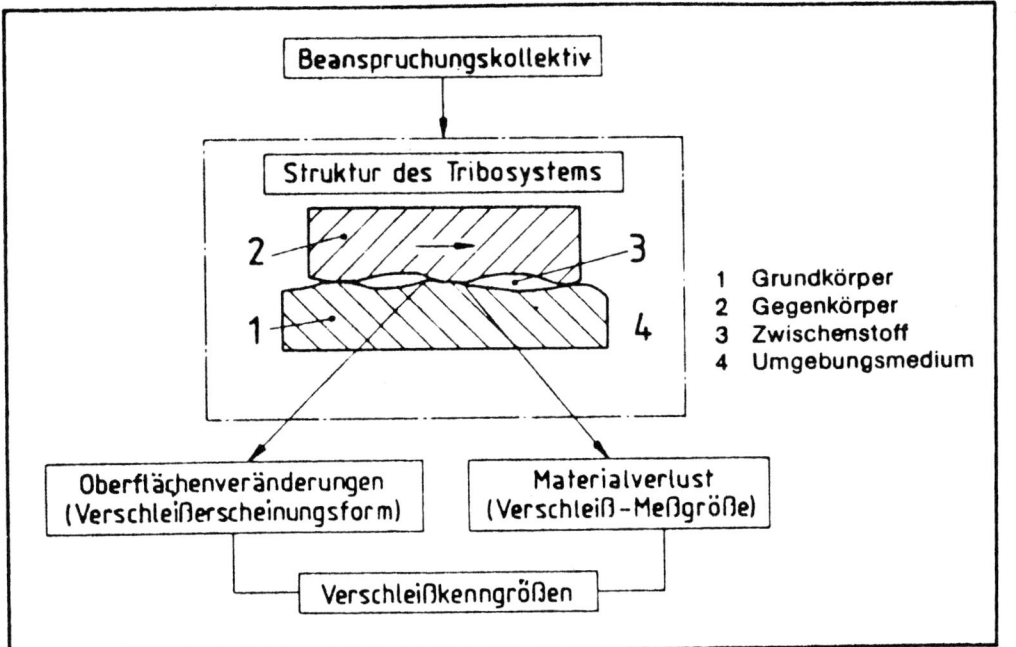

- 1 Grundkörper
- 2 Gegenkörper
- 3 Zwischenstoff
- 4 Umgebungsmedium

Oberflächenveränderungen (Verschleißerscheinungsform) und Materialverlust (Verschleiß-Meßgröße) ergeben die Verschleißkenngrößen.

bungsmedium. In unserem Beispiel bilden der Kolbenring und die Zylinderwand die Grund- und Gegenkörper, das Motoröl mit Verunreinigungen aus dem Verbrennungsprozeß den Zwischenstoff und Luft und Verbrennungsgase das Umgebungsmedium. Auf das System wirken von außen zeitlich wechselnde Kräfte, Temperaturen und andere Faktoren ein, das sogenannte Beanspruchungskollektiv. Das System reagiert mit Oberflächenveränderung und Materialverlust, den Verschleißkenngrößen.

Zunächst unterscheidet der Tribologe die trockene und die flüssige Reibung. Bei der trockenen Reibung berühren sich die Oberflächen von Grund- und Gegenkörper direkt und reiben aufeinander. Bei der flüssigen Reibung sind sie durch einen Schmierstoff getrennt. Es gibt auch noch andere Reibungsarten, doch wollen wir hier nicht darauf eingehen. Zu ihnen gehört zum Beispiel die Trennung von Grund- und Gegenkörper durch ein magnetisches Feld, etwa bei der Magnet-Schwebebahn, oder durch das Gaspolster eines Luftkissenfahrzeugs.

Reibung und Verschleiß treten dort auf, wo sich Oberflächen aufeinander bewegen. Die Grafik veranschaulicht das Modell eines solchen tribologischen Systems. Grafik Hansen

Die Walzstraße als Beispiel

Trockene Reibung finden wir bei Rad und Schiene, in ungeschmierten Lagern und Gelenken, in elektrischen Schaltern, in Bremsen und Kupplungen. Auch beim Abbau und Transport sowie bei der Aufbereitung fester Stoffe wie von Kohle, Erzen, Gesteinen, Sand und Schrott tritt trockene Reibung auf. Die oft harten und scharfkantigen Materialien ritzen, stoßen, schneiden oder schlagen an Schaufeln, Prallblechen und anderen Anlageteilen und bewirken oft einen sehr großen Abrasiv-Verschleiß. Das Wort stammt vom lateinischen »abrasio«, das »Abkratzen« bedeutet.

In vielen Fällen muß oder will man die trockene Reibung in Kauf nehmen, weil die Schmierung nicht möglich ist oder

Rechts: Völlig verschlissene und korrodierte Säurepumpe. Besonders gefährdet sind Oberflächen, die mit ätzenden und anderen aggressiven Stoffen in Berührung kommen. Man nennt ihre zerstörerische Wirkung Korrosion. Foto MPA Stuttgart

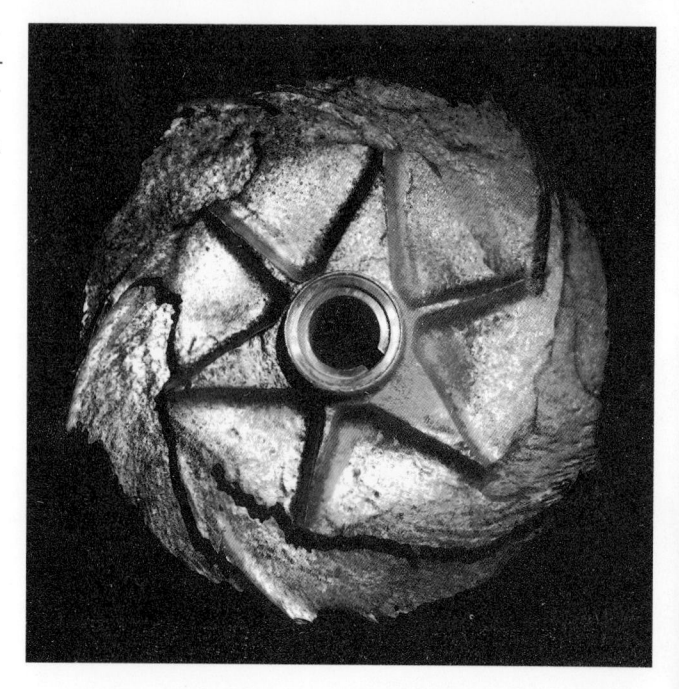

Gegenüberliegende Seite: Zahnrad-Fräswerkzeug (links) und Zahnrad (rechts). Beide sind zur Demonstration auseinandergefahren. Das Öl dient sowohl zum Schmieren als auch zum Kühlen. Foto Pfauter

weil sie einen zu hohen technischen Aufwand erfordert. Bei den Bremsen ist sie sogar unumgänglich und lebenserhaltend. Im wesentlichen gibt es drei Möglichkeiten, um den Verschleiß auch bei trockener Reibung zu verringern: durch Auswahl des geeigneten Werkstoffs, durch den Ersatz von Gleitreibung durch Rollreibung und durch Oberflächenveredelung.

In den Warmbreitbandstraßen der Stahlindustrie werden die tonnenschweren glühenden Eisenblöcke oder Brammen auf Rollgängen von den Öfen zu den Walzen, von Walzgerüst zu Walzgerüst und schließlich als lange Blechbänder zur Aufwickelanlage, der Haspel, gerollt. Das geschieht mit großer Geschwindigkeit. Um das Walzgut auf den Rollgängen zu halten, sind an den Seiten Führungsschienen angebracht, an denen die Brammen und Bleche scheuern. Der Verschleiß an diesen Führungen, die aus Baustahl bestehen, ist beträchtlich. Auf einem speziellen Prüfstand haben Wissenschaftler dieses tribologische System simuliert und eine Vielzahl verschiedener Werkstoffe für die Führungsschienen getestet, bis man eine Stahlqualität fand, die einen um das Zwanzigfache niedrigeren Verschleiß aufweist.

Die Rollreibung des Güterzugs

Die Möglichkeit, Gleitreibung durch die wesentlich geringere Rollreibung zu ersetzen, leuchtete schon vor über 5000 Jahren Völkern des Nahen Ostens ein. Nehmen wir als Beispiel den Güterzug: Es wäre ausgeschlossen, ihn anstelle von Rädern auf Kufen wie beim Schlitten laufen zu lassen. Erst durch die Anwendung von Rädern wird die Reibung so weit gesenkt, daß der Güterzug bewegbar wird. Dafür tritt ein anderes Problem auf: Die Räder berühren die Schienen nur auf sehr kleinen Flächen – theoretisch nur in Linien. Der ganze Güterzug steht auf einer handtellergroßen Fläche! Die 80 Tonnen schwere Lokomotive berührt die Schiene nur auf der Fläche von zwei Briefmarken. Über diese Flächen müssen die Kräfte übertragen werden, die nötig sind, um den 1500 Tonnen

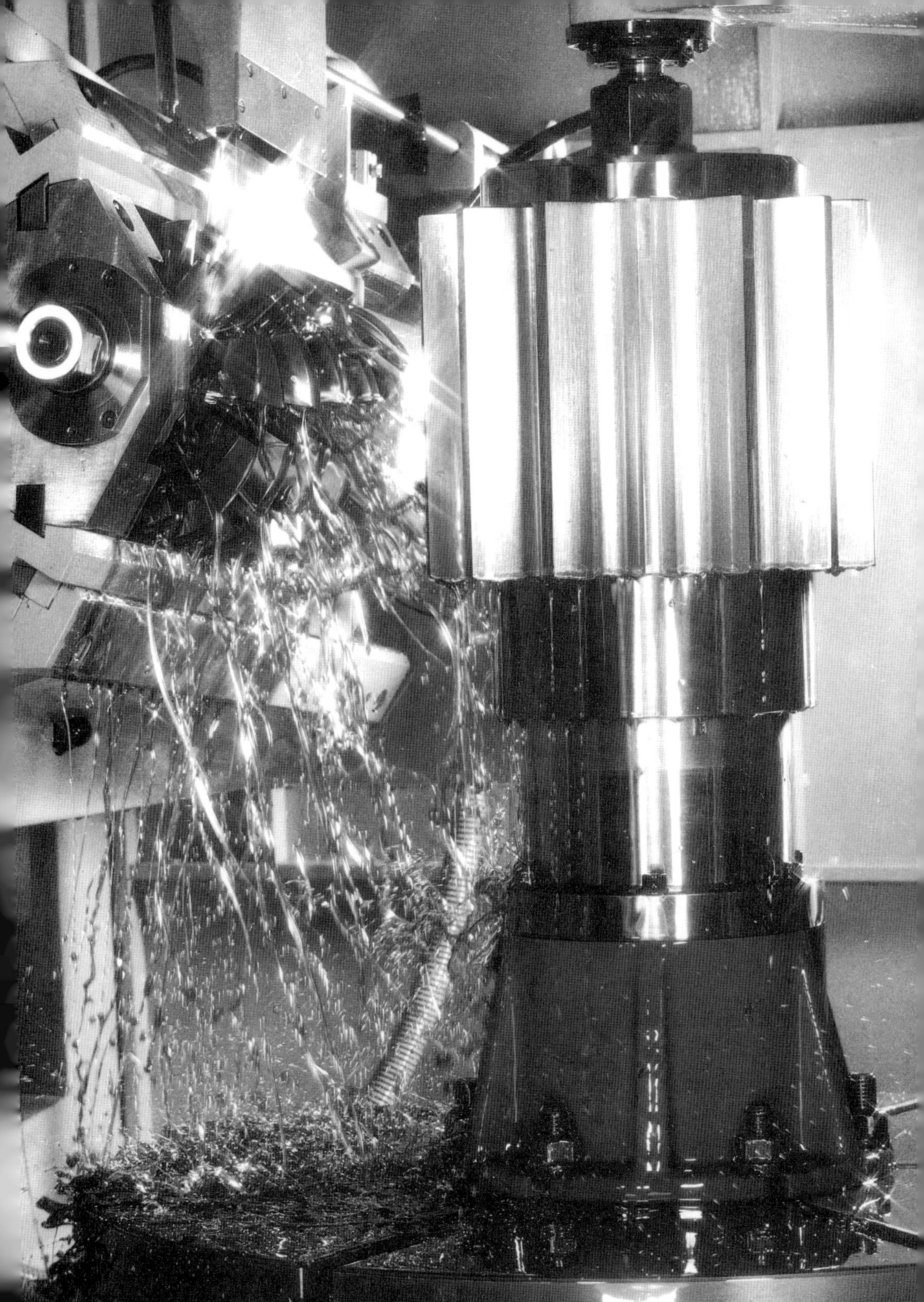

schweren Güterzug zu ziehen. Dabei kommt es zu kurzzeitigen, sich wiederholenden Belastungen. Rad und Schiene werden im Oberflächenbereich durchgewalkt, und es kommt zu kleinsten Mikroverschweißungen, die im nächsten Augenblick auseinandergerissen werden. Dabei löst sich Material aus den Oberflächen. Der Tribologe spricht hier vom Adhäsions-Verschleiß, vom lateinischen Wort adhaesio, das »Anhaften« bedeutet.

Wegen dieses Verschleißes muß die Bundesbahn nach spätestens 200 000 Kilometer Laufstrecke die Radsätze ihrer rund 300 000 Schienenfahrzeuge überarbeiten. Regelmäßig erneuert sie auch ihr gesamtes 28 000 Kilometer langes Streckennetz. Die Gleise der stark befahrenen Hauptstrecken werden alle 10 Jahre ausgewechselt, sie sind dann bis zu 8 Millimeter abgefahren.

Edle Oberflächen

Der ideale Werkstoff, von dem die Techniker träumen, sieht folgendermaßen aus:
- Er besitzt eine große Haltbarkeit, auch bei hohen Temperaturen und krassem Temperaturwechsel. Er kann zum Beispiel in Flugzeugturbinen verwendet werden.
- Er ist zäh und fest und damit für Bohrer und Fräser geeignet.
- Er hat ein geringes Gewicht, läßt sich nur schwer verwinden und ist damit geeignet für den Fahrzeugbau.
- Er besitzt eine gute elektrische Leitfähigkeit und ist für Kabel brauchbar.
- Außerdem: Der Werkstoff ist billig, leicht zu verarbeiten, in großen Mengen verfügbar und möglichst verschleißfest. Rosten darf er natürlich auch nicht.

Dieser Werkstoff hat einen Nachteil: Es gibt ihn nicht und wird ihn auch nie geben. Für jeden Verwendungszweck muß man deswegen ein anderes, den besonderen Anforderungen angepaßtes Material finden. Da die Reibung nur im Oberflächenbereich wirkt, ist es möglich, das Innere des Bauteils aus einem weniger reibfesten Material zu fertigen, die Oberfläche aber so zu veredeln, daß sie der Reibbelastung standhält. Hierzu ein Beispiel:

Überall in der Industrie wo spanabhebend Werkstücke bearbeitet werden, sind Fräswerkzeuge im Einsatz. Sie unterliegen hohen Reibbeanspruchungen, und ihre Schneiden sind nach kurzer Zeit – oft nach wenigen Minuten! – verschlissen. Zur Herstellung von Zahnrädern werden sehr komplizierte und teure Fräswerkzeuge mit gutem Zähigkeitsverhalten eingesetzt. Man benutzt deshalb überwiegend Schnellarbeitsstähle, die aber nicht genügend verschleißfest sind und nicht lange halten. Beschichtet man ihre Oberfläche aber mit einer hauchdünnen Hartstoffschicht, zum Beispiel aus Titannitrid, so läßt sich der Verschleißwiderstand erhöhen und die Lebensdauer der Werkzeuge bis aufs Dreifache verlängern.

Eine Zukunftstechnologie

Die Veredelung von Oberflächen ist für viele tribologisch hochbelasteten Bauteile interessant, insbesondere dann, wenn die Oberflächen in direkten Kontakt kommen wie bei der trockenen Reibung. Oberflächenbehandlungen eröffnen so viele Möglichkeiten, daß Fachleute von einer Zukunftstechnologie sprechen. Zwei Verfahren stehen heute im Brennpunkt der Forschung und Entwicklung. Beim ersten werden in die Oberfläche Ionen, also elektrisch geladene Atome, zum Beispiel Bor, Kohlenstoff, Stickstoff oder Chrom eingebracht. Dies kann man durch Eindiffusion der Ionen bei hohen Temperaturen, durch Einschmelzen mittels Laser und Elektronenstrahl oder durch Einschießen mit einem Teilchenbeschleuniger (Ionenimplantation) errei-

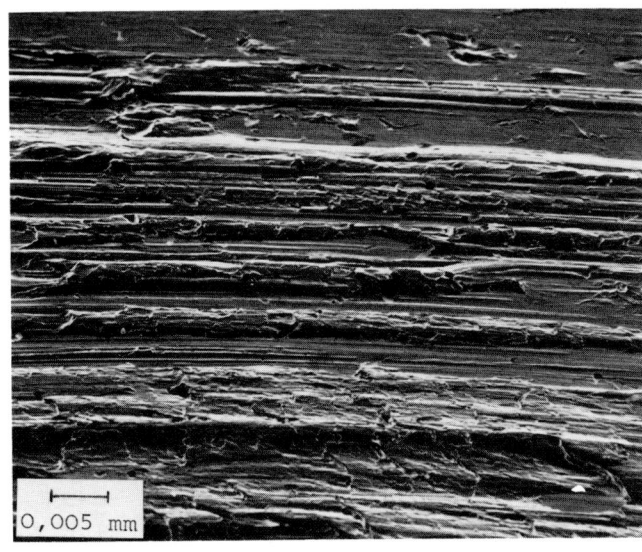

Rasterelektronenmikroskopische Aufnahme von drei Verschleißarten. Im oberen Bild ist an den langen Kratzern zu erkennen, daß ein harter Gegenkörper die Oberfläche ritzte. Wir nennen das Abrasivverschleiß. Durch Mikroverschweißungen und Ausbrüche, also Adhäsivverschleiß, ist eine zusätzliche Schädigung zu erkennen. Im unteren Bild ist das metallische Gefüge überlastet und zeigt eine Oberflächenzerrüttung mit Mikrorissen und Abplatzungen. Foto BAM Berlin

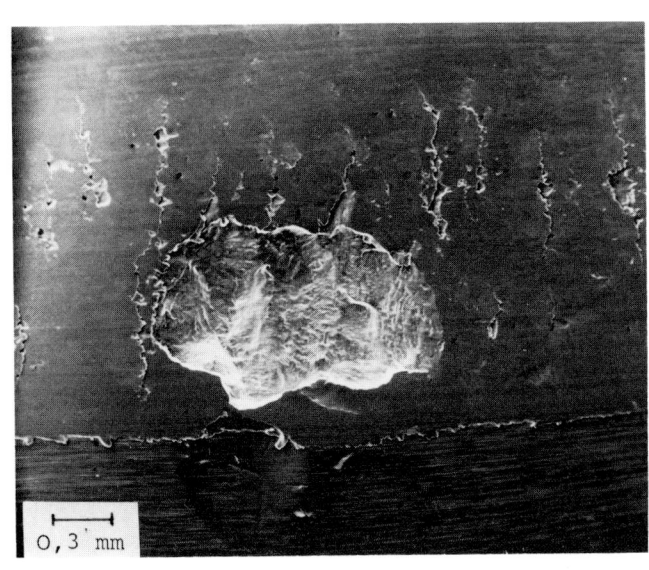

chen. Beim zweiten Verfahren erhält die Oberfläche eine Schutzschicht. Dies kann auf chemische Weise geschehen, indem sich zum Beispiel ein Gas an der heißen Oberfläche zersetzt. Dabei wird eine feste Schicht abgeschieden – allerdings nur, wenn man es richtig macht. Sonst läßt sich die Schicht hinterher abpusten, wie mancher Forscher schon leidvoll erfahren hat. Bei einem physikalischen Verfahren verdampft das Beschichtungsmaterial in einer Reaktionskammer durch einen Elektronenstrahl. Das Gas wandert zum Bauteil und schlägt sich als feste Schicht nieder.
Die Anforderungen an veredelte Oberflächen sind vielfältig. Zunächst müssen sie auf dem Grundmaterial gut haften. Leider platzen sie bei Belastungen oft ab oder bilden Risse. Die Oberflächenschicht muß sich auch mit dem Grundmaterial vertragen: Bei hohen Temperaturen beispielsweise darf sich die Oberfläche nicht nachteilig verändern, weil ein-

zelne Elemente in das Grundmaterial hineinwandern. Deswegen trägt der Techniker oft mehrere Schichten mit unterschiedlichen Eigenschaften übereinander auf.

Leider vertragen viele Materialien auch nicht die hohen Temperaturen, welche verschiedene Verfahren zur Oberflächenveredelung erfordern. Wellen und Bandführungen von Video- und Kassettenrekordern und Scherköpfe von Rasierapparaten beispielsweise sind aus Edelstahl. Es wäre wünschenswert, ihre Oberfläche gegen Verschleiß zu härten. Dies ist erst als letzter Schritt vor dem Einbau ins Gerät möglich. Die gebräuchlichen Verfahren heizen jedoch die Teile so weit auf, daß sie sich verziehen und unbrauchbar werden. Man sucht deshalb nach »kalten« Verfahren zur Oberflächenveredelung. Vielleicht wird man das Ziel mit der Ionenimplantation erreichen. Damit würde sich die Nutzungsdauer dieser Bauteile – und damit des gesamten Geräts! – wesentlich verlängern.

Schließlich eine letzte – und nicht die unwichtigste Bedingung zur Oberflächenveredelung: Die Verfahren müssen industrietauglich und zu bezahlen sein!

Die flüssige Reibung

Schon bald nach der Erfindung des Rades werden unsere Vorfahren entdeckt haben, daß es eine weitere Möglichkeit gibt, ihre Muskeln zu schonen: den Schmierstoff. Das Einschmieren der Radlager mit Tierfett senkte die Reibung der ersten hölzernen Karren beachtlich. Seit dieser Entdeckung sind die Schmierstoffe zu einer Wissenschaft geworden. Heute stehen der Technik flüssige, weiche und feste Schmierstoffe wie mineralische und pflanzliche Öle, synthetische Fluide, Fette und Seifen, Graphit und Molybdändisulfid sowie eine große Zahl chemischer Zusätze in einer Qualität zur Verfügung, die den vielfältigen Anforderungen gewachsen ist. Ohne diese Schmierstoffe könnten die Maschinen ihre heutigen Leistungen nie erreichen. Welch hohen Stand und welche Zuverlässigkeit die Schmierstoffe besitzen, zeigt ein Beispiel aus der Stromerzeugung. In der Bundesrepublik Deutschland sind zur Zeit thermische Kraftwerke mit einer Gesamtleistung von mehr als 100 000 Megawatt in Betrieb. Von heißem Dampf angetriebene Turbinen drehen sich tagaus, tagein mit wahnwitziger Geschwindigkeit. Die Schmieröle in den Lagern der Läufer und Wellen müssen dies verkraften. Könnte man, um auf das Beispiel des Güterzuges zurückzukommen, die gedachten Schlittenkufen der Güterwagen so gut schmieren wie das Gleitlager eines Generators, so würde der Zug viel leichter zu bewegen sein als auf den ungeschmierten Rädern!

Eine weitere Leistungssteigerung von Maschinen und Anlagen wird häufig dadurch begrenzt, daß die Schmierstoffe trotz ihrer heutigen Qualität einfach nicht mehr mithalten können. Deshalb bemühen sich die Wissenschaftler ständig, neue Schmierstoffe zu entwickeln und anwendbar zu machen. So hat man beispielsweise entdeckt, daß Gläser als Schmiermittel bei höheren Temperaturen, etwa bei der Warmumformung von Stählen, sehr gut geeignet sein könnten. Deswegen testen die Forscher im Labor und auf Prüfständen niedrig schmelzende Spezialgläser als möglicherweise wichtigen Schmierstoff von morgen.

Grenzschichten und Viskosität

Tribologisch gesehen bildet der Schmierstoff im Tribosystem die Zwischenschicht. Man spricht von flüssiger Reibung, wenn die Zwischenschicht so dick ist, daß Grund- und Gegenkörper vollständig getrennt werden – durch den sogenannten Schmierfilm. Der Schmierstoff, zum Beispiel Öl, benetzt den Grund- und Gegenkörper. Das heißt fol-

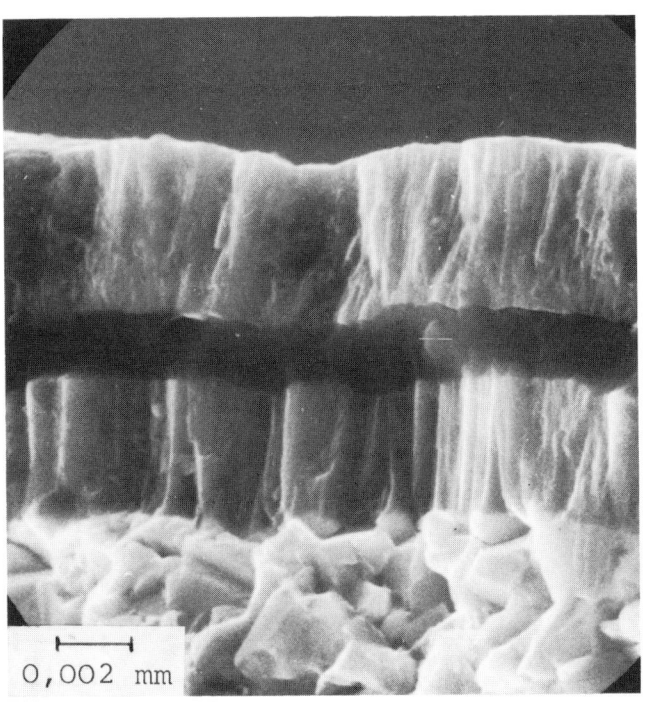

Rasterelektronenmikroskopische Aufnahme einer Mehrfachbeschichtung. Auf dem körnigen Hartmetall (unten) sind drei Schichten von Titankarbid, Aluminiumoxid und Titannitrid zu erkennen. Foto RWTH Aachen

0,002 mm

gendes: An der Oberfläche »kleben« einige Lagen Öl-Moleküle in einer schier unvorstellbar dünnen, aber festen Grenzschicht. Darüber liegt bewegliches Öl. So ergibt sich diese Schichtenfolge: Oberfläche des Grundkörpers – Grenzschicht des Öls – »bewegliches Öl« – Grenzschicht des Öls – Oberfläche des Gegenkörpers. Zwischen den Oberflächen und den darauf klebenden Grenzschichten tritt keine Bewegung auf. Das bedeutet, daß die Oberflächen nicht mehr verschleißen! Reibung tritt mithin nur in der Schicht des »beweglichen« Öls auf. Ihre Größe hängt von der Zähflüssigkeit, der sogenannten Viskosität, des Öls ab. Leichtflüssiges Öl hat eine geringe Viskosität, und die Reibung ist gering. Dickflüssiges Öl hat eine große Viskosität, die Reibung ist hoch.

Die Grenzschicht bildet sich deswegen aus, weil elektrochemische Kräfte zwischen dem Werkstoff und dem Öl entstehen. Diese Kräfte können je nach den Materialien unterschiedlich stark ausgebildet sein. Der Ingenieur muß deswegen Schmieröl und Werkstoff gut aufeinander abstimmen.

Wie ein geölter Blitz

Ideal wäre ein Schmieröl mit guten Benetzungseigenschaften und sehr geringer Viskosität. Außerdem muß das Öl auch bei hohen Belastungen in der Lage sein, gegen den Druck zwischen Grund- und Gegenkörper einen Gegendruck aufzubauen, um beide Teile auseinanderzupressen. Leider nimmt die Fähigkeit des Öls zum Druckaufbau ab, wenn die Viskosität verringert wird.

Die Viskosität ist eine sehr komplizierte Eigenschaft aller flüssigen Stoffe. Sie gibt uns ein Maß dafür, wie leicht oder wie schwer sich die Moleküle gegeneinander verschieben lassen. Verständlicherweise hängt die Viskosität vom chemischen Aufbau des Öls ab. Sie kann verändert werden durch gewollte Zumischungen, die Additive, durch ungewollte Verschmutzungen und auch durch Alterung. Sinkt die Temperatur, so steigt die Viskosität, bis das Öl beim Stockpunkt jegliches Fließvermögen verliert.

Von Fall zu Fall müssen Schmierstoffe ganz unterschiedlichen Bedingungen genügen. Rollenlager in Walzanlagen arbeiten oft bei hohen Temperaturen; der Schmierstoff darf dabei nicht zersetzen. Lager in Uhren und Meßgeräten hingegen werden nicht hoch belastet, aber sie müssen jahrelang ohne Nachschmierung arbeiten.

Ein Schmierfilm trägt

Das ölgeschmierte Gleitlager gehört zu den wichtigsten Maschinenbauelementen. Es hat sehr niedrige Reib- und minimale Verschleißwerte, solange Lager und Welle durch einen Schmierfilm getrennt sind. Pumpen drücken das Öl zwischen Lager und Welle. Dieses Verfahren nennen wir hydrostatische Schmierung. Weitaus eleganter ist die hydrodynamische Schmierung: das Öl wird vor dem Kontaktbereich Welle–Lager zugegeben. Die Drehung der Welle befördert das Öl in die Kontaktzone, baut dort »dynamisch« einen Druck auf und preßt Lager und Welle auseinander. So entsteht ein geschlossener Film. Bei langsamer Bewegung reicht der Druckaufbau nicht aus, der Schmierfilm wird zerquetscht, Lager und Welle berühren sich teilweise direkt, Reibung und Verschleiß steigen an. Hier liegt die Gefahr dieses technisch einfacheren Lagertyps: Bei geringen Geschwindigkeiten, also beim Anfahren und Auslaufen, ist der Schmierfilm nicht geschlossen. Das muß der Betreiber beachten, denn er darf die Maschine nur belasten, wenn der Schmierfilm in den Lagern ausgebildet ist.

Diese hydrodynamische Selbstschmierung spielt in vielen Tribosystemen eine segensreiche Rolle. Sie wirkt auch noch bei sehr hohen Belastungen, wie sie zum Beispiel bei Zahnrädern vorkommen können. Hier berühren sich Grund- und Gegenkörper zum Beispiel in sehr kleinen Flächen, die schnell wandern und hohe Kräfte tragen, ohne daß der Schmierfilm versagt. Dennoch kann es zu einer Materialüberlastung kommen, wenn Grund- und Gegenkörper an der Oberfläche so durchgewalkt werden, daß viele kleine Risse entstehen und schließlich Material ausbricht. Die Tribologie nennt diesen Vorgang Oberflächenzerrüttung.

Wissenschaft hilft

Der Tribologe erforscht zunächst die wissenschaftlichen Grundlagen von Reibung und Verschleiß. Nur dann kann er die Zusammenhänge im Tribosystem verstehen und beeinflussen. Mit diesem Wissen und mit einer Vielzahl von Versuchen und Praxistests steht er dem Hersteller und Konstrukteur ebenso zur Seite wie dem Betreiber.

Von der Idee bis zum praktischen Einsatz ist es aber ein langer, dornenreicher und sehr teurer Weg. An vielen Hochschulen und Forschungsinstituten reiben sich Wissenschaftler im Kampf gegen die Reibung auf. Das Bundesministerium für Forschung und Technologie unterstützt seit Jahren mit vielen Millionen Mark diese Forschung und Entwicklung, die uns allen zugute kommt, denn man weiß: Reibung kostet, Tribologie spart.

Bücher zum Thema

BMFT/DFVLR: 1. Fortschreibung der Studie Tribologie. Köln 1985

Habig, K.-H.: Verschleiß und Härte von Werkstoffen. München 1980

Klamann, D.: Schmierstoffe und verwandte Produkte. Weinheim 1982

Lang, O.: Die Geschichte des Gleitlagers. Stuttgart 1982

Tribologie/Reibung, Verschleiß, Schmierung. Band 1–10. Heidelberg 1981–1985

Wissensspeicher Tribotechnik. Schmierstoffe, Gleitpaarungen, Schmiereinrichtungen. Wien 1979

Alessandro Minelli

BIOLOGIE DES GEDÄCHTNISSES

Der Winter ist da. Der erste Schnee ist gefallen und hält sich bei der Kälte auch. Viele kleine Vögel bekommen nun langsam Schwierigkeiten bei der Futtersuche. Manche Vogelfreunde beginnen vorsichtig mit der Winterfütterung und legen an Vogelhäuschen Körner und Samen aus. Am gedeckten Tisch finden sich sofort gewandte Meisen und streitsüchtige Rotkehlchen ein. Freundlich geht es hier nicht zu wie überall, wo es etwas zu fressen gibt. Sofort herrscht eine lebhafte Konkurrenz unter den arteigenen wie artfremden Genossen.
Gelegentlich beobachten wir einen Vogel, der nur ganz kurz zum Futterplatz fliegt und sich ebenso schnell wieder entfernt. Eine Minute darauf ist er wieder für einen weiteren Blitzbesuch da, und so geht es lange Zeit weiter. Was ist das für ein Vogel und warum verhält er sich so? Es sind hungrige Sumpfmeisen, die sich genauso für die Körner interessieren wie die anderen Vögel. Sie fressen aber nicht an Ort und Stelle. Es scheint, als wüßten sie genau, daß hier viele Mäuler zu stopfen sind. Sumpfmeisen sind ausgesprochene Hamsterer: Sie schnappen sich ein Korn, verbergen es schnell in der Umgebung, holen sich das nächste und fahren damit lange Zeit fort. Nur durch Zufall kann ein anderer Vogel oder eine Feldmaus eines dieser Verstecke finden. Doch das ist für die Sumpfmeise nicht weiter schlimm, denn sie versteckt jeden Samen an einem anderen Ort. Erstaunlicherweise findet sie fast ohne Ausnahme und ohne Zeit zu verlieren ihre Schätze wieder. Nahrungskonkurrenten kommen an diese Vorräte nicht heran, und die vorausschauende Sumpfmeise leidet keinen Hunger.
Mit unseren Augen gesehen, erscheint es fast unglaublich, daß sich eine Sumpfmeise genau an das Versteck jedes einzelnen Samens erinnert, und das auf einem Boden voll von totem Laub, von Holzstücken, Steinen und Schneeflecken. Die Sumpfmeise muß ein wunderbares Gedächtnis haben, um sich an die Koordinaten jedes Samens zu erinnern und ihn mit einem Schnabelhieb aufzufinden.
Nur das Experiment kann uns Aufschluß darüber geben, welche Strategien die Sumpfmeise verwendet, um in ihrem winzigen Gehirn die Informationen über die Nahrungsvorräte zu speichern. Und nach welchen Kriterien werden diese Informationen wieder abgerufen? Dabei müßten wir eigentlich beurteilen, ob ein Tier ein besseres Gedächtnis als ein anderes besitzt. Gibt es Wege dazu? Wie messen wir die Menge der gespeicherten Information und die Leistungsfähigkeit beim Speichern sowie beim Abrufen?
Seit einem Jahrhundert beschäftigt sich die wissenschaftliche Forschung mit diesem Problem. Immerhin hat sie es so weit gebracht, daß sie vernünftige Fragen stellen kann. Sie hat auch vielversprechende experimentelle Methoden entwickelt. Und dennoch wissen wir erst wenig.

Die Sumpfmeise hat ein bewundernswertes Gedächtnis. Sie vergräbt im Herbst und im Winter einzelne Samenkörner und erinnert sich an jedes Versteck. Foto dpa

Lernen und Erinnern

Beginnen wir bei Experimenten, die der Forscher H. Ebbinghaus vor einem Jahrhundert durchführte. Er legte seinen Kandidaten Silbenreihen vor, die keinen Sinn ergaben, und maß dann ihre Fähigkeit, sie in der ursprünglichen Reihenfolge zu wiederholen. Bei seinen Experimenten variierte er die Zeit zwischen der Präsentation der Silbenreihen und der Wiedergabe durch den Kandidaten. Die Untersuchungen ergaben insgesamt ein Bild, das vorauszusehen war. Wenn dem Kandidaten zum Beispiel die Silbenreihen wiederholt vorgelegt werden, erinnert er sich besser daran. Die Erinnerung verblaßt, je mehr Zeit verstreicht, in der die Information nicht bewußt ins Gedächtnis zurückgerufen wird. Es gibt zwar individuelle Differenzen bei diesem Test, doch sind sie nicht grundsätzlicher Art. Das heißt: Mit der Zeit vergessen alle Menschen, die einen schneller, die anderen langsamer. Grundsätzlich zeigt aber eine Kurve, die den Grad des Vergessens sichtbar macht, bei allen den gleichen Verlauf, nur ist sie beim einen steiler, beim andern flacher.

Mit diesen Experimenten sind wir noch sehr weit von den eigentlichen Mechanismen des Gedächtnisses entfernt. Das Gehirn wird hier noch als »black box«, als »Schwarzer Kasten« behandelt, dessen inneren Aufbau und dessen Funktion uns nicht interessiert; wir beschränken uns darauf zu erforschen, was in diese Black box eingeht und was herauskommt. Ohne Zweifel können wir selbst mit derart einfachen Experimenten schon erste Vermutungen über die inneren Mechanismen unseres »Schwarzen Kastens« anstellen. Mit den Vesuchen von Ebbinghaus wurde das Gedächtnis zum erstenmal Objekt wissenschaftlicher Untersuchungen. Er legte die Bedingungen des Experiments fest, führte genau Protokoll über die einzelnen Sitzungen und versuchte die Ergebnisse zu messen und in mathematische Formeln zu fassen.

Die Suche nach dem Engramm

An diesem Punkt beginnt der zweite Teil unserer Geschichte. Wenn sich das Gedächtnis auf irgendeine Weise messen läßt, so müßte es auf lange Sicht hinaus doch wohl auch möglich sein zu entdecken, wo es seinen Sitz hat. Das Gedächtnis ist schließlich nicht etwas völlig Abstraktes. Jede Erinnerung muß schließlich einer konkreten, erkennbaren materiellen Spur entsprechen, die irgendwo haftenblieb, wahrscheinlich im Gehirn. An diesem Punkt machten sich Neurologen, Physiologen, Psychologen mit ihren Theorien und Arbeitsmethoden an die Arbeit, jeder an seinen bevorzugten Versuchstieren: dem Hund, der Katze, der Ratte, den Affen... und auch dem Menschen.

Die Forscher begannen die Architektur des Gehirns in allen Einzelheiten zu studieren – nicht nur die großen Teile, die schon seit langem bekannt waren, etwa das Kleinhirn und die beiden Großhirnhälften oder Hemisphären. Sie untersuchten die Gewebe und Zellen mit höchst raffinierten Färbungstechniken. So entstanden die ersten Atlanten des Gehirns. Diese noch höchst ungenauen Karten zeigten aber doch, daß es ganz bestimmte Netze von Nervenfasern, Zentren zum Sammeln und Verteilen von Informationen und Funktionsbereiche gibt. Sie schreiben dem Körper zum Beispiel bestimmte Bewegungen oder Antworten auf Reize vor. Auf diesen Gehirnkarten lesen wir zum Beispiel Begriffe wie »Sprachzentrum«, »Lesezentrum«, »Feld der Seh-Erinnerungen« und »Körperfühlbereich«. Niemandem gelang es aber, ein Gedächtniszentrum zu finden. »Immer vorausgesetzt, daß es überhaupt eines gibt«, meinten bald einige Zweifler. Wie war es denn möglich, die Funktionsorte des Gehirns überhaupt festzustellen? Dies gelang auf zwei unterschiedlichen, doch verwandten Wegen. Auf der einen Seite hatten Neurochirurgen bei Menschen, die an Sprach- oder Fühlstörungen litten, Mißbildungen oder Verletzungen an genau umgrenzten Stellen des Gehirns gefunden. Natürlich kamen sie auf den Gedanken, daß ihr fehlerhafter Aufbau verantwortlich sei für die gestörte Funktion. Bei diesen ersten Indizien setzten Experimente vor allem an Affen ein, weil diese dem Menschen am nächsten verwandt sind. Die Forscher führten an den betreffenden Funktionsorten chirurgische Eingriffe durch oder reizten sie mit elektrischen Strömen. Dabei zeigte sich, daß zum Beispiel das Fühlvermögen davon beeinflußt wurde. Die Frage war nur: Können wir auf dieselbe Weise den Sitz des Gedächtnisses entdecken?

Der Pawlowsche Hund

Der russische Physiologe Iwan Pavlov, der die bedingten Reflexe entdeckte, hatte dazu eine Erklärung. Bedingte Reflexe sind im Grunde genommen die einfachsten Äußerungen des Gedächtnisses. Wenn ein Hund ein Stück Fleisch sieht, beginnt er zu sabbern und Speichel abzusondern. Wenn wir ihm gleichzeitig jedesmal einen neutralen Reiz bieten, etwa das Läuten einer Glocke, so wird er mit der Zeit die beiden Ereignisse miteinander verbinden. Das geht so weit, daß schließlich der Glockenton ausreicht, um die Speichelabsonderung hervorzurufen, auch wenn der Hund gleichzeitig kein Fleisch bekommt. Die Speichelsekretion wurde damit von einem künstlichen Reiz konditioniert, und deswegen spricht man von einem bedingten Reflex. Pavlov meinte, die Verbindung zwischen den beiden Reiztypen müsse im Gehirn des Hundes einer neuen Verbindung zwischen den beiden Funktionsorten entsprechen. Solche neuen Verbindungen zwischen Hirnzellen bilden sich wahrscheinlich mit der Zeit, doch war es ein Leichtes, die Vermutung von Pavlov durch chirurgische Eingriffe am Gehirn zu widerlegen. Obwohl dabei alle Verbindungen zwischen den beiden Bereichen gekappt wurden, blieb der bedingte Reflex weiterhin bestehen. Es ist zwar bekannt, daß sich die Hirnrinde gerade bei engbegrenzten Verletzungen sehr wohl erholen kann. Dazu braucht es aber viel Zeit, denn das Gehirn muß die Funktion der beschädigten Teile so ersetzen, daß gesunde Teile deren Aufgabe übernehmen. Es wäre interessant zu wissen, ob sich eine solche langsame Besserung auch in Fällen zeigt, bei denen das Gedächtnis beeinträchtigt wurde. Das würde bedeuten, daß das Gedächtnis seinen Sitz in der Hirnrinde hat. Sollte das Experiment jedoch andere Ergebnisse zeitigen, so bedeutete dies, daß die bisherigen Fragestellungen und Untersuchungsmethoden falsch waren und aufgegeben werden müssen.

Am hartnäckigsten suchte der Amerikaner K. S. Lashley nach solchen Spuren, aber nach langen Jahren des Experimentierens stand er vor einer widersinnigen Situation und kam nicht mehr weiter: Die Hirnrinde spielt sicher bei der Gedächtnisbildung eine Rolle, doch scheint es dafür keinen bestimmten Funktionsort zu geben. Tatsächlich führt jede Verletzung der Hirnrinde zu einem Gedächtnisrückgang, doch der Verlust nimmt mit der

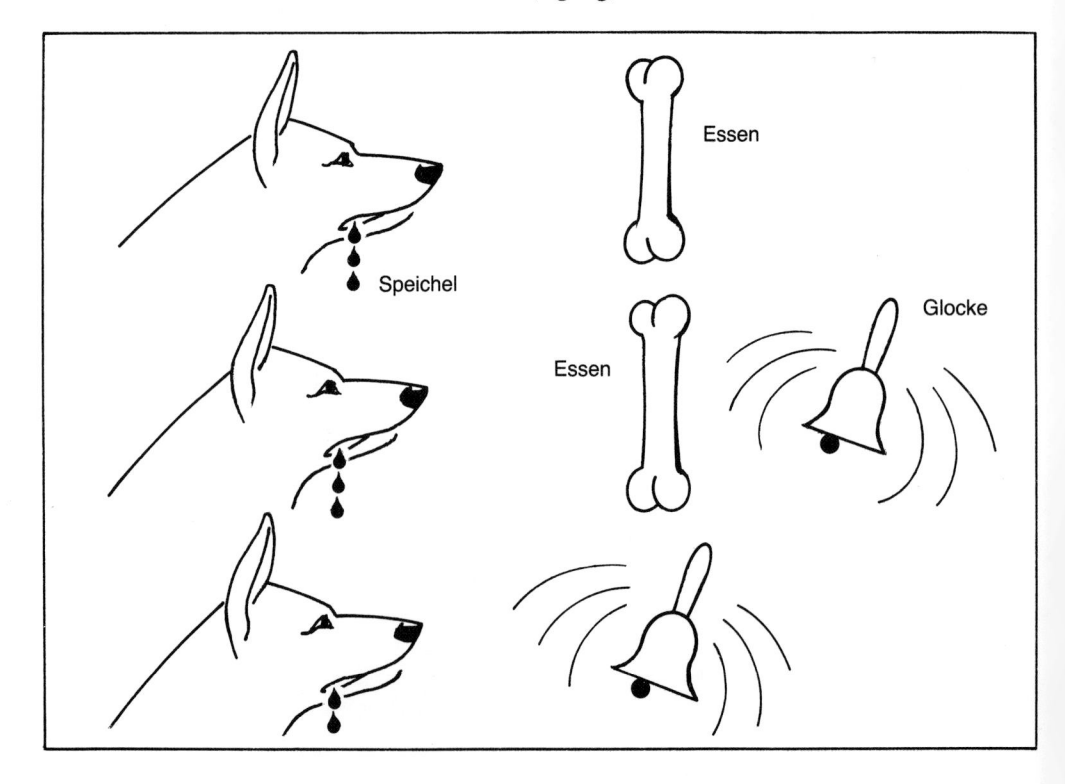

Die Grafik veranschaulicht den Pawlowschen Versuch. Der Hund verbindet mit der Zeit Fressen und Läuten. Schließlich reagiert er durch Sabbern, wenn nur die Glocke läutet. Wir nennen das einen konditionierten Reflex.

Größe der Beschädigung zu, und dabei spielt es gar keine Rolle, welche Teile der Hirnrinde beeinträchtigt wurden. Alle Bereiche sind gleichwertig. Wo also befindet sich das Engramm, die »eingeschriebene«, materielle Gedächtnisspur?

Kurzzeit- und Langzeitgedächtnis

Die großen Schwierigkeiten bei der Suche nach dem Sitz des Engramms hängen wahrscheinlich nicht allein von unserem unvollständigen Wissen über die Struktur und Arbeitsweise des Gehirns, sondern auch von einer gewissen Verwirrung über den Begriff des Gedächtnisses ab. Sind wir überhaupt sicher, daß sich unter diesem Namen nicht ganz unterschiedliche Erscheinungen verbergen, von denen jede ihrem eigenen Mechanismus folgen kann? Selbst wenn wir nur einen Augenblick über unsere eigene persönliche Erfahrung nachdenken, merken wir, daß es zwei grundlegende Arten des Gedächtnisses gibt. Die erste Art erfüllt ihre Aufgabe innerhalb weniger Augenblicke, die andere Art reicht über Jahre hinweg bis ans Ende unserer Tage, auch wenn die Umrisse mit der Zeit verschwommen werden. Der Psychologe spricht deswegen von einem Kurzzeit- und einem Langzeitgedächtnis.

Ein Beispiel für das Kurzzeitgedächtnis ist die Erinnerung an ein Wort, das wir oder unsere Gesprächspartner eben gesagt haben. Dieses Kurzzeitgedächtnis brauchen wir für die Augenblicke, in denen wir das nächste Wort formulieren, also für das Bilden sinnvoller Sätze. Kurz darauf vergessen wir das Wort, es sei denn, es nähme für uns eine besondere Bedeutung an, etwa in Form eines wichtigen Namens oder die Enthüllung einer unerwarteten Tatsache. Wenn wir einen Brief schreiben, müssen wir uns an die letzten Silben einer Zeile erinnern, um bei der nächsten Zeile korrekt wieder weiterfahren zu können. Es wäre aber völlig unnütz, wenn wir uns an den Silbenausgang einer jeden Zeile unseres Briefes erinnerten. Solche Erinnerungen verschwinden im Nu – ja sie müssen es – und werden nicht in das Langzeitgedächtnis aufgenommen.

Stellen wir uns zwei durchaus alltägliche Situationen vor: Unsere Augen sehen ein Gesicht, dessen Züge wir nie vergesen werden. Kurz darauf schreiben wir einen Brief, vergessen aber sogleich den Silbenausgang der Zeile, obwohl wir ihn doch mit eigenen Augen gesehen haben. Es kann also nicht das Sinnesorgan sein, das dem Langzeitgedächtnis seine außergewöhnliche Stabilität und Dauer ver-

Der Tannenhäher vergräbt gerne Samen und Nüsse. Glücklicherweise vergißt er einen Teil seiner Schätze, und so können die Samen keimen. Auf diese Weise sind viele Zirbelkieferwälder der Alpen entstanden, besonders der berühmte Arvenwald beim Aletschgletscher. Foto Okapia

Der Eichelhäher frißt vor allem Nüsse und Eicheln. Er vergräbt sie im Boden, wo sie schließlich auskeimen, weil er sie vergißt. So ist es richtig, wenn wir diesen schönen Vogel als einen Gehilfen des Försters bezeichnen. Foto Südd. Verlag/ Matwijow

leiht. Der Unterschied muß vielmehr in der Verarbeitung der Informationen in unserem Gehirn liegen. Das Gehirn entscheidet, was vom Kurzzeitgedächtnis in das Langzeitgedächtnis übernommen wird.
Als diese Begriffe geklärt waren, mußte sich die Jagd nach dem Engramm differenzieren: Offensichtlich handelte es sich bei der Suche nach dem Sitz des Kurzzeitgedächtnisses und des Langzeitgedächtnisses um zwei verschiedene Aufgaben. Dafür kam ein neues Problem hinzu: Welche Vorgänge ermöglichen den Übergang vom Kurzzeit- zum Langzeitgedächtnis?

Für das Kurzzeitgedächtnis scheint es in der Hirnrinde Speicher zu geben, doch handelt es sich mit aller Wahrscheinlichkeit um mehrere Speicher, je nach dem Sinnesorgan, das die Informationen liefert. Die kurzzeitige Erinnerung an ein gesprochenes Wort scheint ihren Sitz in einem bestimmten Gebiet der linken Hemisphäre zu haben. Das gilt für Rechtshänder; Linkshänder haben das entsprechende Zentrum in der rechten Hemisphäre. Das Kurzzeitgedächtnis für optische Informationen hat seinen Sitz anderswo, doch wissen wir darüber noch wenig. Die Wissenschaftler wissen allerdings, daß das Gedächtnis für einige Zeit auf eine der beiden Hemisphären beschränkt bleibt. Erst später gehen die Informationen über eine Schaltstelle, das Corpus callosum, auf die andere Hemisphäre über. Das konnte man mit Experimenten beweisen, bei denen man dem Versuchstier dieses Corpus callosum durchschnitt. Das Tier verhielt sich so, als hätte es zwei verschiedene Gehirne, und keines davon konnte etwas von der anderen Hirnhälfte erfahren. Es war sogar möglich, diesen Versuchstieren unterschiedliche und sogar gegensätzliche bedingte Reflexe anzudressieren. Unter normalen Verhältnissen verbreitet sich die Erinnerung über das Corpus callosum von einer Hirnhälfte auf die andere. Wenn das eintritt, ist die Information in das Langzeitgedächtnis übergegangen. Doch zur Enttäuschung der Neurophysiologen läßt sich für diese Art des Gedächtnisses keine fest umrissene Struktur im Gehirn finden.

Moleküle und Gedächtnis

Karl Lashley schrieb 1950 nach langen Jahren der Forschung: »Wenn ich an das Problem der Lokalisierung des Gedächtnisses denke, glaube ich bisweilen schließen zu müssen, daß das Lernen überhaupt nicht möglich ist. Und doch, trotz allem, ist das Lernen eine alltägliche Tatsache.«

In den fünfziger Jahren führten zwei neue wissenschaftliche Disziplinen zu neuen Ideen, die sich auch für die Gedächtnisforschung als nützlich erwiesen. An erster Stelle lieferte die Informationstheorie zum erstenmal Mittel und Wege, um die Informationsmenge zu bestimmen, die in einer Botschaft, einer Aufeinanderfolge von Buchstaben und Ziffern oder magnetischer Signale enthalten ist. Warum sollte man diese Meßkriterien nicht auch auf die Informationen anwenden, die ein Mensch oder ein anderes Lebewesen mit seinen Sinnesorganen aufnehmen kann? Warum sollte man nicht die Informationsmenge abschätzen, die in einem Netz von Nervenfasern enthalten sein können?

Der Mathematiker von Neumann machte sich an diese Aufgabe und schätzte die Informationsmenge ab, die ein Mensch im Laufe seines Lebens über das Gehör, den Gesichtssinn und die anderen Sinne aufnehmen und im Gedächtnis behalten kann. Von Neumann kam auf die geradezu unglaubliche Zahl von tausend Milliarden Milliarden Milliarden Bit, das sind 10^{30} elementare Informationseinheiten. Wo sollte es Platz geben für eine derart riesige Datenmenge?

Die Molekularbiologie hat uns in den letzten 20 Jahren gelehrt, welche Informationsmengen in der Struktur großer

Die Desoxyribonukleinsäure oder DNS ist aus Phosphor-Zucker-Ketten aufgebaut und hat ähnlich wie die Sprossen einer Leiter nach innen gerichtete Basen: A = Adenin, C = Cytosin, G = Guanin, T = Thymin.

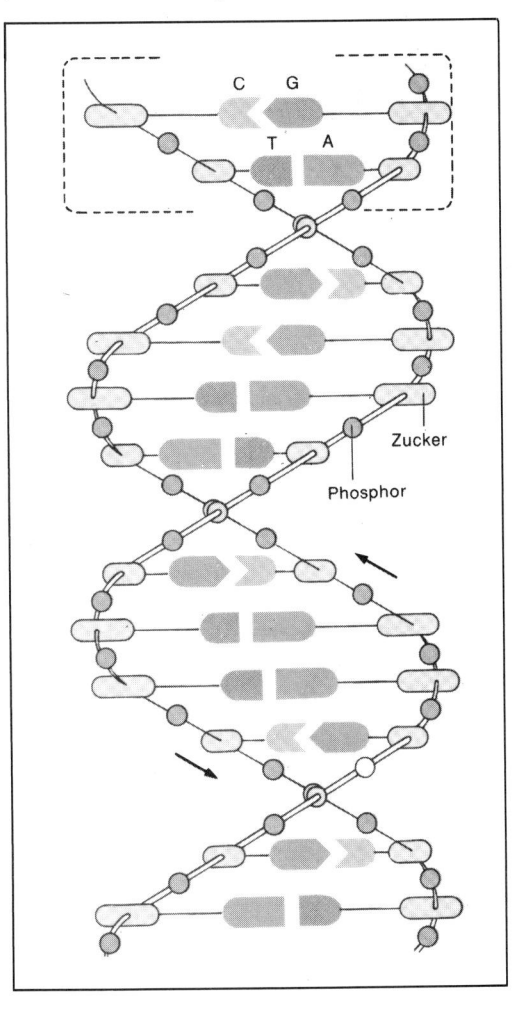

kompliziert aufgebauter Moleküle enthalten sein können. In der Desoxyribonukleinsäure (DNS) unserer Zellkerne liegt das gesamte Erbgut; es kann im richtigen Augenblick abgelesen werden. Die »Umschrift« geschieht auf Moleküle der sogenannten messenger-Ribonukleinsäure. Diese Informationen werden schließlich in die Strukturen der Proteinmoleküle übersetzt. Alle diesen Riesenmoleküle können wir als eine Art riesenhafter Wörter betrachten. Ihr Alphabet ist allerdings verschieden: Die Desoxyribonukleinsäure und die Ribonukleinsäure (RNS) haben fast das gleiche Alphabet, doch das der Proteine ist völlig verschieden. Für den Übergang von der DNS auf die Proteine gibt es allerdings genaue Richtlinien der Übersetzung: Der Wissenschaftler spricht vom genetischen Code.

Wäre es möglich, daß solche Riesenmoleküle den Sitz unseres Gedächtnisses im Gehirn darstellen? Viele Experimente der sechziger Jahre schienen auf diese Frage eine bejahende Antwort geben. Die Wissenschaftler verfütterten zum Beispiel einen Strudelwurm, der eine bestimmte Verhaltensweise gelernt hatte, an einen anderen Strudelwurm, und es hatte den Anschein, als ob dieser Strudelwurm dieselbe Reaktion schneller erlernte als ein dritter Strudelwurm, der eine andere Nahrung bekommen hatte. Man könnte das fast mit einem Studenten vergleichen, der sich plötzlich viel Wissen aneignet, indem er sorgfältig ein umfangreiches Lehrbuch verzehrt. In anderen Experimenten schien die Ribonukleinsäure abgesehen von ihrer Aufgabe in der Genetik sogar eine Rolle bei der Gedächtnisbildung zu spielen. Die Forscher entnahmen einer dressierten Ratte eine gewisse Menge RNS und injizierten sie einer nicht dressierten Ratte. Durch diese Übertragung schien die zweite Ratte dann leichter lernen zu können.

Unter der Kritik anderer Experimente zerstob aber die Hoffnung, das Gedächtnismolekül endgültig gefunden zu haben. Gewiß, ein gutes Essen oder eine RNS-Injektion sind nicht zu verachten, doch sie tragen das Engramm nicht mit sich. Sie erleichtern nur den Aufbau neuer Nervenverbindungen und halten unser Gehirn aktiv und auf Draht.

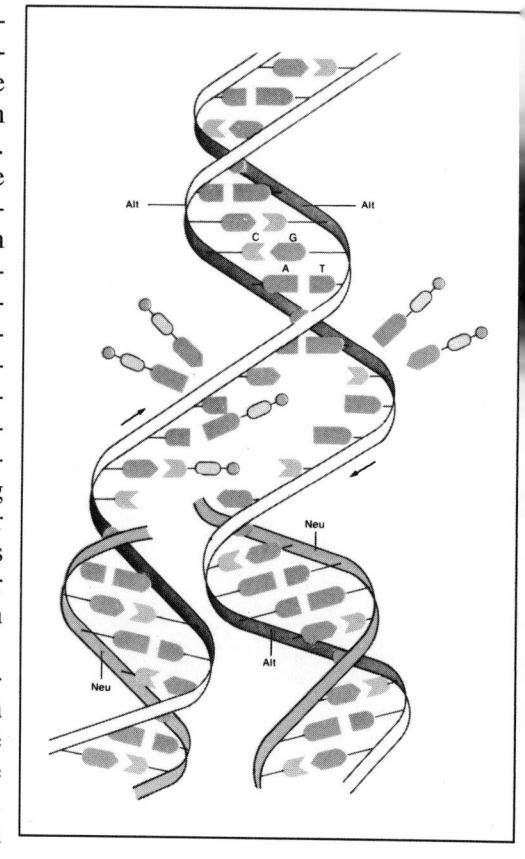

Elektrische Schaltkreise und holographische Bilder

Sehen wir uns die Feinstruktur der Hirnrinde eines Säugers genau an: Viele Nervenzellen sind untereinander wie in einem elektrischen Schaltkreis verbunden. Der Nervenimpuls geht von einer Zelle auf die andere über und gelangt schließlich wieder zur Ausgangszelle. So geht das weiter, theoretisch bis in alle Ewigkeit. Es braucht nur etwas Energie, um diesen kleinen Schaltkreis dauernd in

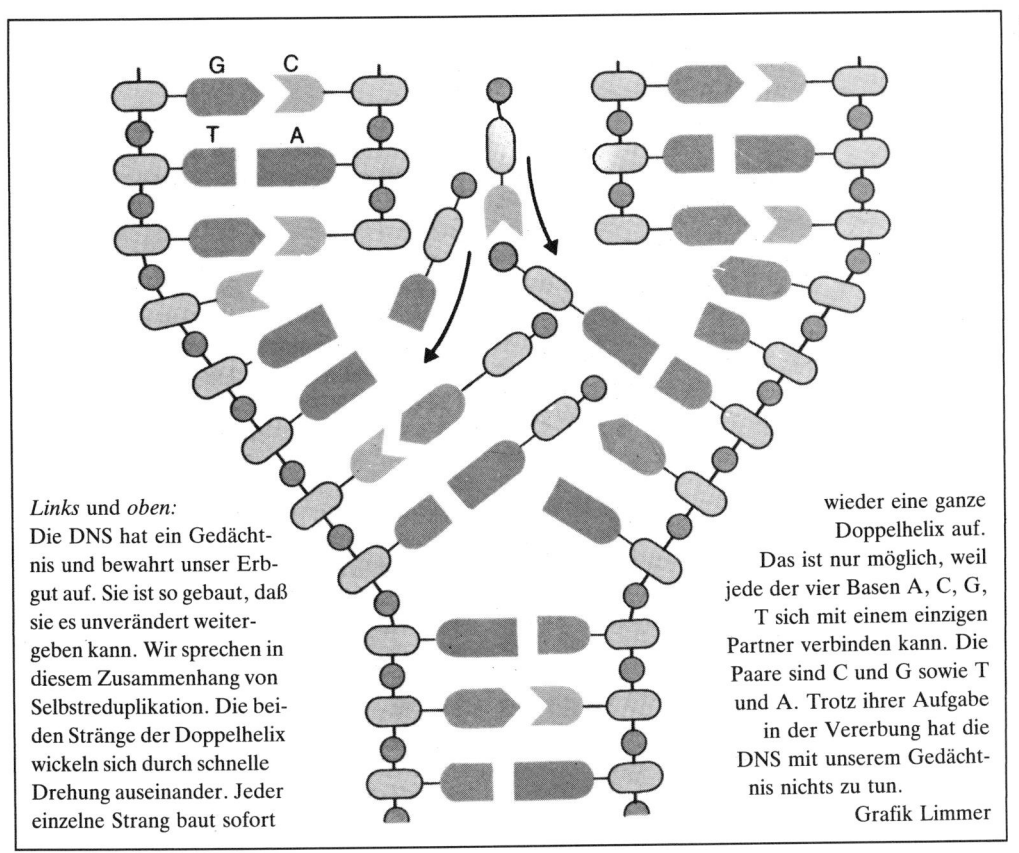

Links und *oben:*
Die DNS hat ein Gedächtnis und bewahrt unser Erbgut auf. Sie ist so gebaut, daß sie es unverändert weitergeben kann. Wir sprechen in diesem Zusammenhang von Selbstreduplikation. Die beiden Stränge der Doppelhelix wickeln sich durch schnelle Drehung auseinander. Jeder einzelne Strang baut sofort wieder eine ganze Doppelhelix auf. Das ist nur möglich, weil jede der vier Basen A, C, G, T sich mit einem einzigen Partner verbinden kann. Die Paare sind C und G sowie T und A. Trotz ihrer Aufgabe in der Vererbung hat die DNS mit unserem Gedächtnis nichts zu tun.

Grafik Limmer

Funktion zu halten. Das könnte ein Weg sein, um eine Erinnerung im Gedächtnis aufzubewahren. Möglicherweise befindet sich das Engramm als nicht in einem Molekül, sondern in einer Reihe elektrischer Impulse, die dauernd in miteinander verbundenen Nervenzellen kreisen.

Die ganze Wahrheit kann das allerdings auch nicht sein. Wenn wir das Gehirn einer Ratte eine Stunde lang bei einer Temperatur von 0° C halten, verschwindet jegliche elektrische Aktivität. Wenn wir das Versuchstier wieder langsam auf die Normaltemperatur erwärmen, hat es keineswegs das Gedächtnis für all die Dinge verloren, die vor diesem Experiment stattfanden. Auch dieser Weg erwies sich also als eine Sackgasse.

Die Spezialisten können uns heute noch nicht ein definitives Modell bieten, doch sie arbeiten an einer recht einleuchtenden Arbeitshypothese, daß das Gehirn nämlich eine holographische Organisation aufweise.

Die Holographie ist eine moderne fotografische Technik, die es erlaubt, dreidimensionale Bilder aufzunehmen und wiederzugeben. Sie wurde erst mit der Erfindung des Lasers möglich, denn um ein holographisches Bild zu schaffen, braucht man kohärentes Licht. Zwei Aspekte der holographischen Technik liefern uns überraschende Vergleiche mit dem Gedächtnis. Zunächst enthalten alle Punkte des holographischen Bildes Informationen über das gesamte Bild. Bei einer Fotografie ist es ganz anders, denn jeder Teil bewahrt das Bild des entsprechenden Teils des Objekts; wenn wir also ein Stück aus der Fotografie wegschneiden, fehlt uns die entsprechende Information. Bei der Holographie hingegen kann man selbst aus einem Teilstück noch die gesamte Szene herauslesen. Die Reproduktion wird allerdings um so ungenauer, je kleiner das Teilstück ist. Die gleiche Situation, wir erinnern uns daran, zeigte sich bei den Forschungen von Karl Lashley.

Eine weitere Eigenschaft der Holographie erscheint uns in diesem Zusammenhang wichtig: Eine holographische Aufnahme kann gleichzeitig mehrere Hologramme aufnehmen, sofern jedes davon mit einer ganz bestimmten Laser-Art aufgenommen wurde. Jedes Hologramm muß dann allerdings mit seinem Laser-Typ abgelesen werden. Trifft es nicht zu, daß wir für eine bestimmte Erinnerung auch einen ganz bestimmten Schlüssel brauchen, jenes »magische Wort«, das uns erst die Erinnerung wieder freigibt, so daß die gesamte Szene vor uns Form annimmt?

Die Gedächtnisforscher beschäftigen sich also heute besonders mit holographischen Modellen, und es könnte sein, daß sie den vielen noch bruchstückhaften und gegensätzlichen Ergebnissen anderer Disziplinen wie der Elektrophysiologie, der Neurochirurgie, der Neurochemie, der Verhaltensforschung und anderer einen Sinn verleihen. Noch weit entfernt ist allerdings der Augenblick, da wir begreifen werden, wie sich so hochentwickelte Gehirne wie der Biene, des Kraken oder des Menschen haben bilden können. Eine globale Sicht des Problems wird uns auch sagen können, auf welche Weise das Gehirn die Fakten auswählt, die es in Erinnerung behalten und die es vergessen will. Denn auch das Vergessen scheint oft genauen Mechanismen zu folgen und stellt für das Tier einen unerläßlichen Teil seiner Überlebensstrategie dar.

Bücher zum Thema

Hoffmann, J.: Das aktive Gedächtnis, Heidelberg 1983
Laudien, H.: Physiologie des Gedächtnisses, Heidelberg 1977
Sinz, R.: Gehirn und Gedächtnis, Stuttgart 1981
Vester, F.: Denken, Lernen, Vergessen, München 1975

Steinmarder haben ein sehr gutes Gedächtnis und suchen immer wieder dieselben Vogelnester und Höhlen ab. Foto Okapia

Eberhard F. Bruenig
KAMPF DER WÜSTE IN CHINA

China ist seit Jahrtausenden ein Agrarstaat. Die Zahl der arbeitenden Bevölkerung Chinas betrug 1982 etwa 447 Millionen. Davon arbeiteten 333 Millionen oder 75 Prozent auf dem Land. Die landwirtschaftliche Nutzfläche veringerte sich seit 1952 aber um 10 Prozent absolut und um 45 Prozent pro Kopf der Bevölkerung durch Verödung und Verwüstung – diese Bezeichnung ist hier wörtlich zu nehmen: Ausbreitung der Wüste. Gleichzeitig stieg die Getreideproduktion trotz viel Dünger und Giften nur um 17 Prozent.

Marco Polo beschrieb auf seiner Reise von 1271 bis 1292 entlang der Seidenstraße das Leben der viehzüchtenden Nomaden und der Bauern in den Oasen. Schon damals gab es Dürren, Versalzung und Sandstürme, aber die Bevölkerungsdichte war gering und blieb der Tragfähigkeit des Lebensraumes angepaßt. Dafür sorgten auch naturgegebene Katastrophen, wie Hungersnöte und Epidemien, sowie die hohe Sterblichkeit. Perioden der Verwüstung wechselten ab mit Phasen der Erholung. Das änderte sich, als die regelnden Faktoren außer Kraft gesetzt wurden und die Bevölkerung explosionsartig zunahm. In nur 50 Jahren verdoppelte sich Chinas Bevölkerung auf heute 1 Milliarde Menschen. Trotz der Ein-Kind-Ehe, die für Han-Chinesen vorgeschrieben ist, wird sich die Bevölkerungszahl erst im Jahr 2020 bei 1,2 Milliarden Menschen stabilisieren.

Zwei Vorgänge gefährden die Versorgung dieser Menschen mit Nahrungsmitteln. Der eine ist die Waldzerstörung im tropisch-subtropischen (bis 35° N) Süd- und Mittelchina. Die Waldverluste konnte auch Maos Aufforstungskampagne nicht aufhalten. Die Folgen sind Klimaveränderungen, Verkarstung und Verödung, damit zusammenhängend katastrophale Überschwemmungen der fruchtbaren Reisebenen am Perlfluß, Yangtze und Huang He, dem Gelben Fluß. Der andere Vorgang ist die Entstehung und Ausbreitung von Wüsten im Norden und Nordwesten Chinas. Die Folgen sind Verluste an Weideland in den Steppen und an Bewässerungsnutzland in den Oasen. Dadurch ist die Lebensgrundlage der etwa 50 Millionen Menschen bedroht, die in den Wüsten, Halbwüsten und Steppen leben.

Die Wüsten Chinas

Die Wüsten Chinas bedecken etwa 1,53 Millionen Quadratkilometer oder 16 Prozent der Gesamtfläche Chinas von 9,6 Millionen km^2. 1,2 Millionen km^2 sind klimabedingte natürliche Wüsten, davon jeweils die Hälfte Sandwüsten und Steingeröllwüsten. Die restlichen 0,33 Millionen km^2 sind vom Menschen verursachte Halbwüsten, Geröll- und Sandwüsten, meist in den Randgebieten der natürlichen Wüsten. Chinas Wüsten gehören zu jenem Gürtel sommerheißer und winter-

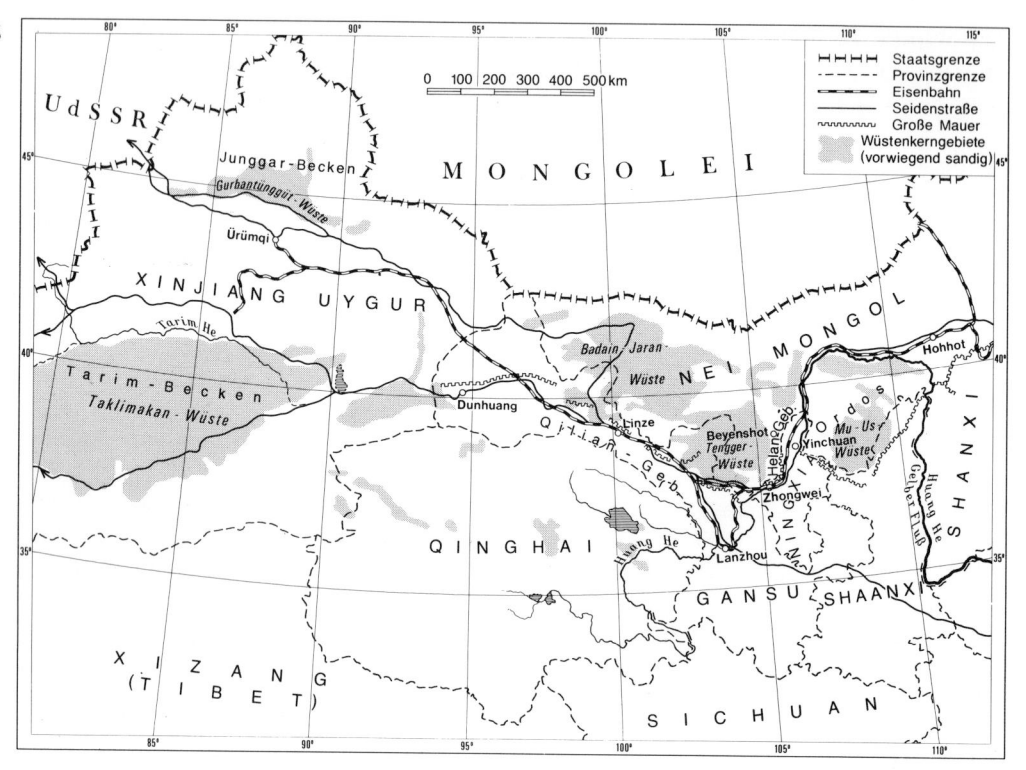

Die Wüsten im Nordteil der Volksrepublik China. Östlich von Nei Mongol kommen Wüsten nur noch ganz vereinzelt und kleinflächig vor. Namen und Grenzen sind der Karte der Volksrepublik China, Cartographic Publishing House, Beijing, Aug. 1983, entnommen. Grafik Inst. für Weltforstwirtschaft

kalter Wüsten, der sich in wechselnder Breite vom Unterlauf des Uralflusses bis zum Unterlauf des Huang He, des Gelben Flusses, erstreckt.

Die westasiatisch-europäischen Wüsten empfangen Niederschläge aus feuchten Luftmassen, die vom Atlantik kommend Regen bringen. Ihr Niederschlagsmengen werden von West nach Ost geringer. Die gleiche Abnahme zeigt sich bei den feuchtwarmen Luftmassen des tropischen Sommermonsuns, der Süd- und Mittelchina überstreicht und die östliche Wüstenzone mit Feuchtigkeit versorgt. Der »Trockenheitspol« liegt in der Taklimakanwüste im Tarimbecken, wo beide Windsysteme aufeinandertreffen.

Die mittleren jährlichen Niederschläge betragen 10 Millimeter in den trockensten Teilen der Taklimakan, 20–150 Millimeter in den Wüsten Gobi, Badain-Jaran, Tengger und Mu-Us. Schwankungen zwischen den Jahren sind sehr groß, ebenso die Unterschiede der Niederschläge zwischen der flachen Wüste, den halbwüstenartigen Sedimentfächern vor den Gebirgen, den Bergflanken und den Kammlagen. Wolkenbruchartige Regen sind häufig und verursachen starke Erosionen und Schlammfluten. Nicht umsonst führt der Huang He mehr Schwebstoffe und Sedimentfracht als jeder andere große Strom der Erde.

Trotz der geringen Niederschläge sind die Orte am Wüstenrand besser mit Wasser versorgt als etwa in der Sahara, Negev oder arabischen Wüste. Dafür sorgt der reichliche Zufluß an Oberflächen- und Grundwasser aus den Hochgebirgen.

Die Winter sind in den Wüsten, die meist 500 bis 1500 Meter hoch liegen, trocken, wolkenlos und windig. Der Winter und vor allem das Frühjahr sind die Zeit der großen Staub- und Sandstürme. Für die Vegetation erhöht die starke Strahlung der Wintersonne die Gefahr von Kälte- und Dürreschäden. Der wenige Schnee verdunstet, ohne zu tauen, und seine Feuchtigkeit geht dem ohnehin gefrorenen Boden und der Vegetation verloren.

Wind, Sand und Salz

Wind ist ein entscheidender Faktor in der Dynamik der Wüstenlandschaft. Marco Polo schreibt in seinem Reisebericht, daß böse Wüstengeister allen möglichen Schabernack treiben, der oft tödlich für die Reisenden wird. Sie füllen die Luft mit vielfältiger Musik, um Reisende zu verschrecken, vom Wege abzulenken und schließlich zu verderben. Diese Musik machen der Wind und der Sand der großen Dünen, die beide nie zur Ruhe kommen.
Winderosion hat die zentralasiatische Wüstenlandschaft geprägt. Durch weiten Transport des feinen Staubes sind die fruchtbaren Lößlandschaften des nordwestlichen Chinas entstanden, in denen sich vor 5000 Jahren die Anfänge der chinesischen Zivilisation in der Gegend von Shaanxi entwickelten. Staubstürme und Flußsedimente aus dem zentralasiatischen Hochland und aus den östlicheren Lößlandschaften haben die fruchtbaren Böden der Küstenebene geschaffen. Sie wurden später zu den Reiskammern Chinas, und damit verlagerte sich allmählich das Zentrum der kulturellen Entwicklung aus der Lößlandschaft des Nordens in die subtropischen Tiefländer.
Die Sandwüsten entstanden durch das Zusammenwirken von Trockenheit und Wind. Der trockene Boden wird vor allem im Frühjahr ausgeblasen, verstärkt durch häufige Windhosen. Sandstürme tragen das Material weg. Zuerst setzt sich der schwerere Sand ab, der sich zu Dünen anhäuft. Die größte Sandwüste ist die Taklimakan im Tarimbecken. Berühmt sind die riesigen »flüsternden Megadünen« südlich Dunhuang. Der feinere Staub wird weitertransportiert und schließlich in den östlich vorgelagerten Lößlandschaften und den Küstenebenen abgelagert. Diese Mengen basischen Wüstenstaubes sind so groß, daß sie die gesamten sauren luftverschmutzenden Stoffe neutralisieren – das Schwefeldioxid aus der Industrie und dem Hausbrand sowie die Stickoxide. Die Luftverschmutzung im Norden Chinas wirkt wahrscheinlich eher als Düngung, weil Schwefel und Stickstoff auch Nährstoffe sind. Die Lage ist ganz anders im Süden, wo die Böden von Natur aus sauer sind und kein Wüstenstaub den Säureeintrag puffert.
Eine Geißel aller Wüsten und Oasen ist die Versalzung. Das reichliche Grundwasser löst Salze im Boden, gelangt an die Bodenoberfläche, verdunstet dort und hinterläßt eine Salzkruste. Auf ähnliche Weise versalzen die Auslaufzonen der wadiartigen Flußbette, und es bilden sich oft Salzseen.

Die Pflanzenwelt der Wüsten

Die Standortbedingungen, wie Wärme und Kälte im Jahresverlauf, Wind, Wasserversorgung und Bodenart, bestimmen darüber, welche Pflanzen wachsen können. In den Hochlagen treffen wir zunächst auf alpine Zwergstrauch- und Grasfluren, weiter unten auf Fichtenwälder, die ganz den natürlichen Fichtenwäldern in den Alpen oder im Harz entsprechen. Auf sonnig-heißen felsigen Hängen und Kuppen stocken Kiefernwälder. Auf den Unterhängen mit ihren geringen Niederschlägen folgt eine Zone von Ulmenwäldern, die Mensch und Vieh aber weitgehend zerstört haben. Im Vorland liegt die sommerheiße Wüstenzone.
Auf den meist stark erodierten, flachen Sedimentfächern stockt eine niedrige Ve-

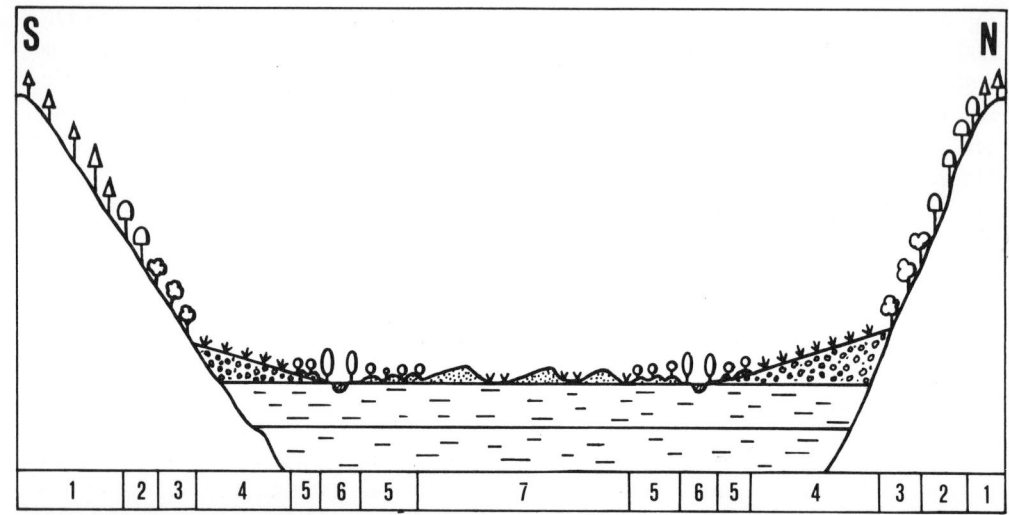

Schematisches Profil einer Vegetationsabfolge in der Taklimakan oder Tenggerwüste.
1. Hochmontaner Fichtenwald (Picea abies, P. asperata) mit Grasinseln, 2000–3500 m ü. NN, 300 bis über 500 mm Niederschlag, darüber alpine Wiesen und Tundra.
2. Montaner Kiefernwald (Pinus tabulaeformis) mit Grasinseln, Wacholder, Vogelbeere, Weidenarten.
3. Montaner Ulmenwald (Ulmus pumila) mit Wacholder (Juniperus rigida) und Gräsern, 250–400 mm Niederschlag.
4. Sandig-kiesige Sedimentfächer mit Grundwasserzuzug vom Hang, Halbwüste mit Sträuchern (Artemisia, Nitraria, Caragana), Saksaul und Buschklee (Lespedeza) sowie verschiedene Grasarten und Kräutern (z. B. Astern).
5. Sanddünen mit Saksaul, Tamarisken, Nitraria, Caragana, Calligonum u.a. Straucharten der Halbwüste.
6. Galeriewald im Flußfächer mit Pappeln, Ölweiden, Sanddorn und Gräsern, Oasenzone (zwischen 500 bis 1000 m und 1500 m ü. NN).
7. Vollwüste mit Wanderdünen, Steinwüsten und spärlicher Vegetation, unter 50 mm bis weniger als 10 mm Niederschlag. Grafik Bruenig

getation von kleinblättrigen Sträuchern, die an trockenheiße Sommer und eisigkalte Winter angepaßt sind. Hier kommt das berühmte Saksaul vor, das in den Wüsten von Kasachstan bis Nei Mongol verbreitet ist. Saksaul ist eine typische Wüstenpflanze mit winzigen Schuppenblättern, grünen schachtelhalmähnlichen Zweigen, tiefem Wurzelsystem und außerordentlich hoher Widerstandskraft gegen Wind, Salz, Hitze und Kälte. Auf etwas feuchteren Standorten sind auch Gräser häufiger und leiten im östlichen Nei Mongol zu den Steppen der Mongolei über. Entlang der Flußläufe und im Bereich hochsteigenden Grundwassers kommen Galeriewälder vor, in denen vor allem Pappeln, meist pyramidenförmig und tief beastet, das Waldbild bestimmen. In der ebenen Vollwüste sind die angehäuften Sanddünen mit vereinzelten Saksaul, die grundwassernäheren Mulden mit Saksaul, Beifuß und wenigen anderen Kräutern und Gräsern bestanden.

Die Vegetation der Wüsten und der Wüstenrandgebiete wird seit Jahrtausenden von Menschen genutzt und damit verändert. Die Anpassung vieler Pflanzenarten an das Wüstenklima führt zu einem hohen Gehalt an Farbstoffen, an aromatischen Stoffen, Gerbstoffen, Harzen und Milchsaft. So liefert der Beifuß nicht nur Wermut, sondern auch ein Mittel gegen Malaria.

Der Einfluß des Menschen

Die niedrige Produktivität der Vegetation in den Wüsten und Halbwüsten liefert eine nur schmale Ernährungsbasis für Pflanzenfresser. Übernutzung infolge zu hoher Besatzdichten führt letztlich zur Zerstörung der Vegetation. Aus Steppen wurden Halbwüsten, aus Halbwüsten Vollwüsten, aus stabilem Boden Wanderdünen. Hinzu kommt die Verwüstung durch den Menschen. Die Fläche, die durch direkte Einwirkung des Menschen in diesem Jahrhundert zur Wüste geworden ist, gibt das Institut für Wüstenforschung der Chinesischen Akademie der Wissenschaften mit mindestens 6 Millionen Hektar an. Welche Vorgänge führen nun zur Verwüstung oder Desertifikation und was sind ihre Folgen?

Die Störung des Wüstenökosystems durch menschliche Eingriffe beginnt mit der Nutzung als Weide und Brennholzquelle. Zu große Viehbestände und ungeregelte Beweidung zerstören Vegetation und Boden. Gräser werden seltener. Die geringere Produktivität des Weidelandes führt zu zweierlei: Das Vieh zerstört immer rascher die zunehmend schüttere Pflanzendecke, erst die Gräser, dann auch die Sträucher. Die Winderosion wird immer stärker und zerstört den Boden. Die Viehzüchter müssen neue Weidegründe suchen und nutzen. Ziegen und Schafe werden auf immer steilere Hanglagen in den Randgebirgen abgedrängt, Kamele, Rinder und Esel aus der Steppe und Halbwüste in die empfind-

Dieser Kiefernwald im Helan-Gebirge besteht aus der Art Pinus tabulaeformis. Die Niederschläge betragen in dieser Höhenzone von 2000 bis 2700 m ü. NN rund 300 Millimeter. Der Wald zeigt kaum einen Unterwuchs und keine Verjüngung, weil Ziegen und Schalenwild in überhöhten Beständen vorhanden sind und Jungpflanzen sofort abfressen. Die Folge ist eine starke Bodenerosion. Foto Bruenig

licheren Randgebiete der Vollwüste. Die Nutzung der Wüstenpflanzen als Futter und Brennmaterial verstärkt und beschleunigt die Verwüstung. Die Endphase verläuft sehr schnell, wenn schließlich auch die Wurzeln ausgegraben werden. Eine weitere Ursache der Verwüstung ist der Feldbau mit ungeeigneten Methoden auf ungeeigneten Standorten. Auf sandigem Boden kann der Ackerbau zu einem jährlichen Erosionsverlust von 1 bis 2 Zentimeter führen. Das entspricht einer Bodenmenge von 1000 bis 2000 Kubikmeter, die jährlich von jedem Hektar in die Luft geblasen werden. Hinzu kommen die Entnahme von Brenn- und Nutzholz und die Streunutzung in der umliegenden Landschaft. Sie führt zur Entwaldung und Zerstörung der Böden und des Wasserhaushaltes nicht nur in den Gebirgen der Wüstenzone, sondern in ganz China. Die Folgen der Entwaldung waren und sind im Süden Verkarstung, Erosion, Veródung der Lateritböden, Zunahme des Wasserabflusses, Verminderung der Verdunstung, Überschwemmung der fruchtbaren Talauen. Im Norden sind es die Zerstörung der Funktionsfähigkeit der Gebirgswälder und damit des Wasserhaushaltes der gesamten Landschaft. Neue Wüsten entstehen, und bestehende Wüsten breiten sich aus.

Wie war es vor 700 Jahren?

Noch während der Han-Dynastie (206 v. bis 220 n. Chr.) führte der Tarim weitaus mehr Wasser als heute, und sein Auslauf lag viel weiter östlich. Marco Polo berichtet, daß von 24 Wasserstellen auf der Reise durch die Wüste Gobi nur drei oder vier bitteres Brackwasser enthielten. Die anderen führten frisches Süßwasser. Heute sieht es ganz anders aus: Vor allem seit 1950 greifen Versalzung, Austrocknung und Zurückweichen der Auslaufzone enorm um sich. In dieser Zeit verdoppelte sich die Bevölkerung im Einzugsgebiet des Tarim, und die Viehherden wuchsen um das Dreifache. Die verstärkte Nutzung von Wasser, Wald, Weide und Boden wirkt sich also im gesamten Tarimbecken und schließlich auch weiter nach Osten auf Gansu und Nei Mongol aus.

Marco Polo fand in den Wüsten nördlich der Großen Mauer im Bereich des heutigen Ningxia und westlichen Nei Mongol wenige Nomaden, die im Sommer ihre Kamele, Esel und Schafe in der sonst nur von Wildpferden belebten Halbwüste weideten. Wasser und Kiefernholz lieferten die Gebirge reichlich, und die Nomaden zogen sich im Winter dorthin zurück. Intensive Landwirtschaft gab es nur in wenigen großen Oasen. Großflächigen Ackerbau fand Marco Polo erst östlich des großen Knies des Huang He. Heute sind Ningxia und Nei Mongol viel dichter besiedelt. Der Ackerbau hat sich ausgebreitet, teilweise auch auf weniger geeigneten Böden. Die Folgen sind Winderosion, Versalzung, Verwüstung.

Eine ähnliche Entwicklung nahm die Nutzung der Steppen und Halbwüsten im gesamten Norden Chinas. Zum Beispiel sank in zwei Kreisen in Nei Mongol die Weidefläche von 5,6 Hektar je Großvieheinheit im Jahr 1949 auf 1,7 Hektar im Jahr 1974. Gleichzeitig wurde aus der geschlossenen Grasdecke eine offene Halbwüstenvegetation. Windgeschwindigkeit und Winderosion nahmen drastisch zu, und der Teufelskreis der Verwüstung erfaßte nicht nur das Weide-

Oben: Halbwüste in der Tenggerwüste, Nei Mongol. Typische offene Zwergstrauchvegetation mit stark verbissenem Beifuß (Artemisia) und anderen Halbwüstensträuchern, wenige Gräser.
Unten: Stark verlichteter Ulmenwald (Ulmus pumila) vereinzelt Wacholder und wilder Flieder, stark von Vieh verbissen, Boden bis auf den felsigen Untergrund abgespült, Helan-Gebirge, Höhenzone 1600–2300 m. Fotos Bruenig

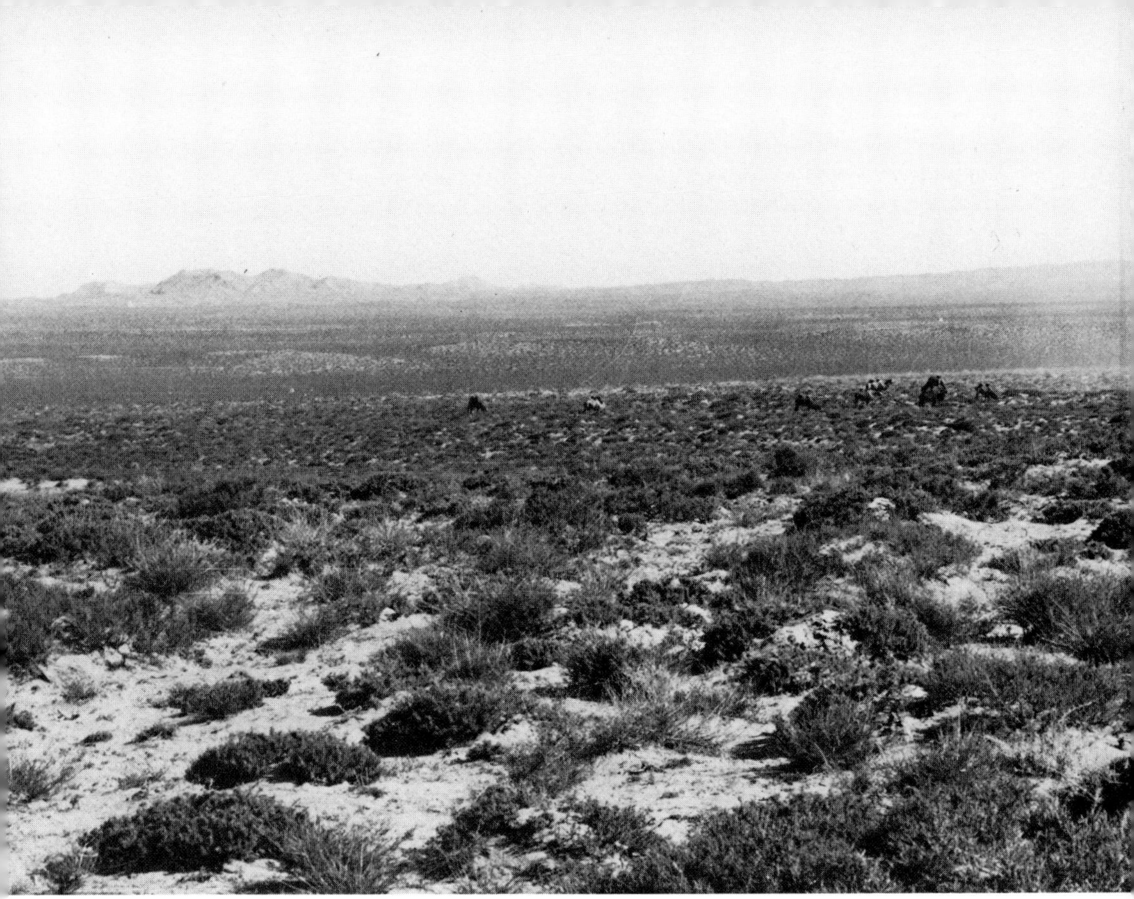

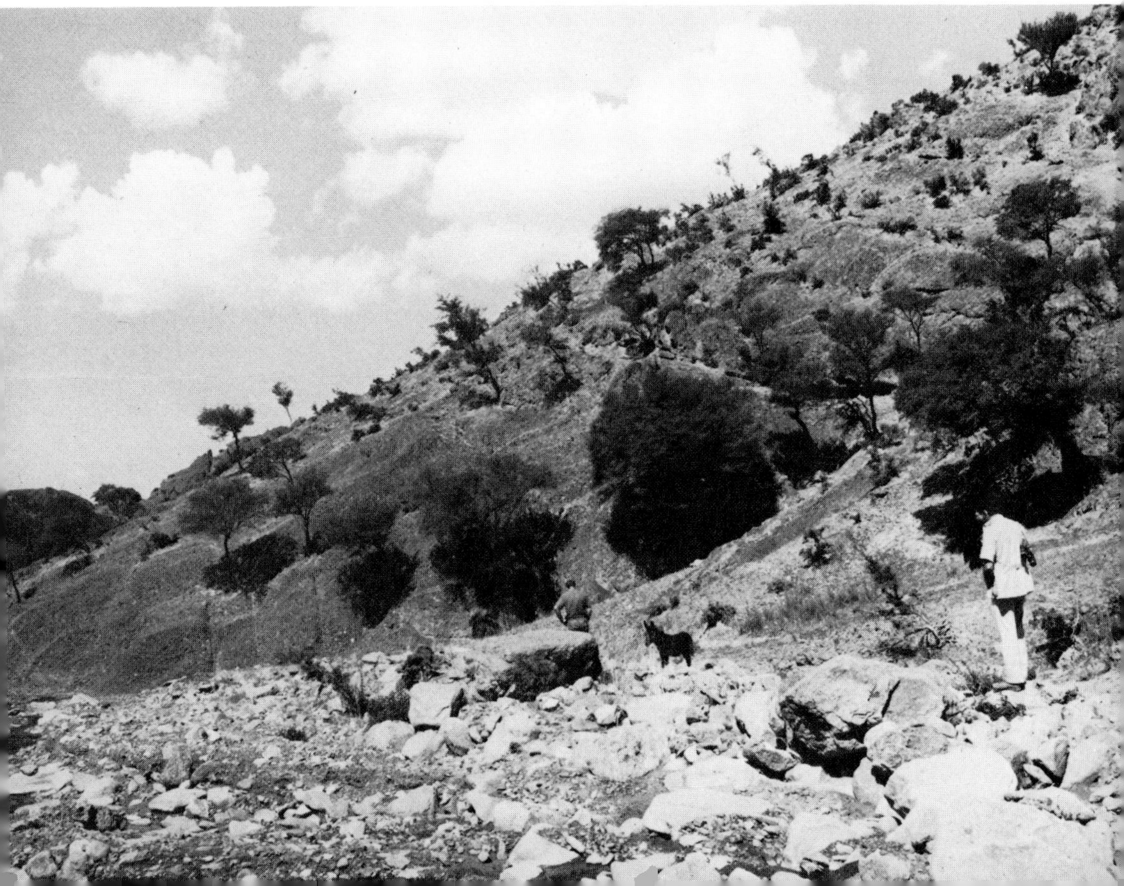

Vorfeld der wandernden Sanddünen in der Tenggerwüste mit spärlicher Vegetation (1984) von Calligonum aus der Saat von 1982. Die Wanderdünen sind etwa 50–70 m hoch und wandern 5–10 m im Jahr auf die Oase zu. Foto Bruenig

land, sondern auch die Ackerflächen. Die Endglieder sind Wüste und Wanderdünen.

Ein ökologischer Teufelskreis – und die Politik

Das Wirkungsgefüge der Verwüstung enthält sehr störempfindliche, positiv rückgekoppelte Teufelskreise. Die Entwicklung »Entwaldung – Bodenentblößung – Erosion – Trockenheit – Verwüstung – Sandsturm – Überflutung – Produktions- und Stabilitätsverlust – Entwaldung« ist ein solcher Teufelskreis.

Langsam wirkende Einflußfaktoren, wie Entnahme von Brennholz, Beweidung, Rodung, langsam abnehmende Niederschläge infolge Entwaldung in den Tropen und in den zwischengelagerten Gebirgen Zentralchinas, schaukeln den Kreis in einen instabilen Zustand langsam auf. Ein episodisches Ereignis mit Spitzenwerten der Belastung bringt dann den plötzlichen katastrophalen Zusammenbruch. Das ganze System wird chaotisch; die Störfaktoren reagieren, die Bevölkerung nimmt ab, zum Beispiel durch Hunger, Krankheit, Abwanderung, und neue dynamische Gleichgewichtszustände stellen sich langsam ein. Die Rolle gelegentlicher Spitzenbelastungen kennen wir vom »Waldsterben« und im Fall der Wüsten von den weltweiten Auswirkungen der Dürren infolge der »El Niño«-Wetteranomalie 1982/83 im Pazifik. Es besteht ein enger Zusammenhang zwischen Verwüstung und sozialen und politischen Verhältnissen. Kriege und soziale Umwälzungen führten immer zu einer starken Ausbreitung von Wüsten, wenn

Schutzzäune gegen Wanderdünen, rechts die für die natürliche Ansiedlung von Pflanzen vorbereitete Fläche. Im Schutz des Zaunes Saksaul, Weiden und andere Wüstensträucher. Südliche Tenggerwüste bei Zhongwei. Foto Bruenig

sie mit Perioden zusammenfielen, in denen Dürren und Trockenstürme besonders häufig waren. Die Chin- und Han-Kaiser begannen mit dem Bau der Großen Mauer aus Lehm, um die ständigen Raubzüge der nomadisierenden Hunnen abzuwehren. Als der erste legendäre Kaiser Tjin Schi Huang etwa um das Jahr 220 v. Chr. die Hunnen vernichtend zurückschlug und nach Europa ablenkte, blieb der Nordwesten aus strategischen Gründen zum Schutz des reichen Südens und der uralten Handelsstraßen nach zentral- und Westasien von Bedeutung. Mit dem Bau der Großen Mauer kamen Arbeiter, Soldaten und Siedler ins Land. Im 7. Jahrhundert wurde der Bau bis über Shaanxi hinaus in die Steppen und Halbwüsten des Nordwestens vorangetrieben. Vielfach markiert die Große Mauer die Grenze zum Wüstenklima im Norden. Die Ming-Kaiser verstärkten die Große Mauer unter wachsendem Druck der Mongolen. Reibereien im Handelsgeschäft und die Verlockungen des reichen Südens führten schließlich zum offenen Angriffskrieg der Mongolen, zum Zusammenbruch der Ming-Dynastie und Errichtung der mongolischen Mandschu- oder Qing-Dynastie. Im Zug dieser geschichtlichen Entwicklungen wechselten Perioden der Verwüstung und der Erholung miteinander ab. Höhepunkte der Verwüstung waren die turbulenten Zeiten der frühen Han-Dynastie, der Tang- und Song-Dynastien und besonders das Ende der Ming- und der Qing-Dynastie. Im kommunistischen System der Volksrepublik verursachten die Folgen der Kollektivierung, des »großen Sprungs vorwärts« in den fünfziger Jahren und,

Die Grafik veranschaulicht den Zusammenhang zwischen Bodenabtrag durch Winderosion und dem Ertrag an Körnerfrüchten im Zeitraum von 1946 bis 1978 in der Gongji Tang Kommune, Siziwang Banner, Innere Mongolei. Ganz deutlich wird die Beziehung: Mit abnehmender Bodentiefe geht auch der Hektarertrag erschreckend zurück. Nach Zhu Zheuda und Lin Shu, 1983

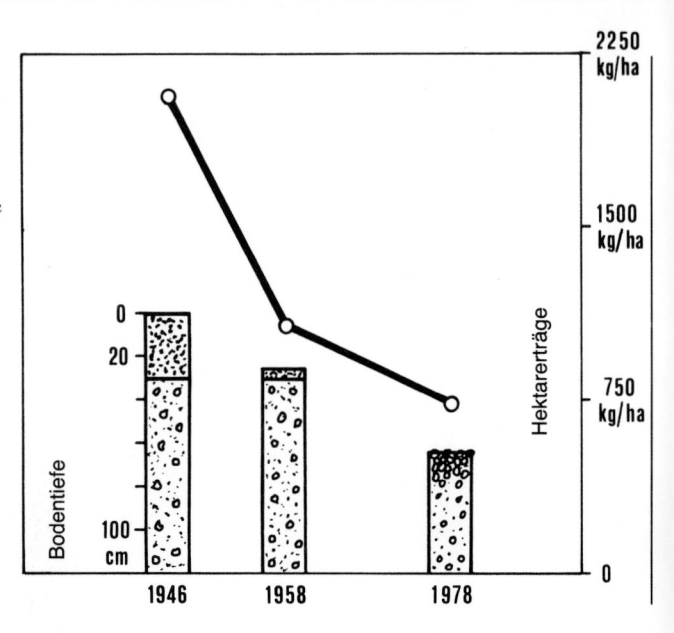

schlimmer noch, der »großen proletarischen Kulturrevolution« (1965–1976) nicht nur einen katastrophalen Rückgang der landwirtschaftlichen Produktion, sondern auch schwere Schäden an Boden und Umwelt. Schließlich erreichte der Niedergang infolge der Kulturrevolution, verstärkt durch Klimaextreme, ein derartiges Ausmaß, daß eine Neuorientierung unvermeidlich wurde.

Der Schutz von Eisenbahnanlagen

Seit mehr als 2000 Jahren hat jede neue Dynastie Programme zur Verbesserung der Landwirtschaft und zur Bekämpfung der Verwüstung begonnen. Nach anfänglichen Erfolgen schlugen alle fehl. Die erste größere Anstrengung zur Bekämpfung der Wüste in neuerer Zeit war bezeichnenderweise der Schutz strategisch wichtiger Verkehrswege, vor allem der Eisenbahnlinie von Beijing über Hohhot, Yinchuan, das Industriezentrum Lanzhou und Linze nach Ürümqi. Diese wichtige Verkehrsader verläuft bei Zhongwei nördlich Lanzhou auf etwa 20 Kilometer zwischen den südlichen Ausläufern der Tenggerwüste und dem Huang He. Die kalttrockenen Nordweststürme treiben die Sanddünen der Tengger nach Süden in den Huang He. Bevor sie im Huang He verschwinden, überwandern sie die Gleise. Bei jedem größeren Sturm wird die Strecke zugeweht.

Die Wissenschaftler und Techniker einer chinesischen Forschungsstation entwickelten in den letzten Jahren Methoden zur Stabilisierung von Wanderdünen. Sie sind technisch ähnlich und ebenso aufwendig und teuer wie die Verfahren der Wanderdünenbefestigung des 19. Jahrhunderts in Norddeutschland. Zuerst wird eine schneezaunartige erste Schutzwehr etwa 500 Meter vor der Bahnlinie auf der Hangoberkante errichtet. Dahinter wird das zum Huang He abfallende Dünenvorland mechanisch befestigt, indem Arbeiter Stroh in Form eines quadratischen Gitterwerks in den losen Sand einstampfen. Dann pflanzen sie in die Strohvierecke trockenheitsliebende Sträucher. Staubablagerungen aus Stürmen und natürliche Besiedelung mit Flechten bilden eine stabilisierende Oberflächenkruste, auf der sich schließlich Kräuter und Wüstengräser ansiedeln können. Flechten spielen eine wichtige

ha je Großvieheinheit

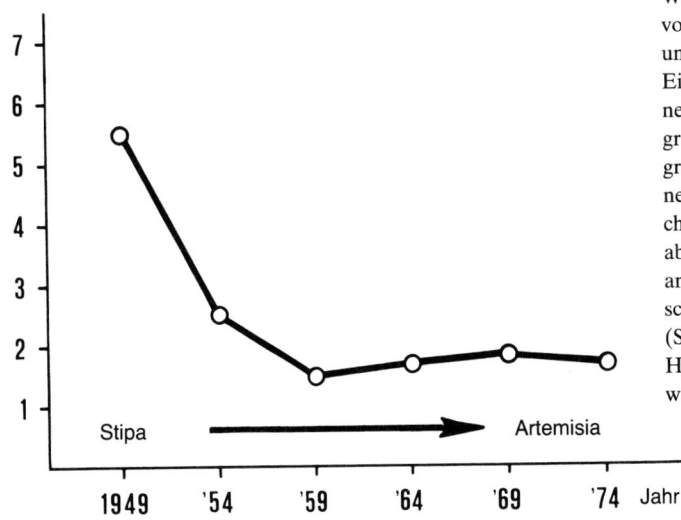

```
7
6
5  ○
4
3
2        ○
1              ○────○────○────○
   Stipa ────────────→ Artemisia
  1949  '54  '59  '64  '69  '74  Jahr
```

Die Tabelle zeigt die Abnahme der Weidefläche pro Großvieheinheit von 1949 bis 1974 im Xianghuang und Damao, Banner, Nei Mongol. Eine Großvieheinheit entspricht einem Lebendgewicht von 500 Kilogramm. Zehn Ziegen zu 50 Kilogramm entsprechen zum Beispiel einer Großvieheinheit. Die Weidefläche nahm im angegebenen Zeitraum ab, einesteils weil der Viehbestand anwuchs, andernteils weil die geschlossene Steppe aus Federgras (Stipa) zu einer büschelig-offenen Halbwüste mit Beifuß (Artemisia) wurde. Grafik Bruenig

und vielfältige Rolle in diesen Lebensräumen. Sven Hedin sammelte auf seiner berühmten Expedition in Nordwestchina allein 800 verschiedene Flechtenarten.

Der nächste Schritt ist die Anlage von dauerhaften Sand- und Windschutzstreifen, beginnend in den feuchteren Mulden. Hierzu werden die gleichen Baum- und Halbbaumarten verwendet wie für den Oasenschutz. Die wandernden Sanddünen branden aber wie eine steigende Sturmflut gegen den Schutzgürtel an. Es ist nur eine Frage der Zeit, wann sie soviel Masse und Höhe davor aufgetürmt haben, daß sie in einem extremen Sturm die Schutzanlagen überrollen. Das Problem kann nur gelöst werden, wenn es gelingt, die Quelle zu stopfen, aus der die Sandmassen kommen.

Wanderdünen bedrohen Oasen

Die Funktionsfähigkeit und Sicherheit der meisten Oasen ist in den letzten Jahrzehnten in Gefahr geraten. Die Ursachen sind vielfältig. Der Wasserverbrauch in den Oberläufen der Flüsse reduziert das Wasserangebot und erhöht gleichzeitig den Salzgehalt des Wassers. Entwaldung in den Gebirgen läßt mehr Wasser oberflächlich abfließen, so daß weniger in das Grundwasser einsickert. Die Zerstörung der Pflanzendecke in den Vorbergen und im Flachland verstärkt Staub- und Sandstürme und damit die Aufschüttung wandernder Sanddünen. Das Vortreiben des Ackerbaus aus der Oase in die Wüste erhöht den Wasserverbrauch und die Verdunstung. Die meist sorglose Wasserbewirtschaftung durch Kollektive und Kommunen verstärkt die Tendenz zur Versalzung, zuerst der Randzonen, schließlich auch der Oase selbst. Gegenmaßnahmen gegen die Versalzung sind einfach, solange ausreichend Süßwasser aus den Einzugsgebieten nachfließt. Schwieriger zu lösen ist das Problem der Wanderdünen.

Der Oasenschutz wird überall nach einem einheitlichen Prinzip durchgeführt: Vorfeldbefestigung, Anlage eines Wind- und Sandschutzgürtels um die Oase, Flurholzstreifen zum Windschutz in den Feldern der Oase. Als Demonstrations- und Versuchsprojekt dient den Chinesen eine mehrere tausend Hektar große Oase bei Linze. Sie liegt in einer Flußniederung und wird von Wanderdünen aus

Wasserstelle in der Tenggerwüste mit Schafen und Trampeltieren. Wasserstellen sind meist Ausgangs- und

Brennpunkte der Wüstenausbreitung. Dies wird auch auf Satellitenbildern deutlich. Foto Bruenig

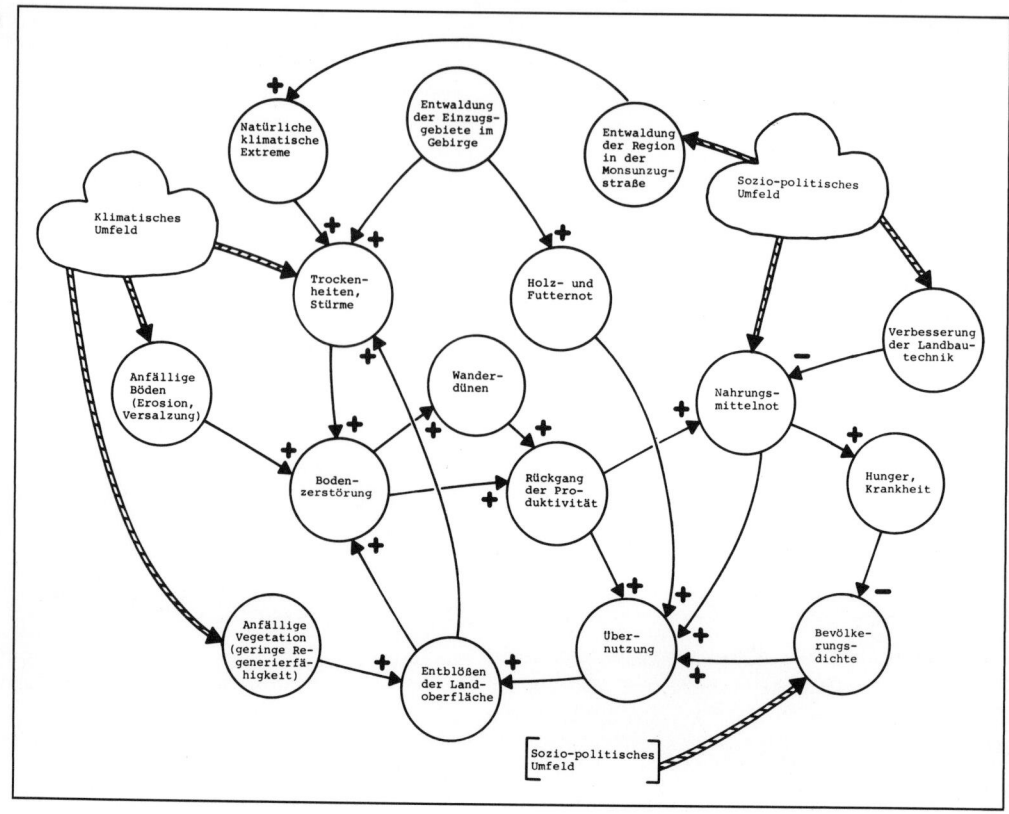

Wirkungszusammenhänge bei der Wüstenausbreitung. Die Bedingungen des Klimas und des Wasserhaushaltes bedingen die Anfälligkeit der Vegetation und Böden. Die Bevölkerungszunahme und ständig zunehmende Nutzungsintensität führen zur Entwaldung der Wassereinzugsgebiete und zu Erosion, Wanderdünenbildung und Versalzung im Flachland. Die sinkende Produktivität zwingt zu verstärkter Übernutzung. Grafik Bruenig

dem Nordwesten bedroht. Vor der Oase sind die Dünen etwa 20 Meter, in etwa 2 bis 3 Kilometer Entfernung, im Hauptfeld, bis 70 Meter hoch. Die Vorfelddünen haben oft einen gewissen Tonanteil, und das Grundwasser steht in Wurzeltiefe. Daher ist es relativ leicht, sie durch Bepflanzung der Mulden und der windzugewandten Flanken zu stabilisieren.

In einer Oase in der Tenggerwüste westlich von Beyenhot versuchen die Chinesen seit 1980, das Dünenvorfeld auf einer Fläche von 23 000 Hektar durch Saat aus 50 Meter hoch fliegenden Kleinflugzeugen zu begrünen. Wenn es nach der Aussaat regnet, wächst in Mulden und auf den flacheren, windzugewandten Nordwesthängen vor allem das Knöterichgewächs Calligonum. Doch hohe, rasch wandernde Sanddünen des Hauptfeldes lassen sich auf diese Weise nicht begrünen. In der Sowjetunion hat man die Saat zur Wüstenbegrünung aufgegeben, weil nur jedes zehnte Jahr günstige Feuchtigkeitsverhältnisse für das Keimen bietet.

Schutzgürtel gegen Winde

Der nächste Schritt ist die Anlage eines Wind- und Sandschutzgürtels. Er liegt zwischen Vorfeld und Ackerflächen und sollte 200 bis 500 Meter breit und vielfältig aufgebaut sein, um seine Aufgaben ausreichend zu erfüllen, nämlich: Bremsen der Windgeschwindigkeit, Ausfilterung von Staub und Sand, Erhöhung der Luftfeuchtigkeit, Produktion von Brennmaterial, Viehfutter und Kompost. Tatsächlich reichten Pflanzenmaterial, Arbeitskräfte und Zeit bisher nicht aus, um diese Ziele zu erreichen. Die meisten Schutzgürtel sind kaum mehr als zwei bis vier Baumreihen breit und obendrein viel zu dicht gepflanzt. Die Pappeln haben die unteren Äste oft schon verloren, so daß der Wind gerade da hindurchpfeift, wo die Bremsung am wichtigsten wäre. Die Produktion von Brennholz in diesen Schutzstreifen reicht bei weitem nicht aus, um den Bedarf von einem Kubikmeter pro Einwohner der Oase zu decken. Ein weiteres Problem ergibt sich aus der Tatsache, daß viele Windschutzstreifen aus einer einzigen Pappelart bestehen. Im Extremfall wird eine Anpflanzung mit monoklonalen Stecklingen begründet, d. h. die Stecklinge werden von einem einzigen Mutterbaum gewonnen. Sie sind daher gleich veranlagt, gleich resistent und produktiv, aber auch gleich anfällig. Eine klimatische oder chemische Belastung oder ein Schädling können schnell den ganzen Bestand vernichten.

Um den Wind wirksam zu bremsen, muß die Landoberfläche »rauher« werden. Das hat aber auch zur Folge, daß der Luftaustausch zwischen Oberfläche und Atmosphäre zunimmt. Damit steigt die Transpiration, d. h. der Wasserverbrauch durch Bäume und die anderen Pflanzen, verstärkt durch die extreme Trockenheit des Wüstenwindes. Ein Schutzgürtel verbraucht also sehr viel Wasser. Dadurch kann der Grundwasserspiegel sinken, und die Gefahr der Versalzung erhöht sich. Untersuchungen im Windkanal wären notwendig, um herauszufinden, welche aerodynamische Rauhigkeit gerade richtig wäre, um ausreichend zu schützen, aber nicht zuviel Wasser zu verbrauchen.

Jährliche Häufigkeiten starker Stürme und Trockenperioden in Nordchina seit der Zeitenwende. Die chinesischen Dynastien: 0 = Westl. Han, 1 = Östl. Han, 2 = Drei Reiche, 3 = Jin, 4 = Spaltung des Reiches, 5 = Sui, 6 = Tang, 7 = Fünf Dynastien, 8 = Song, 9 = Yuan, 10 = Ming, 11 = Wing, 12 = Republik, 13 = Volksrepublik.

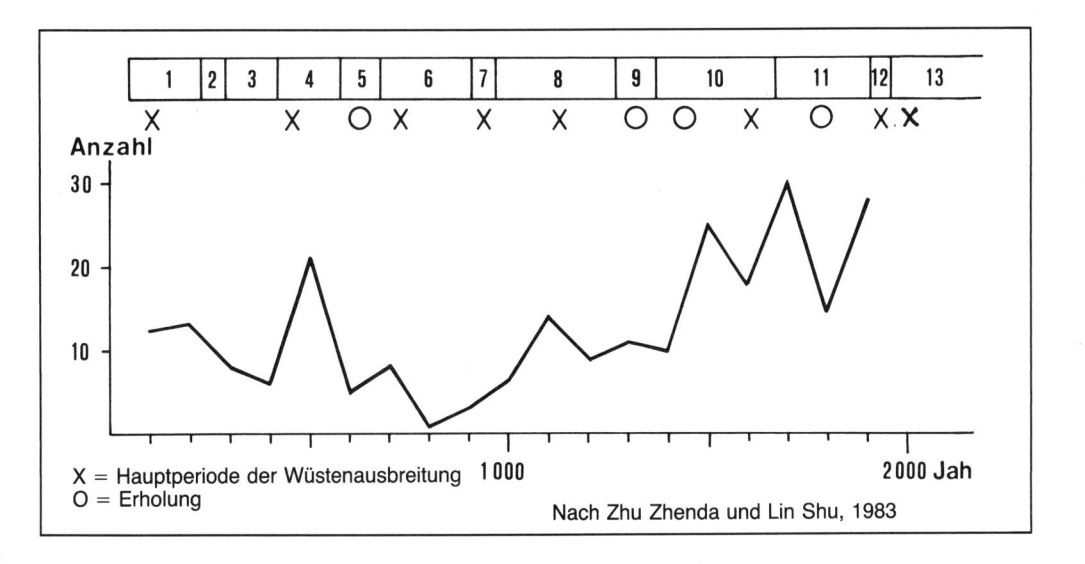

X = Hauptperiode der Wüstenausbreitung
O = Erholung

Nach Zhu Zhenda und Lin Shu, 1983

Erfahrungen in Deutschland

Die heutige Situation in Nordwestchina erinnert an die verödeten, sandigen Heiden von Ostpreußen bis Ostfriesland im 17. bis 19. Jahrhundert. Reiseberichte um 1700 vergleichen die Lüneburger Heide mit der Tartarensteppe, baumlos, verödet, von Sandstürmen durchbraust. Auch heute noch ist die Winderosion ein landwirtschaftliches Problem in Schleswig-Holstein und Niedersachsen, während die Wanderdünen und Ödländereien inzwischen von den Forstleuten in einer Großtat, die ihresgleichen sucht, aufgeforstet und in leistungsfähige Wälder umgewandelt wurden.

In Deutschland konnten die Forstleute die verwüstete Landschaft erst wiederherstellen, nachdem die entsprechenden Voraussetzungen geschaffen waren. Kunstdünger befreite die Heiden und Waldreste von Streunutzung und Plaggenhieb, Kohle ersetzte Holz und Holzkohle in der Industrie, Holzteer, Pech und Pottasche fanden andere Ersatzstoffe, die Waldweide wurde durch Grünlandwirtschaft abgelöst.

Mit ihrer Erfahrung konnten deutsche Forstleute im Rußland des 18. und 19. Jahrhunderts erfolgreich verwüsteten Wald wiederaufforsten, riesige Windschutzstreifen in den Steppen begründen

Typischer Landschaftsquerschnitt Vollwüste – Oase am Beispiel einer Oase bei Beyenshot am Südostrand der Tengger-Wüste. Links im Hauptfeld hohe und rasch wandernde Sanddünen. Das Vorfeld war ursprünglich mit einer Halbwüstenvegetation bestanden, die zerstört wurde. Seit 1980 Saat von Calligonum oder Bepflanzung mit Beifuß (Artemisia), Nitraria und Saksaul (Haloxylon). Im Schutzgürtel und in den Windschutzstreifen verschiedene Pappelarten, Ölweide (Elaeagnus angustifolius) und stickstoffbindende Sträucher, wie Süßklee (Hedysarum scoparium). Wasser für den Ackerbau mit Buchweizen, Mais, Reis, Alfalfa und Gemüse wird aus dem Grundwasser (etwa 1 Brunnen für 50 Hektar) und aus dem Fluß gewonnen.

T_O = Größenordnung der tatsächlichen Transpiration der Pflanzendecke, nur grober Schätzwert. Messungen liegen nicht vor und würden wohl höhere Werte ergeben.

Z_O = Größenordnungen der aerodynamischen Oberflächenrauhigkeit der Pflanzendecke ohne Berücksichtigung des Einflusses der Bodenunebenheiten und der gegenseitigen Wechselwirkungen (z. B. Gesamteffekt Windschutzstreifen und Feld).

Grafik Bruenig

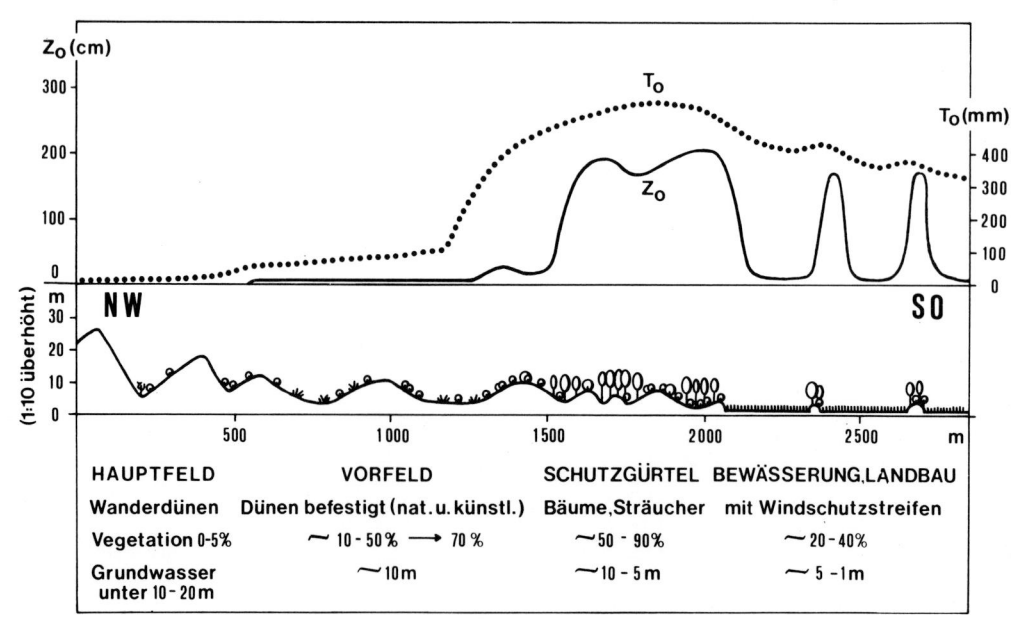

Verursachendes Element	Flächen in %
Landwirtschaftliche Übernutzung	23,3
Überweidung	29,4
Brennmaterialgewinnung	32,4
Überbauung	0,8
Wassernutzung, fehlerhafte Bewirtschaftung	8,6
Übersandung durch Wanderdünen	5,5
Gesamtfläche (6 Mill. ha)	100,0

und die Weidewirtschaft verbessern. Die Regierung schuf ihnen dazu die notwendigen politischen Randbedingungen. Die Erfahrungen in Rußland wurden dann von sowjetischen Entwicklungsexperten in den fünfziger Jahren nach China übertragen.

Integrierte Wüstenbekämpfung

In China ist die Ausbreitung der Wüsten und die Bedrohung von Verkehrswegen, Oasen, Weide- und Ackerland nachhaltig nur unter Kontrolle zu bringen, wenn nicht nur an den Symptomen operiert, also einzelne Objekte geschützt, sondern wenn die Ursachen an der Wurzel kuriert werden. Dies bedeutet:

- Schutz der Bergwälder vor Wild, Vieh und Mensch, Einführung geregelter waldpflegender Holznutzung
- Regelung der Beweidung der Steppen und Halbwüsten
- Verbesserung der Wassernutzung entlang der Flüsse und in den Oasen
- Steigerung der Hektarerträge im Akkerbau durch Düngung, Züchtung, Pflanzenschutz, Strukturverbesserung (Eigentumsfrage!) und Motivierung der Bauern
- Zurücknahme des Feldbaus aus den Randzonen der Oasen und aus Gebieten mit weniger als 250 Millimeter Jahresniederschlag
- Anpassung der Struktur der Landoberfläche (aerodynamische Rauhigkeit) an die Schutzbedürftigkeit der Standorte (Bodenschutz, Windschutz) und die Leistungsfähigkeit des Wasserhaushalts (ausgewogenes Verhältnis zwischen Nachlieferung und Verbrauch, vor allem auch ausreichender Abfluß, um Salze abzuführen und Versalzung zu vermeiden).

Im Kampf gegen die Wüste spielen auch soziale und politische Belange eine Rolle. Ein Beispiel für solche übergreifenden Zusammenhänge: Die Verbesserung der Landbautechnik wird Arbeitskräfte freisetzen. Ihr Abzug in die Großstädte würde neue Probleme aufwerfen und muß verhindert werden. Die Regierung hat dies erkannt und fördert seit einigen Jahren die Entwicklung von Klein- und Mittelstädten auf dem Land als Zentren von Handel, Gewerbe, Leichtindustrie und Dienstleistungen. Diese Zentren nehmen nicht nur freigesetzte Arbeitskräfte auf, sondern bieten der Landwirtschaft wiederum bessere Voraussetzungen für die Verwertung ihrer Produkte, den Bezug von Maschinen, Chemikalien und Saatgut und für Ausbildung, Bildung und Information. Nur dann erscheint der Kampf gegen die Verwüstung erfolgversprechend, wenn Einzelprobleme im Zusammenhang gesehen und umfassende Lösungen gefunden werden.

Bücher zum Thema

George, U.: In den Wüsten der Erde. Hamburg 1976

Goodall, D.W. (Hrsg.): Ecosystems of the World. Vol. 5. Temperate Deserts and Semi-deserts. Vol. 12. Hot Desert and Arid Shrubland. Amsterdam–Oxford–New York, in Vorbereitung

Goodall, D.W. und Perry, R.A.: Arid Land Ecosystems, Vol. 1. Cambridge 1979

Walter, H.: Die Vegetation Osteuropas, Nord- und Zentralasiens. Stuttgart 1974

Wang, Chi-Wu: The Forests of China with a Survey of Grassland and Desert Vegetation. Cambridge, Mass. 1961

Wolfgang Engelhardt

DEN STERNEN AUF DER SPUR
Amateure fotografieren Himmelsobjekte

Bei jeder größeren Raumfahrtunternehmung der Sowjets oder der Amerikaner sehen viele Menschen interessiert an den Himmel in der Hoffnung, irgendetwas mit eigenen Augen zu sehen. Und manchmal gelingt es tatsächlich, am Abend- oder Morgenhimmel einen hellen Satelliten oder gar ein bemanntes Raumschiff zu erkennen, das in Minuten über das Firmament zieht. Der Fotoamateur mag bei einem solchen Anblick den Wunsch verspüren, diese Satelliten-Leuchtspur mit der Kamera festzuhalten oder sich über die Himmelsfotografie allgemein zu informieren. Auf diesem Gebiet hat sich in den letzten Jahren sehr viel getan. Neue hochempfindliche Farbfilme und vor allem preiswerte astronomische Instrumente versetzen den interessierten Amateur in die Lage, auch bei verhältnismäßig geringem finanziellem Aufwand sehr reizvolle Himmelsaufnahmen zu machen.

Strichspur-Aufnahmen

Gehen wir bei unserem kleinen Streifzug durch die Astrofotografie zunächst vom »Normalamateur« aus, der eine Spiegelreflexkamera im Kleinbildformat sein eigen nennt. Als Test vor der Entscheidung über den Kauf eines neuen Objektivs eignet sich sehr gut eine astronomische Aufnahme. Wir stellen die Kamera in einer sternklaren, mondlosen Nacht draußen auf ein stabiles Stativ, laden sie mit hochempfindlichem Schwarzweiß- oder Farbfilm und setzen das zu prüfende Objektiv ein. Nun wird die Blende auf maximale Öffnung gestellt, der Film transportiert und der Verschluß gespannt und auf B gestellt, so daß wir die Öffnung mit einem arretierbaren Drahtauslöser offen halten können.

Wenn wir diesen Versuch in einer sehr dunklen Gegend machen, wo kaum Streulicht hinkommt, so hinterlassen die Sterne auf dem Film – sofern das Objektiv auf eine sternreiche Gegend am Himmel gehalten wurde – bei Belichtungszeiten von 3 bis 5 Minuten kurze Leuchtspuren, die gemäß der scheinbaren Bewegung der Sterne am Himmel kreisförmig »gebogen« sind. Die Auswertung der sorgfältig entwickelten Filme erfolgt mit einer Lupe auf dem Leuchttisch oder vor einer Fensterscheibe. Wir beachten dabei vor allem die Strichspuren am Rande des Negativs oder Dias; auch dort müssen sie scharf und eng begrenzt sein, wenn es sich um ein gutes Objektiv handelt. Sollte das nicht der Fall sein, so ist Vorsicht geboten.

Totale Sonnenfinsternis in der Aufnahme eines Amateurs. Am Rand erkennt man den Strahlenkranz der Korona mit Protuberanzen. Sonnenfinsternisse treten ungefähr alle 6 Monate auf. Doch sind sie auf der Erde nur in einem sehr beschränkten Gebiet von 200 Kilometer Durchmesser zu sehen. Foto Interfoto

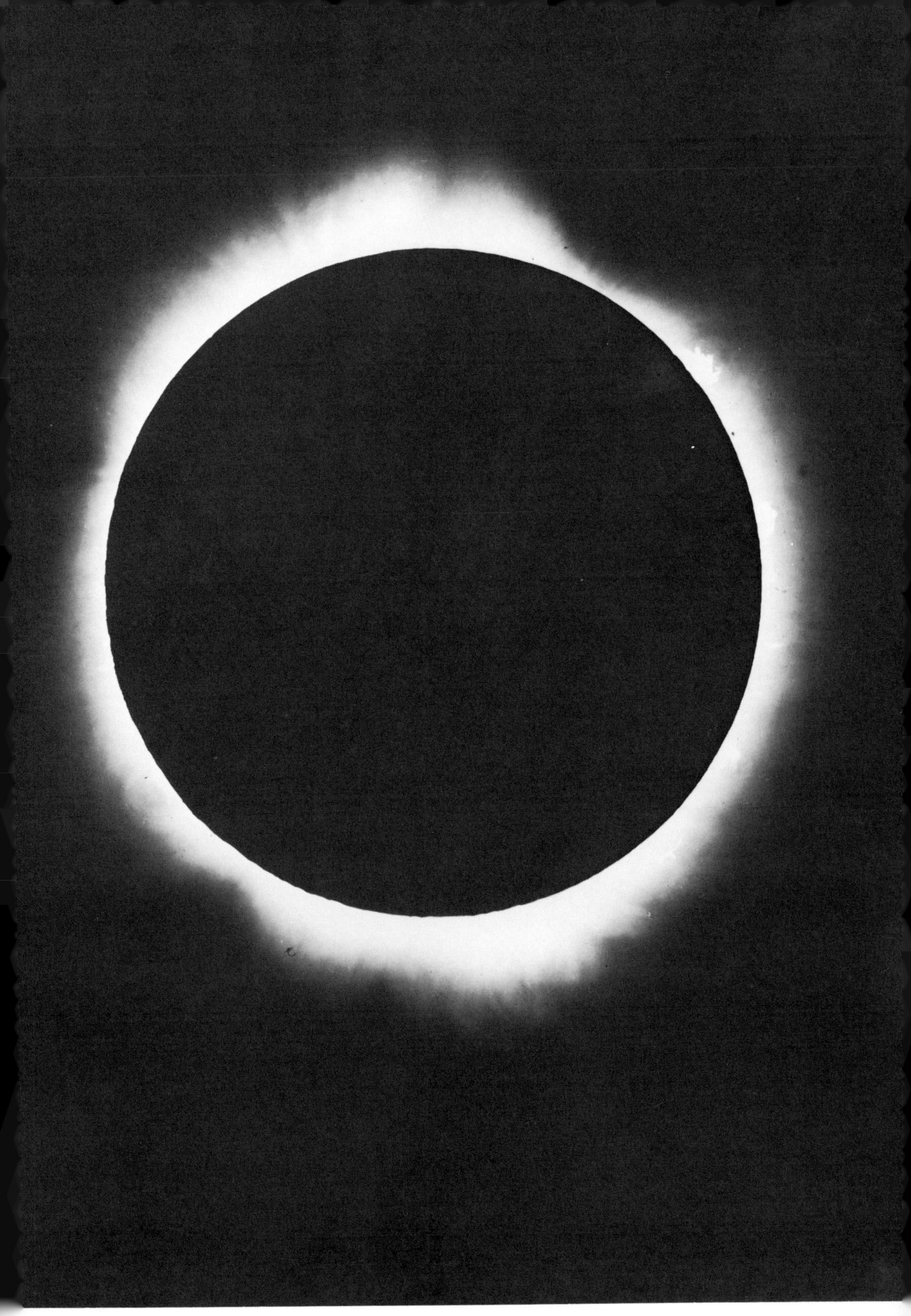

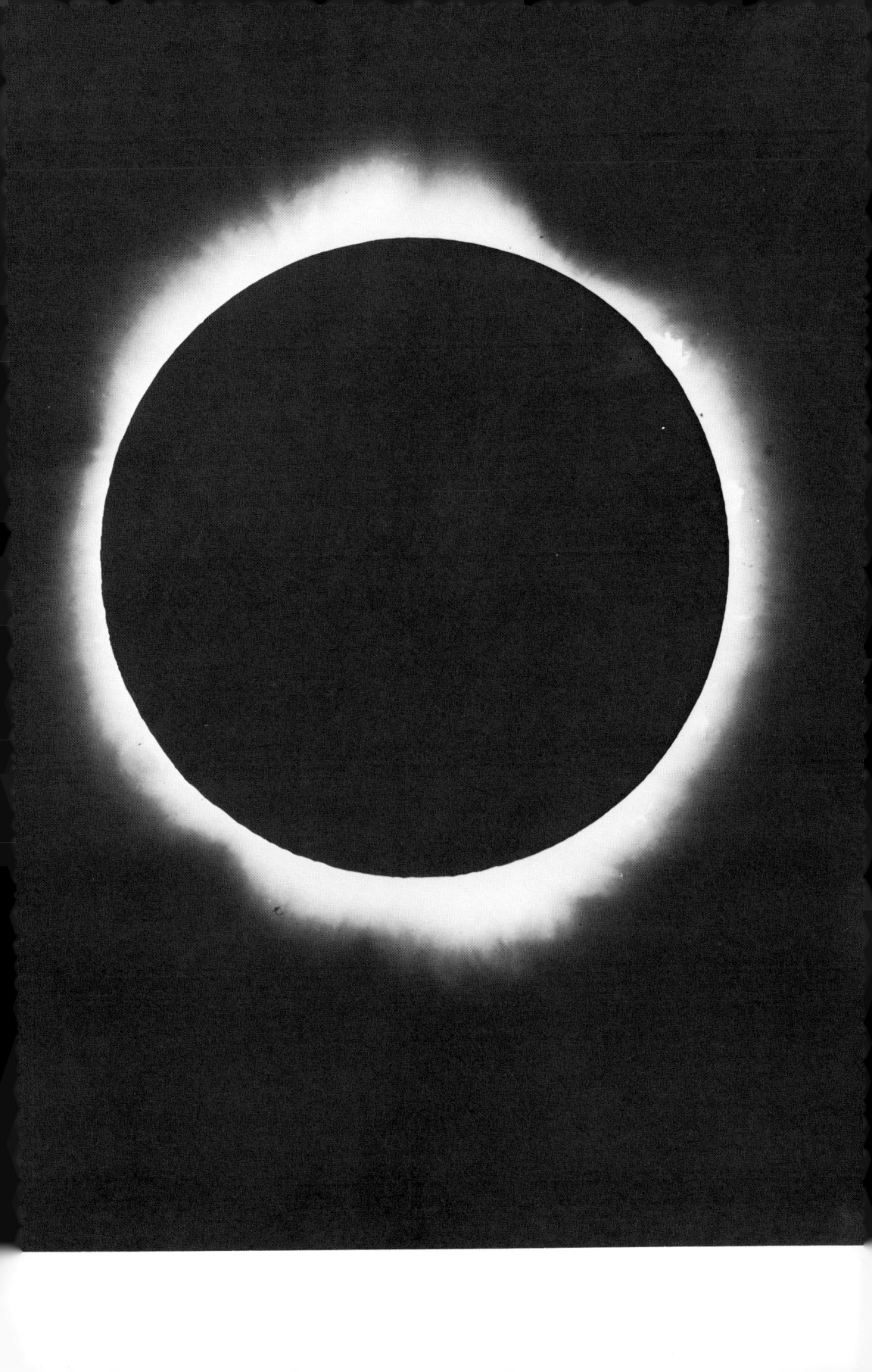

Der Komet West in einer Amateuraufnahme. Er war der hellste Komet der letzten Jahre. Er zeigte einen geraden und einen gekrümmten Schweif. Foto Planetarium Baader

Totale Mondfinsternis, aufgenommen mit einem Celestron C 8. Der Mond verschwindet nie völlig. Der Kernschatten der Erde zeigt eine rötliche Verfärbung. Foto Baader Planetarium.

Rechts: Das Celestron C 8 ist wohl eines der besten Amateurteleskope. Trotz seiner geringen Abmessungen weist es beachtliche optische Leistungen auf. Das Auflösungsvermögen beträgt eine halbe Bogensekunde. Die maximale Vergrößerung liegt bei 300fach. Gemessen an dem, was es bietet, kostet es nicht viel Geld. Foto Engelhardt

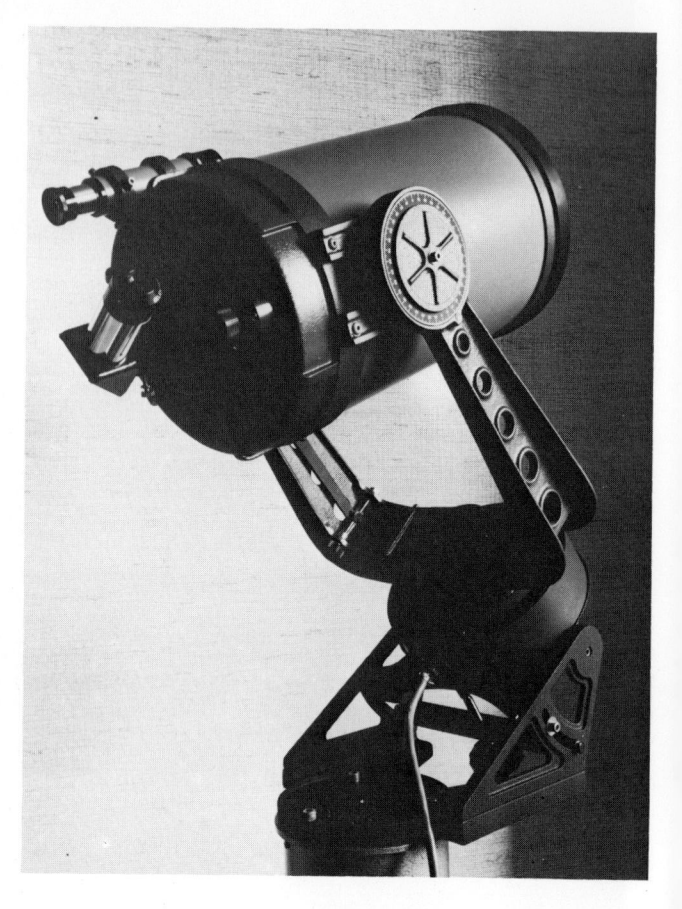

Gegenüberliegende Seite: Auch solche hervorragenden Mondfotos lassen sich mit einer guten Amateurausrüstung erzielen. Foto Engelhardt

Bildgestaltung mit Sternen

Die heutigen sehr lichtstarken Objektive erfassen auf die oben beschriebene Weise auch ziemlich lichtschwache Sterne. Wenn wir in einer abgeschiedenen Gegend wohnen, wo kaum Abgase und Straßenbeleuchtungen die Atmosphäre trüben und wo der Himmel nachts wirklich noch dunkel ist, dann können wir den Verschluß sogar 30 Minuten offenhalten. Auf dem Film zeigt sich dann ein verwirrend vielfältiges Streifenmuster von vielen tausend Sternen. Solche Aufnahmen können durchaus einen ästhetischen, künstlerischen Reiz haben, vor allem, wenn wir im Vordergrund ein markantes Gebäude, eine Brücke oder das Geäst eines Baumes mit auf das Bild bekommen, das natürlich scharf als Schattenriß abgebildet wird. Sterne in der Nähe des Himmelspols und damit des Polarsterns hinterlassen auf dem Film sehr enge, besonders eindrucksvolle kreisförmige Lichtspuren. In größerer Entfernung vom Polarstern werden die Sternspuren als weniger gekrümmte Kreisabschnitte abgebildet.

Die sorgfältige Anwendung der Sternspur-Technik kann sogar wissenschaftlichen Wert haben, wenn es gilt, die Spuren von Meteoriten oder schwacher Satelliten aufzuzeichnen. Diese Lichtspuren verlaufen gerade durch die ansonsten mehr oder weniger gekrümmten Sternspuren. Durch genaue Vermessung erhalten wir Angaben über die Bahnen dieser »Querläufer«. Professionelle Beobachter fotografieren solche Lichtspuren von zwei verschiedenen Standpunkten aus, und aus der Verschiebung der neuen Lichtspur gegenüber den Sternbildern berechnen sie, wie weit der Meteorit oder Satellit vom Beobachter entfernt war und in welche Richtung er flog.

Besonders reizvoll sind solche Sternspur-Aufnahmen vor allem mit Colorfilm, dann werden nämlich die verschiedenen Farben der einzelnen Fixsterne und Planeten sichtbar, Weiß, Gelb, Rot oder auch Blau. Wir nehmen dazu Farbumkehr- oder -negativemulsionen von 23 oder gar 27 DIN Empfindlichkeit und stellen bewußt auch einmal nicht auf »Unendlich«, sondern auf einen kürzeren Wert von vielleicht 2 oder 5 Meter. Die Sternspuren bilden sich dann ziemlich breit ab, etwa um einen halben Millimeter. Diese extrafokalen Zerstreuungskreise sind ebenfalls sehr eindrucksvoll, wenn sie sich als Kreisausschnitte über das Dia oder Negativ erstrecken.

Sternfeld-Aufnahmen

So reizvoll die Sternspur-Aufnahmen auch sein mögen, der schon etwas fortgeschrittene Foto- und Astrofan wird bald die Sterne scharf und punktförmig abbilden wollen. Bei feststehender Kamera geht das nur mit sehr kurzen Belichtungszeiten, die nicht viele Sterne erfassen. Liegen die Belichtungszeiten über 10 oder höchstens 20 Sekunden, so erscheinen die Sterne auf dem Negativ oder Dia unter der Lupe schon leicht länglich, vor allem, wenn längere Brennweiten verwendet werden.

Wollen wir dagegen mit längeren Belichtungszeiten auch lichtschwächere Sterne

Der Kugelsternhaufen M 13 im Sternbild Herkules. In Kugelhaufen liegen schätzungsweise zwischen 50 000 und 50 Millionen Sternen. Foto Baader Planetarium

Amateuraufnahme des Orionnebels. Die Farben kommen hier durch eigenes Leuchten (Emission) und zusätzlich durch Reflexion von Sternlicht zustande. Solche Nebel nennen wir diffus. Foto Baader Planetarium

punktförmig erfassen, so müssen wir die Bewegung der Gestirne am Nachthimmel bzw. die Erddrehung mit einer entsprechenden mechanischen Vorrichtung ausgleichen. Das bedeutet: Die Kamera wird dem Lauf der Gestirne nachgeführt. Es wird jedermann einleuchten, daß wir diese Bewegung nicht von Hand nachvollziehen können, selbst wenn die Kamera auf einem Stativ fixiert ist. Ein Versuch überzeugt uns: Die Bewegung ist zu langsam, und wir erhalten auf dem Film unschöne Zickzack-Lichtspuren.

Die Astronomen behelfen sich mit kleinen Elektromotoren, um ein Teleskop oder eine Kamera dem bogenförmigen Lauf der Gestirne am Nachthimmel genau nachzuführen. Diese Bewegung erfolgt in zwei Richtungen, gleichzeitig vertikal und horizontal. Um den mechanischen Aufwand bei der Nachführung eines Instruments zu reduzieren, wurde die sogenannte parallaktische Montierung entwickelt, bei der die senkrechte Drehachse um die geografische Breite abgekippt ist, so daß sie parallel zur Erdachse steht. Nun genügt ein kleiner Elektromotor, um das Gerät langsam zu bewegen. Solche parallaktischen Montierungen gibt es natürlich auch für Amateurastronomen, meist in Verbindung mit einem Teleskop, aber auch einzeln. Allerdings ist die korrekte Aufstellung nicht ganz einfach, da hilft nur eine präzise Gebrauchsanweisung oder die Hilfe eines versierten Sternfreundes.

Nun sind wir bestens gerüstet, um länger belichtete Sternaufnahmen zu machen und auch um mit einem Teleobjektiv zu arbeiten. Linsensysteme mit langer Brennweite sind ja meist nicht so lichtstark und erfordern von sich aus eine längere Belichtungszeit.

Sternaufnahmen mit Teleobjektiv und Weitwinkel

Mit guten Teleobjektiven von 400 bis 600 Millimeter Brennweite lassen sich – bei entsprechend stabiler Montierung – prächtige Aufnahmen von Sternfeldern oder sogar Sternhaufen machen. Mit einer solchen »Kanone«, die mit der Lichtstärke 1:5,6 durchaus erschwinglich ist, haben Amateure bei 25 Minuten Belichtungszeit schon die Randzonen eines Kugelsternhaufens aufgelöst – eine ganz erstaunliche Leistung. Die erreichte Grenzhelligkeit lag bei 14^m. Damit könnte man sogar den Pluto ablichten, den von der Sonne am weitesten entfernten Planeten – wenn man weiß, wo er gerade am Himmel steht. Die Nachführung und die Drehzahl des Synchronmotors, die über ein Zahnrad-System auf die Sterndrehung bzw. die Rotationsgeschwindigkeit der Erde abgestimmt ist, müssen aber präzise eingehalten werden. Damit lassen sich auch stundenlange Belichtungszeiten wie in großen Observatorien realisieren. Amateurastronomen haben sich mit einer einfachen Ausrüstung schon eigene Himmelsatlanten geschaffen. Geduld und Geschick sind dafür allerdings wichtige Voraussetzungen – nebst einem guten Beobachtungsplatz ohne atmosphärische Trübung. Aber auch die Montierung muß stabil sein, damit ein Windhauch nicht die ganze Apparatur zum Vibrieren bringt. Ein paar Kilo mehr machen die Angelegenheit zwar mühsamer, aber auch sicherer. Dann kann man auch einmal ein sehr langbrennweitiges Objektiv probieren, um wenigstens die Sonne oder den Mond halbwegs formatfüllend auf den Film zu bekommen.

Aber auch der Einsatz von Weitwinkel-Objektiven ist für Astroaufnahmen

Die Plejaden, das Siebengestirn, aufgenommen mit einem 500 Millimeter langen Spiegelobjektiv (Canon). Die Belichtung dauerte 17 Minuten, Film Tri-X pan. Foto Knülle

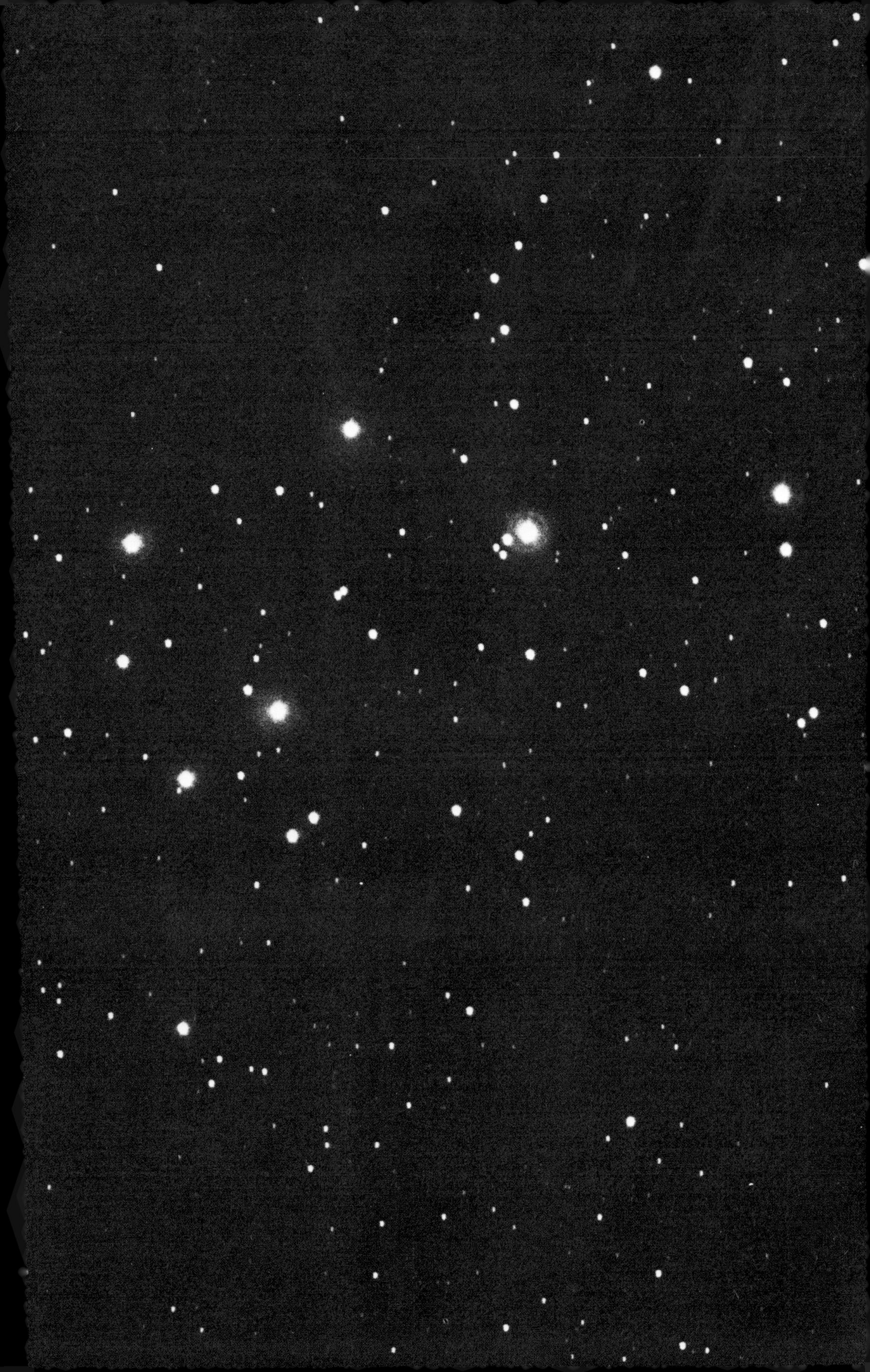

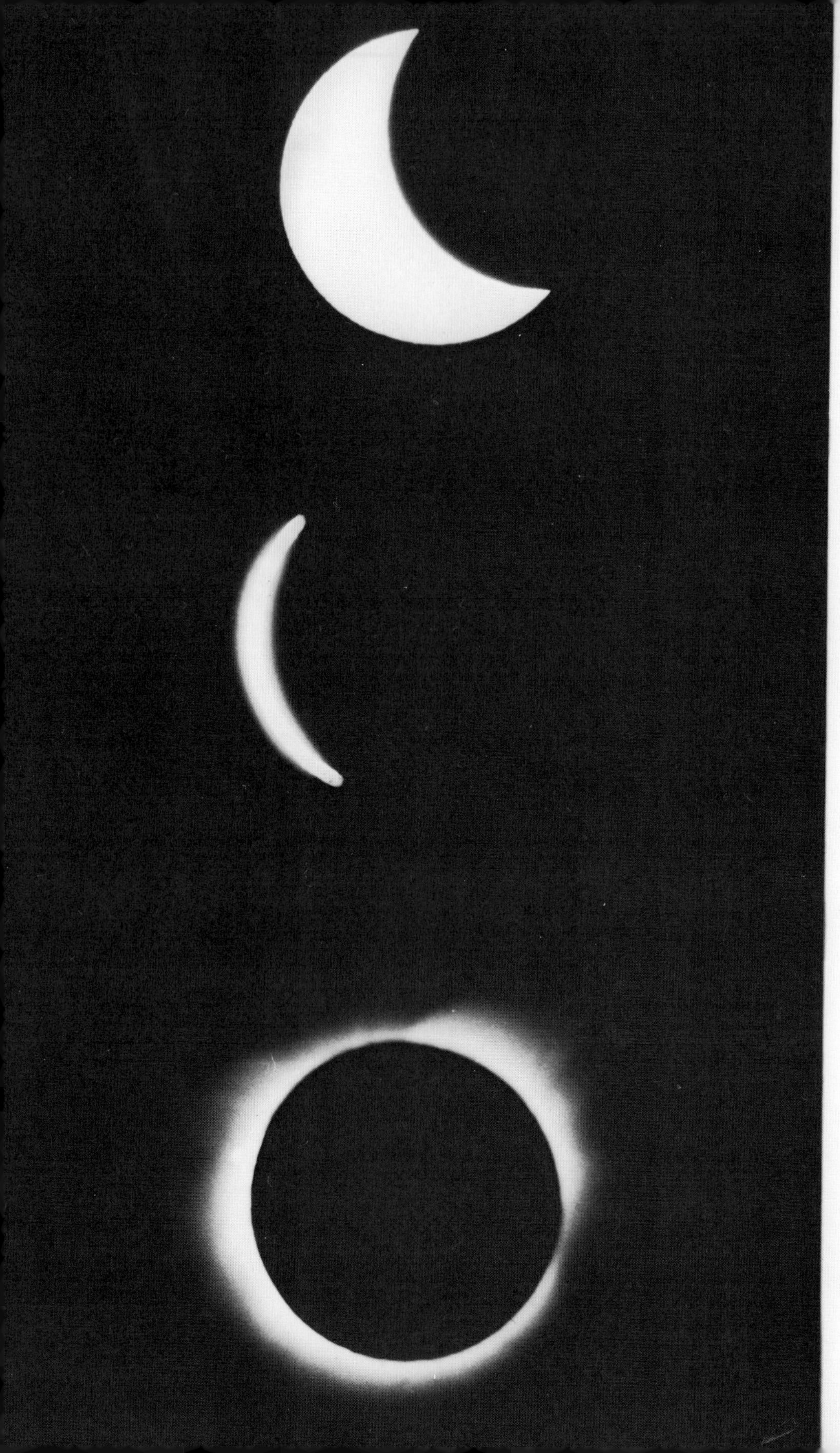

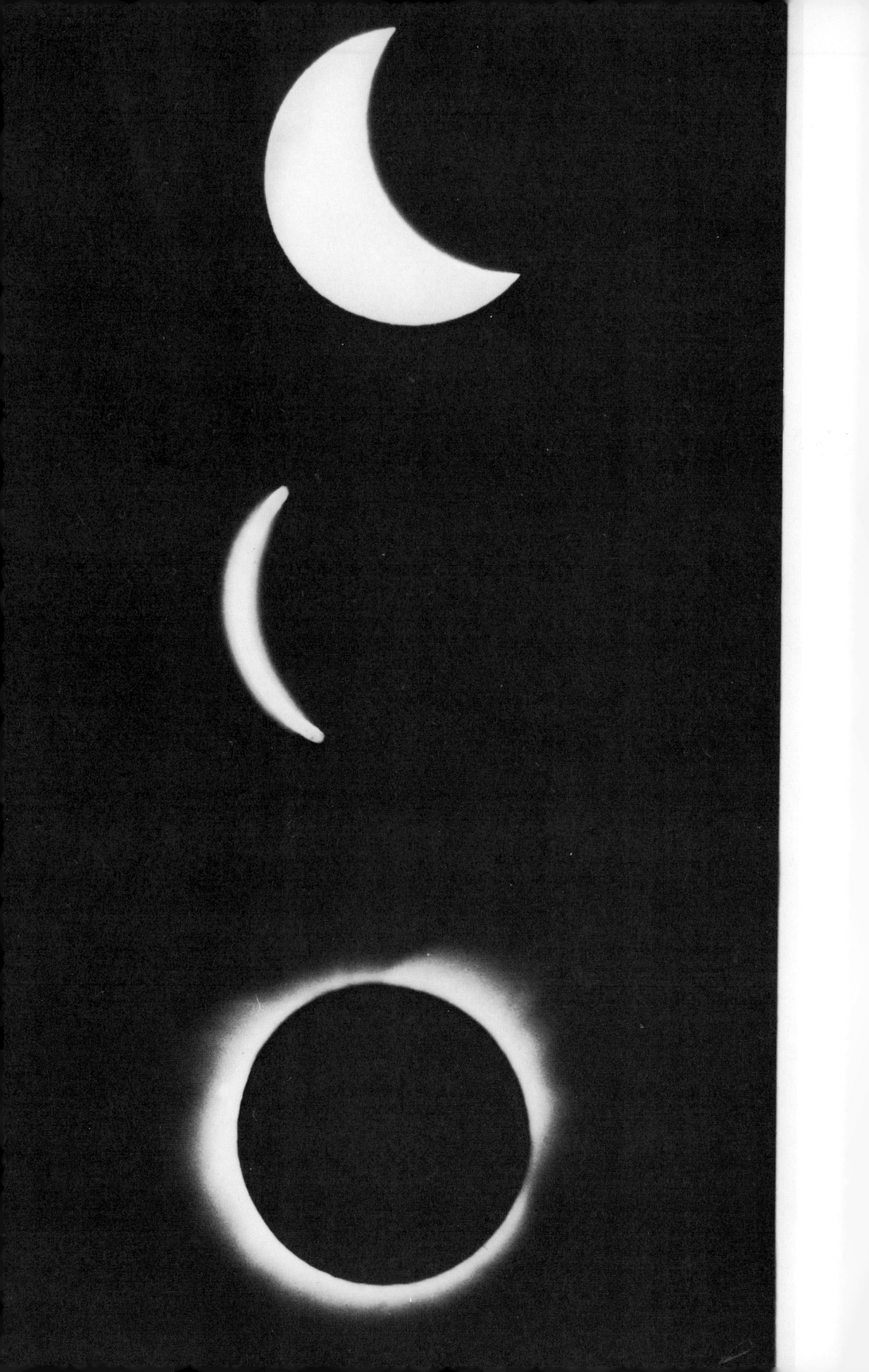

manchmal sehr reizvoll, denn damit lassen sich große Sternfelder abbilden, zum Beispiel bestimmte Abschnitte der Milchstraße. Dabei verlangt die Nachführung keine übergroße Genauigkeit, und wegen der höheren Lichtstärke eines solchen Objektivs reichen meist auch kürzere Belichtungszeiten aus.

Das Gerät des Sternfreunds

Wer Geschmack an den Anfangsgründen der Astrofotografie gefunden hat, sollte die Anschaffung eines guten astronomischen Teleskops in Erwägung ziehen. Diese Instrumente sind heutzutage ziemlich preiswert, stark in der Leistung und zuverlässig in der Qualität – wenn man sich nicht irgendwelchen »Schrott« andrehen läßt. Vor der Anschaffung eines Astro-Fernrohrs sollte man sich überlegen, was man damit eigentlich machen will. Wenn es nur um das gelegentliche »Spazierengucken« am Himmel geht, dann genügt ein relativ kleines, preiswertes Instrument aus einem Kaufhaus oder Großversand. Hat man sich jedoch der Astronomie oder gar der Astrofotografie ernsthafter verschrieben, dann gibt es heutzutage dafür sehr schöne Instrumente mit beachtlichem Linsen- oder Spiegeldurchmesser, die schon fast professionelles Arbeiten ermöglichen und gar nicht so teuer sind.

Zwei Arten von astronomischen Teleskopen bietet der Markt dem Amateur: das herkömmliche Linsenfernrohr und das Spiegelteleskop. Das Linsenfernrohr ist vor allem für den Anfänger interessant, während der fortgeschrittene Sternfreund sich ein Spiegelteleskop wünscht. Der Reflektor, wie dieses Gerät auch genannt wird, besteht aus einem zumeist parabolischen Hohlspiegel, der das Licht der Sterne auffängt und auf einen Sekundärspiegel lenkt. Dieser leitet die Strahlen schließlich ins Okular. Die Reflektoren haben den Vorteil, daß sie bei geringem Gewicht und geringer Länge mit erstaunlich großem Durchmesser gebaut werden können.

Ein Spiegelteleskop ist im Vergleich zum Linsenfernrohr bei gleichem Preis leistungsfähiger, gleichzeitig aber kleiner und leichter. Man hat also weniger zu schleppen, wenn man das Instrument gelegentlich mit nach draußen nehmen will in eine Gegend, wo der Himmel klarer ist als in der Stadt.

Einen großen Fortschritt beim Teleskopbau brachte der Schmidt-Spiegel: eine optische Korrekturplatte vor dem Hauptspiegel erreicht eine wesentliche Vergrößerung des Bildfeldes. Das ist vor allem für astrofotografische Zwecke wichtig, wenn man große Sternfelder erfassen will. Diese Schmidt-Spiegel eignen sich auch sehr gut für Amateurastronomen, denn ihre Konstruktion ist kurz und kompakt, obwohl sie einen beachtlichen Durchmesser und eine erhebliche Brennweite aufweisen. Der Sternfreund bekommt damit ein ideales Dachfenster- oder Balkonteleskop mit ganz beachtlichen optischen Leistungen.

Ein erstaunliches Teleskop

Als Beispiel für ein solches »Aktentaschen-Teleskop« sei hier das Celestron C 8 genannt, das von einer amerikanischen Firma gebaut wird und inzwischen Zehntausende begeisterte Astrofreunde gefunden hat. Das C 8 hat bei 20 Zentimeter Durchmesser eine Brennweite von 200 Zentimeter und ist doch nur 56 Zentimeter lang. Diese ganz erstaunliche Reduzierung der äußeren Abmessungen

Drei Phasen der Sonnenfinsternis vom 15. Februar 1961, aufgenommen in Norditalien. Die nächste totale Sonnenfinsternis ist im Gebiet der Bundesrepublik für 1999 zu erwarten – also noch viel Zeit zum Üben... Foto Interfoto

wird mit dem Schmidt/Cassegrain-Prinzip erreicht, das den Strahlengang innerhalb des Teleskops mehrfach »faltet«. Trotzdem liegt die Okularöffnung am hinteren Ende des Instruments, so daß der Beobachter immer in Richtung seines Himmelsobjektes sieht.

Das Celestron C 8 weist beachtliche optische Leistungen auf; es hat ein Auflösungsvermögen von einer halben Bogensekunde und erfaßt noch Sterne bis zur 14. Größe. Das Teleskop kann 500mal mehr Licht sammeln als das menschliche Auge und es ermöglicht Vergrößerungen von 50- bis 300fach. Es wiegt komplett nur 10 Kilogramm und kostet in der Grundausstattung etwas über 5000 DM – viel Geld, und doch nicht viel für das, was geboten wird. Das C 8 ist besonders gut für die Astrofotografie geeignet; mit einem entsprechenden Adapter kann jede herkömmliche Spiegelreflex-Kamera angeschlossen werden. Die Nachführung ist sauber und präzise und ermöglicht auch schwierige Sternfeld- und Planetenaufnahmen.

Einige technische Begriffe

Die Vergrößerung eines astronomischen Telekops ergibt sich aus dem Verhältnis von Objektiv- bzw. Spiegelbrennweite zur Okularbrennweite. Bei dem Celestron C 8 mit seinen 2000 Millimeter Brennweite ergibt sich mit einem Okular von 10 Millimeter Brennweite eine Vergrößerung von 200fach. Das ist übrigens genau die »förderliche« Vergrößerung, denn diese Zahl entspricht dem Spiegeldurchmesser in Millimeter. Nur bei besonders guten Beobachtungsbedingungen sollten wir in dieses Instrument auch einmal ein Okular mit 7,5 oder gar 5 Millimeter Brennweite einsetzen, was eine 300fache oder 400fache Vergrößerung ergibt. Aber damit stoßen wir an die Grenzen eines solchen Instruments, denn mit wachsender Vergrößerung werden auch die Turbulenzen in der Atmosphäre besser sichtbar, so daß wir keinen Fortschritt mehr im Motiv erkennen können – eher das Gegenteil ist der Fall.

Diese simple optische Gesetzmäßigkeit lassen die Anzeigen für Kaufhaus- und Versandhaus-Teleskope oft außer acht. Der Amateurastronom darf sich nicht durch optimistische Angaben in den Prospekten verwirren lassen. Das anderthalbfache oder maximal das Doppelte des Objektiv- oder Spiegeldurchmessers in Millimeter – das ist die maximal mögliche Vergrößerung bei einem astronomischen Teleskop.

Das Öffnungsverhältnis von Fernrohren ergibt sich aus der Brennweite einerseits und dem Spiegel- oder Linsendurchmesser andererseits. Das Celestron C 8 mit seinen 2000 Millimeter Brennweite und 200 Millimeter Spiegeldurchmesser hat ein Öffnungsverhältnis von 1:10 und ist damit ziemlich lichtstark.

Mond und Sonne

Das erste Motiv, das wir mit der neuen stattlichen Astrofoto-Ausrüstung anpeilen, ist der Mond, der sich auch hervorragend für erste Erprobungen eignet. Er ist hell genug, um auch wenig empfindliche und damit feinkörnige Filme zu verwenden, die sehr schöne scharfe Bilder ergeben. Besonders interessant ist stets die Terminatorgegend an der Grenze zwischen heller und dunkler Seite. Dort treten die Krater und Gebirge auf dem Mond besonders plastisch hervor. Bei Vollmond erhalten wir keine guten Bilder, denn die Landschaft erscheint flach beleuchtet und damit konturlos. Die besten Mondfotos der großen Sternwarten haben ein Auflösungsvermögen von etwa 1 bis 2 Kilometer. Mit einem 20-cm-Spiegel erreicht der Amateur immerhin eine Auflösung von 5 bis 10 Kilometer – schlierenlose Luft vorausgesetzt.

Auch die Sonne ist ein interessantes astrofotografisches Motiv; vor allem die Sonnenflecken – Zonen geringerer Temperatur – reizen den Beobachter. In einer Reihe aufeinanderfolgender Tage kann man sehr schön die Sonnenrotation festhalten, die sich in einer langsamen Bewegung der dunklen Flecken von links nach rechts bemerkbar macht. Eine Rotation der Sonne um die eigene Achse dauert etwa einen Monat. Bei sehr starker Vergrößerung sind auf einem Sonnenfoto die Granulationskörper zu sehen, kleine Flecken oder Schollen in der Oberfläche unseres Zentralgestirns, die einen Durchmesser von 1000 bis 3000 Kilometer haben.

Allerdings ist bei der Sonnenfotografie größte Vorsicht geboten, denn die Helligkeit dieses Gestirns kann unser Auge schädigen. Unter keinen Umständen sehen wir direkt in die Sonne, sondern verwenden immer einen sorgfältig gefertigten zwischengeschalteten Sonnenfilter zum Schutz.

Ein kritischer Punkt bei der Verwendung von Spiegelreflex-Kameras in der Astrofotografie ist die Erschütterung, die der kleine Schwingspiegel bei der Auslösung verursacht. Sie kann sich auch auf das Kamera- und sogar Teleskopgehäuse übertragen, was sich vor allem bei Belichtungszeiten von einigen Sekunden durch eine Unschärfe bemerkbar machen kann. Mit einem kleinen »Hut-Trick« läßt sich das vermeiden: wir halten einen Hut oder eine Mütze beim Auslösen über das Kamera- oder Teleskop-Objektiv. Erst einige Sekunden später, wenn die Erschütterung der Apparatur abgeklungen ist, nehmen wir die Abdeckung vorsichtig vom Objektiv und zählen nun die Sekunden, die wir für die Belichtung brauchen. Dann kommt der Hut wieder auf das Objektiv, die Feststellung des Drahtauslösers wird gelöst, und der Verschluß schließt sich.

Die wichtigste Voraussetzung für Erfolge in der Astrofotografie sind Geduld und ein gewisses Geschick im Umgang mit der Apparatur. Das theoretische Wissen können wir uns bis zu einem gewissen Grad aus Büchern aneignen, aber Erfahrung gewinnen wir nur durch lange Praxis – die notwendige Begeisterung für die Sache natürlich vorausgesetzt. Auch bei der Himmelsfotografie ist noch kein Meister vom Himmel gefallen – die Strapazen einer kalten Winternacht am Fernrohr haben schon so manchen Astro-Jünger wieder von seinem Hobby abgebracht...

Bücher zum Thema

Brandt, R. u. a.: Himmelsbeobachtungen mit dem Fernglas. Frankfurt 1985
Engelhardt, W.: Planeten, Monde, Ringsysteme. Basel 1984
Griesser, M.: Himmelsfotografie. Bern 1982
Karkoschka, E., u. a.: Astrofotografie. Stuttgart 1980.
Knapp, W., und H. M. Hahn: Astrofotografie als Hobby. Herrsching 1980.
Knülle, M.: Erfolgreiche Astrofotografie. Stuttgart 1982.
Maloney, T.: Astronomie. Ravensburg 1983
Roth, G.D. (Hrsg.): Handbuch für Sternfreunde. Heidelberg 1982

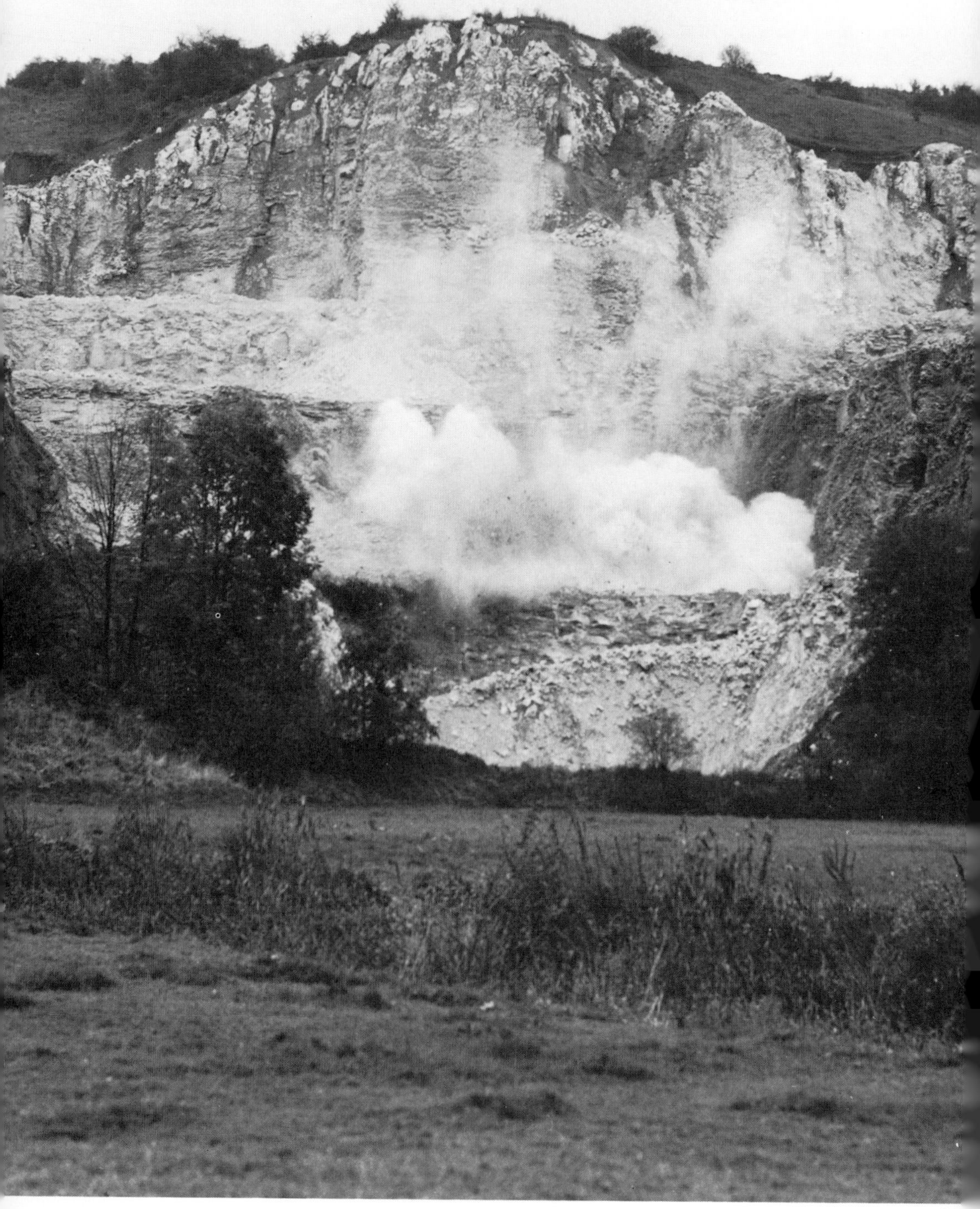

Heinz Walter Wild
SPRENGSTOFFE – HELFER DER MENSCHHEIT

Unter der Regierung des Kaisers Claudius wurde im Jahre 52 n. Chr. zur Wasserversorgung am Fucinosee in Mittelitalien ein langer Tunnel vorgetrieben. Nach den Berichten sollen 30 000 Arbeiter elf Jahre lang an diesem Tunnel gearbeitet haben. Den Arbeitern stand damals und bis in die Zeit des Mittelalters nur primitives Werkzeug für den Vortrieb zur Verfügung. Sie gewannen das Gestein mit dem Schlägel und Eisen. Der Schlägel war ein Hammer, das Eisen ein Keil mit einem hölzernen Stiel. Man setzte die Spitze des Eisens auf das Gestein und führte mit dem Schlägel einen kräftigen Schlag darauf, so daß ein Stück Gestein abgesprengt wurde. Auf diese mühsame Weise wurden Stollen, Schächte und Abbauhohlräume im Bergbau hergestellt. Man kannte früher noch keinen Spezialstahl, die Spitzen der Eisen waren bestenfalls durch Erhitzen im Feuer und anschließendes Abschrecken in Wasser gehärtet. Bei festem Gestein waren daher die Eisen schnell »verschlagen« und mußten gegen neue ausgetauscht werden.

Heute werden ungefähr vier Fünftel aller mineralischen Rohstoffe durch Sprengung gewonnen. Ohne Sprengstoffe wäre direkt oder indirekt ein großer Teil unserer Industrie lahmgelegt. Im Bild eine Sprengung in einem Steinbruch. Foto Bavaria/Gaiser

Die Leistung der Arbeiter mit Schlägel und Eisen waren entsprechend niedrig. Bei mittelfestem Gestein konnte man beim Stollenvortrieb nur mit einer täglichen Auffahrgeschwindigkeit von fünf bis zehn Zentimeter rechnen. Weicheres Gestein erlaubte die Arbeit mit einer Hacke, der sogenannten Keilhaue. Es gibt heute noch in vielen Gebieten Stollen, die Behauspuren solcher Werkzeuge aufweisen.

Bei sehr festem Gestein mußten die Bergleute Feuer zu Hilfe nehmen. Sie erhitzten das Gestein durch einen Feuerbrand rasch und ließen es abkühlen, oft durch Abschrecken mit Wasser. Das Gestein bekam durch die Temperaturunterschiede Sprünge und Risse, Stücke fielen herunter oder konnten leicht abgeschlagen werden.

Bis zum 13. Jahrhundert wurde Gestein von Hand bearbeitet und gewonnen. Andere Verfahren gab es nicht. Doch dann tauchte eine völlig neue, chemische Energiequelle auf, das Schwarzpulver. Wann, wie und wo es erfunden wurde und auf welchen Wegen es sich ausbreitete, bleibt trotz zahlreicher Nachforschungen im dunkeln. Die ersten Rezepte tauchen in Europa zwischen 1257 und 1280 auf mit verschiedenen Mengenanteilen von Holzkohle, Schwefel und Salpeter. Bald bildeten sich in Europa Zünfte der Pulvermacher. Eine erhebliche Schwierigkeit bereitete jedoch die Rohstoffversorgung. Holzkohle war reichlich vorhan-

Rechts: Der Holzschnitt von 1550 zeigt die verschiedenen Berufe des Bergbaus. Der »Hauwer« gewinnt das Erz mit Schlägel und Eisen. 100 Jahre später beginnen sich die Sprengstoffe durchzusetzen. Die Abbildung zeigt übrigens die erste Grubenbahn mit Holzschienen. Sie war um 1545 im Silberbergwerk Lebertal im Elsaß in Betrieb. Foto Historia-Photo

Gegenüberliegende Seite: Die militärische Nutzung der Sprengstoffe ließ nicht lange auf sich warten. Diese erste Kanone wurde mit einem erhitzten Eisenhaken gezündet. Sie verschoß Steinkugeln von ungefähr eineinhalb Fuß Durchmesser. Die Hütte schützte vor gegnerischen Pfeilen. Foto Historia-Photo

den, Schwefel konnte aus Süditalien oder Spanien verhältnismäßig leicht beschafft werden, aber der Salpeter kam aus Indien und war entsprechend teuer. Man versuchte daher, den ausländischen Salpeter durch einheimischen zu ersetzen. Salpeter entsteht als Ausblühung von organischen Stoffen. Ein besonderer Berufsstand, der Salpeterer, ließ in Gruben mit porösem Gestein aus verweslichen Stoffen wie Blut, Jauche und Urin den »Rohsalpeter wachsen«. Später wurden »Salpeter-Plantagen« angelegt. Friedrich der Große ließ zum Beispiel auf schlesischen Bauernhöfen Kalkmauern errichten, die mit Jauche übergossen wurden. Hier bildete sich durch Umsetzung mit Pottaschelösung der zur Schießpulverherstellung benötigte Kalisalpeter.
Wie noch heute bei neuen Erfindungen bemächtigten sich die Militärs des Schießpulvers. Anstelle der Katapulte, der hochentwickelten Schleuderwaffen, und der Armbrüste entwickelten sich die ersten mit Schwarzpulver betriebenen Feuerwaffen. Die ersten primitiven Geschütze werden schon zu Anfang des 14. Jahrhunderts erwähnt. Um 1380 tauchten die ersten Exemplare einer neuen Geschützart auf, der Steinbüchse. Mit ihr konnte man Kugeln aus Stein, Eisen oder Bronze verschießen. Diese neue Waffe war mauerbrechend und führte zur völligen Umgestaltung der Kriegstechnik.
Wie gewaltig die Wirkung des Schwarzpulvers sein konnte, zeigte die Zerstörung des Lübecker Rathauses im Jahre 1360, das man unvorsichtigerweise zugleich als Pulverhaus benutzte und das nach einer Explosion abbrannte. Die Verwendung von Schwarzpulver in Feuerwaffen und Geschützen führte damals zu erheblichen moralischen Bedenken. So heißt es in einem zeitgenössischen Be-

3

richt aus dem Jahre 1551 über den – unbekannten – Erfinder des Schießpulvers: »Der schlechte Mensch, der ein so schrecklich Ding auf die Erde gebracht hat, ist nicht würdig, seinen Namen in die Memoiren der Menschheit eingetragen zu haben.«

Dreieinhalb Jahrhunderte wurde das Schwarzpulver ausschließlich für Waffen verwendet, so daß fast nur noch von Schießpulver die Rede war. Erst 1621 wird erstmals von einer Sprengung in einem Steinbruch bei Bautzen in Sachsen berichtet, die man dem Kurfürsten von Sachsen vorführte. Man hatte dort zwei »armdicke«, rund einen Meter tiefe Bohrlöcher mit Schießpulver gefüllt und gezündet. Es heißt, daß »es dann einen Knall gab, wie ein groß Geschütz und gleichwohl etliche Schritt wegriß und viel Ellen losmachte, die hernach leicht zu gewinnen waren«.

Die erste Sprengung im Bergbau fand sechs Jahre später statt, und zwar bei Schemnitz im damaligen Oberungarn, heute Slowakei. Ein Tiroler Bergmann, Caspar Weindl, löste vor einer Kommission von Fachleuten mit überzeugendem Erfolg den ersten Sprengschuß aus. Diese neue Anwendung gewann eine geradezu revolutionäre Bedeutung. Die »Schießarbeit«, wie sie genannt wurde, verbreitete sich mit großer Schnelligkeit nach Böhmen, in den Harz, die Steiermark, das Erzgebirge, ja bald brachten deutsche Bergleute das Schießen nach England, Schweden, Norwegen und Südamerika. Die neue Technik ermöglichte es, die tägliche Vortriebsgeschwindigkeit gegenüber der Schlägel- und Eisenarbeit zu versechsfachen! Immer wieder weisen alte Berichte darauf hin, daß das Schießen »ersparet viel an Gezeug [Arbeitskraft, Aufwand], als wenn es mit Men-

Links: Fast drei Jahrhunderte lang mußten Bohrlöcher von Hand geschlagen werden – eine äußerst mühselige Arbeit. In festem Gestein waren rund 5000 Schläge für ein Bohrloch von 45 Zentimeter Länge nötig.
Rechts: Bohrertypen des 17. und 18. Jahrhunderts. Fotos Wild

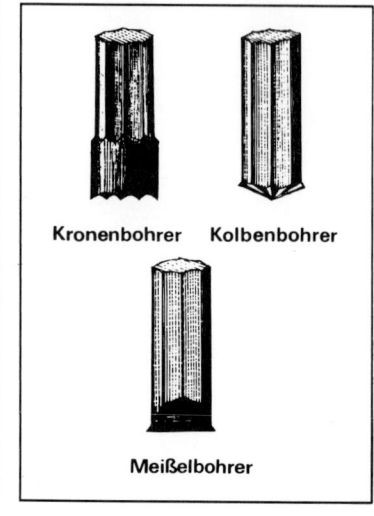

schen-Händen sollte gewonnen werden«. Anfangs war die Technik der Sprengarbeit noch so unvollkommen, daß man sich noch einige Zeit auf wenige Sprengungen jährlich beschränkte. Zunächst füllten die Sprengmeister Schwarzpulver in natürliche oder künstlich erweiterte Spalten. Kurz danach wurde aber wohl das Bohren erfunden. Die Bohrer waren anfangs plump und schwerfällig und wurden in hartem Gestein schnell stumpf. Ein Arbeiter setzte den mit einer Schneide versehenen Bohrer auf das Gestein und schlug mit dem Bohrfäustel darauf, während er ihn dauernd drehte. Auch diese Arbeit war zeitraubend und mühsam. Fast 5000 Schläge brauchte der Hauer in festem Gestein für ein Bohrloch von 45 Zentimeter Länge und 40 Millimeter Durchmesser. In sehr hartem Gestein gingen für ein ebenso großes Loch bis 300 Bohrer drauf.

Im Jahr 1652 kostete 1 Kilogramm Schwarzpulver den Gegenwert von 37 Arbeitsstunden. Das würde, gemessen am heutigen Wert der Arbeitsstunde, einem Kilo-Preis von 500 DM entsprechen. Dennoch war der Siegeszug der Sprengarbeit nicht aufzuhalten. Von 1631 bis 1647 mühten sich schwedische und französische Ingenieure, die Felsklippen im gefürchteten Binger Loch durch Sprengungen zu beseitigen, was jedoch endgültig erst 200 Jahre später gelang. Ab 1696 baute man in den Alpen feste Straßen mit Hilfe von Sprengungen, darunter 1738 die berühmte Via Mala des Splügen und 1772 die Brennerstraße. Der erste Tunnel mit Sprengarbeit wurde 1679 bis 1681 in Südfrankreich unter dem Canal du Midi aufgefahren, der das Mittelmeer mit dem Atlantischen Ozean verbindet. Dieser Malpas-Tunnel ist 157 Meter lang und hat einen Querschnitt von 58 Quadratmeter.

Etwa 250 Jahre lang beherrschte das Schwarzpulver den Bergbau und den Tunnel- und Stollenbau. Dennoch blieben im wesentlichen zwei schwerwiegende Unzulänglichkeiten bestehen: das immer noch von Hand herzustellende Bohrloch und die geringe Sprengkraft des Schwarzpulvers. Hier setzte eine neue

Entwicklung ein, die mit dem Namen Alfred Nobel verbunden ist.

Im Jahre 1846 stellte der italienische Chemieprofessor Sobrero erstmals im Labor eine Flüssigkeit her, die eine für damalige Verhältnisse unerhörte Sprengwirkung besaß: Nitroglyzerin. Mit diesem neuen Stoff wurden viele Versuche unternommen. Nitroglyzerin wurde in flüssiger Form in Bohrlöcher geschüttet und gezündet. Bei klüftigem Gestein lief das »Sprengöl«, wie es genannt wurde, in die Spalten. Nitroglyzerin neigt wegen seiner Stoßempfindlichkeit leicht zum Detonieren. In den ersten Fabriken und im Berg- und Tunnelbau häuften sich schwere Unfälle. Es wurde daher wegen seiner Handhabungsunsicherheit nur zögernd verwendet. Nitroglyzerin war, wie sich bald herausstellte, nur dann als Sprengstoff zu gebrauchen, wenn es in eine sichere Form gebracht wurde; zudem war ein zuverlässiger Zünder nötig. Beide Aufgaben löste Alfred Nobel, der volkstümlichste und wahrscheinlich auch größte Erfinder auf dem Gebiet der Sprengstoffe.

Nobel entwickelte in den Jahren 1863 bis 1865 einen »Patentzünder«, der, mit Schwarzpulver gefüllt, in das flüssige Nitroglyzerin eingelassen wurde und dessen Detonation auslöste. Später ersetzte Knallquecksilber das Schwarzpulver. Alfred Nobel suchte nach Zusätzen, die das flüssige Nitroglyzerin aufsaugen und es knetbar machen sollten. Er experimentierte lange herum, bis er auf Kieselgur stieß, eine leichte poröse Masse aus den fossilen Schalen von Kieselalgen. Daraus entstand ein knetbarer, völlig ungefährlicher Stoff, der jedoch seine Explosionsfähigkeit nicht eingebüßt hatte. Die Nitroglyzerin-Kieselgur-Masse konnte in stabförmige Hüllen aus Packpapier gefüllt werden, die genau in das Bohrloch paßten. Nach erfolgreichen Versuchen in deutschen Bergwerken, die alle unter der persönlichen Leitung des Erfinders standen, ließ sich dieser 1867 seinen neuen Sprengstoff patentieren. Er nannte ihn Dynamit.

Dynamit stellt im Vergleich zum Schwarzpulver einen völlig neuen Sprengstofftyp dar, den wir heute als »brisant« bezeichnen. Er entwickelt bei seiner Umsetzung in außergewöhnlich kurzer Zeit – oft in einer hunderttausendstel Sekunde – ein großes Gasvolumen bei Temperaturen bis 6000 Grad und sehr hohen Drücken bis 40000 bar. Man nennt diesen chemischen Prozeß Detonation. Der eigentliche Sprengvorgang erfolgt in zwei Phasen: Der Detonationsstoß zermalmt und zerreißt das um das Bohrloch befindliche Gestein. In die neu-

Alfred Nobel (1833–1896) war einer der bekanntesten und erfolgreichsten Industriellen des vorigen Jahrhunderts. Er hinterließ sein Vermögen einer Stiftung, die jedes Jahr die Nobelpreise verleiht. Nach Nobel ist auch das künstliche chemische Element Nobelium benannt. Foto Historia-Photo

entstandenen Risse und Spalten dringen die hochgespannten Gase, die Schwaden, ein; sie leisten die eigentliche Ablösearbeit und bewirken das Werfen der Gesteinsmasse.

Die Erfindung erregte brennendes Interesse auf der ganzen Welt. Das Dynamit löste eine Revolution aus mit unübersehbaren, teils mittelbaren, teils unmittelbaren Folgen. Allein im Bergbau konnte die Leistung der Hauer gegenüber dem vorher verwendeten Schwarzpulver erneut verzehnfacht werden. Mit Dynamit konnten Ingenieure nun Dinge in Angriff nehmen, die man vorher mit Schwarzpulver nicht hätte durchführen können. Dynamit eroberte schnell den Weltmarkt und ermöglichte eine Vielzahl von Unternehmungen, die Alfred Nobel noch erlebte. Als Beispiele seien genannt: die Tunnels für die St.-Gotthard-Bahn (1872 bis 1882), die durch Sprengung unter Wasser vorgenommene Entfernung der gefährlichen Felsen von Hellgate im East River von New York (1876 und 1885), die Schiffbarmachung der Donau durch das Eiserne Tor (1890 bis 1896) und der fast 100 Meter tiefe Einschnitt des annähernd 6,3 Kilometer langen Kanals von Korinth in Griechenland (1881 bis 1893). Dynamit spielte eine wachsende Rolle in der Rohstoffversorgung der Welt. In Tagebauen und Steinbrüchen wurde mit Dynamit gesprengt und die Produktion auf ein Vielfaches gesteigert. Im Tunnel- und Stollenbau vergrößerte sich die jährliche Auffahrleistung dank dem Dynamit um das Zehnfache. Diese Erfolge waren auch deswegen möglich, weil es in der Mitte des 19. Jahrhunderts gelungen war, Maschinen zum Herstellen der Spreng-

Heutige Bohrmaschinen erlauben geradezu gigantische Auffahrleistungen. Sie bohren ein Bohrloch in wenigen Minuten. Als Antrieb dient Druckluft. Foto Atlas Copco

Die Kunst der Sprengung ist heute so weit entwickelt, daß man Häuser mitten in der Stadt zerstören kann, ohne daß die Umgebung großen Schaden nimmt. Die Häuser fallen in sich zusammen. Im Bild die Sprengung eines 20stöckigen Hochhauses in Johannesburg. Foto Süddeutscher Verlag

bohrlöcher zu entwickeln. Es werden jetzt bereits Bohrmaschinen eingesetzt, die in einer Minute ein Loch von 3 Meter Länge bohren können.

Die brisanten Sprengstoffe, auch das Dynamit, wurden in rascher Folge weiterentwickelt, teilweise noch von Alfred Nobel. Ein Nachteil des Dynamits war

Die wichtigsten industriellen Sprengstoffe

Sprengstoff	Dichte g/cm³	Explosionswärme kJ/kg	Schwadenvolumen l/kg	Explosionstemperatur K	Detonationsgeschwindigkeit m/s
Sprengpulver	1,20	2945	260	2840	600
Ammon-Gelit 2	1,55	4650	860	3500	6000
Sprengschlamm Wasagel 1	1,45	5300	740	3700	4800
Donarit 1	1,00	4020	900	3120	4000
ANC-Sprengstoff Andex	0,85	3810	980	2800	3500
Wettersprengstoff Westfalit C	1,15	2570	660	2310	2700

nämlich seine Empfindlichkeit bei tiefen Temperaturen. Die Dynamitpatronen mußten zum Beispiel beim Bau der großen Alpentunnel im Winter aufgetaut werden, was zu vielen Unfällen führte. Anstelle von Nitroglyzerin verwendet man heute andere Substanzen, zum Beispiel Nitroglykol. Die verhältnismäßig jungen Ammonsalpeter-Sprengstoffe haben wegen ihrer Handhabungssicherheit eine immer größere Verbreitung gewonnen. Sie werden in Patronenform, aber auch lose verwendet, wobei sie in senkrechte Bohrlöcher eingefüllt oder in waagerechte Bohrlöcher eingeblasen werden. Vor ungefähr 15 Jahren begann die Entwicklung von sogenannten Sprengschlämmen (englisch: slurries), die eine breiige Beschaffenheit aufweisen und aus verschiedenen Bestandteilen, darunter auch Ammonsalpeter, bestehen. Diese Sprengstoffe werden in Bohrlöcher gepumpt. Für den Steinkohlenbergbau erfanden Forscher Sprengstoffe, die gegen Kohlenstaub und Schlagwettergemische sicher sind.

Heute werden etwa 80 Prozent aller mineralischen Rohstoffe der Welt mit Hilfe von Sprengstoff gewonnen. Die industrielle Entwicklung, die auf den Rohstoffen unserer Erde beruht, wäre ohne Sprengstoffe gar nicht möglich gewesen. Ihre Erfindung ist anderen Pioniertaten der industriellen und technischen Entwicklung, zum Beispiel der Erfindung der Dampfmaschine, die ein neues Zeitalter der Energie einleitete, gleichrangig zur Seite zu stellen. Auch heute noch sind Sprengstoffe das, was die Menschen bei ihrer ersten Anwendung in ihnen sahen: Helfer der Menschheit!

Bücher zum Thema

Jendersie, H.: Sprengtechnik im Bergbau. Leipzig 1982
Thum, W.: Sprengtechnik im Steinbruch- und Baubetrieb. Wiesbaden und Berlin 1978
Wild, H.W.: Sprengtechnik im Bergbau, Tunnel- und Stollenbau sowie in Tagebauen und Steinbrüchen. Essen 1984

Georg Kirner und Alfred Beck
NUBA – NUBA!
Auf dem Weg in die Zivilisation

Die Stockkämpfe der Baggara im Sudan lagen hinter uns. Auf dem weiteren Fußmarsch übernachteten Idi und ich im Dorf Tongolo, einem typischen Nuba-Dorf im Südsudan. Da keine leere Hütte zur Verfügung stand, nahmen wir mit einem leerstehenden Ziegenstall vorlieb, denn wir waren uns sicher, daß wir am nächsten Tag im nur drei Kilometer entfernten Reikha eintreffen würden, von wo aus dann Lastwagen nach El Hamra bzw. Kadugli fahren. Dann endlich würden die anstrengenden Fußmärsche zu Ende sein. Wir würden in El Obeid oder Khartoum in ein Hotel gehen, stundenlang duschen, in einem sauberen Bett schlafen, neue Kleider anziehen und gute Sachen essen.
Doch dann trafen wir Alipo. Er erzählte, daß er lange Zeit mit der Fotografin Leni Riefenstahl durch die Nuba-Berge gezogen sei und ihr die versteckten und schwer zugänglichen Stämme und Dörfer gezeigt habe. Er beschwor uns geradezu, in seine Hütte zu kommen, dort habe er Fotos, die ihm Frau Riefenstahl gegeben habe. Und in ungefähr einer Woche würden die Masakin-Nuba ihre traditionellen Ringkämpfe austragen. So vergaßen wir unsere Träume vom sauberen Hotelzimmer und blieben die nächsten drei Wochen bei Alipo. Er war nicht nur unser Begleiter und Dolmetscher, sondern auch ein guter Freund, der uns stets zur Seite stand und vieles Unverständliche und Geheimnisvolle erklärte.

So saßen wir erwartungsvoll in seiner Rundhütte, die wie alle mit Gras gedeckt war, und »stärkten« uns mit Hirsebrei, den es ab jetzt morgens, mittags und abends gab, dazu Wasser aus einem Erdloch. Die Wohnanlage besteht immer aus fünf Hütten, die im Kreis aneinandergebaut sind. Nur eine Hütte hat einen Zugang von außen, alle anderen sind nur über den Innenhof zu erreichen. An den Lehmmauern hingen Ackergeräte und Haushaltstöpfe, die größtenteils mit wunderschönen Mustern und Figuren bemalt waren. Auch die Wände im Inneren der Hütten waren mit sehr schönen Gemälden aus Naturfarben versehen. Jede der fünf Hütten diente einem eigenen Zweck, nämlich als Küche, Schlafraum, Aufenthaltsraum, Hirsespeicher. Mir war aufgefallen, daß diese Hüttenanlagen weit verstreut und jede für sich in der Gegend standen. Ich fragte Alipo, ob sie Angst hätten, daß die Nachbarn zur Türe hereinschauen könnten. »Aber nein«, verbesserte er mich sofort, »wir wählen den Platz, auf dem unsere Hütten stehen sollen, dort, wo sich unsere Tiere gerne zur Ruhe hinlegen, denn dann sind wir sicher, daß unter diesem Platz ein guter Geist wohnt.«
Während wir in der heißen Mittagszeit im Schatten lagen, erzählte mir Alipo viel von Nuba. Es gibt mehrere Stämme mit verschiedenen Sprachen, Kulturen und Traditionen. Der Nuba-Stamm, der ganz im Südwesten des gleichnamigen Gebir-

ges lebt, heißt Masakin-Nuba. Wann die Nuba in dieses unwegsame Gebiet gekommen sind, weiß heute niemand mit Sicherheit zu sagen. »Ich bin immer schon da gewesen und meine Eltern auch«, meinte Alipo und lachte dabei. Wahrscheinlich sind die großen starken Nuba vor Sklavenjägern in die schützenden Berge geflüchtet, wo sie schließlich blieben.

Sie lebten in Ruhe und Frieden und waren bis vor kurzer Zeit von der Zivilisation verschont geblieben, selbst Missionare waren nicht zu ihnen vorgedrungen. Doch dann erschienen über die Nuba zwei großartige Fotobände, die sich, wenn auch ungewollt, höchst nachteilig für die Erhaltung ihrer alten Kultur erwiesen. Plötzlich kamen nämlich geschäftstüchtige Reiseunternehmer mit Hunderten von Touristen, die den Menschen-»Zoo« der nackten Nuba sehen wollten. Unbekleidet zu sein, gilt in den meisten Teilen Afrikas als Schande. Schließlich erklärte die sudanesische Regierung die Nuba-Berge zum Sperrgebiet, weil sie sich der unbekleideten Menschen schämte. Und sie zwang sie bedauerlicherweise immer wieder dazu, europäische Kleidung zu tragen. Seit diesen »Bekleidungsaktionen« sind die Nuba jedem Fremden gegenüber äußerst mißtrauisch, da sie befürchten, er komme von der Regierung.

Dann führte mich Alipo in die Hütten seiner Freunde und stellte mich überall vor. In jeder Hütte mußte ich Marissa, das Hirsebier, trinken. Davon wurde mir jedesmal schlecht, denn ich konnte vor den Hütten den Frauen zuschauen, wie sie das Hirsebier herstellten. Sie kauten die Hirse und spuckten den Brei in einen großen Holztrog, in der das Ganze dann vergoren wurde. Dies entsprach ganz und gar nicht unserem Reinheitsgebot. Besonders vor dem Erntedankfest waren alle mit dem »Bierbrauen« beschäftigt. Idi distanzierte sich von diesen Bierreisen, da auch ihm davor grauste.

Als wir eines Abends zu Gast beim Medizinmann des kleinen Ortes waren, fragte ich, welche Vorstellung die Nuba vom Tod und vom Leben danach haben. Daraufhin wurde es ganz still, nur der brennende Kienspan an der Wand knackste hie und da und beleuchtete schwach die im Kreis sitzenden Gestalten.

»Der Gott der Nuba ist überall«, begann er leise zu erklären. »Wir wissen nicht, wie er aussieht, doch seine Kraft und Anwesenheit ist überall. Er ist in der Erde und läßt aus ihr unsere Hirse wachsen, und er ist der Herr der Sonne, die am Tage das Leben der Nuba beobachtet, und nachts schaut manchmal der ältere und blasse Bruder der Sonne nach ihnen. Ohne diese überirdische und allgegenwärtige Kraft kann kein Mensch, kein Tier und keine Pflanze leben. Dieses geheime Wesen ist für den Menschen nicht sichtbar und läßt sich auch nicht von ihm beeinflussen. Wir beten deshalb auch nicht, sondern führen nur Gespräche mit den verstorbenen Familienangehörigen, weil die Gott näherstehen, und bitten diese, sie mögen dem großen, unbekannten Wesen ihre Wünsche vortragen, daß zum Beispiel die Ernte wieder gut wird, daß sie von Krankheit verschont bleiben, daß sie immer genügend Wasser haben und die bösen Geister in der Gestalt von Stürmen ihre Felder nicht vernichten.«

Die verstorbenen Ahnen spielen im Leben der Nuba eine sehr große Rolle. Sie sind der festen Überzeugung, daß der verstorbene Großvater als Enkelkind wieder in die gleiche Familie hineingeboren wird, allerdings nur dann, wenn die Hinterbliebenen diesen Wunsch bei der Totenfeier mehrmals laut äußern. Die

Die Nuba-Frauen tragen hier europäisch anmutende Kleidung, weil die Regierung des Sudans es so will. Nacktsein gilt in den meisten afrikanischen Ländern als Schande.
Foto Kirner.

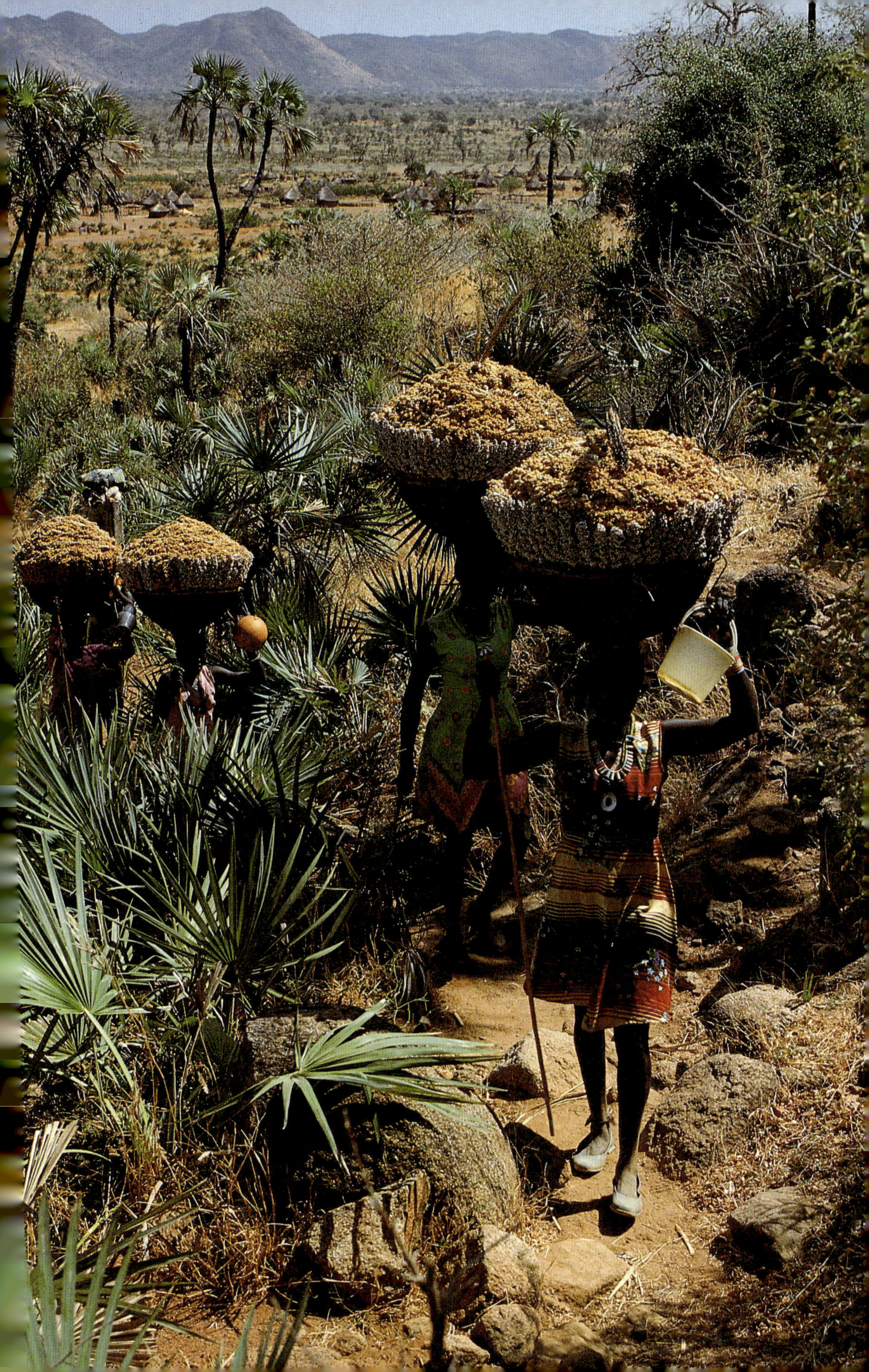

Oben: Die Wohnanlage der Nuba besteht aus fünf Hütten, die aneinander gebaut sind. Es gibt nur einen Zugang zum Innenhof. Die Dächer sind mit Stroh gedeckt. Die Mauern sind aus Lehm und zeigen oft beeindruckende Malereien, die uns an prähistorische Felsmalereien in der Sahara erinnern.

Rechts: Begräbnisstätte der Nuba. Der Tote bekommt seinen persönlichen Wasserkrug auf das Grab gestellt. Wenn er voll ist, wird die Rückkehr des Toten gewünscht. Das Gegenteil ist der Fall, wenn man den Boden des Gefäßes zerschlägt. Wenn der Tote dann zurückkommt, hat er keinen Krug mehr und muß verdursten.

Gegenüberliegende Seite: Als Gefäße verwenden die Nuba vor allem prächtig verzierte Kürbisse und Kalebassen. Fotos Kirner

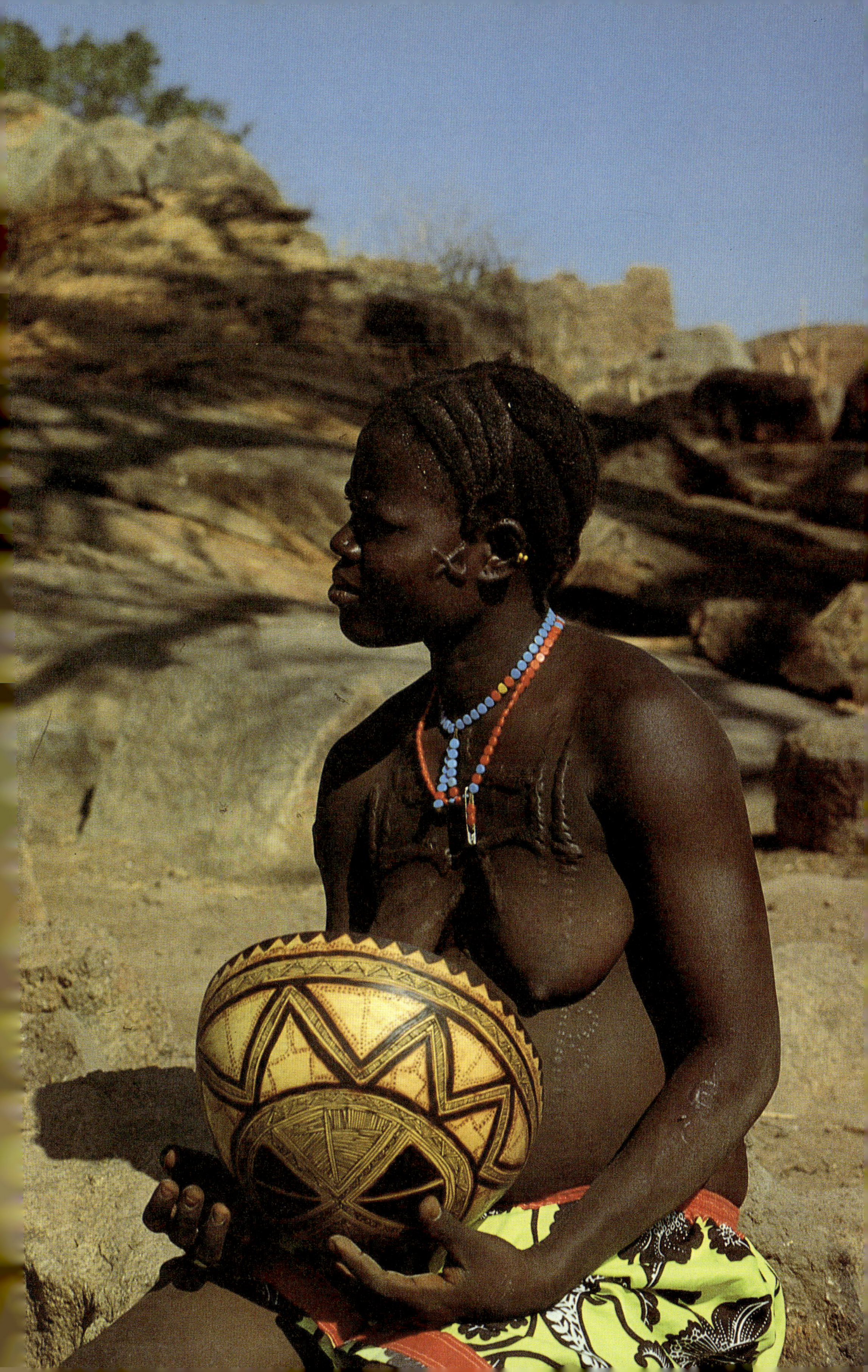

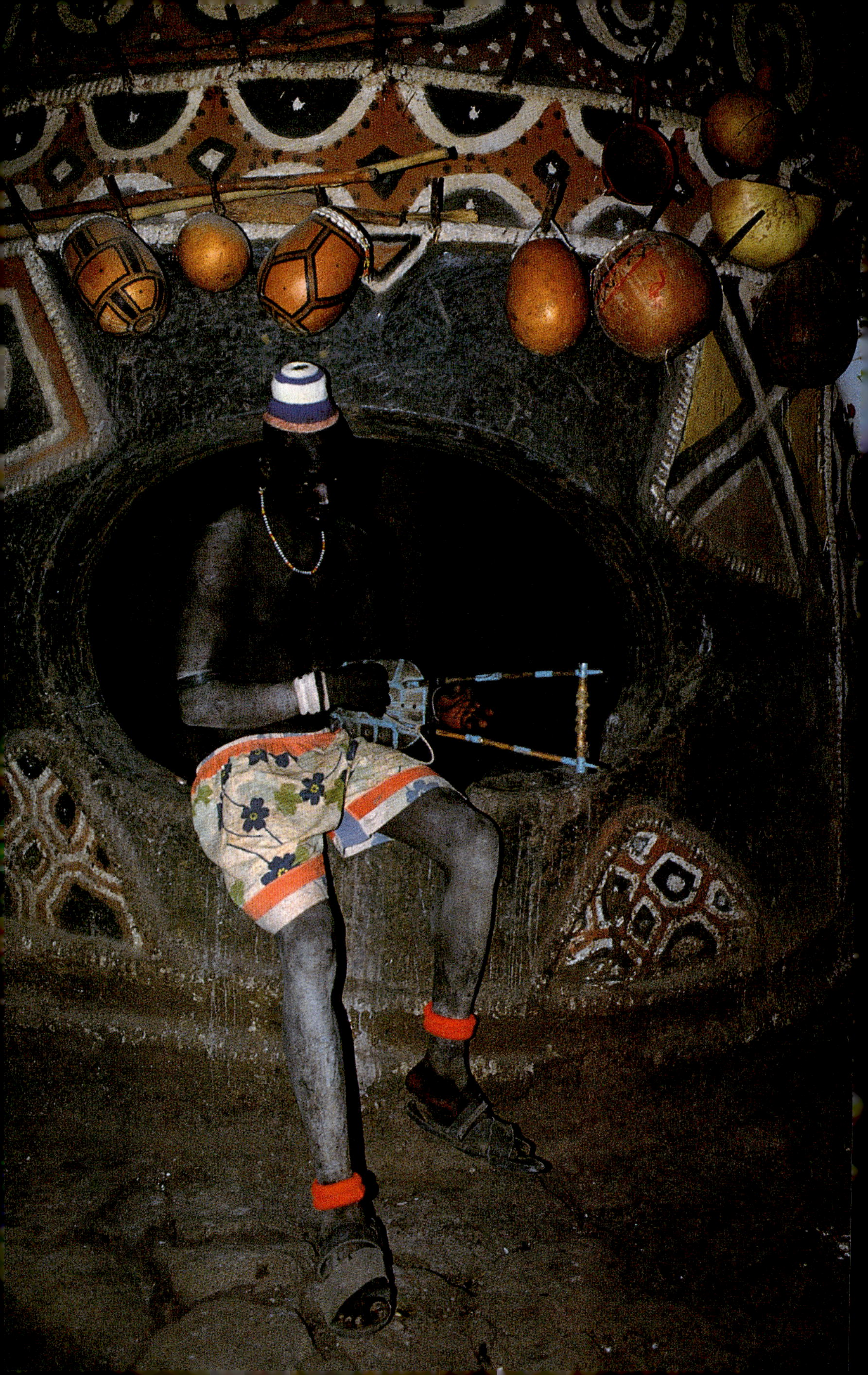

Wiedergeburt wird dann an bestimmten Merkmalen, etwa Narben, »erkannt«. Ist sich die Familie nicht ganz sicher, so werden dem Kind nach etwa einem Jahr gewisse Geräte vorgelegt. Darunter befinden sich einige, die dem Verstorbenen zu Lebzeiten gehört haben. Greift das Kind nach diesen Gegenständen, so gilt die Wiedergeburt als gesichert. Manche Familien ziehen auch Wahrsager zu Rate. Ähnlich gehen auch die Tibeter vor. Und bei beiden Völkern war oder ist es Sitte, mißgestaltete Neugeborene zu töten, weil sie in ihrem früheren Leben Verbrecher waren und sich jetzt durch einen Trick in eine gute Familie einschleichen wollen.

Vierzehn Tage hielten wir uns nun schon bei den Nuba auf. Alle bereiteten das Fest vor, doch keiner wußte, wann und wo es stattfinden würde. Diese Entscheidung trifft ein Mann, der Kudjur, gemeinsam mit den Ältesten des Stammes. Dann werden Boten in die umliegenden Dörfer gesandt, um den Ringkämpfern die Einladung zu verkünden.

Solche Boten, schön dekoriert mit Farbmustern auf ihren Körpern, erschienen nach ein paar Tagen auch in der Hütte von Alipo, den sie anscheinend recht gut kannten. Sie blieben die ganze Nacht und zogen am nächsten Tag schon sehr früh los, denn nur morgens oder abends treffen sie die Männer an.

Die Boten zeigten ein seltenes Schauspiel. Statt sich zu waschen, rieben sie sich mit Asche ein und erneuerten ihre Körperbemalungen. Als sie vor der Hütte standen, zog einer von ihnen eine große »Fliegenklatsche« hervor und schlug mit ihr mehrere Male auf den Boden, daß

Eine Fahne vor dem Haus verrät diesem Boten, daß hier ein Kämpfer wohnt. Der Bote tritt ein, singt ein paar Lieder und gibt den Treffpunkt – noch nicht die Zeit – für das Fest bekannt. Foto Kirner

der Staub nur so aufwirbelte; ein anderer blies dabei in ein Horn. Inzwischen hatten sich mehrere Dorfbewohner vor der Hütte versammelt und johlten laut, als das Horn erklang, denn jetzt wußten sie, daß das Fest bald stattfinden würde.

Zwei Tage darauf setzte sich ein bunter Zug in Bewegung, die Kämpfer, schön geschmückt mit Perlen, Asche, Fellen und Kalebassen, gingen in der Mitte. Die Vorhut bildeten Fahnenträger. Alipo, Idi und ich schlossen uns natürlich diesem Festzug an. Einerseits war es spaßig, andererseits traurig anzusehen, wie die Nuba dem Gebot der Regierung, sich zu bekleiden, nachkamen. Zum Teil hatten sie irgendwelche Sachen von der Regierung bekommen, anderen westlichen Blödsinn wohl auf Märkten erstanden. Der eine trug ein Plastik-Maschinengewehr, der andere einen Tropenhelm, ein dritter einen Türkenturban oder auch eine Matrosenmütze. Fast alle hatten kunterbunte Bermudashorts an, dazu buntgestreifte Wadenstrümpfe. Den Oberkörper hatten sie allerdings nach alter Tradition mit Asche eingerieben und mit überlieferten Farbmustern versehen.

Immer wieder traten in der Vorfreude des Festes Kämpfer heraus und versuchten mit wildem Kampfgebaren und Rufen die Kämpfer anderer Gruppen einzuschüchtern, kehrten dann aber sofort wieder zu ihrer Gruppe zurück. Gegen Mittag kamen wir dann auf einen großen freien Platz, um den große, schattenspendende Bäume standen. Schon viele Kämpfer saßen mit ihren Anhängern da und stärkten sich mit Marissa. Alle waren in übermütiger Stimmung.

Nach einer heiligen Zeremonie, in der angesehene Männer den Erdgöttern für die gute Ernte dankten, war das Zeichen für den Festbeginn gegeben – ein Hornstoß. Alle sprangen auf und jubelten. Im Nu war der Platz ein bunter, wogender Haufen von Menschen. Allmählich bildete sich ein großer Kreis, in dem sich die ersten Kämpfer bereitmachten. Sie fin-

Rechts: Bei dieser äußerst wichtigen Zeremonie danken Regenmacher, Medizinmänner und Häuptlinge der verschiedenen Dörfer den Erdgöttern für die gute Ernte und erbitten sich eine weitere reiche Ernte. Jeder dieser Männer hat einen heiligen Stein bei sich, der der Legende zufolge von Palast der Königin Saba im Jemen stammen soll. Erst nach dieser Dankzeremonie geht das Fest los.

Unten: Die Boten gehen von Haus zu Haus und verkünden den Zeitpunkt des Festes. Ihren Körper haben sie bemalt und mit Asche eingerieben. Fotos Kirner

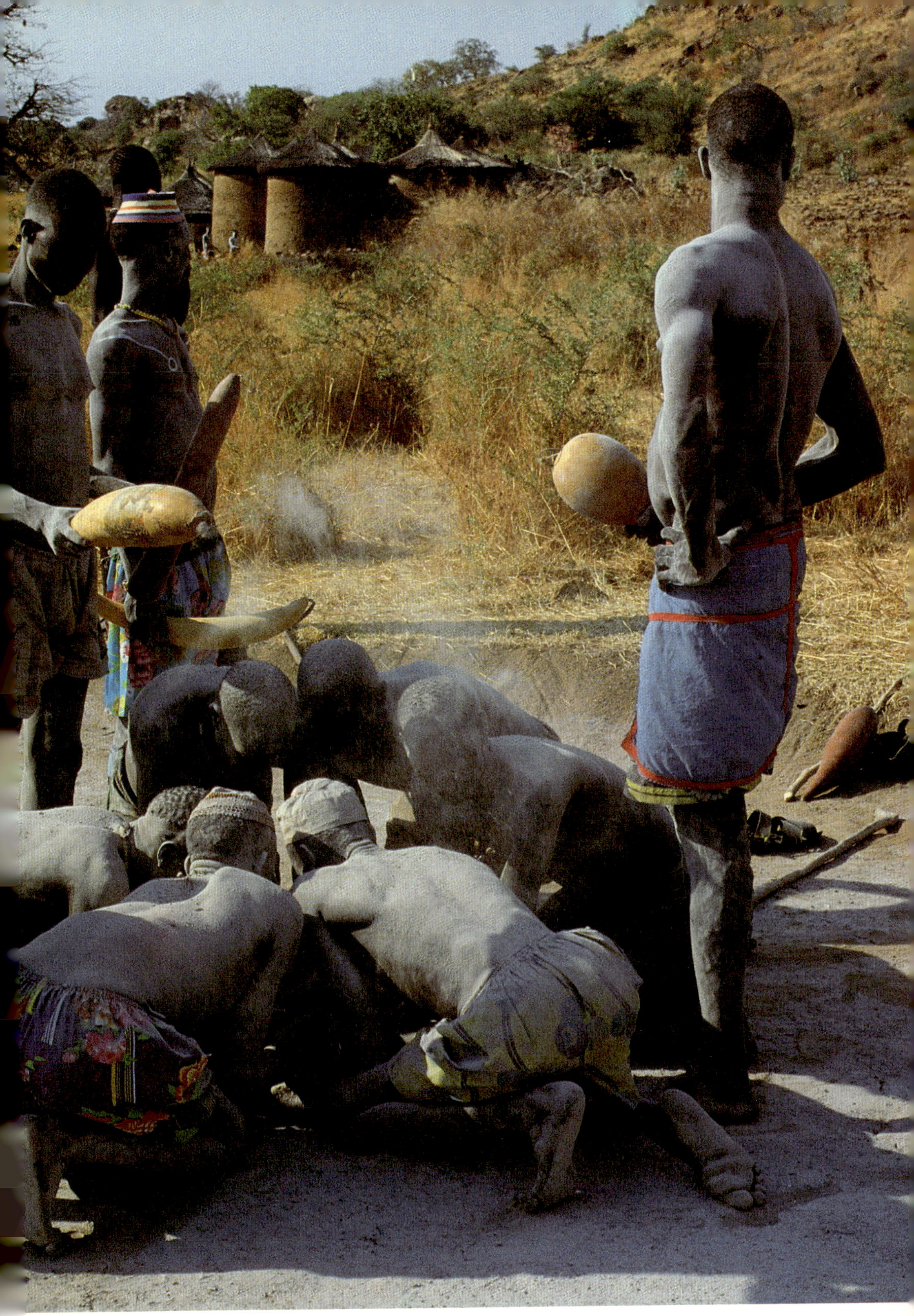

Beim Ringkampf der Nuba geht es sehr fair zu. Es ist keineswegs das Ziel der Kämpfer, den Gegner zu verwunden oder zu verunstalten wie bei den Stockkämpfen der Baggara. Vielmehr geht es nur um ein

Kräftemessen. Jeder Kämpfer kann sich vor einem überstarken Gegner zurückziehen, ohne das Gesicht zu verlieren. Besonders starke Kämpfer tragen „Pferdeschweife" als Handicap. Foto Kirner

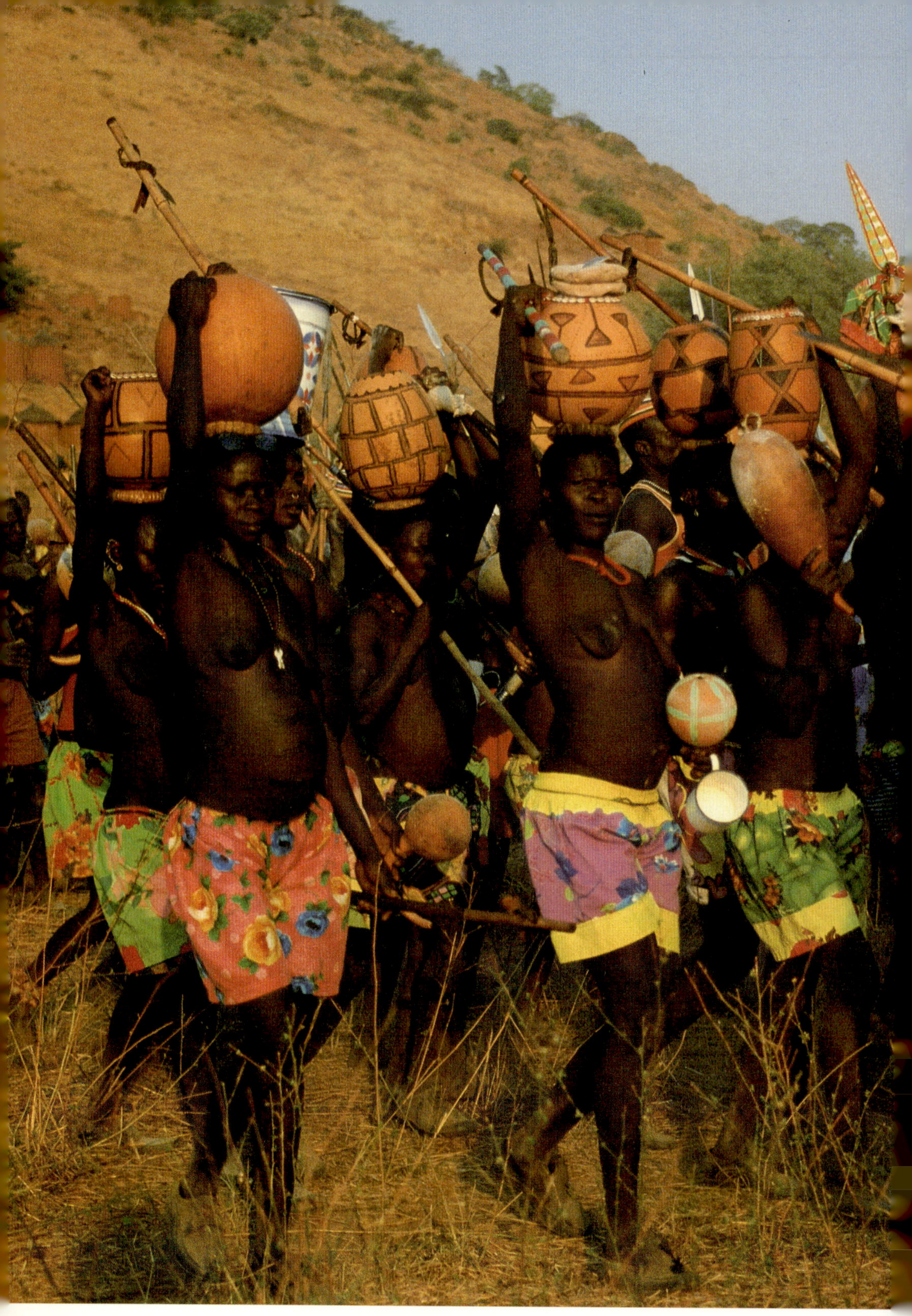

gen an, mit den Füßen auf den Boden zu stampfen, und stießen dabei unheimliche Rufe aus. Ihre Hände bewegten sie nervös hin und her, und ihre Augen suchten nach einem geeigneten Partner. Hatte ein Kämpfer einen Gegner gefunden, gab er einem Freund seine Kopfbedeckung und alles, was ihn beim Kampf behindern konnte. Immer war ein Schiedsrichter dabei, der darauf achtete, daß nicht unfair gekämpft wurde. Er beendete den Kampf sofort, wenn einer der Kämpfer klar unterlegen war. Anders als die Baggara (siehe Band 101) betrachten die Nuba den Kampf nicht als brutales Dreinschlagen, sondern als faire Auseinandersetzung zwischen zwei möglichst gleichstarken jungen Männern aus verschiedenen Dörfern. Sie wollen aber auch danach noch Freunde sein. Natürlich kommt es vor, daß mal ein Ohrläppchen, an dem ein Ring hing, ausgerissen wird, oder daß sich einer beim Hinfallen Schürfwunden zuzieht. Das nimmt aber niemand sehr ernst.

Wenn sich dann zwei kraftstrotzende, junge Männer als Gegner gefunden haben, gehen beide erst in eine gebückte Anfangsstellung und betrachten sich gegenseitig. Dabei entscheiden sie, ob sie miteinander kämpfen wollen. Hat einer von ihnen Bedenken, zieht er sich ohne Kommentar zurück und sucht sich einen weniger starken Gegner aus. Auch zwei als besonders stark bekannte Männer werden nicht miteinander kämpfen, denn keiner will den anderen mit einer Niederlage demütigen.

Haben sich dann zwei Gegner für einen Kampf entschlossen, so läuft er folgendermaßen ab: Der noch Unerfahrene

Das Hirsebier soll den Kämpfern mehr Kraft und Mut geben. Es wird in wunderschön verzierten Kalebassen herangebracht. Die Hirten verzieren diese trockenen Kürbisse in ihren Mußestunden mit glühendem Draht oder mit Nadeln. Foto Kirner

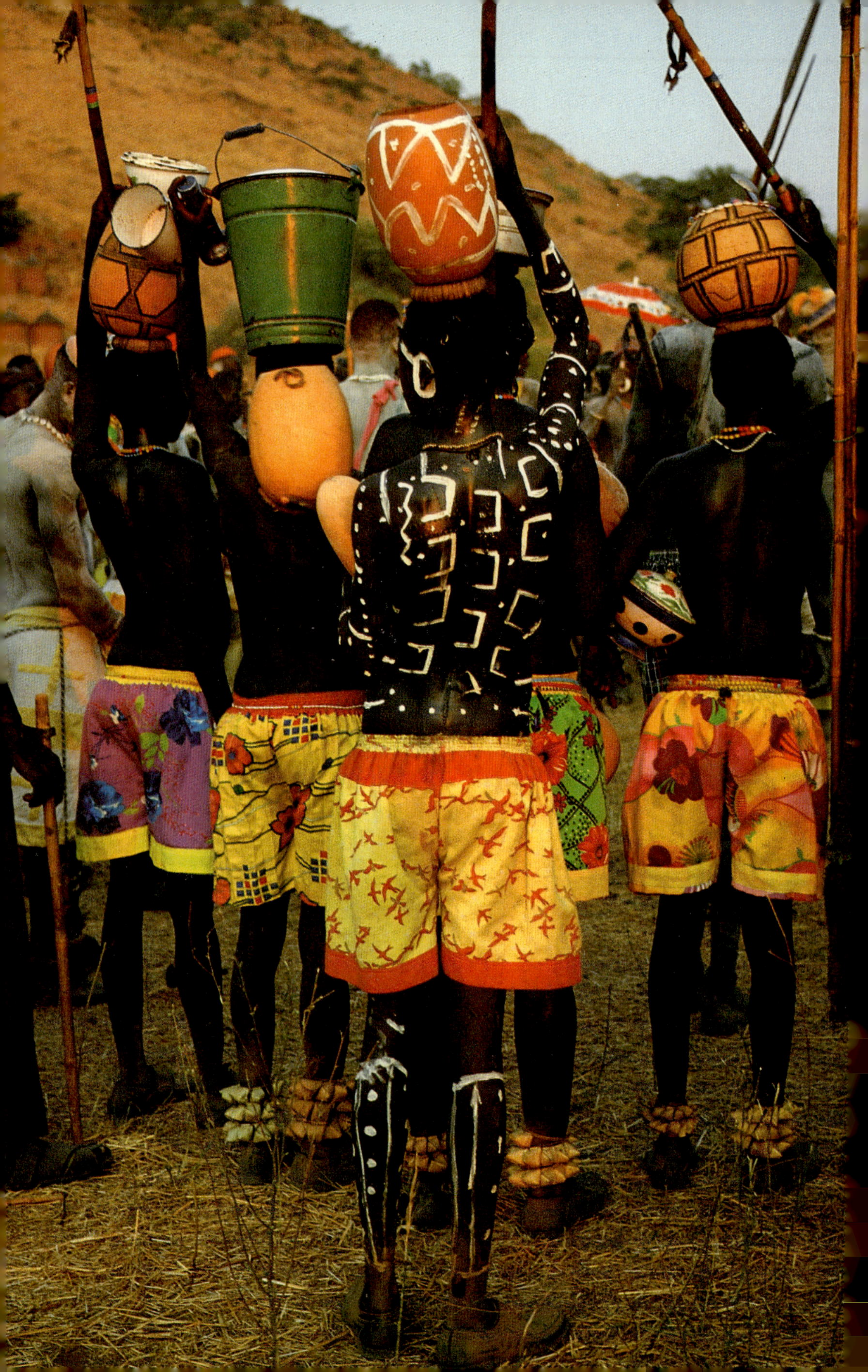

kniet sich auf den Boden und berührt mit den Innenflächen der Hände die Erde, damit ihm die Erdgötter Kraft geben. Dann tanzt er in gebückter Haltung vor seinem Gegner und fuchtelt wild mit den Händen, um ihn einzuschüchtern. Der eigentliche Kampf beginnt dann damit, daß sie sich gegenseitig mit den Händen am Kopf berühren. Der eigentliche Ringkampf ist durchaus fair. Es verliert, wer zuerst am Boden liegt. Nur einmal mußte ein Kämpfer vom Schiedsrichter disqualifiziert werden, weil er einen unerlaubten Griff angewandt hatte. Die Kämpfe werden natürlich von einem ohrenbetäubenden Lärm begleitet. Das Dröhnen der Trommeln, die lauten Rufe der Schlachtenbummler und das Schreien der Frauen, die ihren Favoriten anfeuern, geben dem Fest einen unbeschreiblichen Charakter. Deshalb liefen mein Tonband, meine Filmkamera und mein Fotoapparat auf Hochtouren, und ich wußte oft nicht, was ich zuerst machen und was ich lassen sollte.

In der Mittagshitze kämpften nur noch die besten und bekanntesten Gegner, die damit zeigen wollten, daß ihnen so etwas nichts ausmacht. Deshalb tragen sie an ihren Gürteln auch schwere »Pferdeschweife«, die den Kampf sehr behindern. Sie sind in Wirklichkeit aus weißem oder schwarzem Ziegenfell kunstvoll zusammengesetzt. Einige Kämpfer hatten bis zu fünf solcher Schweife umhängen, die ungefähr 75 Zentimeter lang waren.

Neben Kalebassen haben auch schon moderne Eimer Eingang in die materielle Kultur der Nuba gefunden. Das Hirsebier wird aber noch nach herkömmlicher Weise hergestellt, und die ist nicht gerade appetitlich ... Frauen kauen die Hirse und spucken alles in einen großen Holztrog. Dort wird dann alles vergoren. Nach dieser „Naturmethode" bereiten auch manche andere Völker ihr Bier. Foto Kirner

Wenn ein solcher Kämpfer einen Gegner besiegte, der keinen Schweif trug, war die Freude riesengroß, und die Anhänger feierten den Gewinner ganz besonders.

Der Kampf endete in einem versöhnlichen Fest, bei dem das Hirsebier in Strömen floß. Am nächsten Tag zogen Idi und ich los; wir wollten nun endlich nach Khartoum. Es bestand auch immer die Gefahr, die kostbaren Bild- und Tonbandzeugnisse von diesen Kämpfen und Riten durch unberechenbare Eingeborene zu verlieren. Und da war auch noch die Sehnsucht nach einem Bad in sauberem Wasser, nach neuen Kleidern, nach einem richtigen Bett und natürlich auch nach europäischem Essen.

Doch eines Morgens war Idi nicht mehr da. Ich fragte überall nach ihm, doch niemand wußte Bescheid. Ich redete mir ein, daß es Idis eigener Entschluß war, die Reise allein zu beenden, da er mit mir immer nur in Schwierigkeiten gekommen war. Ich klammerte mich an diesen Gedanken und tue dies heute noch; und bis heute habe ich keine Gewißheit, was mit Idi wirklich geschehen ist.

Ich bekam in Talodi einen Lastwagen, der mich mitnahm; in Redeis hatte ich die üblichen Schwierigkeiten mit der Polizei, die mich nach meinem Paß fragte. Aber das kannte ich ja nun schon und hatte entsprechende Ausreden parat, auf die die Polizisten Gott sei Dank eingingen. Ich benutzte später den Nildampfer und kam irgendwann völlig heruntergekommen in Khartoum an, wo mich mein Freund, der mich schon seit langem erwartete, nicht erkannte. Erst als ich ihn ansprach, wußte er, daß ich wirklich der Schorsch Kirner bin, auf den er gewartet hatte. Es dauerte eine ganze Weile, bis ich mich an normales Essen gewöhnt hatte und bis ich einigermaßen bei Kräften war; dann erst konnte ich nach Hause zurückfliegen – mit den Gedanken fast schon wieder bei der nächsten abenteuerlichen Expedition zu Menschen, die von der Zeit „vergessen" wurden.

Heinz Schultheis

AUF DER SUCHE NACH DER NADEL IM HEUHAUFEN

Megawatt, Nanogramm, ppb und andere Maßeinheiten

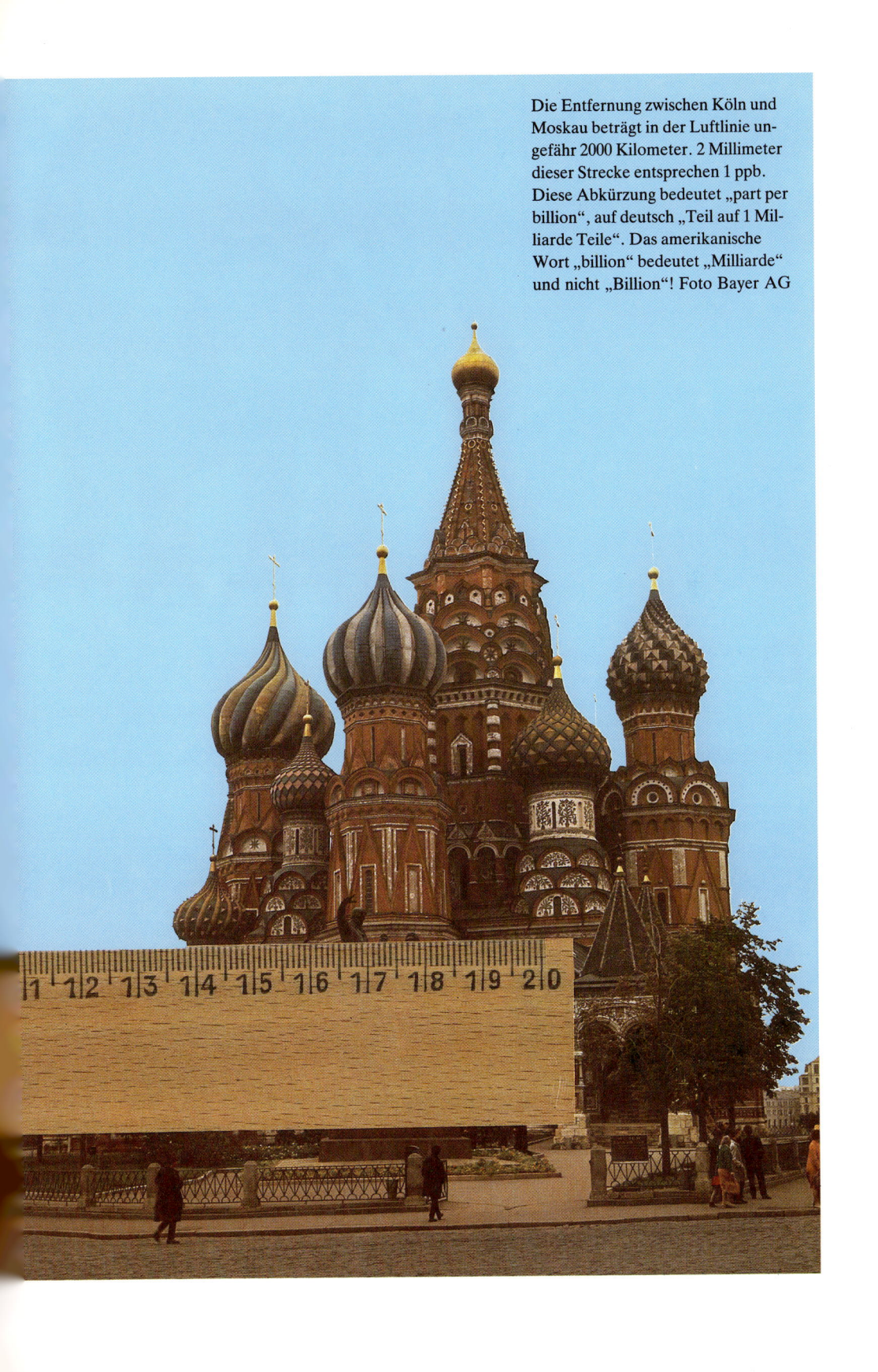

Die Entfernung zwischen Köln und Moskau beträgt in der Luftlinie ungefähr 2000 Kilometer. 2 Millimeter dieser Strecke entsprechen 1 ppb. Diese Abkürzung bedeutet „part per billion", auf deutsch „Teil auf 1 Milliarde Teile". Das amerikanische Wort „billion" bedeutet „Milliarde" und nicht „Billion"! Foto Bayer AG

Im Vergleich zu einem ausgewachsenen Elefanten ist die Maus winzig. Doch ihr Gewicht entspricht bereits 3 ppm vom Gewicht des „Jumbos". Die Abkürzung ppm bedeutet „part per million", als „Teil auf 1 Million Teile". Grafik Bayer AG

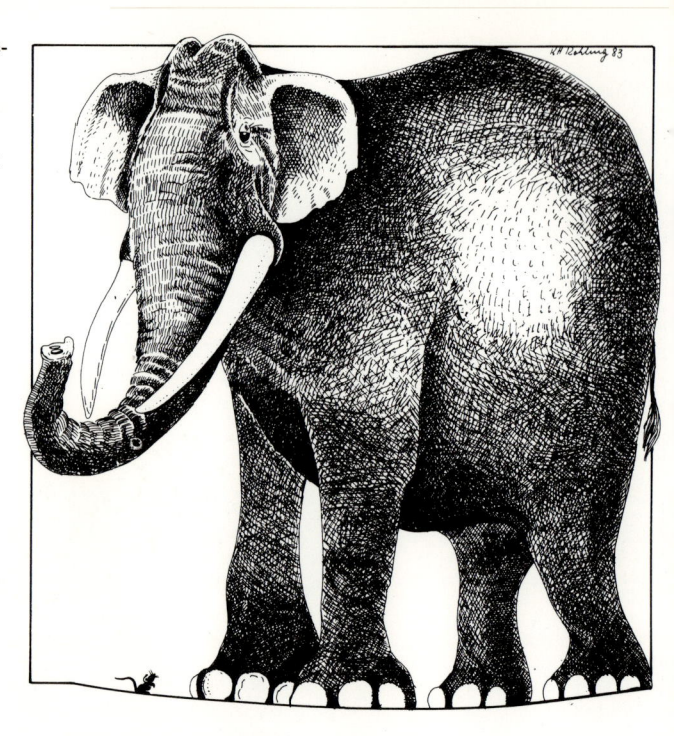

Das Vorstellungsvermögen des Menschen für Maß und Zahl ist auf seine täglich erlebte Umwelt bezogen: Jeder »hat im Gefühl«, wie schwer ein Kilogramm wiegt, kaum jemand hat Schwierigkeiten, mit beiden Händen einen halben Meter anzuzeigen, und wie lange eine Stunde dauert, weiß jeder, der einmal hat warten müssen. Bei tausend Tonnen, einem Hundertstelmillimeter und 4000 Jahren spürt man bereits die Grenze unseres Vorstellungsvermögens, und bei Lichtjahren, Nanosekunden und ppb kapitulieren wir vollends.

Früher war der Gebrauch derart »exotischer« Maßeinheiten nur Spezialisten aus den Naturwissenschaften geläufig; heutzutage findet man aber diese Bezeichnungen jede Woche in der Tagespresse, wenn von Megawatt für die Leistung eines Kraftwerks, von Mikrogramm bei der Entdeckung eines neuen Hormons oder von 3,7 ppb einer Verunreinigung im Grundwasser berichtet wird.

Diese ungewohnten Maßsysteme können wir durch geeignete Vergleiche in ihrer Bedeutung verständlicher machen. Aber die wenigsten werden sich ein Nanogramm, das heißt, ein Milliardstelgramm, wirklich »vorstellen« können.

Für Länge, Gewicht, Zeit, elektrische Spannung gibt es festgesetzte Maßeinheiten, also Meter, Gramm, Sekunde und Volt. Da aber bereits im täglichen Leben sehr große Vielfache oder sehr kleine Teile einer solchen Maßeinheit vorkommen, hat man sich darauf geeinigt, daneben noch Einheiten des Hundert- bzw. Tausendfachen oder des hundertsten bzw. tausendsten Teiles zu benutzen. Dadurch werden die Zahlen »handlicher«: So sind 2700 Meter eben 2,7 Kilometer, und 0,01 Gramm sind 10 Milligramm. Außer den bekannten vervielfachenden (kilo-, von griechisch chilioi = 1000) oder teilenden Vorsilben (milli-, von lateinisch mille = 1000) gibt es nach beiden Richtungen noch weitere Vorsilben, die jeweils die Vergrößerung oder Verkleinerung der Maßeinheit um das Millionen-, Milliarden- oder Billionenfache bedeuten.

Von Exa bis Atto

Damit sind wir im Bereich der großen Zahlen mit den vielen Nullen angelangt: 1 Milliarde (1 000 000 000) hat 9, eine Billion (1 000 000 000 000) 12 Nullen. Man kann sich diese umständliche Schreibweise sehr vereinfachen:

$1000 = 10 \cdot 10 \cdot 10 = 10^3$ (»zehn hoch drei«)

$0{,}01 = \dfrac{1}{10 \cdot 10} = \dfrac{1}{10^2} = 10^{-2}$ (»zehn hoch minus zwei«).

Diese Zehnerpotenzen erleichtern in außerordentlichem Maße den Umgang mit sehr großen oder sehr kleinen Zahlen; sie werden in der Praxis vielfach häufiger verwendet als die oben erwähnten Vorsilben.

Die folgende Tabelle faßt die Vorsilben und Zehnerpotenzen zusammen:

T	Tera-:	10^{12} =	1 000 000 000 000
G	Giga-:	10^{9} =	1 000 000 000
M	Mega-:	10^{6} =	1 000 000
k	Kilo-:	10^{3} =	1 000
h	Hekto-:	10^{2} =	100
D	Deka-:	10 =	10
d	Dezi-:	10^{-1} =	0,1
c	Zenti-:	10^{-2} =	0,01
m	Milli-:	10^{-3} =	0,001
µ	Mikro-:	10^{-6} =	0,000 001
n	Nano-:	10^{-9} =	0,000 000 001
p	Pico-:	10^{-12} =	0,000 000 000 001

Die Vorsilben sind von den entsprechenden griechischen oder lateinischen Zahlwörtern oder anderen Begriffen entlehnt, z. B. teras (gr.) = Ungeheuer, gigas (gr.) = Riese, megas (gr.) = groß, mikros (gr.) = klein, nanos (gr.) = Zwerg und dergleichen.

Die obige Tabelle läßt sich noch nach oben und nach unten um je zwei weitere Begriffe erweitern. Die entsprechenden Faktoren haben so viele Nullen, daß sie überhaupt nicht mehr in das obige Schema paßten. Nach Tera- kommen die Vorsatznamen Peta- und Exa-, beides Fremdwörter aus dem Altgriechischen. Peta geht auf pente (fünf, d. h. 10^3 hoch 5), Exa – auf hex (sechs) zurück:

E	Exa-:	10^{18} =	1 000 000 000 000 000 000
P	Peta-:	10^{15} =	1 000 000 000 000 000

Die entsprechenden Begriffe am unteren Ende der Skala heißen Femto- und Atto-. Sie leiten sich von nordischen Sprachen ab. Femto- geht auf das norwegische femten zurück, das fünfzehn bedeutet, und Atto- leitet sich vom dänischen atten, achtzehn, ab:

f	Femto-:	10^{-15} =	0,000 000 000 000 001
a	Atto-:	10^{-18} =	0,000 000 000 000 000 001

600 Megawatt (MW) sind also 600 Millionen Watt oder $600 \cdot 10^6 = 6 \cdot 10^8$ Watt. 2 Nanogramm (ng) sind 0,000 000 002 Gramm (2 Milliardstelgramm) oder $2 \cdot 10^{-9}$ Gramm. Hier zeigt sich eine gewisse Gefahr: m- (Milli-) und n- (Nano-) liegen um das Millionenfache auseinander! Zwischen ihnen liegt Mikro-, das unglücklicherweise mit dem griechischen Buchstaben µ (my) bezeichnet wird, so daß allein durch Tipp- und Schreibfehler geradezu haarsträubende Falschangaben und Mißverständnisse möglich sind. Der Gebrauch von Zehnerpotenzen ist da viel sicherer.

Allein die Feststellung, daß 1 Million Nanogramm erst 1 Milligramm ergeben, zeigt die außerordentlichen Schwierigkeiten, die der Mensch besonders in der Vorstellung des sehr Kleinen hat. Aber auch mit den großen Zahlen ist das nicht ganz einfach: Wer 1 Million DM besitzt und täglich 1000 DM davon ausgibt, kann immerhin 2 Jahre und 9 Monate auf diese Weise leben. Wer aber 1 Milliarde DM besitzt – und solche Leute gibt es ja –, könnte diesen Lebensstil theoretisch 2700 Jahre lang genießen. Dabei ist die Verzinsung nicht berücksichtigt: Bei 5 Prozent würde sich das Kapital trotz des täglichen Abzugs von 1000 DM immer noch weiter vermehren. Dieses Beispiel zeigt auch, daß der Gebrauch der vervielfachenden Vorsilben völlig willkürlich ist, denn kein Mensch spricht von 15

Eine kaum noch vorstellbare Größenordnung: Ein ppt – das bedeutet „part per trillion", also „Teil auf 1 Billion Teile" – entspricht einem Stück Würfelzucker, aufgelöst in der Talsperre Östertal im Sauerland.
Grafik Bayer AG

Megamark, wenn er 15 Millionen DM meint. Und während in der Physik der Begriff Nanometer (10^{-9} Meter) durchaus gebräuchlich ist, verwendet die Astronomie die Einheit Gigameter (10^9 Meter) nicht. Das »klassische« astronomische Längenmaß ist das Lichtjahr, also jene Strecke, die das Licht mit seiner Geschwindigkeit von 300 000 Kilometer pro Sekunde in einem Jahr zurücklegt, also 300 000·60·60·24·365, das macht etwa 9 500 000 000 000 oder 9,5 Billionen Kilometer. Es gibt übrigens Sternensysteme, die einige Milliarden Lichtjahre von uns entfernt sind. In Zehnerpotenzen wären das zwischen 10^{18} und 10^{19} km! Wer kann sich das noch vorstellen?

Wo unsere Vorstellungskraft versagt

Auf unserer Erde ist aber gerade das Kleinste oft viel wichtiger geworden: Besonders im Zusammenhang mit Umweltproblemen tauchen immer wieder die Milli-, Mikro- und Nanogramm auf. Wir wollen wissen – oder anprangern –, wieviel eines bestimmten Fremdstoffes in 1 Liter Rheinwasser oder Nordseewasser enthalten ist. Dann rechnen wir nicht mehr allein mit den Gewichtseinheiten, sondern beziehen sie auf eine vorgegebene Gewichts- oder Volumeneinheit, zum Beispiel auf 1 Liter oder bei Luft auf 1 Kubikmeter. Auf diese Weise erhält man die Konzentration eines Stoffes in einem vorgegebenen Medium. Bei Wasseranalysen kommen dann Werte wie Milligramm pro Liter 2,7 (mg/l), 0,3 Mikrogramm pro Liter (µg/l) oder 7,0 Nanogramm pro Liter (ng/l) zustande.

Im täglichen Leben drücken wir Konzentrationen meist in Prozenten oder Promille aus: Angaben wie »40prozentiger Doppelkorn« oder – als mögliche Folge – »1,2 Promille Alkohol im Blut« sind ohne weitere Erklärung jedem verständlich.

Für die oben erwähnten sehr kleinen Konzentrationen von Milli-, Mikro- oder gar Nanogramm pro Liter Wasser hat sich nun ein in den USA aufgekommenes System auch bei uns gut eingeführt, das praktisch eine Ausweitung des bekann-

ten Prozent- und Promille-Schemas darstellt: Dazu gehören die auch in Presse, Rundfunk und Fernsehen immer wieder genannten ppm und ppb. Die Buchstaben sind Abkürzungen aus dem Englischen und bedeuten:
- ppm: parts per million, also Teile auf 1 Million Teile, und zwar unabhängig vom angewendeten Maß-System. 5 Milligramm Kochsalz im Liter Wasser entsprechen somit 5 ppm, denn der Liter Wasser hat 1000 Kubikzentimeter, und diese entsprechen 1000 Gramm oder 1 000 000 Milligramm.
- ppb: parts per billion. Hier tritt eine sprachliche Schwierigkeit auf, denn das amerikanische Englisch kennt den Begriff der Milliarde nicht, sondern verwendet dafür das Wort »billion«. »Unsere« Billion heißt im amerikanischen Englisch »trillion«. Deshalb muß man sehr gut aufpassen: 6,2 Nanogramm Eisen pro Liter sind also 6,2 ppb Eisen im Wasser, mithin 6,2 Teile Eisen auf eine Milliarde Teile Wasser.
- ppt: part per trillion, Teile auf 1 Billion Teile.
- ppq: parts per quadrillion, Teile auf 1 Billiarde Teile.

Zuckerwürfel im Starnberger See

Der Verband der Chemischen Industrie (VCI) in Frankfurt/M. hat in seiner Broschüre »Wasser« (Chemie und Umwelt) all diese Bezugssysteme in einer übersichtlichen Tabelle zusammengefaßt: wir geben sie auf S. 228 wieder.
Die Frage der »Anschaulichkeit« stellt sich natürlich auch hier. Das Beispiel des Zuckerwürfels ist dabei sicher hilfreich. Ein findiger Mann hat 1 ppm als »1 Preuße in München« bezeichnet, ging dabei aber von der freilich irrigen Annahme aus, daß die eine Million Einwohner der Isarmetropole ausschließlich bajuwarischer Herkunft sei und quasi als schwarzes Schaf nur ein Preuße, eben 1 ppm (1 part per million) darunter zu finden

wäre. Übertragen auf die moderne chemische Analytik ist die Suche nach einer solchen Verunreinigung keine aufregende Sache mehr. Heute fahnden die Forscher nach viel kleineren Mengen, die sich etwa in ppb ausdrücken lassen. Ein verblüffender Vergleich: Bereits eine fünfköpfige Familie stellt mehr als 1 ppb der gesamten Menschheit (4,7 Milliarden) dar, und darin sind alle Chinesen, Russen, Amerikaner, Deutschen, Monegassen, Schweden, Türken, Luxemburger und, und, und... einbezogen. Die Analytik im ppt-Bereich entspräche etwa der Suche nach einem oder mehreren Roggenkörnern in 100 000 Tonnen Weizen, für die man einen 20 Kilometer langen Güterzug benötigen würde.
Diese Beispiele zeigen, daß die chemische Analytik in den letzten drei Jahrzehnten in Meßbereiche vorgestoßen ist, die vorher kaum denkbar waren. Ein großer Teil des Verdienstes an dieser Entwicklung kommt den physikalischen und chemischen Laboratorien der Industrie zu, die gerade auf dem Pflanzenschutz- und Arzneimittelsektor von sich aus Analysemethoden ausgearbeitet hat, um möglichst lückenlos alle Wirk- und Zerfallmechanismen ihrer Produkte zu erforschen.

Die richtige Auswertung und Abwägung

Die extrem genaue Messung, auch bei winzigsten Spuren einer Substanz, ist aber nur die eine, und zwar die einfachere Seite dieser Art Forschung: Eine Meßreihe ist so lange ein Zahlenfriedhof, bis sie ausgewertet ist. Bereits der Begriff »Aus*wert*ung« zeigt, daß zum objektiv und immer besser Meßbaren eine neue, mehr subjektive Komponente hinzukommt: Das Abwägen und Einordnen der Meßdaten in die schon bekannten Tatsachen. Ein Stoff, der in größeren Mengen schädlich ist, wirkt bei niedrigsten Konzentrationen oft ganz anders, ja kann unentbehrlich sein. »Nichts ist ohne

Gift«, sagte Paracelsus, »allein die Dosis macht, daß ein Ding kein Gift ist.« Das ist auch bei der Diskussion um Umweltchemikalien zu beherzigen.

Wenn man heute öfter als früher davon liest, daß bestimmte Schadstoffe im Boden, im Wasser oder in Lebensmitteln gefunden wurden, so ist dies in vielen Fällen auf die extreme Empfindlichkeit moderner Analyseapparaturen zurückzuführen. Sie finden winzige Mengen, die man noch vor zwei Jahrzehnten nicht nachweisen konnte, obwohl sie auch damals schon vorhanden waren. Umweltverschmutzung ist auch keine Erfindung der jüngsten Zeit: Alte farbige Kirchenfenster, bleigefaßte Butzenscheiben, Zinnkrüge und glasierte Keramik erfreuen uns heute, doch vergessen wir gerne, daß diese handwerklichen Produkte unter unvorstellbaren Arbeitsbedingungen entstanden sind: Der Qualm aus den Glas- und Erzhütten färbte weithin die Landschaft, und es waren Stäube von Schwermetalloxiden, die man »Hüttenrauch« nannte. Eine bestimmte Sorte davon hieß »Giftmehl« – reines Arsenik.

Natürliche Schwermetalle im Körper

Gerade bei der Diskussion über Fremdstoffe in Lebensmitteln wird oft versäumt, ein vorliegendes Analysenergebnis in bezug zu *natürlichen* Giftstoffen zu setzen, die das betreffende Lebensmittel von sich aus enthält. Hier ist die Natur keineswegs zimperlich. Nicht nur Tollkirsche, Seidelbast und der Knollenblätterpilz enthalten Gifte, sondern auch die brave Kartoffel bringt es auf beachtliche Mengen des sehr giftigen Alkaloids Solanin, und die harmlose Erdbeere verdankt ihren Wohlgeschmack einer ganzen Reihe recht giftiger Substanzen wie Azeton, Crotonaldehyd, Methanol oder Acrolein. Hier wäre es wohl verfehlt, von »Verseuchung« zu sprechen.

Schließlich ist bei derart winzigen Konzentrationen die mögliche Wirkung eines Schadstoffes nicht mehr direkt und linear von seiner Menge abhängig. Hier werden die Verhältnisse oft sehr kompliziert, und gerade bei den Schwermetallen muß man auf Überraschungen gefaßt sein. Das lebensnotwendige Vitamin B_{12} enthält zum Beispiel stets Kobalt. Das in höheren

Die Zahlen in der Tabelle lassen sich noch weiter veranschaulichen: 2,7 Milliarden Liter enthält die Talsperre Östertal, 2,7 Billionen Liter der Starnberger See. Grafik VCI/Bayer AG

Beispiel: Ein Zuckerwürfel, aufgelöst in				
	0,27 Liter	1% Prozent ist 1 Teil von hundert Teilen	10 Gramm pro Kilogramm	10 g/kg
	2,7 Liter	1 Promille ist 1 Teil von tausend Teilen	1 Gramm pro Kilogramm	1 g/kg
	2700 Liter	1 ppm (part per million) ist 1 Teil von 1 Million Teile	1 Milligramm pro Kilogramm	0,001 g/kg (10^{-3})
	2,7 Millionen Liter	1 ppb (part per billion) ist 1 Teil von 1 Milliarde Teile (b = billion, amerik. für Milliarde)	1 Mikrogramm pro Kilogramm	0,000 001 g/kg (10^{-6})
	2,7 Milliarden Liter	1 ppt (part per trillion) ist 1 Teil von 1 Billion Teile (t = trillion, amerik. für Billion)	1 Nanogramm pro Kilogramm	0,000 000 001 g/kg (10^{-9})
	2,7 Billionen Liter	1 ppq (part per quadrillion) ist 1 Teil von 1 Billiarde Teile (q = Quadrillion, amerik. für Billiarde)	1 Picogramm pro Kilogramm	0,000 000 000 001 g/kg (10^{-12})

Dosen giftige Chrom, das immer wieder als Schadstoff in Abwässern auftaucht, bildet das Zentralatom eines komplizierten Enzyms, das den Insulin-Haushalt des menschlichen Körpers regelt. Man rechnet heute, daß etwa 250 Mikrogramm Chrom pro Tag für den Menschen nicht nur unschädlich, sondern für seine Gesundheit geradezu notwendig sind.

Diese Beispiele wollen auf gar keinen Fall Gefahren herunterspielen, auch wenn die Meßwerte oft noch so klein erscheinen. Das Gegenteil ist richtig: Auch Nanogramm-Beträge können sich in bestimmten Organen oder in der Nahrungskette ansammeln und schließlich wirksam werden. Das Messen kleinster Spuren wurde ja gerade dazu entwickelt, solche Gefahren erkennen und abwehren zu helfen. Dazu ist aber eine sachgerechte Handhabung und Auswertung unerläßlich.

Die Chemiker in analytischen Laboratorien sind dank moderner Geräte und Methoden imstande, selbst winzige Spuren in der Größenordnung von 1 Teil zu einer Milliarde Teilen nachzuweisen. Foto Bayer AG

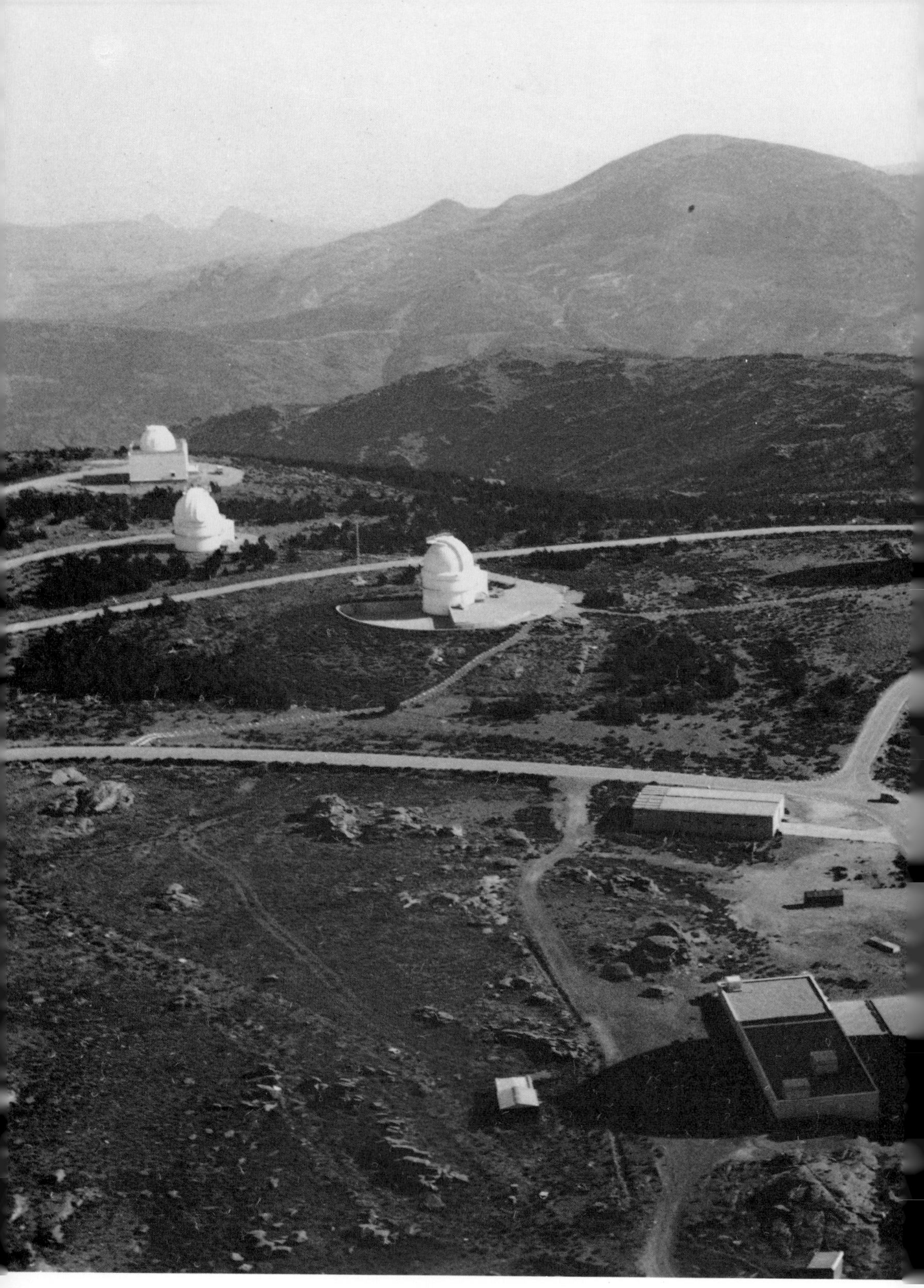

Ernst-Karl Aschmoneit
BLICK BIS AN DEN RAND DES UNIVERSUMS
Das deutsch-spanische Observatorium auf dem Calar Alto

Wer von der andalusischen Hafenstadt Almería an der südöstlichen Spitze Spaniens nach Norden fährt und bei Benahadux nicht der Straße nach Murcia folgt, sondern auf der Nationalstraße 324 in Richtung Guadix-Granada abbiegt, sieht bald die Berge der Sierra de los Filabres vor sich. Und plötzlich erscheint über der trostlosen Landschaft, einer von Bodenwellen durchzogenen, fast baum- und strauchlosen Wüste, auf einem der Berge, noch sehr fern, ein schneeweißer Kuppelbau. Er gehört zum Deutsch-Spanischen Astronomischen Zentrum (DSAZ) auf dem 2168 Meter hohen Calar Alto.

Doch zunächst sind im langsamen Anstieg noch zahllose Serpentinen zu überwinden. Auf den Hängen wachsen Wälder aus kanadischen Nadelhölzern heran als Ergebnis eines langjährigen Aufforstungsprogramms. Es hat zum Ziel, den im Mittelalter durch nahezu restlosen

Überblick über das Deutsch-Spanische Astronomische Zentrum auf dem Calar Alto; von links nach rechts die Kuppelbauten für 1,5-Meter-Teleskop, Schmidt-Spiegel, 1,23-Meter-, 2,2-Meter- und 3,5-Meter-Teleskop. Foto Zeiss/Windstoßer

Kahlschlag angerichteten Schaden für Landwirtschaft und Klima wenigstens teilweise wiedergutzumachen. Endlich – mehr als zwei Stunden nach der Abfahrt von Almería – tauchen hinter der letzten Wegkehre alle fünf Kuppelbauten des Observatoriums auf. Daneben stehen Betriebsgebäude, Wohnungen für das Personal und für die tagsüber schlafenden Astronomen, das Forschungsinstitut sowie ein Hotel für Besucher. Der Lageplan des Observatoriums verrät dem Eintreffenden, daß die einzelnen Kuppelbauten von links nach rechts folgende Einrichtungen beherbergen: ein spanisches 1,5-Meter-Teleskop, den aus der Sternwarte Hamburg-Bergedorf überstellten 80-Zentimeter-Schmidt-Spiegel sowie die von Zeiss im württembergischen Oberkochen hergestellten 1,23-Meter-, 2,2-Meter- und 3,5-Meter-Teleskope.

Jahrzehnte liegen zwischen Wunsch und Verwirklichung

Zwar wollte bereits vor dem Krieg die damalige Kaiser-Wilhelm-Gesellschaft ein besonders leistungsfähiges Observatorium aufbauen, doch konnte erst das 1968 in Heidelberg gegründete Max-Planck-Institut für Astronomie (MPIA) darangehen, diesen Plan zu verwirklichen. Da in Deutschland nur selten mehr als 40 bis 50 wolkenlose und klare Nächte im Jahr astronomische Beobachtungen zulassen, galt es zunächst, einen günstigeren Standort zu finden. Die Wahl fiel 1970 auf den Calar Alto, wo die Bauarbeiten 1973 nach Vereinbarungen mit der spanischen Regierung beginnen konnten. Bereits 1966, noch vor Gründung des MPIA, bestellte die Landessternwarte Heidelberg bei Zeiss ein Teleskop mit 1,23 Meter Spiegeldurchmesser. Weil inzwischen aber die Entscheidung für den Calar Alto gefallen war, wurde es als erstes Instrument nach Südspanien gebracht. 1969 und 1970 schlossen sich Aufträge für zwei 2,2-Meter-Teleskope an, eines davon ebenfalls bestimmt für den Calar Alto, das andere für ein »Europäisches Süd-Observatorium« (ESO) auf dem 2400 Meter hohen La Silla in Chile. Und wiederum nur ein Jahr später folgte der Rahmenvertrag für das 3,5-Meter-Teleskop.

Planung, Herstellung und Prüfung des größten optischen Instruments, das jemals in Deutschland gebaut wurde, beanspruchten etwa zehn Jahre. An dieser Aufgabe mußten Fachleute des Großmaschinenbaus ebenso wie der Präzisions-Feinmechanik, der Glastechnologie und Optik, aber auch der Elektronik und Datenverarbeitung eng zusammenarbeiten. Immerhin ging es um ein Spiegelteleskop, das durch seine Dimensionen im Großen wie im Kleinen aus dem Rahmen fällt. Es ist 22 Meter hoch, 17 Meter lang, 10 Meter breit und hat eine Masse von etwa 430 Tonnen – eigentlich müßte man heute die gesetzliche Einheit »Megagramm« (Mg) verwenden. Davon muß es 230 Tonnen höchst feinfühlig, nämlich in Schritten von 0,025", also einer vierzigstel Winkelsekunde oder des 144 000sten Teils eines Winkelgrads, der scheinbaren, durch die tägliche Umdrehung der Erde bewirkten Sternenbewegung nachführen. Wie winzig diese Schritte sind, veranschaulicht folgendes Bild: Würde man das Teleskop auf eine Pfennigmünze in mehr als 130 Kilometer Entfernung richten, dann könnte es mit dieser Winkelbewegung zwischen beiden Rändern der Münze hin- und herschwenken.

Das Herz des Teleskops: die Spiegel

Das einfallende Licht sammelt ein großer Primärspiegel auf den kleineren, ihm gegenüberstehenden Sekundärspiegel, der schließlich den nun schon eng gebündelten Strahl durch die Mittenbohrung des Primärspiegels auf einen dahinter im Fokuspunkt liegenden lichtempfindlichen Sensor konzentriert. Damit man das Te-

Wissenschaftler des Max-Planck-Instituts für Astronomie begutachten den Primärspiegel des 3,5-Meter-Teleskops nach dem Eintreffen auf dem Calar Alto. Foto MPG-Pressebild/Blachian

leskop auf jeden Punkt des Himmels richten kann, muß die ganze Kombination aus Strahlführungs-Elementen um zwei senkrecht zueinander stehende Achsen drehbar gelagert sein. Deshalb befinden sich die beiden Spiegel in einem schwenkbaren, ihre gegenseitige Lage fixierenden Tubus, der wiederum in einen exakt parallel zur Erdachse angeordneten Rotor so eingebettet ist, daß jeder nahezu einen Halbkreis und beide zusammen eine Halbkugel überstreichen können.

Zur Masse des gesamten Tubus von 90 Tonnen trägt allein der Primärspiegel 13 Tonnen bei. Er besteht aus der Glaskeramik Zerodur, die sich unter dem Einfluß wechselnder Temperaturen fast nicht ausdehnt oder verkürzt. Sie behält also ihre Form bei und verzerrt die lichtsammelnde Spiegelfläche bei der nächtlichen Abkühlung nicht. Für physikalisch Interessierte sei der thermische Ausdehnungskoeffizient von Zerodur genannt: Er liegt im Temperaturbereich zwischen -30 und $+70\,°C$ bei lediglich $0{,}15 \times 10^{-7}$ pro $°C$, so daß sich beispielsweise die Abmessung eines Zerodurstabs von 1 Meter Länge um 15 Millionstelmillimeter ändert, wenn die Temperatur um $1\,°C$ schwankt.

Die Herstellung

Für den Guß des Glas-Rohkörpers mußte die Firma Schott in Mainz zunächst einen riesigen Schmelzofen bauen, in dem das flüssige Glas bei etwa $1600\,°C$ drei Wochen blieb, ehe es in die flachzylindrische Form kam, die 27 Tonnen Glasmasse aufnahm. Nach kurzer Abkühlung und Entfernung der Seitenwände wurde der noch immer nahezu plastische Glaskörper in einen automatisch temperaturgesteuerten Kühlofen gefahren und äußerst langsam, im Verlauf von 21 Wochen, auf normale Außentemperatur abgekühlt. Alle diese Mühen sind jedoch vergebens, wenn der gewaltige Glasblock die geringsten Fehler, etwa winzigste Sprünge, Einschlüsse oder Blasen, aufweist. Da der völlig fehlerfreie Guß eines derart großen Blocks auch für die erfahrensten Glastechniker Neuland war, nimmt es nicht wunder, daß erst der sechste Gußversuch gelang. Beim anschließenden Zuschneiden auf Rohmaße verlor der Glasblock die Hälfte seiner Masse. Danach mußte er noch einmal in den Ofen, wo sich bei 670 bis 800 °C das durchgehend amorphe Glas teilweise in kristallines, nunmehr trübgelb aussehendes Glas umwandelte. Diese Keramisierung dauerte gut 36 Wochen. Weitere Arbeiten und eine abschließende dreimonatige Wärmebehandlung erhöhten die Herstellzeit des Glasrohlings auf rund 20 Monate.

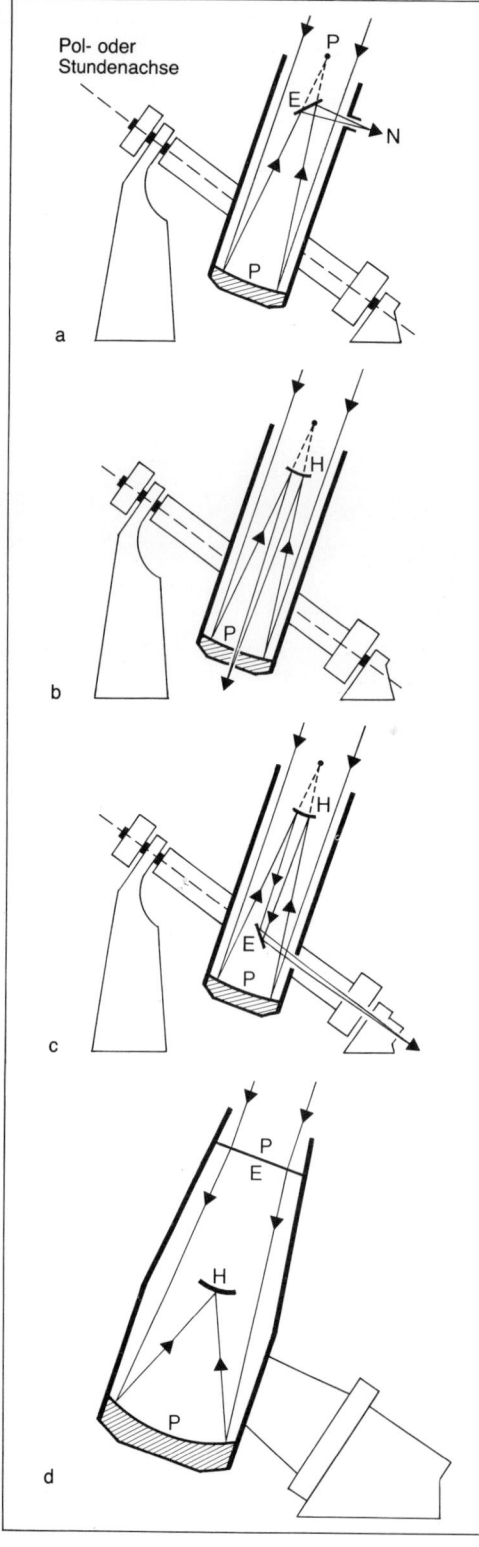

Die gebräuchlichsten Bauweisen von Spiegel-Teleskopen. a) Newtonscher Reflektor: Das vom Parabolspiegel auf einen Brennpunkt P zurückgeworfene Licht wird von einem ebenen Spiegel seitwärts zum Newtonschen Brennpunkt N umgelenkt. b) Cassegrain-Reflektor: Der große Parabolspiegel sammelt das Licht auf einem kleinen Hyperbolspiegel. Dieser Fangspiegel konzentriert das Licht durch eine Mittenbohrung des Parabolspiegels auf den Beobachtungspunkt. c) Coudé-Reflektor: Er ähnelt dem Cassegrain-Reflektor, doch wird das Licht über einen ebenen Spiegel seitwärts herausgeführt. d) Schmidt-Teleskop: Das Licht fällt zunächst durch eine Linse, die sphärische Abweichungen korrigiert und dann auf einem großen sphärischen Spiegel, der es auf die konvexe, zwischen Linse und Spiegel angeordnete Fotoplatte umlenkt. P = Parabol-, H = Hyberbol-, E = Ebener Spiegel.

Unvorstellbare Präzision

Noch in Mainz begann die mechanische Bearbeitung. So war es nötig, die Mitte des Blocks zu durchbohren, um für den Durchtritt des Lichtstrahls eine Öffnung von 65 Zentimeter Durchmesser zu schaffen und eine Fläche durch Fräsen leicht zu vertiefen, so daß sie dem Oberflächenausschnitt einer Kugel mit 24,5 Meter Radius entsprach. Dabei durften Längenabweichungen dieses Radius allenfalls innerhalb von 24500 ± 10 Millimeter liegen; erreicht wurde sogar ein Wert von 24498 ± 3 Millimeter. Mit dem Auge läßt sich eine derart geringe Krümmung nicht mehr als kugelige, wir sagen: sphärische Hohlform wahrnehmen.

Bei Zeiss schlossen sich langwierige Fräs-, Schleif- und Polierarbeiten auf einem Drehteller an. Während der letzten Arbeitsgänge wurde die bisher noch leicht sphärische in eine hyperbolische Fläche umgewandelt. Sie unterscheidet sich aber nur ganz geringfügig von der Kugelfläche, am Rand um 1 Hundertstelmillimeter, in der Mitte des Spiegels um 4,5 Hundertstelmillimeter.

Bei solchen Anforderungen an die Präzision ist es unerläßlich, zu wiederholten Malen die verbliebenen Fehler genauestens zu messen. Das geschieht mit einem hoch über dem Drehteller angeordneten Laser-Interferometer. Es sitzt in einem mit gesondertem Fundament erschütterungsfrei aufgestellten Stahlgerüst, das alle acht Stockwerke des Gebäudes durchzieht. Vor jeder Messung wird von oben ein schlauchförmiger Seidenvorhang bis über den Drehteller abgesenkt. Er verhindert, daß Luftströmungen in der Meßstrecke die Ergebnisse beeinträchtigen. Die zulässige Standardabweichung der gesamten Oberfläche von der Idealform lag bei 30 Nanometer – das sind 30 Millionstelmillimeter oder als Zahl 0,00003 Millimeter. Erreicht wurden schließlich 14 Nanometer. Ein Vergleich soll wieder diese unvorstellbar winzige Größe veranschaulichen: Hätte der Spiegel die Fläche des Bodensees, dann dürften dessen Wellen im Höchstfall einen halben und im Durchschnitt nur ein fünftel Millimeter hoch sein.

Schließlich erhielt die Spiegeloberfläche, allerdings erst als der fertige Glasblock auf dem Calar Alto eingetroffen war, als Reflexionsschicht noch einen hauchdünnen, im Vakuum aufgedampften Überzug aus Aluminium, der die Gesamtmasse des Spiegels um ganze 5 Gramm erhöhte.

Mechanik und Antrieb des Teleskops

Damit der Rotor des auf dem Calar Alto oberhalb 37° nördlicher Breite aufgestellten Instrumentes parallel zur Erdachse liegt, verfügt der tragende Unterbau über ein hochaufragendes Nord- und ein tiefliegendes Südlager. Bei einem Standort auf Breitengrad Null, also am Äquator, können Nord- und Südlager gleiche Höhe aufweisen. Der massive Unterbau ruht auf vier mit Maschinen ausgerüsteten Füßen, die es erlauben, das Teleskop seitlich und in der Höhe feinstufig zu verschieben. Sowohl der Rotor als auch der Tubus sind hydrostatisch gelagert. Sie »schwimmen« auf einem dünnen Ölfilm, so daß die Kraft eines Menschen ausreicht, den Rotor trotz seiner großen Masse leicht zu drehen. Ständig zwischen Lager und Widerlager gepreßtes Drucköl erzeugt diesen sich selbst stabilisierenden Film. Da er dünner als ein Zehntelmillimeter ist, sich aber zusammenhängend ausbilden muß, dürfen die Fehler in den Lagerflächen wenige Hundertstelmillimeter nicht übersteigen.

Der gabelförmige Rotor mündet am Südende in ein Kugelstück, dem eine kugelige Pfanne als Südlager im Unterbau gegenübersteht. Das Nordende des Rotors gleicht einem riesigen Hufeisen, dessen Außenrand auf zwei Stützkörpern lastet. Allein das Gewicht des Rotors drückt ihn, frei von allen Zwangskräften, auf diese drei Punkte, die so ausgelegt sind, daß sie sich den unvermeidbaren Durchbiegungen bis zu mehreren Millimeter selbsttätig anpassen können.

Um den Rotor in kleinsten Schritten drehen zu können, muß das Motorgetriebe eine sehr große Übersetzung haben. Deshalb ist der mit 9,5 Meter Durchmesser recht beachtliche Außenkreis des Hufeisens als Zahnrad herangezogen. Auch für die insgesamt 3400 Zähne gelten engste Toleranzen mit höchstens 12 und durchschnittlich 8 Tausendstelmillimeter Teilungsfehler. Derart feine Verzahnungen sind an den Zahnflanken nur mit kleinen Kräften belastbar. Darum verteilte man den Antrieb auf insgesamt acht besonders langsam laufende Motoren, die sich in sieben Minuten nur einmal um ihre Achse drehen. Sie übertragen auf den Rotor Drehschritte von 0,05 Bogensekunden, und zwar einzeln oder in Serien bis zu 72 000 pro Sekunde, was einem Schwenk um 60 Winkelgrad entspricht. Bei Sternnachführungen arbeiten sie in zwei Vierergruppen gegeneinander und schalten dadurch jedes Zahnspiel aus. Sicherheitshalber überwachen dennoch elektronische Sensoren an der Lagerfläche des Hufeisens die Bewegung und melden der computergesteuerten Motorregelung jede Winkelverstellung von 0,05 Bogensekunden.

Alles ist rechnergesteuert

Welche konstruktiven Probleme außerdem noch bei der Lagerung des Primärspiegels im Tubus zu lösen waren, kann vielleicht ermessen, wer bedenkt, daß dieser gewichtige Glaszylinder von 3,5 Meter Durchmesser und 60 Zentimeter Höhe beim Wechsel zwischen verschiedenen Beobachtungszielen von der Waagerechten über alle Schrägstellungen bis in die Senkrechte gekippt werden kann. Dabei wirkt sich sein Eigengewicht gegenüber der Schwerkraft jeweils unterschiedlich aus. Und doch soll der Primärspiegel seine Lage gegenüber dem leichteren Sekundärspiegel höchst exakt einhalten. Für alle Lagerungen zusammen ist vorgeschrieben, daß die Richtungsabweichungen während einer Sternnachführung nur kleine Bruchteile von Bogensekunden ausmachen dürfen.

Überhaupt sind fast alle Handhabungen beim 3,5-Meter-Instrument automatisiert und ferngesteuert. Nichts wird mehr von Hand bewegt. Deshalb ist in der ganzen Anlage eine Fülle von Antriebssystemen zu finden. Ferner überwachen insgesamt 35 Sensoren Temperaturen, Drücke, aber auch mechanische Verschiebe- und Winkelbewegungen. All diese Aufgaben erforderten eine Verkabelung, die ihrerseits 3,3 Tonnen Masse auf die Waage bringt. Auch der Wechsel zwischen verschiedenen Fangspiegeln und Korrektoren für vier unterschiedliche optische Konfigurationen des Instruments oder bei Bedarf einer Beobachtungskabine für Astronomen im oberen Tubusende geht automatisch vor sich. Dazu wird der Tubus in senkrechte Stellung gefahren. Dann wird mit einem Kran der auf dem Tubus befindliche Frontring abgezogen, auf einen Magazinplatz befördert und abgestellt. Schließlich wird der andere Frontring geholt und auf den Tubus aufgesetzt. Dieser Vorgang, der auch das Trennen und Wiederverbinden mehrerer hundert Kabelanschlüsse umfaßt, dauert kaum eine halbe Stunde und läuft völlig automatisch ab.

Auch die Antriebe für den drehbaren Kuppelaufsatz und für die beweglichen Plattenelemente der Schlitzöffnung in der Kuppel stehen voll unter Rechnerkontrolle, was einen leistungsfähigen Computer und eigens für diesen Zweck entwickelte Programme voraussetzt. Demnach bestimmen Astronomen für vorgesehene Beobachtungen nur die Teleskopausrichtung und überlassen es der Steuerung, das Instrument in die richtige Position zu fahren und es der scheinbaren Sternbewegung selbsttätig nachzuführen.

Aufbau und Transport

Die Herstellung der zahllosen Teleskop-Elemente und deren Zusammenbau in Oberkochen nahm rund zehn Jahre Zeit in Anspruch. Anfang 1982 stand dort das Instrument nach Abschluß aller Prüfungen funktionsfähig bereit. Nun mußte es in transportfähige, wenn auch recht sperrige Teile – jeweils bis zu 10 Meter Län-

Das von der Firma Carl Zeiss, Oberkochen, gelieferte 1,23-Meter-Spiegel-Teleskop in seiner Kuppel auf dem Calar Alto. Es wurde als erstes Instrument in das Deutsch-Spanische Observatorium nach Südspanien gebracht. Foto Zeiss/Windstoßer

ge, 5 Meter Breite und 38 Tonnen Masse – zerlegt werden. Nacheinander traten 25 Schwertransporte die lange Fahrt zur Südostspitze Spaniens an, wo der Kuppelbau schon vorbereitet, eine Seitenwand aber noch geöffnet war, damit ein Kran die ausladenden und schweren Teile an ihren Platz bringen konnte.

Dieses Gebäude ist beeindruckend. Es hat einen Durchmesser von 31,5 Meter und bis zum Scheitel der drehbaren Kuppel eine Höhe von 43 Meter. Erst nach dem erneuten Zusammenbau des Instruments konnten die Einricht-, Justier- und Prüfarbeiten und der Programmtest beginnen. Im Lauf des Jahres 1984 fand auch der mehrmonatige Probelauf durch die Astronomen statt. Schon bei den ersten Beobachtungen zeichnete sich ab, daß alle Erwartungen voll erfüllt würden und daß das Instrument mit dem amerikanischen 5-Meter-Hale-Teleskop auf dem Mount Palomar und mit dem russischen 6-Meter-Teleskop bei Selenchuskaja im Kaukasus, beide seit Jahren in Betrieb, konkurrieren kann.

Ziele der Forschung auf dem Calar Alto

An den Teleskopen des Deutsch-Spanischen Astronomischen Zentrums können, wie allgemein an großen Sternwarten üblich, Gastastronomen von Instituten aus aller Welt arbeiten. Sie reichen ihre Beobachtungspläne einem Programmkomitee zur Beurteilung des wissenschaftlichen Wertes ein. Auf dessen Empfehlung vergibt das Max-Planck-Institut für Astronomie auf Monate voraus Benutzungszeiten von jeweils ein bis zwei Wochen. Während eines Jahres können demnach an jedem Teleskop etwa 30 Beobachtergruppen ihre Programme abwickeln. Ihnen stehen für Geräteeinweisung und fachliche Unterstützung Astronomen des Observatoriums, außerdem für die Durchführung der Routinearbeiten Nachtassistenten zur Seite. Um die kostbare, weil knapp eingeteilte Zeit voll nutzen zu können, müssen die meist unmittelbar aufeinanderfolgenden Gruppen gut vorbereitet zum Observatorium kommen und ihre gespeicherten Ergebnisse erst später im heimatlichen Institut auswerten.

Von der gesamten Teleskopzeit stehen laut Vertrag rund 10 Prozent den spanischen und 40 Prozent den deutschen Astronomen zu. Allerdings nehmen Gerätetests einen beträchtlichen Teil davon in Anspruch, insbesondere die Erprobung weiterentwickelter Hilfs-, Steuer- und Meßeinrichtungen zur Anpassung an neue Aufgaben. Diese ständigen Verbesserungen umfassen auch rationellere und genauere Methoden der Lichtmessung von Himmelsobjekten sowie den Einsatz empfindlicherer Detektoren, nicht zuletzt für den infraroten, dem sichtbaren Licht benachbarten Spektralbereich.

Einen Schwerpunkt will das MPIA mit der Untersuchung der interstellaren Materie setzen. Es handelt sich um Materie – die »Wiege neuer Sterne« –, die sich im freien Raum zwischen den Sternen befindet. Da diese jungen Sterne selbst noch kühl und von dichten, sichtbares Licht verschluckenden Wolken umgeben sind, strahlen sie nur Infrarotlicht ab. Mit eigens für diese Beobachtungen in Heidelberg entwickelten Zusatzgeräten war es bereits an den 1,2-Meter- und 2,2-Meter-Teleskopen möglich, junge, in flache Staubscheiben eingehüllte Sterne nachzuweisen. Sie durchlöchern ihre Scheibe zu den Polen hin, stoßen in diese Richtung Ströme von Materie, sogenannte Jets, aus und regen sie zum Leuchten an. Inzwischen sind mehrere dieser bipolaren Nebel gefunden und eingehend untersucht worden. Vielleicht handelt es sich sogar um Vorstadien von Planetensystemen.

Neue elektronische Sensoren höchster Empfindlichkeit, sogenannte CCD-Detektoren, brachten einen weiteren Erfolg. Mit ihrer Hilfe entdeckten die MPIA-Astronomen einige frisch entstandene und entstehende Sterne, welche einen scharf gebündelten Jet mit Geschwindigkeiten von mehreren hundert Kilometer in der Sekunde ausstoßen. Vermutlich sieht der Mensch dabei das allererste Stadium dieser aktiven Phase beim Durchbohren der Staubscheibe. Vom 3,5-Meter-Teleskop verspricht man sich dazu genauere Aufschlüsse.

3,5-Meter-Spiegelteleskop mit nahezu senkrecht aufgerichtetem Tubus. Deutlich ist die Lauffläche am hufeisenförmigen Nordlager des Rotors zu erkennen. Foto Zeiss/Windstoßer

Das nächtliche Stimmungsbild zeigt das 3,5-Meter-Teleskop auf dem Calar Alto. Der Schlitz ist halb geöffnet, die Kuppel hell beleuchtet. Die lange Belichtungszeit für dieses Bild zeigt sich darin, daß das Gestirn rechts oben strichförmig abgebildet wurde. Foto Zeiss/Windstoßer

Ferner soll das große Instrument die entferntesten Himmelsobjekte, also aktive Galaxien und quasistellare Radioquellen, sogenannte Quasare, näherbringen. Sie können Auskunft geben über den Zustand des Weltalls vor mehr als 10 Milliarden Jahren, als das »erst« 4,6 Milliarden Jahre alte Planetensystem der Sonne mit dem Heimatplaneten Erde noch gar nicht existierte. Die enormen, von ihnen abgestrahlten Energiemengen lassen vermuten, daß sich in ihren Zentren explosive Vorgänge von gigantischen Ausmaßen abspielen. Dennoch fallen die Photonen wegen des Milliarden Lichtjahre langen Wegs nur »tröpfelnd« in das irdische Teleskop ein. Das erklärt auch die Bemühungen, höchstempfindliche Detektoren zu entwickeln.

Großforschungseinrichtungen verlangen einen erheblichen finanziellen Aufwand. So investierte die Max-Planck-Gesellschaft für alle Gebäude und Instrumente des Deutsch-Spanischen Astronomischen Zentrums über 220 Millionen DM. Der laufende Betrieb, den eine 45 Köpfe starke Mannschaft aufrechterhält, schlägt im Jahr mit gut 4 Millionen DM zu Buche. Doch es ist eine lohnende Ausgabe, denn sie trägt dazu bei, die Geheimnisse des Universums, der Heimat des Menschen im weitesten Sinne, zu ergründen.

Rudolf König

MANCHE FISCHE SEHEN DOPPELT
Pendler zwischen zwei Welten

Fische haben schon immer den Menschen fasziniert: Gefährliche Formen wie die Haie lehrten ihn das Fürchten; die fliegenden Fische führten ihm vor, wie man sich von seinem angestammten Element lösen kann; Tiefseefische mit ihren ungeheuren Mäulern und eigenartigen Leuchtorganen regten seine Phantasie über das Leben in lichtlosen Tiefen an; die vielfarbigen Korallenfische machten ihm die Begrenztheit seiner künstlerischen Vorstellungskraft bewußt. Fische überraschen aber auch Biologen immer wieder, weil bei ihnen die Zusammenhänge zwischen Körperbau, Verhalten und Lebensraum besonders deutlich werden. Ein reizvolles Kapitel ist die Erforschung der amphibisch lebenden Arten, die sich vom reinen Wasserleben mehr oder minder stark abgewandt haben, mit allen Vor- und Nachteilen, die dieser Wechsel mit sich bringt.

Heini Hediger, der bekannte langjährige Direktor des Zürcher Zoos, befaßte sich einmal im Rahmen eines Aufsatzes eingehend mit dem Vieraugenfisch. Er zeigte darin, daß Tiere, die sich zeitweilig oder ständig an der Oberfläche von Gewässern aufhalten, erhebliche Risiken laufen: Diesen gleichsam »amphibischen« Arten droht nämlich Gefahr von Feinden aus beiden Bereichen, der Luft wie dem Wasser. Nur durch bestimmte, im Laufe der Evolution erworbene Anpassungen und Verhaltensweisen haben es diese Fische geschafft, im risikoreichen Lebensraum »Wasseroberfläche« über die Runden zu kommen. Scharfe Sinnesorgane waren eine wesentliche Voraussetzung dafür.

Fische, die fast ständig untergetaucht leben, können auf einen vollkommen ausgebildeten Gesichtssinn verzichten. In trübem Wasser würde er auch kaum etwas nützen. Andere Einrichtungen, wie das Seitenlinienorgan, elektrische Organe oder Barteln, vermögen ihn ohne weiteres zu ersetzen. Bei Fischen der Wasseroberfläche spielen die Sehwerkzeuge jedoch eine – oft wörtlich – herausragende Rolle, und von ihnen hängt das Überleben ab. Als Beispiele wollen wir die Schlammspringer, die Algenschabenden und die Beschuppten Schleimfische und besonders die Vieraugenfische herausgreifen.

Amphibische Fische

Landbewohnende Fischarten setzen ihre Augen auch im Luftraum ein und tragen sie hoch oben am Kopf. Eine ähnliche Verlagerung nach oben können wir auch beim Frosch, beim Nilpferd, bei Krokodilen und manchen Wasserschlangen beobachten. Nach der Form der Hornhaut und der Linse zu urteilen, sind die Augen der Schlammspringer weitgehend für das Sehen im Luftraum eingerichtet. Die Vermutung liegt nahe, daß sie – immerhin echte Fische – unter Wasser überhaupt nicht mehr deutlich sehen. Diese

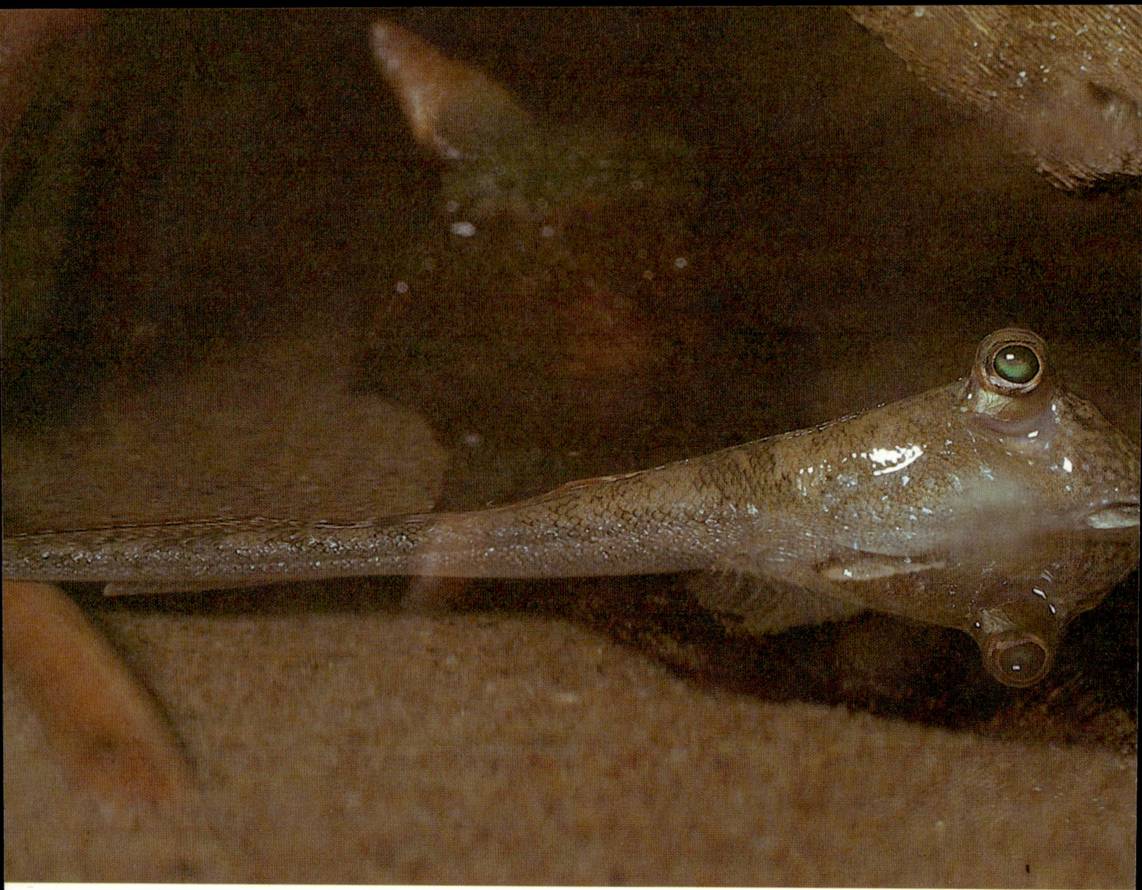

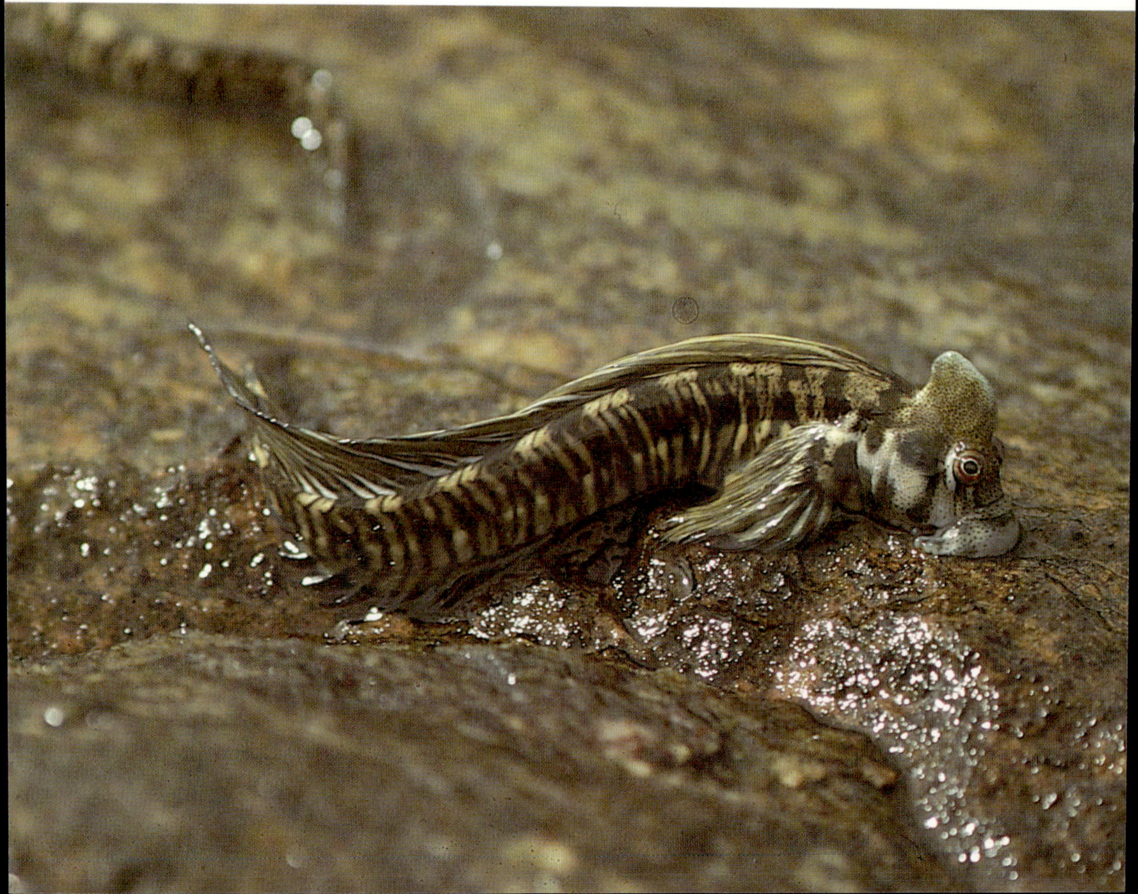

Oben: Auffällig sind beim Schlammspringer die hochstehenden Glotzaugen und die Brustflossen. Die Tiere benutzen sie wie Beine. Schlammspringer leben an tropischen Mangrovenküsten.

Gegenüberliegende Seite oben: Obwohl die Schlammspringer echte Fische darstellen, erinnern sie in ihrem Verhalten oft mehr an Frösche. Es ist hier dieselbe Art wie oben abgebildet, nämlich Periophthalmus barbarus.

Gegenüberliegende Seite unten: Dieser Algenschabende Schleimfisch wurde an der Südküste Sri Lankas aufgenommen. Geschickt verstehen es diese Tiere, sich bei Wellengang an die Felsen zu klammern. Sie werden dabei nicht weggespült. Zwischen einer Welle und der nächsten gehen sie auf Nahrungssuche. Fotos König

Fischkobolde bewohnen in einer Reihe von Arten hauptsächlich die Meeresküsten von Afrika und Asien. Sie leben im allgemeinen gesellig und erinnern in ihrem Verhalten mehr an Frösche als an Fische. Die Schlammböden der Mangrovenzone oder der brackigen Flußmündungen sind ihr Aufenthaltsort. Hier hüpfen sie geschickt auf dem Untergrund herum und suchen in bestimmten Abständen das Wasser auf, um Haut und Kiemen feucht zu halten. Die putzigen Schlammspringer zeigen uns, wie sich Tierformen im Übergangsfeld Wasser – Land behaupten können, in einem Stadium der Landtierwerdung.
Das Leben außerhalb des Wassers und der Augenbau stehen in einem unmittelbaren Zusammenhang: Der Luftraum ist aus physikalischen Gründen weiter überschaubar als ein Wasserkörper – das gilt natürlich auch für die Feinde dieser Fische, etwa verschiedene Vögel. Die Au-

gen amphibischer Fische sind deshalb auf Fernsicht eingestellt, können aber beim Beutefang für die Nahsicht umgestellt werden. Wir sprechen dabei von Akkomodation. Eine nahezu vollkommene Rundumsicht kommt durch die hohe Beweglichkeit der Augen zustande: Die Schlammspringer können ihre Augen fast wie ein Chamäleon nach vorn und hinten drehen. Einer der Gattungsnamen aus dieser Familie heißt übrigens »Periophthalmus«, was übersetzt soviel wie »Rundumauge« bedeutet. Fliehen solche Tiere vor einer Gefahr, so tauchen sie nicht in die verbergende Tiefe ab, denn sie sehen unter Wasser schlecht und können Feinde nur schwer ausmachen. Sie »wriggen« vielmehr davon – mit energischen Körperbewegungen und den Kopf mit den »Froschaugen« immer über die Wasseroberfläche haltend, und versuchen, ein Stück festen Landes zu erreichen. Dort verschwinden sie im nächsten Loch.

Schleimfische und ihre Anpassungen

Auch die Algenschabenden Schleimfische kämpfen beim Gesichtssinn mit ähnlichen Problemen wie die Schlammspringer. Ihr umständlicher Kunstname verrät, wie sie sich ernähren. Die amphibischen Arten bewohnen die subtropischen und tropischen Meere mit dem Verbreitungsschwerpunkt im Indopazifik. Jedem Naturfreund, der in dieser Region Urlaub macht, sind sie wohl aufgefallen: Sie bewegen sich in kleinen »Herden« in der starken Brandung der Felsküsten. Die Zoologen haben herausgefunden, wie die Schleimfische dem Wellenschlag standhalten. Naht eine Welle heran, so pressen sie sich an den felsigen Untergrund. Eine starke Schleimschicht und eine »Hornhaut« an den Bauchflossen und den aufliegenden Teilen der anderen Flossen schützen vor einem Wundscheuern. Sie lassen den Brecher über sich hinwegschäumen und fressen dann ruhig bis zur nächsten Woge weiter. Die Benetzung schützt diese Fische vor dem Austrocknen. Natürlich haben die Augen auch die Aufgabe, den Feind »Welle« zu erkennen und in seiner Wirkung richtig einzuschätzen.

Die Augen der Algenschabenden Schleimfische zeigen sonst keine auffälligen Sonderbildungen. Beim Vieraugen-Schleimfisch hingegen, einem Beschuppten Schleimfisch, der in der Brandungszone der Galapagosinseln lebt und Dialommus fuscus heißt, können wir eine Teilung des Auges feststellen: Der obere Teil ist stark mit Pigment abgedeckt, und nur im unteren Teil sind zwei rundliche, senkrecht durch einen Pigmentstreifen voneinander getrennte durchsichtige Fenster ausgespart. Ursprünglich hatten die Zoologen angenommen, daß der Fisch mit dem vorderen Fenster in der Luft, mit dem hinteren im Wasser sehen könne. Da diese Fische aber auch auf festes Land gehen, nimmt man heute an, daß die starke Pigmentierung bloß ein Schutz gegen das helle Sonnenlicht darstellt und daß die Zweiteilung mit dem Luft-Wasser-Sehen nichts zu tun hat. Das bleibt vorerst aber eine Vermutung; erst eine genaue anatomische Untersuchung der Augen wird eine Klärung bringen.

»Cuatro ojos« – die Vieraugen

So kennen wir im gesamten Tierreich mit Sicherheit nur zwei Gruppen mit einer echten Zweiteilung der Augen, die mit dem Sehen in den unterschiedlichen Medien Luft und Wasser zusammenhängt: Die Taumel- oder Kreiselkäfer sind auch in unseren Süßgewässern zu Hause und manchem von uns vermutlich gut bekannt. Sie bilden an der Wasseroberfläche von Tümpeln und Teichen große Ansammlungen, jagen nach Beute und halten Hochzeit. Ihre Augen sind waagerecht durch eine breite Chitinleiste geteilt. Die Vieraugenfische mit dem wissenschaftlichen Namen Anableps sind neben diesen Käfern die einzigen Tiere mit einer »geteilten Sicht«. Sie gehören zur großen und weitverbreiteten Gruppe der Zahnkärpflinge und bewohnen in zwei Arten Mittel- und Südamerika. Die »Cuatro ojos«, wie sie dort genannt werden, leben in flachen, schlammigen Küstengewässern – der Verfasser kennt sie aus dem großen Mangrovedschungel des Caronisumpfes im westlichen Trinidad. Gewöhnlich schwimmen die Tiere an der Wasseroberfläche, nur zur Befeuchtung des oberen Augenteils – die Fische besitzen ja keine Tränendrüsen –, und zur Nahrungsaufnahme im Wasser tauchen sie unter den Wasserspiegel. Die Beute, meistens sind es Insekten, von der Wasseroberfläche weggeschnappt. Bisher hat man noch nicht beobachtet, daß sie fliegende Insekten aus der Luft schnappen, obgleich sie auf der Flucht mit großer Kraft aus dem Wasser herausschnellen – übrigens ein Problem für die Aquarianer, denn sie müssen Behälter dieser springfreudigen Insassen immer gut abdecken.

Vier sind zwei

Sehen wir uns die raffinierte Augenkonstruktion bei diesem seltsamen Fisch genauer an: Die vier Augen stellen natürlich nur zwei Augen dar; in der Mitte sind sie durch einen waagerechten Wulst in der Hornhaut und durch ein Pigmentband geteilt, das die Regenbogenhaut durchzieht. Jede der vier Hälften besitzt eine Pupille. Die Linse ist von oben nach unten stark in die Länge gezogen. Der weniger gewölbte Teil der Linse mit seiner nach oben gerichteten Sehachse ist zusammen mit der Pupille nach dem Luftraum hin ausgerichtet. Der untere, stärker gewölbte Teil sieht mit seiner abwärts orientierten Sehachse nach unten. Auch die Netzhaut erfährt eine Trennung in zwei, fast senkrecht zueinander stehende Teile. Der obere Bereich der großen Augen ist auf das Sehen in die Ferne eingerichtet, der untere auf die Nähe, da

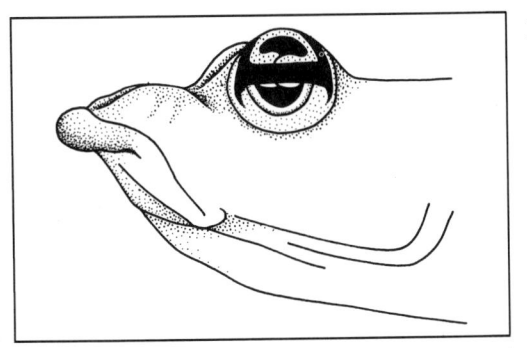

Die Graphik zeigt deutlich das geteilte Auge des Vieraugenfisches mit der unterbrochenen Regenhaut und den beiden Pupillen. Beim Schwimmen taucht der Fisch bis zur Trennungslinie ins Wasser ein. Mit der oberen Augenhälfte sieht er in der Luft, mit der unteren im Wasser. Der Vieraugenfisch bewohnt Mittel- und Südamerika und lebt in schlammigen Mangrovendschungeln. Geteilte Augen haben auch die einheimischen Taumel- oder Kreiselkäfer. Sie bilden große Ansammlungen auf der Wasseroberfläche und tauchen beim geringsten Anzeichen einer Gefahr sofort unter. Grafik König

im Wasser die Sichtweite ohnehin herabgesetzt ist. Die Schwimmhöhe des Tieres an der Wasseroberfläche liegt genau auf der Mitte dieser Superaugen. Luft- und Wasserbild können vom Fisch gleichzeitig wahrgenommen und verarbeitet werden: Auf diese Weise hat er stets die Kontrolle über die beiden Teilbereiche seines Lebensraumes.

Die amphibisch lebenden Fische, die im Grenzbereich von Wasser und Luft wohnen, bestätigen wieder einmal eine alte Tatsache: Lebensräume, die besondere Bedingungen und damit auch besondere Gefahren für ihre Bewohner aufweisen, können oft nur von hochspezialisierten Lebewesen erfolgreich genutzt werden. Die Mittel und Wege, die der Natur zur Lösung solcher Probleme zur Verfügung stehen, versetzen jeden, der noch begeisterungsfähig ist, in Staunen und Bewunderung.

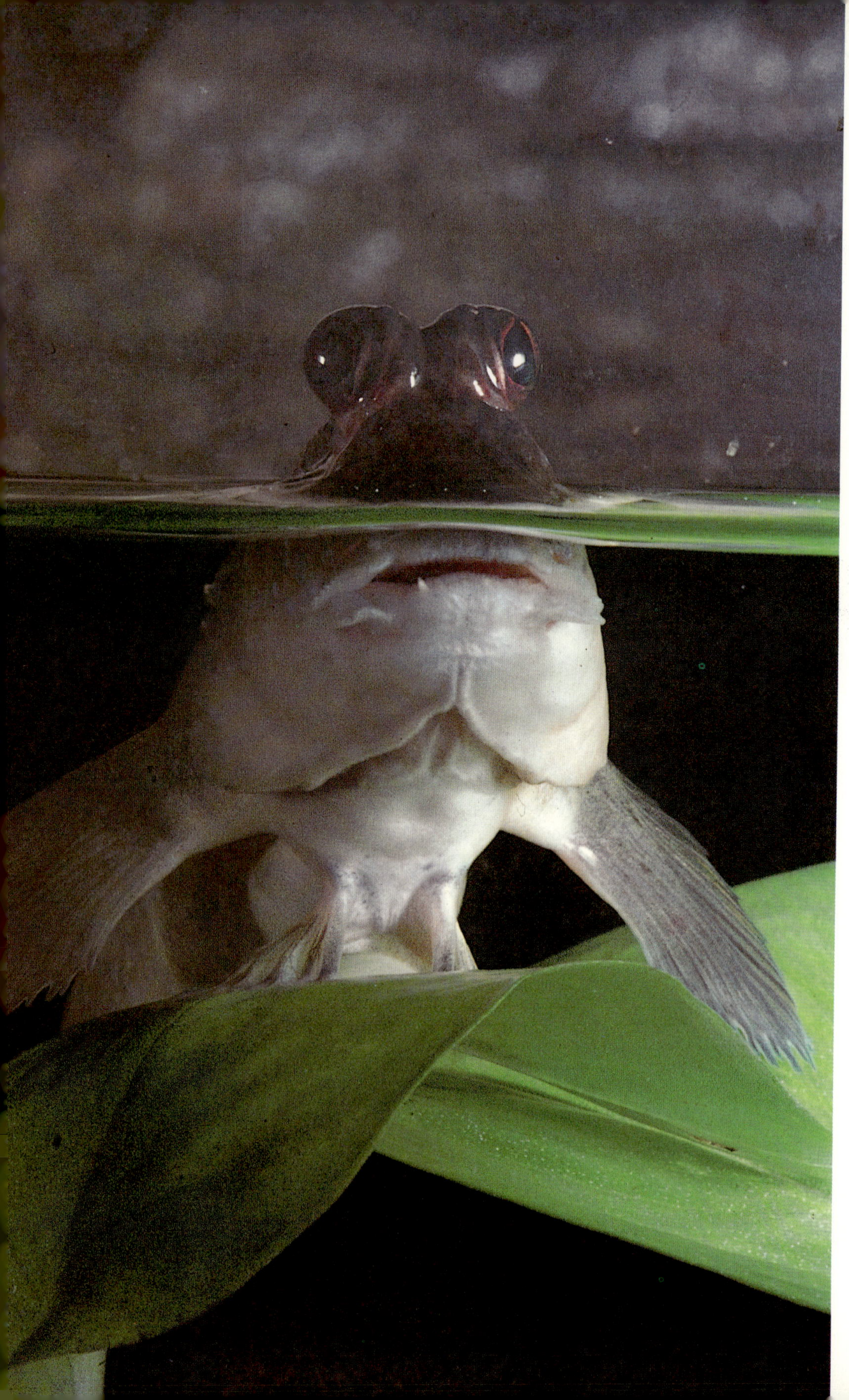

Oben und unten: In mangrovebestandenen Lagunen Mittel- und Südamerikas lebt der Vieraugenfisch. Bei den Einheimischen heißt er »Cuatro ojos«, das heißt »vier Augen«. Die Augen dieser Tiere sind waagerecht unterteilt. Jede Hälfte hat ihre eigene Pupille. Die Linse ist beiden Augenhälften gemeinsam, aber stark in die Länge gezogen. Die obere Hälfte zeigt eine deutlich geringere Krümmung, wie sie für das Sehen in der Luft nötig ist. Der Fisch sieht immer ein Luft- und ein Wasserbild und muß imstande sein, die entsprechenden Informationen schnell zu verarbeiten.

Gegenüberliegende Seite: Schlammspringer im Aquarium. Besonders deutlich werden die hervortretenden Augen. Die Tiere leben auf Schlammboden und Mangrovenästen. Bei Gefahr schießen sie mit wilden Schwanzschlägen weg und stürzen sich ins Wasser. Fotos König

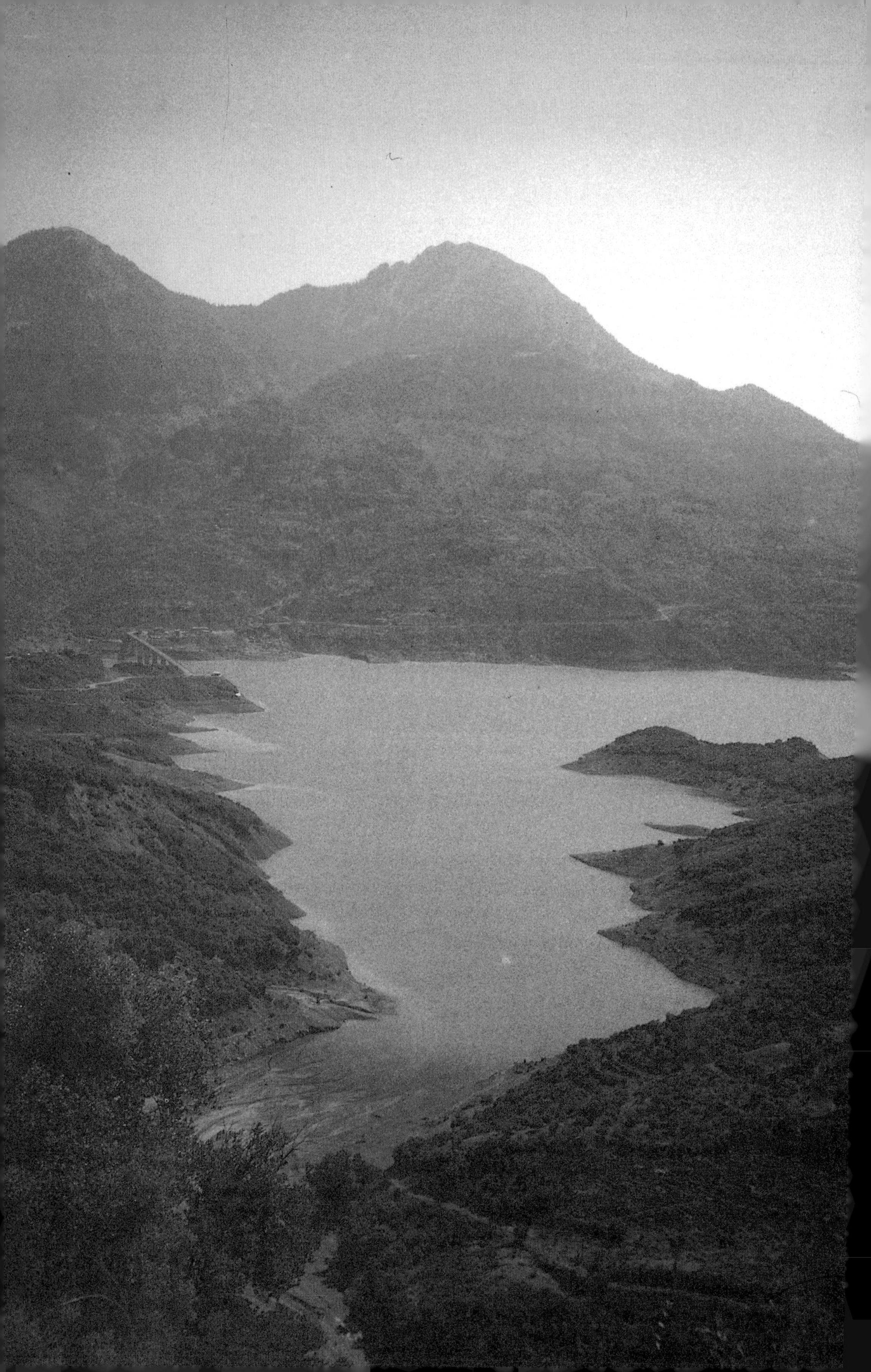

Stefan Etzel
WANDERUNG IM PANÄTOLIKO

Aus dem Gebirge kommen uns zwei Männer und eine Frau entgegen. Neben ihnen läuft ein Esel, der einen schwankenden Packen Grünfutter trägt. »Yassas«, grüßen wir. »Yassas«, antwortet einer der Männer, »pu pate?« – »wo geht ihr hin?« Als er erfährt, daß wir nach Proussos wandern wollen, wedelt er mit der Hand, als habe er sich die Finger verbrannt. »Po, po, po – das ist ganz schön weit, ihr werdet kaum vor morgen abend ankommen.« Wo wir her seien. »Germania?« Er zieht die Brauen hoch. »Dann bist du Soldat?« Als ich verneine, schüttelt er ungläubig den Kopf und mustert uns skeptisch. »Was wollt ihr in den Bergen?« Ich hebe zu einer Erklärung an über die Schönheit der Bergwelt, doch an dem Blick, den er den beiden anderen zuwirft, sehe ich schon, daß er mich nicht versteht. »Schaut euch die merkwürdigen Fremden an«, scheint er sagen zu wollen, »ich will nicht gerade behaupten, daß sie verrückt sind, aber keiner von uns würde je auf den Gedanken kommen, nur so zum Spaß durch die Berge zu laufen. Das Leben ist doch so schon hart genug.« Ich beginne erklärend von der Großstadt zu reden, einer Wüste aus Stein. »Und dann kommst du her, um bei uns durch die Berge zu laufen, in denen es nichts gibt als Stein? – Ich will dir was sagen, ihr sucht nach Gold!« Triumphierend schaut er seine Gefährten an und uns in die verblüfften Gesichter. »Gibt es hier Gold?« entfährt es mir, aber außer einem spöttischen Hinundherwiegen des Kopfes ist nichts aus ihnen rauszubekommen. Mit »Haikie!« und einem leichten Schlag des Treibsteckens wird der Esel wieder in Gang gesetzt, und während die drei weiter zu Tal steigen, ist noch eine Weile ihre laute Unterhaltung zu hören, deren Gegenstand unschwer zu erraten ist.

In Agaleanos endet die Fahrstraße. Ein Maultierpfad führt auf eine Schlucht zu, in deren senkrechte Wände er vor Jahrhunderten wohl hineingegraben wurde, so daß er in einer seitlich offenen Höhlung verläuft, bis sich hinter der Felsenenge ein kleines, fruchtbares Tal öffnet. Auf seinem Grunde liegen die grauen Sandbänke eines fast ausgetrockneten Flußbettes. Es verliert sich ein Stück weiter zwischen steilen Bergen, deren Silhouetten dunkel im Abendlicht liegen. Zu beiden Seiten steigen die scharfen Spitzen des bis auf halbe Höhe leicht bewaldeten Panätoliko auf, des Gebirges, das im Südwesten des griechischen Festlandes in dem Dreieck Agrinio-Karpenissi-Thermo liegt.

In diesen Stausee ergießen sich verschiedene Flüsse aus den engen Tälern des Pindosgebirges. Es liegt im südwestlichen Teil des griechischen Festlandes, im Dreieck zwischen Agrinio, Karpenissi und Thermo. Der südliche Ausläufer des Pindosgebirges ist das Panätoliko.
Foto Etzel

Links: Wohl schon vor Jahrhunderten wurde der Maultierpfad in die senkrechten Wände der Eingangsschlucht in das Panätoliko gegraben.

Rechts: Blick aus den gehöhlten Maultierpfad in der Schlucht, die den Eingang in das Panätoliko bildet. Fotos Etzel

Das Panätoliko ist ein Paradies für Rucksackwanderer, die dem Massentourismus der Küsten entgehen wollen, die beschauliche Stille suchen, naturbelassene Umwelt und unverbildete Menschen. Bisher ist noch keine Asphaltstraße in dieses Gebirge gelegt worden, das von einem Netzwerk enger Täler durchzogen ist. Daher die Vielfalt ständig wechselnder Ausblicke und auch die Abgelegenheit mancher Dörfer, die meist noch keinen elektrischen Strom haben und von denen einige nur auf Eselspfaden zu erreichen sind. Ihre Bewohner leben noch am Rande des technischen Zeitalters, nach dessen Segnungen sie sich gleichwohl sehnen. Langsam, aber unaufhaltsam fressen sich staubige Pisten durch die Wälder und bringen einen grundsätzlichen Wandel der Lebensgewohnheiten. Das spürt man gleich am Pulsschlag eines Dorfes.

Gespräch im Kafenion

Gegen Abend führt unser Pfad zu einer kleinen Brücke, die den Fluß bei einem Felsspalt überquert. Laut poltern unsere Stiefel über dicke Holzbohlen, die auf drei Eisenbahnschienen ruhen. Etwas oberhalb liegen einige Häuser um eine hellblaue Kirchkuppel geschart, weit im Umkreis verstreut sieht man an den Hängen die roten Dächer einzelner Häuser aus dem Grün fruchtbarer Gärten hervorleuchten. Das Kafenion ist zugleich Laden, und eben ist der Händler mit dem Lieferwagen, dem einzigen Auto des Dorfes, über die Berge gekommen. Die Erdpiste ist vor sieben Jahren gelegt worden, Elektrizität gibt es nicht. Früchte der thessalischen Ebene werden ausgeladen, dunkle Melonenbälle, einige Sack Weizen und Tuchballen, Sensen, Kisten mit Batterien. Dieser Augenblick scheint mit magischer Anziehung Fäden durchs Tal zu spinnen, denn von überall laufen die Menschen zusammen, das Öffnen des Kafenio-Magazi ist die Stunde der Paräa, der Gemeinschaft mit anderen, die den Griechen so viel bedeutet.

Wir sitzen als Außenstehende unter Umstehenden, während die Bühne sich füllt. An den Küsten scheinen die Leute weltoffener zu sein als in den Bergen, doch dann tritt jemand mit zwei Dosen Bier als Begrüßungstrunk auf uns zu. Ich glaube, eine Spur von Reserve zu spüren, als ich auf seine Frage antworte, daß wir aus Deutschland sind. »Anatoli i dhitiki Germania?« fragt einer der nähertretenden Zuhörer, »Ost oder West?« Wir erfahren, wahrscheinlich die ersten Deutschen zu sein, die nach dem Krieg hier aufgetaucht sind. Ich frage, was damals geschehen sei. Die Leute schauen sich etwas verlegen an, dann sagt einer der Männer, daß sie Glück gehabt hätten. Als das Anrücken einer Abteilung deutscher Soldaten gemeldet wurde, »auf dem gleichen Weg, den ihr heute gekommen seid«, wurde beschlossen, die Brücke zu zerstören. Weil es Winter war, führte der Fluß Hochwasser und war nicht zu überqueren, und die Soldaten zogen auf der anderen Talseite weiter. »Ich war noch ein Kind«, sagt der Erzähler, »aber ich spürte die Angst, die alle befallen hatte. Trotz der Kälte – es war sogar etwas Schnee gefallen – verließen wir das Dorf und kampierten eine Nacht in dem Olivenhain dort oben. Aber Gott sei Dank kamen sie nie mehr wieder.«

Armut und Auswanderung

Inzwischen hat sich eine kleine Menschentraube um uns versammelt, drinnen in der niedrigen Hütte sitzen Männer im

schummrigen Schein einer Gaslaterne auf Säcken, Seilrollen und einigen Stühlen beisammen und debattieren laut miteinander. Als einer der Umstehenden zu seinem Nachbarn etwas sagt, höre ich das Wort »Chrisso« – »Gold«. Wieder dieser Lockruf. Ich beschließe, bei Gelegenheit das Gespräch darauf zu lenken.
Ein paar Tische sind zusammengerückt worden, Retsinawein wird aufgefahren, Gespräche erleuchten die Nacht. Einige der Umsitzenden sind gar keine Dörfler mehr, sondern verbringen ihren Urlaub hier in der alten Heimat, leben ansonsten aber in Athen, New York oder Melbourne. Es ist alte griechische Tradition, schon in der Antike zwang der Bevölkerungsdruck zu Auswanderung und Gründung von Kolonien. So nahmen die alten Griechen Sizilien und Unteritalien in Besitz. Das heutige Kalabrien und Apulien nannten sie Großgriechenland. »Griechenland ist ein armes Land«, sagt einer, »die Heimat ist zwar der Himmel, aber wenn du reich sein willst, mußt du in die Hölle gehen, der Himmel ist arm.« – »Aber hier soll es doch Gold geben«, werfe ich ein. Beredtes Schweigen senkt sich über die Runde, die den Atem anzuhalten scheint. »Woher wissen Sie das?« fragt jemand und fährt nach meiner Erklärung fort: »Die Deutschen sollen kurz vor ihrem Abzug irgendwo in den Bergen Gold vergraben haben, niemand weiß wo.« Einige reden heftig auf den Mann ein, andere beschwichtigen, es scheint etwas an der Sache zu sein. »Ist denn schon versucht worden, den Schatz zu finden?« Es sei nur ein Gerücht, sagt einer der Älteren, wie es nach jedem Krieg auftauche, er glaube nicht daran. Das Gespräch wendet sich wieder anderen Themen zu, von Gold scheint hier keiner gern reden zu wollen. Es ist schon spät, als die Runde sich auflöst und wir uns auf dem Vorplatz des Kafenion zum Schlafen legen, eine preiswerte Übernachtungsmöglichkeit, die in jedem griechischen Dorf gewährt wird.

Unterwegs

Wir sind schon unterwegs, bevor das Dorfleben richtig erwacht. Langschläfer haben hier keine Chance. Sie erwachen in brüllender Hitze und haben nur die Wahl, sich entweder unverhältnismäßig zu verausgaben oder die milderen Nachmittagsstunden abzuwarten.
Unser Weg führt durch lichte Platanenhaine. Ohne Menschen zu begegnen, treffen wir doch immer wieder auf ihre Zeichen. Wasserleitungen führen zu kleinen Feldern, meist aus Regentraufen zusammengebaut, die auf wackligen Konstruktionen Felsspalten und enge Talschluchten überqueren. Wasser ist alles hier, wo es hinkommt, tut die Sonne ein Übriges und verwandelt den Boden in einen kleinen Garten Eden. Deswegen sind Wasserpumpen auch die einzigen Maschinen, deren Tackern bisweilen die Stille der Berge stört, und ich frage mich, wann sie wohl erstmals auf Maultierrücken hierher gekommen sein mögen.
Wir erreichen ein Dorf, das nur über den Eselspfad mit der Außenwelt verbunden ist. Kein Mensch ist zu sehen, die meisten Häuser wirken verlassen, Läden vor den Fenstern, die Mauern aus rauhem Berggestein zusammengefügt. Neben einigen Türen aber stehen kleine Basilikumbüsche in Olivenkanistern, Blumen in den Vorgärten, ein Weinspalier wirft Schatten auf die Terrasse, wo drei Stühle um einen Tisch stehen. Höchstens fünf bis sieben Familien werden hier noch wohnen, aber sie scheinen alle auf entlegenen Feldern oder Weiden zu arbeiten, noch nicht mal Kinder sind zu hören. »Wie im Krieg«, sagt Michael, und plötzlich erhält das rhythmische Poltern unserer Stiefel einen drohenden Klang.

Eine Begegnung

Wir folgen dem Flußlauf und treffen nach einigen Kilometern auf das Ende einer Fahrstraße, die auf einer niedrigen Betonbrücke über den Fluß rüberkommt. Ein Auto steht im Schatten alter Steineichen, wir haben wieder die Grenze der zivilisierten Welt erreicht. Von der Kuppe eines Hügels schauen ein paar Häuser herunter, und ein alter Mann kommt langsam den gewundenen Pfad herabgestiegen. Ich frage ihn nach dem Weg nach Proussos. Er mustert mich aus klaren Augen. »Wo kommst du her?« »Apo tin Germania.« Seine Lippen werden zu einem schmalen Strich. »Müssen wir hoch ins Dorf?« »Nein, von dort geht kein Weg weiter.« »Müssen wir den Weg über die Brücke nehmen?« »Ich spreche kein Deutsch.« Er stapft mit seinem Hirtenstab kräftig auf den Boden und geht weiter, auf die Brücke zu. »Aber ich spreche Griechisch mit dir.« »Ich spreche kein Deutsch.« Wir laufen hinter ihm her. »Warum sprichst du nicht mit mir, ich will nur den Weg nach Proussos wissen.« Er schaut mich kurz von der Seite an und geht weiter. »Ist das der richtige Weg?« Er bleibt stehen und fragt: »Woher kannst du unsere Sprache?« »Ich bin schon oft in Griechenland gewesen und lerne jedesmal etwas mehr.« »Warum kommst du immer wieder?« »Weil es mir bei euch gefällt. Nicht nur das Klima ist freundlich, auch die Menschen.« »Warst du schon einmal in dieser Gegend?« »Nein.« Er läuft weiter, auf die Brücke zu. »Ist das unser Weg?« »Ja, komm mit, wir müssen ein Stück gemeinsam gehen.«

Auf der anderen Talseite marschieren wir wieder bergan und kommen in ein Gespräch, über das Dorf, den Nutzen der Straße und das biblische Alter des Mannes, der etwas auftaut und fast zu lächeln beginnt. Ich lobe die Schönheit der Gegend. Er bleibt stehen. »Was redest du da? Schönheit der Berge! Bah, können wir die Steine essen, oder die Disteln? Was meinst du, warum die jungen Leute von hier fortgehen? Weil Milch und Honig hier fließen? Die meisten Häuser stehen leer, und jedes Jahr werden es mehr.

Schönheit der Berge! Ich möchte bloß wissen, warum ihr hier rumlauft.« Ich folge einer Eingebung und sage: »Die Leute von Agia Vlassi haben gesagt, daß hier irgendwo ein Goldschatz vergraben sein soll.« »Das Gold der Deutschen! Es soll bei euch ja in allen Zeitungen gestanden haben.« »Was denn?« »Von dem Vater und seinen beiden Söhnen, die den Schatz suchten.« »Und, haben sie ihn gefunden?« »Ja, weißt du es denn nicht?« »Nein, ich habe noch nie davon gehört.« Er betrachtet mich nachdenklich, sein Unglaube, daß jemand zum bloßen Vergnügen den beschwerlichen Weg durch die Berge macht, ohne daß ihn handfeste Interessen dazu zwingen, ringt mit dem Zweifel, ob wir nicht vielleicht doch tatsächlich so einfältig sein könnten. »Eigentlich ist es ja nur ein Gerücht, und niemand weiß Genaues. Du weißt doch, was die Zeitungen alles schreiben. So, ich muß jetzt dort rüber zu meinen Schafen. Ihr folgt immer der Straße, auf der Höhe liegt ein Dorf, dort fragt ihr weiter.« Der Alte tut ganz freundlich, als er uns zum Abschied die Hand gibt, scheint aber nicht willens, weitere Auskunft geben zu wollen.

Wir steigen durch schattigen Fichtenwald bergan, bis der Fahrweg wieder ins gleißende Sonnenlicht hinausführt. Aus der Vogelperspektive sehen wir das Dorf des alten Mannes auf einem den steil abfallenden Wänden vorgelagerten Hügel liegen, um den sich grünende Terrassenanlagen bis zum Fluß runterwinden. In den extrem engen Tälern des Panätoliko ist die Anlage terrassierter Felder die einzige Möglichkeit, an den steilen Abhängen Anbauflächen zu gewinnen. Viele Dörfer thronen förmlich an den Berg geklammert über dem Stufenbau, der sie ernährt. Manche sieht man weit weg am Ende schmaler Seitentäler, in die nur ein Eselspfad führt, zu Füßen einer Felsbarriere liegen, als seien sie von den Jahrhunderten dort vergessen worden.

In Aspropirgos

Während der heißen Nachmittagsstunden halten wir in einem Kiefernhain Siesta und erreichen gegen Abend Aspropirgos, ein ziemlich hoch gelegenes größeres Dorf. Auf den Gassen herrscht Leben, die Leute flanieren in kleinen Gruppen. Man erkennt an der Kleidung, daß viele Urlauber sind, die die alte Heimat besuchen, manche Kinder scheinen nur gebrochen Griechisch zu sprechen.

Als wir bei einem Täßchen türkischen Mokkas vor dem Kafenion sitzen, tritt ein Herr an den Tisch und stellt sich als Lehrer vor, der sich freue, »gebildete Bekanntschaft« zu machen. Geistig sei es etwas eng hier, und Ausländer kämen ohnehin nur alle paar Jahre einmal in den Ort. Es entspinnt sich ein interessantes Gespräch, in dessen Verlauf wir einiges über die Geschichte des Ortes erfahren, der stolz auf seine prächtig sprudelnde Quelle ist, um die sich schon zur Zeit der dorischen Einwanderung vor fast dreitausend Jahren eine Ansiedlung geschart haben soll. »Woher weiß man denn das?« fragt Michael. »Es sind Keramikfunde gemacht worden, etwas oberhalb des Dorfes. Ich selbst habe sie zum Archäologischen Institut nach Athen gebracht, wo mit physikalischen Methoden eine Altersbestimmung vorgenommen wurde.« Griechenland wurde römische Besitzung, und es vergingen 700 Jahre, dann kamen die Dinge, diesmal fast unbemerkt wie auf leisen Sohlen wieder ins Rollen: slawische Hirtenvölker kamen um 600 n. Chr. von Norden auf den Berghöhen ziehend ins Land und überwanderten mit ihren Herden gewissermaßen die Griechen, welche die Gefahr zu spät erkannten und nach Süden ausweichen mußten. »Rassisch gesehen«, sagt der Lehrer, »sind die Menschen Zentralgriechenlands viel eher Slawen als Griechen im klassischen Sinne. Aber man sagt das besser nicht laut, die Leute wollen nichts davon wissen, obwohl wir uns heute doch

Oben links: Das Dorf des alten Mannes liegt auf einem Hügel, der von einem urzeitlichen Erdrutsch aufgeworfen wurde. An den Hängen des Hügels legten die Menschen terrassierte Felder an.

Oben rechts: Ein Fluß zieht durch das Gebirge und wird ein Stück weiter vom Stausee aufgefangen. Wasser und Schatten sind in diesem griechischen Gebirge die Grundbedürfnisse des Lebens.

Unten links: Die Brücke führt über das Nadelöhr, das der Fluß aus dem Panätoliko grub. Im Zweiten Weltkrieg konnten Wehrmachtstruppen diese Stelle nicht passieren, weil Männer aus Agia Vlassi die Brücke rechtzeitig zerstört hatten.

Unten rechts: Morgendlicher Aufbruch aus dem Dorf des Lehrers, von dem wir Näheres über das rätselhafte Gold erfuhren. Fotos Etzel

alle als Griechen verstehen. Ich selbst hatte offenbar türkische Vorfahren, wie mein Name zeigt.« Die Türken kamen relativ spät in diese für sie zu abgelegene und wenig nutzbringende Gegend, die dann auch gleich zum ersten befreiten griechischen Königreich gehörte. »Die nächsten fremden Unterdrücker waren dann wohl die Deutschen?« »Ganz recht, aber sie konnten sich Gott sei dank nur drei Jahre halten. Wir hier hatten nicht sehr unter der Besatzung zu leiden.«
Direktes Vorgehen würde hier das Beste sein: »Sagen Sie, was hat es damit auf sich, daß die Leute hier an Gold denken, wenn sie hören, daß wir Deutsche sind?« Der Lehrer lächelt. »Dann haben Sie also schon davon gehört?« »Ja, aber nur andeutungsweise. Können Sie uns nicht Näheres erzählen?« »Warum nicht. Die Leute scheuen sich wahrscheinlich, von dem Schatz zu reden, weil er geheime Hoffnungen geweckt hat. Aber niemand weiß, wie und wo genau er ihn finden könnte. Die Sache ist so: bei ihrem Abzug sollen deutsche Soldaten irgendwo im weiteren Umkreis von Karpenissi eine größere Menge geraubten Goldes vergraben haben. Die Sache wurde erst vor knapp zehn Jahren bekannt. Damals kam ein ehemaliger Hitlersoldat in die Gegend und wanderte mit seinen beiden Söhnen scheinbar harmlos durchs Gebirge. Anscheinend aber gruben sie einen Teil des Schatzes aus, und es gelang ihnen auch, ihn nach Deutschland zu schaffen. Der Mann konnte aber wohl den Mund nicht halten, denn die Sache wurde in der Öffentlichkeit bekannt, und auch in der Presse wurde davon berichtet. Haben Sie denn nie etwas davon gehört?« Wir können uns jedenfalls nicht daran erinnern. »Als die Geschichte bekannt wurde, setzte natürlich gleich ein großes Suchen ein, von offizieller wie von privater Seite, aber es wurde nichts zutage gefördert – jedenfalls gab niemand dies zu. Und so kommt es, daß deutsche Wanderer, zumal man sie so selten hier trifft, automatisch mit dem Kriegsgold in Verbindung gebracht und natürlich auch ein wenig beobachtet werden.«

Wie ein Tropfen Milch im schwarzen Meer der Nacht kündet der Tag sich an, dann wird rasch nachgeschüttet, die Szene weitet sich, tief unten liegt der enge Talgrund noch im Dunkel, und als »die Rosenfingrige«, wie Homer die aufgehende Sonne immer so anschaulich nannte, hinter den Spitzen der scharf gezackten Gipfel aufsteigt, ist es, als werde in diesem Augenblick das schrille Vibrato des Zikadengekreischs angeknipst. Durch die hintereinandergestaffelten Talklüfte hindurch ist weit in der Ferne die Torschlucht zu sehen, durch die wir ins Panätoliko marschiert sind.

Ziemlich erschöpft erreichen wir Proussos, die malerische »Metropole« des Panätoliko. Von Karpenissi aus wird allmählich eine Asphaltstraße zu dem 300 Seelen zählenden, hoch gelegenen Ort vorangetrieben, der immerhin schon eine mühsame Busverbindung dorthin hat.

In den Abendstunden erreichen wir ein kleines Dorf im Tal und kehren, wie alle Griechen um diese Zeit, im Kafenion ein. Als die Wirtin erfährt, daß wir Deutsche sind, erhebt sie mit keifender Stimme ein großes Geschrei: Mit 600 Mann zu Pferd sei die Wehrmacht hier eingerückt und habe alles konfisziert, dessen sie habhaft werden konnte. »Fast alle Schafe und Ziegen mußten wir hergeben, und unseren einzigen Esel nahmen sie auch.« Die anderen Gäste schauen verlegen zu Boden, einer nimmt mich beiseite und sagt: »Laß sie reden, sie kann es einfach nicht vergessen.«

Die Rechnung gleich einer Reparationszahlung. Die anderen sind betreten und bestellen eine Runde Cypero nach der anderen, des beliebten Traubenschnapses. Wir sind uns einig, daß nichts unseren Frieden stören kann, »und wenn ihr das Gold findet«, ruft einer zum Abschied, »dann machen wir hier ein großes Fest.«

Reiner Korbmann
SILIZIUM – ELEMENT DER ZUKUNFT

Wir treten es praktisch bei jedem Schritt mit unseren Füßen. Wir betrachten seinen Glanz mit Bewunderung. Wir nehmen es in den Mund, um strahlende Zähne zu bekommen. Wir bauen damit mächtige Hochhäuser und auch winzige Strukturen – so klein, daß wir sie kaum mit einem Mikroskop erkennen können. Es ist ein wahres Universalgenie, dieses Element. Und dennoch kennen wir es kaum. Sein Name klingt geheimnisvoll und kompliziert, wie ein Stoff aus der Alchimistenküche: Silizium. Was immer wir tun, Silizium ist meist dabei. Es ist nach dem Sauerstoff das zweithäufigste Element in unserem Lebensraum. Ein Viertel der Erdkruste besteht aus Silizium. Und auch viele Dinge, die wir Menschen geschaffen haben, enthalten diesen vielseitigen Stoff: das Glas der Fensterscheiben, der Stahl von Kochtöpfen und Autokarosserien, der Klebstoff in der Bastlerwerkstatt, die Dichtung im Wasserhahn, der Gummi des Autoreifens, die Imprägnierung unseres Regenmantels, der Weißmacher in der Zahnpasta. Silizium tritt in vielen Formen auf, als harter, funkelnder Stoff im Bergkristall und im Opal, als Flüssigkeit im Wasserglas, als elastischer Kautschuk in Silikondichtmassen oder als graue, silbrig glänzende Plättchen in den elektronischen Schaltungen der Computer.

Dennoch kommt Silizium nirgendwo in unserem Lebensraum als reiner Stoff vor. Immer ist es chemische Verbindungen mit Sauerstoff, Wasserstoff und Kohlenstoff eingegangen. Erst diese Kombinationen ermöglichen die Wandlungsfähigkeit des Elements, denn Silizium in seiner reinen Form ist spröde, kantig und brüchig. Kein anderes Element, mit Ausnahme des in Lebewesen allgegenwärtigen Kohlenstoffs, zeigt so viele Verbindungen mit derart verschiedenen chemischen und physikalischen Eigenschaften wie Silizium.

Beim Sandkorn beginnt alles

Erst in allerjüngster Zeit ist mehr und mehr auch vom reinen Silizium die Rede. Denn die moderne Elektronik benutzt es als Rohstoff in der Halbleitertechnik, ohne die es unsere Computer, Roboter und Mikroprozessoren nicht gäbe. Silizium ist physikalisch gesehen ein Halbleiter, aber nur, wenn es rein genug ist. So wurde es zur Grundlage der heutigen technischen Entwicklung, die mit ihren erstaunlichen und überwältigenden Leistungen heute in jeden Winkel des Lebens eindringt. Silizium ist der Rohstoff der modernen Mikroelektronik.

Ohne Silizium könnten heute keine Computer mehr arbeiten, Radios und Verstärker würden keinen Ton von sich geben, Fernsehröhren blieben schwarz, Flugzeuge könnten nicht vom Boden abheben, und falsch eingestellte Verkehrsampeln würden zum Chaos führen. 95 Prozent aller elektronischen Bausteine in

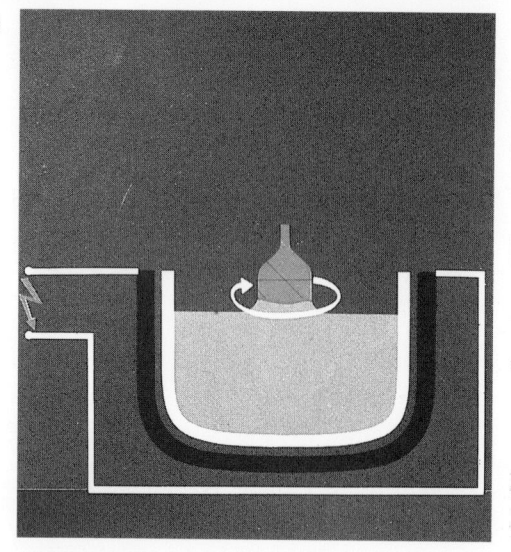

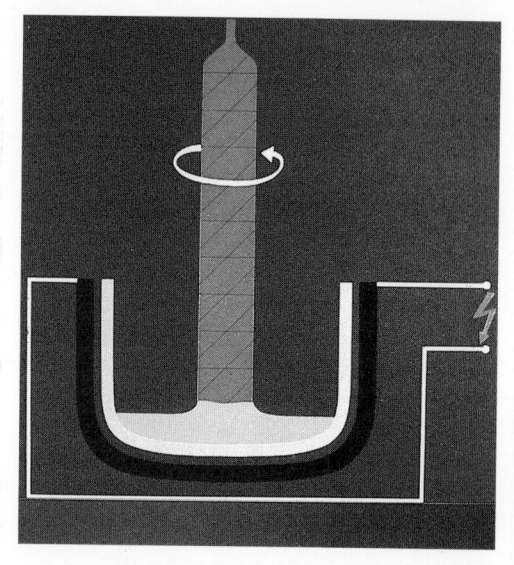

Die beiden Grafiken zeigen das Prinzip des Tiegelziehens. Dabei werden Einkristalle gezüchtet. Der Kristall wächst langsam aus glutflüssigem Silizium in einem Tiegel. Zu Beginn wird ein Impfkristall in der Schmelze gedreht und dann langsam nach oben bewegt. Nach und nach lagern sich die Atome an. Fotos Wacker-Chemitronic

der Halbleitertechnik benutzen Silizium als Baustoff. Und je näher uns die Elektronik kommt, um so unentbehrlicher werden für uns die Elemente aus reinem Silizium. Doch kaum jemand, der diese Bausteine nutzt, sei es als Computerchip, als Videospiel oder in der elektronischen Zündung des Autos, denkt daran, daß sie dem Sandkorn entstammen.
Eigentlich könnte man an nahezu jedem Ort des Globus Silizium gewinnen. Besondere Lagerstätten wie beim Öl gibt es nicht. Jede Kiesgrube, jeder Sandhaufen eignet sich als Siliziumbergwerk, denn der Quarz, aus dem Sand und Kies zum größten Teil bestehen, ist nichts anderes als Siliziumdioxid, SiO_2. Dennoch wird der Rohstoff normalerweise nicht vor unserer Haustüre gewonnen, sondern in entfernten Regionen des Erdballs, etwa in den tropischen Breiten Brasiliens, in Südafrika oder in den polaren Weiten Kanadas und Norwegens. Denn um aus Quarzsand Silizium zu erschmelzen, braucht man viel Energie. Daher ist es praktischer, Silizium dort auszugraben, wo es billige Energie gibt.
Große Schmelzöfen gewinnen Silizium aus Quarz, ähnlich wie Eisen aus Eisenerz. Chemisch betrachtet wird dabei dem Siliziumdioxid der Sauerstoff entzogen. Übrig bleibt reines Silizium in harten, metallisch glänzenden Brocken. Es ist zu 98 Prozent rein. Das genügt den Anforderungen der Stahlkocher, die mit Silizium besonders widerstandsfähige Stahllegierungen produzieren, aber nicht für die Elektronik. Denn die begehrten Halbleiter-Eigenschaften zeigt Silizium nur, wenn praktisch alle Verunreinigungen aus dem Siliziumkristall entfernt sind. In der Halbleitertechnik werden die fremden Beimengungen nicht mehr in Prozent, sondern in der Zahl der einzelnen Atome gemessen, so sauber müssen die Rohstoffe sein. Gerade beim Silizium können kleinste Unreinheiten die elektrischen Eigenschaften entscheidend verändern.
Silizium wurde zum ersten Mal vor 160

Jahren von dem schwedischen Chemiker Jöns Jakob Freiherr von Berzelius hergestellt. Doch was damals als rein galt, genügt heute bestenfalls noch zur Stahlherstellung. Denn lange Zeit betrachteten die Wissenschaftler Silizium als Metall, einerseits weil es glänzte, andererseits aber auch, weil es den Strom so gut leitete, jedenfalls mit den Verunreinigungen, die darin waren. Erst vor wenigen Jahrzehnten gelang es, Silizium in äußerster Reinheit zu produzieren, und da entdeckten die Forscher seine wertvollen Eigenschaften als Halbleiter.

Halbleiter leiten weniger als die Hälfte

Doch was sind eigentlich Halbleiter? Um das zu erklären, müssen wir ein wenig auf die Physik des elektrischen Stroms zurückgreifen. Strom fließt, wenn elektrische Ladungen transportiert werden. Das ist beispielsweise im Kupferdraht der Fall, sobald an seine Enden eine Spannung angelegt wird. Dann bewegen sich Elektronen aus der Hülle der Kupferatome – und mit ihnen die negative Ladung – vom negativen zum positiven Pol der Spannung. Das geht in Kupfer sehr leicht, weil die Atome ihre Elektronen nicht eng an sich binden. Metalle, wie Kupfer, sind daher sehr gute elektrische Leiter. Ganz anders verhalten sich elektrisch isolierende Materialien, beispielsweise Porzellan. Hier lassen sich die Elektronen durch eine Spannung nicht in Bewegung setzen. Halbleiter – und daher stammt ihr Name – liegen in ihrer Leitfähigkeit zwischen diesen beiden Extremen. Ihre Eigenschaften lassen sich sogar gezielt steuern.

In völlig reiner Form ist Silizium nahezu ein elektrischer Isolator. Aber schon einzelne fremde Atome bewirken, daß es elektrischen Strom leitet. Dazu genügt ein einziges Phosphoratom unter zehn Millionen Siliziumatomen – der elektrische Widerstand sinkt, und eine deutliche, verwertbare Leitfähigkeit entsteht.

Auf dieser extremen Empfindlichkeit gegenüber fremden Atomen im Kristallgitter beruht die gesamte moderne Mikroelektronik. Und daher ist es so wichtig, daß wir Halbleitermaterialien absolut rein produzieren können.

In den Anfangsjahren der Elektronik war Germanium der wichtigste Halbleiter für die Forscher. Und schon heute blicken die Wissenschaftler auf einen Nachfolger für Silizium, auch wenn er frühestens im nächsten Jahrtausend Einzug in die Alltagselektronik halten dürfte: Gallium-Arsenid. Doch der Siegeszug der Mikroelektronik, die schon in jedes Auto und in jede Waschmaschine Einzug gehalten hat, ist vor allem dem Silizium zu verdanken. Der silbergraue Stoff wird auch noch in absehbarer Zukunft das Funda-

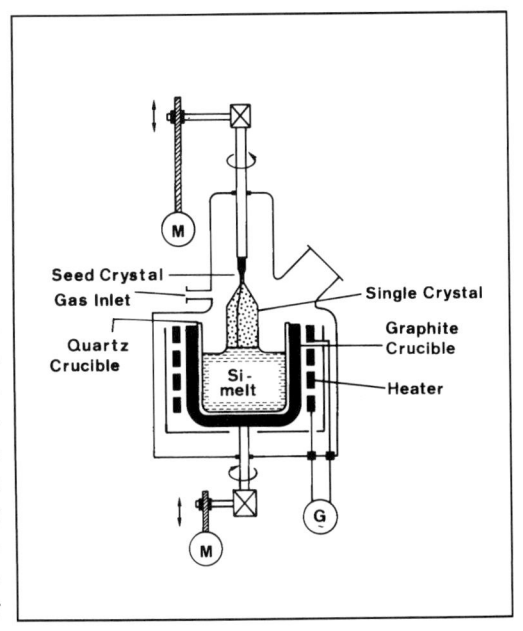

Schema des Tiegelziehverfahrens (»Czochralski Crucible-Pulling«). Seed Crystal = Impfkristall, Gas Inlet = Gaseinlaß, Quartz Crucible = Quarztiegel, Graphite Crucible = Graphitschutztiegel, Single Crystal = Einkristall, Heater = Heizung. Foto Wacker-Chemitronic

Struktur eines Silizium-Kristalls. Das Hauptmerkmal von Kristallen ist der regelmäßige innere Aufbau. Äußere ebene Flächen sind nicht wesentlich für einen Kristall. Foto Wacker-Chemitronic

ment dieser Technik bleiben. Voraussetzung für diesen Erfolg war eine Schlüsselerfindung, die drei Wissenschaftler 1948 an den amerikanischen Bell Laboratories machten: John Bardeen, Walter Brattain und William Shockley entwickelten damals den ersten Transistor. Der Transistor ist ein Halbleiter-Bauelement, das praktisch die Funktion einer Radioröhre übernehmen kann, nämlich elektrischen Strom gezielt zu verstärken oder ein- und auszuschalten.

Die Miniaturisierung

Bereits die ersten Transistoren brachten gegenüber den glühbirnengroßen Radioröhren einen beträchtlichen Raumgewinn, denn sie hatten nur noch die Ausmaße eines Fingerhuts. In den sechziger Jahren wurden sie noch einmal um mehrere Größenordnungen verkleinert. Nach einem Prinzip, das der deutsche Physiker Julius Edgar Lilienfeld in den dreißiger Jahren erarbeitete, gelang es, Transistoren auf der Oberfläche von Halbleiter-

scheiben unterzubringen. Das waren die sogenannten Feldeffekt-Transistoren. Später kam man auf die Idee, die einzelnen Transistoren auf einer Siliziumscheibe gleich durch Leitungen aus Metall zu verbinden und so ganze Schaltungen aufzubauen. Das war vor 25 Jahren.

Damit setzte die Revolution der Mikroelektronik ein. Und sie schreitet seitdem immer schneller fort. Heute sitzen bis zu 200 000 Transistoren auf einem einzelnen Siliziumplättchen von der Größe eines Fingernagels. In den Forschungslabors arbeiten bereits Halbleiterchips mit einer Million Transistoren, und vor 1990 sollen Bauelemente mit vier Millionen Transistoren nicht nur im Labor, sondern in jedem Homecomputer zu finden sein. Ein Ende dieser Entwicklung ist noch nicht abzusehen. Die Folge: Einen Computer, der vor 30 Jahren noch 30 Millionen Mark kostete und ganze klimatisierte Säle füllte, gibt es heute schon für weniger als 500 Mark, taschenbuchgroß.

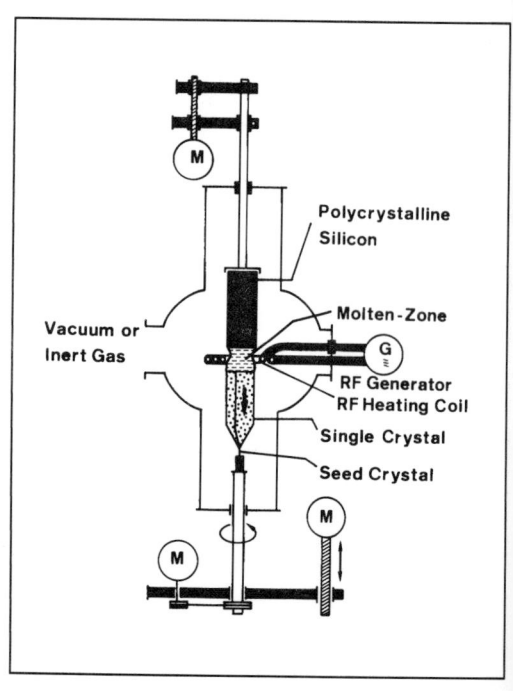

Die extreme Miniaturisierung ist erst durch Silizium möglich geworden. Das hat ganz verschiedene Gründe: Zum einen ist Silizium in unbegrenzten Mengen vorhanden. Es ist preiswert und ungiftig für alle, die damit umgehen. Bauelemente aus Silizium sind recht wenig empfindlich, sie arbeiten noch bei Temperaturen von 150 Grad. Und außerdem hat man ziemlich gut gelernt, extrem reine und exakt mit Fremdatomen besetzte Kristalle aus Silizium herzustellen. Schließlich verbindet sich Silizium bei Hitze leicht mit Sauerstoff zu Quarz, der chemisch sehr widerstandsfähig ist und elektrisch gut isoliert.

Diese letzte Eigenschaft wird vor allem bei der Herstellung von integrierten Schaltungen mit Transistoren und Widerständen auf fingernagelgroßen Siliziumplättchen immer wieder benötigt. Dadurch werden Fertigungsverfahren möglich, bei denen die Leiterbahnen – sozusagen die Drähte zwischen den Transistoren – nur noch ein Hundertstel so dick sind wie ein Frauenhaar. Das wiederum ist die Voraussetzung dafür, daß die Transistoren auf dem Siliziumchip zu ganzen Computern zusammenwachsen. Dafür aber brauchen die Techniker außerordentlich reine und gleichmäßige Siliziumkristalle, denn schon eine Verschiebung einzelner Atomlagen könnte in diesen Größenordnungen bewirken, daß die elektronischen Schaltungen nicht mehr funktionieren. Das Material, aus dem die integrierten Schaltungen entstehen, muß also höchsten Anforderungen genügen.

Reinster Stoff

Reinsilizium, wie es für die Stahlherstellung verwendet wird, ist tatsächlich nur zu 98 Prozent reines Silizium. In jeder Tonne dieser Substanz stecken also noch 20 Kilogramm Fremdstoffe. Das macht beim Stahlkochen nichts aus, für die Halbleiterfertigung ist es entschieden zuviel. Deshalb müssen erst einmal weitere Reinigungsschritte folgen, bis am Ende zu 99,999999999 Prozent reines Silizium übrigbleibt. In einer Tonne Silizium befindet sich dann nur noch ein hundertstel Milligramm Verunreinigung, soviel wie ein Staubkörnchen in einer ganzen Baggerschaufel. Die Fachleute zählen diese Spuren nur noch in einzelnen Atomen: ein falsches Atom auf zehn Milliarden Siliziumatome. Verglichen mit der gesamten Menschheit, bedeutet dies, daß es nur einen einzigen mit schwarzen Haaren gibt.

Um beim Silizium so weit zu kommen, ist ein vielstufiger Reinigungsprozeß notwendig. 98prozentiges Silizium wird erst in konzentrierter Salzsäure aufgelöst. Dabei entsteht das flüssige Trichlorsilan, das bei 30 Grad siedet. Dieses Trichlorsilan wird nun immer wieder verdampft und kondensiert, in vielen Destillierkolonnen hintereinander, bis alle Fremdstoffe ausgeschieden sind. Dann leiten

Links: Schema der Einkristallgewinnung durch Zonenschmelzen (»Float-zoning«). Polycrystalline Silicon = polykristallines Silizium, Molten Zone = Schmelzzone.
Rechts: Schema der Reinstsilizium-Gewinnung aus Trichlorsilan. Bell Jar = Gefäß, Slim Rod = glühender Siliziumstab, Hydrogen = Wasserstoff, Exhaust = Pumpe.
Foto Wacker-Chemitronic

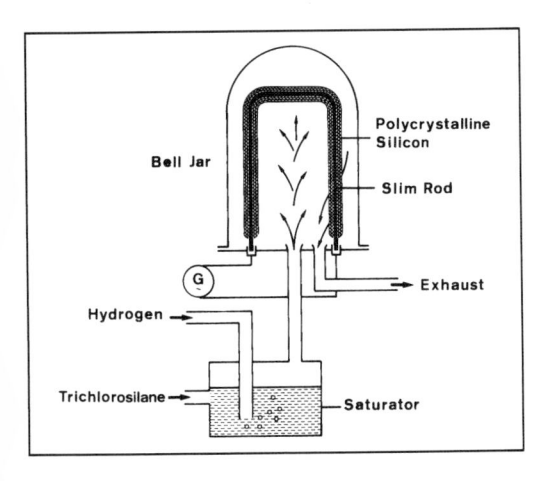

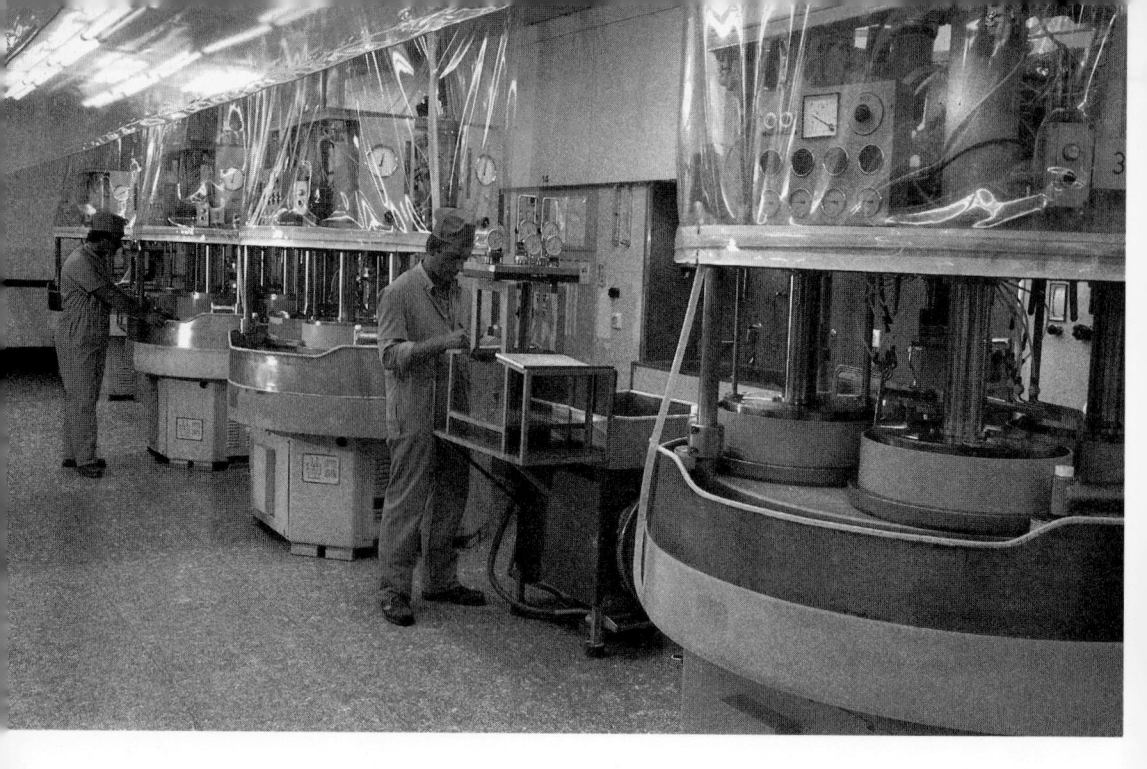

Eine der größten Reinstsiliziumfabriken der Welt steht in Burghausen in Oberbayern. Der Betrieb produziert ungefähr die Hälfte des gesamten Reinstsiliziums der Welt. Foto Wacker-Chemitronic

die Techniker den Trichlorsilan-Dampf über glühend heiße Siliziumstäbe. Das Silizium schlägt sich nieder wie der Kalk auf dem Boden eines heißen Kochtopfs. Die Einzelheiten dieses Prozesses werden von den Herstellerfirmen streng geheim gehalten. Das Ergebnis aber ist bekannt: wieder grauschwarze, glänzende Brocken, die sich äußerlich vom Ausgangsmaterial kaum unterscheiden, wohl aber in ihren physikalischen Eigenschaften.

Eine der größten Reinstsiliziumfabriken der Welt steht in der oberbayerischen Kleinstadt Burghausen, unmittelbar an der Grenze zu Österreich. Das weltbekannte amerikanische Silicon Valley in Kalifornien, das wegen der vielen Elektronikfabriken seinen Namen erhalten hat, könnte kaum existieren ohne die Chemieanlage am Ufer der bayerischen Salzach. Ob im Weltraum-Transporter Space Shuttle, in japanischen Transistorradios oder in Homecomputern aus Taiwan, überall spielen elektronische Bauteile die Hauptrolle, deren Grundstoff aus Burghausen stammt. Rund die Hälfte der Reinstsilizium-Produktion der Welt, insgesamt über 4000 Tonnen jährlich, wird hier erzeugt und in Form dünner, hochglanzpolierter Scheiben an Halbleiterfabriken in aller Welt geliefert.

Das bayerische Silicon Valley

Die Geschichte des bayerischen Silizium-Tales begann im Jahr 1913, als der Unternehmer Alexander Wacker vom bayerischen König das Recht zugesprochen bekam, die Wasserkraft des Flüßchens Alz, eines Ausflusses des Chiemsees, für die Energieerzeugung zu nutzen. Schon zwei Jahre später erhielt seine Firma Wacker-Chemie ein Patent für das Abscheiden von reinem Silizium auf heißen Oberflächen, das den Grundstein für die heutige Weltgeltung des Unternehmens legte.

Allerdings wurde es erst in den fünfziger Jahren mit der Siliziumherstellung ernst. Ende der sechziger Jahre wurde dafür ein eigenes Unternehmen gegründet, die Wacker-Chemitronic. Doch auch damals war an eine Massenproduktion im großen Stil nicht zu denken. Selbst für wertvolle elektronische Bauteile kostete Silizium noch zuviel. Ein Gramm war teurer als ein Gramm Platin! Heute dagegen ist das Reinstsilizium so ziemlich das Billigste an der Elektronik. Eine Scheibe mit 15 Zentimeter Durchmesser, aus der man über hundert integrierte Schaltkreise herstellen kann, kostet hochglanzpoliert rund 25 Mark.

Doch Reinheit allein genügt nicht, um Silizium als Grundstoff für elektronische Bauelemente zu verwenden. Zunächst werden in das extrem reine Material wieder Fremdatome in das Kristallgitter eingebaut – exakt nach den Vorschriften der Halbleiter-Hersteller. Fachleute bezeichnen diesen Vorgang als »Dotieren«. Die gewollten Verunreinigungen erzeugen durch überschüssige oder fehlende Elektronen die gewünschte Leitfähigkeit.

Das Reinstsilizium besteht aus dunklen harten Brocken. Für den Gebrauch als Halbleiter werden die Einkristalle mit Diamantsägen in Scheiben geschnitten. Schließlich poliert man sie auf Hochglanz. Foto Wacker-Chemitronic

Kristall und Kristallgitter

Für den Aufbau der winzigen Strukturen in integrierten Schaltkreisen muß das Silizium ein makelloses Kristallgitter aufweisen. Selbst der lupenreinste Diamant ist wie ein frisch gepflügter Acker im Vergleich zur regelmäßigen Anordnung der Atome in einem Siliziumkristall für die Elektronik. Sie liegen in gleichen Abständen, mit gleichen Winkeln zueinander, ohne Fehlstellen oder Verwerfungen der Kristallisationsebenen, dicht an dicht gepackt. Nur wenn die Atome exakt im Gitterwerk des Siliziumkristalls aufgereiht sind, können Fremdatome – meist Bor oder Phosphor – in der genau vorgegebenen Menge eingebaut werden. Schon eine kleine Unregelmäßigkeit kann für die Elektronen zu einer unüberwindlichen Schlucht werden. Um diese Gleichmäßigkeit zu erreichen, werden einheitliche, über meterlange Siliziumkristalle gezüchtet – kein Vergleich mehr mit einem Diamanten oder Zuckerkorn. Die Techniker sprechen von »Einkristallen« und liefern sie in dünnen Scheiben an die Halbleiter-Hersteller.

Je größer die Einkristalle, um so größer auch die millimeterdicken Scheiben, die sich herunterschneiden lassen, und um so mehr Halbleiter-Bausteine lassen sich in einem Arbeitsgang produzieren. Angefangen hatte es in den sechziger und siebziger Jahren mit Kristallen, die kaum fingerdick und nur 10 Zentimeter lang waren. Die Siliziumkristalle, die heute in Burghausen gezogen werden, sind normalerweise 15 Zentimeter dick und 1,5 Meter lang. Vor kurzem gelang der bayerischen Fabrik sogar ein Weltrekord: ein Siliziumkristall mit 20 Zentimeter Durchmesser.

Für die Zucht dieser Einkristalle gibt es zwei verschiedene Verfahren. Ausgangsmaterial ist bei beiden eine über 1400 Grad heiße Silizium-Schmelze. Beim Tiegelziehen wächst der Kristall langsam aus glutflüssigem Silizium, das sich in einem drehenden Topf aus Quarz befindet. Das andere Verfahren heißt Zonenziehen. Dabei gießt man zunächst ohne Rücksicht auf die Kristallstruktur eine Siliziumstange. Diese wird nun in einer bestimmten Zone elektrisch bis zur Schmelztemperatur aufgeheizt; beim Abkühlen entsteht das gewünschte Kristallmuster. Die Heizzone bewegt sich langsam über die ganze Siliziumstange, bis sie zu einem großen Einkristall geworden ist. Die äußere Form ändert sich aber kaum. Man darf sich nicht vorstellen, daß dabei ein schöner »Kristall« mit glatten geraden Flächen entsteht. Dem Techniker geht es nur um das regelmäßige Kristallgitter, also den inneren Aufbau.

Diamantsägen zerschneiden den Einkristall in dünne Scheiben, die man noch polieren muß. Die Herstellung von Chips erfordert extrem glatte und völlig ebene Oberflächen. Das spielt eine ebenso große Rolle wie die Reinheit des Siliziums und die Perfektion des Kristallgitters. Denn bei der Feinheit der Strukturen in integrierten Schaltkreisen – so fein wie die Wellenlänge des Lichts – wirken sich geringste Unebenheiten verhängnisvoll aus. Jede Siliziumscheibe verläßt erst nach gründlicher Prüfung das Werk in Burghausen und erhält eine vom Computer geschriebene Prüfurkunde.

Unsere Zeit – Siliziumzeit?

Siliziumchips gelten als Sinnbilder der modernsten Technik. Sie sind zugleich ein Beweis dafür, daß sich technischer Fortschritt sinnvoll in den Kreislauf der Natur einordnen kann. Denn am Ende ihrer Tage, wenn die Computer, in die sie eingebaut wurden, längst verrostet sind, werden die Siliziumchips nicht zum Umweltproblem. Sie zerfallen, oxidieren, und werden wieder zu dem, woraus sie entstanden sind: zu Sand.

Historiker haben einige vergangene Epochen nach den Werkstoffen benannt, die sie prägten, etwa die Steinzeit, die Bronzezeit oder die Eisenzeit. Wir selbst nennen unsere Ära oft das Atomzeitalter, ohne zu wissen, ob die Spaltung des Atoms tatsächlich das herausragende Merkmal dieser Zeit ist. Es könnte gut sein, daß Geschichtsforscher künftiger Jahrtausende zur Auffassung gelangen, daß die Nutzung des Siliziums eigentlich viel wichtiger war. Denn nicht nur in Computern taucht das reine Silizium auf. Immer häufiger bildet es auch den Grundstoff für die Energiegewinnung in Sonnenzellen. Und die neuen Wege der Kommunikation arbeiten mit Siliziumoxid – haardünnen Glasfasern aus Quarz, die uns Bild- und Tonverbindungen zu allen Orten der Welt erlauben. Es könnte also sein, daß unsere Epoche dereinst ganz anders heißen wird: Siliziumzeit.

Peter Ruppenthal

BILDSCHIRMTEXT – EINE NEUE INFORMATIONS-QUELLE?

Dem Zweiten Deutschen Fernsehen war es die Meldung wert, an erster Stelle der Abendnachrichten gebracht zu werden: Hackern war es gelungen, per Bildschirmtext die Hamburger Sparkasse um 135 000 Mark zu erleichtern. Schadenfroh berichteten auch andere Medien über den Vorfall. Einige gewannen der Sache positive Aspekte ab: Das neue Informations- und Kommunikationsmittel war in aller Munde. Zeitungen, Zeitschriften, Hörfunk und Fernsehen mußten das neue Medium der neugierig gewordenen Öffentlichkeit erst einmal vorstellen. Insider – nicht nur bei der Post – bezweifelten allerdings, daß sich das System so einfach habe überlisten lassen.

Die klassischen Informationsanbieter – Buch, Zeitung, Hörfunk und Fernsehen – werden heute fast in jedem Haushalt der westlichen Welt intensiv genutzt. Die Akzente haben sich in den vergangenen Jahren wohl mehr in Richtung Fernsehen verschoben, eines haben jedoch alle gemeinsam: Der Anbieter bestimmt, was gelesen, gehört oder gesehen werden kann, der Konsument hat kaum Einfluß auf das Angebot. Er hat allenfalls die Möglichkeit der Auswahl, aber auch diese ist stark eingeschränkt – man denke an unser Fernsehsystem. Er konnte bisher nicht gezielt auf die Suche nach Informationen oder Unterhaltungsprogrammen gehen. Bildschirmtext könnte – stärker noch als Videotext – ein Weg in diese Richtung sein.

Bevor eine heillose Begriffsverwirrung einsetzt, müssen wir einige Dinge erläutern und gegeneinander abgrenzen. Videotext ist in der Bundesrepublik Deutschland ein Dienst der Fernsehanstalten. Dabei wird die sogenannte Austastlücke zwischen dem Aufbau der einzelnen Fernsehbilder genutzt. Pro Sekunde entsteht das Fernsehbild 25mal neu. Zwischen den einzelnen Bildern können noch Informationen gesendet, in Fernsehgeräten mit speziellen Zusatzeinrichtungen gespeichert und auf Wunsch abgerufen werden. Im ungünstigen Fall dauert es mehrere Sekunden, bis nach einem vollen Durchlauf die gewünschte Tafel erscheint. Diese unvermeidliche Wartezeit begrenzt daher von vornherein die Zahl der bereitgestellten Seiten.

Im Wust der Begriffe

Bildschirmtext – so der Name in der Bundesrepublik Deutschland und in Österreich – kommt über das Telefon. In der Schweiz heißt der gleiche Dienst Videotex, in Italien Videotel und in England Prestel, von »*Press* te*lephone* button«: »drück den Knopf am Telefon«. Jenseits des Ärmelkanals kamen die Techniker auch auf die Idee, daß es doch möglich sein müsse, Datenverarbeitung in jeden Haushalt zu bringen, und das bei möglichst geringen Kosten. Kleinere Unternehmen nutzten bereits die Fähigkeiten großer Datenverarbeitungsanlagen, in-

Mit Btx kommt man schnell an Informationen heran. Sollte sich dieses System weiter ausbreiten – die Zahl der Benutzer wächst zur Zeit nicht wie erwartet –, so wird dies sicher auch Auswirkungen auf die Beschäftigungslage haben. Foto Siemens-Pressebild

dem sie sich mit passenden Endgeräten an Rechenzentren anschlossen.
Die Idee bestand nun darin, zwei in den meisten Haushalten vorhandene Einrichtungen, das Telefon und den Fernseher, miteinander zu verbinden und daraus eine Art Bildschirmterminal mit Anschluß an einen Großrechner zu machen. An Zusatzgeräten waren erforderlich: ein Decoder, der die ankommenden Signale für den Bildschirm umwandelt, und ein Modem für die Datenübertragung per Telefonleitung. Das Modem wird von der Post bereitgestellt und kostet acht Mark Monatsmiete. Für einen Decoder ist etwa soviel wie für einen Videorekorder hinzublättern. Decoder sollen jedoch durch neuentwickelte Mikrochips billiger werden und unter 500 Mark kosten. Dieser hohe Anschaffungspreis ist sicher einer der Hauptgründe, warum Bildschirmtext noch keine weite Verbreitung gefunden hat. Das Informationsangebot ist zur Zeit auch nicht so reich, daß man Bildschirmtext (Btx) unbedingt braucht, um auf dem laufenden zu bleiben.
Die Wiege des Btx stand also in England. Die dortige Postverwaltung startete »Prestel«. Die Deutsche Bundespost übernahm das englische System und begann im Bereich Düsseldorf und in Berlin einen Feldversuch mit einigen tausend Teilnehmern. Bei den Benutzern waren ausgesprochene Begeisterungswellen nicht zu erkennen, und die Zahl der Anmeldungen blieb erheblich hinter den

Erwartungen zurück. Doch Wirtschaftsunternehmen und Verlage wollten dabeisein, getreu dem Motto: »Wir wissen zwar nicht, wohin der Btx-Zug fährt, möchten aber auf jeden Fall mit drin sitzen.« So konnte man im Berliner System Tische für ein Münchner Spezialitätenrestaurant bestellen oder sich das Chinesenhoroskop der Münchner Abendzeitung anschauen.

Standardisierte Technik

Auch im neuen CEPT-Standard entwickelt sich die Teilnehmerzahl nicht so, wie zunächst erwartet. Allerdings sind es inzwischen über 20 000 Teilnehmer. Über 3000 Anbieter haben eine halbe Million Seiten in das System eingegeben, und diese Zahlen wachsen. CEPT ist die Abkürzung für »Conférence Européenne des Administrations des Postes et des Télécommunications«, also ein Zusammenschluß der europäischen Post- und Fernmeldeverwaltungen, der sich um die Standardisierung der postalischen Einrichtungen bemüht. Das Bemühen um Vereinheitlichung ist sicher lobenswert, der Teufel steckt aber auch hier im technischen Detail. So können wir bisher noch nicht ohne weiteres Seiten des französischen Teletel/Antiope-Systems, von DataVision in Schweden oder von Viditel in den Niederlanden anschauen. Die Techniker sind jedoch dabei, diese Probleme zu lösen.

Bei der Umstellung vom alten englischen auf den neuen CEPT-Standard konnten die Teilnehmer in den Testgebieten gleich mehrere Veränderungen feststellen: Die neuen Seiten enthielten mehr Details und wesentlich mehr Farben, der Bildaufbau und der Wechsel von einer Seite zur anderen dauerte länger, und die vorhandenen Einrichtungen mußten erneuert bzw. nachgerüstet werden. Der verzögerte Bildaufbau ist zunächst störend, hat aber auch Vorteile. Der Rechner sendet das Bild nämlich in einzelnen Blöcken ab und gibt jedem Block ein Prüfzeichen mit. Erst wenn mit Hilfe des Prüfzeichens klar ist, daß der gerade gesendete Informationsblock einwandfrei angekommen ist, wird der nächste Block nachgeschickt.

Aller Anfang ist schwer

Bevor wir uns weiter um technische Details kümmern, wollen wir uns in eine etwas komfortablere Btx-Station setzen. Zunächst sind der Decoder, unser Signalumwandler, die dazugehörige Tastatur und der Monitor einzuschalten. Auf dem Bildschirm wird in der untersten Zeile »DBT 03« und »CEPT« angezeigt. Das bedeutet, daß die Station bereit ist, mit einem Modem DBT 03 und im CEPT-Standard zu arbeiten.

Wenn wir zwei Knöpfe auf der Tastatur drücken, erscheint auf dem Bildschirm nach kurzer Zeit »Anwahl«, nach weiteren Sekunden »Verbindung«. Damit ist die Verbindung zum zuständigen regionalen Rechner hergestellt. Wo ist jedoch das für die Btx-Benutzung notwendige Telefon geblieben? Es wird tatsächlich benutzt und hat einen direkten Kabelanschluß an die Station. Hebt man den Hörer ab, gibt es keinen Signalton, weder Frei- noch Besetztzeichen. Wollte jemand anrufen, wäre die Leitung belegt. Falls es die Anlage zuläßt, können wir die Verbindung auch von Hand aufbauen, um zum Beispiel einen Rechner in einem anderen Bezirk anzuwählen. Dann müssen wir allerdings abwarten, bis die Verbindung steht und sich der Rechner mit einem Pfeifton gemeldet hat. Sobald wir einen am Telefon angebrachten Datenknopf drücken und der Bildschirm »Verbindung« signalisiert, können wir den Hörer auflegen.

Cursor und Geheimcodes

Nun sind wir also mit dem Rechner verbunden und wollen loslegen. Doch langsam, unten auf dem Bildschirm stehen zwei Zeilen: die eine mit der Teilnehmernummer, die andere mit dem Cursor. Das ist ein kleines Feld, das überschrieben werden kann; es verlangt unruhig blinkend die Eingabe eines Kennworts mit vier bis acht Buchstaben. Es kann auch eine Zahlenkombination sein. Sie wird vom Benutzer mit dem Rechner vorher vereinbart. Wer das Kennwort nicht weiß und dennoch versucht, in das System zu kommen, stößt auf größte Schwierigkeiten. Das System läßt nur zwei Fehlversuche zu, dann trennt es die Verbindung so endgültig, daß entweder ein persönliches Vorsprechen beim zuständigen Postamt notwendig wird oder ein schriftlicher Antrag auf eine neue Freigabe der Teilnehmerstation gestellt werden muß. Da der Rechner die Teilnehmerstation durch einen besonderen Geheimcode identifiziert, der vom Modem automatisch abgegeben wird, nützt die alleinige Kenntnis des persönlichen Kennworts auch nichts, um sich unter falscher Flagge in das System einzuschleichen. Nach den Angaben der Post werden Teilnehmernummern und persönliche Kennwörter in unterschiedlichen Datensätzen gespeichert. Durch die versehentliche Ausgabe von Daten konnte also in dem eingangs aus Hamburg geschilderten Fall eines Mißbrauchs von Btx nur eine der beiden Nummern bekannt werden; die dazugehörigen Angaben mußten aus einer anderen Quelle stammen. Ohne die Hintergründe des Hamburger Vorfalls nun zu kennen, sei jedoch ganz allgemein bemerkt, daß es halt gefährlich ist, sich die persönliche Geheimzahl auf seine Scheckkarte zu schreiben oder diese arglos jemandem mitzuteilen. Ein Unbefugter hat dann freien Zugang zum Konto.

Im Labyrinth des Angebots

Haben wir diese Hürden überwunden, bietet uns Bildschirmtext seine Dienste an. Für den Benutzer wird es ganz einfach. Er braucht nur den Anweisungen auf dem Bildschirm zu folgen. Hat er sich im System verirrt oder fehlen entsprechende Hinweise, ist es jederzeit möglich mit *0# auf den Anfang zurückzuspringen. Außerdem lassen sich mit Hilfe eines Verzeichnisses bestimmte Anbieter oder Schlagwörter direkt anwählen. Auf drei Wegen ist an die gesuchten Informationen heranzukommen: über das Anbieterverzeichnis, das Schlagwortregister oder über den Aufruf bestimmter Sachgebiete. Bei Schlagwörtern und Sachgebieten teilt der Rechner mit, wer Informationen zu dem gewünschten Gebiet anzubieten hat. Die Anbindung einer oder mehrerer Seiten an ein bestimmtes Schlagwort wird vom Anbieter vorgenommen. Die Post wünscht, daß bei einem entsprechenden Aufruf auch sofort die Seite gezeigt wird, auf der die gesuchte Information enthalten ist. Leider ist hier die Theorie von der Praxis weit entfernt. Viele Anbieter verbinden zunächst die allgemeine Leitseite mit dem Schlagwort. Der ungeduldige Sucher muß sich unter Umständen erst durch einen Wust von Werbeaussagen durchhangeln, um zur gewünschten Seite zu kommen. Wenn er Pech hat, stellt er schließlich fest, daß zu dem Schlagwort gar keine Information bei dem Anbieter vorhanden und er auf eine falsche Fährte gelockt worden ist.

Eine andere Möglichkeit der Irreführung besteht darin, den Benutzer mit Gebühren zu belasten. Um Mißbräuchen vorzubeugen, muß der Benutzer, bevor er sich eine gebührenpflichtige Seite zeigen läßt, sein Einverständnis durch das Drücken von # bestätigen. Das gleiche Zeichen wird oft zum Weiterblättern benutzt. Stößt man nun auf eine solche Seite, kann es geschehen, daß man meint, das einmalige Drücken von # sei nicht ausreichend, und man betätigt die Taste noch einmal. Ohne es gewollt zu haben, zahlt man dann 9,99 DM, nur weil der

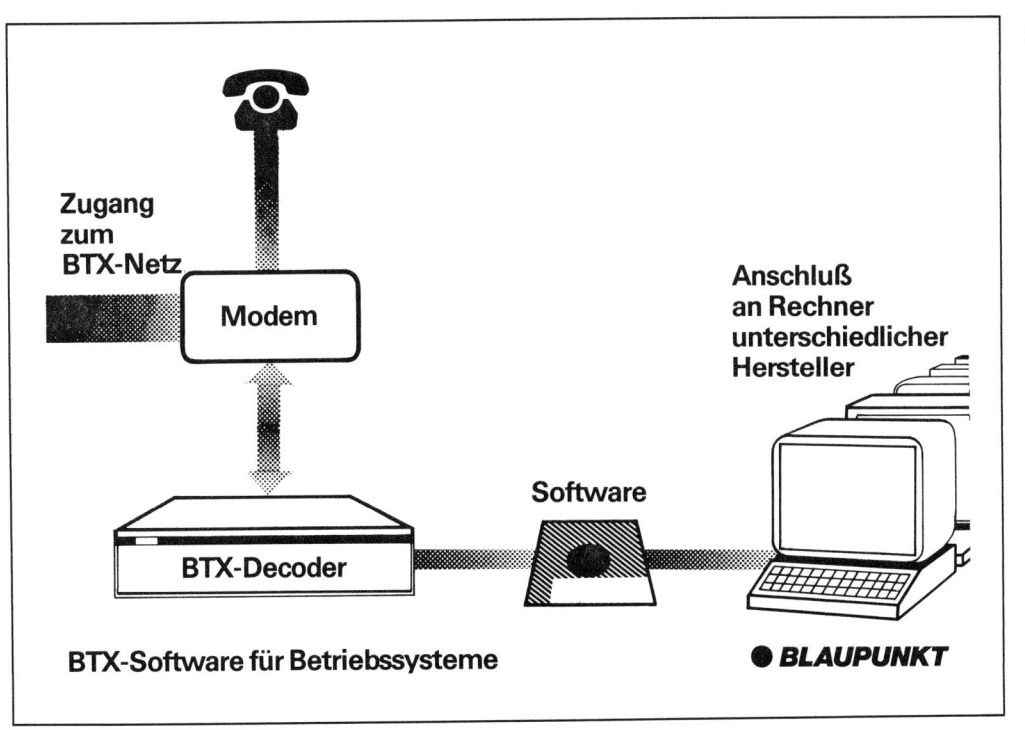

Schema der Funktionsweise von Btx. Eine zentrale Rolle spielt das Modem. Es sorgt für die Übertragung via Telefon. Der Decoder ist ein Signalwandler. Grafik Blaupunkt

Anbieter den Hinweis auf die Gebührenpflicht absichtsvoll so versteckt hat, daß er beim schnellen Blättern übersehen wurde.

Von Vorteilen und Nachteilen

Daß es bei über 3000 Anbietern auch schwarze Schafe gibt und daß die Post bei über einer halben Million Seiten nicht jedem Sünder sofort auf die Spur kommt, erscheint verständlich. Leider zeigt es sich, daß manchen bei Btx die schnelle Mark lieber ist als das seriöse Angebot. Damit das gesamte System zu verdammen, wäre nicht sinnvoll, da sich Auswüchse, Manipulationen oder Täuschungen überall finden lassen. Hingegen sollte man sich fragen, was Bildschirmtext dem einzelnen und der Gesellschaft nutzt und wo schädliche Auswirkungen zu erwarten sind. Belastet wird mit Sicherheit der Geldbeutel des einzelnen. Neben den Anschaffungskosten sind Mietkosten für das Modem fällig. Außerdem dürfte die Telefonrechnung bei intensiver Nutzung deutlich steigen. Der Achtminutenzeittakt im Ortstarif wurde ja rechtzeitig eingeführt. Es ist zu erwarten, daß die wirklich interessanten Informationen über Bildschirmtext nicht kostenlos zu erhalten sind und der Anbieter eine Gebühr verlangt. Diese bleiben nur dann gering, wenn mehrere Anbieter Informationen zum gleichen Thema haben und eine Konkurrenzsituation entsteht.

Btx hat auch Vorteile: schriftliche Informationen können hinterlegt werden, auch wenn der Adressat nicht zu Hause ist. Vergleichende Informationen über Qualität und Preis von Konsumgütern sind leichter zu bekommen, was die Position des Konsumenten stärken könnte.

Die Möglichkeit, Bankgeschäfte sowie Bestellungen beim Versandhandel vom Wohnzimmertisch aus zu tätigen, wird sich weiter verbreiten. Diese neuen Möglichkeiten werden auch Auswirkungen auf die Arbeitsplätze haben, negative wie positive. Bei verstärktem Einsatz auf dem Bankensektor ist zu erwarten, daß das Schalterpersonal verringert wird. Zunächst hat Bildschirmtext jedoch Arbeitsplätze geschaffen und wird dies auch weiterhin tun. Die auf dem Fernsehsektor tätige Firma Loewe hat sich damit ein weiteres sicheres Bein geschaffen. Sobald die neuen Btx-Chips – sogenannte Euroms – verfügbar sein werden, will eine Reihe großer Hersteller in das Geschäft mit den Endgeräten einsteigen. Neue Zeitschriften sind entstanden und werden noch entstehen. Eine Reihe von Büchern zum Thema Bildschirmtext wurde geschrieben und verkauft, so daß ein Seminarleiter bei einem Kurs auf die Frage, was denn an Literatur zu Btx vorhanden sei, nur lapidar meinte: »Zuviel.« Daß sich allerdings eine boomartige Entwicklung wie bei den Personal- und Microcomputern ergeben wird, ist aus heutiger Sicht nicht zu erwarten.

Die Entwickler vermuten ein großes Interesse bei Privathaushalten, doch hat sich das bisher nicht bestätigt. Vielmehr scheint Btx im kommerziellen und industriellen Bereich besser voranzukommen. Hier bietet sich tatsächlich eine Reihe von attraktiven Möglichkeiten. Bildschirmtext ist nämlich ein Informationsinstrument, das man theoretisch sogar von jeder Telefonzelle aus nutzen kann. Einkäufer können sich schnell und unverbindlich über das Angebot der Hersteller informieren. Vertreter können vor Ort auf den Datenpool ihres Unternehmens zurückgreifen. Innerhalb von Firmen können Daten schnell einem großen Kreis von Mitarbeitern zur Verfügung stehen. Augenblicklich scheint sich Btx erst einen festen Platz bei der zunehmenden Büroautomatisierung zu erobern, bevor es in Privathaushalten Eingang findet.

Heute und Morgen

Bisher war immer nur vom Rechner die Rede, wenn wir über abgespeicherte Seiten oder über den Dialog mit dem Computer sprachen. Im Grunde genommen steht dahinter jedoch ein ganzes System, das in der ersten Ausbaustufe für 150 000 Teilnehmer ausgelegt ist. An der Spitze aller Rechner steht die Leitzentrale in Ulm mit zwei Großcomputern. Dann folgen in jeder größeren Stadt Datenzentralen oder sogenannte A-Vermittlungsstellen. In deren näherem Umkreis befinden sich B-Vermittlungsstellen. Der größte Teil aller Btx-Anfragen soll von diesen lokalen Rechnern abgewickelt werden. Erst wenn eine Seite regional nicht vor-

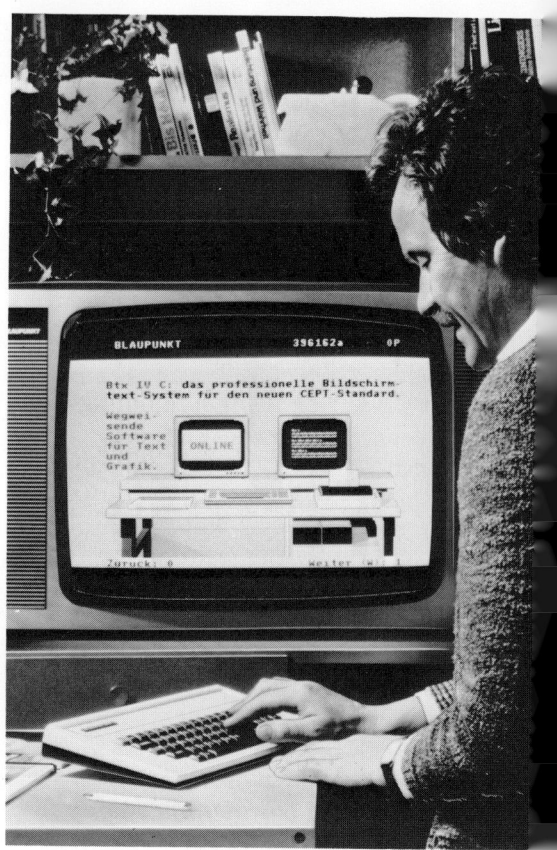

Oben: Das Bildschirmtext-System »Btx V C« läßt sich je nach den Ansprüchen des Benutzers mit verschiedenen Komponenten erweitern. Hier arbeitet es in der Btx-Redaktion des »Handelsblatts«. Foto Blaupunkt/Batsch

Unten: Über Btx ist es möglich, Banküberweisungen von zu Hause in Auftrag zu geben. Der Gang zur Bank erübrigt sich. Das kann zur Folge haben, daß die Banken weniger Angestellte brauchen. Foto Loewe

Gegenüberliegende Seite: Das Stereo-Farbfernsehgerät »Madagaskar IP 32 Btx« ist mit einem Btx-Decoder für den CEPT-Standard ausgerüstet. Damit lassen sich die Vorteile von Bildschirmtext auch im Heimbereich nutzen. Eine separate Tastatur ermöglicht den Dialog mit der Zentrale und anderen Bildschirmtext-Teilnehmern. Foto Blaupunkt/Giesel

handen ist, wird nach Ulm durchgeschaltet. Hier stehen alle angebotenen Seiten zur Verfügung. In Zukunft soll es so aussehen, daß die A-Vermittlungsstellen ständig ihren Seitenbestand erneuern, indem sie feststellen, wie häufig bestimmte Seiten abgefragt werden. Die Seiten mit geringer Nachfrage werden ständig durch andere ergänzt, so daß man schließlich hofft, 19 von 20 Anfragen regional beantworten zu können.
An diese A-Vermittlungsstelle sind auch die externen Rechner angeschlossen. Großversandhäuser oder Anbieter von großen Informationsmengen werden nicht Speicherplätze in Ulm belegen. Vielmehr werden sie Anfragen über schnelle Datenleitungen in ihr eigenes System holen und direkt beantworten. Ihre Zahl wird vermutlich sprunghaft ansteigen, und man geht davon aus, daß einmal diese externen Rechner rund ein Drittel des Btx-Datenverkehrs abwikkeln.
Die bestehende Software hat noch ihre Mucken, und der Hersteller konnte das System nicht zum geplanten Termin im September 1983 übergeben. Es dauerte fast ein weiteres Jahr, bis der Rechner in Ulm zur Verfügung stand. Bedenkt man dagegen, daß es sich bei dem deutschen Btx-Netz um das zur Zeit größte nichtmilitärische Datennetz der Welt handelt, müssen solche Anfangsschwierigkeiten mit einkalkuliert werden. Die zweite Ausbaustufe soll den Anschluß von einer halben Million Teilnehmern bringen. Man will auch die Software erheblich verbessern, so daß vor allem Anbieter neue Seiten leichter eingeben können. Gerade beim Einspielen einer größeren Seitenzahl stößt man oft auf Schwierigkeiten. Für das für diesen Zweck gedachte »Bulkup-Dating« gibt es noch kaum ver-

Die gegenüberliegende Seite zeigt eine Auswahl aus den unterschiedlichsten Btx-Seiten. An gewünschte Informationen kommt man über den Abruf bestimmter Sachgebiete heran. Btx kann auch der Unterhaltung dienen, wie das »Erfinderspiel« zeigt. Doch gleichzeitig ist damit auch Werbung verbunden... Fotos Ruppenthal

nünftige Einrichtungen. Die Industrie verhält sich hier etwas zurückhaltend. Auch was den Anschluß von Personalcomputern betrifft, so wird oft mehr versprochen, als dann tatsächlich möglich ist.
Soll sich Bildschirmtext langfristig behaupten, müssen folgende Forderungen erfüllt sein: die Geräte müssen billiger werden, vor allem für den Privathaushalt, das Angebot an Informationen muß qualitativ besser werden, die Nutzungsgebühren müssen sich in Grenzen halten. Ob es dann eine Spielerei für wenige oder ein weiteres Kommunikationsmedium neben Fernsehen, Rundfunk, Zeitungen und Zeitschriften wird, ist allerdings noch ungewiß.

Bücher zum Thema

Buchholz, A./Kulpok, A.: Revolution auf dem Bildschirm. Die neuen Medien Videotext und Bildschirmtext. München
Roth/Sucharewicz (Hrsg.): Bildschirmtext-Lexikon. München 1985
Rupp, E. P.: Bildschirmtext. Technik – Nutzung Marktchancen. München 1980
Stachelsky, F. von/Straub, M./Trebess, M.: Verbraucherinformationen in Bildschirmtext und Kabelfernsehen. Berlin 1981
Strauch, d./Vowe, G. (Hrsg.): Bildschirmtext – Facetten eines neuen Mediums. München 1980

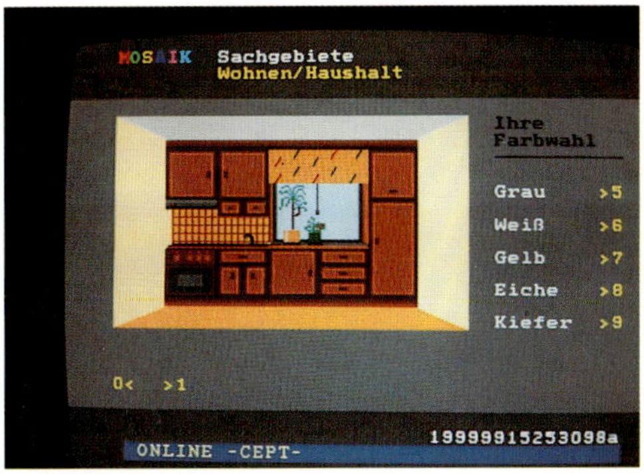
MOSAIK Sachgebiete
Wohnen/Haushalt
Ihre Farbwahl
Grau >5
Weiß >6
Gelb >7
Eiche >8
Kiefer >9
0< >1
19999915253098a
ONLINE -CEPT-

RZ-TELEKURIER
Kurz notiert:
Aus aller Welt
Bewaffnete überfielen das Lager in Nord-äthiopie, unterbrachen die Verteilung von Hilfsgütern und entführten mehr als 250 Menschen aus der Hilfsstation.
In Beirut und Tripoli explodierten Auto-bomben. Vier israelische Soldaten wurden bei Guerilla-Anschlägen im Südlibanon getötet. Israels Luftwaffe griff ein.
Nach einem Bericht der "Frankfurter Rund-schau" hat Wirtschaftsminister Steger ein entsprechendes Konzept entwickelt.
<<0 Rheinland-Pfalz:1 Vermischtes:2
ONLINE -CEPT-

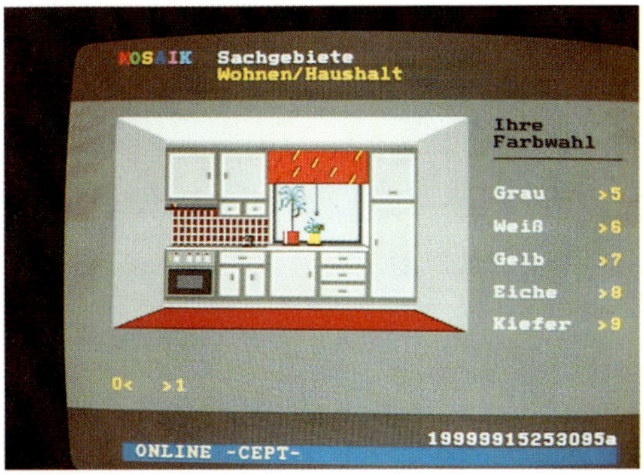
MOSAIK Sachgebiete
Wohnen/Haushalt
Ihre Farbwahl
Grau >5
Weiß >6
Gelb >7
Eiche >8
Kiefer >9
0< >1
19999915253095a
ONLINE -CEPT-

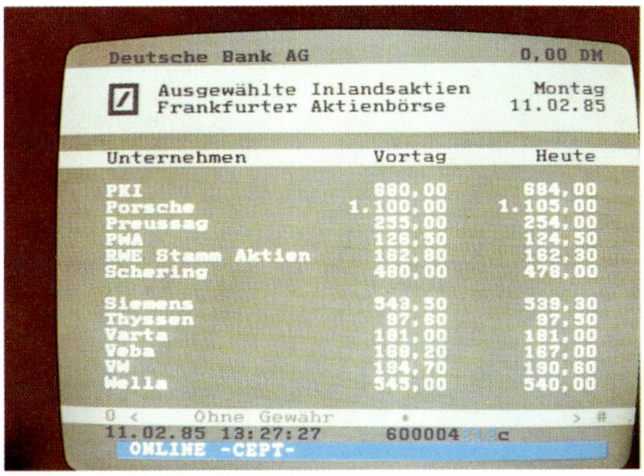
Deutsche Bank AG 0,00 DM
Ausgewählte Inlandsaktien Montag
Frankfurter Aktienbörse 11.02.85
Unternehmen Vortag Heute
PKI 680,00 684,00
Porsche 1.100,00 1.105,00
Preussag 255,00 254,00
PWA 126,50 124,50
RWE Stamm Aktien 162,80 162,30
Schering 480,00 478,00
Siemens 543,50 539,30
Thyssen 87,60 87,50
Varta 181,00 181,00
Veba 168,20 167,00
VW 194,70 190,60
Wella 545,00 540,00
0 < Ohne Gewähr
11.02.85 13:27:27 600004
ONLINE -CEPT-

MOSAIK Sachgebiete
Vegetation/Landschaft
0< >#
19999915145b
ONLINE -CEPT-

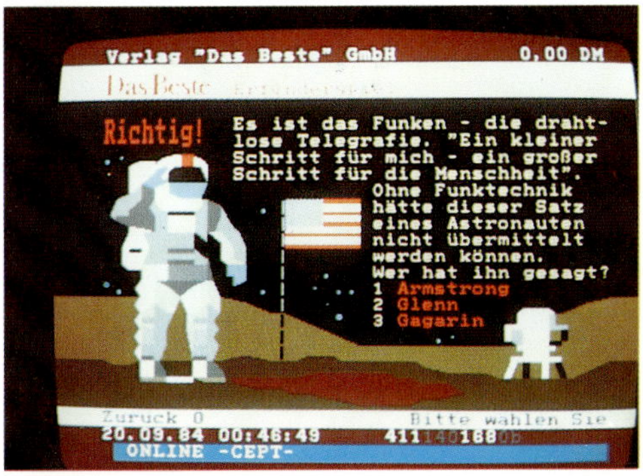
Verlag "Das Beste" GmbH 0,00 DM
Das Beste
Richtig!
Es ist das Funken - die draht-lose Telegrafie. "Ein kleiner Schritt für mich - ein großer Schritt für die Menschheit".
Ohne Funktechnik hätte dieser Satz eines Astronauten nicht übermittelt werden können.
Wer hat ihn gesagt?
1 Armstrong
2 Glenn
3 Gagarin
Zurück 0 Bitte wählen Sie
20.09.84 00:46:49 411 168
ONLINE -CEPT-

MOSAIK Sachgebiete
Vegetation/Landschaft
0< >#
19999915145a
ONLINE -CEPT-

Verlag "Das Beste" GmbH 0,00 DM
Das Beste Erfinderspiel
Richtig! Neil Armstrong, der am 20.7.1969 als erster Mensch den Mond betrat, hat diesen Satz gesagt.
Hat Ihnen das Erfinderspiel Spaß gemacht? Möchten Sie nicht noch mehr erfahren und mit Ihrem Technikwissen alle verblüffen?
Dann lernen Sie kostenlos unser neuestes Sachbuch kennen.....# w
0< Vom Faustkeil zum Laserstrahl # w
06.10.84 00:45:18 411 169
ONLINE -CEPT-

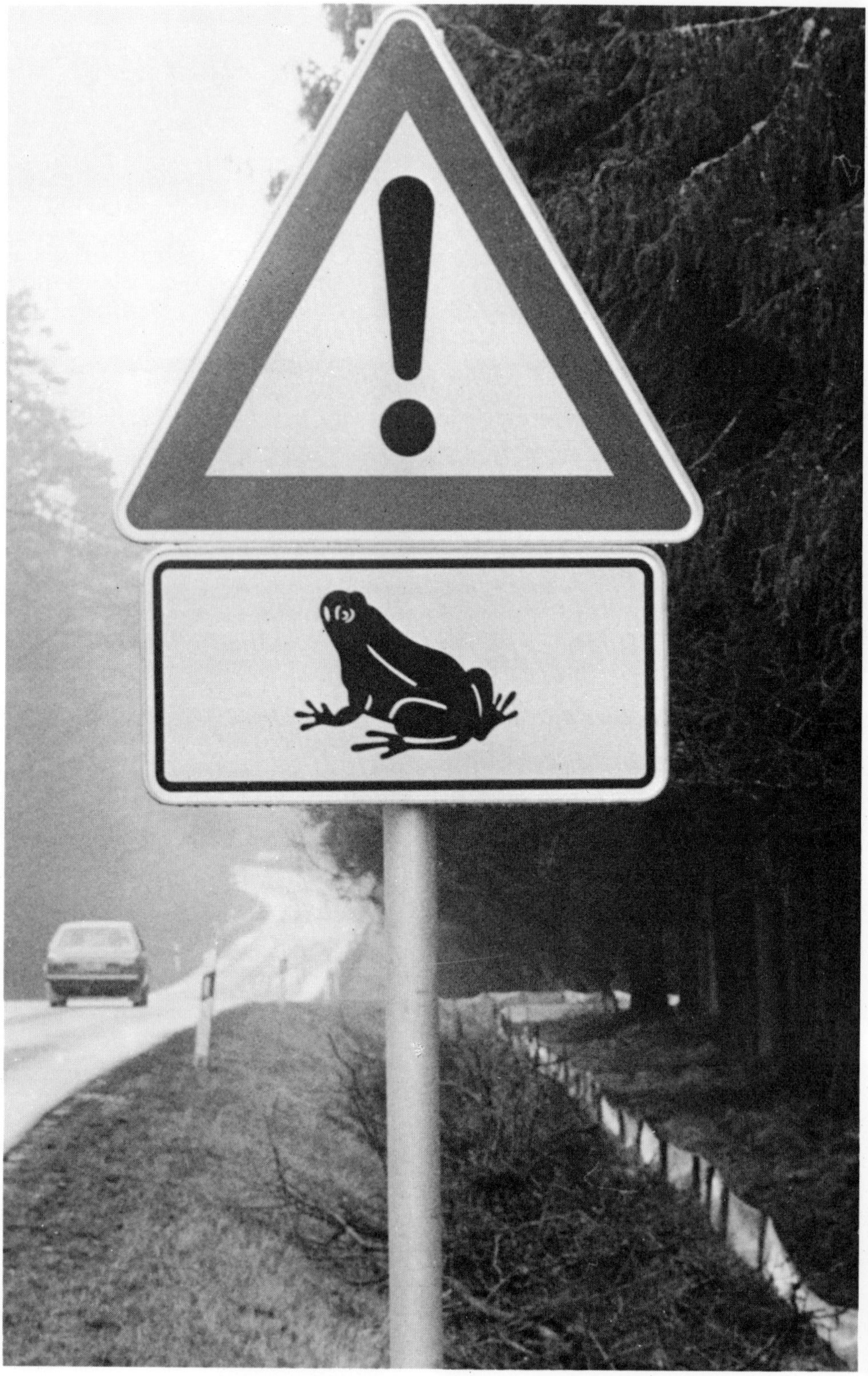

Eva Merz
VOLKSZÄHLUNG BEI DEN AMPHIBIEN

Es war ein ganz gewöhnlicher Samstag im Mai, regnerisch und trüb. Beinah wäre ich zu Hause geblieben. Aber da stöhnte irgendwer: »So ein Froschwetter!« – und das hätte er nicht tun sollen. Froschwetter, natürlich! Froschwetter im besten Sinne des Wortes. Wer mit Fröschen und Kröten, Molchen und Salamandern zu tun hat und bei solchem Wetter nicht ins Gelände geht, dem ist nicht zu helfen. Und den Amphibien wäre schon gar nicht zu helfen, wenn einer einen Schönwetterjob daraus machen wollte.

Amphibien, ziemlich wörtlich übersetzt »Sowohl-als-auch-Tiere«, haben ihren Namen, weil sie sowohl das Wasser als auch das Land zum Leben brauchen. Doppelter Lebensraum bedeutet aber doppelte Gefahren, und in unserer Landschaft vierfache. Ihre Lebensräume, Laichgewässer, nasse Wiesen, Sandgruben und Geröllhalden, verschwinden. Spritzmittel treffen ihre weiche Haut, vergiften ihre Futtertiere und, zusammen mit Straßensalz und Kunstdünger, das Wasser, in dem ihre Larven leben. Autos und Mähmaschinen bringen sie um, sie ertrinken in steilwandigen Kläranlagen und vertrocknen in den Gullys der Straßen.

Mit riesigen Nachkommenzahlen haben die Amphibien sich trotz all ihrer Freßfeinde erhalten. In unserer Welt der Technik gehen sie unter, wenn ihnen keiner hilft. Und weil man jemand gut kennen muß, um ihm wirksam helfen zu können, haben die Länder der BRD die Amphibienkartierung eingerichtet. Freiwillige Helfer, die das Gebiet nach Meßtischblättern untereinander aufgeteilt haben, stellen die Amphibienvorkommen und ihre Lebensumstände fest und schaffen so die Grundlagen für Hilfsprogramme. Was keineswegs heißt, daß man nicht in Notfällen sofort eingreifen kann. Noch aber ist die Zeit des Kartierens, der Gummistiefel und des vom Wasser gekräuselten Notizpapiers.

Erstes Ziel ist der Kalbachsteich. Zwar ist bekannt, was darin lebt, aber man kann nie wissen: Einen anderen wunderschönen kleinen Weiher hat uns einer innerhalb von drei Tagen mit Bauschutt verfüllt. Außerdem treffe ich dort den Karl und die Resi, Amphibienschützer erst seit einem Jahr – aber was für welche! Wir begegneten uns, ohne jede gegenseitige Begeisterung, im April letzten Jahres hier am Teich. Das flache Uferwasser war schwarz von Kaulquappen, und die zwei waren beschäftigt, ein paar davon in ein Marmeladenglas zu schöpfen.

Das Warnschild bremst Autofahrer so gut wie nie. Dafür hält der Zaun den Zug der Grasfrösche und Kröten auf. Wenn aber im Hochsommer die pfenniggroßen Jungtiere zurückwandern, kann ihnen nur das Glück helfen, heil über die Straße zu kommen. Foto dpa

Grasfrösche laichen als erste von allen Amphibien im Februar und März. Die Laichklumpen steigen zur Oberfläche auf, so daß auch die Entwicklung der Eier gut zu beobachten ist. Nach drei bis fünf Wochen, wenn dann ihr Algenfutter richtig ins Wuchern gekommen ist, schlüpfen die bräunlichen Kaulquappen. Foto Angermayer/Pfletschinger

Den Waldtümpel fernab der Straße erreichen Grasfrosch und Erdkröte ohne Gefahr. Er liegt mitten in ihrem Jagdrevier. Der Wasserfrosch verbringt sein ganzes Leben dort. Trotzdem werden sich alle drei auch hier nicht ohne Maß vermehren, denn der größte Teil ihrer Nachkommenschaft wird Futter für Vögel und Mäuse, Igel und Ringelnatter. Foto Mitschke

Vom Naturschutz

Es ist fast hoffnungslos und sehr unangenehm, solchen interessierten und durchaus gutwilligen jungen Froschforschern sagen zu müssen, daß alle Amphibien unter Naturschutz stehen, weshalb man sie weder fangen noch mit heimnehmen darf.
»Wir tun ihnen nichts!« hat die Resi gesagt, »bei uns haben sie es gut. Hier werden sie doch bloß gefressen!« Und diesem eifrigen kleinen Mädchen in den großen gelben Gummistiefeln sollte ich nun erklären, was Naturschutz heißt: Nicht etwa, ein Tier oder eine Pflanze zu hüten, als ob man eine Käseglocke drüberstülpt, sondern ihnen ihr natürliches Leben zu garantieren, mit all den Chancen und Gefahren, durch die sie in fünfhundert Millionen Jahren wurden, was sie heute sind. Sie haben sich alle aufeinander eingestellt und sind miteinander ausgekommen, bis der Mensch mit seiner blitzartigen Entwicklung dazwischenfuhr. An den haben sie sich nicht anpassen können. Naturschutz heißt Schutz vor dem Menschen – und der Mensch, arme Resi, bist du!
Sie hat eingesehen, was ich selten einem Erwachsenen klarmachen kann, und sie hat es besser gesagt als alle meine mühsamen Erklärungen: »Eine Kaulquappe im Glas ist eigentlich gar keine Kaulquappe mehr, weil sie nichts Kaulquappenhaftes mehr tun kann. Die ist bloß noch wie der Karl mit dem Sonntagsanzug im Fotoalbum!« Und der Karl hat gebrummt: »Ich hab's dir gleich gesagt, der Brehm und der Lorenz arbeiten auch im Gelände!« Seitdem sind die beiden mit mir draußen, sooft es geht, und in das Marmeladenglas kommt nur noch ganz kurz, was aus der Nähe oder per Lupe angeschaut werden soll.

Hilfe für Kröten

Am Kalbachsteich betrachten wir erst einmal wohlgefällig unsere Kaulquappen. Jawohl, unsere! Denn ohne uns wären wohl nicht so viele da. Wir haben ihre

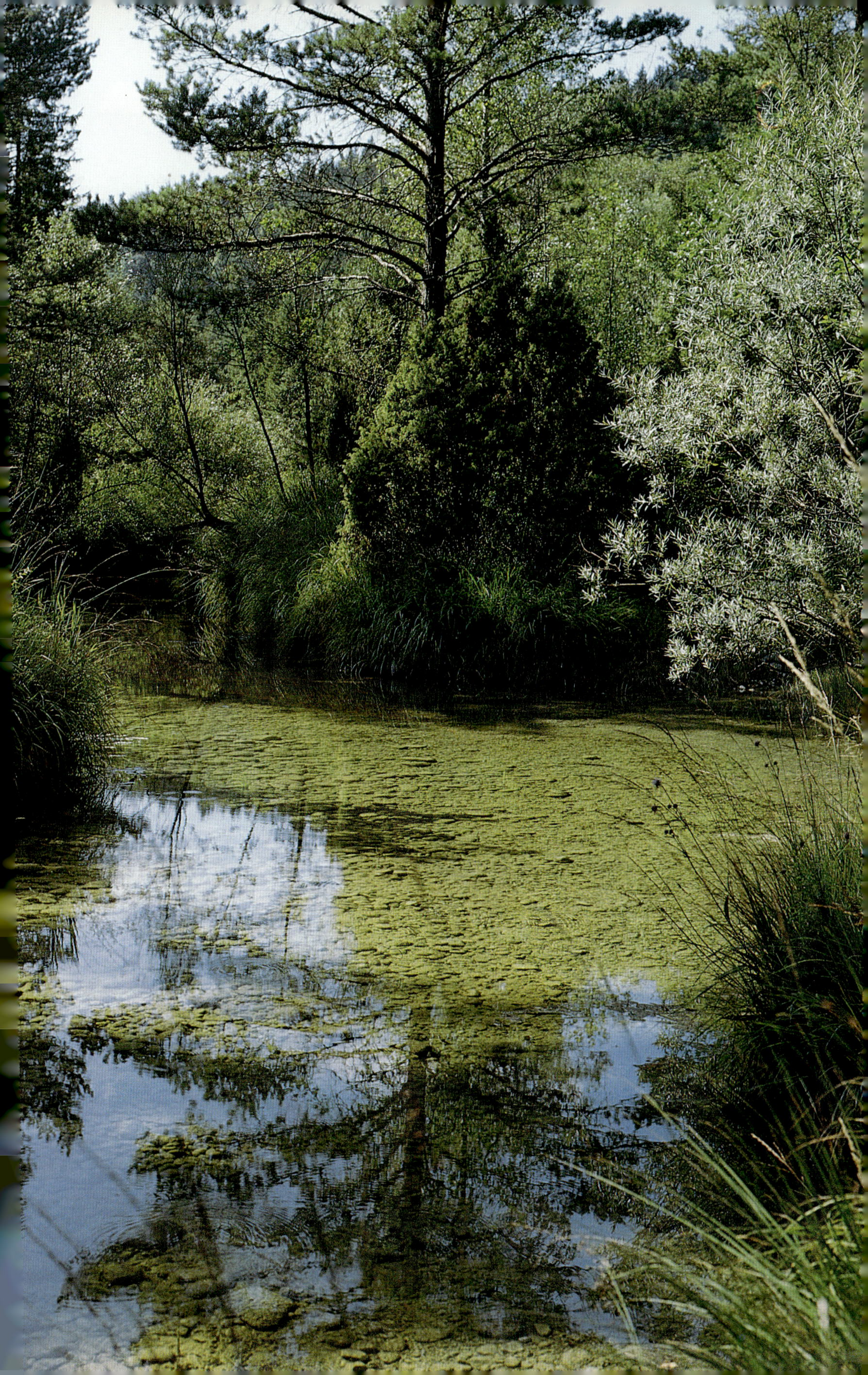

Frösche und Kröten halten wohl eine halbe Nacht gemeinsam im Fangeimer aus; aber die zarten Molcharten, die mit ihnen wandern, brauchen zum Schutz vor dem Erdrücktwerden ein paar Steine am Boden des Eimers. Foto Südd. Verlag/Schumann

Eltern im März mit Krötenzäunen und eingegrabenen Eimern gefangen und sicher über die Bundesstraße zum Wasser getragen. Alljährlich sind während weniger Frühlingsnächte plötzlich alle Grasfrösche einer Landschaft unterwegs, zum großen Treff im Laichgewässer. Sie brauchen keine Rufe, keine Verständigung untereinander, die erste über 5 Grad warme Nacht ist Signal für alle. Wenig später kommen dann die Erdkröten. Die haben das Problem des Sich-Findens schon an Land gelöst, jedes Weibchen trägt seinen Partner auf dem Rücken zum Wasser.

Jetzt sind die Frösche und Kröten längst wieder zum Jägerleben in Wald und Feld zurückgekehrt. Im Kalbachsteich aber regiert der Grüne Wasserfrosch. Man hört's. Denn er ist der Veranstalter der großen Froschkonzerte. Wasserfrösche brauchen ihre kräftige Stimme, weil für sie der Teich nicht Treffpunkt zum Laichen ist, sondern Lebensraum für das ganze Jahr. Da muß einer schon vermelden können, wo er gerade sitzt und was er im Sinn hat. Erst als das Wasser schön gemütlich warm war, so um die 10 Grad, sind die Wasserfrösche vom Teichgrund heraufgekommen, noch winterlich mager und schwarzbraun. Die aber jetzt vom Uferrand vor uns ins Wasser springen, leuchten schon im lackgrünen Hochzeitsfrack. Sie kommen gleich zurück, wenn wir uns ganz still verhalten, denn ein Frosch sieht nur Bewegtes. Umgekehrt erkennen auch wir ihn kaum, wenn er reglos auf Beute lauert. Er braucht ja nicht einmal den Kopf zu drehen, weil seine vorstehenden Augen auch im Blickwinkel haben, was sich hinter ihm regt. Wasserfrösche schnappen sich, was sie bewältigen können, von der stachelbewehrten Biene bis zur unvorsichtigen Maus, und sie schrecken auch vor Verwandtenmord nicht zurück. Da suchen wir uns lieber ein friedlicheres Gewässer. Aber Karl besteht auf einem Abschied mit Chorgesang. Aus gepreßten Lippen hinter den verschränkten Händen stottert er etwas Quakähnliches. Einer antwortet, dann zwei, dann der halbe Teich. Und das, obwohl Wasserfrösche ganz bestimmte Laute mit verschiedener Bedeutung haben. Höfliche Tiere!

In einem Seitental liegen Fischteiche. Im ersten sind Barsche ausgesetzt, leidenschaftliche Froschlaichfresser, und auf dem nächsten ist ein Flug Stockenten auf Frosch- und Molchjagd. Aber hinten im Tal ist noch einer, der dem Teichwirt wohl zu klein vorkam. Für uns ist er gerade recht.

Im Wassergraben neben dem Weg schwänzeln ein paar Bergmolche eilig davon. Die werden als Neuigkeit aufgeschrieben. Man kann sie hier in den klaren Tümpeln auf Sandboden überall erwarten, aber beim Kartieren zählt nur, was man sieht. Dabei kommt freilich der Teichmolch oft zu kurz, weil er schattige Schlammpfützen liebt. Darin sieht man ihn nicht so leicht, und dann gibt es Zählfehler.

Gelbbauchunke und Laubfrosch

Irgendwas ist weggetaucht, als wir zum Teich kommen, viele kleine Kreise ziehen über das Wasser. Also wieder stillsitzen und warten. Nach einer Weile neue Kreise, hier und dort und drüben, in ihrer Mitte immer zwei Buckelchen, die den Wasserspiegel durchbrechen. Gelbbauchunken strecken ungern mehr als ihre beiden Glotzaugen aus dem Wasser. Alle viere von sich streckend hängen sie gleich unter der Oberfläche, wo es am wärmsten ist. Wir zählen sie, unbewegt, aber augenrollend, um sie nicht zu verscheuchen. Fünfzehn Stück – gar nicht so schlecht für eine Art, die rasch abnimmt, weil ihre flachen, rasch erwärmten Tümpel überall »aufgeräumt« werden.

Jetzt hat Karl etwas entdeckt, kurz und scharf zieht er die Luft durch die Nase ein. Indianerart, sagt er. Dackelart, sagt Resi. An den Brombeerranken links neben uns bewegt sich ein einzelnes Blatt. Es streckt langsam ein grünes Bein aus, angelt mit fünf Zehen nach dem Zweig nebenan und verwandelt sich urplötzlich in einen lackgrünen Laubfrosch. Karl, das Adlerauge, schmunzelt. Laubfrösche sind schwer zu entdecken, man kann aber das Auge auf ihre helle Seitenlinie und die vibrierende helle Kehle trainieren. Wer sie da eifrig in ihrem Brombeerdschungel herumsteigen sieht, der kann sich vorstellen, wie elend sie sich in den früher üblichen Gläsern gefühlt haben. Ehe wir gehen, versucht Karl seinen Lieblingstrick, diesmal mit einem Kamm, den er bestimmt nur zu diesem Zweck in der Tasche hat. Er fährt mit dem Daumennagel über die Zinken, und schon antworten mindestens drei Frösche. Wir werden einmal nachts herkommen, wenn ihr Konzert in vollem Gange ist.

Jetzt geht es erst einmal in Richtung Sandgrube. Dort wohnten im letzten Jahr die Kreuzkröten, aber inzwischen ist die Grube wieder in Betrieb. Ob sie das überlebt haben? Zumal da diese Sache mit dem Grubenbesitzer war.

An einem hellen Juniabend im vorigen Jahr saßen wir um den Rand des Tümpels auf der Sandgrubensohle. Im Tümpel saßen die Kreuzkrötenmännchen und trillerten aus Leibeskräften, ein bißchen rauh und beileibe nicht so melodisch wie die Wechselkröten, aber immerhin. Da erschien am oberen Grubenrand ein Mann, der lauthals zu uns hinunter-

Oben links: Ganz allmählich werden die Laubfrösche wieder häufiger. Sie finden in brombeerumsponnenen Steinbruchtümpeln einen neuen Lebensraum. Zu sehen bekommt man sie kaum, der nächtlichen Lebensweise wegen. Wer es aber versteht, ihren Stakkatogesang nachzuahmen – Tollkühne werfen dazu Steinchen gegen den Lack ihres Autos – dem antworten sie bestimmt. Foto König

Oben rechts: Moorfrösche, im Tiefland und in Flußtälern zu Haus, sind schon fast so selten wie Moore. Wer im nassen Wiesengrund einem begegnet, hält ihn erst einmal für eine der vielen Farbspielarten des Grasfrosches. Foto König

Rechts: Der Grüne Wasserfrosch ist der Veranstalter der Froschkonzerte. Früher mußten leibeigene Bauern ihn mit klatschenden Peitschenhieben zum Schweigen bringen, wenn sein Gesang im Schloßgraben die Herrschaft störte. Noch heute verfolgt man ihn um der Froschschenkel willen. Das Urbild des Froschkönigs hat es nicht leicht. Foto Angermayer/Pfletschinger

Oben links: Die Gelbbauchunke verdankt ihren Namen ihrem Schreck- und Abwehrverhalten. Fühlt sie sich bedroht, so wirft sie sich auf den Rücken und zeigt die Signalfarben ihrer Bauchseite. Schwarz-Gelb gilt als Warnfarbe im Tierreich, von der Wespe bis zum Feuersalamander, und auch bei der kleinen Unke ist es kein Bluff. Foto Cramm

Oben rechts: Kreuzkröten leben auf sandigen, trockenen Böden. Wasser brauchen sie nur in ihrer Kaulquappenzeit. Mit ihren kurzen Hinterbeinen brächten sie die kraftvollen Schwimmstöße der anderen Froschlurche auch gar nicht zustande. Foto Angermayer/Pfletschinger

Links: Fast niemand mag Erdkröten, diese Tiere mit den goldenen Augen und dem friedlichen Gesichtsausdruck, diese unermüdlichen Schneckenjäger, mit dem Mut, sich hoch auf die Zehen gereckt und kugelig aufgeblasen sogar einer Katze zu stellen. Und mit der beneidenswerten Fähigkeit, jedem einen Hautausschlag zu verpassen. Foto Angermayer/Pfletschinger

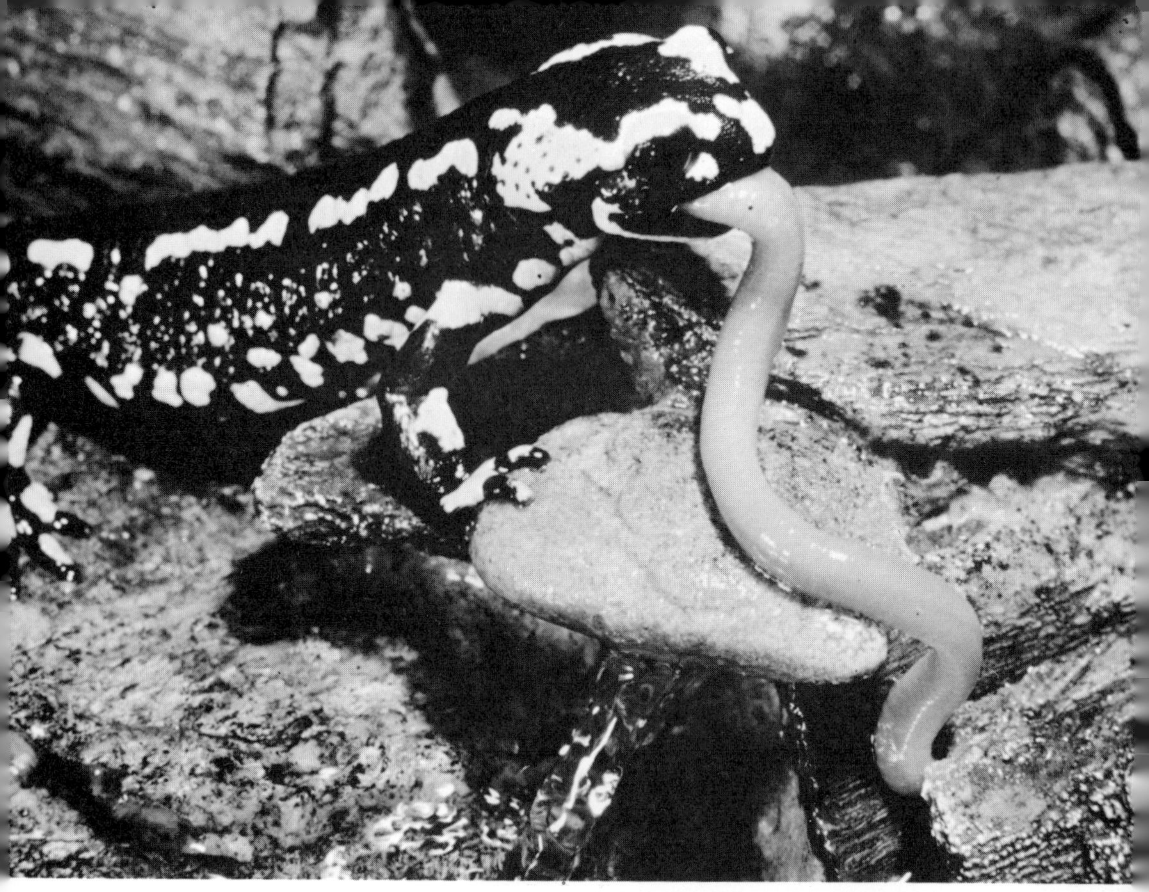

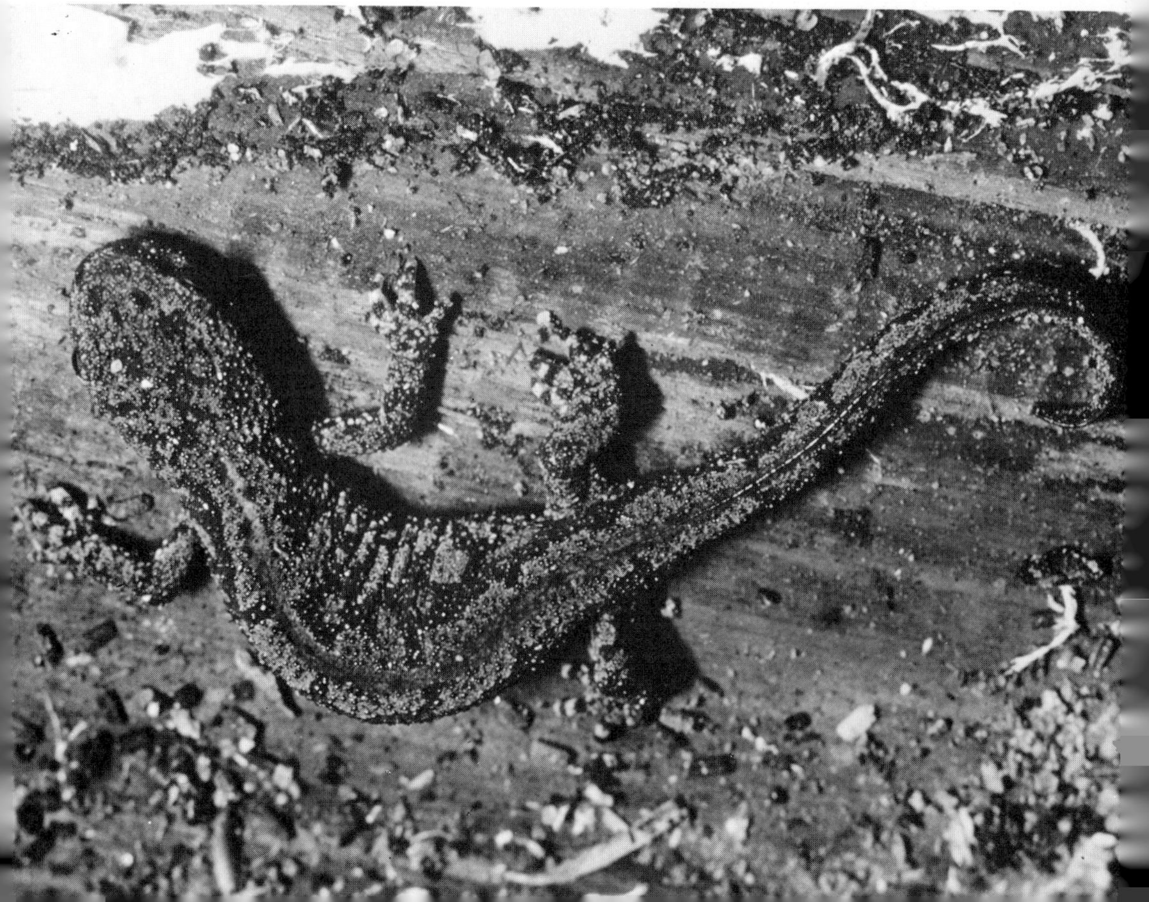

Der Feuersalamander (Bild oben) braucht klare Waldbäche, um seine schon entwickelten Quappen darin abzusetzen. Das macht ihm in unserer Landschaft das Leben schwer. Die vier Molcharten dagegen lassen sich zur Paarung und Eiablage mehr Zeit, sie verbringen mindestens einige Frühlingswochen im Wasser. Das muß für den Bergmolch (Bild unten) zwar sauber sein, aber er nimmt dann mit Tümpeln vorlieb. Foto oben Okapia/Rohdich, unten Bavaria/Sauer

schimpfte. Aber ein freundliches Geschick ließ die Kante unter seinen Füßen abbrechen. Er setzte sich, plötzlich verstummt, und fuhr auf dem Hosenboden gut zwanzig Meter die Sandmulde hinab bis vor unsere Füße. Offenbar hat ihn das etwas aus dem Konzept gebracht, denn er ließ sich, nachdem wir ihm aufgeholfen hatten, ganz friedlich vom Amphibienschutz im allgemeinen und von seinen hiesigen Kreuzkröten im besonderen erzählen.

Geburtshilfe beim Glockenfrosch

Aber so etwas nützt meist wenig, wenn es nachher wieder ums Geschäft geht. Wo unser Krötentümpel gewesen war, stehen denn auch Bagger und Förderbänder. Aber da trillert doch irgendwas? Seitlich im hinteren Grubenbereich ist eine flache Mulde neu ausgehoben und auch voll Wasser gelaufen, und die Kreuzkröten sind ganz offensichtlich umgezogen. Ein paar kleine Kiefern stehen als Sichtschutz davor, und auf einem Schild steht zu lesen: »Krötenschutzgebiet! Betreten verboten! Der Besitzer.« Möge er nie mehr irgendwo hinunterrutschen!
So etwas geht oft ganz anders aus. In solchen Gruben oder Steinbrüchen siedeln sich oft auch die Geburtshelferkröten an, die »Glockenfrösche«. Sie sind Nomaden, ganz auf Beweglichkeit eingestellt. Nur die Larven entwickeln sich ortsfest im Wasser, Paarung und Eiablage geschehen an Land. Dabei wickelt sich das Männchen die Laichschnüre um die Hinterbeine, trägt sie mit sich herum und bringt sie erst zum Wasser, wenn sie schlüpfreif sind. Alte Sandgruben und Steinbrüche werden aber eines Tages zugeschoben und »rekultiviert«, und darauf verzichtet niemand wegen ein paar Kröten. Die können dann nicht so plötzlich ausweichen, sie werden von Planierraupen zerquetscht und unter Erdmassen erstickt.
Geburtshelferkröten rufen mit klaren, sanften, verschieden hohen Lauten. Das klingt wie fernes Glockenläuten, und daher haben sie ihren zweiten, hübscheren Namen. Glockenfroschrufe sind der Kern der Sagen von versunkenen, ewig läutenden Kirchtürmen. Die kleinen Kröten statt dessen leibhaftig unter etlichen Metern Erdreich begraben zu wissen, ist eine unangenehme Vorstellung. So unangenehm, daß wir sie schon oft bei Nacht mit der Taschenlampe gesucht haben, so gut es ging, um sie im letzten Augenblick an einen anderen Ort zu retten. Ob das mehr Sinn hat als unser Gewissen zu beruhigen, bleibt ungewiß. Denn wo die wanderfreudigen Glockenfrösche artgerecht wohnen können, da sind meist auch schon welche. Wie alle anderen Amphibien müßte man ihnen nur ihren Lebensraum lassen oder wiedergeben, dann erledigen sie alles andere selber.

Bücher zum Thema

Hofer, R.: Amphibien- Reptilienkompaß. München o. J.
Matz, G. und D. Weber: Amphibien und Reptilien. Die 169 Arten Europas. München 1983.
Parey Reptilienführer und Amphibienführer Europas. Hamburg 1984.
Blum, J.: Die Reptilien und Amphibien Europas. Bern.
Rettet die Frösche. Amphibien in Deutschland, Österreich und der Schweiz. Stuttgart 1984.

Peter Schröder

HALLEY KOMMT!
Die lange Reise der Kometen durch das Sonnensystem

Seit Jahrzehnten nähert sich der Halleysche Komet mit ständig wachsender Geschwindigkeit unserer Sonne. Zu Beginn des Jahres 1978 war er noch 2,8 Milliarden Kilometer von der Sonne entfernt, doch acht Jahre später, am 9. Februar 1986, wird er sich ihr bis auf nur 88 Millionen Kilometer genähert haben. Seine Geschwindigkeit wird dann bei 55 Kilometer pro Sekunde liegen – das sind rund 200 000 Kilometer in der Stunde! Mit einer geschwungenen Kehrtwendung macht er sich danach wieder auf den Weg zurück durch das Planetensystem. Zweimal auf seiner Reise wird er die Erdbahn »unterqueren«, allerdings in respektvoller Entfernung von der Erde. Eine so großartige Erscheinung wie bei seinem letzten Auftauchen im Jahr 1910 wird »Halley« jedoch leider nicht zu bieten haben. Zur Zeit der größten Annäherung befindet er sich, von der Erde aus gesehen, gerade hinter der Sonne, und dort ist er natürlich am hellen Tageshimmel nicht zu sehen. Auch wenn er am 27. November 1985 der Erde recht nahe sein wird,

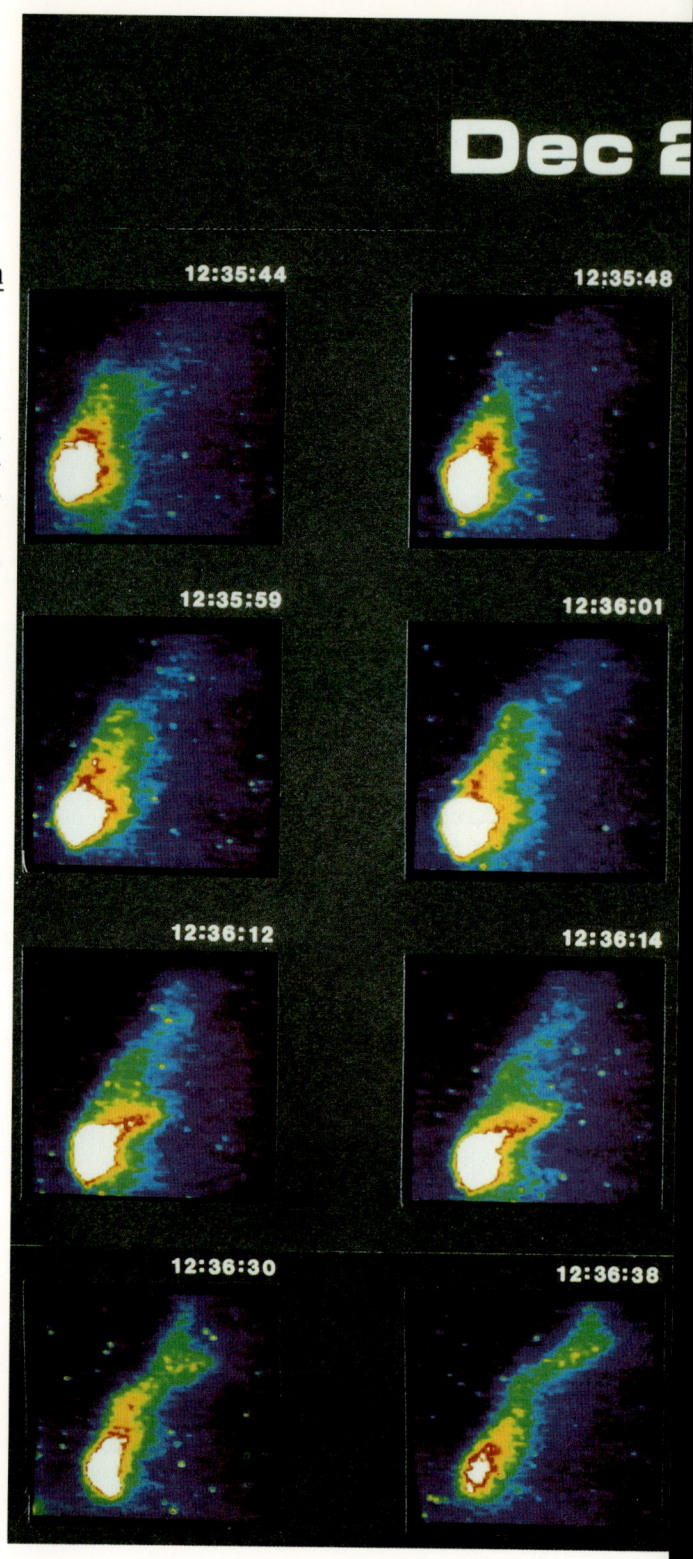

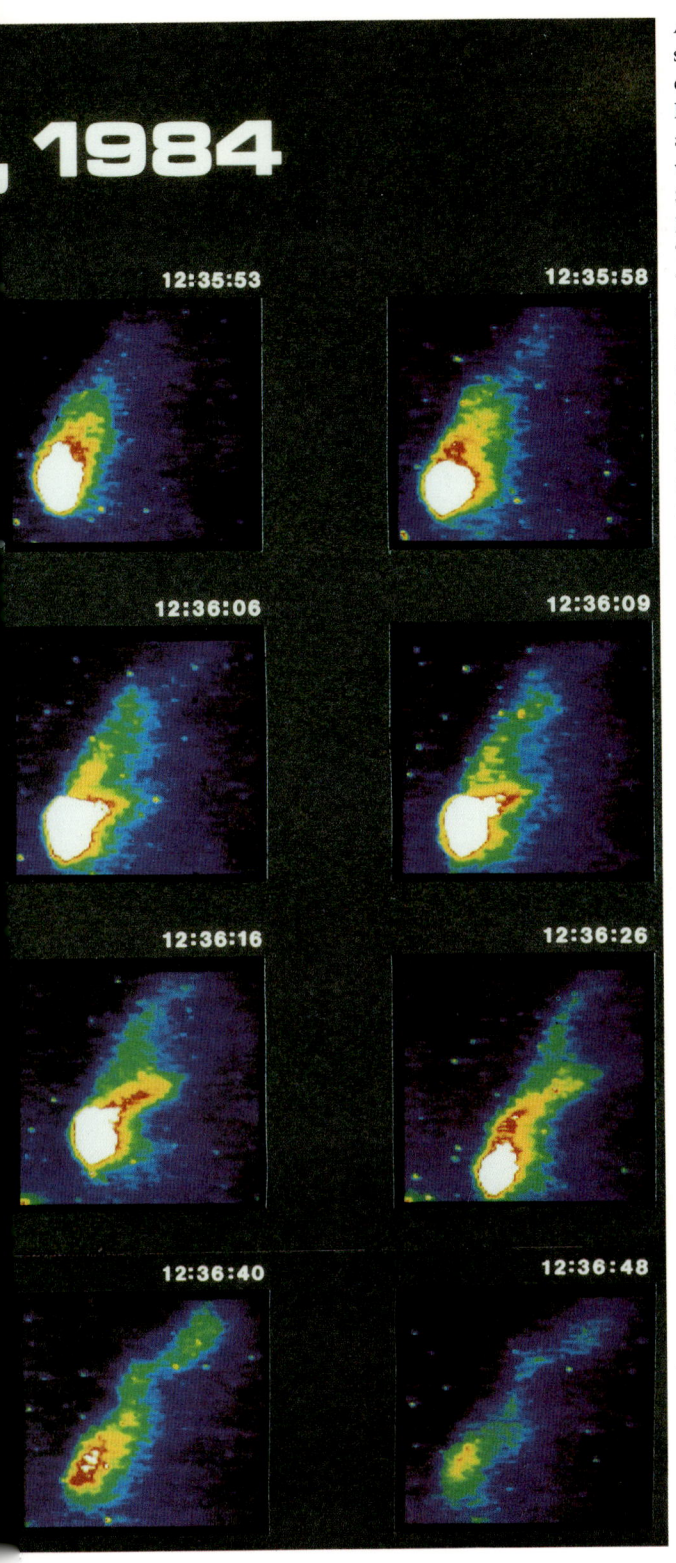

Am 27. Dezember 1984 war ein erster künstlicher Komet aus Bariumdampf in 100 000 km Höhe über dem Pazifik zu beobachten. Er bestand aus einer Bariumplasma-Wolke, die von dem deutschen Plasmawolken-Satelliten IRM (Ion Release Module) des Dreinationenprojektes AMPTE (Active Magnetospheric Particle Tracer Explorers) im Sonnenwind außerhalb des Erdmagnetfeldes erzeugt wurde. Das Bild wurde mit einer hochempfindlichen Fernsehkamera des Max-Planck-Institutes für extraterrestrische Physik an Bord eines argentinischen Boeing 707-Flugzeugs südlich von Tahiti aufgenommen. Das deutsche Beobachterteam stand unter Leitung von Dr. Arnoldo Valenzuela, der Kameraoperateur war Bernhard Merz. Die Bildreihe hält die Geschehnisse während der 5. Minute nach der Entstehung des künstlichen Kometen fest. Der lange Schweif erstreckt sich nach oben. Im Laufe der 5. Minute gesellte sich in einem größeren Winkel ein weiterer Schweif hinzu. Eine Minute später war alles Barium aus dem Kopf abgeströmt. Die Farben des Bildes sind nicht echt, sondern von Otto Bauer mit dem Rechner des Max-Planck-Institutes für extraterrestrische Physik erzeugte Helligkeitsstufen. Während des gesamten Zeitraums wurden von dem deutschen und dem ihn begleitenden englischen Satelliten plasmadiagnostische Messungen gemacht. Zum Zeitpunkt der Aufnahme waren die beiden Raumflugkörper bereits durch die Plasmawolke gewandert und befanden sich am unteren Ende des Kopfes.
Foto: Max-Planck-Institut für extraterrestrische Physik

beträgt die Entfernung immer noch 93 Millionen Kilometer. Die größte Annäherung an die Erde wird bei seiner »Rückreise« am 11. April 1986 zu registrieren sein, wenn er in einer Entfernung von 60 Millionen Kilometer unseren Planeten passiert – das ist eine weit größere Distanz als bei früheren Begegnungen.
Dafür wird ein anderes Rendezvous für Sensationen sorgen. Die europäische Raumsonde Giotto soll sich bis auf wenige hundert Kilometer dem Kometen nähern. Astronomen aus aller Welt hoffen, daß die übermittelten Bilder und Daten viele offene Fragen über die Kometen beantworten werden. Im ganzen Sonnensystem sollen es etliche Milliarden sein. Daß dem Halleyschen Kometen die größte Berühmtheit unter ihnen zukommt, ist auf die Geschichte seiner Bahnberechnung vor rund 300 Jahren zurückzuführen. Dem englischen Astronomen Edmond Halley (1656–1742) gelang es, am Beispiel dieses Kometen nachzuweisen, daß das zuvor unerklärliche Auftauchen von Kometen nach den gleichen Gesetzen der Natur erfolgt, die auch die Erde und andere Planeten um die Sonne kreisen lassen.

Eyn erschröcklicht Stern...

Wenn wir auch nur selten einen Kometen mit bloßem Auge gut erkennen können, so ist seine charakteristische Gestalt doch jedem bekannt: ein hell leuchtender Stern mit einem langen Schweif. In dieser Form haben Künstler ihn auf ihren Bildern dargestellt, und auch der Stern von Bethlehem wird oft als Komet gedeutet. Aber nicht nur der Schweif, nach dem übrigens die Kometen benannt sind – das lateinische »coma« bedeutet »Haar«, »Schweif« –, sondern auch das unerwartete Auftauchen am Sternenhimmel hat lange Zeit Rätsel aufgegeben. Bis vor kurzer Zeit löste es Angst und Schrecken

Gegenüberliegende Seite: Erscheinung eines Kometen im Jahr 1526. Kometen galten seit jeher als Vorboten von Kriegen und Naturkatastrophen. Foto Historia-Photo

Links: Edmond Halley kam 1656 auf die Welt und starb 1742. Er unternahm lange Reisen in südliche Breiten, um astronomische und geophysikalische Beobachtungen durchzuführen. Im Jahr 1720 wurde Halley königlicher Astronom und Direktor der Sternwarte Greenwich. Halley berechnete als erster die Bahn von 24 Kometen, darunter auch des nach ihm benannten. Foto Südd. Verlag

unter der Menschheit aus. Da wurde von einem »greulichen Stern« berichtet, der Hungersnot, Seuchen und Kriege ankündige; er drohe der sündigen Menschheit das Strafgericht Gottes an, werde auf die Erde stürzen und sie untergehen lassen. Wir mögen heute die Vorstellungen früherer Generationen lustig finden, aber sicherlich wird man später einmal auch unsere Vorstellungen und unser Wissen belächeln. Doch weshalb waren gerade die Kometen als Unglücksbringer gefürchtet?

Der Sternenhimmel war den Menschen seit jeher etwas Rätselhaftes und zugleich Vertrautes. Über die Veränderungen im Laufe einer Nacht oder eines Jahres wußten bereits die frühesten Kulturen Bescheid. Besonders auffällig waren die scheinbaren Bewegungen des nächsten Fixsterns, der Sonne, aber die Regelmäßigkeit ihres Laufs läßt sich schnell erkennen. Ähnliches gilt für den Mond, dessen Bahn und Gestaltwandel allerdings schon schwerer zu deuten sind. Aus der Reihe tanzten die fünf im Altertum bekannten Planeten, weil sie gegenüber den übrigen Sternen am Himmel eine eigene Bewegung ausführen. Solange man die Erde für den Mittelpunkt der Welt hielt, mußten die Astronomen von komplizierten, allerdings regelmäßigen Bewegungen ausgehen, um die Planetenbahnen beschreiben zu können. In diese so wohlgeordnete Welt, für die die Griechen das Wort »Kosmos«, »Ordnung«, benutzten, platzte nun hin und wieder eine seltsame Erscheinung herein: ein hell leuchtender Lichtfleck, der ziemlich rasch seine Position veränderte, ohne sich an die allgemeinen »Verkehrsregeln« des Himmels zu halten. Dieses Irrlicht fiel natürlich durch den langen Schweif besonders auf. Selbst bei genauester Beobachtung ließ sich die Bahn des geheimnisvollen Schweifsterns nicht mit den sonst geltenden Regeln der Himmelsmechanik in Einklang bringen. Ein

THE ARTIFICIAL COMET
DEC 27, 1984   MPE
UT 12:36:26

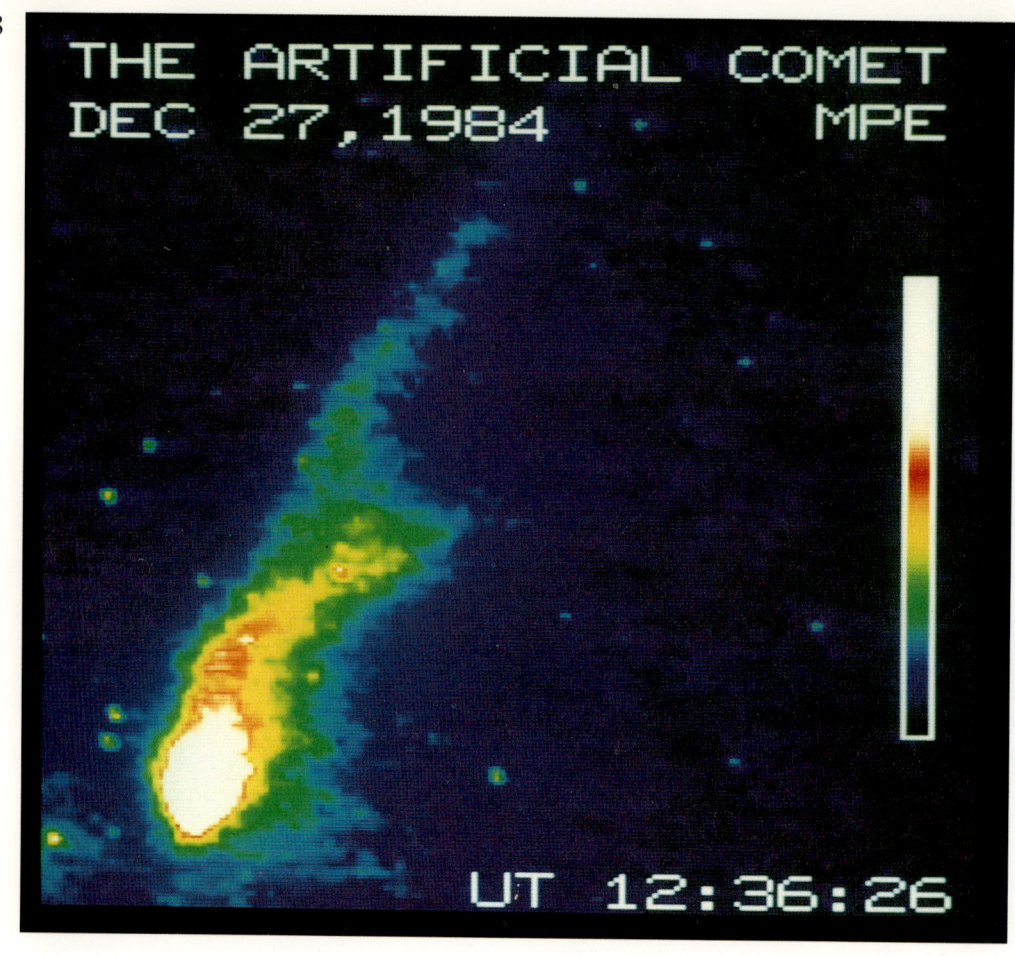

Bild des künstlichen Kometen 4 Minuten und 36 Sekunden nach seiner Entstehung. Zu dem bereits länger bestehenden Schweif bildet sich ein neuer Schweifstrahl unter einem größeren Winkel. Foto Max-Planck-Institut für extraterrestrische Physik

solcher »Geisterfahrer« am Himmel mußte unheimlich und furchterregend wirken. Stärker als bei den Griechen war diese Vorstellung im römischen Kulturbereich verbreitet. Um die Erscheinung zu deuten, beachtete man vor allem die Form des Kometenschweifs. Zeigte er in diese oder in jene Richtung? War mit Krieg oder mit Naturkatastrophen zu rechnen? Vor der Niederlage des Varus in der Schlacht gegen die Germanen soll ein Komet ein Warnzeichen gegeben haben, und auch der Tod des Augustus wurde angeblich durch einen Kometen angekündigt. Die Furcht vor unheilbringenden Kometen erhielt sich auch, als das Christentum zur beherrschenden Religion in Europa geworden war. Es heißt, daß Papst Kalixt III. den Kometen des Jahres 1456 mit einem Bann belegt habe, um Gefahren von der Erde abzuwenden. Wenn ein Komet am Himmel auftauchte, berichteten viele Flugblätter, die Vorläufer unserer heutigen Zeitungen, über den »schrecklichen Stern« und das Unheil, das von ihm ausging:

Acht Hauptstuck sind, die ein Komet
Bedeut, wenn er am Himmel steht;
Wind, Theurung, Pest, Krieg, Wassersnoth,
Erdbidem, Endrung, eines Herren Todt.

Das Geheimnis wird gelüftet

Einen wesentlichen Schritt zur Erforschung der Kometen tat im Jahre 1577 der dänische Astronom Tycho Brahe. Er wies nach, daß sich diese Himmelskörper in weit größerer Entfernung von der Erde bewegten als der Mond. Eine andere Beobachtung hatte wenige Jahrzehnte zuvor der deutsche Astronom und Kartograph Peter Apian gemacht. Er bemerkte, daß der Schweif eines Kometen immer von der Sonne weggerichtet ist. Und Johannes Kepler vermutete ganz richtig, daß der Schweif durch den Einfluß der Sonne entstehe. Über die Bahn eines Kometen konnte man allerdings weiterhin nur rätseln. Kam er aus dem Nichts, verschwand er dorthin auf Nimmerwiedersehen? Oder bewegte er sich doch auf einer geschlossenen Bahn, die eine Wiederkehr ermöglichte? Die Gesetze über die gegenseitige Anziehung von Körpern, wie sie Isaac Newton formuliert hatte, erklärten die bereits von Kepler beschriebenen Planetenbahnen. Ließen sie sich auch auf Kometenbahnen übertragen? Der Engländer Edmond Halley bemerkte, daß er mit Hilfe dieser Hypothese die Bahnen vieler früherer Kometen gut erklären konnte. Es fiel ihm auf, daß die Kometen, die in den Jahren 1531, 1607 und von ihm selbst 1682 beobachtet worden waren, auf derselben Bahn verliefen. Sie hatte die Gestalt einer extrem langgestreckten Ellipse, in deren einem Brennpunkt die Sonne stand. Deshalb vermutete er, daß immer derselbe Komet die Menschheit geängstigt hatte.

Nun war es nur noch ein kleiner Schritt, aus den vorliegenden Daten das nächste Erscheinen dieses Kometen vorauszusagen, nämlich für das Jahr 1758. Halley

Steckbrief des Halleyschen Kometen

Durchmesser des Kerns Schätzung nach Beobachtungen von 1910	5 km
Dauer der Umdrehung um die eigene Achse	10,3 Stunden
Umlaufzeit um die Sonne	74,4–79,3 Jahre
Bahnneigung (Winkel gegenüber der Ekliptik)	162,2°
Größte Annäherung an die Sonne (Perihel)	87,8 Mio. km
Größter Abstand zur Sonne (Aphel)	5279,5 Mio. km
Geschwindigkeit in Sonnennähe	55 km/s
Geschwindigkeit in Sonnenferne	0,9 km/s
Wiederentdeckungen im 20. Jahrhundert	11. 9. 1909, 16. 10. 1982

Kometenentdeckungen seit Christi Geburt

Bis 5. Jahrhundert	172
6. bis 10. Jahrhundert	207
11. bis 15. Jahrhundert	277
16. Jahrhundert	77
17. Jahrhundert	38
18. Jahrhundert	77
19. Jahrhundert	351
1900 bis 1950	275

In den obigen Zahlen sind zum Teil auch mehrfache »Entdeckungen« des gleichen Kometen enthalten. Die Zahl der Kometenentdeckungen spiegelt dennoch deutlich die Verbesserung der astronomischen Beobachtungsmethoden und Instrumente wider. Gegenwärtig sind etwa 90 Kometen mit Umlaufzeiten von weniger als 100 Jahren bekannt. Hinzu kommen etwa 600 langperiodische Kometen, die man jeweils nur einmal beobachten konnte. Jedes Jahr finden die Astronomen durchschnittlich ein Dutzend Kometen. Etwa die Hälfte davon sind alte Bekannte, die alle paar Jahre auftreten. Die wirklich neuen Entdeckungen am Himmel gelten fast nur langperiodischen Kometen. Kometen werden meist nach ihren Entdeckern benannt und tragen zum Teil recht ungewöhnliche Namen. So gibt es einen Kometen »Honda-Mrkos-Pajdusakova« mit einer Umlaufzeit von etwa fünf Jahren. Zungenbrecher sind auch die Kometen »Schwassmann-Wachmann«, von denen es gleich drei Exemplare mit verschiedenen Umlaufzeiten gibt. Sie werden in zeitlicher Folge ihrer Entdeckung numeriert.

selbst erlebte die Wiederkehr »seines« Kometen nicht mehr, aber seine Behauptung erwies sich mit einer kleinen Verzögerung als richtig. Seither trägt der Komet Halleys Namen.

Bei anderen Kometen war Halley weniger erfolgreich, weil die Beobachtungen früherer Jahrhunderte zu ungenau waren. Schwierig werden solche Bahnberechnungen auch dadurch, daß andere Himmelskörper Kometen leicht aus deren Bahn ablenken. So blieben doch noch viele Fragen unbeantwortet. Ist die eigentümliche Ellipsenbahn für alle Kometen charakteristisch, oder gibt es auch Kometen mit anderen Bahnen? Wie sind die Kometen entstanden? Wie ist der Schweif zu erklären? Und vor allem: Können Kometen vielleicht doch der Menschheit gefährlich werden? Auf die meisten Fragen glaubt man heute eine verläßliche Antwort geben zu können. Weitere Einzelheiten soll das großangelegte Forschungsprogramm »International Halley Watch« (IHW) klären. Doch was wissen wir schon heute über Kometen?

100 Milliarden Kometen

Trotz ihrer beeindruckenden Erscheinung sind Kometen kleine Himmelskörper mit einem festen Kern von nur wenigen Kilometern Durchmesser. Für den Kometen Halley nahm man bisher 5 Kilometer an, aber seit seinem letzten Besuch vor 76 Jahren scheint er kräftig abgenommen zu haben. Weil Kometen so klein sind und erst in Sonnennähe aufleuchten und einen Schweif bilden, können wir sie nur auf einem kleinen Ausschnitt ihrer Bahn beobachten. Bis heute hat man zwar an die 700 Kometen registriert, aber sicherlich ist das nur ein winziger Bruchteil. Man schätzt, daß sich im Umkreis von 2,4 Lichtjahren 100 Milliarden Kometen befinden. Ihre Bahnen reichen allerdings weit über unser Planetensystem hinaus. Aber auch wenn wir uns auf die »nahen« Kometen beschränken, die sich höchstens um 4 bis 5 Billionen Kilometer von uns entfernen, kommen wir schätzungsweise auf eine Million.

Nach der Dauer ihres Umlaufs auf ihrer ellipsenförmigen Bahn unterscheidet man lang- und kurzperiodische Kometen. Die langperiodischen Kometen entfernen sich auf ihrer Bahn so weit vom Mittelpunkt unseres Planetensystems, daß sie erst nach Tausenden oder gar Hunderttausenden von Jahren wiederkehren. Für die Menschheit sind sie deshalb praktisch einmalige Erscheinungen. Solche langperiodischen Kometen tauchen unerwartet auf, denn keiner unserer Vorfahren konnte ihre Bahn oder ihre Wiederkehr bestimmen.

Mehr weiß man heute über die kurzperiodischen Kometen, zu denen auch »Halley« gehört. Ihre Wiederkehr ist jeweils nach einigen Jahren oder Jahrzehnten zu erwarten. Bei der Berechnung ihrer Bahnen entdeckten die Astronomen eine eigentümliche Gemeinsamkeit: der sonnenfernste Punkt liegt sehr nahe an der Bahn des Planeten Jupiter. Andere Kometen entfernen sich bis in den Bereich der Saturnbahn. Offensichtlich wurden sie von der Schwerkraft dieser Planeten eingefangen und auf andere Bahnen gezwungen. Einige Kometen haben ihren sonnenfernsten Punkt auf einer Bahn jenseits des Planeten Pluto. Gibt es vielleicht jenseits von Pluto noch einen zehnten großen, unentdeckten Planeten? Eine ganze Reihe von Forschern hält die Existenz eines solchen Transpluto für wahrscheinlich.

Schmutzige Schneebälle

Wenn sich die winzigen Kometen der Sonne nähern, umgeben sie sich mit einer Gashülle, deren Durchmesser beachtliche Ausmaße von etlichen tausend Kilometern erreichen kann. Der Kern des Kometen besteht aus Gesteinsbruchstükken und einigen Metallen, vor allem Nikkel, die durch gefrorene Gase verkittet sind. Deshalb werden sie gelegentlich scherzhaft mit »schmutzigen Schneebällen« verglichen. In Sonnennähe geht ein Teil der Gase vom festen in den gasförmigen Zustand über. Diese als »Koma« bezeichnete Atmosphäre des Kometen enthält auch kleine Staubkörnchen, welche sich mit den Gasen lösen und aufgewirbelt werden, weil die Schwerkraft eines Kometen natürlich sehr gering ist. Je weiter sich ein solcher Himmelskörper der Sonne nähert, desto mehr Gas wird freigesetzt, und auch die Temperatur der Gashülle steigt ständig. Die energiereiche Ultraviolett-Strahlung der Sonne nimmt den Atomen und Molekülen der Gase Elektronen weg, worauf sie zu positiv geladenen Ionen werden. Ionisiertes Gas aber wird von der Partikelstrahlung der Sonne, dem sogenannten »Sonnenwind«, zum Leuchten angeregt. In der irdischen Atmosphäre entsteht auf diese Weise das Polarlicht. Weitaus stärker ist der Effekt bei Kometen, so daß diese viel heller leuchten, als man durch bloße Reflexion des Sonnenlichts erklären könnte. Bei einigen Kometen beobachteten die Astronomen, daß die Gase wie in einem Strahl gebündelt aus dem Kern entweichen, und zwar auf der Seite, die der Sonne zugewandt ist, denn diese wird ja erhitzt. Ein solcher Strahl wirkt wie ein Raketentriebwerk nach dem Rückstoßprinzip auf den Kometen ein und kann ihn geringfügig aus seiner Bahn ablenken. Das ist ein weiterer Grund, warum die exakte Berechnung einer Kometenbahn solche Schwierigkeiten bereitet.

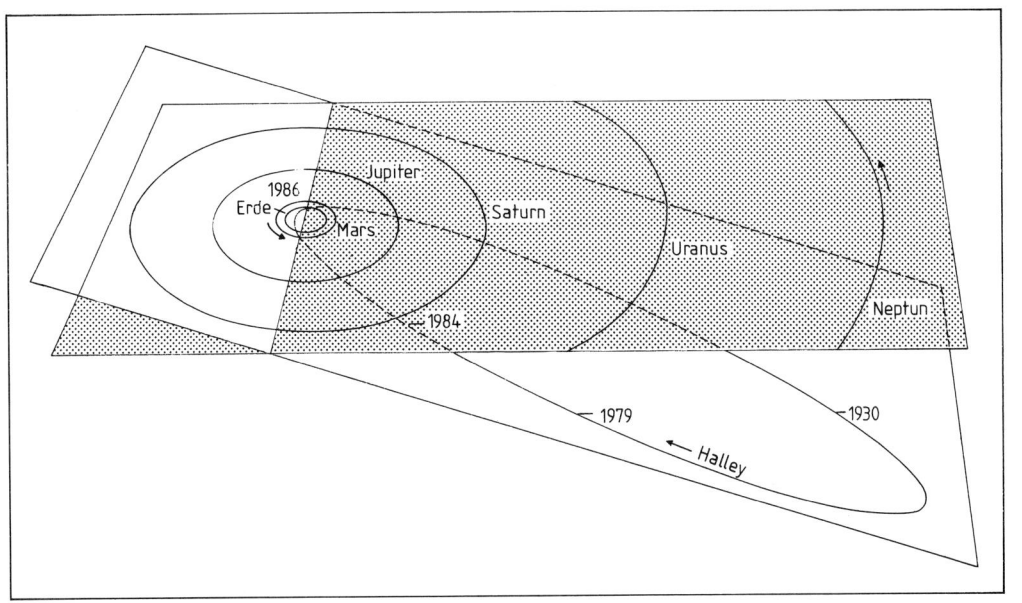

Die Grafik zeigt die Bahn des Kometen Halley durch das Planetensystem. Zwischen den Bahnen von Neptun und von Pluto liegt der Umkehrpunkt. Grafik Schröder

Den Sonnenwind in den Haaren

Der Sonnenwind besteht im wesentlichen aus Protonen, die mit Geschwindigkeiten um 400 Kilometer pro Sekunde von der Sonne abströmen. Auch sie sind an der Ionisierung der Kometengase beteiligt und bilden außerdem ein interplanetares Magnetfeld. Der Sonnenwind reißt die positiv geladenen Teilchen der Koma von der Gashülle weg und ordnet sie zum charakteristischen Schweif an. Für den Beobachter auf der Erde hängt die scheinbare Länge des Schweifs natürlich auch mit dessen Richtung zusammen. Zeigt er von der Erde weg, so sehen wir ihn gar nicht, oder er erscheint sehr kurz. In anderen Fällen kann er sich über den halben Himmel erstrecken.

Neben diesem Gas- oder Plasmaschweif kann ein Komet einen zweiten Schweif haben. Er setzt sich aus Staubteilchen zusammen, die durch den Strahlungsdruck der Sonnenstrahlung aus der Gashülle gerissen werden. Allerdings können wir diese »Staubfahne« nicht mit irdischer Umweltverschmutzung vergleichen, sondern eher mit der gefilterten Luft in einem Operationssaal, denn diese weist immer noch mehr Staubteilchen pro Kubikmeter auf als der Staubschweif eines Kometen! Da Staub nicht selbst leuchtet, muß es sich beim Licht, das von ihm ausgeht, um reflektiertes Sonnenlicht handeln. Die beiden Schweiftypen können gleichzeitig auftreten. Stets sind sie von der Sonne weg gerichtet; der Plasmaschweif erscheint schmal und langgestreckt, der Staubschweif breiter und weniger scharf begrenzt.

Weil die oberste Schicht des Kerns abschmilzt und die Gashülle bildet, verliert ein Komet bei jeder Annäherung an die Sonne an Masse. Seine Lebenszeit hängt also von seiner Größe und der Zahl der Sonnenbegegnungen ab. Manche Kometen mögen 20 oder 30, andere vielleicht auch 100 Begegnungen mit der Sonne durchstehen, aber irgendwann werden sie so klein, daß sie zerfallen. Auch »Halley« hat ein ziemliches Alter auf dem Buckel, denn der älteste sichere Nachweis geht auf das Jahr 87 v. Chr. zurück; wahrscheinlich beziehen sich auch chinesische Beobachtungen aus dem Jahr 240 v. Chr. auf ihn. In den folgenden Jahrhunderten ist der Komet im Abstand von 75 bis 79 Jahren immer wieder erschienen. In der Regel zeigt er sich weitaus prächtiger, als wir ihn diesmal sehen können. Im Jahr 837 hatte er mit nur 6 Millionen Kilometern den geringsten Abstand zur Erde. Den längsten Schweif konnte man im Jahr 1680 beobachten, als er nahezu den halben Himmel einnahm. Auch 1910 beeindruckte sein Schweif, dessen wahre Länge Forscher auf 35 Millionen Kilometer berechneten.

Giotto zu Besuch bei Halley

Bei der jetzigen Wiederkehr des Kometen wollen es die Astronomen genau wissen. Was man aus vielen Millionen Kilometer Entfernung über »Halley« in Erfahrung bringen konnte, ist schon erstaunlich, doch nicht jede Frage läßt sich aus einer solchen Distanz beantworten. Deshalb sind mehrere Raumsonden zu dem Kometen unterwegs, um ihn zu interviewen. Darüber hinaus wurde im Rahmen des IHW-Programms ein Beobachtungsnetz rund um die Erde eingerichtet, von dem man sich weitere Ergebnisse erhofft. Wenn auch Astronomen immer schon über Staatsgrenzen hinweg miteinander gearbeitet haben, so stellt das IHW-Programm doch alles Bisherige in den Schatten. Es ist das größte Forschungsprogramm, das jemals für ein astronomisches Ereignis vorbereitet wurde. Über 800 Astronomen aus 40 verschiedenen Ländern haben sich bereit erklärt, an der Beobachtung und an der Auswertung mitzuarbeiten.

Noch sensationeller ist der Versuch, mit Raumsonden dem Kometen auf die Spur zu kommen. Das ist besonders schwierig, da man gerade in Sonnennähe den Kurs eines Kometen nicht genau vorausberechnen kann. Soll eine Annäherung bis auf wenige hundert Kilometer gelingen, muß die Raumsonde in der Lage sein, in kürzester Zeit ihren Kurs zu ändern. Eine Verspätung um nur 5 Minuten – und

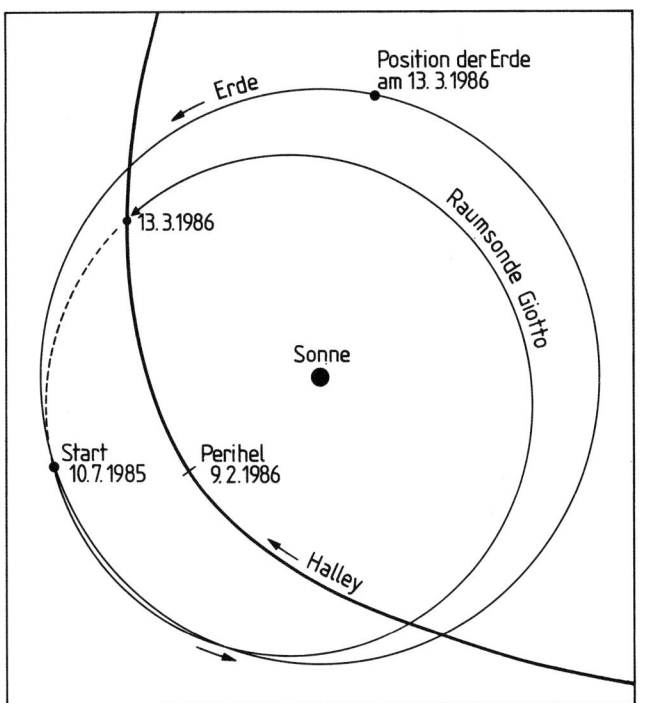

Bahn der Raumsonde Giotto zum Kometen Halley. Die Sonde trägt eine besondere Farbkamera mit sich. Diese kann aus 1000 Kilometer Entfernung Strukturen aufnehmen, die weniger als 50 Meter groß sind.
Grafik Schröder

schon liegen mehr als 20 000 km zwischen den beiden Himmelskörpern.
Bereits am 15. bzw. 21. Dezember 1984 wurden in Kasachstan die sowjetischen Raumsonden VEGA 1 und VEGA 2 gestartet. Sie sollen im Juni 1985 in 30 000 Kilometer Entfernung an der Venus vorbeifliegen und im März 1986 in 10 000 bzw. 3000 Kilometer Entfernung den Kometen Halley passieren. Diese beiden Sonden werden noch einmal genaueste Daten über die Flugbahn des Kometen ermitteln. Sie sollen dann der europäischen Raumsonde Giotto eine Annäherung bis auf etwa 500 km ermöglichen. Die Staubteilchen in der Kometenatmosphäre machen das flüchtige Rendezvous allerdings zu einem recht hohen Risiko. Denn vom Kometen aus gesehen bewegt sich die Raumsonde mit rund 69 Kilometer pro Sekunde, und bei einer solchen Geschwindigkeit, fast 250 000 Stundenkilometer, kann ein Bombardement selbst kleiner Steinchen die Raumsonde ernsthaft beschädigen. Bis zu 5 Millimeter große Partikel soll ein Schutzschild fernhalten. Stärkere Schutzvorrichtungen hätten das Gewicht der 750 Kilogramm schweren Sonde zu sehr erhöht. Die Raumsonde Giotto soll im Juli 1985 mit einer Ariane-Rakete gestartet werden und wird dann am 13. März 1986 ihr Ziel erreichen. An der Entwicklung der Raumsonde waren mehrere europäische Staaten und darunter auch eine Reihe von deutschen Wissenschaftlern beteiligt. Übrigens trägt die Raumsonde den Namen des italienischen Malers Giotto di Bondone (1266–1337). Auf einem Fresko in einer Kapelle in Padua hat er die Anbetung Jesu dargestellt. Als Vorlage für den Stern, der die drei Weisen aus dem Morgenland nach Bethlehem führte, diente dem Maler der Halleysche Komet, den er wohl im Jahre 1301 beobachten konnte.
Auch zwei japanische Raumsonden werden sich an der Erforschung des Kome-

ten beteiligen, allerdings aus größerer Entfernung. Die Amerikaner wollten ursprünglich eine Raumsonde in unmittelbare Nähe des Kometen bringen und hatten sogar an eine Landung gedacht. Dieses Projekt ließ sich jedoch aus finanziellen Gründen nicht verwirklichen. Jetzt ist geplant, den seit 1978 arbeitenden Satelliten ISEE-3 für die Kometenforschung einzusetzen. Er befindet sich seit Jahren zwischen Erde und Sonne, um dort Messungen des Sonnenwindes außerhalb der irdischen Magnetosphäre durchzuführen. Dieser Satellit wird so umdirigiert, daß er am 11. September 1985 einem anderen Kometen bis auf 15 000 Kilometer nahekommt. Es handelt sich um den Kometen Giacobini-Zinner, der mit 6,6 Jahren eine weitaus kürzere Umlaufzeit als der Halleysche Komet hat. Man erhofft sich von diesem Unternehmen eine Reihe aufschlußreicher Messungen, insbesondere über die Wechselwirkung zwischen Sonnenwind und Kometenatmosphäre.

Wir beobachten »Halley«

Da »Halley« und die Erde sich auf ihren Bahnen dieses Mal nicht allzu nahe kommen und auch die sonstigen Beobachtungsbedingungen ungünstig sind, wird der Komet im Winter 1985/86 keine großartige Himmelserscheinung bieten. Chancen, ihn von Mitteleuropa aus ohne Fernrohr zu erspähen, bestehen ab Mitte Januar 1986. Dann müßte er nach Sonnenuntergang im Südwesten etwa 20 Grad über dem Horizont zu sehen sein – sofern seine Helligkeit groß genug ist. Zwei Monate später, wenn der Komet bereits seine »Rückreise« angetreten hat, wird für Frühaufsteher noch einmal eine Möglichkeit bestehen. Den ganzen März über befindet er sich theoretisch im Sichtbarkeitsbereich. Vor Sonnenaufgang müßte man ihn am südöstlichen Himmel sehen, allerdings nur wenige Grad über dem Horizont. Das alles gilt für Mitteleuropa. Von der Südhalbkugel der Erde aus wird man ihn leichter beobachten können.

Bücher zum Thema

Calder, N.: Das Geheimnis der Kometen. Frankfurt 1981
Hahn, H.-M.: Zwischen den Planeten. Stuttgart 1984
Wurm, K.: Die Kometen. Berlin 1954

Ursula Kristen
EIN JUNGBRUNNEN ALTER HANDWERKSKÜNSTE
Die Residenzwerkstätten in München

Am 25. Mai 1944, also noch mitten im Weltkrieg, wurde angesichts der total zerstörten Münchner Residenz ein Baubüro gegründet, das in seinem Arbeitsprogramm »die Einrichtung und Überwachung von Versuchswerkstätten zur Wiedergewinnung verlorengegangener Werkstoffe und Arbeitsmethoden« vorsah. Damit war die Keimzelle für die Residenzwerkstätten geschaffen, die, ein wenig nach der Art der mittelalterlichen »Bauhütte«, fast vergessene oder längst ausgestorbene handwerkliche Techniken wiederbeleben und pflegen. Auf diese Weise entstand hier ein Spezialistenteam, das in dieser Qualität und Erfahrung seinesgleichen sucht. Es ist selbst schon fast ein quicklebendiges Museum für altes Handwerk und umfaßt Gürtler, Holzbildhauer, Kirchenmaler, Ziseleure, Vergolder und Stukkateure.

Die Residenz selbst war und ist dabei Lehrstück, Labor und Meisterstück in einem, obwohl heute die rund 20 Kunsthandwerks-Spezialisten auch außerhalb der Residenzmauern tätig sind und mit Auswärtsaufträgen reich gesegnet wären, hätten sie dafür nur genügend Zeit. Im Haus aber gibt es für die zu Staatlichen Schlösser- und Seenverwaltung gehörenden Residenzwerkstätten noch auf Jahre hinaus überreiche Arbeit.

Daß die einzelnen Handwerkszweige nicht kontaktlos nebeneinander herarbeiten, dafür sorgt schon das Objekt selbst. Holzbildhauer und Stukkateure müssen zusammen Hand anlegen, wenn es um die Ausbildung komplizierter Stuckornamente geht. Die Vergolder arbeiten engstens mit Holzbildhauern, Gürtlern, Stukkateuren, Schreinern oder Tapezierern zusammen, wenn sie Spiegelrahmen, Stuhlgarnituren, Wandverzierungen und Zierbeschlägen ihren buchstäblichen Hauch von Gold verleihen, und zwar in einer Technik, die in München bis 1830 vorherrschte: der Polimenttechnik.

Ein Hauch von Gold

Mehr als zwölf Arbeitsgänge, Fingerspitzengefühl und eine gehörige Portion Geduld braucht es, um das bis 0,0001 Millimeter dicke Blattgold aufzutragen. Zunächst trägt der Vergolder auf den sauber gereinigten Untergrund mehrere dünne Schichten aus Kreide, Gips und tierischem Leim auf und »löscht« sie schließlich mit einer Leimlösung. Darauf kommt, wieder in außerordentlich dünnen Schichten, das Poliment, eine extra feine, mit Leim oder Eiweiß gebundene Tonerde. Auf diesen mit Wasser und Alkohol befeuchteten Untergrund wird dann mit einem flachen, breiten Haarpinsel, dem »Anschießer«, das Gold »angeschossen«. Wenn die Feuchtigkeit verdunstet ist, erfolgt die Glättung und Politur mit einem Polierstein aus Achat, Blutstein oder Elfenbein. Dabei müssen feinste Rundungen, Schnörkel und Win-

Links: Das Cuvilliéstheater in der Münchner Residenz ist eines der schönsten Rokoko-Theater. Die Restaurierung wurde schon in den 50er Jahren in Angriff genommen. Hier schabt ein Spezialist die alte Grundierung weg. Dabei geht er nicht einfach mit einer Drahtbürste, sondern mit feinen Messerchen zu Werk.

Rechts: Stukkateur in der dritten Generation ist Richard Ehrhardt. Sein Arbeitsplatz ist einer der vornehmsten – er ist fast nur in Schlössern und Burgen tätig. Hier modelliert er in der Badenburg, einem Lustschloß bei Schloß Nymphenburg in München. Foto Süddeutscher Verlag/Schmidt

kel auf teilweise nur millimetergroßen Flächen dauerhaft mit Blattgold überzogen werden – eine Kunst, die viel Können und Zeit beansprucht. An einen klassizistischen Stuhl etwa arbeitet ein Vergolder länger als zwei Monate, und eine reich ornamentierte Garnitur aus 26 Stühlen braucht drei Jahre täglicher exakter Vergolderarbeit.

Einfühlen und sich gedulden

Hans Geiger, Leiter der Holzbildhauer-Werkstatt im dritten Stock der Residenz, nennt »Beharrlichkeit und Selbstbescheidung« als wichtigste charakterliche Voraussetzungen für die Arbeit in seiner Abteilung. Auch für die Holzbildhauer gilt, wie für alle Kunsthandwerker in der Residenz: Die perfekte Restaurierung und Rekonstruktion darf man gar nicht als solche erkennen. Das ist für ein Handwerk, das die Individualität und schöpferische Kraft formt und pflegt, wahrlich ein Appell zur Selbstbescheidung.

Wer ein Vierteljahr an einer Baldachinkuppel Blatt für Blatt schnitzt oder in einjähriger diffiziler Handarbeit einen riesigen Spiegelaufsatz im Stil des verlorengegangenen Originals entwirft, zeichnet und schnitzt, muß neben künstlerischer Inspiration auch Beharrlichkeit und Selbstdisziplin mit in die Werkstatt bringen. Diese Eigenschaften passen besser in eine Rokokowerkstatt der zweiten Hälfte des 18. Jahrhunderts als in eine der Moderne. Gerade das ist aber das Einmalige in den Residenzwerkstätten: Hier herrscht ein für das Objekt und die Erhaltung alten Handwerks notwendiger anachronistischer »Zeitgeist«. Die Handwerker nehmen das Stilempfinden und somit auch ein wenig die Lebensanschauung jener Epochen völlig an, so daß ein Holzbildhauer beispielsweise bei der Arbeit am Cuvilliéstheater aus der freien Hand schnitzt wie ein Rokokobildhauer, ohne stur zu kopieren.

Heute sieht man es den holzgeschnitzten Brüstungselementen im Zuschauerraum nicht an, daß sie ihr so lebendiges Rokokodekor zu einem guten Teil den Holzbildhauern der Residenz verdanken, die sich restlos in die Formenwelt des Rokoko mit Hand und »Kopf« einlebten. Als Vorlagen für diese handwerklichen und seelischen Verwandlungen in Künstler früherer Stilepochen stehen oft nur Photographien oder alte Stiche zur Verfügung. Aus ihnen werden dann die Werkzeichnungen entwickelt, wobei der große Zusammenhang stilgerecht stimmen muß. Die Einzelheiten, etwa einer geschnitzten Blumenranke, bleiben dem »barocken« oder »klassizistischen« Stilempfinden des Bearbeiters überlassen.

Mehrere Jahre dauert es, bis ein bereits voll ausgebildeter Holzbildhauer – wie alle anderen Kunsthandwerker – die speziellen Anforderungen der Residenzwerkstätten voll erfüllen kann. Jeder, der von dort – zweifelsohne, als gefragter Spezialist – weggeht, hinterläßt eine Lücke, die man nur sehr schwer wieder auffüllen kann.

Wunder aus Gips, Leimwasser und Farbe

Die Stukkateure der Residenzwerkstätten wurden bei den Rekonstruktionsar-

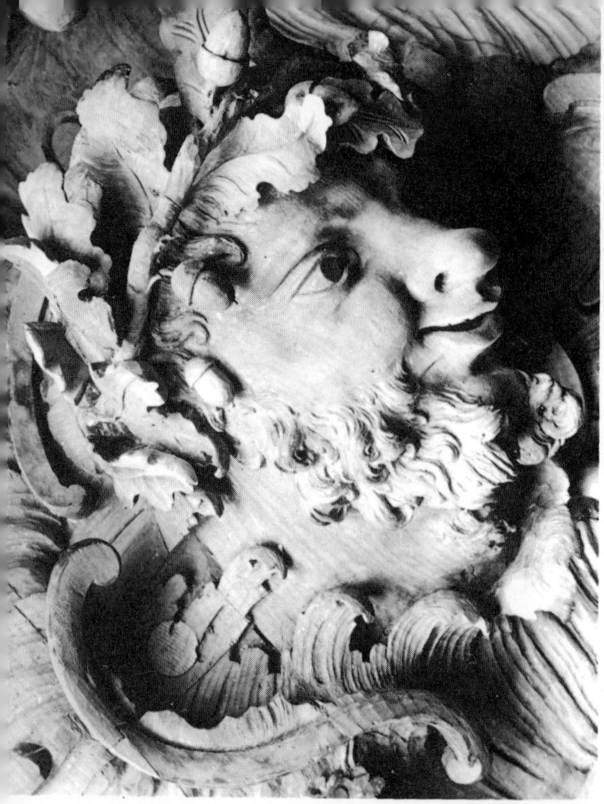
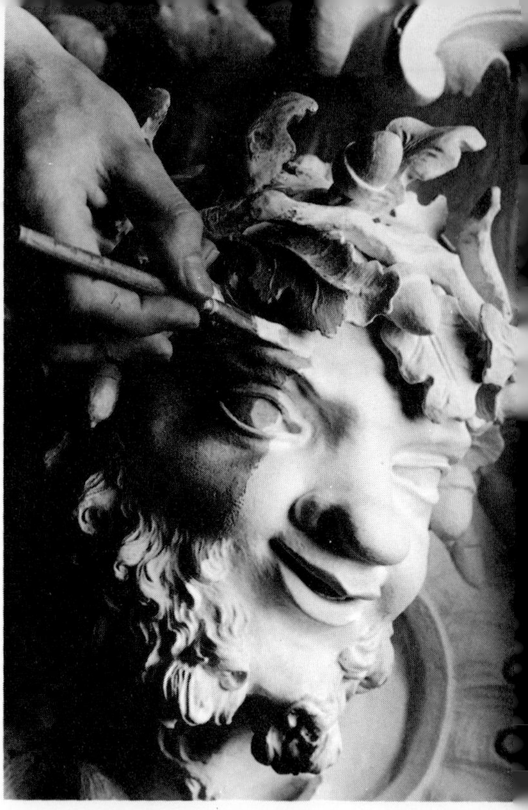
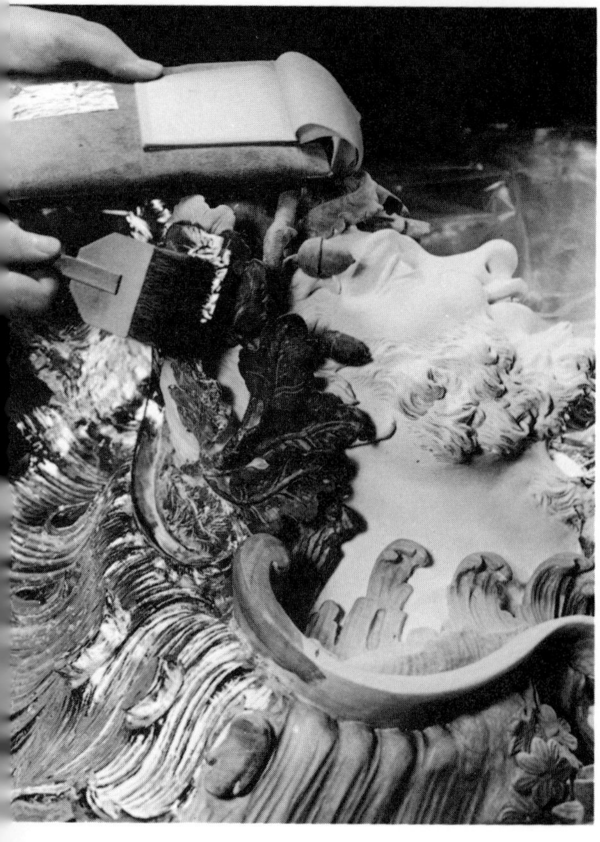
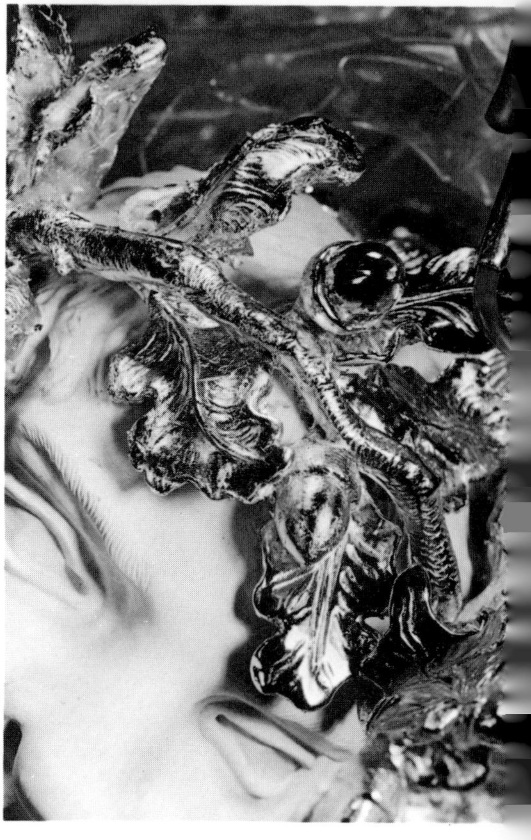

Oben links: Bei der Restaurierung des Cuvilliéstheaters in München wurde dieser Faun unter der Mittelloge bis aufs Holz sorgfältig freigelegt.
Oben Mitte: Der Faun bekommt eine zweite, weiße Grundierung.
Oben rechts: Grundierungen verdecken die feinen Details der Schnitzkunst. Sie müssen deswegen später wieder herausgearbeitet werden.
Unten links: Das ist der große Augenblick der Polimenttechnik. Der Vergolder bringt mit dem Anschießer, einem Pinsel, eine hauchdünne Goldschicht auf die angefeuchtete Grundierung aus Kreide, Gips und tierischem Leim auf.
Unten rechts: Ist die Feuchtigkeit aus der Grundierung verdunstet, so poliert der Vergolder mit einem Achatstein oder Elfenbeinstück nach.
Fotos Steinmetz

beiten an der Reichen Kapelle, dem 1607 eingeweihten privaten Gebetsraum Maximilians I., gezwungen, auf alte vergessene Techniken zurückzugreifen und sie neu zu entwickeln. Die Deckenstukkaturen waren ursprünglich im Antragsstuck ausgeführt, die Wände und Bildtafeln in Stuckmarmor und in Scagliolatechnik.
Der Stukkateur mußte zunächst für den Stuckmarmor eine neue Mischung aus Gips, Farbe und Leimwasser finden. Nach langen Experimenten fand er den Weg, wie sie als kuchenförmiges Gebilde in eine Negativform eingelegt werden mußte. Nach vielen Schleifvorgängen erhielt sie die Struktur eines hochpolierten Natursteines. Dank der umfangreichen Arbeiten in den Stein- und Trierzimmern brachte es die Stukkateur-Werkstatt der Residenz in dieser fast völlig vergessenen Technik wieder bis zur Vollkommenheit. Für die Restaurierung der Semper-Oper in Dresden fand sich noch ein alter Stukkateur, der die Technik des Stuckmarmors noch beherrschte. Er mußte erst ganze Arbeitsgruppen anlernen...

Zeitaufwand und künstlerisches Einfühlungsvermögen verlangte auch die Stuckmarmor-Einlegetechnik, Scagliola, die der Arbeitstechnik bei der Holzindustrie nahekommt und bis zu 15 Schleifvorgänge erfordert.
Um die Farbwirkung der ursprünglichen Decke – ihre Stukkaturen waren auf blauem Grund vergoldet – zu rekonstruieren, mußte das Blau in der Vergolderwerkstätte durch Aufreiben eines Azuritsteines wieder hergestellt werden. Die im 18. Jahrhundert fast in allen Räumen angewandte Technik des Antragsstucks gelangte dank der Restaurierungsarbeiten in der Reichen Kapelle und anderen Räumen zu neuer Blüte. In den Residenzwerkstätten sitzen seither höchst rare Spezialisten für diese Techniken.

Gürtler und Ziseleure

Alt ist auch das Handwerk des Gürtlers und Ziseleurs, das in den Residenzwerkstätten wiederbelebt und gepflegt wird. Das Gürtlerhandwerk entwickelte sich aus dem mittelalterlichen Lederhandwerk. In Christoff Weigels Ständebuch von 1698 ist nachzulesen: »Ihre Arbeit bestehet aus so vielerley Stücken, daß sie fast ohnmöglich alle zu benennen, und sind nur allein die fürnehmsten: Allerley Arten von Beschlägen zu Gürteln und Wehr-Gängen, vielfältige Gattungen der Kettlein von Cementier und Lionischen..., welche sie auf das netteste nach Art der Goldschmiede zusammen zu hängen, in einander zu schlingen und künstlich zusammen zu löthen wissen... Sie Schlagen und schneiden auch aus geschlagenem Messung schöne Buchstaben und Wappen-Schildgen, sie treiben daraus zierlich Muscheln zu groß und kleinen Hals-Bändern... Sie werden aber auch Clausur-Macher gennenet, weil sie Clausuren und Gesperre, wie auch die Ecken und die Buckel an die Bücher machen, und zwar glatt, geblümelt, geschlagen, gegossen, getrieben, durchbrochen, von Eisen blau angelaufen, theils aus ganzem, teils auch aus geschlagenem Messing...«

Der Gürtler Josef Erl in den Residenzwerkstätten vollzieht ein gut Teil dieser uralten Techniken nach, wenn er Zierbeschläge restauriert, nach Muster rekon-

Links: Restaurieren bedeutet nicht nur, den ursprünglichen Zustand wiederherzustellen. Oft muß der Restaurator auch verlorengegangene Stücke ergänzen. Im Bild schnitzt ein Holzbildhauer eine Deckenkartusche für das Cuvilliéstheater.

Rechts: Dieselbe Deckenkartusche bekommt der Vergolder in die Hände, um sie nach der Polimenttechnik mit einer hauchdünnen Goldschicht zu überziehen. Fotos Steinmetz

struiert, oder wenn er ein Ziergitter für eine Brücke im Englischen Garten originalgetreu auf Vordermann bringt. Dabei gilt es auszutüfteln, ob die fertigen Kunststücke verzinkt werden sollen oder nicht, um sie vor Rostfraß zu schützen. Es gilt, mit Fachleuten zu reden, auszuprobieren und alte Gürtlertechniken wieder so zu entwickeln, daß sich das rekonstruierte Stück nahtlos und unsichtbar ins Original einfügt. Zierbeschläge für die Türen der Residenz müssen neu gefertigt und in der Oberflächenbehandlung der Umgebung angepaßt werden. Erst durch Versuche, Gespräche mit den Vergoldern und erneute Versuche findet Erl das gewisse Gelb, das schließlich nicht aus Gold sein wird, sich aber dem Vergoldungston der Holzschnitzereien vollkommen anpaßt.

Moderne Technik – am Rande nur

Moderne Errungenschaften aus Chemie und Technik sind nicht immer der Weisheit letzter Schluß, ja, sie werden ziemlich selten herangezogen. Das zeigte sich besonders bei der Restaurierung des Antiquariums, als es darum ging, die Deckenbemalung zu rekonstruieren und den

Restaurierungsarbeiten in der Residenz in München. Foto Süddeutscher Verlag/Neuwirth

vorhandenen Malereien in Ornament und Farbe anzupassen. Dabei stellte sich nach Versuchen des Restaurators heraus, daß die erforderlichen Farben im modernen Handel gar nicht mehr erhältlich waren. Durch umfangreiche Analysen fand der Restaurator die Zusammensetzung der ursprünglichen Farbpigmente – Erdfarben von ungleichen Korngrößen der Farbpigmente – und stellte sie selbst her. Das Kunsthandwerk des Kirchenmalers ist heute selten geworden und stellt einen typischen Restauratorberuf dar. Eineinhalb Jahre brauchte ein gelernter Kirchenmaler mit einem Assistenten allein für das Deckengemälde im Schwarzen Saal der Residenz. Intime Stilkenntnisse, eigene künstlerische Fähigkeit, handwerkliche Perfektion und, wie man am Beispiel des Antiquariums sieht, schier detektivische Fähigkeiten beim Aufspüren längst verlorengegangener Misch- und Herstellungstechniken der Farben gehören zu diesem hochqualifizierten Spezialistenberuf. Daß die Anforderungen an einen Kirchenmaler schon im Jahre 1746 höchst vielseitig waren, mag eine spezifizierte Malerrechnung des »J. F. Marquard, wohlbestellter Maler in der Kirche zum Heiligen Geist zu Nürnberg« zeigen, die im »Volksbuch vom Deutschen Handwerk« (Herbert Sinz, Köln 1958) nachzulesen ist. Sie birgt heute viel unfreiwillige Komik:

1. Die heiligen zehn Gebote verändert und das sechste neu aufgefrischt
2. Dem Schächer am Kreuze eine neue Nase gemacht und seine Finger ausgestreckt
3. Den Pontius Pilatus aufgeputzt, neues Pelzwerk um die Mütze gesetzt und hinten und vorn neu angestrichen
4. Dem Engel Gabriel die Flügel mit frischen Federn besetzt und Hintersten vergoldet.
5. Des Hohenpriesters Magd dreimal angestrichen
6. Dem Petrus einen Zahn eingesetzt und dem Hahn die Federn gereinigt
7. Den Himmel ausgebreitet und neue Sterne eingesetzt
8. Das höllische Feuer vergrößert und dem Teufel mehr Malice gemacht
9. Dem Judas die 30 Silberlinge versilbert
10. Die heilige Magdalena, welche ganz verdorben war, wieder hergestellt.
11. Dem linken Schächer am Kreuze eine verzweifelte Miene gegeben und ihn herumgedreht
12. Dem Moses mehr Ansehen gegeben und seinen Bruder Aaron ausgeputzt
13. Das Jüngste Gericht furchtbar gemacht
14. Die fünf klugen Jungfrauen nachgesehen und hie und da verbessert
15. Der keuschen Susanna eine Nase gemacht
16. Das Rote Meer, das ganz schmutzig war, wieder rein gemacht
17. Das Ende der Welt verlängert
18. Den Pferden vor Elias Wagen neue Hufeisen gemacht und den Weg zum Himmel genauer gezeichnet
19. Dem Joseph mehr Unwillen ins Gesicht gegeben und die Frau Potipher gefirnist
20. Dem blinden Tobias frischen Schwalbendreck aufs Auge gemacht.

Kostenpunkt der Restaurierung anno 1746: 50 Florin, 13 Kreuzer. Damals ging der Restaurator offenbar recht munter und nach eigenem Gutdünken ans Werk. In den Residenzwerkstätten herrschen andere, strengere Prinzipien.

Toni Beil, seit 1963 Leiter des Bauamts, Außenstelle Residenz, hebt – eher bescheiden – die Bedeutung der Residenzwerkstätten in einer Bilanz über den Wiederaufbau bis 1975 hervor: »Mit der großen Aufgabe des Residenzwiederaufbaues war die Neubelebung alter und ältester Handwerkstechniken engstens verbunden. Die in den vielen Jahren des Wiederaufbaus erworbene Kenntnis der Materialanwendung und Verarbeitung, vor allem aber das erreichte künstlerische Niveau auf vielen Gebieten des Kunsthandwerks, kann als Ergebnis gewertet werden, das der Ausübung der praktischen Denkmalpflege über den regionalen Bereich hinaus neue Wege eröffnet hat. Der in den letzten Jahren sichtbar eingetretene Wandel in den Grundsatzfragen der Denkmalpflege mag auch auf diese in ihrem Ausmaß nicht erwartete positive Entwicklung zurückzuführen sein«

Bernhard Wagner

VOM BLOCKSIGNAL ZUM ELEKTRONISCHEN STELLWERK

Station Parkside auf der Eisenbahnstrecke Liverpool–Manchester am 15. September 1830 gegen 12 Uhr. Es treffen die Züge aus Liverpool ein, um Wasser zu fassen. Zwischen und auf den Gleisen stehen Herzöge, Parlamentsmitglieder und der Abgeordnete William Huskisson. Er ist in Gespräche vertieft, welche die neueröffnete Eisenbahnlinie betreffen. Plötzlich erklingt der Ruf: »Vorsicht! Eine Maschine!« Alle bringen sich in Sicherheit – außer Huskisson. Ihm scheint die Gefahr nicht richtig bewußt zu sein, als die Lok ihn erfaßt und überfährt. Als man ihn dann zwischen den Gleisen findet, sagt er: »Wo ist meine Frau? Ich sterbe. Gott helfe mir.« Ein paar Stunden später ist er tot. Es ist der erste Unfall mit tödlichem Ausgang in der Geschichte der Eisenbahnen.
Nicht nur dieses erste Unfallopfer – immerhin eine bedeutende politische Persönlichkeit – veranlaßte die Ingenieure, über Signale und Einrichtungen zur Sicherung der Eisenbahnen und zum Schutz der Reisenden nachzudenken. Die Lokomotive und der Fahrweg, also Bahnhof und Trasse, wurden so ausgestattet, daß man sie besser wahrnehmen konnte. Das war auch nötig, denn in der Pionierzeit kam es häufig zu Unfällen, vor allem frontalen oder seitlichen Zusammenstößen.
Bald wurden zeitliche Abstände festgelegt, die ein Folgezug auf seinen Vorgänger einhalten mußte. Das ging gut, solange ein Zug in einer Kurve nicht stehenblieb oder entgleiste. Schließlich kam man auf die Blockstreckeneinteilung. Danach darf sich immer nur ein eisenbahntechnisches Fahrzeug innerhalb eines Blockes (englisch to block = blockieren, sperren) befinden. In etwas abgewandelter und verfeinerter Form gilt dieses Blocksystem auch heute noch. Die Sicherung der Blöcke untereinander wird durch Signale gewährleistet.

Als die Bahn noch läutete...

Nur zwölf Jahre nach Eröffnung der ersten Eisenbahnlinie in Deutschland zwischen Nürnberg und Fürth (1835) entwickelte Werner Siemens Läutewerke, um auf Zwischen- und Nachbarstationen eine bevorstehende Zugfahrt anzukündigen. Üblich war eine bestimmte Anzahl Glockenschläge. Mehr als 100 Jahre lang verrichteten solche Läutewerke ihren Dienst in Deutschland. 1870 folgten die ersten elektrischen Streckenblöcke, welche die Weichen- und Signalbedienung auf Bahnhöfen mechanisierten und zentralisierten. Entsprechend den jeweiligen technischen Möglichkeiten entstanden im Laufe der Jahrzehnte verschiedene Stellwerksformen; wir können sie als »Gehirn« bezeichnen, in dem alle Fahrwege zusammenlaufen. Die Entwicklung ging vom mechanischen über das elektromechanische Stellwerk mit elektromotorischen Antrieben für Weichen und Signale bis hin zum Gleisbildstellwerk. Das Gleisbildstellwerk ermöglicht einen automatischen Fahrstraßen- und Signalstellbetrieb. Wenn ein Zug vom Bahnhof abfahren soll, drückt der Fahrdienstleiter zwei Tasten auf seinem Stelltisch: eine für das Bahnsteiggleis, auf dem der Zug steht, und eine für das Streckengleis, auf das er gelangen soll. Die Schaltungen des Stellwerks suchen nun eine freie Route zwischen Start- und Zielpunkt. Aber auch der »Flankenschutz« wird überwacht. Das bedeutet, daß die Weichen in den Nachbargleisen so liegen, daß kein anderer Zug von der Seite her in die Fahrstraße gelangen kann.

Elektronik für Fahrsicherheit

Die Bundesbahn arbeitet schon lang daran, diese eisenbahntechnische Aufgabe mit den Möglichkeiten der Elektronik zu lösen. Bisher war es in der Stellwerkstechnik noch beim konventionellen Relais geblieben, wegen der Sicherheit und gleichzeitigen Wirtschaftlichkeit. Inzwischen ist die Entwicklung leistungsfähiger Mikroprozessoren soweit fortgeschritten, daß auch elektronische Stellwerke unter Wahrung aller Sicherheitsaspekte wirtschaftlich zu werden versprechen. Einen weiteren Schritt nach vorn ermöglichte die Lichtwellenleitertechnik. Lichtwellenleiter sind unempfindlich gegen elektromagnetische Störungen und haben eine hohe Übertragungskapazität.

Blick in den Betriebsraum des Zentralstellwerks (Fpf) in Frankfurt (M) Hauptbahnhof. Wenn die Versuche befriedigend verlaufen, will die Bundesbahn ihre Stellwerke zügig mit Elektronik ausstatten. Foto Deutsche Bundesbahn/Würsching

Beide Komponenten zusammen sind beim ersten elektronischen Stellwerk der Bundesbahn im oberbayerischen Murnau ideal verknüpft worden. Das von Siemens entwickelte System ist so konzipiert, daß jeder nur erdenkliche Hardwarefehler die weitere Verarbeitung sofort stoppt. Somit können keine falschen Befehle ausgegeben werden (Fail-Safe-Prinzip). Selbst wenn einzelne Elemente versagen, führt dies nicht zu einer Katastrophe.

Lichtwellenleiter – und nicht mehr Kupferadern – verbinden das Stellwerk mit den Signalen und übertragen die Informationen. Lichtwellenleiter unterliegen keinen Umwelteinflüssen und können im Zeitmultiplex-Verfahren große Datenmengen übertragen. Ein Daten-Telegramm teilt dem Signal mit, welche Lichtpunkte anzuschalten sind. Ein weiterer Lichtwellenleiter meldet den Zustand des Signals an das Stellwerk, wo

Oben links: Im Bahnhof »Uhlandstraße« in Berlin befindet sich noch ein Stelltisch aus dem Jahre 1910. *Oben rechts:* Der Fahrdienstleiter im elektronischen Stellwerk arbeitet nicht mehr mit Gleisbildtafeln, sondern mit Farbbild-Schirmgeräten. *Unten rechts:* Die derzeit größte elektronische Zugnummern-Meldeanlage der Deutschen Bundesbahn befindet sich im Stellwerk Oberhausen. Fotos Siemens AG

Ist- und Sollwert verglichen wird. Durch zyklisches Übertragen werden alle Lampenfäden auf Verfügbarkeit geprüft und eventuelle Störungen bereits vor dem Einschalten aufgedeckt.

Die Erprobung

Die dem elektronischen Stellwerk zugeordnete Gleisanlage wird nach betrieblichen Aspekten in einzelne Bereiche auf-

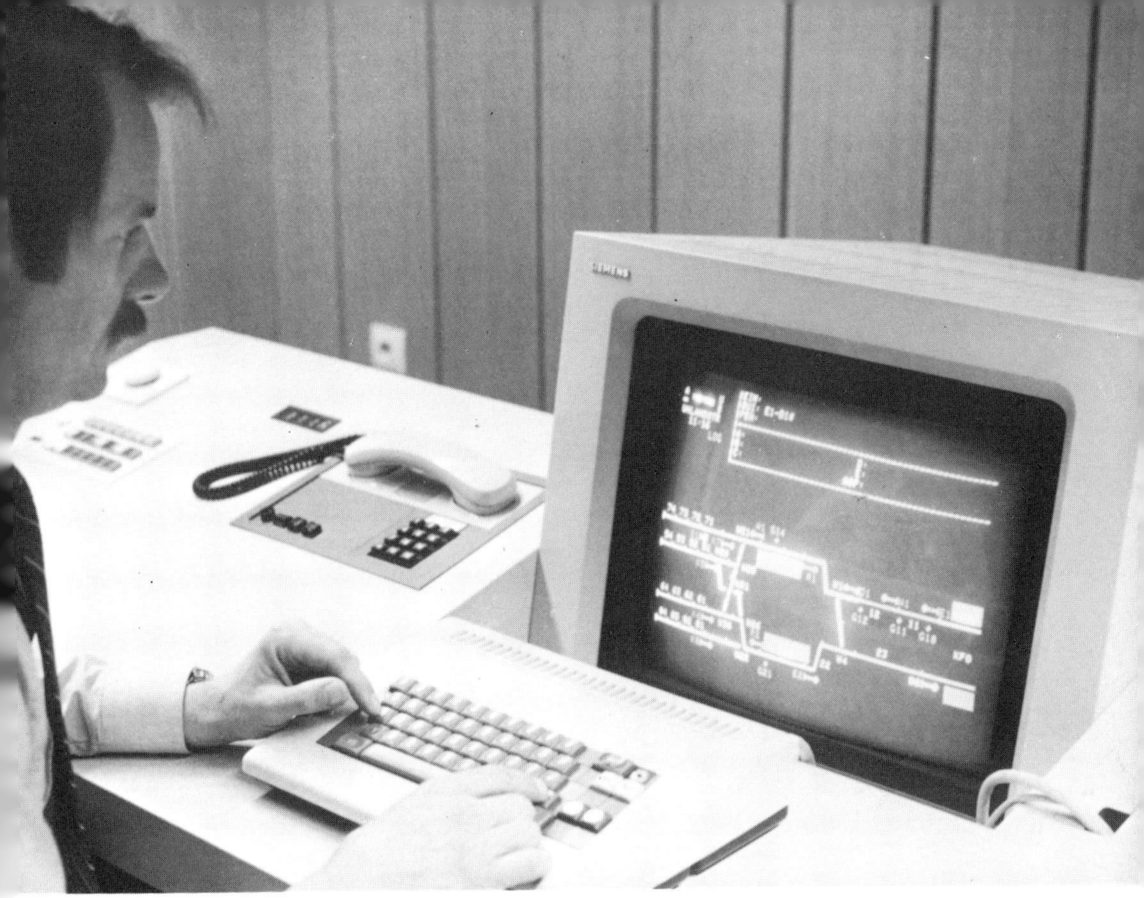

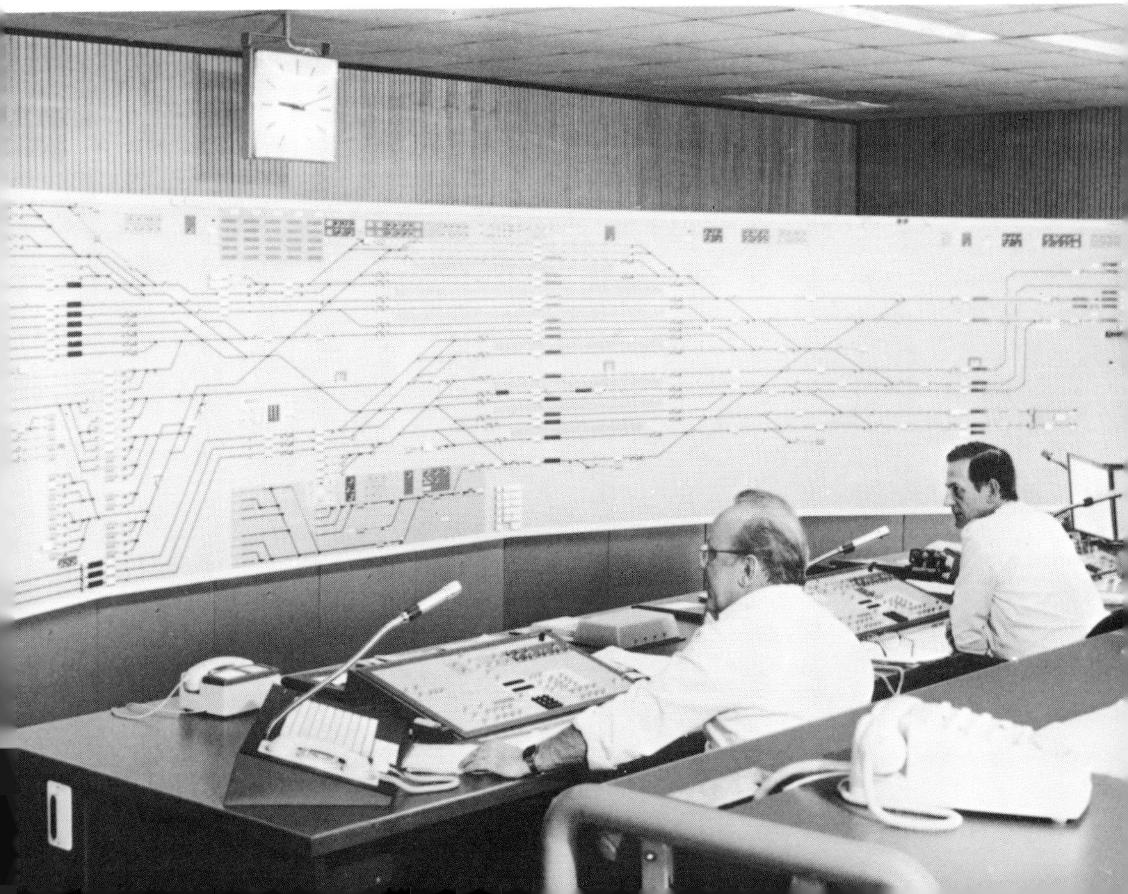

geteilt. Zu jedem Bereich gehört ein Bereichsrechner, der
- den richtigen Fahrweg des Zuges bestimmt,
- die Weichen in die richtige Lage bringt und verschließt,
- das Freisein der Weichen und Gleise überprüft,
- den Fahrweg sichert (Nachbargleise),
- die aus dem Fahrweg abgeleitete zulässige Geschwindigkeit des Zuges bestimmt und
- den entsprechenden Fahrtbegriff am Signal ansteuert.

Der Arbeitsplatz des Fahrdienstleiters ist ergonomisch gestaltet. Anstelle der üblichen Stelltische und Meldetafeln hat das elektronische Stellwerk eine alpha-numerische Eingabetastatur und ein Farbsichtgerät. Über die Tastatur kann der Fahrdienstleiter entweder das gesamte Gleisbild abrufen oder bestimmte Teile davon vergrößert auf dem Sichtgerät darstellen (Lupeneffekt). Das elektronisch gesteuerte Stellwerk in Murnau, das ungefähr 5 Millionen DM kostete, steht am Beginn einer umfassenden Erprobung. Verläuft sie hier und in vier weiteren Bahnbezirken außerhalb Bayerns erfolgreich, so wird die Bundesbahn ihre über 5000 bundesdeutschen Stellwerke zügig modernisieren.
Ein ähnliches Stellwerk der Firma »Standard Elektrik Lorenz« soll im Bahnhof Neufahrn auf der Strecke zwischen Landshut und Regensburg erprobt werden. Auch »AEG-Telefunken« will sich mit einer eigenen Entwicklung an der neuen Technik beteiligen. Ihr Werk soll zwischen Darmstadt und Aschaffenburg im Bahnhof Dieburg eingesetzt werden. Auch in Schweden, England und Frankreich wird an der Entwicklung elektronischer Stellwerke gearbeitet.
Heute zählt die Bahn zu einem der sichersten Verkehrsmitteln. Dafür sorgen vor allem Stellwerke. Nach der Einführung elektronischer Stellwerke wird auf unseren Gleisen wohl noch weniger passieren. Betrug die Zahl der vom Stellwerkspersonal verursachten Unfälle im Jahre 1950 noch 0,36 – bezogen auf eine Million Zugkilometer –, so liegt die Zahl heute unter 0,10. Die Mikroelektronik nützt all denen im Bahnbetrieb, die Verantwortung für Menschenleben, für große Sachwerte und für die sichere Einhaltung von Vorschriften, Verordnungen und Gesetzen tragen. Nach wie vor steht aber im Zentrum der Mensch. So muß sich der Lokführer ganz auf seine Kollegen im Stellwerk verlassen. Sie reservieren für ihn eine sichere Fahrstraße.

Bücher zum Thema

Asmus, C.: Die Ludwigs-Eisenbahn. Zürich 1984
Rossberg, R. R.: Geschichte der Eisenbahn. Künzelsau 1984
Walz, W.: Erlebnis Eisenbahn. Stuttgart 1977

Herbert Ruland

DAS STURMFLUTWEHR IN DER OOSTERSCHELDE
Ein Jahrhundertwerk niederländischer Wasserbaukunst

Den 1. Februar 1953 werden die Menschen in den Niederlanden nie vergessen. Am Tag zuvor entwickelte sich ein Orkan über der Nordsee und nahm Kurs auf die holländische Küste. Zwar verbreitete am Abend der Rundfunk eine Sturmflutwarnung, aber im Vertrauen auf die Seedeiche legte man sich in der Provinz Seeland im Mündungsgebiet von Rhein, Maas und Schelde zur Ruhe, während sich das Auge des Orkans mit Windgeschwindigkeiten bis 190 Stundenkilometer näherte. Gleichzeitig lief eine Springflut auf, wie sie im Zyklus der Gezeiten nach Vollmond und Neumond entsteht, wenn Sonne und Mond gleichsinnig auf Ebbe und Flut einwirken. Für die ungeheuren Wassermassen, die Sturm und Flut vor sich hertrieben, gab es kein Zurück. Sie stiegen höher und höher, erreichten die Deichkronen und überfluteten sie. Unter dem wachsenden Druck brachen die Deiche auf breiter Front zusammen, und durch die Breschen stürzte sich das Seewasser in das tiefer gelegene Festland, schloß Dörfer und Gehöfte ein, machte Hügel zu Inseln, bevor die Menschen fliehen konnten. In den Ställen ertranken Pferde und Kühe, Schweine und Schafe zu Tausenden, Häuser wurden fortgeschwemmt. Wer konnte, rettete sich auf treibende Trümmer, auf Dachfirste, Baumkronen, Telegrafenmasten oder auf noch standfeste Deichabschnitte, wo er bei eisiger Kälte, ohne Lebensmittel und Wasser ausharrte. Trotz heldenhafter Rettungsaktionen kam für viele jede Hilfe zu spät. Fast achtzehnhundert Menschen fanden den Tod. Ungefähr 10 Prozent der holländischen Landgebiete waren überflutet, von tausend Kilometer Deich war die Hälfte zerstört oder beschädigt. Allein auf der Insel Schouwen-Duiveland war der fruchtbare Boden nahezu vollständig unter einer dicken Schicht aus Sand und salzigem Schlamm begraben.

Es war die schwerste Sturmflut, die Holland seit 500 Jahren heimgesucht hatte. Dabei hätte sie unter extrem ungünstigen Bedingungen noch viel höher steigen können. Jeder Holländer konnte sich vorstellen, was das bedeutet hätte, denn ein Drittel der Niederlande – das am dichtesten besiedelte Land der Erde – liegt bis zu 6 Meter unter dem Meeresspiegel. Ein weiterer Teil erhebt sich so wenig über den mittleren Stand des Hochwassers, daß insgesamt die Hälfte der Niederlande, mit den volkreichsten Regionen, bei Flut überschwemmt würde, wenn es nicht eine Vielzahl von Deichen gäbe.

Nie wieder...

...hieß die Parole. Aber wie ließe sich das Land für alle Zukunft vor dem Ansturm der Nordsee, der »Mordsee«, schützen? Experten diskutierten lange diese Frage. Gegen eine Erhöhung der Seedeiche sprachen zwei gewichtige Ar-

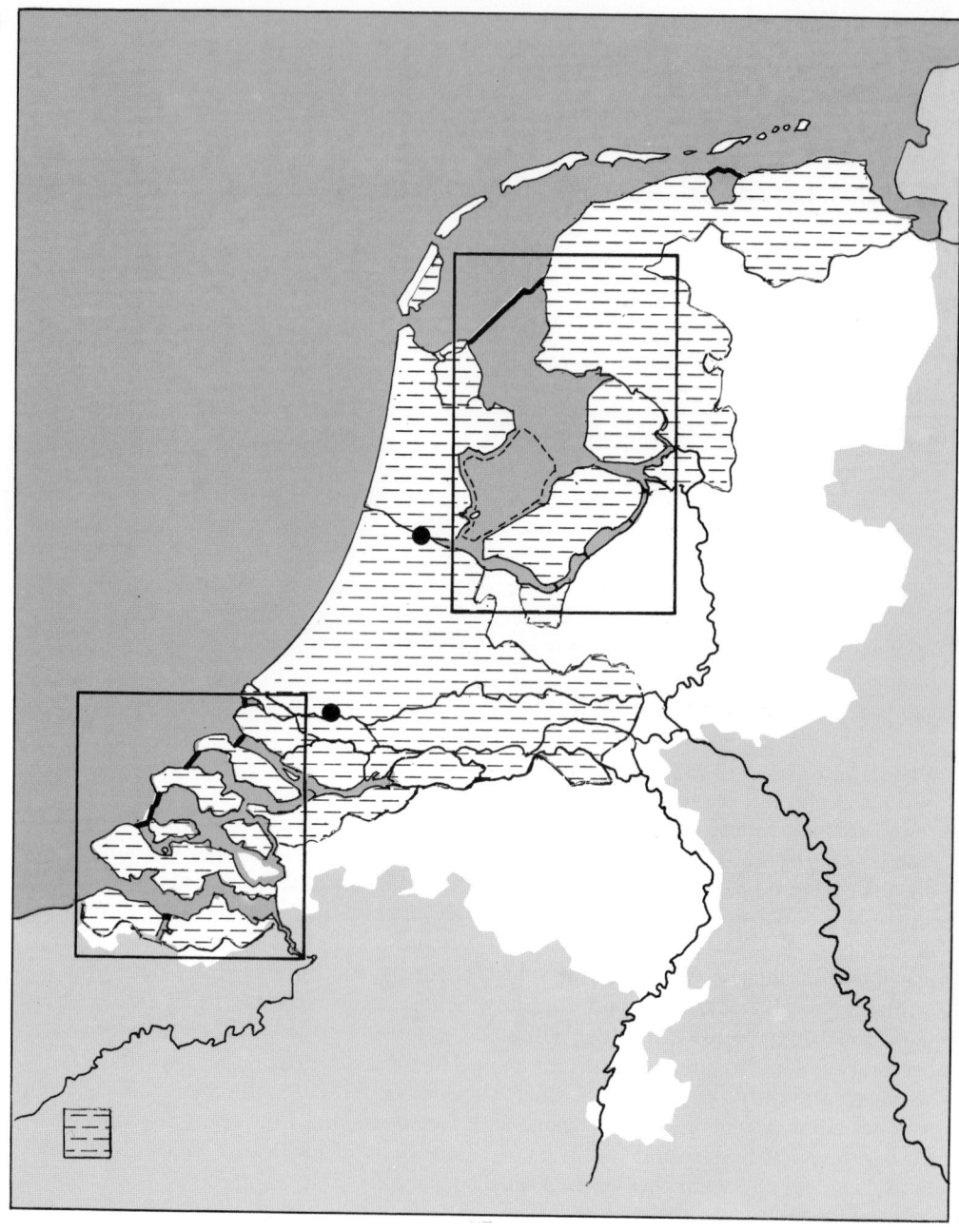

Oben: Wären die Niederlande nicht durch Teiche geschützt, so würde das waagrecht schraffierte Gebiet regelmäßig vom Meer überschwemmt – es entspricht ungefähr der Hälfte des Staatsgebietes. Die Niederländer waren und sind berühmte Wasserbauer, doch zwei moderne Projekte ragen heraus. Beim Zuiderseeprojekt riegelte man die Zuidersee ab. So entstand das Jjsselmeer mit seinen großen Poldern. Das Deltaprojekt riegelt die Deltas von Rhein, Maas und Schelde ab.

Gegenüberliegende Seite oben: Bei der Sturmflut des Jahres 1953 floß Meereswasser durch die zerstörten Deiche ins Binnenland. Rund 10 Prozent der niederländischen Landgebiete waren überschwemmt. Foto rijkswaterstaat deltadienst, zierikzee

gumente. Zunächst sind sie insgesamt rund 700 Kilometer lang. Würde man sie beträchtlich erhöhen, so müßte man sie auch dementsprechend verbreitern. Dadurch ginge viel nutzbares Land verloren. Zweitens: Die Katastrophe bewies, was Experten immer vermuteten und befürchteten, daß es innerhalb der uralten Deichfundamente viele schwache Stellen gibt. Zweifellos sind noch viele unauffindbare Defekte vorhanden. Eine Erhöhung der Seedeiche garantierte deshalb keine Sicherheit.

Als weitere Möglichkeit bot sich eine alte Idee an, nämlich die offenen, weit ins Land greifenden Meeresarme zwischen den seeländischen Inseln mit Dämmen zu verschließen. Die Vorteile waren vielversprechend. Mit den Worten einer Regierungskommission: »Die Dämme bilden mit der hoch gelegenen Dünenkette der Inseln einen nach menschlichem Ermessen unbezwingbaren Riegel gegen die See und verkürzen unsere Küstenlinie im Deltagebiet um etwa 500 Kilometer. Hinter diesem Riegel entsteht ein gezeitenloses Süßwasser-Binnenmeer, das von Rhein und Maas gespeist wird. Es wird den Inselboden entsalzen und die landwirtschaftlichen Gebiete bewässern. Die Behebung des Wassermangels wird nicht nur zu einer bedeutenden Erhöhung der landwirtschaftlichen Produktion führen, sondern auch zu einer schnellen und stärkeren Besiedlung des Deltagebietes beitragen. Diese Entwicklung wird durch neue Verkehrswege gefördert: Autostraßen auf den Dämmen und Brücken zum Festland werden günstige Verbindungen nach Zentral-Holland schaffen, und neue Häfen am Delta-Meer werden auch den Binnenschiffahrtsverkehr erleichtern und sichern.«

Dieses »Delta-Projekt« wurde zum Gesetz. Noch im selben Jahr, während man daranging, die Schäden der Sturmflutka-

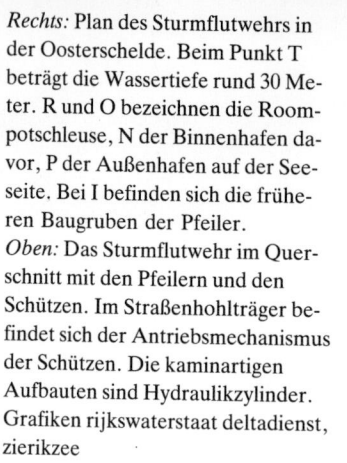

Rechts: Plan des Sturmflutwehrs in der Oosterschelde. Beim Punkt T beträgt die Wassertiefe rund 30 Meter. R und O bezeichnen die Roompotschleuse, N der Binnenhafen davor, P der Außenhafen auf der Seeseite. Bei I befinden sich die früheren Baugruben der Pfeiler.
Oben: Das Sturmflutwehr im Querschnitt mit den Pfeilern und den Schützen. Im Straßenhohlträger befindet sich der Antriebsmechanismus der Schützen. Die kaminartigen Aufbauten sind Hydraulikzylinder. Grafiken rijkswaterstaat deltadienst, zierikzee

tastrophe zu beseitigen, die geborstenen Deiche zu flicken, das überschwemmte, verdorbene Land trockenzulegen und zu regenerieren, machte sich ein Heer von Ingenieuren und Arbeitern ans Werk, den »Delta-Plan« zu verwirklichen. Das Gesetz gab ihnen 25 Jahre Zeit dazu.

Umweltschutz gegen Küstenschutz

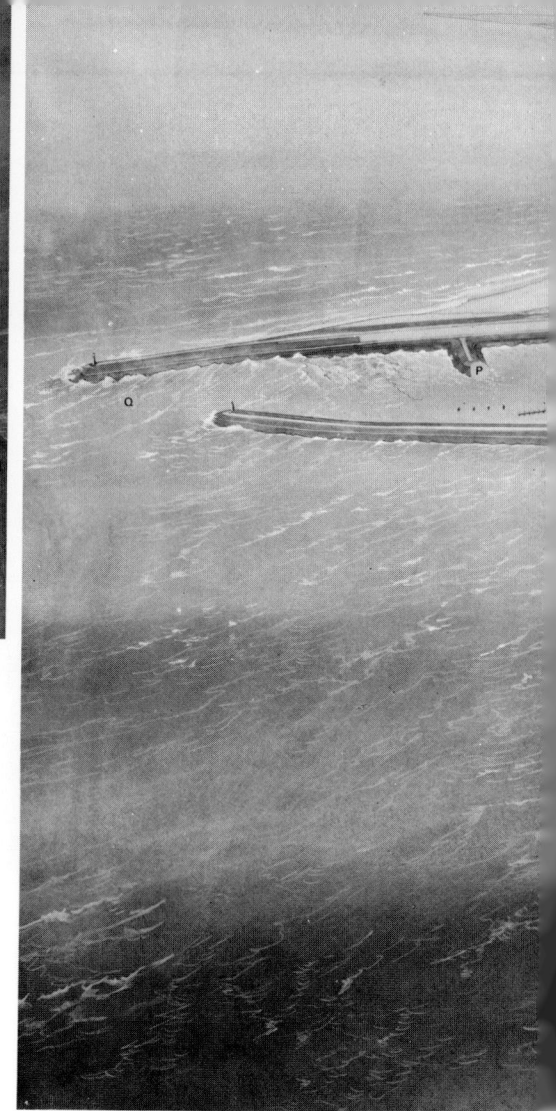

Bis Ende 1972 waren alle Bauwerke des Delta-Planes vollendet bis auf den 9 Kilometer langen Damm, der zwischen den Inseln Schouwen-Duiveland und Nord-Beveland die Oosterschelde abriegeln sollte. Schon 1968 hatte man damit begonnen. Doch bald darauf entbrannte in den Niederlanden eine heftige Diskussion. Die Umweltschutz-Bewegung verlangte, auf den Damm in der Oosterschelde zu verzichten. Sie protestierte mit handfesten Argumenten: »Was wird passieren mit all den Giftstoffen, die Maas und Rhein mit sich führen und im Delta-Meer abgelagert werden, wenn es keinen natürlichen Abfluß in die Nordsee gibt und die Selbstreinigung durch Ebbe und Flut verhindert wird? Soll das Deltameer unwiderruflich verseucht werden? Der Damm würde auch das Ende der traditionellen Krabbenfischerei bedeuten und die Austern- und Miesmuschelbänke vernichten, da diese Tiere nur im Seewasser oder im Brackwasser gedeihen. Dazu käme der nicht abzuschätzende Schaden für unsere Hochseefischer, denn in der offenen Oosterschelde wachsen Jungfische zu Milliarden heran. Sie wandern später in die Nordsee aus und gehen schließlich unseren Fischern in die Netze. Auch muß man an die Scharen der Seevögel denken, die an den sumpfigen Küsten rings um die Oosterschelde brüten oder auf ihrem Zug nach Süden dort rasten. Soll auch ihr Lebensraum zerstört werden und das letzte holländische Naturparadies zum Teufel gehen? Ein Damm würde also mehr schaden als nützen. Deshalb: Erhöht statt dessen die Seedeiche!«

Dagegen erhoben die Experten der Delta-Werke Bedenken: »Die Seedeiche an der Oosterschelde sind zusammen etwa 250 Kilometer lang! Das Risiko wäre zu groß – unverantwortlich. Nur ein Abschlußdamm garantiert Sicherheit!«

Das niederländische Parlament und die Regierung mußten sich mit dem Problem befassen, das sich auf die Frage zuspitzte: »Wie lassen sich Küstenschutz und Umweltschutz unter einen Hut bringen?« Schließlich eröffnete sich ein Ausweg aus dem Dilemma: ein »poröser« Damm, der bei normalen Wetterbedingungen dem Nordseewasser über regulierbare Durchlässe freie Bahn in die Oosterschelde gewährt und bei Sturmflutgefahr geschlossen werden kann. Dagegen sprachen Mehrkosten in Milliardenhöhe und eine Verzögerung der Arbeiten um Jahre, was möglicherweise verhängnisvoll sein konnte. Dennoch entschied man sich für diese Lösung.

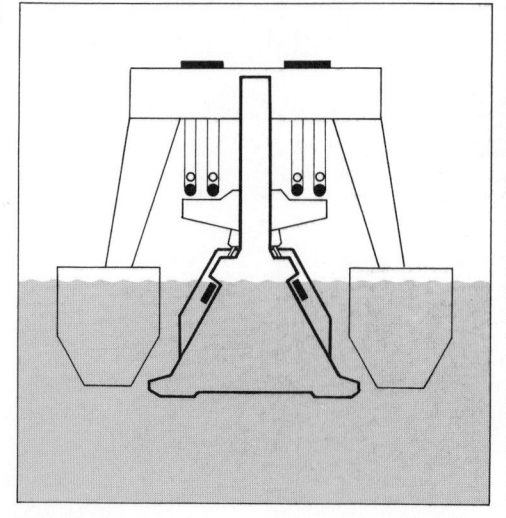

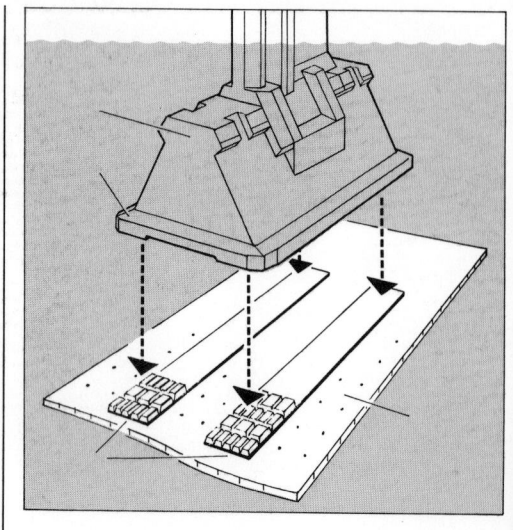

Ein Wunderwerk der Technik

Wassertiefen in den Stromrinnen, starke Gezeitenströmungen und die Beschaffen-

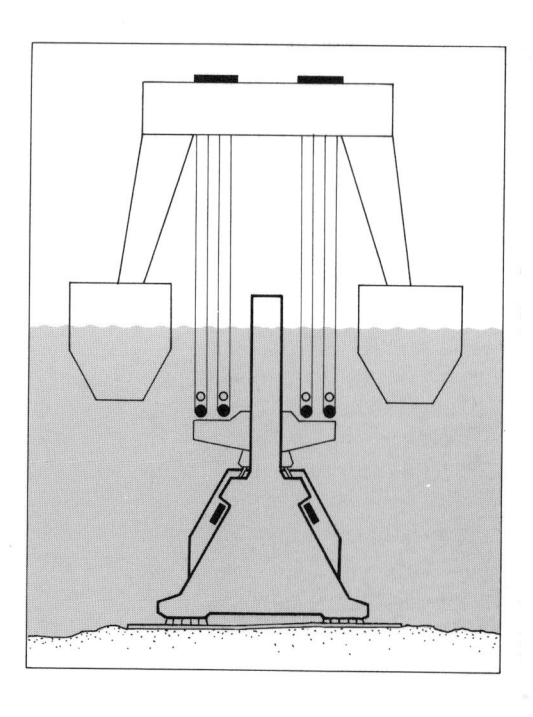

Die vorgefertigten Pfeiler aus Spannbeton hob das U-förmige Hub- und Transportschiff »Ostrea« mit seinen Portalkränen und fuhr sie auf langen Umwegen zum endgültigen Standort *(Bild oben links)*. Dort senkte die »Ostrea« die Pfeiler auf den Zentimeter genau ab. *(Bild unten links)*. Vorher war der Untergrund schon vorbereitet worden. Die »Cardium« hatte Matten aus Stahlgeflecht, Kunststoff und Kies verlegt. Darüber kam eine kleinere Ziegelmatte. Sie diente als eigentliche Unterlage für die Pfeilersockel *(Bild oben rechts)*. Schließlich wurde die Fläche unter dem Pfeilersockel mit Mörtel aufgefüllt *(Bild gegenüberliegende Seite links)*. Dann beschwerte man die hohlen Pfeiler mit Sandballast *(Bild gegenüberliegende Seite rechts)*.

heit des Meeresbodens stellten die Ingenieure vor technisch beispiellose Schwierigkeiten. Zum Glück lagen in der Oosterschelde zwei Untiefen, die man bereits als Stützpunkte für den Bau des ursprünglich geplanten Dammes zu künstlichen Inseln aufgeschüttet hatte. Über eine 3 Kilometer lange provisorische Straßenbrücke gelangten Menschen und Material an die Baustellen.

Es war unmöglich, die Stützpfeiler für die Sturmflutwehre vom Grund her aufzubauen. Da hatten die Meister ihres Fachs einen genialen Einfall: Am Rand der größten Arbeitsinsel deichten sie ein 1 Quadratkilometer großes Gebiet ein, 15 Meter unter dem Meeresspiegel gelegen. Dann pumpten sie es leer und schufen so einen Polder als Baugrube, die sie durch Zwischendeiche vierteilten. In drei dieser Sektionen bauten sie am laufenden Band die Pfeiler, turmartige Betonkonstruktionen bis zu je 18 000 Tonnen Gewicht und fast 40 Meter hoch. Alle vierzehn Tage wurde die Grundplatte für einen Turm gelegt. Es dauerte fast achtzehn Monate, bis er vollendet war.

Als die ersten zwanzig Türme in Reih und Glied wie Riesenspielzeug auf dem Trockenen standen, wurde ein Teil des Ringdeiches abgebaggert und die Grube geflutet. Da standen die Pfeiler nun im Wasser und warteten auf das Hebeschiff »Ostrea«, das sie mit der Kraft gewaltiger Portalkräne vom Meeresgrund aufhob und sie, zwischen den Schenkeln ihres U-förmigen Rumpfes, an den Ort ihrer Bestimmung trug. Dort wurden sie im Abstand von 45 Meter zentimetergenau abgesenkt.

Auch über die Standfestigkeit der Pfeiler hatten sich die Ingenieure den Kopf zerbrechen müssen, sollten sie doch für mindestens zweihundert Jahre unerschütterlich allen Gewalten der See und der Stürme trotzen. Zunächst wurde der lockere Sand auf dem Meeresgrund weggebaggert und die darunterliegende Schicht auf einer Breite von 80 Meter bis in eine Tiefe von 15 Meter verdichtet – mit Hilfe von vier Vibratoren, die von einem eigens dafür gebauten Schiff gesteuert wurden. Eine gigantische Arbeit von vier Jahren!

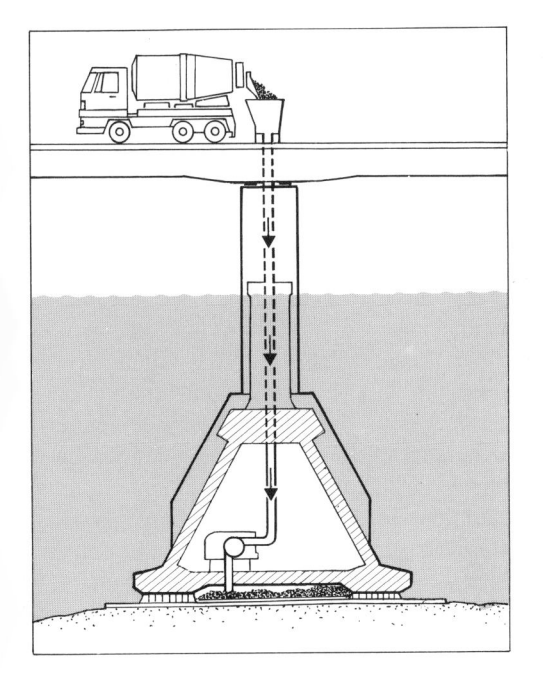

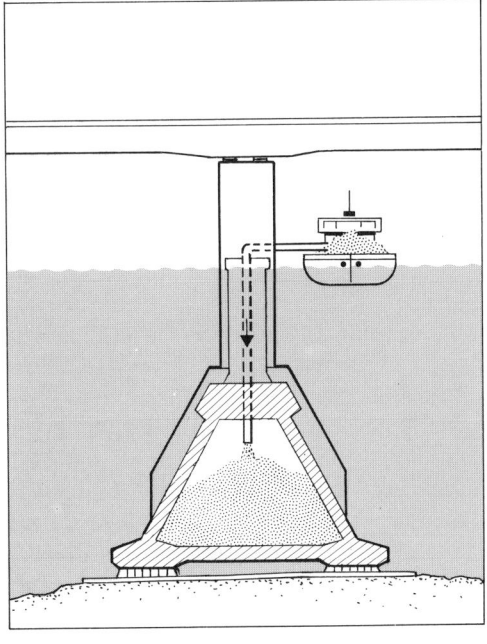

Das Baudock war mit Deichen in vier kleinere Docks unterteilt. In drei Docks wurden die 65 Pfeiler gegossen *(Bild links, Bild rechts)*. Im vierten Baudock entstanden die 62 Schwellenbalken *(Bild unten rechts)*. Sobald die Pfeiler im ersten Dock fertig waren, wurde der Deich zur Oosterschelde hin abgebaggert und das Dock geflutet. Die Wassertiefe im Dock schwankte mit den Gezeiten zwischen 13 und 17 Meter. Das reichte aber für den Abtransport der Pfeiler mit dem Hubschiff »Ostrea«. Für den Bau der Pfeiler und Schwellenbalken waren gewaltige Betonmengen erforderlich, insgesamt fast eine halbe Million Kubikmeter. Ein Pfeiler ist immerhin bis 39 Meter hoch. Fotos rijkswaterstaat deltadienst, zierikzee

Pfeiler auf Kunstmatten

In der Zwischenzeit bauten Arbeiter auf der größten Insel eine Mattenfabrik und in einer Werft den Mattenleger »Cardium«. Jeder Pfeiler sollte auf solchen Matten über dem Meeresboden ruhen: jede 200 Meter lang in der Strömungsrichtung, 42 Meter breit und 36 Zentimeter dick, ein Gebilde aus Stahlgeflecht, Kunststoff und Einlagen aus feinem und grobem Kies. Auf diese Grundmatten wurde eine ebenso dicke kleine Matte gepackt, die eigentliche Unterlage für die Sockelplatten der Pfeiler.

Im September 1984 wurde der letzte von 65 Pfeilern aufgestellt. Damit war der schwierigste Teil des ganzen Unternehmens glücklich geschafft. Aber noch blieb viel zu tun. Unter Wasser mußten die Pfeiler in einen Wall von Steinen eingebettet werden. Ein Spezialschiff ließ sie durch Schüttrohre in die Tiefe prasseln, zuerst kindskopfkleine, dann immer größere. Schließlich versenkte ein Schwimmkran gezielt 6 bis 10 Tonnen schwere Blöcke, von Tauchern und Unterwasserkameras kontrolliert. Im Laufe vieler Jahre hatte man das Gestein herangeschafft und auf der Arbeitsinsel, nach Größe sortiert, zu Bergen angehäuft: Basalt aus Deutschland, Granit aus Finnland, insgesamt 5 Millionen Tonnen.

Über Wasser ging der Aufbau des Sturmflutwehrs in allen drei Stromrinnen zügig voran. Von Pfeiler zu Pfeiler spannten sich die vorgefertigten Teile einer Straße. Unter der Fahrbahn, in einem Hohlraum, ist der Antrieb für die beweglichen stählernen Tore, die »Schützen«, eingebaut, 62 an der Zahl, jedes Schütz 42 Meter breit und 6 bis 12 Meter hoch. Hydraulisch werden sie in Führungs-

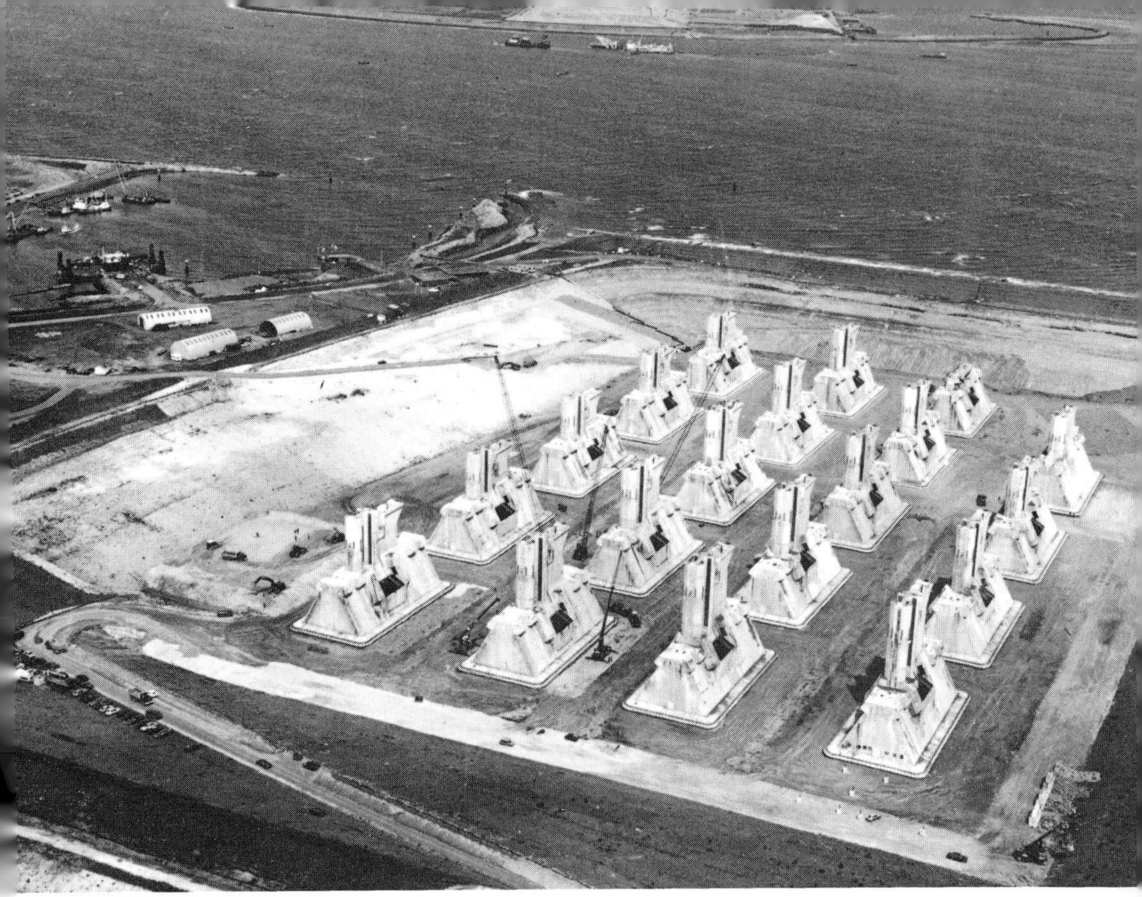

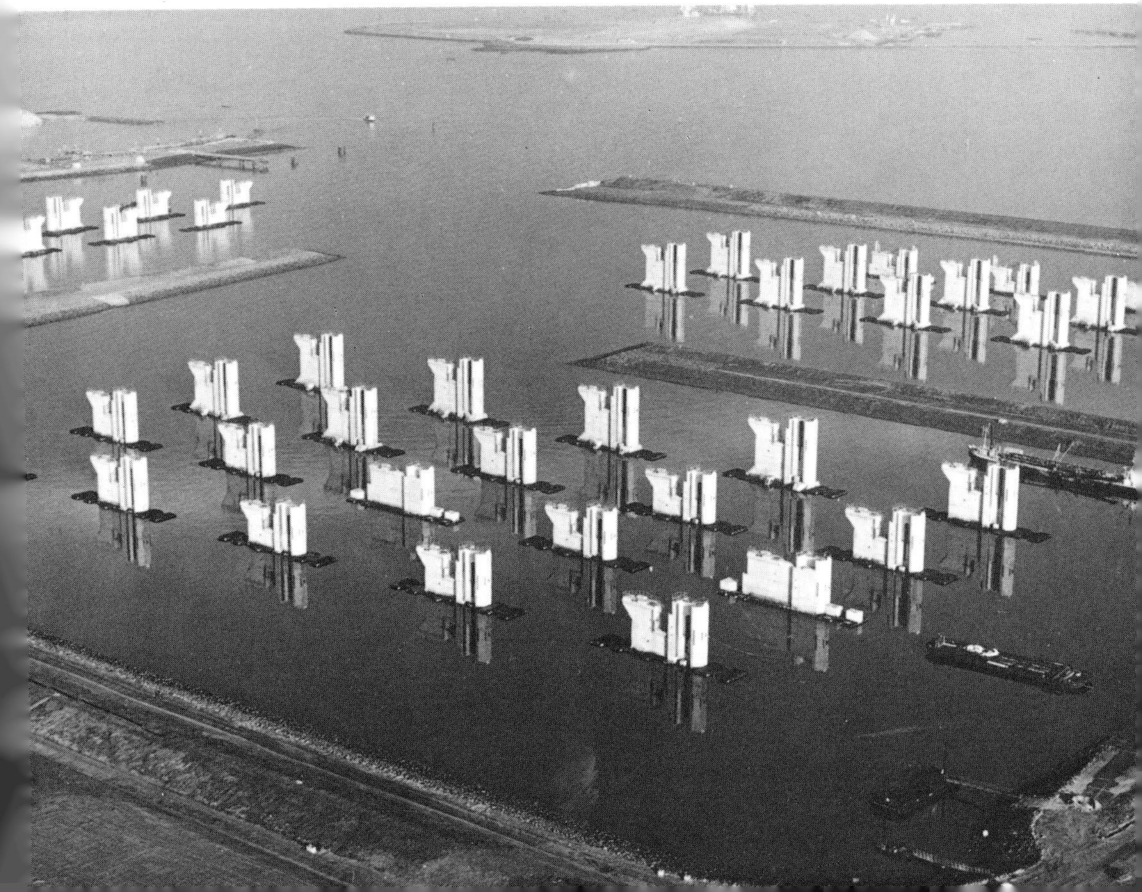

Die Pfeiler stehen – und das für Jahrhunderte. Nun konnte mit dem Aufbau des Sturmflutwehrs begonnen werden. Zunächst paßte ein Schwimmkran die vorgefertigten Teile der Straße ein. Danach wurden die Halterungen für die Schützen, die beweglichen äußeren Tore für das Wehr, angebracht. Foto Ruland/ rijkswaterstaat deltadienst, zierikzee

schienen auf- und niederbewegt. Ein eigenes Kraftwerk garantiert die ständige Betriebsbereitschaft. Bei hochgezogenen Schützen ist die Oosterschelde offen, bei geschlossenen heißt es für den »blanken Hans«: bis hierher und nicht weiter!
Im Jahr 1986 wird das Werk vollendet sein – als ein Wunderwerk der Wasserbautechnik, als ein neuer Triumph der Holländer über ihren Erbfeind, die landfressende See. Dann haben sie wieder

einmal allen berechtigten Grund, stolz zu feiern. Das riesige Sturmflutwehr in der Oosterschelde ist für sie ein neuer Beweis für die Wahrheit eines geflügelten Wortes, das sie 1932 auf einen Abschlußdamm einmeißelten. Er verwandelte die ehemalige Zuidersee in das Binnenmeer »Ijsselmeer«, aus dem schließlich eine neue fruchtbare Provinz entstand. Das Wort lautet: Ein Volk, das lebt, baut an seiner Zukunft!

Die Großbaustelle an der Oosterschelde aus der Möwenperspektive. Im Jahr 1986 soll das gigantische Wunderwerk der Technik vollendet sein. Foto Ruland/rijkswaterstaat deltadienst, zierikzee

Uwe Zündorf

MIKROKAPSELN – CHEMISCHE FORMELN FÜR FORMULARE
15 000 Farbreaktionen für einen Buchstaben

Deutschlands bekanntester Kaufmann aller Zeiten, Jakob Fugger aus Augsburg, ließ im 15. Jahrhundert die ein- und ausgehenden Säcke mit kostbaren orientalischen Gewürzen noch per Strichliste registrieren und von ihm erworbene Ware bar aus dem Dukatensäkkel bezahlen. Heute sind Warenaustausch und Zahlungsverkehr, Vertrieb und Verwaltung auf diese simple Fuggersche Weise längst nicht mehr zu meistern. Im Computerzeitalter hat das Formular die Strichliste abgelöst. Und nicht nur sie. In allen nur denkbaren Bereichen des Geschäfts- und Verwaltungsalltags hat sich das »Form-Papier« als Organisationshelfer eingebürgert. Und in diesem ständigen »Papierkrieg« hilft die Chemie, Probleme zu lösen. Das Zauberwort: Mikrokapseln.

Spötter seufzen oft poetisch: »Von der Wiege bis zur Bahre – Formulare, Formulare!« In der Tat: Von Geburt an hat der Mensch in unserer komplexen Gesellschaft das Formular als treuen Begleiter an seiner Seite. Zwischen der vorformulierten Geburtsurkunde und der Sterbeurkunde liegen zahllose Zwischenstationen: Rechnungen und Zahlkarten, Schecks und Überweisungen, Gehaltsbescheinigungen und Steuerkarte, Krankenscheine und Versicherungspolicen, Anträge jeder Art – löbliche Ausnahme der Heiratsantrag –, das »Knöllchen« vom Polizisten an der Ecke wie der Lotto- und der Totoschein. Und auch das Ticket für den langersehnten Urlaubsflug in den sonnigen Süden ist nichts anderes als ein Formular.

Ersatz für das Kohlepapier

Der Einzug von EDV und Computer ins Büro ließ den Bedarf an Formularen steil in die Höhe steigen. Die atemberaubende Arbeitsgeschwindigkeit des »Kollegen Computer« läßt sich nur mit Hilfe maßgeschneiderter Formulare sinnvoll nutzen: Die Formulardruckereien arbeiten mit einer Genauigkeit von einem fünfhundertstel Millimeter, denn die kleinste Abweichung würde beim späteren Bedrucken eines Formulars »Spalten-Salat« entstehen lassen. Immerhin spucken schon mechanische EDV-Drucker rund 2000 Druckzeilen pro Minute aus.

Alte Bürohasen können sich noch gut daran erinnern: Bis vor wenigen Jahren mußte zwischen die einzelnen Formularblätter das hinlänglich bekannte und nicht minder gehaßte Kohlepapier eingelegt werden – eine zeitraubende und gele-

In Mikrokapseln eingeschlossene Flüssigkristalle, die je nach Temperatur ihre Farben verändern, leisten gute Dienste in der Erkennung von Krankheiten. Sie werden vor allem bei der Frühdiagnose des Brustkrebses eingesetzt. Mögliche Krankheitsherde zeichnen sich nämlich durch erhöhte Temperatur im Vergleich zur Umgebung aus. Foto Bayer AG

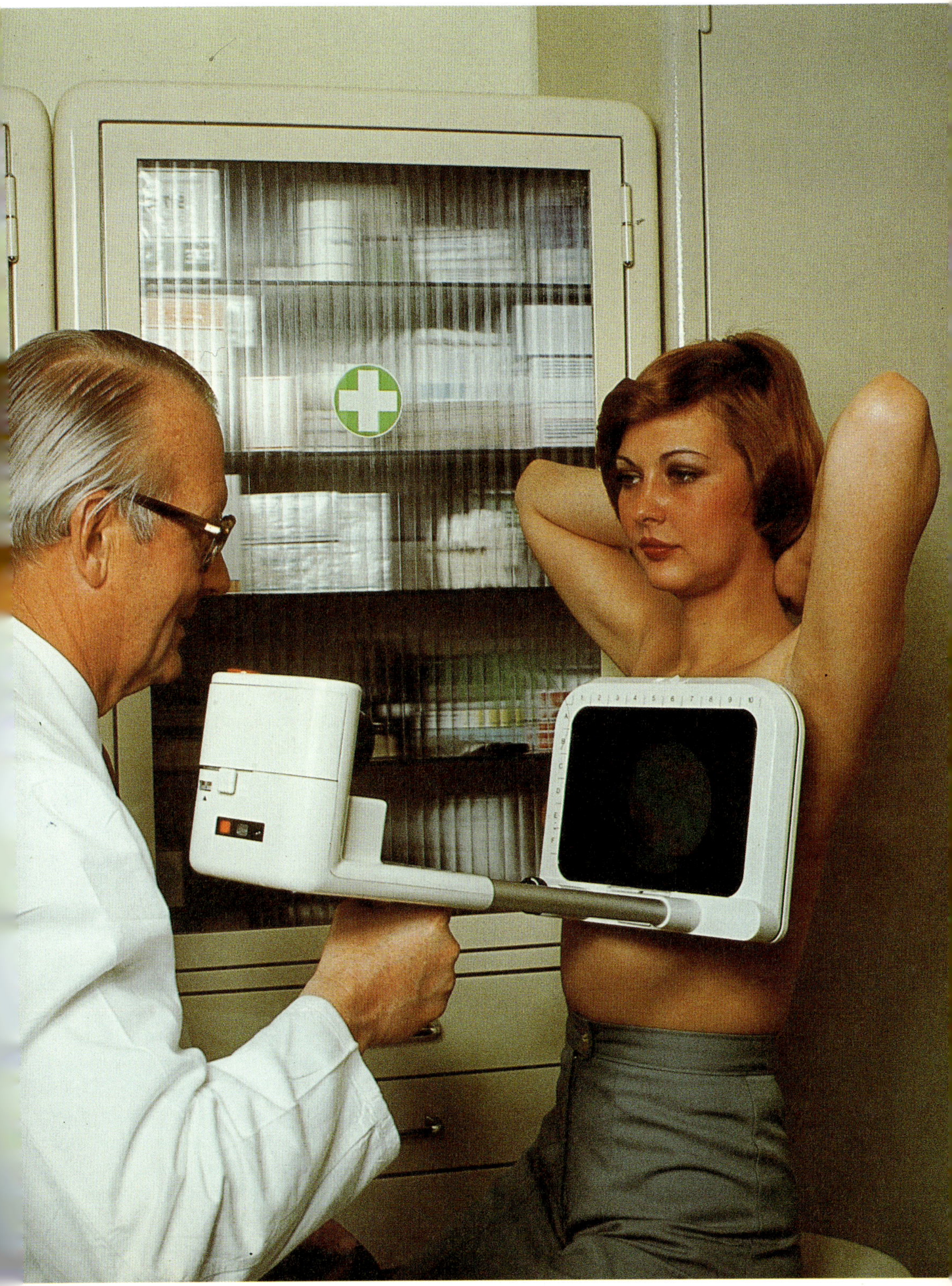

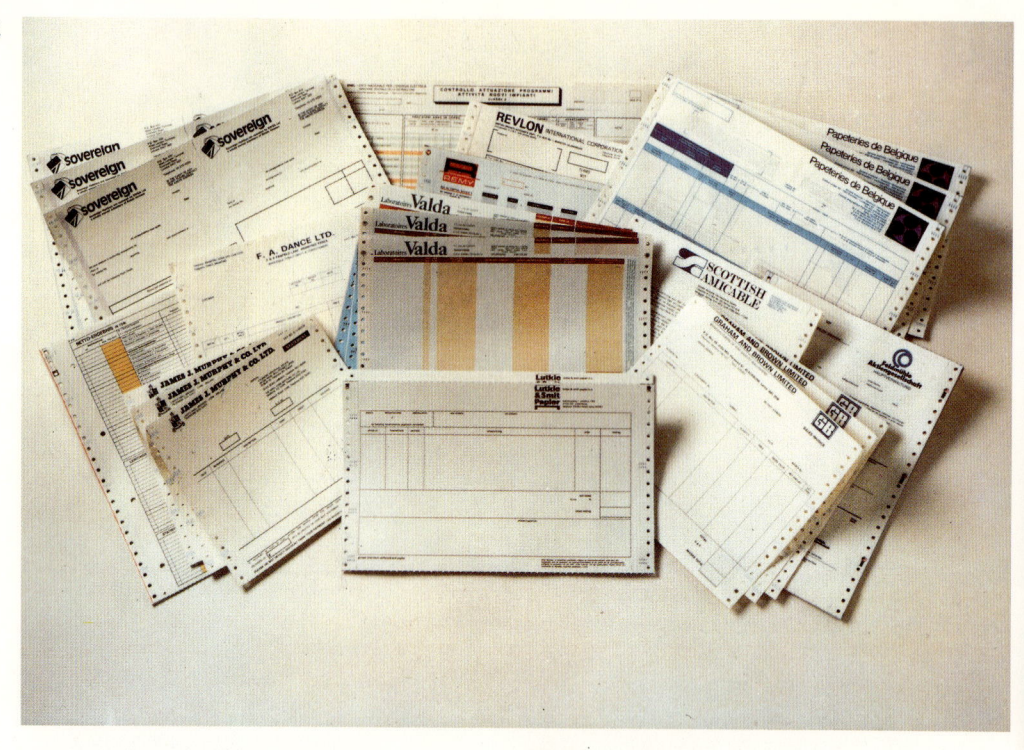

Durchschreibeformulare erleichtern Geschäftsabläufe und sparen Kosten. Kohlepapier für den Durchschlag muß nicht mehr eingelegt werden. Seine Aufgabe übernehmen Mikrokapseln. Foto Bayer AG

gentlich auch fingerschwärzende Aufgabe. Bei vielen Formularsätzen stieg man dann auf das Einmalkohlepapier um, das von vornherein zwischen den Blättern lag und nach dem Beschriften herausgerissen wurden. Heute gehören alle diese Verfahren ebenso der Vergangenheit an wie Stehpult und Manschettenschoner – dank der Chemie.

In zunehmendem Maße verwendet man sogenannte Selbstdurchschreibepapiere, die das halten, was ihr Name verspricht: Durch den Druck beim Beschriften – sei es von Hand oder mit der Schreibmaschine – entsteht eine Durchschrift, die klar lesbar und außerdem – im Gegensatz zur Kohlekopie – wisch- und kratzfest ist. In der Fachsprache heißen sie auch Reaktionsdurchschreibepapiere, weil beim Beschriften oder Bedrucken eine chemische Reaktion in Gang gesetzt wird.

Vom Geben und Nehmen

Das ganze Geheimnis dieser modernen Bürohelfer liegt in chemisch zusammengebauten Winzlingen, die mit bloßem Auge nicht zu erkennen sind. Beim gängigen Zweiblatt-Formular ist die Rückseite des ersten Blattes, des »Geber-Papiers«, mit einer Masse beschichtet, deren Hauptbestandteil Mikrokapseln sind. Den Aufbau dieser mikroskopisch kleinen Kügelchen haben die Wissenschaftler der Bayer AG, die dieses Verfahren entwickelten, der Natur abgeguckt. Wie Zellen bestehen die Mikrokapseln aus einem weichen Kern und einer festen Hülle und haben wie diese einen Durchmesser von durchschnittlich 5 bis 7 tausendstel Millimeter. Um eine Vorstellung von ihrer »Größe« zu gewinnen: Wenn wir mit einer normalen Schreibmaschine das große »W« anschlagen, zerplatzen rund 15 000 dieser Mikrokapseln. Und doch erscheint auf der Durchschrift kein Klecks, sondern gestochen scharf der getippte Buchstabe.

Die Hülle der Mikrokapseln besteht aus einem Kunststoff. Er umgibt eine Lösung von sogenannten Farbgebern, eine ölige Masse in Tröpfchenform. Diese Farbgeber sind – welcher Widersinn! – farblos. Erst wenn sie mit dem Entwickler auf dem »Nehmer-Papier« chemisch reagieren, bekennen sie Farbe: je nach Formular blau oder schwarz.

An die Mikrokapseln werden erhebliche Anforderungen gestellt. So muß die Hülle beispielsweise eine gewisse Sprödigkeit besitzen, denn schon ein schwacher Schreibdruck – etwa von zarter Frauenhand – soll die Kapseln zerstören. Eine elastische Hülle würde einfach nachgeben. Das in den Kapseln enthaltene Lösungsmittel mit dem Farbgeber darf dem Formularbenutzer nicht unangenehm in die Nase steigen. Ebensowenig darf es die Hülle zerfressen – und auf keinen Fall giftig sein. Erst nach langwieriger Entwicklungsarbeit konnten die Bayer-Wissenschaftler sich aufatmend die Hände reiben: Alle Auflagen erfüllt!

Damit die Kapseln während des Beschichtens und des späteren Verarbeitens – etwa beim Drucken der Formulare – nicht zerstört werden, fügt man der Streichmasse neben einem Bindemittel sogenannte Abstandshalter bei. Das sind Zellulose-, Kunststoff- oder Stärketeilchen, die den zwei- bis dreifachen Durchmesser der Mikrokapseln haben. Sie sorgen dafür, daß die Kapseln bis zu ihrer eigentlichen Bestimmung unversehrt durchhalten – auch dann, wenn das dünne Formularpapier in einer riesigen Streichanlage mit der rasanten Geschwindigkeit von 600 Meter pro Minute beschichtet wird.

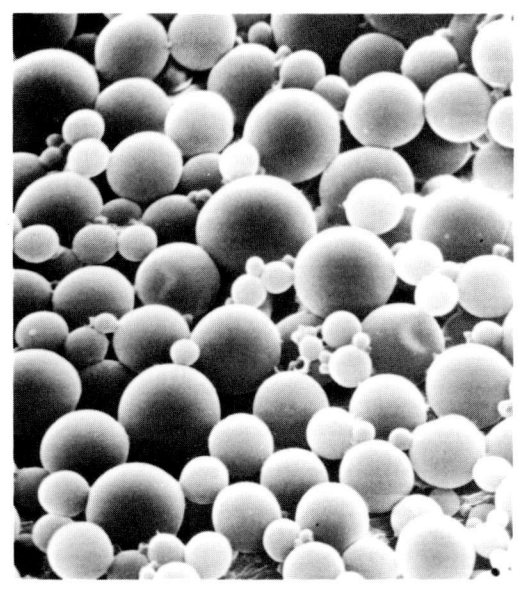

So sehen – durch das Raster-Elektronenmikroskop vieltausendfach vergrößert – die Mikrokapseln aus. Oben sind sie ganz, unten zerstört. Sie enthalten den Farbgeber, der, auf die Nehmerschicht übertragen, zum Farbstoff entwickelt wird. Dadurch entsteht die eigentliche Durchschrift. Foto Bayer AG

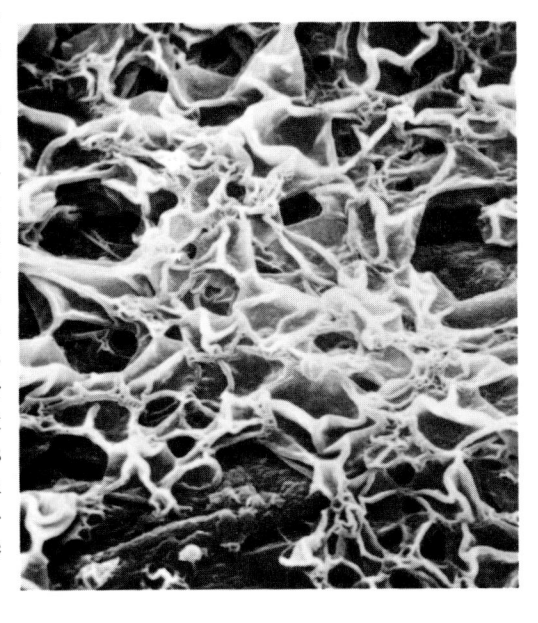

324

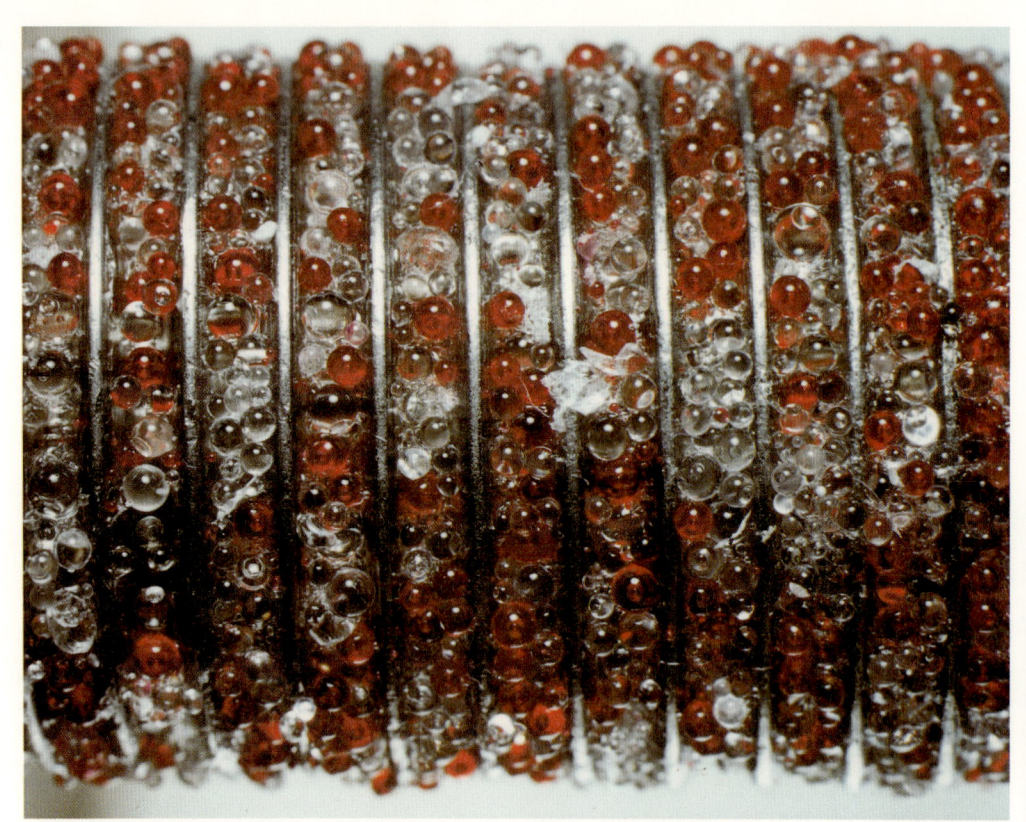

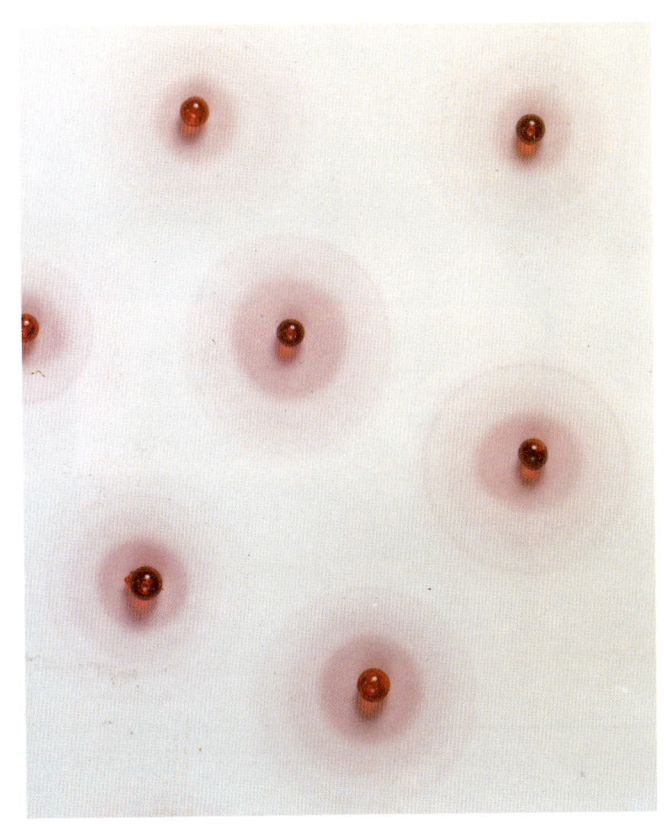

Gegenüberliegende Seite: Die Gänge dieser Schraube sind mit zwei Sorten von Mikrokapseln vollgepackt. Sie enthalten je eine Komponente eines Zweikomponentenklebers. Beim Eindrehen der Schraube in ein Gewinde werden die Kapseln zerstört. Die Komponenten reagieren miteinander und bilden den Klebstoff, der die Schraube sicher im Gewinde fixiert. Diese Methode wird besonders im Flugzeug- und Automobilbau angewendet.

Links: Durchlässige Mikrokapseln – im Bild mit rotem Farbstoff gefüllt – geben ihren Inhalt gesteuert ab, ohne daß die Kapseln dabei zerstört werden. Verkapselt man Heilmittel oder Insektenvernichtungsmittel, so geben sie ihre Wirkstoffe dosiert über einen längeren Zeitraum ab.
Fotos Bayer AG

Das farbentwickelnde Material auf dem »Nehmer-Papier« besteht aus chemisch aktivierten Ton-Pigmenten, die ebenfalls nur zwei tausendstel Millimeter groß sind. Wird nun auf der Rückseite des Vorderblattes die Geber-Schicht durch harten Druck zerstört, dann gelangt der in den Kapseln eingeschlossene Farbgeber auf die darunterliegende Nehmer-Schicht und entwickelt sich in Nullkommanichts zum Farbstoff.

Ihre spätere Funktion bringt es mit sich: Selbstdurchschreibepapiere sind höchst druckempfindlich. Fachgerechte Verarbeitung und sorgfältiger Druck spielen eine ebenso wichtige Rolle wie die Chemie. Nur mit Spezialmaschinen ausgerüstete Papierhersteller können sich an die Herstellung und Verarbeitung von selbstdurchschreibendem Papier wagen. Und wenn ein Formular gedruckt wird, darf es doch nicht gedrückt werden. Formulardrucker gelten als hochqualifizierte Spezialisten der Schwarzen Kunst.

Mikrokapseln in Technik und Medizin

Die Bayer-Wissenschaftler haben für ihre winzigen Geschöpfe noch eine ganze Reihe völlig anderer Einsatzgebiete gefunden. Im Flugzeugbau – und zunehmend auch in der Automobilherstellung – werden Schrauben und Nieten heute zusätzlich verklebt, um sie gegen das Losdrehen und Lockern zu sichern. Dabei setzen die Techniker ein Gemisch von Mikrokapseln ein, die Harze und Härter, Beschleuniger und Lösungsmittel enthalten. Es wird auf die Nieten bzw. in das Gewinde der Schrauben geklebt. Beim Verschrauben oder Vernieten springen die Kapseln auf, und ihr Inhalt verbindet sich durch eine chemische Reaktion zu einem Klebstoff, der ein Leben lang hält.

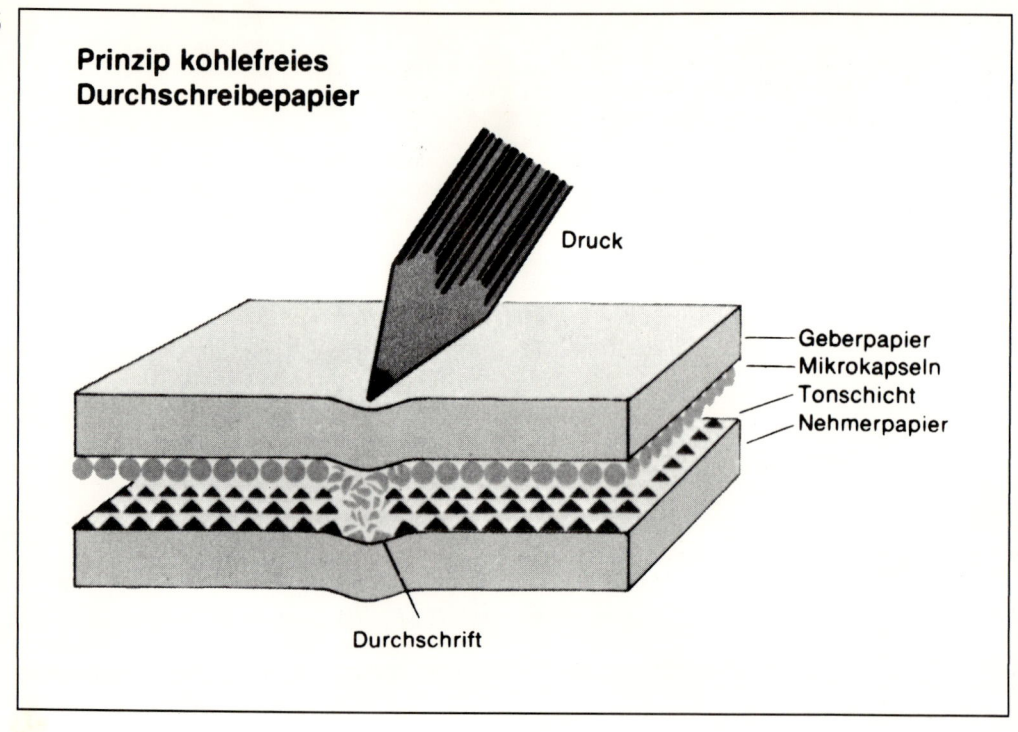

Prinzip kohlefreies Durchschreibepapier

- Druck
- Geberpapier
- Mikrokapseln
- Tonschicht
- Nehmerpapier
- Durchschrift

So funktioniert das kohlefreie Durchschreibepapier. Durch Druck werden die Mikrokapseln auf der Papierrückseite zerstört. Der eingeschlossene Farbgeber wird auf die darunterliegende Nehmerschicht übertragen und zum Farbstoff entwickelt: Die Durchschrift entsteht.
Grafik Bayer AG

Die hauchdünnen Hüllen der Mikrokapseln sind durchsichtig. So ist die Farbe des jeweiligen Inhaltsstoffes klar zu erkennen. Diesen Vorteil macht man sich bei der Verkapselung von thermosensiblen Flüssigkeitskristallen zunutze, die auf Temperaturschwankungen mit Farbänderungen reagieren. In modernen Digitalthermometern zeigen Gemische solcher Flüssigkeitskristalle, deren Farbumschlag auf eine bestimmte Temperatur eingestellt wird, in verkapselter Form die Umgebungstemperatur an. Da die chemischen »Chamäleons« höchst empfindlich reagieren, lassen sie selbst winzige Temperaturunterschiede erkennen – etwa auf der menschlichen Haut. Ärzte setzen sie zum Aufspüren von Krankheiten ein. Eine Krebsgeschwulst der weiblichen Brust zum Beispiel hat eine andere Temperatur als das umgebende normale Zellgewebe.

Die Mikrokapseln, die bei Selbstdurchschreibepapieren und zur Schraubenverklebung verwendet werden, setzen ihren Inhalt erst nach ihrer Zerstörung frei. Doch es gibt auch Kapseln mit halbdurchlässigen Hüllen – ausgetüftelt für Einsatzgebiete, wo es darauf ankommt, daß der Inhaltsstoff nach und nach frei wird, vor allem bei Arzneimitteln. Manche Medikamente enthalten Kapseln, die den Wirkstoff über einen längeren Zeitraum hinweg dosiert entlassen. Diese Depotwirkung, wie es die Pharmazeuten nennen, verlängert die Wirkungsdauer eines Arzneimittels, senkt vor allem die Zahl der Einnahmen und mildert unerwünschte Nebenwirkungen.

Carmen Rohrbach

KANNIBALEN UND ORIENTIERUNGSKÜNSTLER
Bei den roten Klippenkrabben auf Galapagos

Vom ersten Augenblick an bin ich von diesen eigenartigen Tieren fasziniert. Ich sitze zwischen Meer und Land auf einem sonnendurchglühten und gischtumsprühten Block. Diese schwarzen Lavasteine bilden fast überall die Küste der Galapagosinseln. Hochaufgerichtet auf langen Laufbeinen nähert sich mir eine leuchtendrote Krabbe. Die hellblau schillernden Stielaugen vollführen kreisende Bewegungen. Fast in Greifnähe stolziert die Klippenkrabbe an mir vorüber. Sie läuft nicht, sondern schreitet, tänzelt sogar auf den Zehenspitzen. Ich habe den Eindruck von überbetonter Ruhe und Langsamkeit, von gespielter Harmlosigkeit. Ich kann mir nicht helfen, das Tier erinnert mich an gewisse Westernhelden, die ebenso harmlos tuend, die Hände in den Jeanstaschen vergraben und ein Liedchen pfeifend durch eine Wildweststadt schlendern, immer bereit, den Colt zu ziehen.

Ich beobachte gespannt, was wohl meine Krabbe im Schilde führt. Wegen ihrer besonders großen, kirschroten Scheren kann ich sie als Männchen bestimmen. Plötzlich springt die Krabbe mit einem weiten Satz über einen mehr als 30 Zentimeter breiten Spalt auf einen neuen Lavablock, mitten hinein in eine Gruppe kleinerer Klippenkrabben. Diese stieben in eiliger Flucht nach allen Seiten auseinander. Nur ein Tier reagiert nicht schnell genug. Schon ist es mit den gewaltigen Scheren am Bein gepackt – wie mit Schraubzwingen. Eine letzte Chance hat das Opfer: schnell »amputiert« es sein eigenes Bein. Krabben können ähnlich wie unsere Eidechsen bei Gefahr Körperteile abstoßen. Bei den nächsten Häutungen wachsen die Glieder allmählich wieder nach. Die große Krabbe hält das nun isolierte Bein weiterhin fest. Bevor sie gewahr wird, was passiert ist, kann die Kleine entfliehen. Aber für die Räuberin hat sich der Überfall schon gelohnt. Sie knackt den harten Beinpanzer und beginnt das zarte, eiweißreiche Muskelfleisch zu fressen.

Schutz in der Gruppe

Normalerweise ernähren sich die Klippenkrabben von Algen. Vor allem weiden sie den grünen, schlierigen Algenfilm ab, der die Felsen der Gezeitenzone überzieht. Mit abwechselnden Scherenbewegungen kneifen die Krabben Stücke aus dem für unsere Augen fast unsichtbaren Algenrasen heraus und führen sie zum Mund. Die Scheren haben sich an diese Ernährungsweise angepaßt und sind vorne nach Art einer Beißzange zu Schneiden verbreitert. Mit besonderer Vorliebe fressen die Tiere jedoch Fleisch: angeschwemmte Fischleichen, von Meeresvögeln ausgewürgte Fischreste und sonstige Kadaver. Je mehr sie von dieser konzentrierten Eiweißnahrung bekommen, um so schneller wachsen sie und sind schließlich in der Lage,

Konkurrenten aus dem Feld zu schlagen. Sie können sich dann früher fortpflanzen und mehr Nachkommen haben.

Nicht alle Tage werden aber tote Fische oder ähnliche Leckerbissen angeschwemmt, und deshalb frönen besonders große und kräftige Tiere kannibalischen Gelüsten. Artgenossen gibt es ja genug. Aber es ist gar nicht so einfach, an die Beute heranzukommen, denn sie ist stets auf der Hut vor einem Überfall. Die Klippenkrabben haben regelrechte Jagdtechniken auf Individuen der eigenen Art entwickelt: Der Angriff erfolgt blitzschnell mit einem Überraschungssprung. Ist es klein genug, wird es zwischen den Beinen »gekäfigt«, dann faßt die Kannibalenkrabbe mit geöffneten Scheren unter sich, um die Gefangene sofort zu töten und aufzufressen.

Als Schutz vor den räuberischen Artgenossen sammeln sich die Tiere in möglichst großen Gruppen nach dem Motto: In der Masse ist der einzelne geschützt. Es fällt auf, daß alle Individuen dieser »Schutzgruppen« ungefähr gleich groß sind. Außerdem tarnen sich die kleinsten mit einem dunkelgrünen bis schwarzen Panzer, der auf den algenbewachsenen Lavasteinen nicht weiter auffällt. Sie entfernen sich auch nicht weit von ihren Verstecken in der löcherigen Lava.

Zum Fressen gern...

Gefährlich ist die Paarung. Wie soll das meist kleinere Weibchen wissen, ob das Männchen das Sprichwort »Liebe geht durch den Magen« nicht wörtlich nimmt. Deshalb führen die Partner vor der Paarung einen rituellen Tanz auf, der solche

Ein typisches Bild von den Galapagosinseln: Lavablöcke, Seelöwenmännchen und überall die roten Klippenkrabben auf den dunklen Steinen. Foto Rohrbach

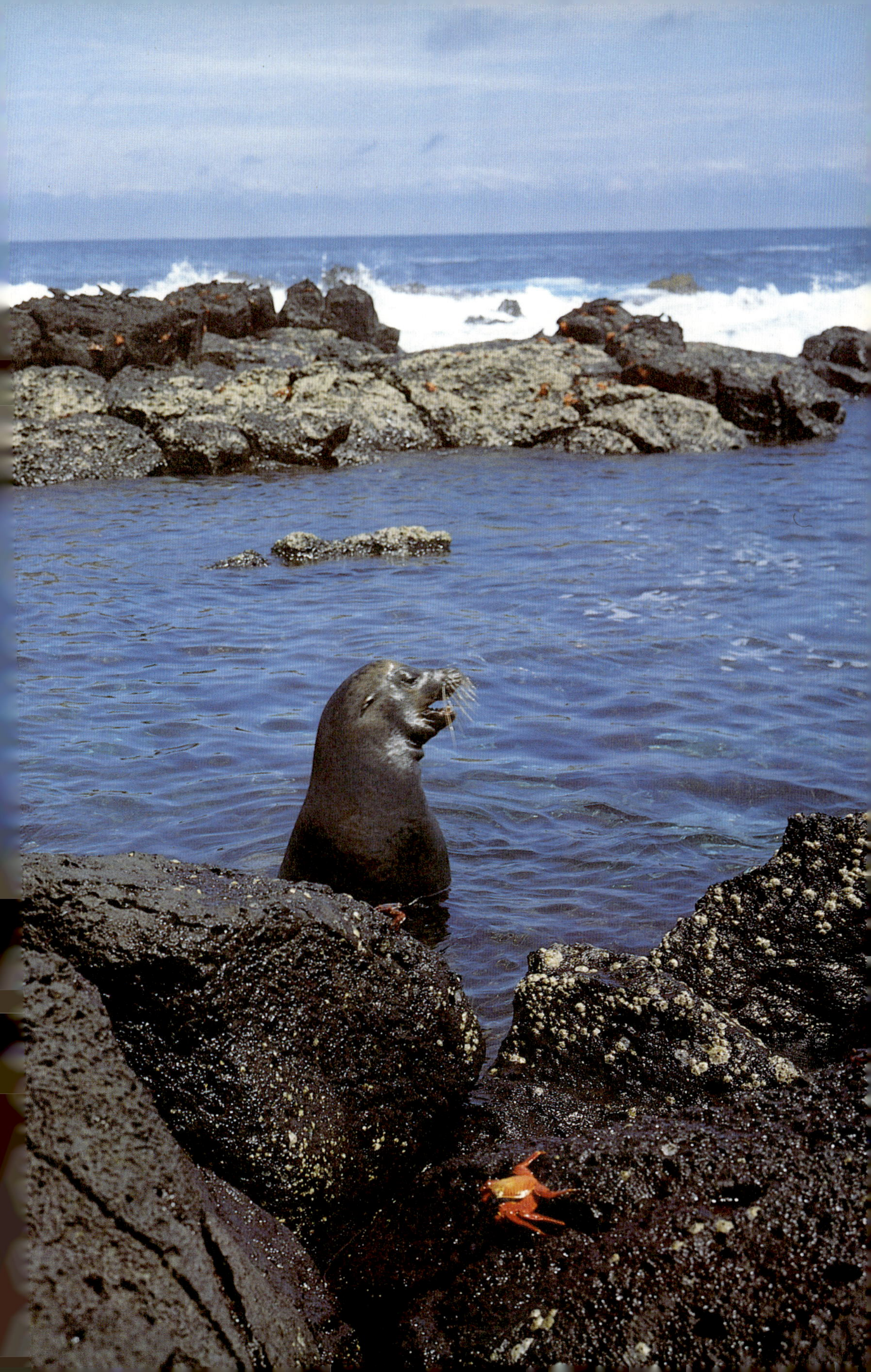

Ängste beschwichtigen soll. Beide drücken die Beine durch und staksen wie auf Stelzen umher. Die weibliche Krabbe hütet sich, in den Fangbereich der großen Scheren des Männchens zu kommen, denn noch ist sie unsicher, ob der Partner sie nicht doch zum Fressen gern hat. Langsam rückwärts gehend weicht sie ihm aus. Uns erscheint es wie ein neckisches Weglauf- und Fangspiel. Schließlich bleibt das Männchen stehen und führt mit den Scheren kreisende Bewegungen vor, die nur bei der Werbung gezeigt werden. Als es sich wieder dem Weibchen nähert, weicht dieses nicht mehr zurück. Wie zwei alte Kämpen stehen sich die roten Krabben gegenüber. Sie berührt mit den Laufbeinen sacht den Partner. Es sieht fast so aus, als würde sie ihn beruhigend streicheln. Nach langer Zeit des Abtastens und Gegenübersitzens hebt das weibliche Tier den Hinterleib und kreuzt die Scheren über dem Mundfeld. Das Männchen wirft seine gefährlichen Scheren und das erste Lauf-

Oben: Das Männchen der Klippenkrabbe. Mit seinen großen roten Greifscheren kann es ganz schön zwicken.
Rechts: Ein Männchen der Klippenkrabbe (rechts) nähert sich einem Weibchen (rechts). Die Paarung ist ein heikler Augenblick, denn große Männchen leben durchaus kannibalisch von Artgenossen. Fotos Rohrbach

beinpaar über ihren Körper und schwingt sich artistisch mit einer Bauchwelle unter sie. Nach der Besamung dreht sich das Männchen wieder zurück. Beide Tiere sitzen sich noch lange Minuten ruhig gegenüber, bis schließlich jedes wieder seines Weges geht.
Das Weibchen trägt die befruchteten Eier bis zum Schlüpfen der Larven unter ihrem Körper, bedeckt von umgebildeten, flachen Laufbeinen, dem Pleopodium. Gelegentlich klappt die Krabbe diesen schwanzähnlichen Fortsatz auf, reinigt die Eier mit den Scheren und ent-

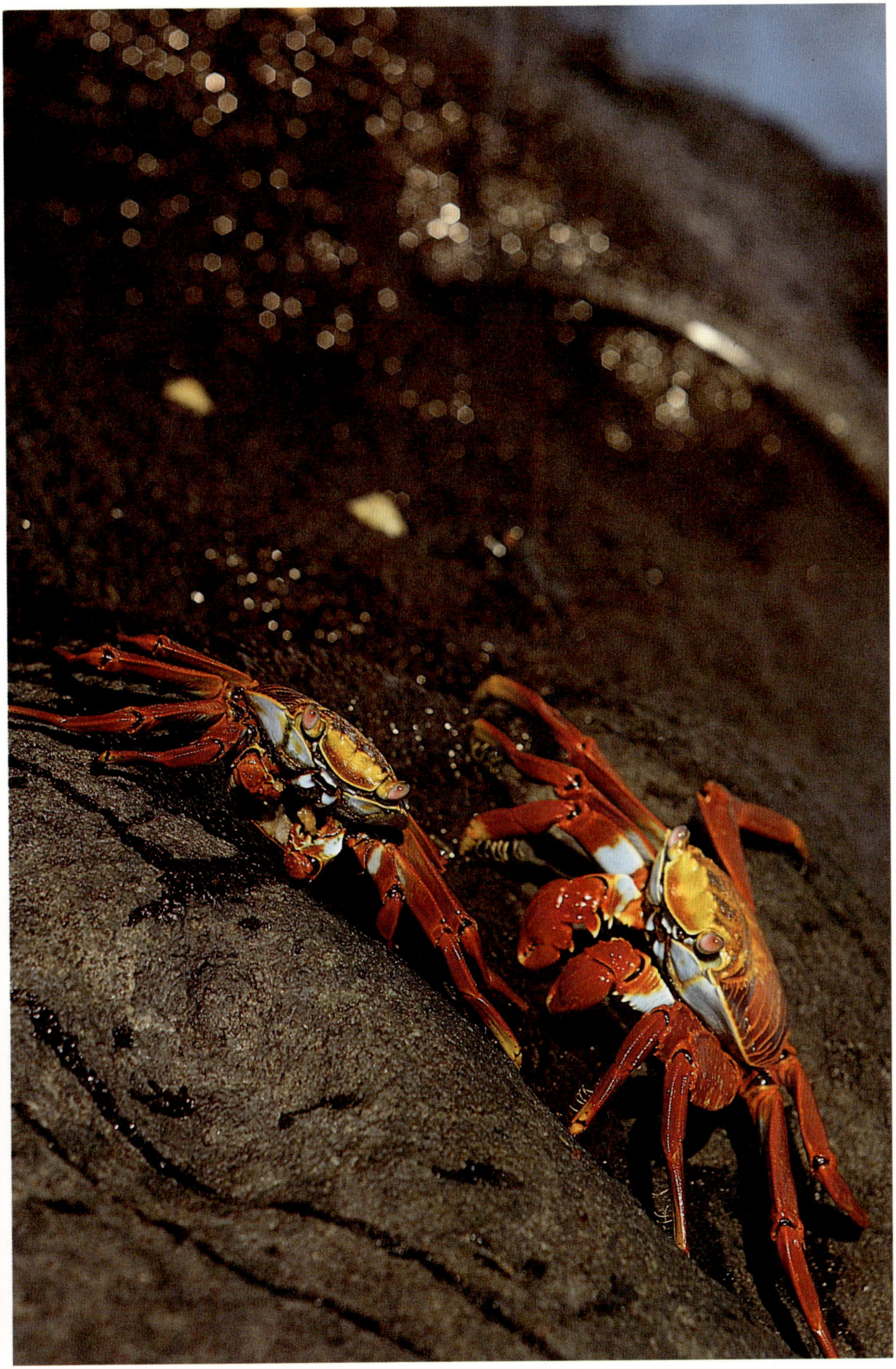

fernt unbefruchtete und verpilzte Eier. Wenn die Larven schlüpfen, begibt sie sich in einen flachen Gezeitentümpel und entläßt die Jungen ins Wasser. Diese müssen aber erst das Larvenstadium oder Zoea durchmachen, bis sie sich als stecknadelkopfwinzige Kräbblein zwischen der porösen Lava ein Versteck suchen können. Bei vollausgewachsenen Tieren wird der Panzer bis über acht Zentimeter breit. Die Klippenkrabben sind an der südamerikanischen Küste weit verbreitet, aber nur auf Galapagos werden die erwachsenen Krabben feuerwehrrot. Sie können sich diesen Luxus leisten, denn Feinde gibt es hier nur sehr wenige. Der wie mit Farbe übergossene Körper der Krabben ist ein wirkungsvolles optisches Signal für den Paarungspartner und erleichtert die Balz.

Der ärgste Feind: das Wasser

Obwohl die Klippenkrabben ständig im Spritzwasserbereich leben, gehen sie doch, ausgenommen die Weibchen zur Eiablage, nie freiwillig ins Wasser, denn sie können nicht schwimmen. Wenn man eine Krabbe verfolgt, läßt sie sich selbst in höchster Bedrängnis nicht ins Wasser treiben. Wird sie hineingeworfen, so versinkt sie, nachdem sie einige Male mit den Beinen hilflos auf das Wasser geschlagen hat. Allerdings können die Krabben eine zeitlang »die Luft anhalten« und am Meeresgrund zurücklaufen. Da lauern allerdings gefährliche Feinde, allen voran der Hieroglyphenbarsch, der mit seinen mächtigen Kiefern die härtesten Panzer mit Leichtigkeit knackt. Außerdem sind Krabben ein Leckerbissen für Muränen und Kraken. Auf dem Land haben die unzähligen Krabben, die den schwarzen Felsen rot gesprenkeltes Aussehen verleihen, nur einen einzigen Hauptfeind, den Lavareiher. Er wird nur rund 20 Zentimeter hoch und kommt auf Galapagos in zwei farblich verschiedenen Formen vor – bräunlich gestreift oder schiefergrau und schwarz. Ständig schreitet er umher, nach Beute Ausschau haltend. Hat er ein mögliches Opfer erspäht, so nähert er sich mit zeitlupenartiger Bewegung. Dabei wippt sein kurzer Schwanz aufgeregt auf und nieder. Hat er sich genügend weit herangepirscht, stößt er plötzlich mit seinem metallharten Schnabel zu, wobei sich sein Hals zu unerwarteter Länge streckt. Manchmal hat er Mühe, eine große Krabbe auch hinunterzuschlucken. Meistens erwischt er jedoch die grünlich gefärbten Jugendstadien.

Jede Krabbe hat ihr Territorium

Viele Wochen lang beobachtete ich die roten Klippenkrabben und meinte schließlich, alles über ihr Leben zwischen Ebbe und Flut zu wissen. Doch die erstaunlichste Verhaltensweise war mir noch gar nicht aufgefallen.
Allmählich lernte ich einige Individuen an kleinen körperlichen Merkmalen zu unterscheiden. Mir fiel auf, daß sie sich immer an den gleichen Stellen an der Küste aufhielten. Ich war überrascht. Sollten diese Tiere etwa ortstreu sein, so etwas wie einen Heimatplatz, ein Territorium, besitzen? Dies war weder von Klippenkrabben noch von anderen Krabbenarten je berichtet worden. Um sicher zu sein, markierte ich die Krabben mit Farb-

Oben: Männchen und Weibchen der Klippenkrabbe kurz vor der Paarung. Bald wird das Männchen die Scheren und das erste Laufbeinpaar über den Körper des Weibchens werfen und sich mit einer Welle unter den Bauch des Weibchens schwingen. Nach der Paarung bleiben die Tiere noch einige Minuten bewegungslos beisammen.
Unten: Klippenkrabben bilden größere Gruppen. Das bringt enorme Vorteile. Ein Räuber wird durch die Masse der Tiere verwirrt und alarmiert bei einem Angriff eine Vielzahl von Tieren. Fotos Rohrbach

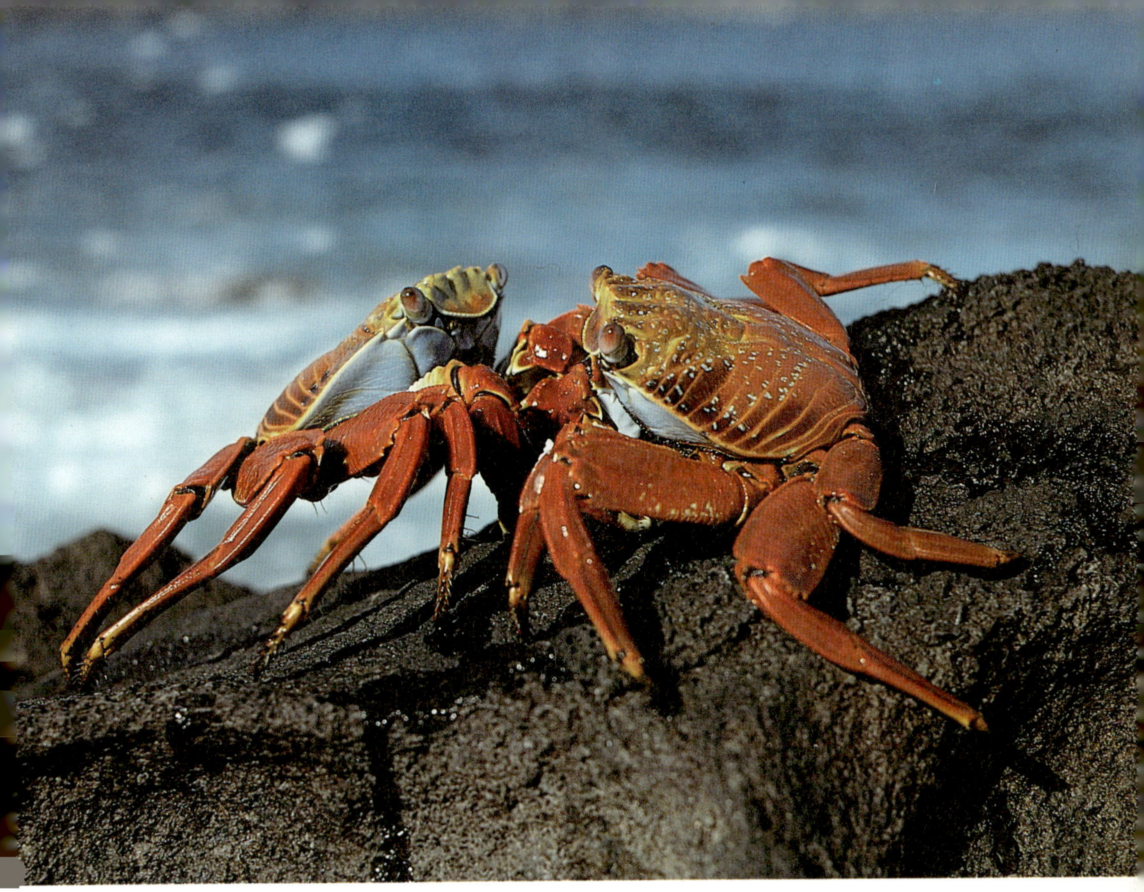

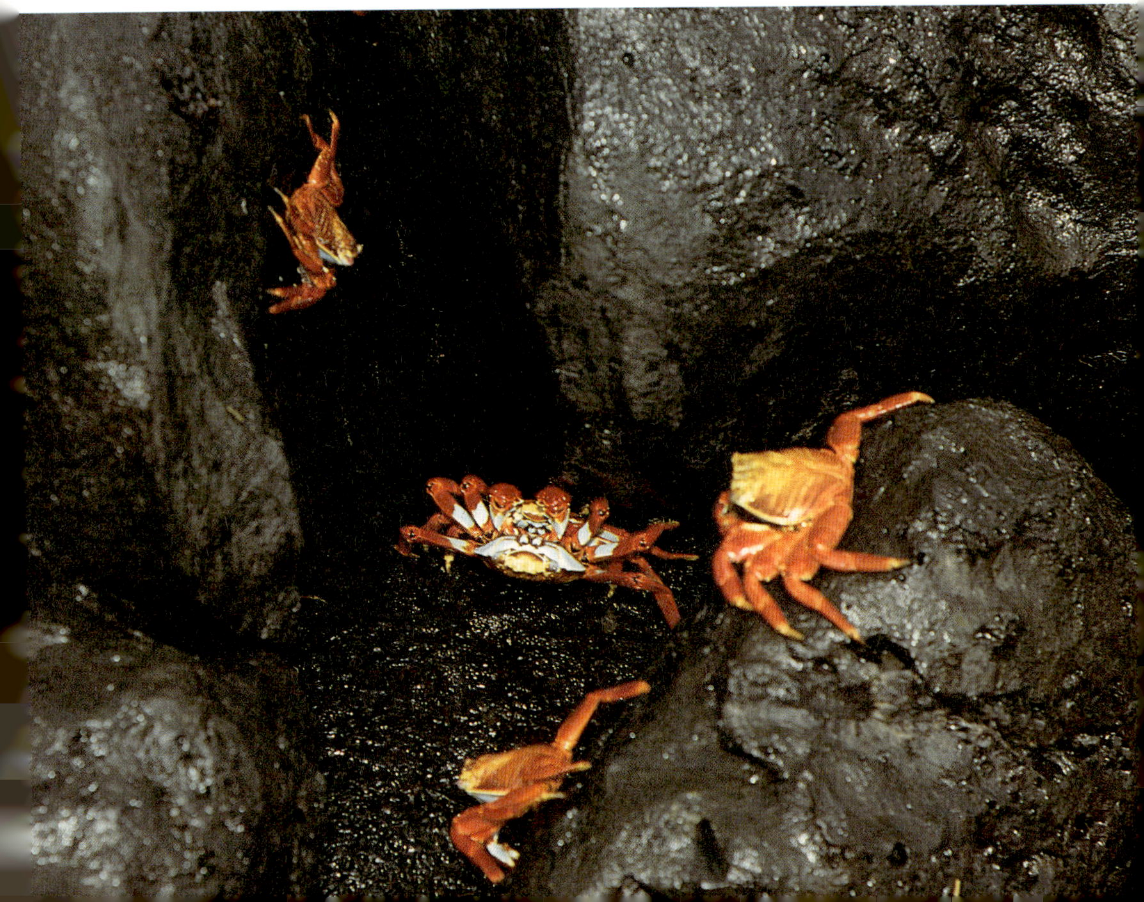

Links: Die Klippenkrabbe ist etwas größer als eine Männerhand. Obwohl diese Krabben am Meerstrand leben, können sie doch nicht schwimmen und sind im Wasser recht hilflos. Auf dem Land haben sie nur einen Feind, den Lava-Reiher. Er hackt mit seinem metallharten Schnabel auch die härtesten Krebspanzer auf.

Rechts: Klippenkrabben bilden immer große Gruppen. Jugendstadien tarnen sich mit grüner Farbe auf der dunklen Lava. Klippenkrabben haben einen wundervollen Orientierungssinn, denn sie finden trotz der ausgeprägten Gezeiten immer wieder zu ihrem Heimatstein zurück. Wahrscheinlich orientieren sie sich nach der Sonne. Fotos Rohrbach

tupfern und kontrollierte ihre Aufenthaltsorte während einer ganzen Woche. Tatsächlich, die markierten Individuen entfernten sich nie mehr als zwei Meter von ihrem angestammten Platz. Das gilt aber nur während der Flut. Sobald das Wasser zurückwich, liefen alle Krabben dem nassen Element hinterher, um am Spülsaum den Algenrasen abzuweiden und im Tang nach sonstiger Nahrung zu suchen. Die Krabben müssen meist über 50 Meter weit laufen, um bei Ebbe an ihre Algennahrung zu gelangen. Mit heranbrandender Flut ziehen sich dann alle wieder auf die ufernahen Steine zurück. Es war mir rätselhaft, wie die Tiere sich in dem Lavageröll orientierten und auf derart weite Entfernungen haargenau ihren Heimatstein wiederfanden. Um den Orientierungssinn zu prüfen, führen Verhaltensforscher Experimente mit verfrachteten Tieren durch. So fing ich einige markierte Individuen und ließ sie an der entgegengesetzten Küste der Insel in einer Entfernung von 450 Meter wieder frei. Innerhalb von fünf Tagen waren alle Krabben zu ihrem Heimatplatz zurückgekehrt.

Warum es für Krabben wichtig sein mag, auf einem ganz bestimmten und immer demselben Stein zu sitzen, ergab sich leicht aus den früheren Beobachtungen: Vom Wasser drohen den Tieren die größten Gefahren. An einem unbekannten Ort werden sie eher ein Opfer von Flut und Brandung. Außerdem kennen sie an ihrem Heimatplatz alle Versteckmöglichkeiten, um sich vor kannibalischen Artgenossen in Sicherheit zu bringen. Wahrscheinlich kennen sie aber auch die Nachbarkrabben, schließlich bilden sie meist Gruppen und zeigen viele soziale Verhaltensweisen, wie Drohen, Imponieren, Rückenzudrehen und vor allem Berühren und Betasten mit den Beinen.

Die Sonne als Kompaß

Aber wie orientieren sich die Klippenkrabben im unübersichtlichen Lavageröll, das von jeder Flut wieder anders zusammengewürfelt wird? Eine solche Leistung ist bisher einmalig für diese Tiergruppe. Von einem Verwandten, dem Sandflohkrebs, weiß man, daß er die Sonne als Kompaß verwendet. Die kleinen Sandflohkrebse legen allerdings immer nur Entfernungen von wenigen Meter zurück. Auch andere Tiere, viele Fische, Amphibien, Vögel und Insekten orientieren sich nach der Sonne. Sie haben in ihrem Körper »Meßinstrumente«, die Höhe und Verlauf des Sonnenbogens genau berechnen können. Selbst bei bewölktem Himmel bestimmen sie mit Hilfe polarisierten Lichtes die Richtung. Am bekanntesten sind die Honigbienen, die sich auch bei Bewölkung zurechtfinden. Auch andere auffällige Himmelskörper, der Mond und Sternbilder werden zu Orientierungshilfen herangezogen. Sehr wahrscheinlich verwenden auch die Klippenkrabben die Sonne als Orientierungshilfe, doch bewiesen ist das noch nicht – das wäre eine hübsche Forscherarbeit eines angehenden Zoologen!

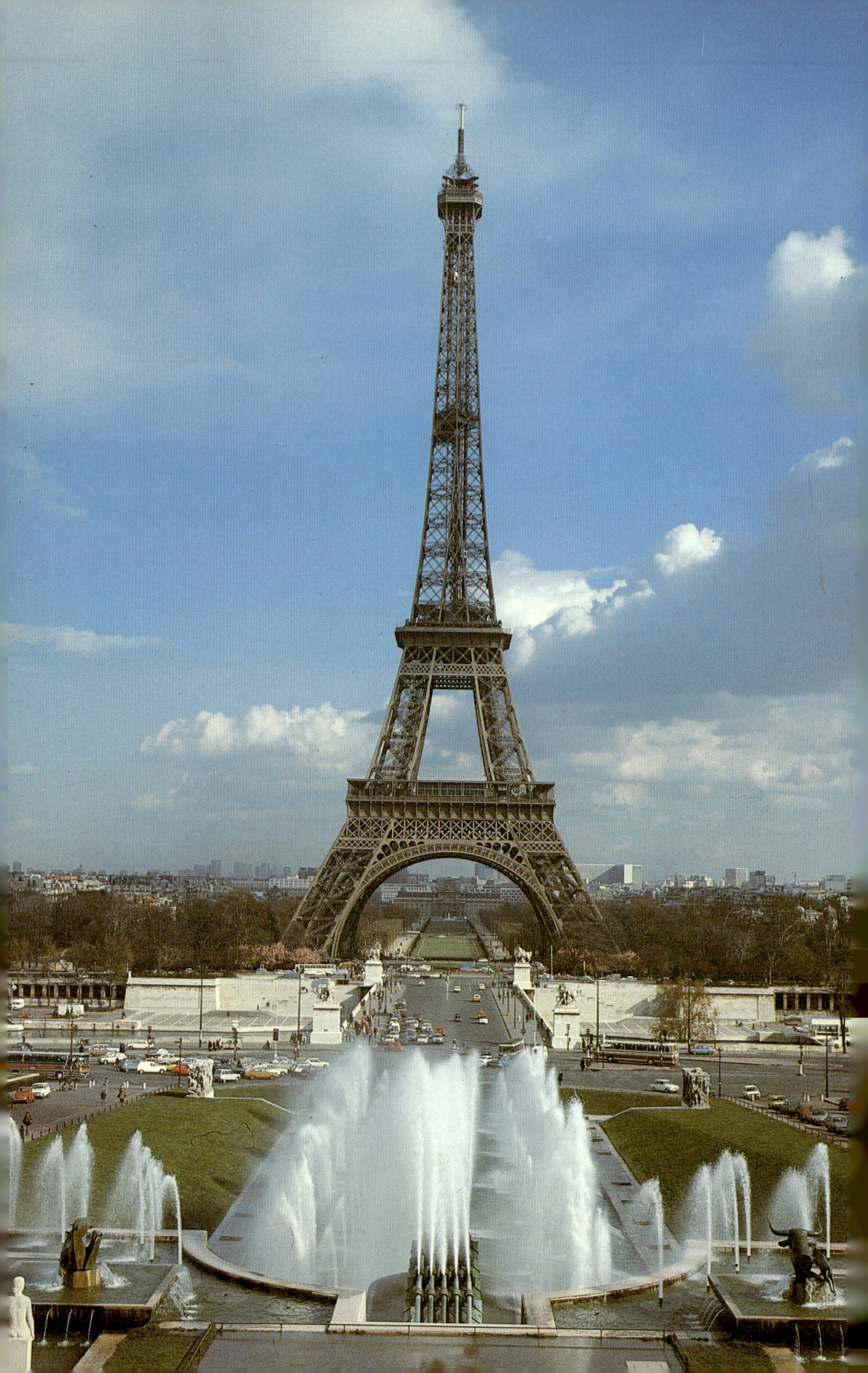

Jacques und Johanna Vasseur

SALMIAK, BAKELIT UND FIRNIS
Personennamen, die zu Sachnamen wurden

> Welch schönes Buch könnte man schreiben über das Leben und die Abenteuer eines Wortes!
>
> Honoré de Balzac

Im Jahr des Herrn 1680 verließ Wilhelm Bönickhausen seine kleine Heimat Marmagen in der Eifel, um nach Frankreich auszuwandern. Einer seiner Ururenkel, Gustave Bönickhausen (Bonickhaussen), geboren in Dijon 1832, sollte dem Wunsch seiner Familie entsprechend die Senffabrik eines reichen Onkels übernehmen. Aber der junge Gustave träumte nur von Brücken, Viadukten und riesigen Hallen. Am 1. April 1879, wie es im Amtsblatt der französischen Republik hieß, »erhielt Herr Bönickhausen (Alexandre, Gustave), Ingenieur und Konstrukteur, geboren am 15. Dezember 1832 in Dijon, wohnhaft in Levallois-Perret (Seine), die Genehmigung, seinen Familiennamen Bönickhausen in Eiffel zu verändern und sich künftighin so zu nennen«.

1889 wollte man in Paris eine Weltausstellung aus Anlaß des 100. Jahrestags der Revolution veranstalten. Die Stadt Paris schrieb einen Preis aus. Sieger von rund 700 Bewerbern war Eiffel mit einem kühnen Projekt: einem Turm aus 18 000 Stahlelementen, 300,60 Meter hoch. Eiffel wurde wegen dieses Vorhabens als »Frevler am guten französischen Geschmack« leidenschaftlich kritisiert und getadelt. Der berühmte französische Schriftsteller Maupassant war entschlossen, »Paris zu verlassen, falls jene Schändung verwirklicht werden würde«. Der Schriftsteller Léon Bloy und der Kompo-

»Bönickhausenturm« müßte der Eiffelturm *(Bild links)* eigentlich heißen. Sein Erbauer nahm nämlich erst als 53jähriger den Namen Alexandre Gustave Eiffel *(Bild rechts)* an. Zuvor hatte er Bönickhausen geheißen. Seine Familie stammte ursprünglich aus der Eifel.

Dieser Gobelin stammt aus der Zeit um 1500 und zeigt eine Einhornjagd. Der Begriff Gobelin geht auf eine Pariser Färberfamilie zurück. Foto Historia-Photo

nist Gounod teilten Maupassants Ansicht. Selbst nach dem Bau resignierten die Gegner nicht. Ein älterer Herr kam jeden Tag in das auf der ersten Etage eingerichtete Restaurant und war nie mit dem Essen oder mit den Getränken zufrieden. Eines Tages konnte sich der Eigentümer des Restaurants nicht mehr beherrschen und fragte wütend: »Wenn dem so ist, warum kommen Sie seit vielen Jahren mittags und abends?« Der alte Herr antwortete gelassen: »Aus einem einfachen Grund: Hier ist nämlich der einzige Platz in Paris, von dem aus man diesen elenden Turm nicht zu sehen braucht!«

Mercedes

Zwischen diesem klangvollen spanischen Mädchennamen und dem »guten Stern auf allen Straßen« liegen tausend Jahre, viele tausend Kilometer und ... ein Stück Weltgeschichte. Anfang des 13. Jahrhunderts waren noch große Teile Spaniens von den Arabern besetzt. 1218 wurde in Spanien ein Orden gegründet. Er nannte sich »Maria de mercede redemptionis captivorum«, also ungefähr »Orden der Jungfrau Maria, die bei der Beschaffung des Lösegeldes zum Freikauf von Gefangenen (der Araber) behilflich ist«. Das lateinische Wort »merces/mercedis« bedeutet »Lösegeld«, »Kaufpreis für eine Ware«. »Ware« heißt auf lateinisch »merx«, und dieses Wort hat sich in »Kommerz« erhalten.

Am 24. September feiern die Spanier das Fest dieser Schutzheiligen, die sie »Maria de las Mercedes« nennen. Damals und auch heute scheuen sich die Spanier – aus religiöser Ehrfurcht –, ihren Mädchen den Namen Maria zu geben, und sie wählen eine Umschreibung oder indirekte Benennung, wie »Mercedes«, »Dolores« (die Schmerzensreiche), »Concepción« (unbefleckte Empfängnis) oder »Carmen« (Maria vom Berg Carmel in Palästina).

Es war nicht die Tochter Gottlieb Daimlers, die dem bekannten deutschen Kraftfahrzeug ihren Namen gegeben hat, sondern die Tochter eines seiner Geschäftsfreunde: Mercedes Jellinek. Ihr Vater war Konsul in Nizza und bestellte um die Jahrhundertwende 45 »Simplex« der Firma Daimler-Benz, jedoch unter der Bedingung, daß dieser Autotyp den Vornamen seiner Tochter trage. Und so kam es zu dem heute weltberühmten Markennamen.

Salmiak

Jede Hausfrau hat schon Salmiak benutzt, meist kombiniert mit irgendwelchen Putzmitteln. Salmiak ist eine Abkürzung der lateinischen Bezeichnung jener Chemikalie, »sal ammoniacum«, eigentlich »Salz aus Ammon«. Gemeint ist die Oase Ammon (heute Siwah) in Ägypten, nahe der libyschen Grenze. »Ammon«, ursprünglich »Amun«, war ein ägyptischer Sonnengott. Jene wichtige ägyptische Gottheit wurde von den Griechen mit Zeus, dann von den Römern mit Jupiter (»Jupiter Ammon«) gleichgesetzt. Ganz in der Nähe der Oase Ammon gewann man das Salz »ammoniacum«. »Ammoniak« ist die chemische Bezeichnung für ein Gas, NH_3, das mit Salzsäure zusammen Salmiak ergibt.

Der Gott Ammon ist oft als Mann mit einem Widderkopf dargestellt. Die fossilen Tintenfischschalen, die Ammoniten oder Ammonshörner, verdanken ihren Namen der Ähnlichkeit mit dem spiraligen Horn des Jupiter Ammon.

Zwischen Berenike und Firnis...

liegen wenige Schritte und zwei Jahrtausende. »Berenike« ist die altmakedonische Form des griechischen Mädchennamens »Pherenike« (die Siegbringerin). Die berühmteste Berenike der alten Ge-

Der italienische Physiker Graf Alessandro Volta erklärte 1801 Napoleon Bonaparte in der Akademie der Wissenschaften in Paris die Wirkung der galvanischen Batterie. Nach Volta ist die Einheit der Spannung, das Volt, benannt. Foto Historia-Photo

schichte war die Gattin Ptolemaios' III. (3. Jh. v. Chr.). Sie hatte dem Kriegsgott versprochen, ihr Haupthaar zu opfern, wenn ihr Gatte einen asiatischen Feldzug siegreich abschließen würde, was auch geschah. Berenike ließ sofort ihre Haare in den Tempel bringen, aber sie wurden nachts gestohlen. Der Astronom Konon von Samos erklärte, daß sie der neidische Zephyr, der Gott des Westwinds, unter die Sterne versetzt habe. Seither heißt ein nördliches Sternbild »Haar der Berenike«.

Eine Stadt in der Cyrenaika wurde damals jener Berenike zu Ehren umbenannt. Später entwickelte sie sich zu einem bedeutenden Handelsplatz besonders für ein zitronengelbes Harz, das zur Herstellung von durchsichtigen Lackfarben diente. Das Harz wurde nach der Stadt genannt: griechisch »verenike«, lateinisch »veronix«, französisch »vernis«, mittelhochdeutsch »vernis«, neuhochdeutsch »Firnis«.

Vor der Eröffnung einer Kunstausstellung wurde den Künstlern gestattet, ihren Gemälden den letzten Firnis zu geben. Von daher rührt der Begriff »Vernissage« für den Presseempfang anläßlich einer Kunstausstellung vor der offiziellen Eröffnung.

Börse

Auf den ersten Blick müßte man vermuten, daß »Börse« vom lateinischen »bursa« stammt, das »lederner Schlauch«, »Beutel« und »Geldbeutel« bedeutet.

Die Draisine hat ihren Namen nach Karl Friedrich Ludwig Freiherr von Drais. Im Bild deutsche Soldaten, die 1918 vor den Russen geflohene Finnen mit einer Draisine wieder in ihre Dörfer zurückbringen. Foto Süddeutscher Verlag

Das ist zwar der Fall, aber über einen Umweg von mehreren Jahrhunderten und über einen Familiennamen.
Im 14. Jahrhundert eröffnete eine italienische Familie Della Borsa (»von der Börse«) aus Venedig, Inhaberin einer Bank, eine Filiale im flämischen Brügge, das damals ein wichtiger Seehafen, ein blühender Handelsplatz und eines der ersten Zentren des europäischen Bankwesens war. Die Bank wurde in einem schönen Patrizierhaus untergebracht, dessen Giebel mit dem Wappen der Familie, nämlich drei Börsen, geziert war. Die Flamen nannten jene Niederlassung bald »Haus der Börse«, auf Flämisch: huis van de B(e)urse, schließlich kurz »Börse«.

Bakelit

1909 stellte der belgische Chemiker Leo Baekeland (1863–1944) den ersten Kunststoff aus nicht natürlichen Produkten, nämlich Phenol und Formaldehyd, her. Der Stoff wurde schließlich nach seinem Erfinder benannt. Bakelit wurde

Die ganze Elektrizitätslehre strotzt vor Physikernamen, die zu Bezeichnungen von Maßeinheiten geworden sind, etwa Ampere, Ohm, Siemens, Coulomb, Farad – nach Faraday –, Weber, Henry und Tesla. Kürzlich wurde das Newton zu einer gesetzlichen Maßeinheit. Links Sir Isaac Newton, rechts André Marie Ampère. Fotos Historia-Photo

bis nach dem 2. Weltkrieg für isolierende Gehäuse verwendet. Radiobastlern ist das Material heute noch ein Begriff.

Blondin

So nannte man früher eine Art Seilkran oder Seilhängekorb zum Heben und zur Beförderung von Geräten und Baumaterial, vor allem beim Bau von Hängebrücken. Der Erfinder war der Nordfranzose Jean-François Gravelet, und »Blondin«, der »Blondhaarige«, war sein Künstlername. Er ist als der berühmteste Seiltänzer aller Zeiten in die Geschichte eingegangen. 1855, 1859 und 1860 überquerte er öfter – ohne Schutznetz – die Niagarafälle auf einem Seil, das zwischen den beiden Ufern in einer Höhe von rund 50 Meter gespannt war. Um das Schauspiel etwas zu würzen, nahm er gelegentlich einen Stuhl und einen Kocher mit und briet sich ein Omelett über dem rauschenden Abgrund. Den Blondin zu erfinden, hatte er eigentlich nicht nötig.

Gobelin

Im Mittelalter war Paris von einigen Flüßchen durchzogen, wie von der Bièvre, dem »Biberfluß«, an dessen Ufern Färber ihr Gewerbe betrieben. Zu ihnen gehörten Jean und Philippe Gobelin, die einen größeren Betrieb besaßen. Nach den Brüdern Gobelin ist der Vorort von Paris »Les Gobelins«, im heutigen 13. Bezirk, benannt.
1662 gründete Ludwig XIV. eine königliche Teppichmanufaktur in jenem Viertel. Der Ortsname ging schließlich auf das Produkt über. Unter Gobelins versteht man heute prächtige gewebte Bildteppiche, meist mit figürlichen Darstellungen aus der Geschichte und der Mythologie.

Draisine

Karl Friedrich Ludwig Freiherr Drais von Sauerbronn erfand mit seiner »Laufmaschine« das erste Fahrrad. Im Frühjahr 1818 führte er es in Paris begeisterten Zuschauern vor. Dieses Fahrzeug war eine Art zweirädriger Roller ohne Pedalantrieb. Man mußte sich mit den Füßen vom Boden abstoßen. Sportler gaben ihm den Namen »Draisienne«. Ein Südfranzose ging damals eine Wette ein, er könne mit einer Draisienne 50 Kilometer in weniger als vier Stunden zurücklegen. Er gewann die Wette. Die Bezeichnung Draisine ging später auf ein kleines Schienenfahrzeug über, mit dem Eisenbahner ihre Strecken kontrollierten. Die Draisine wurde zunächst von Hand, später mit Hilfe von Verbrennungsmotoren angetrieben.

Vom Batist zum Jacquardstoff

Jeder kennt den Batist dem Namen nach, ein sehr feinfädiges Leinwand- oder Baumwollgewebe. Es hat seinen Namen von einem nordfranzösischen Hersteller, Baptiste de Cambrai, der es im 14. Jahrhundert verkaufte. Auch der chiffonartige Georgette-Stoff wurde nach dem Vornamen der Tochter eines französischen Fabrikanten im 19. Jahrhundert benannt. Das Jacquard-Gewebe ist ein großgemusterter wertvoller Stoff, der an den französischen Mechaniker Joseph-Marie Jacquard (1752–1834) erinnert. Er baute im Jahr 1804 eine revolutionäre Webmaschine, welche die Gestaltung der unterschiedlichsten Muster erlaubte.

Der wahre Weg zur Unsterblichkeit

Um nach menschlichem Ermessen unsterblich zu werden, gibt es eigentlich nur einen sicheren Weg: eine bisher unbekannte Pflanzen- oder Tierart, die man möglichst selber entdeckt hat, muß nach einem benannt werden. Selber tut man das natürlich nicht, es gilt in der Wissenschaft als unfein. Aber ein gefälliger Kollege wird sich leicht finden. Wenn die Weltreisende Gabriele Fentzke eine neue Art des Fleißigen Lieschens entdeckt, so könnte ein Botaniker diese Pflanze Impatiens fentzkeae nennen, und dieser Name würde nach Übereinkunft der Botaniker für alle Ewigkeit weiterbestehen. Es bleibt dahingestellt, ob diese Pflanze dann so bekannt wird wie die Hortensie. Der Botaniker Cammeron hatte sie nach seiner Geliebten Hortense Barr benannt, die ihn als Jäger verkleidet auf seiner China-Reise begleitete.
Besonderes Glück haben auch jene Physiker, deren Namen zu physikalischen Maßeinheiten geworden sind, etwa Volt, Watt, Ampere und Hertz.

Heinz-Werner Stürzer
LIEGT DA GOLD?
Schatzsucherei im Meer

Als die Flotte der niederländischen Ostindienfahrer von Batavia absegelte, wußten nur die Kapitäne, auf welcher Galeone die zwei Tonnen Perlen und die vier Tonnen Rohdiamanten verstaut waren. Was aber als japanisches Kupfer an Bord kam, konnten die Kapitäne nur ahnen – Gold. Davon gab es 320 Tonnen.

Das war 1667, im Januar. Schlechte Nachrichten aus Neu-Amsterdam: Die Engländer hatten die niederländische Kolonie in Amerika erobert und sie New York getauft. Ungünstige politische Großwetterlage auch in Europa: Die englische Navigationsakte, wonach britische Ware auf britischen Seglern zu verschiffen war, schaltete Amsterdam immer mehr als Europas Umschlagplatz aus. Nun führten die Niederländer bereits den zweiten Krieg gegen England, um ihr Handelsmonopol wieder zu festigen. Doch der Krieg kostete Geld, und das sollte von den Gewürzinseln herbeigeschafft werden.

Die dreimastigen Kauffahrteischiffe waren als Blockadebrecher wenig geeignet. Nur die »Het Waapen van Amsterdam« hatte 150 Soldaten an Bord und konnte Breitseiten aus je 20 Kanonen abfeuern. Mehr als eine Abschreckung gegen Piraten konnte das aber nicht sein. Einer Flotte von Kriegsschiffen, die am Ausgang des Ärmelkanals lauerte, wären die Ostindienfahrer nicht gern vor die Rohre gelaufen. Das jedenfalls war die einhellige Meinung der Kapitäne, als sie am Kap der Guten Hoffnung noch einmal zur Lagebesprechung zusammenkamen. Sie wollten es wagen, nördlich um Schottland herum in die Nordsee zu segeln, um dann an der norwegischen, dänischen und deutschen Küste durch die Hintertür Amsterdam anzulaufen. Mit Kompaß, Lot, Parallellineal und Jakobstab trauten sich die Kapitäne zu, den schwierigen Kurs zu finden. Die Portugiesen hatten zwar die Steuermannskunst in Verbindung mit ihren handgemalten Seekarten zu einer Geheimwissenschaft entwickelt, aber den Niederländern war es gelungen, dieses Wissensmonopol zu brechen und darauf ihr Kolonialreich zu gründen.

Mit ihren Navigationsmethoden gelang es der niederländischen Schatzflotte tatsächlich, den nördlichen Bogen um die Britischen Inseln zu schlagen. Am 17. September 1667 segelten sie in der Nähe der Färöerinseln in die Ausläufer eines Sturmes, der sich zu einem Orkan entwickelte. Weil keine Gestirne mehr zu sehen waren und der primitive Kompaß auch nicht mehr funktionierte, vertrieb die »Het Waapen van Amsterdam« nach Island. Sie strandete auf dem Watt vor der Südwestküste bei Skeidarasandur. In der isländischen Chronik Öldin sautjanda heißt es, daß der niederländische Ostindienfahrer nachts auflief und von den 300 Seelen an Bord niemand gerettet werden konnte.

Wo die Schätze blieben, darüber schwieg

Die Darstellung aus dem Jahr 1880 zeigt, wie damals Schiffsgüter vom Meeresboden gehoben wurden. Von einem Taucherprahm ließ man eine Taucherglocke und einen Taucher mit Panzer herab. Er erhielt seine Atemluft über eine Verbindung mit einem Schiff. Solche Bergungsunternehmen waren damals besonders riskant. Doch auch heute sind sie noch nicht ohne Wagnis. Foto Historia-Photo

sich die Chronik aus. Es gab über 300 Jahre nach der Katastrophe nicht einmal mehr einen gesicherten Hinweis darauf, ob sich ein Teil des »japanischen Kupfers«, die Perlen oder die Diamanten auf der »Het Waapen van Amsterdam« befand. Doch die Erfolge der Schatztaucher in aller Welt beflügelten auch die Phantasie der nüchternen Nordmänner.

Technik im Einsatz

Die maritimen Goldgräber bewegen sich im Kielwasser des U-Boot-Krieges, aus dem die Unterwasserortung hervorgegangen war. Ob Fischschwärme oder Hindernisse in Form von Wracks aus dem letzten Krieg angepeilt werden, das Sonar erwies sich auch im Frieden als hilfreiches Ortungsinstrument. Wracksuchschiffe wie die »Atair« des Deutschen Hydrographischen Instituts, die die Fahrrinnen nach Unterwasserhindernissen absucht, verfügen sogar über Sidescan-Sonar, ein unter dem Rumpf aufgehängtes, verstellbares Vertikal- und Horizontal-Echolot. Mit Magnetometermessungen läßt sich die Lage von stählernen Wracks auch dann feststellen, wenn der Meeresboden sie bereits verschluckt hat.

Solche Ortungsgeräte sind im Handel zu kaufen, Tieftauchanlagen zu mieten, und Bergungsschiffe mit schweren Kränen und Landeplattformen für Hubschrauber gibt es zu chartern.

Mit dieser Technik gelang es auch den größten Goldschatz im Meer zu heben. Auch er sollte einst einen Krieg finanzieren, nämlich den Ankauf amerikanischer Waffen durch die Sowjetunion.

464 Goldbarren auf dem Meeresboden

Es war am 30. März 1942. Der britische Kreuzer »Edinburgh« hatte Murmansk, den einzigen eisfreien Hafen im Norden der Sowjetunion, verlassen und lief durch die Barentsee – direkt vor die Rohre von U 456. Als Kommandant Teichert zwei Torpedos gegen den britischen Kreuzer abfeuern ließ, konnte er nicht ahnen, was im Bombenlager auf der Steuerbordseite der »Edinburgh« gestapelt war: 464 Barren Gold, mit denen die Sowjetunion die amerikanischen Kriegslieferungen bezahlen wollte. Der Schatz aber buddelte ab. Eine englische Versicherungsgruppe ersetzte der amerikanischen Regierung zu einem Drittel, die Sowjetunion zu zwei Drittel die geplatzte Transaktion. In diesem Verhältnis profitierten 40 Jahre später die beiden einstigen Alliierten von der Bergung.

Die geschädigten Regierungen erhielten 55 Prozent der Beute. In den Rest teilte sich die Arbeitsgemeinschaft der britischen und deutschen Unternehmen, die an der Bergung beteiligt waren; auf deutscher Seite vor allem die Bremer VTG-Reederei, die gleich drei Schiffe mit Tagekosten bis zu 50 000 DM eingesetzt hatte. Dem britischen Projektmanager John Clark, einem VTG-Angestellten, war auch die Aufgabe zugefallen, Überlebende der »Edinburgh« zu befragen und Quellen der deutschen Marineleitungen zu erforschen, um die Untergangsposition des Kreuzers möglichst genau zu bestimmen.

Als der VTG-Frachter »Dammtor« das Wrack schließlich in 250 Meter Tiefe ortete, stellte sich heraus, daß die Positionsangaben der deutschen Kriegsmarine nicht stimmten. Die Unterwasser-Fernsehaufzeichnungen des Wracks veranlaßten schließlich die VTG-Reedereileitung, das volle geschäftliche Risiko der Schatzgräberei mit den übrigen Partnern zu teilen – nach dem Grundsatz: »Kein Erfolg, kein Geld.«

Tauchen bis zur Erschöpfung

Die Video-Aufnahmen zeigten, daß die »Edinburgh« auf der Backbordseite liegt. Steuerbord neben dem Bombenlager klafft ein Loch von einem Torpedotreffer. Durch dieses Loch versuchten die schottischen Taucher vom 3. September 1981 an vorzudringen. 42 Tage hielten Kapitän Ronald Götz und seine Besatzung – ohne Hilfe von Ankerketten – das Taucher-Einsatzschiff »Stephaniturm« über dem Wrack. Selbst Windstärke 9 und fünf Meter hohe Wellen konnten das Taucherschiff mit seinem Propellersystem nicht von der Stelle bewegen. Nie zuvor hatten es Taucher gewagt, von einem Schiff aus so tief ins Meer vorzudringen. Nach dem Tiefen-Weltrekord versperrten Explosionstrümmer und eingeschwemmte Sandmassen den Zugang zur Schatzkammer. Die Taucher mußten sich neben dem Torpedo-Leck mit Schweißbrennern einen neuen Einstieg durch die Schiffshaut schaffen. So blank wie sein Ehering war der erste Goldbarren, den Kapitän Götz in die Hand nahm und beinahe aufs Deck fallen ließ. »Ich ahnte nicht, wie schwer Gold ist«, sagte der Kapitän und verzichtete darauf, auch die restlichen 430 Barren von jeweils zehn bis zwölf Kilo Gewicht in der Hand zu wiegen. Der Nautiker aus Berne an der Unterweser übertrifft alle Kollegen aus der Piraten- und Schatzgräberzeit: Götz und seine Crew samt schottischen Tauchern bargen 170 Meilen vor Murmansk den größten Schatz aller Zeiten im Wert von umgerechnet 170 Millionen Mark.

Trümmer, Sandmassen und totale Finsternis erschwerten derart die Bergung, daß die Taucher an den Rand der Erschöpfung gerieten, je mehr Barren sie ausgruben. Als nach dem 431. Barren auch noch schlechtes Wetter aufzog, meldete Kapitän Götz den Geldtransport in Murmansk an. Unter Begleitschutz sowjetischer Kriegsschiffe lieferte er 159 Barren ab.

Die Besatzung bekam von dem Goldschatz nur den Schimmer zu sehen. Götz hatte die Barren in einem Lagerraum stapeln lassen, der mit drei Schlössern gesichert war. Je einen Schlüssel besaßen der britische und der sowjetische Regierungsvertreter sowie Projektingenieur Clark. Weil die Besatzung Festheuer erhielt und nicht wie auf einem Bergungsschlepper an der Prämie beteiligt war, hatte sie auch keinen Anspruch auf eine Erfolgsbeteiligung.

Was mit den restlichen 30 Barren wird, die noch immer unter den Sandmassen und Trümmern liegen, ist ungewiß. Doch für Piraten dürfte der Coup zu aufwendig sein. Wahrscheinlich wäre es leichter, die Bank von England zu knacken, als noch weitere Barren aus dem Unterwassertresor herauszuholen.

Je älter, desto besser

An den beiden Kriegsschätzen von 1942 und 1667 werden die Unterschiede bei der Werteschöpfung aus dem Meer deutlich: Das Gold in der Barentsee liegt in einem stählernen Panzer, es hat auch noch identifizierbare Eigentümer. Das Gold in der »Het Waapen van Amsterdam« wird nur von einem hölzernen Rumpf umschlossen, die Eigentumsverhältnisse sind drei Jahrhunderte später ziemlich verworren, zumal die niederländische Regierung ja wohl nur »japanisches Kupfer« hätte erhalten sollen. Das große Geschäft unter Wasser zielt denn auch in erster Linie auf Objekte, deren Wert durch langes Liegenlassen die höchste Rendite abwirft, weil der Zugang durch die Schiffswände aus Holz leichter ist und Erben nicht unbedingt am Gewinn beteiligt werden müssen. Am liebsten mögen die modernen Freibeuter des Meeresbodens Piratenschiffe wie etwa die britische »Oxford«, die am 2. Januar 1669 in der Karibik gesunken war. Französische Taucher entdeckten im Dezember 1980 vor Haiti das Wrack mit der Kaperware. Amerikanische Sporttaucher stießen vor Great Bahama Island auf die Reste eines Schiffsfriedhofes mit Goldbarren im Wert von 12 Millionen DM.

Oben: Goldbarren aus tiefer See lassen sich nur mit Spezialschiffen bergen. Dieses Kranschiff mit Hubschrauberlandedeck ist entwickelt worden zum Verlegen von Pipelineröhren. Foto Stürzer
Unten: Überall auf der Welt gehen heute Sporttaucher auf Schatzsuche. Sie wollen vor allem Edelmetalle und Schmuckstücke heben. Reich geworden sind davon nicht viele. Foto Süddeutscher Verlag/dpa

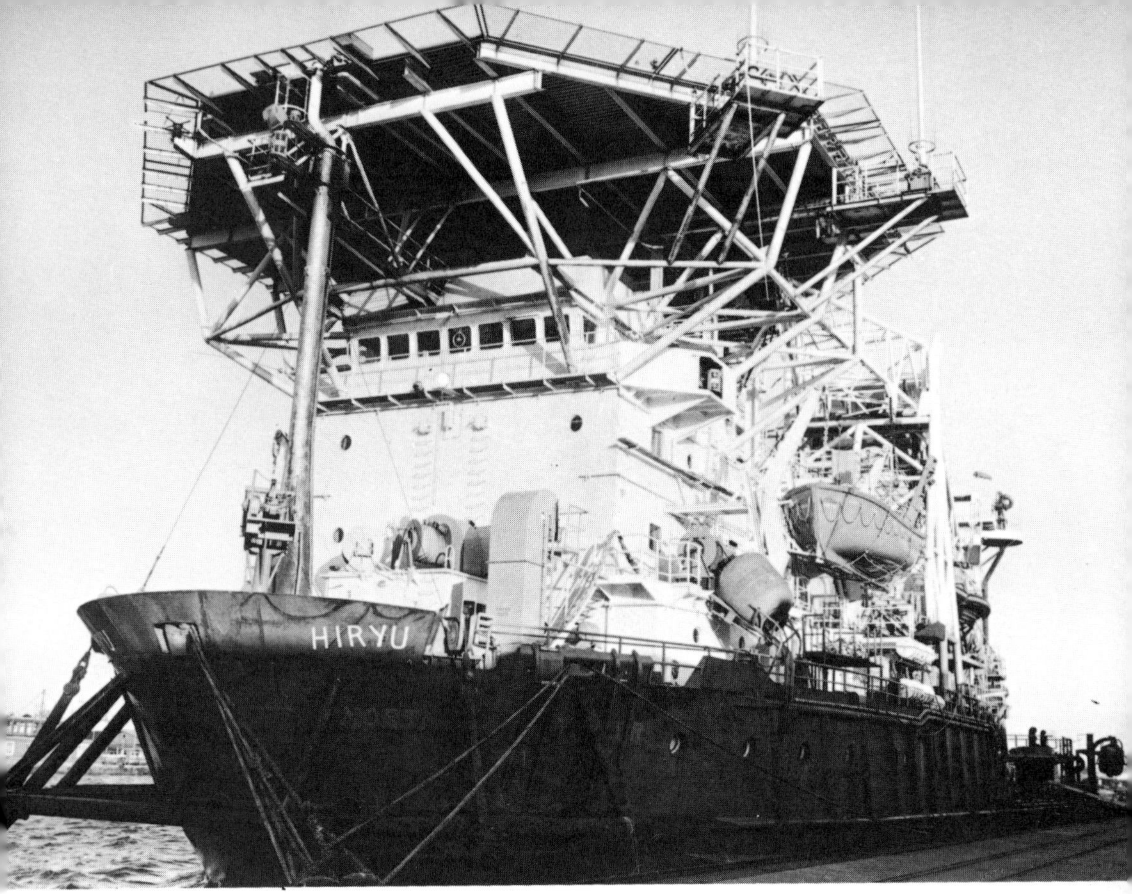
HIRYU

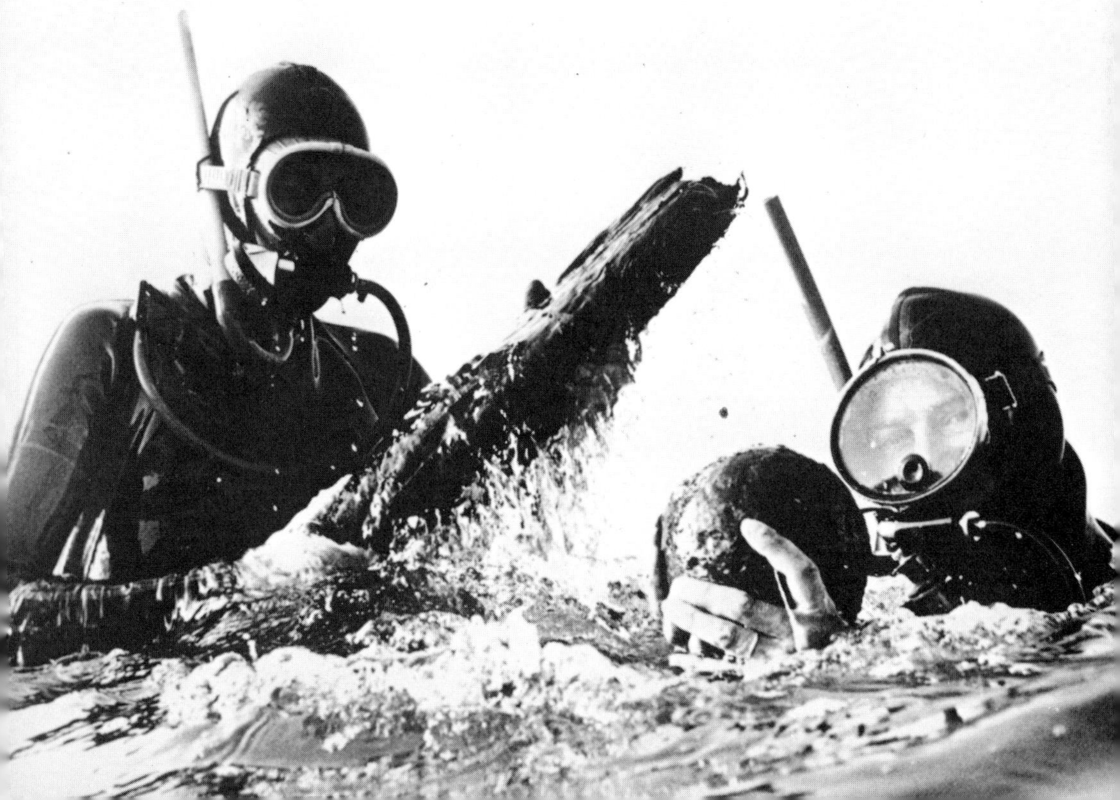

Die wahren Schätze auf dem Meeresboden sind kultureller Art. Im Bild eine geborgene Hansekogge im deutschen Schiffahrtsmuseum Bremerhaven. Foto Stürzer/Deutsches Schiffahrtsmuseum

Professionell ging auch der Amerikaner Mel Fisher vor Florida auf Schatzsuche und holte von den spanischen Galeonen »Santa Margarita« und »Atocha«, die 1622 im Sturm gesunken waren, Gold, Silber und Edelsteine im Wert von 27 Millionen DM aus der Vergangenheit zurück.

Zum größten Schatzgräber-Reinfall aller Zeiten entwickelte sich die Suche nach einem modernen Schiff – nach dem britischen Passagierdampfer »Titanic«, der 1912 im Nordatlantik mit einem Eisberg kollidiert war und seine Tresore mit in die Tiefe genommen hatte. Über 15 Millionen Dollar investierte eine amerikanische Gruppe in das Wrack. Nach dem Grundsatz »Keine Panik bei der Titanic« fanden die Amerikaner nach vier Jahren nicht nur das Wrack, sondern auch den Tresor – doch in ihm nur einige aufgeweichte Dollarscheine. Der Luxusliner, dessen Untergang einer ganzen Epoche den Stempel aufgedrückt hatte, konnte seine Symbolik offenbar auch unter Wasser konservieren.

Von der Schatzsucherei zur Archäologie

Im kühlen Wasser des Nordatlantiks, der Nordsee und der Ostsee liegen die Schiffsfriedhöfe noch ziemlich ungestört. Weil sich das Eldorado der Sporttaucher in den wärmeren Gefilden des Mittel-

Das historische Bild aus dem Jahr 1905 zeigt das berühmte Wikingerschiff von Gokstad. Einer der bedeutendsten Funde wurde 1982 in Portsmouth gehoben: die »Mary Rose«, das Flaggschiff König Heinrich des VIII. Foto Süddeutscher Verlag

meeres und der Karibik befindet, ist dort die Gefahr besonders groß, daß bei der Suche nach Edelmetallen unwiederbringliche kulturelle Schätze zerstört werden. Denn jeder Schiffsuntergang ist ein kleines Pompeji; dabei werden Gebrauchsgegenstände konserviert, für die sich kein kunsthistorisches Museum interessierte. Sie erzählen uns aber mehr von einer geschichtlichen Epoche als viele dicke Bücher. Allein vor der schwedischen Küste konnte man etwa tausend hölzerne Wracks ausmachen, von weiteren 6000 Untergangsstellen zeugen schriftliche Quellen. Bei der Trockenlegung der Zuidersee in Holland konnten 350 Wracks ausgegraben werden. Aber keines enthielt einen Schatz, wie sie die Unterwasser-Freibeuter im Sinn haben. Auch die berühmtesten nordeuropäischen Wracks, das schwedische Königsschiff „Wasa" – Baujahr 1628 – in Stockholm und die Bremer Hansekogge – Baujahr 1378 – im Deutschen Schiffahrtsmuseum Bremerhaven, stellen »nur« kulturelle Schätze von unermeßlichem Wert dar.

So war denn auch vorgesehen, die »Het Waapen van Amsterdam« an der isländischen Küste unabhängig von ihrem verlockenden Inhalt als archäologisches Fundstück mit größter Behutsamkeit zu bergen. Wie die Bremer Hansekogge in einer Sandbank steckte, die ein Saugbagger bei einer Hafenerweiterung zufälli-

gerweise anschnitt, so vermuteten auch die isländischen Schatzsucher die niederländische Galeone im sicheren Gewahrsam einer Sanddüne unter Wasser.
Hatte nicht auch Heinrich Schliemann (1822–1890) Troja durch gezieltes literarisches Quellenstudium entdeckt? Die Isländer lasen in der Öldin sautjanda nach, in der die Order des Repräsentanten des dänischen Königs wiedergegeben ist, Strandgut sei königliches Eigentum. Daraus ließ sich der Schluß ziehen, daß die Küstenbewohner selbst kein großes Interesse gehabt haben mußten, Kopf und Kragen bei der Bergung zu riskieren, wenn das Gut doch dem Strandvogt auszuliefern sei.
Das Beispiel der Bremer Hansekogge zeigte, wie schnell eine Strömung ein Wrack in den Meeresboden einspülen kann. In Bremen fand sich im Rumpf sogar noch Handwerkszeug der Schiffbauer wieder, die gerade bei der Ausrüstung der Kogge waren, als die Katastrophe wahrscheinlich durch eine Sturmflut eintrat. So durften die Isländer hoffen, außer Gold die komplette Ausrüstung eines Seeschiffes im Rumpf zu finden.

Galeone gefunden...?

Auf die Spur an der Südküste von Island hatten Chroniken geführt, die davon zu berichten wußten, daß die armen Bauern bei Skeidarasandur über asiatische Seide im Überfluß verfügten. War die Seide angeschwemmt und dem Strandvogt unterschlagen worden? Die Suche mit Metalldetektoren begann im Sommer 1980, als die Sandbänke vor der Küste trockenfielen. Bei einer positiven Anzeige setzten die Schatzgräber Raupenschlepper und Bagger ein, um in die Tiefe zu gelangen. Schrott jeder Größe kam zum Vorschein, aber kein Gold.
Im nächsten Sommer gingen die Schatzgräber, die dem isländischen Staat zwölf Prozent ihrer Gewinne zusicherten, wirtschaftlicher vor: Sie unternahmen an den mutmaßlichen Fundstellen Probebohrungen. Eine stieß in einer Tiefe von 12,6 Meter auf Holz und Spuren von Eisen. Eine Analyse ergab, daß das Holz aus einem Baum stammte, der vor 1650 gefällt worden sein könnte. Da die »Het Waapen van Amsterdam« von 1653 bis 1655 gebaut worden war, gab es keine Zweifel mehr. Die gute Qualität des Holzes deutete darauf hin, daß im luftdicht verschlossenen Grab der Sandbank ein historisches Schiff in einem bislang kaum für möglich gehaltenen Erhaltungszustand lag.
So ließ die isländische Bergungsgruppe

im Sommer 1983 um die Fundstelle Spundwände rammen, damit der Sand behutsam aus der Grube herausgespült werden konnte.

Das erste Schiffsteil, das die Isländer aus dem Galeonengrab herausholten, veranlaßte sie, dem Deutschen Schiffahrtsmuseum in Bremerhaven anzutragen, die Bergung weiterzuführen. Denn die Schatzsucher waren auf eine stählerne Dampfpfeife gestoßen, wie sie auf Galeonen wegen des fehlenden Dampfantriebes eigentlich nicht gebräuchlich waren. Diese Dampfpfeife gehörte zu einem deutschen Fischdampfer, die um die Jahrhundertwende vor der isländischen Küste zu Dutzenden gestrandet waren. Ihre Decksbeplankung oder Masten bestanden in dem einen oder anderen Fall vielleicht aus besonders altem Holz.

Das Deutsche Schiffahrtsmuseum war aber nicht einmal daran interessiert, die Dampfpfeife zu erwerben. So konnten denn die Schatzgräber auf dem letzten ihrer Löcher pfeifen.

Ein Fischdampfer dieses Typs narrte die isländischen Schatzsucher. Foto Stürzer

Peter Schröder

KARSTTÜRME, COCKPITS UND STEINERNE WÄLDER
Rätselhafte Bergwelt im tropischen Süden Chinas

Ein Eisbär am Äquator und eine Kokospalme auf Grönland – beides wäre undenkbar. Das Klima würde es verbieten. Es bestimmt aber nicht nur die Tier- und Pflanzenwelt, sondern in starkem Maße auch das Relief der festen Erdkruste. Jenes Auf und Ab der Täler und Höhen, das unveränderlich erscheint und sich doch beständig wandelt, entsteht im Zusammenwirken vieler Kräfte, wobei das Klima eine besondere Rolle spielt. Es drängt sich ein Vergleich mit der Arbeit eines Steinmetzen auf: Hier schlägt er ein Stückchen Stein weg, dort poliert er die Oberfläche, und woanders meißelt er ein Ornament ein. Die wichtigsten Steinmetzen der Natur sind Wasser, Eis und Wind, doch auch chemische Vorgänge haben für die Gestaltung der Erdoberfläche große Bedeutung. Manchmal spielen sich die mechanischen und chemischen Vorgänge gleichzeitig ab, so daß es schwerfällt, sie auseinanderzuhalten, aber oft überwiegen doch die einen oder die anderen. Ein eindrucksvolles Beispiel für eine Landschaft, die ihre Eigenart weitgehend chemischen Verwitterungsvorgängen verdankt, findet sich in den Karstgebieten der südchinesischen Provinzen Yunnan, Guizhou und Guangxi.

Lange Zeit waren diese Gebiete Europäern kaum zugänglich, denn bis vor wenigen Jahren erhielten Ausländer nur selten eine Reisegenehmigung. Noch zu Beginn unseres Jahrhunderts war eine Reise durch China ein Abenteuer mit oft ungewissem Ausgang. Eine lange Forschungsreise durch Südwestchina unternahm in den Jahren 1914 bis 1918 der österreichische Botaniker Heinrich Handel-Mazzetti. Ihm verdanken wir eine der ersten anschaulichen Schilderungen der chinesischen Karstlandschaft.

Begegnung mit einer närrischen Natur

Wie der Forscher in seinen »Naturbildern aus Südwest-China« schreibt, mußte er beim ersten Anblick dieser Landschaft geradezu lachen. Lassen wir ihn selbst zu Wort kommen: »Das augenblicklich klare Wetter und die Neugier, durch einige über die nächste Welle blickende Spitzchen gereizt, lockten mich gleich ein Stückchen nach vorne an den Rand des Hanges, und dort bot sich mir eines der eindrucksvollsten Bilder, deren ich mich entsinne, eines jener überraschenden, die jedem Reisenden unvergeßlich bleiben, der eine neue Landschaft erblickt, von der er auch noch gar keine Vorstellung hatte. Ich war für eine Guidschou-Reise ganz unvorbereitet, und da lag nun

Der Steinwald bei Kunming in der Provinz Yunnan ist durch die Einwirkung von Wasser entstanden. Im Wasser ist Kohlendioxid gelöst. Daraus entsteht Kohlensäure. Diese wiederum wandelt den Kalk in das wasserlösliche Kalziumhydrogenkarbonat um. Durch Auswaschung entstehen die Grate. Foto Schröder

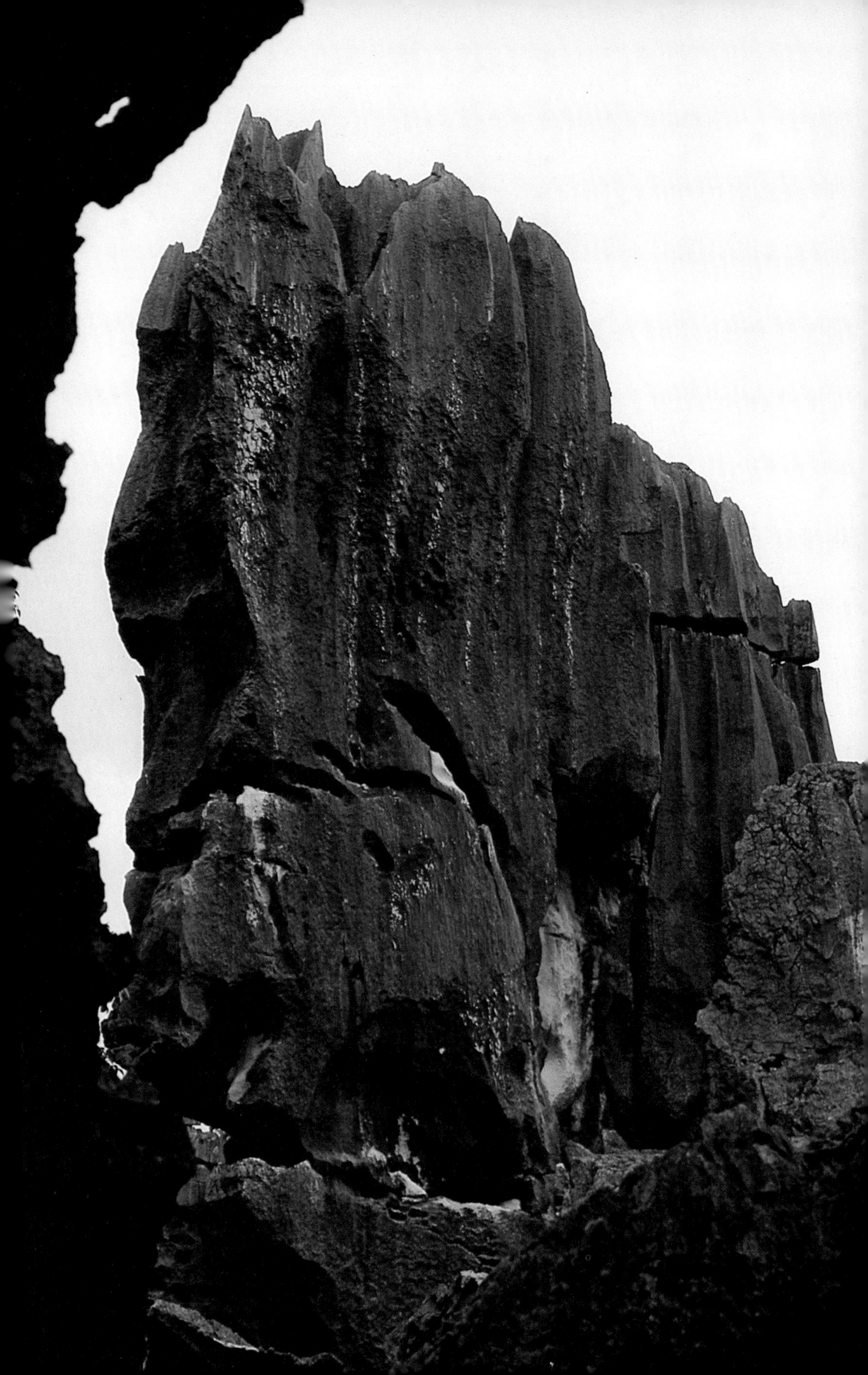

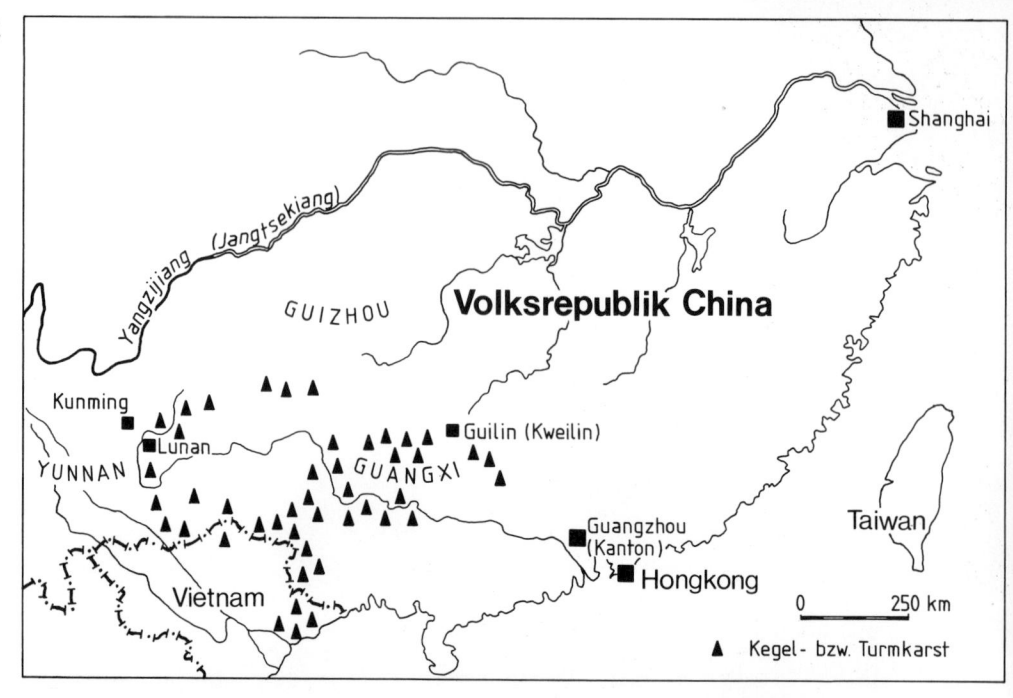

Kegel- und turmförmige Karstlandschaften kommen nur im südlichen Teil Chinas vor. Tropische Klimabedingungen mit reichen Niederschlägen sind die Vorbedingung. Ähnlichen Formationen begegnen wir auch in anderen Ländern, zum Beispiel auf Jamaika, Kuba oder in Indonesien. Grafik Schröder

die Guidschou-Landschaft vor mir, die mir noch vertraut werden sollte, aber hier gleich in ausgeprägtester Form, wie ich sie so schön nie wieder sah. Da kam mir zunächst kein ernster naturwissenschaftlicher Gedanke, sondern ich mußte über den Anblick einfach lachen. Da waren wohl die Naturkräfte ein wenig närrisch geworden und hatten gespielt, einen Haufen von Kreiseln hingeworfen, die mit den Spitzen nach oben liegenblieben, aber manche auch schief und einige längs statt quer gerillt. Oder war es ein versteinerter Tannenwald, der sich da jenseits des Senkungsfeldes von Loping erstreckte? Sicher gegen tausend, wenn nicht mehrere Tausende von Kegelbergen erheben sich da, unregelmäßig aneinandergereiht, zu 50 bis 100 m Höhe, gegen rückwärts (Südosten) im ganzen etwas höher, und dazwischen sind, wie Abdrücke von solchen, überall trichterförmige Kessel eingesenkt.« Über die Entstehung dieser eigenartigen Landschaft konnte der Forscher damals nur Vermutungen anstellen, inzwischen weiß man Genaueres.

Wasser löst alles – eine Chemielektion

Zum Verständnis der Karstlandschaft ist ein kleiner Ausflug in die Chemie erforderlich. Wir beginnen mit einer seltsamen Feststellung: Praktisch alle Gesteine und Minerale lösen sich in Wasser. Das zeigt schon ein Blick auf das Etikett einer Flasche Mineralwasser mit den Ergebnissen der chemischen Analyse. Am besten lösen sich Salz und Gips. Nur in Trockengebieten können sie sich längere Zeit an der Erdoberfläche halten. Bei Regen würden sie schnell aufgelöst und fortgespült. Andere Gesteine haben in reinem

Wasser eine nur sehr geringe Löslichkeit. Enthält das Wasser jedoch Stoffe, die es »aggressiv« machen, so wird die Fähigkeit zur Lösung erheblich vergrößert. Der berüchtigte saure Regen wirkt sich ja nicht nur auf die Pflanzenwelt aus, sondern greift auch festes Gestein an, etwa Skulpturen an wertvollen Bauwerken. Aggressive Wässer gibt es nicht erst seit der Anlage von Kohlekraftwerken, sondern seit geologischen Zeiten. Größte Bedeutung für die Entstehung des natürlichen »sauren Regens« hat das Gas Kohlendioxid, das CO_2, das in Verbindung mit Wasser Kohlensäure bildet. Man schätzt, daß die gesamte Atmosphäre rund 700 Milliarden Tonnen Kohlendioxid enthält! Ständig entsteht neues durch Vulkanausbrüche, Wald- und Buschbrände sowie durch Verwesungsvorgänge im Boden. Andererseits brauchen die grünen Pflanzen bei der Photosynthese Kohlendioxid. Im Durchschnitt liegt der CO_2-Gehalt der Luft bei 0,03 Prozent. Er kann jedoch weitaus höhere Werte erreichen, nicht nur durch Umweltverschmutzung, sondern auch durch natürliche Vorgänge. Besonders viel Kohlendioxid enthält die Luft in den Poren des Bodens. Aus der Luft nimmt das Wasser Kohlendioxid auf und wird dadurch zu einer stark verdünnten Säure, nämlich Kohlensäure. Die Aufnahmefähigkeit des Wassers ist allerdings sehr unterschiedlich: Je kälter das Wasser, desto mehr Kohlendioxid kann es enthalten. Wird es erwärmt, entweicht das überschüssige Gas in Form kleiner Bläschen in die Luft. Ein eiskalter Sprudel aus dem Kühlschrank gibt viel weniger Gas ab als ein Sprudel, der schon drei Stunden in der Sonne gestanden hat. Allerdings steigen die Gasbläschen erst dann auf, wenn wir die Flasche öffnen, denn auch der Druck spielt eine Rolle: Bei hohem Druck kann das Wasser mehr Gas lösen als bei niedrigem, und bei Druckentlastung wird das überschüssige Gas abgegeben.

Das mit Kohlendioxid angereicherte Wasser löst nun weitaus mehr Gestein auf als reines Wasser, das in der Natur ohnehin kaum vorkommt. Besonders empfindlich gegenüber der Aggressivität der Kohlensäure ist Kalk. Aus diesem Gestein sind viele Landschaften und Gebirge aufgebaut, zum Beispiel die Schwäbische und die Fränkische Alb, Randbereiche der Alpen, große Gebiete in Jugoslawien und in Zentralamerika. In Südchina nimmt der Kalkstein eine Fläche von mehr als 600 000 Quadratkilometern ein – das entspricht dem Zweieinhalbfachen der Fläche der Bundesrepublik Deutschland. Überall in den Kalkgebieten der Erde sind durch Auflösung des Gesteins eigenartige Formen entstanden, die wir nach einer jugoslawischen Landschaft allgemein als Karst bezeichnen.

Steter Tropfen höhlt den Kalkstein

In reinem Wasser ist die Löslichkeit von Kalkstein sehr gering. Bei einer Temperatur von 16 °C werden höchstens 13 Gramm in 1000 Liter Wasser gelöst. Wenn jedoch Kohlensäure auf den Kalk einwirkt, wird er umgewandelt: Aus Kalk oder Kalziumkarbonat wird Kalziumhydrogenkarbonat, das manchmal auch Kalziumbikarbonat heißt, und dieser Stoff ist in Wasser gut löslich. Ganz einfach: Je mehr Kohlendioxid, desto mehr Kalkstein wird umgewandelt, und desto mehr Kalziumhydrogenkarbonat kann gelöst werden. Übrigens kann dieser Vorgang auch umgekehrt ablaufen, wenn nämlich dem Wasser Kohlendioxid entzogen wird. Es gibt dann den überschüssigen Kalk wieder ab. Oft geschieht das an Quellen durch Erwärmung des austretenden Wassers an der Luft oder dort, wo Pflanzen durch ihre Atmung dem Wasser Kohlendioxid entziehen. In solchen Fällen entstehen Kalkablagerungen, die zu mächtigen Sinterterrassen anwachsen können. In China sind auf diese Weise die weißleuchtenden Kalkterrassen von Chungtien in der Provinz Yunnan ent-

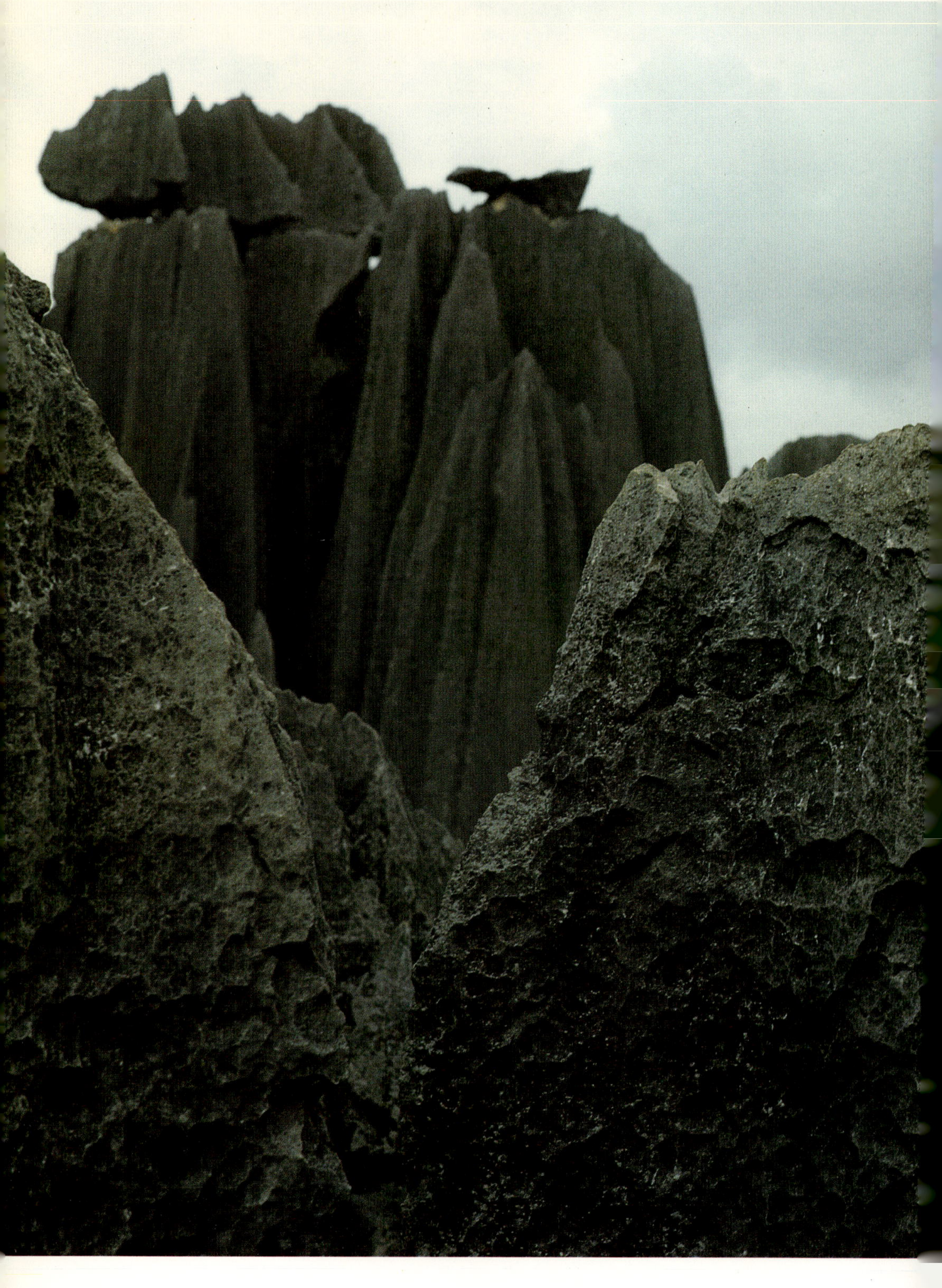

Im Bild links werden die messerscharfen Grate deutlich, die durch Lösung und Auswaschung entstanden sind. Wir befinden uns im Steinwald von Kunming. Mehr als 1000 Steinsäulen ragen dort wie Baumstümpfe eines gespenstischen Waldes empor. Die Natur hat hier auch Fabelgestalten geschaffen, Drachen, Einhörner und Elefanten. Fotos Schröder

standen. Ein außerordentlich eindrucksvolles Beispiel für die Ausfällung von Kalk sind auch die Kalkbarrieren, welche die Plitvicer Seen in Nordjugoslawien aufgestaut haben.

Die Kalksteinschichten in Südchina haben Mächtigkeiten von mehreren hundert, ja sogar tausend Metern. Die erste Voraussetzung für die Entstehung einer großartigen Karstlandschaft ist damit gegeben. Die weiteren Voraussetzungen schafft das Klima: eine feuchtheiße Luft, die den Menschen das Leben erschwert, jedoch dem Wachstum der üppigen Pflanzenwelt förderlich ist. Es regnet etwa doppelt soviel wie in Mitteleuropa, und die Lufttemperatur liegt im Durchschnitt um 7 bis 14 Grad höher als bei uns – ein echtes Treibhausklima. Weiter gegen den kühleren und niederschlagsärmeren Norden zu verliert die Karstlandschaft ihre großartige Gestalt. Natürlich entsteht eine Landschaft nicht in hundert, sondern in Millionen von Jahren, und deshalb hat auch das Klima früherer Epochen seine Spuren in der Landschaft hinterlassen. In Südchina scheinen aber seit dem Tertiär, seit rund 50 Millionen Jahren, keine allzu starken Klimaänderungen stattgefunden zu haben – im Gegensatz zu Mitteleuropa, das ja zeitweilig durch ein eiszeitliches Klima geprägt war.

Die rätselhaften Türme

Zu den charakteristischen Formen der chinesischen Karstlandschaft gehören die

---

Peking = Beijing

Sucht man in einem Atlas oder in einem Lexikon den Namen einer chinesischen Stadt, einer Provinz oder eines Flusses, so kann es schwierig werden. Wir können die chinesische Schrift nicht lesen, und deshalb tragen wir ähnlich klingende Namen in unserer Lateinschrift auf den Karten ein. Doch hier liegt die Schwierigkeit: Es gibt nämlich mehrere Systeme der Umschrift, von denen keines ganz richtig oder ganz falsch ist. Nun hat die Volksrepublik China zu diesem Zweck vor einiger Zeit ein neues System, Hanyu Pinjyin, geschaffen.

Die nach diesen Regeln geschriebenen Namen weichen im Schriftbild zum Teil erheblich von den bisher üblichen Formen ab. Wahrscheinlich wird sich die offizielle chinesische Schreibweise aber auch bei uns durchsetzen. Wenn wir dann in eine Aufführung der Beijingoper (Pekingoper) gehen, ziehen wir vielleicht eine Bluse aus Henanseide (Honanseide) an, einem der bekanntesten Exportartikel der Zhongua Renmin Gongheguo (Volksrepublik China). Ob wir uns so leicht daran gewöhnen werden?

Hier noch einige Beispiele:

Offizieller heutiger Name

Beijing (Stadt)
Guangzhou (Stadt)
Chongging (Stadt)

Guilin (Stadt, Ausgangspunkt für Reisen in das Turmkarstgebiet)
Xianggang (brit. Kronkolonie)
Yunnan (Provinz)
Guizhou (Provinz)
Guangxi (autonomes Gebiet)
Yangzijiang (Fluß)

Früher übliche Schreibweisen

Peking, Pei-ching, Peiping
Kanton, Canton, Kuangschou, Kwangchou
Tschungking, Chungking, Chungch'ing; vor 1936 hieß die Stadt Pahsien, Pa-hsien
Kweilin, Kuei-lin

Hongkong, Hong-Kong
Yünnan, Yün-nan, Jünnan
Kweitschou, Kuei-chou, Kweichow
Kwangsi, Kwang-hsi, Guangchi
Jangtsekiang, Yang-tzu-chiang, Yangtze, Jangtse; früher auch: Changkiang, Ch'ang-chiang, Changiiang

kegel- oder turmartig aufragenden Kalkklötze, wie sie Heinrich Handel-Mazzetti schildert. Durch sie unterscheidet sich die chinesische Karstlandschaft von den Karstlandschaften der gemäßigten Klimazonen, wie man sie in Jugoslawien oder auch auf der Schwäbischen Alb findet. Ähnliche Karstkegel und -türme gibt es jedoch in Vietnam, Indonesien und vor allem auf Kuba und anderen Inseln der Karibik. Es ist also offensichtlich das tropische Klima, das diese Formen entstehen läßt.

Das Rätsel um die Entstehung dieser Türme ist heute weitgehend gelöst. Man muß davon ausgehen, daß die ursprüngliche Kalksteinschicht schon in erheblichem Maße durch Lösung oder Korrosion angegriffen worden ist. Die frühere Oberfläche des Landes lag so hoch wie die Spitzen der Karsttürme oder sogar noch höher. Diese Oberfläche wurde allmählich abgetragen, denn entlang von Klüften und Rissen kann Regenwasser eindringen und den Kalk auflösen. Besonders an den Kreuzungspunkten von Gesteinsklüften entstehen trichterartige Vertiefungen mit steilen Wänden. Da reichlich kohlendioxidhaltiges Wasser zur Verfügung steht und die Kalkschichten sehr mächtig sind, können auf diese Weise zahlreiche, sehr tiefe Trichter entstehen. Auf Jamaika, wo solche Karsttrichter weit verbreitet sind, vergleicht man sie mit der Arena, wo die landesüblichen Hahnenkämpfe stattfinden, und in der englischen Übersetzung »Cockpit« sind sie in die Fachsprache der Wissenschaftler eingegangen. Ein Trichter grenzt an den nächsten, und bald stehen nur noch dünne, scharfgratige Riedel zwischen den einzelnen Cockpits. Die Eintiefung kommt erst dann zum Stillstand, wenn die Trichter bis zum Grundwasserspiegel hinabreichen. Tiefer kann das Wasser im Gestein nicht versickern, und das Grundwasser selbst ist mit Kalk soweit angereichert, daß es kaum noch lösend auf das Gestein einwirkt. Das an den Hängen abfließende Wasser verbreitert jedoch die Trichter und läßt die Zwischenräume immer kleiner werden, bis sie schließlich weitgehend verschwinden. Übrig bleiben nur einzelne Kuppen und Kegel, die sich vom flachen Boden der Trichter erheben.

Das Wasser, das an der Gesteinsoberfläche abfließt, bleibt jedoch weiter aggressiv. Am Fuß der Kegelberge, wo es sich sammelt, löst es besonders viel Kalk. Dadurch werden die Kegel an ihrer Basis immer kleiner, so daß sie schließlich turmartig mit nahezu senkrechten Wänden emporragen. Oft entstehen sogar Nischen oder Höhlen, die den unteren Bereich des Turms durchziehen. Manche Türme sind so sehr durchlöchert, daß sie wie auf Stelzen stehen. Irgendwann müßte dann ein solcher Karstturm eigentlich zusammenbrechen.

Im südchinesischen Bergland fand eine andere Entwicklung statt. Das Kalkplateau ist im Laufe geologischer Zeiträume mehrfach gehoben worden. Dadurch sank der Wasserspiegel im Gestein, so daß erneut trichterförmige Vertiefungen entstehen konnten. Erst als der Grundwasserspiegel erreicht war, kam diese Entwicklung wieder zum Stillstand. Die Karsttrichter wurden durch seitliche Korrosion verbreitert, und schließlich entstand eine neue Karstebene in tieferer Lage. Die Karsttürme ragten nun höher als zuvor über die Ebene empor. Und wieder bildeten sich an ihrem Fuß Höhlen, bis eine erneute Hebung einsetzte und sich der ganze Vorgang wiederholte. So wuchsen die Karsttürme durch die Hebung des Landes immer wieder um etliche Meter in die Höhe. Die Höhlen im Gestein liegen heute in unterschiedlichen Stockwerken übereinander. Bis 200 Meter ragen die geheimnisvollen Türme über die Hochebene empor und verleihen der Landschaft ihr märchenhaft unwirkliches Aussehen. Viele chinesische Maler haben diese Karstlandschaft in ihren Tuschezeichnungen festgehalten.

Ein Wald aus Stein

Nicht überall haben sich Karsttürme in der hier beschriebenen Form erhalten. Wo die Hebung stärker war, zum Beispiel in der westlichen Provinz Yunnan, wurde der Ablauf des »Turmbaus« unterbrochen. Denn durch die weitaus raschere Hebung des Gebiets befand sich die Karstlandschaft in mehr als 2000 Meter Höhe über dem Meeresspiegel, und da ist es auch in den Tropen nicht mehr tropisch heiß. Die Vorgänge im Boden, die zur Bildung organischer Säuren führen, verlaufen erheblich langsamer. Dadurch wurde die ursprüngliche Turmkarstlandschaft nicht weiterentwickelt, sondern umgeformt und in ein dichtes Gewirr von Steinsäulen aufgelöst. Zahlreiche Rillen, die sich in den nackten Fels eingetieft haben, lassen erkennen, daß auch hier chemische Lösungsvorgänge die Hauptrolle spielen. Messerscharfe Grate, die Karren, sind zwischen den Rillen durch Lösung und Auswaschung entstanden. Man findet sie auch in anderen Karstgebieten, jedoch nirgends in solcher Ausprägung wie im Distrikt Lunan, etwa 120 Kilometer südöstlich von Kunming. Mehr als 1000 Steinsäulen ragen dort wie

Baumstümpfe eines gespenstischen Waldes empor. Auch den Chinesen muß sich früher der Eindruck eines Waldes aufgedrängt haben, denn sie nennen dieses Gebiet Shilin, das bedeutet Steinwald. Gelegentlich treffen wir in diesem Steinwald auch auf rätselhafte Gebilde, die wie zinnenbewehrte Burgen aussehen, und selbst Elefanten, Einhörnern und geheimnisvollen Phantasietieren aller Art können wir hier begegnen. Eine Kletterei über das scharfkantige Gestein, über Spalten und dunkle Abgründe hinweg, gehört zu den beeindruckendsten Erlebnissen einer Chinareise.

Links: Der Turmkarst von Guilin hat über viele Jahrhunderte hinweg die Künstler fasziniert und zu Tuschezeichnungen angeregt. Die ganze Karstlandschaft ist auf die Einwirkung des Regenwassers unter tropischen Bedingungen entstanden.
Rechts: Kalk steht in Yunnan reichlich zur Verfügung. Stellenweise bildet er Schichten, die über 1000 Meter dick werden. Die Einwohner brennen den Kalk in einfachen kleinen Brennöfen. Dabei wird aus dem Kalziumkarbonat ($CaCO_3$) Kalziumoxid (CaO). Gebrannter Kalk dient als Mörtel. Fotos Schröder

Klaus Zimniok

KRAKEN: INTELLIGENZBESTIEN MIT GEMÜT

Die meisten von uns erleben ihre erste Begegnung mit einem Kraken in einem Speiselokal am Meer oder in einem heimischen Spezialitätenrestaurant. Marktbummler in südlichen Ländern kennen ihn von den Verkaufsständen der Fischhändler als wabbliges Durcheinander glitschiger Polypenarme, bar jeder Intelligenz und Schönheit, gerade gut genug zum Verspeisen. Andere verbinden mit dem Wort »Krake« riesige Polypenunholde, die uns – dichterischer Phantasie entsprungen – das Gruseln lehren, ähnlich wie es Kapitän Nemo 20 000 Meilen tief im Meer erging. Auch ich gehörte zu ihnen – bis mich ein Mittelmeerkrake in meinem Meerwasseraquarium eines Besseren belehrte.

Ich hatte ihn im Mittelmeer zwischen Genua und La Spezia mit einem Krug gefangen, der für Wein gedacht war. Schon die alten Griechen und Römer hatten Amphoren und Krüge zum Fangen von Polypen, wie sie die Kraken nannten, zweckentfremdet. Bereits im dritten Jahrtausend vor Christus bildeten minoische Künstler Kraken auf Vasen und Krügen in voller Schönheit und »welliger« Lebendigkeit ab. Die Vorliebe für künstliche Höhlen wie meinen Krug, den ich abends auf den Meeresboden gelegt hatte, ist den Kraken offensichtlich seit der Antike nicht abhanden gekommen. Am Morgen hatte sich ein knapp halbmeterlanges Exemplar häuslich eingerichtet. In einem Eimer mit Meerwasser brachte ich ihn gut ins heimische Aquarium. Ich nannte ihn »Octopus«, wie er auch wissenschaftlich heißt.

Der Krake – ein Gifttier

Im Aquarium angekommen, versteckte er sich sofort in der künstlichen Höhle aus Riffgestein. Doch kaum war es dunkel, tasteten Arme mit zwei Reihen voller Saugnäpfe den Höhleneingang ab, und schließlich wallte das ganze Tier in voller Größe heraus. Kraken sind »Tintenfische«, wie sie volkstümlich heißen, doch keine Fische, sondern Weichtiere wie Schnecken und Muscheln. Der Zoologe spricht von »Kopffüßern« oder Cephalopoden, denn die rund um den Kopf angeordneten Arme sind entwicklungsgeschichtlich Füße. Sie haben sich aus dem zungenförmigen Kriechfuß eines schneckenähnlichen Urweichtiers entwickelt. Wie dem auch sei, »Octopus« weiß seine Arme oder Tentakel wie ein Akrobat zu gebrauchen.

Es ist kein eigentliches Greifen, mehr ein Tasten, ein Umwickeln, ein Ansaugen und Haften. Nach etwas Freßbarem wie

Die faszinierenden Kraken wurden schon in antiker Zeit gerne auf Vasen abgebildet, wie dieses griechische Exemplar im Nationalmuseum Athen zeigt. Foto Süddeutscher Verlag/Riemer

363

einer Krabbe schnellen die Krakenarme blitzschnell hervor, umfassen die Beute und befördern sie unter den Mantel. Muscheln werden mit den Saugnäpfen aufgerissen. Kraken sind Räuber! Unter dem Mantel spritzen sie aus besonderen Drüsen Gift auf das Opfer und beenden dessen Leben schnell. Dieses Gift Cephalotoxin tötet selbst eine Ratte. Etwas später durchbeißen die Kraken mit der Spitze ihres »Papageienschnabels« den Krabbenpanzer und träufeln Speichel ein, der das Fleisch verflüssigt, damit sie es »schlürfen« können.

Das Gift eines Mittelmeerkraken wird dem Menschen nicht gefährlich, um so mehr das einiger farbenprächtiger Arten aus dem Indischen Ozean und dem Pazifik. Dem prächtigen, kaum handspannenlangen Blaugefleckten Kraken, einer Zierde jedes Aquariums, sind schon Tau-

Oben links und rechts: Der achtarmige Tintenfisch oder Octopus schwimmt nur langsam. Fotos Bavaria/Lederer und Thau
Unten rechts: Ein guter Schwimmer ist hingegen die Sepia, die durch ihre überraschenden Farbwechsel verblüfft. Im Körperinneren trägt die Sepia einen kalkigen Schulp. Vogelliebhaber hängen ihn ihren Wellensittichen in den Käfig, damit diese ihren Schnabel wetzen können. Foto König

cher zum Opfer gefallen, die mit den possierlichen Tierchen spielten.

Kraken des Atlantiks und des Mittelmeers können einem Taucher allenfalls dadurch gefährlich werden, daß sie ihm mit den Fangarmen Mundstück oder Maske abreißen. Noch mehr gilt das für die Kraken des Pazifischen Ozeans im

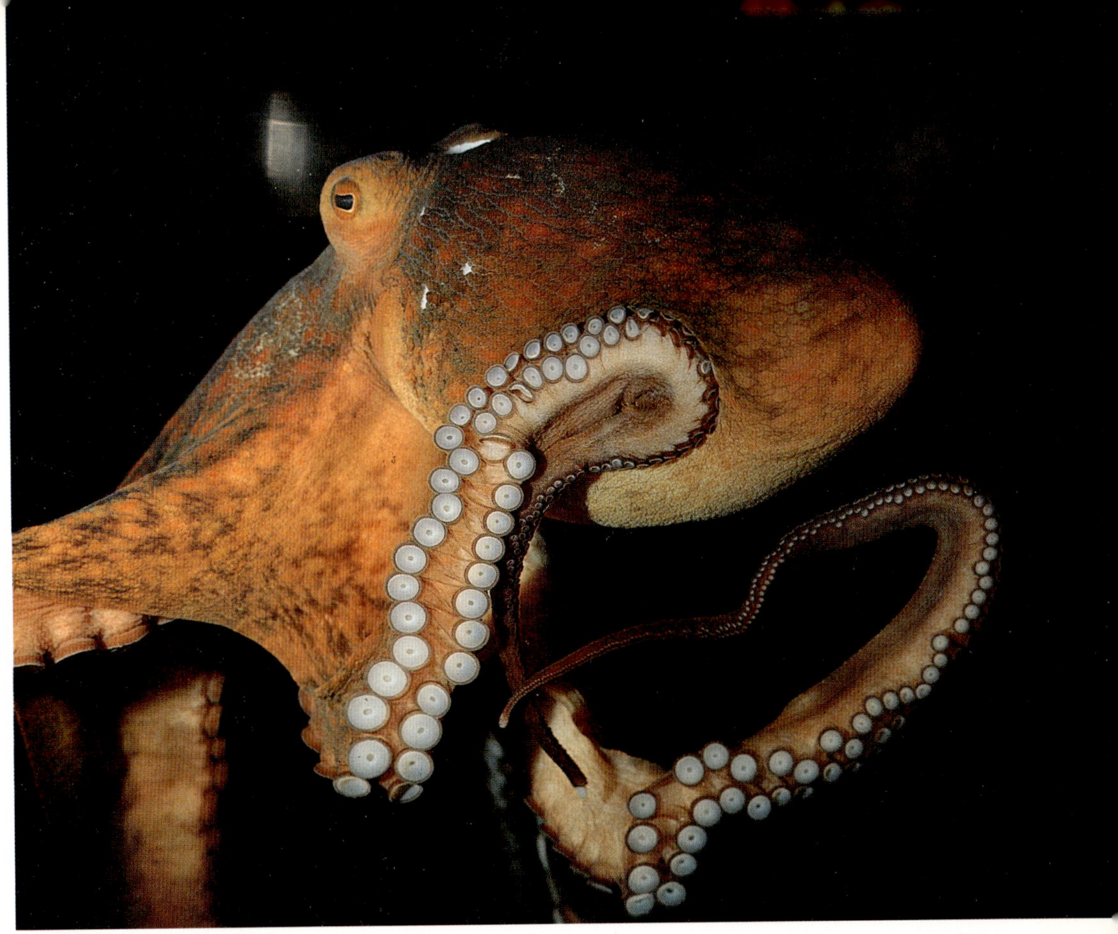

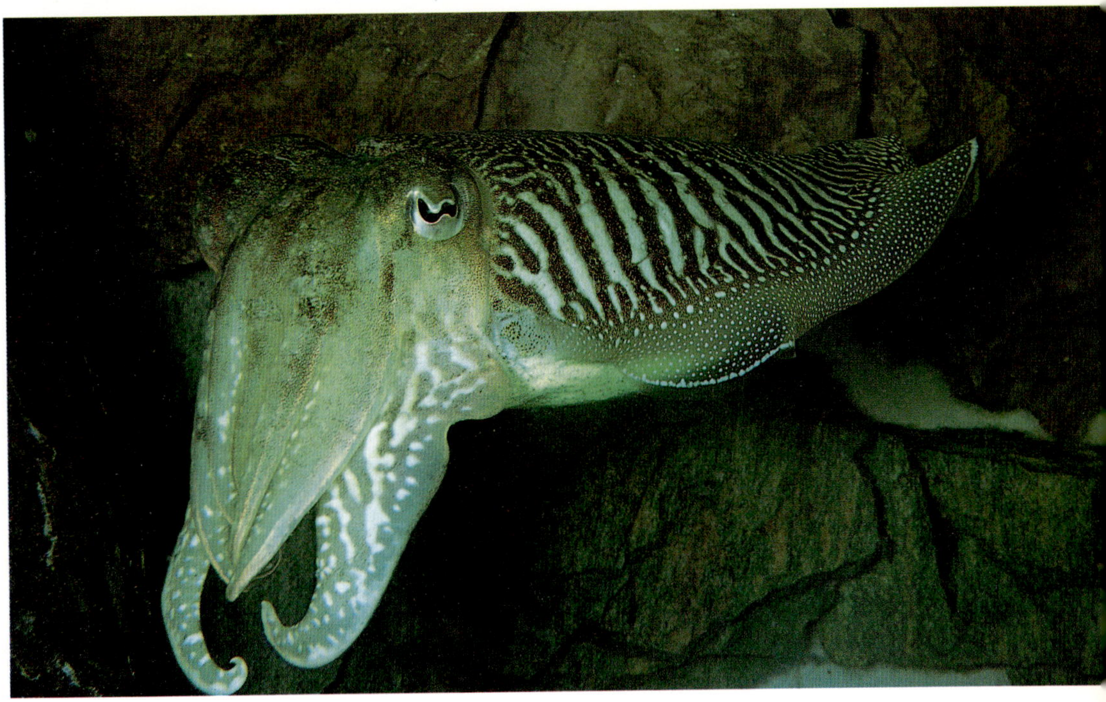

Puget Sound vor der amerikanischen Stadt Seattle. Sie erreichen mit fünf bis zehn Meter Länge und zwei Zentner Gewicht bereits die dichterischen Phantasiekraken. Findet ein solcher Riese lediglich mit zwei Armen voller talergroßer Saugnäpfe an einem Felsen Halt, so bringt er das Zwanzigfache seines Gewichts an Zugkraft auf. Taucher ohne Atemgerät können in der Umklammerung eines solchen Kraken ersticken. Gerät ein Taucher unter den Mantel und bespeit ihn der Krake, wie »Octopus« die Krabbe, so kann er davon betäubt werden. Doch diese amerikanischen Riesenkraken sind trotz ihrer Kraft wenig aggressiv und werden sehr zutraulich. Die Chefausbilderin einer dortigen Tauchschule, Joanne Duffy, hat mit ihnen Freundschaft geschlossen und urteilt: »Was ich an Kraken so liebe, ist, daß sie offensichtlich intelligente und empfindsame Wesen sind und dennoch ganz anders als wir.«

Das kann ich nach meinen Erfahrungen mit »Octopus« voll bestätigen. Welten trennen den Menschen und das Säugetier von den Kraken. Nicht Erde noch Luft, allein das Wasser formte sie, und dennoch zeigen Tintenfische und Meerestiere allgemein eine Vielgestaltigkeit, wie wir sie auf dem Festland niemals antreffen.

»Octopus« sieht besser als wir

Dem Blick von »Octopus« mit seinen großen gelblichen Kugelaugen mit der

Das Papierboot ist ein Tier der Hochsee. Das Männchen wird nur 1 Zentimeter lang, das Weibchen erreicht hingegen 20 Zentimeter. Die Paarung ist außerordentlich merkwürdig. Der Begattungsarm des Männchens, der sogenannte Hektokotylus, reißt ab und überträgt die Samenpakete zum Weibchen. Foto König

Tentakel des Schreckens: Riesenkalmare aus der Tiefsee

Im Jahre 545 nach Christus stieß der heilige Brandanus auf der Suche nach dem biblischen Paradies im Atlantik auf eine Insel. Als die Mannschaft gerade ein Feuer entzündete, um Essen zu bereiten, bewegte sich die Insel, und die Diener der Kirche verließen flüchtend diesen so ungastlichen Ort: einen »Seeteufel«! Der Bischof von Nidaros (Trondheim), Erik Falkendorf, las gar auf einem solchen Untier eine Messe. Es besaß allerdings den Anstand, das Ende der heiligen Handlung abzuwarten, ehe es seine wahre Natur zeigte, wie wir aus einem Brief an Papst Leo X. wissen.

Je weiter die Zeit voranschritt, um so mehr verloren die »Teufelsfische« an Größe. Bischof Pontoppian (1698–1764) gab in seiner »Naturgeschichte Norwegens« noch den Rat, sich davonzumachen, wenn ein solches Monstrum auftauche, das Boot und Mannschaft unbesehen verschlucken könne. Immer öfter kam es zu Begegnungen zwischen Riesenkalmaren und Schiffen. 1861 hatte die Mannschaft der französischen Aviso »Alecton« einen Kampf zu bestehen. Im Mai des Jahres 1874 ließ der Kapitän des Schoners »Pearl« das Feuer auf einen Riesenkalmar eröffnen. Verwundet stürzte er sich auf das Schiff. Tentakel dick und lang wie Baumstämme mit Saugnäpfen groß wie Suppenteller umklammerten Rumpf und Masten, bis das Schiff kenterte und zwei Matrosen mit in die Tiefe riß.

Ein paar Jahre vorher hatte der dänische Zoologe J. J. Steenstrup unter mitleidigem Lächeln »aufgeklärter« Archivare und Bibliothekare die alten Berichte gesichtet, das Tier beschrieben und es »Architeuthis« getauft. Diesen Namen trägt es noch heute. Architeuthis ist zwar ein Tintenfisch, aber kein Krake wie Octopus, sondern ein Kalmar. Die Zoologen unterscheiden vier Formen von Tintenfischen: Die Sepien haben 10 kurze Fangarme und im Körper einen harten verkalkten Schulp; sie leben nahe am Meeresboden, schwimmen aber sehr gut. Die Kalmare haben ebenfalls zehn, doch längere Fangarme und im Körper nur ein leichtes glasartiges Blatt; sie bewohnen als hervorragende Schwimmer den offenen Ozean. Kraken haben einen sackartigen Körper und 8 lange Arme. Schließlich ist noch der Nautilus zu nennen, der ähnlich wie die ausgestorbenen Ammoniten eine Kalkschale trägt.

Nun, da es einen Namen hatte, traute es sich erst recht ans Licht der Meeresoberfläche und griff Schiffe mit mehr oder minder großem Erfolg an, in unserem Jahrhundert den Tanker »Brunswik« gleich dreimal im Pazifik. Dabei haben die Riesenkraken nichts gegen Schiffe. Sie halten sie vermutlich für Pottwale, ihre Todfeinde. Welch erbitterte Kämpfe müssen zwischen diesen beiden Giganten in der lichtlosen Tiefe des Meeres toben!

Gelegentlich finden sich gestrandete Riesenkalmare. Ein solcher an der Küste Neufundlands gefundener Architeuthis maß 21,95 Meter. Man maß Saugnapfwunden auf den Körpern erlegter Pottwale von 27 bzw. sogar 46 Zentimeter Durchmesser. In einem Pottwalmagen entdeckten Fischer Kalmaraugen von 40 Zentimeter Durchmesser.

---

schwarzen strichförmigen Pupille ist etwas Sonderbares eigen – er stammt aus einer anderen Empfindungswelt als der unsrigen, zeugt von einem anderen Verstehen, und doch hat er beinahe etwas Menschliches an sich. Vielleicht rührt das daher, daß das Krakenauge im anatomischen Aufbau dem unsrigen gleicht, auch wenn es nicht wie bei uns als blasige Ausstülpung des Zwischenhirns, sondern als blasige Hauteinstülpung entsteht. Daher sind die Sehzellen nicht wie bei uns von der Linse abgewandt, sondern ihr zugewandt. Zusammen mit der hohen Zahl der Sehzellen – bei der Sepia 70 Millionen im Vergleich zu »nur« 50 Millionen bei uns – gewährleistet das eine weit höhere Lichtausbeute, was für die Tiere im Dämmerlicht des Meeres höchst vorteilhaft ist. Tintenfischaugen enthalten Linsen und können das Bild je nach Entfernung scharf einstellen. Die Tiere sehen mindestens die Farben Blau und Gelb und sind sogar imstande, wie Bienen die Schwingungsrichtung polarisierten Lichtes zu erkennen und sich danach zu orientieren.

Zurück zu »Octopus«! Unser Cockerspaniel Viola stand mit den Vorderpfoten aufgerichtet an der Aquarienscheibe und verbellte das ihm unheimliche Tier. Vom Meer her war »Octopus« mit einem bel-

Die meisten Menschen schließen die erste Bekanntschaft mit Kraken im Teller. Alle Tintenfische werden vor allem in südlichen Ländern gerne gegessen. Gelegentlich werden sie getrocknet, wie hier auf Mykonos, und später gegrillt. Foto Mitschke

lenden Hund nicht vertraut. Und da er sich der trennenden Eigenschaft der Glasscheibe auch nicht bewußt war, stieß er eine Tintenwolke nach dem Störenfried aus und verzog sich seitwärts in seine Höhle. Er hatte nur das getan, was Tintenfischen ihren Namen eingebracht hat, doch das Wasser mußte gewechselt werden. Entgegen landläufiger Meinung will sich ein Tintenfisch nicht in der Wolke verstecken, wofür sie auch viel zu klein ist, sondern einen Feind verwirren, ablenken oder gar etwas betäuben, damit Zeit bleibt, sich seitwärts davonzumachen.

Tinte und Rakete

Die Tinte besteht aus wasserunlöslichen Melaninkörnchen von beträchtlicher

Farbkraft. Der Mensch bedient sich ihrer schon seit Urzeiten. Die altägyptischen Fresken wären ohne die unfreiwilligen Dienste der Tintenfische nicht entstanden. Die Römer nannten den Tintenfisch und seine Tinte Sepia und beschrieben damit Papyrus. Und vom 18. Jahrhundert an wurde Sepia wieder gern für getuschte Zeichnungen verwendet.

Auf der Flucht vor Feinden bedienen sich die Kraken eines »Raketenantriebs«. Sie nehmen durch einen Spalt am Kopf Wasser auf und stoßen es durch kräftiges Zusammenziehen der Mantelwände unter hohem Druck aus einem Trichterrohr aus, dem Sipho. Sie bewegen sich also durch Rückstoß fort. »Octopus« schwimmt ruckartig und eher langsam. Die torpedoförmigen, pfeilschnellen Kalmare gehören jedoch zu den schnellsten Schwimmern der Meere. Auf der Jagd nach Hochseefischen springen sie sogar über die Wasseroberfläche.

Das intelligenteste Tier unter den Wirbellosen

Um die Intelligenz meines »Octopus« zu testen, stellte ich eine Krabbe, die er besonders gern frißt, in einem hohen Glasgefäß in das Aquarium. Ein Arm schnellte nach der Beute – und traf auf Glas. »Octopus« stutzte und verfärbte sich rötlich, die Farbe des Zorns und der Wut. Er versuchte es nochmals. Vergeblich! Etwas trennte ihn von seinem Fressen, was er nicht verstand. Glas gibt es nicht in der Welt der Tintenfische. Man sah förmlich, wie in seinem Gehirn die Gedanken arbeiteten: Er wechselte ständig die Farbe, und wellenförmige Muster überliefen ihn. Vor »Octopus« nahm ich die Krabbe aus dem Glas, tat sie wieder hinein und wiederholte das mehrmals. Da verstand er: Ein Arm glitt ins Glas, ein zweiter folgte, und schon hatte er die Beute!

Jacques Yves Cousteau hat in einem seiner Filme gezeigt, wie ein Krake einen Korken von einem Glas entfernt, um an die Languste darin zu kommen. Im Biomedizinischen Institut Kelwalo auf Hawaii zeigten sich Kraken im Aufspüren eines Weges durch ein Labyrinth den darin besonders begabten Ratten ebenbürtig, wärend wir Menschen eher ungeschickt sind und dazu des Fadens der Ariadne bedürfen, wie weiland Theseus im Labyrinth auf Kreta.

Das außergewöhnlich zentralisierte Hirn der Kraken wird von einer knorpeligen Schädelkapsel beschützt. Sie ist neben dem Schnabel das einzige Harte an diesem Weichtier. Mit 30 anatomisch unterscheidbaren Lappen und mehr als 150 Millionen Nervenzellen ist das Krakenhirn außergewöhnlich leistungsfähig. Die Tintenfische besitzen kein Rückgrat mit gebündelten Nerven, sondern müssen die Entfernung vom Hirn zum Körper mit einzelnen Nervenfasern überbrücken. Besonders bei den zehnarmigen Kalmaren sind sie 50- bis 100mal so groß wie bei uns Menschen und bei den Säugetieren. Es ist möglich, empfindliche Meßgeräte an diese Nerven anzuschließen. So fanden Forscher in ausgeklügelten Versuchen heraus, was sich in einer Nervenzelle in chemischer und physikalischer Hinsicht abspielt. Zwei Wissenschaftler in Cambridge verdienten sich damit sogar den Nobelpreis. Tintenfische ermöglichten es, Geheimnisse der Bioelektrizität, der elektrischen Erscheinungen in Lebewesen, zu entschlüsseln. Das zukunftsträchtige Gebiet der Neurophysiologie wäre ohne sie nicht denkbar.

»Octopus« bekennt Farbe

Eines Tages servierte ich »Octopus« die Krabben auf einem großen weißen Teller. Er verspeiste sie, setzte sich auf den Teller – und erblaßte innerhalb von Sekunden zu Weiß. Auf einem Schachbrett färbte er sich wie ein schwarzweißes Karo, auf Riffgestein nahm er nicht nur dessen Farbe, sondern sogar dessen Struktur an. Kraken sind die Chamäleons des Meeres und übertreffen die des Landes bei weitem. Gefühle und Zustände wie Freude, Angst, Wut und nicht zuletzt sexuelle Erregung zeigen sie in ihrem Farbspiel. Die Steuerung erfolgt über das zentrale Nervensystem oder über Hormone. Die Tarnfarben werden von der Umgebung bestimmt. Auch ein Krake mit abgedeckten Augen färbt sich nach dem Untergrund, und seine Haut imitiert ihn, wird glatt wie Kiesel oder warzig wie ein Korallenstock. Dabei dürfte der Tastsinn in den Spitzen der Arme eine Rolle spielen.

Wie sonst kann ein Krake, der nur aus Weichteilen ohne ein schützendes äußeres Gehäuse besteht, einer freßgierigen Muräne oder einem hungrigen Zackenbarsch entkommen, wenn nicht durch die Finte mit der Tintenwolke, durch raketengleiche Flucht oder durch meisterliche Tarnung. Weil der antike Magier Proteus ständig seine Gestalt wechseln konnte und derart stets seinen Verfolgern entkam, nennt man das fast magische Tarn- und Farbvermögen der Tintenfische auch »Proteus-Phänomen«.

Das Zusammenspiel zahlreicher Farbzellen, der Chromatophoren, ermöglicht den Tintenfischen den jähen Farbwechsel. Die Zellen sind meistens in drei Schichten übereinander gelagert: oben gelbe, in der Mitte orangerote und unten dunklere Pigmente. 4 bis 24 Muskelfasern umgeben die Farbzellen. Ziehen sie sich zusammen, so bewirken sie, daß sich die farbstoffhaltige Zelle bis auf das Zwanzigfache ausdehnt und so besonders viel Farbe zeigt. In zusammengezogenem, kontrahiertem Zustand hingegen ist nur wenig Farbe zu sehen. Unter den Farbzellen liegen meistens noch unbewegliche »Flitterzellen«, deren Zelleinschlüsse einfallendes Licht reflektieren und so reinweiß erscheinen. Oder sie erzeugen durch Brechung metallisch schimmernde Farbeffekte und lassen die Farben der Tintenfische um so schöner erstrahlen.

Ein anderes Mal stellte ich einen Spiegel in das Aquarium, in dem »Octopus« sein Ebenbild sah. Er stürzte sich nicht wild darauf los wie ein Kampffischmännchen oder ein Zackenbarsch, um den vermeintlichen Gegner zu bekämpfen. Er schnitt auch keine Grimassen wie ein Affe und suchte auch kein anderes Tier hinter dem Spiegel. Er saß vor dem Spiegel und Farbwellen überliefen ihn: er überlegte. Dann schnellte ein Arm hervor und wischte über den Spiegel wie ein Autowischer über die Autoscheibe. Als es ihm nicht gelang, das Bild auszuwischen, bildeten sich schwarze Kreise um seine Augen und dunkle Flecken auf dem Rücken – Zeichen der Angst. Und bald verschwand er in seiner Höhle.

Fortpflanzung und Brutfürsorge

»Octopus« wurde zunehmend zutraulicher. Mit einem erstaunlichen Zeitsinn begabt, wartete er um acht Uhr abends an der Frontscheibe auf mich, um mit mir zu spielen. Ich streichelte ihn und er rollte fein säuberlich seine Arme um meine Hand. Vielleicht ist das ein kleiner Ersatz für Liebe, die ihm im Meer vom anderen Geschlecht zuteil würde? Wenn es an der Zeit ist, beginnen die Partner ihr Liebesspiel. Das Weibchen putzt vor dem Erwählten emsig ihre Saugnäpfe, und er zeigt ihr seine. Dann streckt er seiner Braut die Arme entgegen, die Augen gewinnen an Glanz. Mit seinem dritten Arm rechts von der Kopfmitte liebkost er den Körper des Weibchens. Es ist sein Geschlechtsarm mit einer Rinne für die Samenpakete, die Spermatophoren, die er aus dem Sipho ausstößt. Er steckt sie mit dem Geschlechtsarm dem Weibchen in die Mantelhöhle, wo sie im Eileiter die Eier besamen. Die Samenpakete messen beim Mittelmeerkranken ein bis sechs Zentimeter, bei den großen erwähnten pazifischen Kraken jedoch über einen

Meter. Oft bleibt ein Krakenpärchen stundenlang in Liebe beisammen, ehe beide, sich wieder fremd, getrennte Wege schwimmen. Bis dahin steckt das Männchen seinem Weibchen alle zehn Minuten Samenpakete in den Mantel. Das Weibchen klebt seine millimeterdikken und knapp doppelt so langen weißlichen Eier mit den kleinen Stielen zu zehn Zentimeter langen »Trauben des Meeres« an die Decke ihrer Höhle. Insgesamt sind es rund 40 Trauben mit je bis zu 4000 Eiern. Das Weibchen bewacht die Eier vor freßgierigen Räubern, putzt sie mit seinen Saugnäpfen und fächelt mit dem Sipho ständig Frischwasser zu, damit sie nicht verpilzen oder veralgen. Nach ungefähr vier Wochen schwärmen Wolken von kleinen, kaum drei Millimeter großen und durchsichtigen Krakenlarven aus der Höhle auf Jagd nach kleinstem Plankton, während auf sie schon die Mäuler hungriger Fische warten. Die Strömung treibt sie durchs Meer, bis sie, vielleicht nach drei bis fünf Tagen, seichteres Wasser finden und sandige Unebenheiten oder kleinste Höhlen zu ihrem Schutz. Die Mutter hat ihre Lebensaufgabe erfüllt und stirbt. Es ist nun an den Jungen, groß zu werden und die Art zu erhalten. Der Reigen des Lebens beginnt von neuem.

Herrscher der Meere?

Die Kraken sind den Fischen, mit denen sie den Lebensraum Meer teilen, in vielem überlegen: Sie treiben sich durch den Rückstoß eines Wasserstrahles schnell vorwärts, sie haben Arme, die zwar weder Hände, Klauen noch Pfoten und doch mit ihren Saugnäpfen wirkungsvoller als diese sind. Sie haben keine Knochen, und gerade dies befähigt sie, sich in kleinste Spalten zu verziehen. Sie können Farbe und Struktur ihrer Umgebung besser nachahmen als jedes andere Tier. Ihr Schnabel ist fast so hart wie der eines Papageies. Sie besitzen Gift wie eine Schlange, und ihre Augen sind scharf wie die eines Raubvogels. Ihre Intelligenz übertrifft die der Fische bei weitem. Warum wurden sie mit all diesen Vorzügen nicht zu den Beherrschern des Meeres? Mit Sicherheit werden wir das nie wissen. Doch zwei Hauptgründe sehe ich: Die Natur hat sich bei ihnen im Metall »geirrt«. Ihr farblos durchsichtiges bis blaugrünes Blut enthält kein Eisen, sondern Kupfer. Der Sauerstoff wird nicht wie bei den Fischen und übrigen Wirbeltieren vom Hämoglobin, sondern vom Hämozyanin gebunden. Dieses kann aber nur 3 bis 4,5 Prozent Sauerstoff aufnehmen, während es das Hämoglobin der Fische immerhin auf 10 bis 20 Prozent bringt. Daher ermüden Kraken schnell und sind wenig zu Dauerleistungen befähigt. Und überdies sterben sie zu früh. Länger als drei, höchstens fünf Jahre leben sie nicht. Es ist erstaunlich, was ein Krake in dieser kurzen Zeit alles lernt, doch es reicht nicht aus, ihn zum Herrn der Meere zu machen, wie der Mensch das Festland beherrscht.

Doch wissen wir, ob die Evolution der Kraken und Tintenfische schon abgeschlossen ist? Vielleicht gelingt ihnen in Jahrmillionen doch noch ein entscheidender Durchbruch? Und was wissen wir schon von den Riesenkalmaren aus der ewigen Finsternis der Meere? Nicht einmal, wie groß sie tatsächlich werden können! Noch kein solches Tier wurde lebend untersucht. So ist uns vieles aus dem Reich der Tintenfische noch Geheimnis und Rätsel.

Bücher zum Thema

Cousteau, J.Y./Diole, Ph.: Kalmare. Wunderwelt der Tintenfische. München 1973

Fioroni, P.: Cephalopoda. Tintenfische. Stuttgart 1978

Jaeckel, S.: Cephalopoden. In: Tierwelt der Nord- und Ostsee. 27, IX, 3. Leipzig 1958

Lange, P. W.: Seeungeheuer. Hanau 1979

Zimniok, K.: Tintenfische – Intelligenz mit Kopf und Fuß. Hannover 1984

Erich Wiedemann
FLÜSSIGES BROT
Vom Bierbrauen und Biertrinken

Biertrinken war immer schon ein umstrittener Genuß, nicht allein wegen seiner bisweilen unerwünschten Folgen für die körperliche Verfassung und den Führerschein des Konsumenten. Schon in altrömischen Zeiten, als es noch keine Führerscheine gab, war Bier mit dem Makel sozialer Dekadenz behaftet. Der feine Mann trank Wein.

Der dichtende Römerkaiser Julian (361–363 nach Christus) brachte es seinerzeit auf den einfachen Nenner: »Wein duftet nach Nektar, Bier aber stinkt zum Himmel.« Und der Reiseschriftsteller Tacitus, dem in Rom ein hohes Maß von Kenntnis germanischer Sitten und Wesensarten nachgesagt wurde, wußte über die Teutonenbrühe lediglich zu sagen, daß sie »eine gewisse Ähnlichkeit mit schlechtem Wein« habe.

Und an diesem schlechten Leumund hat sich nicht viel geändert. Bier hat schon deshalb keine Aussichten auf höhere kulinarische Weihen, weil es in aller Regel billiger ist als Wein. Für Wein und Bier gilt das gleiche wie für Kaviar und Bismarck-Hering. Was teurer ist, das muß auch besser sein. Bier ist und bleibt Proletenjauche.

Die vier Zutaten

Über Geschmack läßt sich bekanntlich streiten. Aber sehen wir es mal chemisch. Die Liste der Zutaten, die dem Wein ganz legal zugesetzt werden darf, liest sich wie ein Auszug aus dem Handbuch für Chemikalienkaufleute. Bier dagegen setzt sich aus vier Substanzen zusammen und wirklich nur aus vier: aus Hopfen und Malz, Hefe und Wasser. Die Geschmacksunterschiede verschiedener Biersorten werden ausschließlich durch unterschiedliche Dosierung und Verarbeitungsweise dieser vier Grundelemente erzielt. Nach dem Reinheitsgebot für das deutsche Bier, an dem die ausländische Konkurrenz ständig herumnörgelt, ist nicht mal ein Konservierungsmittel erlaubt.

Die Pingeligkeit geht auf eine jahrhundertealte Tradition zurück. Im bayerischen Reinheitsgebot von 1516 wurden die heute noch verbindlichen Richtlinien bereits definiert. Und in der württembergischen Bierordnung aus dem Jahre 1709 stand geschrieben: »Derohalben soll zu dem Brauen neben Hopfen und Wasser anders nichts als Gersten zur Malzung gebraucht und darvon gut gerechtes Trank und Bier gesotten werden.« Von der Wirkung der Hefe wußte man damals noch nichts, deswegen taucht sie in frühen Vorschriften noch nicht auf. Sie ist aber unerläßlich, weil sie die Gärung bewirkt. Bei den meisten Bieren wird sie später wieder entfernt.

Und nur wenig Trinkbares auf Erden ist ständig einer so strengen Qualitätskontrolle unterworfen wie das deutsche Bier. Das war schon im Mittelalter so. »Pier-Beschauer« wachten damals durch Verkosten von Proben über die Güte des beliebten Korngebräus. »Pierbrauer und Pierschencken«, die der Qualitätsnorm nicht gerecht wurden, so hieß es in einer Dienstvorschrift für süddeutsche Bierüberwacher, »seyn gehalten, ihr eigenes elendes Pier zu trinken«. Jeder hatte seine eigenen Testmethoden. Die bayerischen Bierprüfer etwa beschränkten sich nicht aufs Verkosten. Um den Malzgehalt zu prüfen, schütteten sie einen halben Humpen auf einen Schemel und setzten sich drauf. Wenn sie sich nach zwei Stunden erhoben, mußte der Schemel an der Lederhose kleben bleiben. Tat er's nicht, dann taugte das Bier nichts und wurde nicht zum Ausschank freigegeben.

Wie Bier gemacht wird

Die Brauverfahren haben sich seit Jahrtausenden nicht wesentlich geändert. Weizen oder Gerste – die Chinesen nehmen auch Reis – wird in Wasser eingeweicht, so daß es zu keimen beginnt. Dabei wandelt sich die Stärke in Zucker um. Die gekeimten Getreidekörner werden nun gedarrt, und wir erhalten das Malz. Der Brauer löst dieses Malz in warmem Wasser auf, er bereitet die Maische. Für die Babylonier, die sie entdeckten, war Maische das Fertigprodukt. Spätere Brauergenerationen verfeinerten die etwas schale Brühe durch Zugabe von Hopfen zu einem Kulturgetränk.
Nach der Zugabe von Hopfen – pro Hektoliter nimmt man zwischen 150 und 400

Über die wichtigsten Biersorten informiert unser kleines Bierlexikon auf Seite 381. In Deutschland werden über 4000 Biere gebraut. Da soll es schon vorgekommen sein, daß Braumeister ihre eigenes Bier nicht erkannten. Foto Deutscher Brauer-Bund

Gramm – wird die Maische in der kupfernen Würzpfanne noch einmal kräftig aufgekocht und geklärt. So erhalten wir die Stammwürze. Sie fließt in den Gärkeller. Rund eine Woche dauert die Hauptgärung, dann wird das Jungbier in Lagertanks gepumpt. Dort bleibt es einige Monate und macht eine Nachgärung durch, bei der es sich mit Kohlendioxid anreichert – unentbehrlich für die Schaumkrone.

Der Produktionsprozeß ist so simpel, daß man den Stoff auch zu Hause in der Küche brauen kann. Die Zutaten gibt es in der Drogerie und im Reformhaus. In Großbritannien kann man sogar fertigverpackte »Trockenbiersätze« im Supermarkt kaufen. Allerdings galten die Briten bekanntlich noch nie als Gourmets.

Gutes Bier will Weile haben, um zu reifen. Und wenn es munden soll, muß es frisch sein. Weil es nicht künstlich konserviert werden darf, ist es auch längst nicht so haltbar wie Wein. Nach ein paar Monaten kippt Bier um, wie es im Fachjargon heißt.

Panschen und Plempen

Natürlich gab es früher eine Menge Tricks, um den Brauprozeß zu beschleunigen oder die Haltbarkeit künstlich zu verlängern oder umgekipptes Bier wieder halbwegs genießbar zu machen. Der Coburger Jurist, Polizei- und Obervormundschaftsrat Paul Hönn hat in seinem »Betrugslexicon« aus dem 17. Jahrhundert ein paar davon aufgelistet. Auszug: »Bier-Wirthe betrügen 1.) wenn sie das Bier verfälschen und unter das gute, das sogenannte frisch- oder dünne Bier, Convent, oder gar Wasser thun. 2.) Wenn sie, da ein Bier umgeschlagen, ins Faß eine Hand voll Saltz und Buchenasche werffen, damit es darinn erst anfange zu gähren, wodurch aber solches ungesund, dick und zähe wird. 3.) Wenn sie das schon verdorbene Bier mit Poth-Asche, Schaf-Därmen, Kreide und anderen ekelhaften Dingen mehr wieder gut machen wollen. 4.) Wenn sie beym Einlassen mit dem Bier einen großen Gäscht machen, und so gleich unter dem Schein eines vollen Masses in des Käuffers Gefäß eingiessen, daß dieser wenn die Gäscht vergeht, dennoch zu kurz kommt.«

Mit Pottasche und Schafdärmen hat der zeitgenössische Kneipen-TÜV, wie die zuständige Abteilung beim Ordnungsamt heute unter Wirtsleuten heißt, keine Last mehr. Aber Ziffer 4 ist nach wie vor aktuell. Besonders die bayerischen Gerichte müssen sich immer wieder mit dem rechten Verhältnis von Schaum und Flüssigkeit in Maßkrügen auseinandersetzen. Gläser als Biertrinkgefäße wurden im vergangenen Jahrhundert nicht in erster Linie aus Geschmacksgründen, sondern aus Mißtrauen des Gesetzgebers gegenüber den Zapfkünsten der Wirte eingeführt. Schaum – auch »Krone« oder »Feldwebel« – ist ohnehin ein rein deutsches Bierbeiprodukt. Die Briten beispielsweise mögen überhaupt keinen Schaum. Pubwirte zapfen das Glas schaumlos randvoll, so daß man erst vorsichtig einen Schluck abtrinken muß, damit man es überhaupt zum Tisch tragen kann.

Obergärig – untergärig

Der Wahrheit die Ehre: Die britischen Kneipen sind die schönsten der Welt. Aber Ale, Stout und Lager wirken auf den mitteleuropäischen Festlandgaumen ein bißchen wie Badewasser mit Schuß. Und das liegt nicht allein an der fehlenden Schaumkrone und am spärlich bemessenen Kohlensäuregehalt. Nur Guinness gilt, wenn man es trotz seines irischen Ursprungs unter die britischen Biere rechnet, auf dem Kontinent unter Kennern als trinkbar.

Es gibt auch kohlensäurearme deutsche Biere, die man kannenweise in sich hineinschütten kann, ohne einmal aufstoßen zu müssen. Kölsch zum Beispiel. Kölsch

Oben: Die Klosterbrauereien haben im Mittelalter einen erheblichen Beitrag zur Entwicklung der Braukunst geleistet. Daß sich der Hopfen als Bierwürze durchsetzt, ist nicht zuletzt ihnen zu verdanken. Manche Klosterbiere waren wegen ihrer Qualität weitherum berühmt. So verwundert es nicht, daß die älteste deutsche Darstellung eines Brauers einen Mönch am Sudkessel zeigt. Der sechseckige Stern war im Mittelalter das Zunftzeichen der Brauer. Die Zeichnung stammt aus dem Bruderhausbuch, Nürnberg 1397. Foto Deutscher Brauer-Bund

Unten: Die Grafik zeigt schematisch die Arbeitsvorgänge bei der Bierbrauerei. Natürlich können die Verfahren vielfach abgeändert werden.

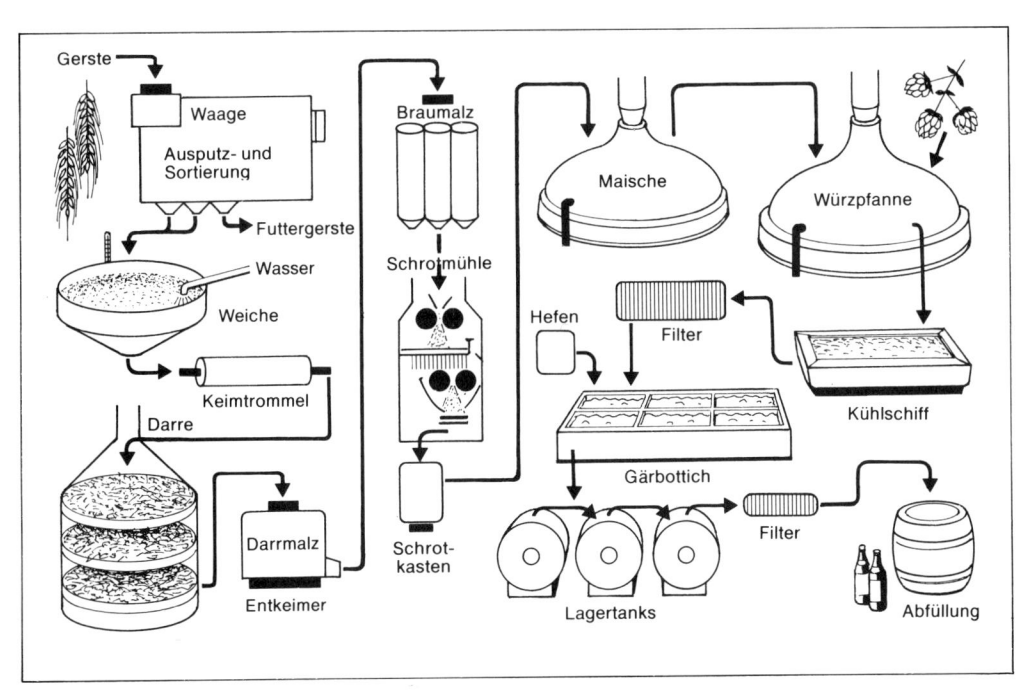

Die Automation hat auch bei der Hopfenernte Eingang gefunden. Saisonarbeiter finden hier kaum mehr Beschäftigung. Geerntet werden die noch nicht ganz ausgereiften Fruchtstände des weiblichen Hopfens. Foto dpa

gehört – wie das weiter unten am Niederrhein verbreitete Alt – zu den obergärigen Bieren. Der Unterschied zwischen ober- und untergärigen Bieren hatte ursprünglich mit dem jeweiligen Klima der Region zu tun, in denen sie beheimatet waren. Man kann es bei der Brauereibesichtigung noch heute auf der Haut spüren, ob Alt oder Pils im Kessel brodelt. Obergäriges Bier gärt bei Zimmertemperatur, untergäriges bei Temperaturen zwischen 4 und 9 Grad Celsius.

Das Obergärige entwickelte sich im Rheinischen, weil die Düsseldorfer und Kölner Brauer – anders als die Kollegen aus Bayern – keine Felsenkeller hatten, in denen sie Eis lagern konnten, um auch in der wärmeren Jahreszeit noch ihre Braukessel zu kühlen.

Das Wasser – wichtigster Bestandteil?

Die Erfindung der Kühlmaschine hat die Biergeographie etwas durcheinandergebracht. Aber die Schwerpunkte sind bis heute erhalten, auch die Konsum- und Produktionsschwerpunkte. Am wenigsten Bier wird im Norden, am meisten – natürlich – in Bayern getrunken, wo viele Familien und Gemeinden stolz einen Bierkrug im Wappen führen. Die Bayern übertreffen den ostfriesischen Pro-Kopf-Verbrauch um mehr als das Zehnfache. In Bayern gilt Bier nach einer höchstrichterlichen Entscheidung als Nahrungs-, nicht als Genußmittel. Die bayerischen

Bundeswehrgarnisonen sind die einzigen in der Bundesrepublik, in denen die Soldaten zum Abendbrot einen Humpen Bier vorgesetzt bekommen.

Südlich der Mainlinie kommen deshalb auch mehr Brauereien auf den Quadratkilometer als anderswo in Deutschland Molkereien. Sie bringen es zusammen auf einen Ausstoß von über 20 Millionen Hektoliter im Jahr. Daran ist der Brauereigasthof »Zur Sonne« in Dinkelsbühl mit 160 Hektoliter und die Münchner Löwenbrauerei mit 4 Millionen Hektoliter beteiligt. Noch mehr Bier wird nur an Rhein und Ruhr gebraut, das meiste davon in Dortmund, der heimlichen Bierhauptstadt Deutschlands. Kohlenstaub macht noch durstiger als Alpenluft.

Die Deutschen haben im internationalen Vergleich immer die Nase vorn gehabt. In keinem anderen Land der Erde verstehen Brauer, aus nur vier Grundsubstanzen so viele Geschmacksvarianten herauszuholen. Zwischen (bayerischem) Kulmbacher und (rheinischem) Königsbacher liegt eine ebenso große geschmackliche Bandbreite wie zwischen Liebfraumilch und Bordeaux. Bereits das Wasser, das zum Brauen verwendet wird, ist für den Geschmack entscheidend. Das berühmte tschechische Pils wird mit extrem weichem, kalkarmem Wasser gebraut. Das kohlensaure Münchner Wasser hat einen anderen Charakter als das schwefelsaure Dortmunder Wasser.

Bierbrauen – eine rein deutsche Kunst?

In der Quantität allerdings sind die Amerikaner die Größten. Sie brauen seit Jahrzehnten mehr Bier als die Deutschen und Briten zusammen. Nur, ohne die deutsche Brautradition wäre auch die US-Bierzitadelle Milwaukee nicht, was sie ist. Die großen amerikanischen Braudynastien stammen alle von deutschen Urvätern ab.

Die anderen Europäer sind für ihren Rückstand auf dem Brausektor durch natürliche Handikaps entschuldigt. Die Franzosen durch ihre exquisiten Weine, gegen die das ganz passable Bière d'Alsace immer einen schweren Stand hatte; die Skandinavier durch die hohen Bierpreise, die dem Volk die Chance nehmen, Bierverstand zu entwickeln. Das belgische Bier ist oft zu dünn, das dänische zu süß, das sowjetische überhaupt schwer zu bekommen.

Die DDR kann mit ihrem Radeberger-Pils durchaus Ehre einlegen. Nur ist Radeberger fast ausschließlich für den Export bestimmt. DDR-Bürger müssen sich mit dem einheimischen Müffig-Bräu begnügen. In Festlandeuropa haben sich allein die Niederlande – dank dem amerikanisch geschulten Biermagnaten Freddie Heineken – einen achtbaren Platz in der Hierarchie der Biernationen sichern können.

»Flüssiges bricht das Fasten nicht«

Die Wiege der gehobenen Braukunst stand hinter Klostermauern. Die Brüder Braumeister entwickelten das säuerliche Korngesöff der heidnischen Germanen mit Hilfe von immer neuen Aromazusätzen zu trinkbaren Säften. Fenchel, Wacholder, Salbei, ja sogar Bohnen und Kartoffeln waren Experimentiergrundlage, bis schließlich der Hopfen als Aromaträger entdeckt wurde.

Die Mönche tranken Bier nicht nur, wenn sie durstig waren oder lustig sein wollten. Der Gerstensaft war für sie an Fastentagen, an denen sie keinerlei feste Nahrung zu sich nehmen durften, das wichtigste Grundnahrungsmittel – flüssiges Brot sozusagen.

Die von altersher weintrinkenden römischen Kirchenväter sahen solche Trinksitten nicht gern, vor allem, weil die Konfratres von jenseits der Alpen im Umgang mit dem wohlfeilen Lustigmacher oft das rechte Maß vermissen ließen. Was in Klosterzellen und Refektorien gesoffen wurde, das läßt das Gesetz erahnen,

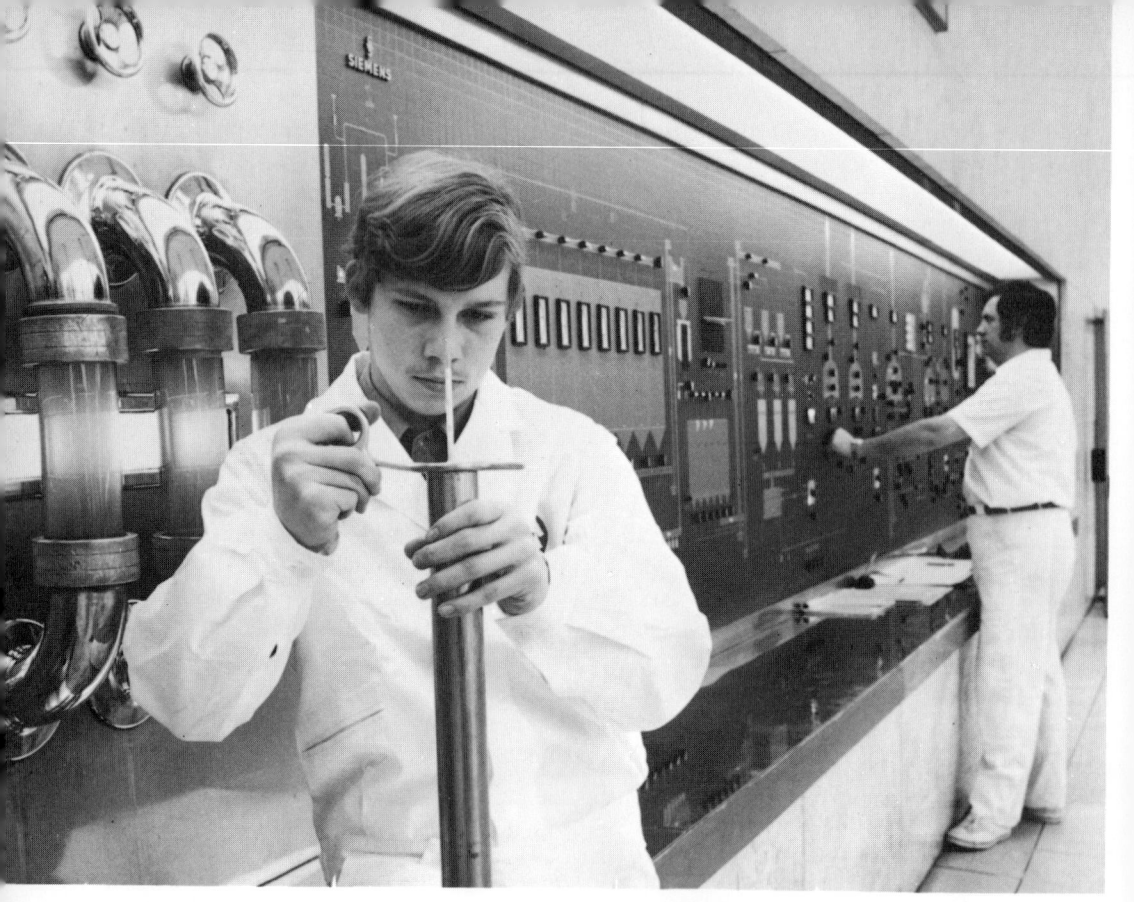

Oben: Mit der Würzspindel lernt der angehende Brauer im Sudhaus den Stammwürzegehalt des zukünftigen Bieres zu ermitteln. Foto Süddeutscher Verlag/WEDO press

Rechts: 5 bis 7 Tage dauert die Gärung des Bieres. Dabei bildet sich eine dicke Schaumschicht. Danach kommt das Jungbier in Lagertanks, wo es die Gärung zu Ende führt. In dieser Zeit reichert es sich mit Kohlendioxid an. Foto Süddeutscher Verlag

Gegenüberliegende Seite oben: Im Sudhaus einer der größten Münchner Brauereien. Foto Bavaria/Köhler

Gegenüberliegende Seite unten: Nach der Gärung kommt das Bier in Lagertanks und macht hier die mehrmonatige Reifung durch. Wie in allen Betrieben, die Nahrungsmittel herstellen, ist auch hier peinlichste Sauberkeit das oberste Gebot. Foto Bavaria/Köhler

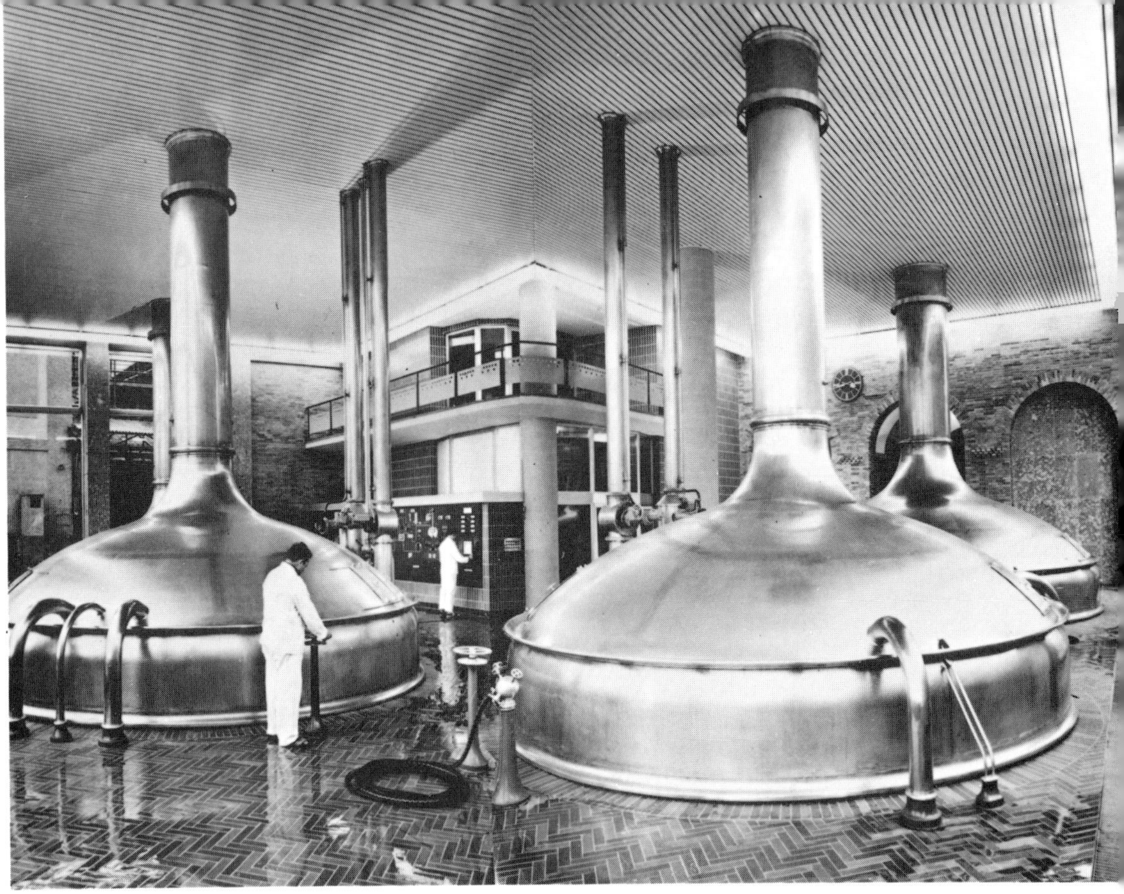

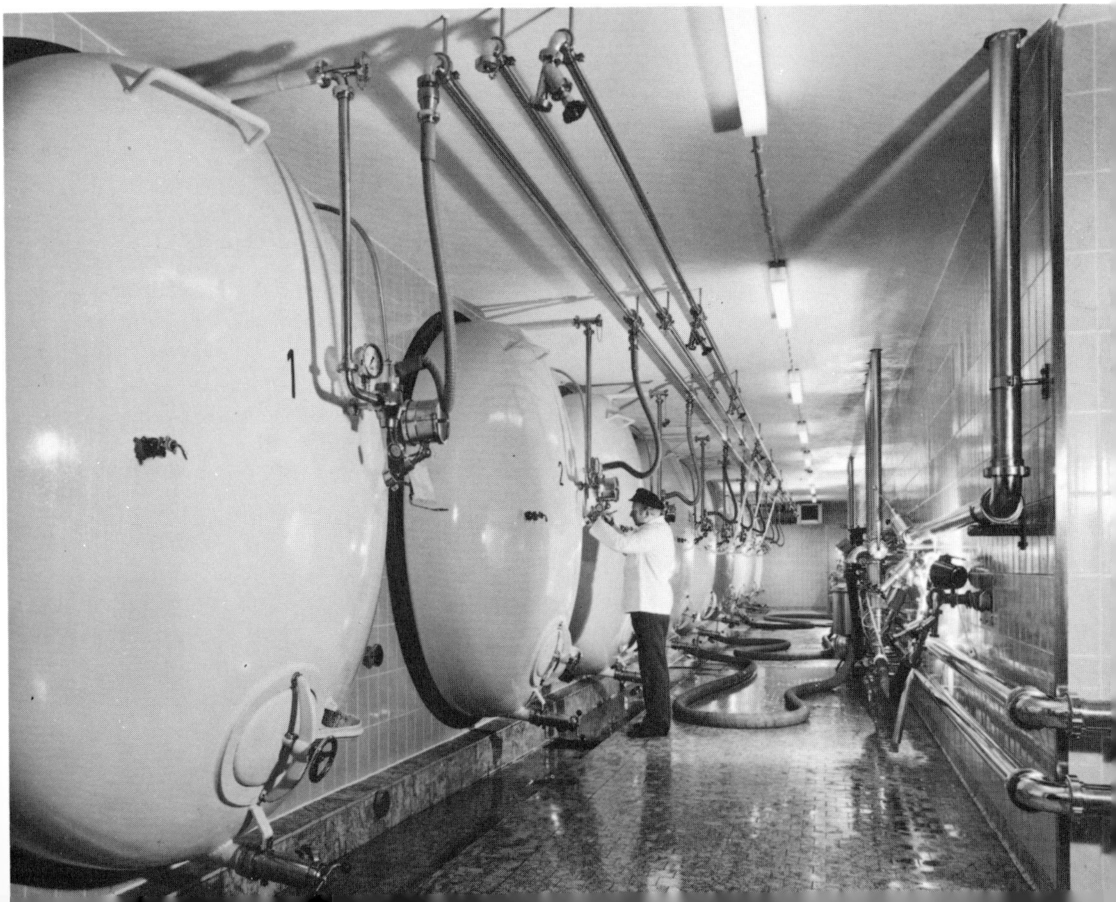
1

das der aus Irland zugewanderte Missionar Kolumban im 6. Jahrhundert aus gegebenem Anlaß verabschiedete. Nach der »Lex Columbanis« mußte ein Priester, der seine Psalmen nur noch lallen konnte, weil er betrunken war, zwölf Tage von Wasser und Brot leben. Vierzig Bußtage bekam ein Bischof aufgebrummt, der »so besoffen ist, daß er die Hostie auskotzt«.

Der Bierkonsum stand damals, wie aus alten Schriften zu ersehen ist, bei durchschnittlich fünf Maß pro Kopf und Tag. Das sind, je nach Maßeinheit, 5 bis 10 Liter. Man kann sich vorstellen, daß – vor allem in Fastenzeiten – ganze Klostergemeinschaften oft wochenlang im Tran lebten. Um Auswüchsen vorzubeugen, erließ das Konzil zu Aachen im Jahre 816 neben allerlei religiösen Verhaltensvorschriften auch Richtlinien für den Alkoholkonsum in deutschen Klöstern. Ein Chorherr, so hieß es da, solle täglich »fünf Pfund Bier und ein Pfund Wein«, eine Nonne »nur drei Pfund Bier« erhalten. Die diversen »Kurzen«, die die Mönche gleichfalls vortrefflich zu destillieren verstanden, waren dabei noch nicht berücksichtigt. Allerdings darf man nicht vergessen, daß früher manche Klosterbiere dünner gebraut wurden, als es Gott gefällig war. »Klosterbier«, war lange Zeit ein Schimpfwort für ein besonders wässriges Gebräu.

Die Seele Bayerns

Aus den Klöstern schwappten die Trinksitten auf bürgerliche Kreise über. Nach der Jahrtausendwende entwickelte sich das Braugewerbe zum führenden Industriezweig der mittelalterlichen Handelsstädte. Die deutschen Bürgerbräuhäuser begannen, den klebrigen Kornsud in alle Teile der damals bekannten Welt zu liefern, zunächst in die benachbarten europäischen Länder und ins Baltikum, später bis ins ferne Batavia im heutigen Indonesien.

Unumstrittener Branchenführer war die Stadt Einbeck im Hannöverschen. Einbecker Bier war alkoholhaltiger und deshalb haltbarer als die Dünnbiere der anderen Hansestädte. Noch heute nennen wir sie »Bock«-Biere, eigentlich »Einbeck«-Biere. Mitte des 16. Jahrhunderts geboten die Einbecker über ein Imperium von 300 Brauereien. So viele hat heute nicht einmal Brauer-König Freddie Heineken aus Amsterdam.

Die Bayern entdeckten das Bier als Volksvorzugsgetränk erst ein Vierteljahrtausend später. Aber dann richtig. Ende des 19. Jahrhunderts gab es im Königreich Bayern 6500 Brauereien, die privaten Brauhäuser nicht mitgezählt. Und die Bayern waren schließlich von jeher ein gesundes Volk. Daß Bier und Gesundheit ursächlich miteinander zu tun haben, wird vor allem von Weintrinkern bestritten. Tatsache ist: Alkohol im Übermaß ist immer schädlich, ganz gleich, in welcher Gestalt man ihn sich zuführt. Aber Bier hat – abgesehen von einigen hochkalibrigen Bock- und Starkbierarten – zwischen 3 und 5 Prozent Alkoholgehalt, im Schnitt also ein Drittel gewöhnlicher Rebensäfte.

Die angenehmste Medizin

Bier enthält darüber hinaus eine Reihe von Nährstoffen, die der menschliche Körper zum Wohlergehen benötigt: Kohlehydrate, Säuren, diverse Mineralsalze und Vitamine. Beim Wasser fängt es schon an. Das Wasser, das zum Brauen verwendet wird, ist wesentlich reiner als die verchlorte Brühe, die aus unseren Wasserleitungen fließt.

Zugegeben, Bier macht dick, wenn man zuviel davon trinkt. Aber andere Getränke sind kalorienhaltiger. Milch hat um die Hälfte, Wein bis doppelt so viele Kalorien wie Bier. Wenn man das Gutachten als Maßstab nimmt, das der Berliner Ernährungswissenschaftler Professor Felix Just über den Nährwert von Bier

Kleines Bierlexikon

Der durchschnittliche Deutsche – Säufer, Abstinente, Säuglinge und Greise eingeschlossen – trinkt im Jahr rund 150 Liter Bier. Was aber genau durch die Kehle rinnt, wissen die wenigsten. Wer hat schon eine Ahnung davon, wie sich helles Bier von dunklem unterscheidet?

Altbier: ein obergäriges dunkles Bier mit geringem Kohlendioxidgehalt, gehört zu den Vollbieren.

Bockbier: starkes Bier mit einem Stammwürzegehalt von 16 Prozent und mehr. Bockbier wird dunkel oder hell gebraut. Die bekanntesten Typen sind die bayerischen Biere, deren Namen auf -ator enden, wie Triumphator.

Doppelbock: ein Bockbier mit einem Stammwürzegehalt von mindestens 18 Prozent, wird dunkel gebraut.

Dunkles Bier unterscheidet sich vom hellen nur durch die Farbe des Malzes, das stärker gedarrt wird. Dadurch entsteht der ausgeprägte Malzgeschmack. Im Stammwürze- und Alkoholgehalt ergeben sich keine grundsätzlichen Unterschiede.

Eisbock: stärkstes aller Biere mit einem Stammwürzegehalt von über 24 Prozent, wird hell und dunkel gebraut.

Exportbier: ein Vollbier mit einem Stammwürzegehalt von 12,5 bis 14 Prozent, wird hell und dunkel gebraut.

Helles Bier wird aus schwach gedarrtem Malz hergestellt. Im Vergleich mit dem dunklen Bier besteht kein Unterschied im Stammwürzegehalt. Helles Vollbier ist also nicht alkoholärmer als dunkles.

Kölsch: ein obergäriges dunkles Bier mit geringem Kohlendioxidgehalt. Es gehört zu den Vollbieren.

Lagerbier: ein helles oder dunkles Vollbier mit einem Stammwürzegehalt von 11 bis 12,5 Prozent.

Malzbier: ein sehr dunkles obergäriges Bier mit einem Stammwürzegehalt von ungefähr 12 Prozent. Es schmeckt süß und darf in den meisten Bundesländern als einziges Bier mit Zucker versetzt werden. Wird auch Nährbier genannt.

Märzenbier: ein helles Vollbier mit einem Stammwürzegehalt von 13 bis 14 Prozent. Es diente früher als extra starker Fastentrunk.

Obergärige Biere müssen bei der Gärung Temperaturen zwischen 15 und 20 Grad aufweisen. Die Hefen steigen danach zur Oberfläche. Obergärige Biere sind weniger haltbar und spielen mengenmäßig eine geringe Rolle. Zu ihnen gehören das Weizenbier, das Kölsch und das Altbier.

Pils: ein helles, stark gehopftes Vollbier mit einem Stammwürzegehalt von 12,5 Prozent. Der Name geht auf die tschechische Stadt Pilsen zurück.

Rauchbier: ein spezielles, sehr dunkles Bier, das mit geräuchertem Malz hergestellt wird und einen entsprechenden Geschmack aufweist.

Stammwürze: der Malzextrakt, der in der Sudpfanne aus Malzmaische, Hopfen und Brauwasser gekocht wird. Vor der Gärung wird diese Stammwürze mit Brauwasser gehörig verdünnt. Der Stammwürzegehalt in Prozent drückt aus, wie groß der Anteil der Stammwürze daran ist. Ein Bier mit 12,5 Prozent Stammwürze wird somit aus einem Teil Stammwürze und sieben Teilen Brauwasser hergestellt. Je höher der Stammwürzegehalt, um so höher auch der Alkoholgehalt des fertigen Bieres.

Starkbier: helles oder dunkles Bier mit einem Stammwürzegehalt von über 16 Prozent. Dazu gehören das Bockbier, der Doppelbock und der Eisbock.

Untergärig ist der weitaus größte Teil aller Biere. Die Gärung findet bei 8 bis 9 Grad statt, und die Hefen setzen sich am Grund des Gärbehälters ab.

Vollbier: helles oder dunkles Bier mit einem Stammwürzegehalt zwischen 11 und 14 Prozent. Dazu gehören Lagerbier, Exportbier, Pils und Märzenbier.

Weißbier: soviel wie Weizenbier.

Weizenbier: obergäriges, stark schäumendes Bier aus Weizen- und Gerstenmalz. Wie bei den übrigen Bieren unterscheidet man je nach Stammwürzegehalt Weizenvollbier, Weizenexportbier und Weizenbock.

---

erstellt hat, dann müßte der edle Saft eigentlich in der Apotheke verkauft werden, so gesund ist er. Das Bier, schreibt Professor Just, fördere die Funktionen von Darmflora, Herz, Kreislauf, Magen, Nieren und Galle. Für Kranke und schwächliche Esser sei es gar »ein segensreiches Diätikum«. Einschränkung: »Diese und alle anderen Überlegungen gelten selbstverständlich nicht, wenn der tägliche Bierkonsum gar etwa zehn Liter erreicht.« Heutige Wissenschaftler ziehen die kritische Grenze wesentlich tiefer, bei zwei bis drei Liter. Aber in einem

Im Sommer 1984 wurde die angeblich erste nigerianische Braumeisterin in Deutschland ausgebildet. Das Know-how deutscher Braukunst ist offensichtlich überall auf der Welt begehrt. Foto amw

Punkt sind sich alle einig: Bier ist gesund. Doch das wußten schon die Altvorderen. In der Ulmer »Epistel« von 1641 steht geschrieben: »Das Bier gibt grober Feuchte viel, stärkt's Geblüt und mehret's Fleisch ohn Ziel. Es leert die Blas und weicht den Bauch, es kühlt ein wenig und bläst auch auf.« Und in einem kursächsischen Gesundheitsbrevier aus dem Jahre 1725 heißt es zur gleichen Sache: »An einem guten Biere ist mehr gelegen als an medizinischen Goldessenzen, Herzpulvern und derlei Siebensachen. Brauhäuser und Bierkeller sind die vornehmsten Apotheken.« William Shakespeare, der Schwan von Stratford on Avon, hatte selten so recht, als er sprach: »Bier ist wahrhaftig ein königlicher Trank.«

Ernst-Karl Aschmoneit
IM KAMPF MIT DER ÖLPEST

Wenn ein Supertanker mit zwei-, dreihunderttausend Tonnen Fassungsvermögen oder mehr auf Grund läuft, gegen Riffe schlägt oder in stürmischer See auseinanderbricht, beschäftigen sich zu Recht alle Medien rund um die Erde ausführlich mit dem Hergang und den Folgen der Havarie. Erinnert sei nur an den Untergang der Großtanker »Torrey Canyon« vor der Küste Cornwalls und »Amoco Cadiz« vor der bretonischen Küste Frankreichs sowie an den Unfall auf einer Plattform im norwegischen Ölfeld Ekofisk. Allein aus der »Amoco Cadiz« flossen weit über 200 000 Tonnen Rohöl ins Meer, die Fischgründe und Austernbänke verseuchten und auch Strände kilometerlang mit klebriger Masse überzogen. Daß aber auch die Besatzungen mancher Fracht- und Personenschiffe Altöl aus den Tanks ablassen, um Reinigungsgebühren in den Häfen zu sparen, bleibt dagegen in der breiten Öffentlichkeit fast unbeachtet. Fachleute schätzen, daß jährlich rund 5 Millionen Tonnen Öl in die Weltmeere, davon 400 000 Tonnen in die Nordsee fließen. Immerhin besteht überall dort, wo Erdöl an Land oder auf See erkundet, gefördert, transportiert und gelagert wird, die Gefahr, daß es durch Unfälle und Lecks, aber auch durch unbedachten oder sogar böswilligen Umgang mit dem »schwarzen Gold« zu Verunreinigungen von Meeren, Flüssen, Seen und Erdböden kommt. Jede »Ölpanne« ist aber ein schwerwiegender Eingriff in das labile, ohnehin schon gestörte Gleichgewicht ökologischer Systeme mit erheblichen Folgeschäden für Pflanzen- und Tierwelt und damit auch für den Menschen.

Wenn schon Ölunfälle nicht zu verhüten sind, so sollte man wenigstens ihre Folgen gründlich und schnell beseitigen. Das wird zu einer immer drängenderen Aufgabe. Nach dem Vorbild der Deutschen Gesellschaft zur Rettung Schiffbrüchiger, die mit ihren Seenotkreuzern kurze Anfahrtswege zu Unfallstellen gewährleistet, müßten Spezialschiffe mit Einrichtungen zum Abschöpfen von Ölteppichen als »Ölpannen-Feuerwehren« ebenfalls in Häfen und in der Nähe von Seerouten stationiert werden. Sie zu alarmieren könnte eine der Aufgaben von Patrouillen-Flugzeugen sein, die heute bereits über Seegebieten vor den Küsten Nordamerikas und Europas mit optischen und elektronischen Geräten nach Öllachen und ihren Verursachern Ausschau halten.

Was geschieht mit ausfließendem Rohöl?

Zunächst kam es darauf an, geeignete Verfahren zum Abschöpfen schwimmender Ölschichten zu entwickeln. Dazu mußte man wissen, wie sich Erdöl verhält, wenn es ins Meer gelangt. Da sein spezifisches Gewicht geringer ist als das von Wasser, schwimmt es obenauf und breitet sich allmählich, in der Schicht im-

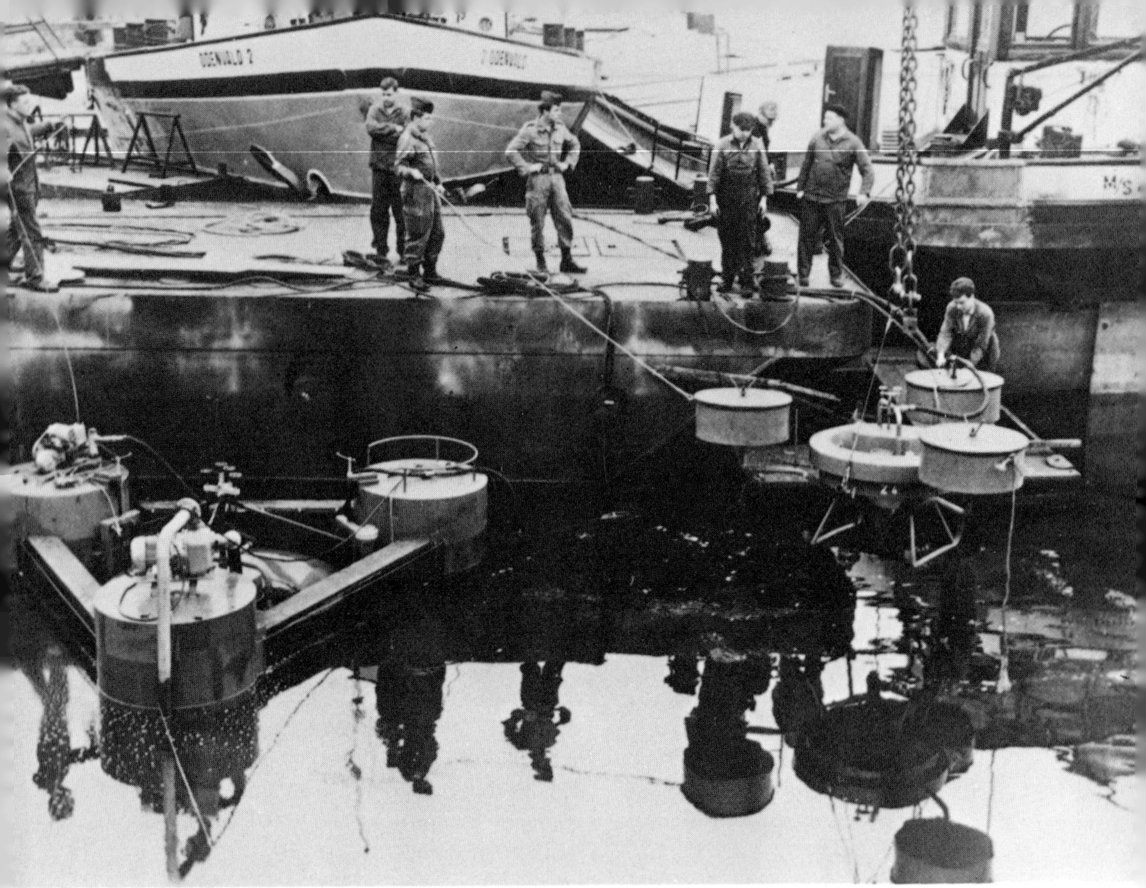

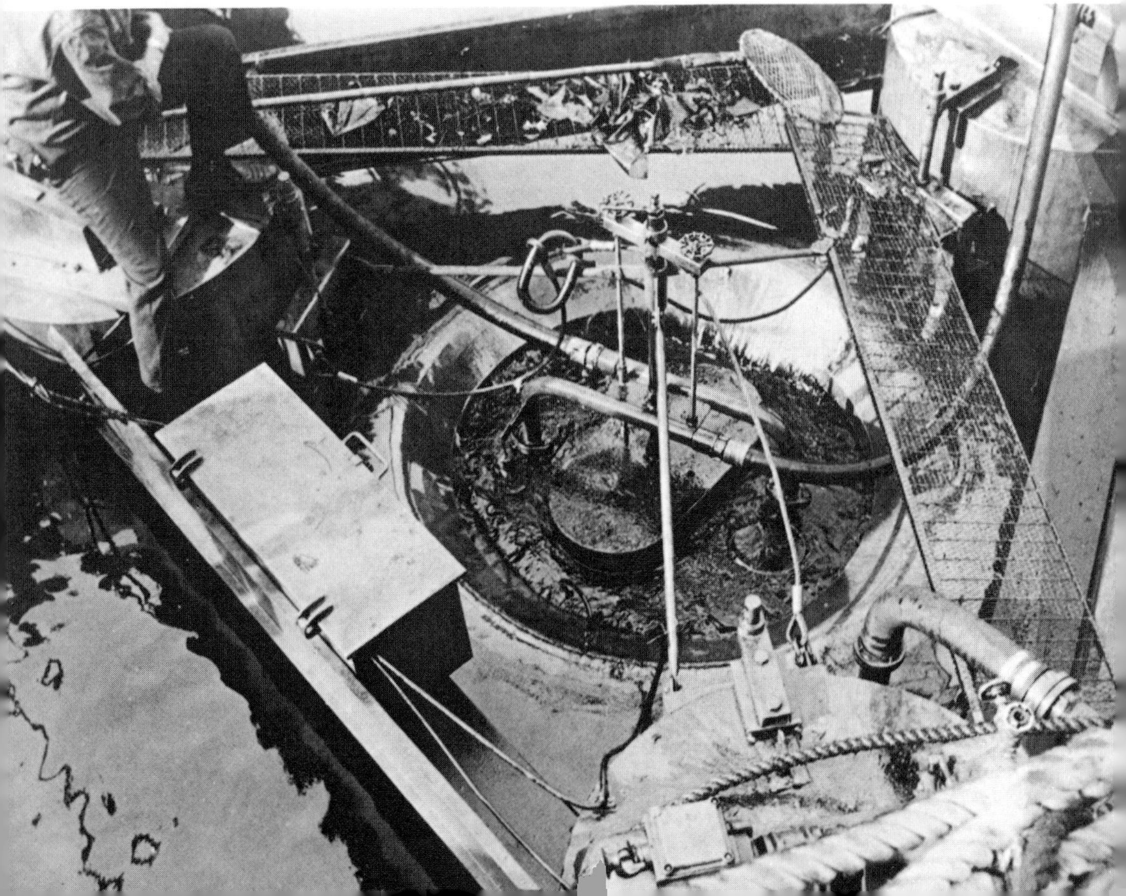

Links oben: Die Männer bereiten Ölabsaug-Pumpen mit 1 Meter (rechts) und 1,5 Meter (links) Durchmesser für den Einsatz vor.
Links unten: Ölabsaug-Pumpen mit 1,5 Meter Durchmesser. Zu erkennen sind die von oben in das »Loch im Wasser« abgesenkten Sauger.
Rechts oben: Ein Meter-Brunnen und Ölsperren beim Abschöpfen einer Öllache auf der Donau in Österreich. Fotos Krupp

mer dünner werdend, über eine größere Fläche aus. Von den unterschiedlichen Bestandteilen des Rohöls verflüchtigen sich die leichteren, etwa Benzin, bei höheren Wasser- und Lufttemperaturen entsprechend schneller. Die schweren Bestandteile bilden unter der Einwirkung von Wind, Wellengang und Wasserströmungen nach und nach eine schlammartige Emulsion, die sogenannte »chocolate mousse«, nehmen dadurch an spezifischem Gewicht zu, um schließlich zusammengeklumpt unter die Wasseroberfläche zu sinken. Das mechanische Abschöpfen des Öls verspricht demnach nur Erfolg, wenn es noch nicht verklumpt und unter die Oberfläche abgedriftet ist. Ölunfälle geschehen fast immer bei schwerer See, die gleichzeitig die Schlammbildung beschleunigt. Deswegen sollte man möglichst noch am ersten Tag nach dem Unfall damit beginnen, das Öl von der Oberfläche aufzunehmen. Nicht abgeschöpfte oder wegen zu späten Eintreffens am Unfallort nicht mehr abschöpfbare Ölschichten sinken langsam ab, bei geringer Wassertiefe bis auf den Meeresboden. Dort ersticken sie Pflanzen und Tiere. In tieferen Gewässern bleiben die Schichten im Schwebezustand, sobald ihr spezifisches Gewicht dem der erreichten Wasserlage entspricht, wo sie dann mit den Meeresströmungen umhervagabundieren. Im Laufe der Zeit – und zwar um so schneller, je wärmer und sauerstoffreicher das Wasser ist – beginnen Bakterien die Kohlenwasserstoffe, aus denen sich das Erdöl zusammensetzt, chemisch um- und abzubauen. An der Meeresoberfläche können sie täglich etwa ein halbes Tausendstelgramm von einem Kilogramm Öl zersetzen, doch benötigen sie in den sauerstoffärmeren und kälteren Tiefenschichten dazu 40- bis 300mal soviel Zeit.

Da der biologische Abbau in jedem Fall sehr lange dauert, versuchte man zuweilen, allerdings mit unbefriedigenden Ergebnissen, bei Ölkatastrophen mit ausgestreuten Chemikalien nachzuhelfen. Sie erweisen sich dann ihrerseits als eine zusätzliche Umweltverschmutzung. Auch künftig ist kaum zu erwarten, daß es gelingt, Chemikalien zu entwickeln und bereitzustellen, die alle Bestandteile des Erdöls in harmlose oder vielleicht gar nützliche Substanzen umwandeln, selbst aber die Natur nicht belasten.

Das Loch im Wasser

Für die Verwendung in Häfen, auf Flüssen und Binnenseen, dem sogenannten Glattwasserbereich, entwickelte das Krupp-Forschungsinstitut Brunnen mit 0,5 bis 1,5 Meter Durchmesser, die zwischen drei Schwimmern hängen. Sie können vom Ufer aus fernbedient, aber auch von einem Schlepper, Bojenleger oder Ponton gezogen werden. Für den kleinsten Brunnen, den ein Lastwagen ohne weiteres über Land transportieren kann, genügt sogar ein Ruderboot. Zwar besitzen schon zahlreiche Häfen größere und kleinere Brunnen, doch müßten sie auch zur Grundausstattung von Bohrinseln – beispielsweise in der Nordsee – gehören, jederzeit einsatzbereit, ausgeflossenes Öl aufzunehmen.

Sobald in den Brunnen eine Kreiselpumpe vom Boden Wasser absaugt, senkt sich mit dem Flüssigkeitsspiegel im kreis-

runden Behälter auch der Brunnenrand ab, was eine Vertiefung – ein »Loch im Wasser« – zur Folge hat. Dadurch entsteht ein Sog auf die rundum höherliegende Wasseroberfläche und auf die dort befindliche Ölschicht. Eine von oben ansetzende Pumpe saugt dann das Öl ab, das sich im Brunnen sammelt. Beim 1,5-Meter-Brunnen schafft sie stündlich eine Menge von etwa 10 Kubikmeter oder den Inhalt eines Würfels von mehr als 2 Meter Kantenlänge.

Der nächste Schritt hatte Brunnen zum Ziel, die im »Off-shore«-Bereich vor den Meeresküsten ihren Dienst versehen, auch dann noch, wenn Windstärke 4 herrscht und die Wellen 2 Meter hoch gehen. Ein »Ölschlurf« genannter Brunnen mit 3 Meter Durchmesser hat schon in der Nordsee vor Helgoland seine Bewährungsprobe bestanden. Er kann bis zu 215 Tonnen Öl in der Stunde aufnehmen. Und von einem doppelt so großen Brunnen, der für eine stündliche Abschöpfleistung von mindestens 350 Tonnen Öl ausgelegt ist, haben auf 1:12 verkleinerte Modelle bei Versuchen im Wellenkanal bewiesen, daß es möglich und sinnvoll für die Krupp-Ruhrorter Schiffswerft in Duisburg ist, Riesen-Ölschlurfe nach dem Prinzip des »Lochs im Wasser« zu bauen.

Ergänzend ist vorgesehen, nötigenfalls mit zwei kleinen Schleppern in weitem Bogen um die Brunnen eine schwimmende Ölsperre zu spannen, die nicht nur eine weitere Ausdehnung der Ölschicht verhindert, sondern sie außerdem zu

Oben: Der Ölabsauger wird hier in der Nordsee mit umweltunschädlichem Fischöl getestet.

Unten: Die Funktionszeichnung zeigt, wie das Offshore-Ölabsauggerät arbeiten soll. Zwei Schlepper ziehen eine Ölsperre hinter sich her. Dabei stauen sie den Ölteppich auf, und das Gerät saugt das Öl ab.
Fotos Krupp

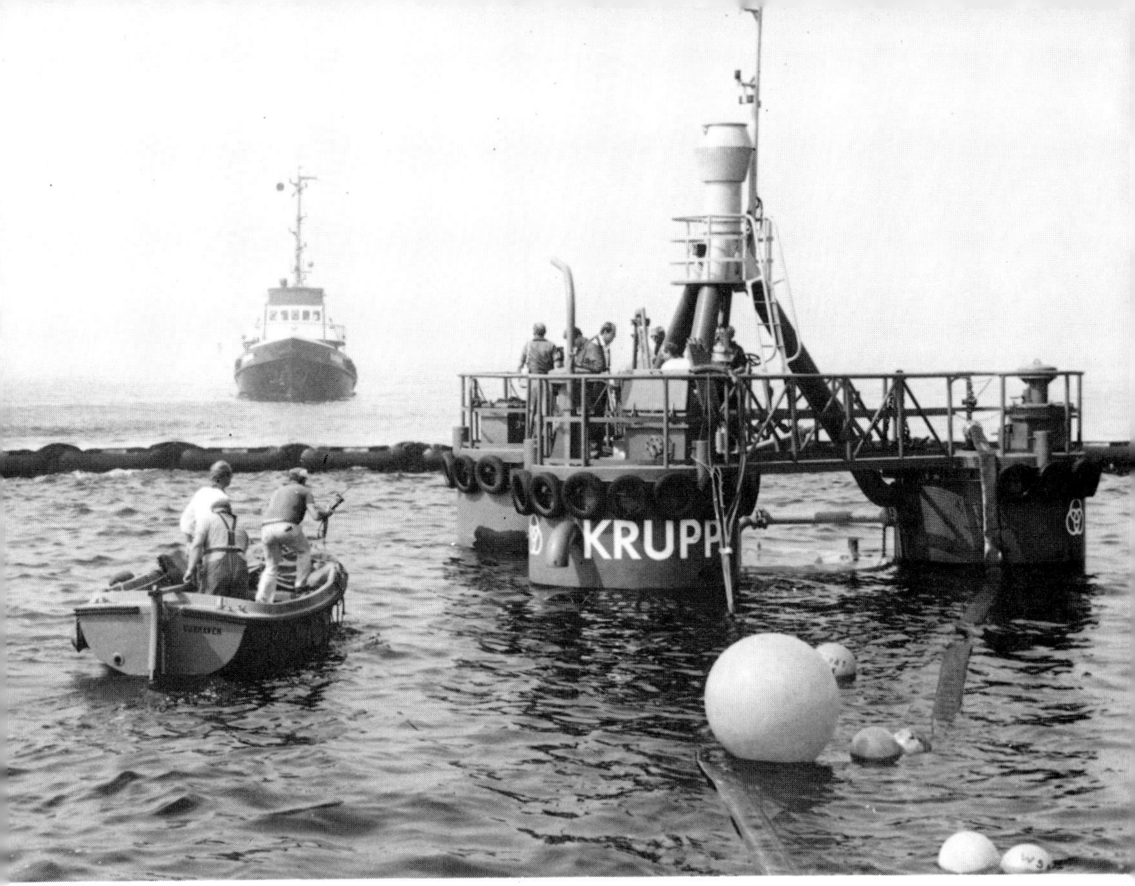
KRUPP

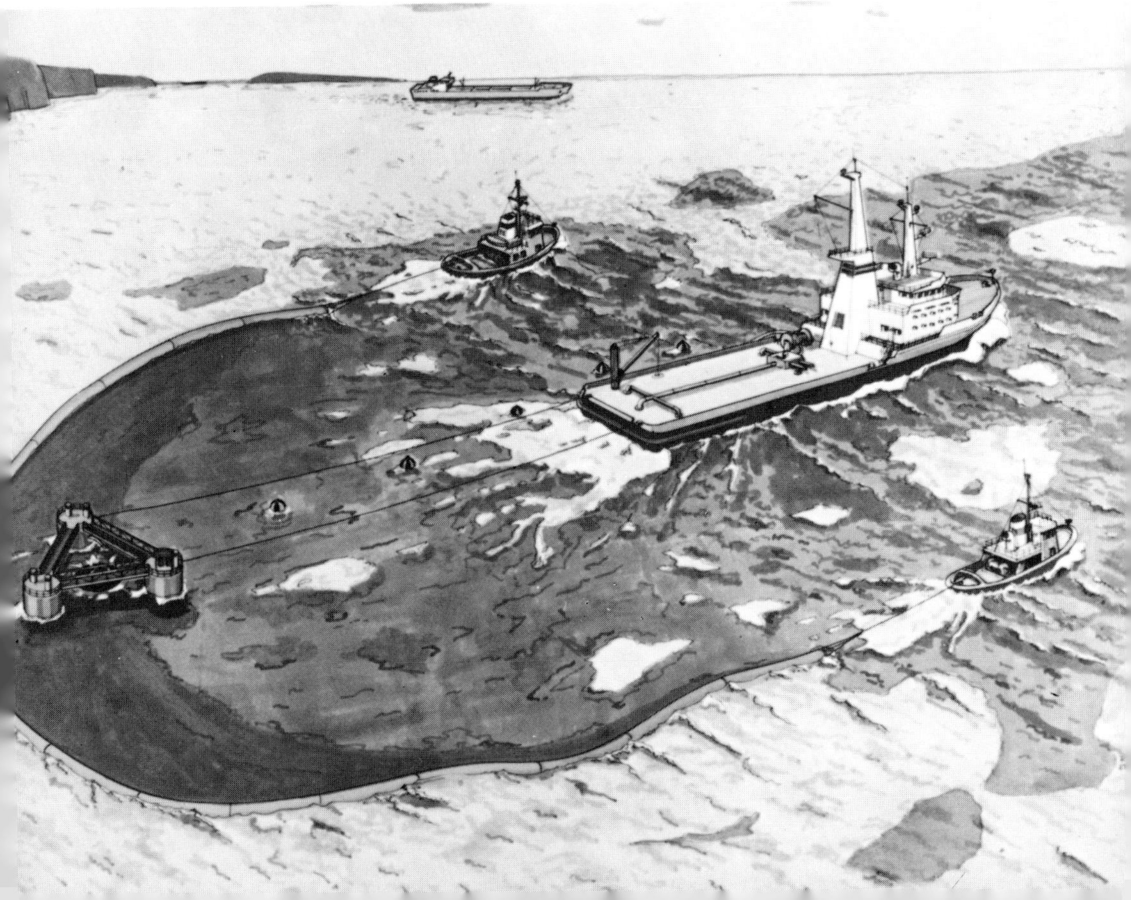

mehr als 2 Zentimeter Dicke zusammenschiebt und dem Brunnen zutreibt. Dieses »Troika-System« ermöglicht es, auch dünne Ölfilme wirkungsvoll abzuschöpfen. Damit die in Bereitschaft gehaltenen Brunnen stets rechtzeitig am Einsatzort eintreffen können, wäre es notwendig, eine ausreichende Anzahl entlang der Küste so zu stationieren, daß die Schleppzeit nicht mehr als 8 Stunden in Anspruch nimmt, was einer Entfernung von etwa 50 Kilometer entspricht.

Hochsee-Ölschlucker auf doppeltem Rumpf

Wenn Ölteppiche auf hoher See weit vor den Küsten zu beseitigen sind, käme ein geschleppter Brunnen meist zu spät. Dazu bedarf es schneller Spezialschiffe mit Abschöpfeinrichtungen. Um möglichst breiten Raum für die Abschöpfanlage zu gewinnen, entwarf Krupp einen Kata-

Oben: Der Mehrzweck-Ölskimmer-Ponton MPOSS sieht wie ein Katamaran aus. Im Einschnitt befindet sich das Ölabsauggerät, der Skimmer. Foto Sarstedt-Werft
Gegenüberliegende Seite: Das Doppelrumpf-Ölfangschiff »Bottsand« wirkt mit seinem Schwalbenschwanzheck recht merkwürdig. Vollends verblüfft uns dieses Schiff, wenn es in aufgeklapptem Zustand Öl abschöpft. Foto Lühring-Werft

maran, der zwischen seinen zwei Rümpfen ein in der Höhe verstellbares Wehr trägt, das gewissermaßen wie ein aufgeschnittener und gerade gestreckter Brunnenrand wirkt. Die über das Wehr schlüpfende Schicht der Wasseroberfläche gelangt in Sammel- und Abscheidebehälter, aus denen der mitaufgenommene Wasseranteil wieder abgeleitet wird. Wenn das Öl schon Klumpen gebildet hat

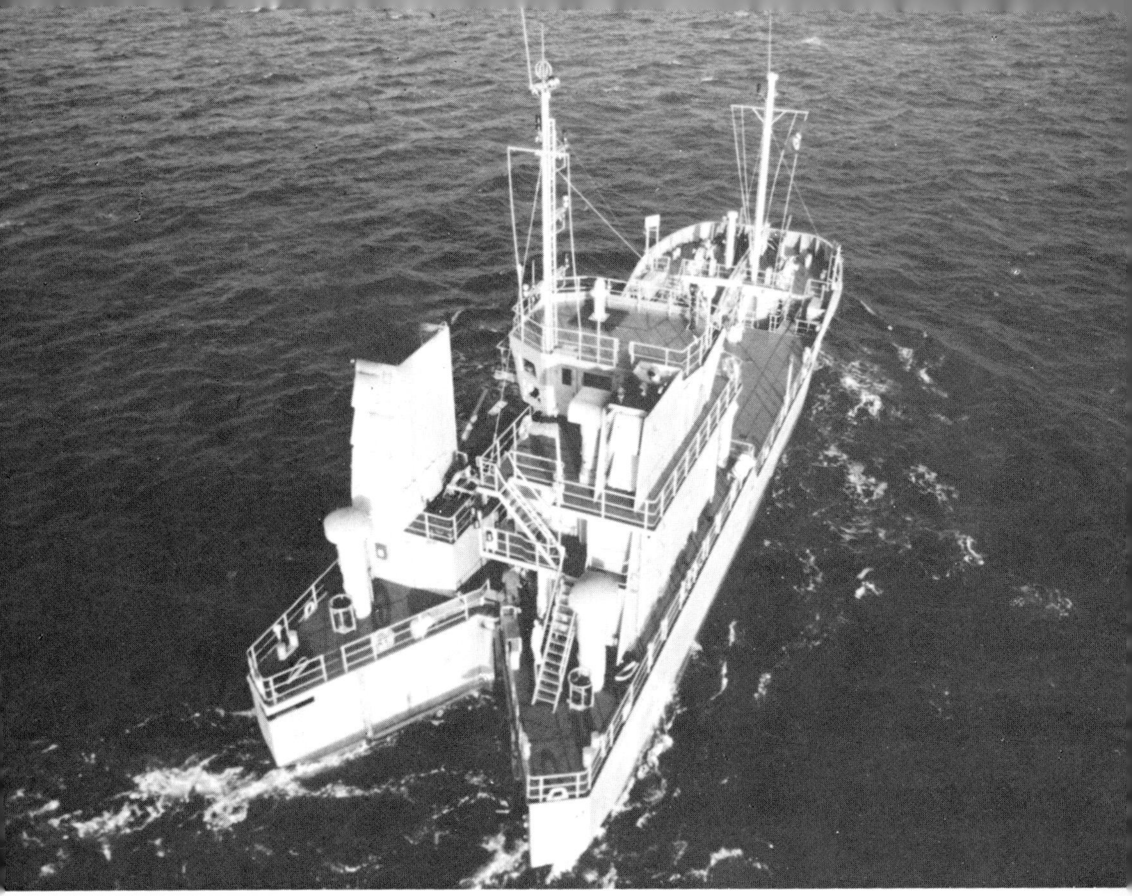

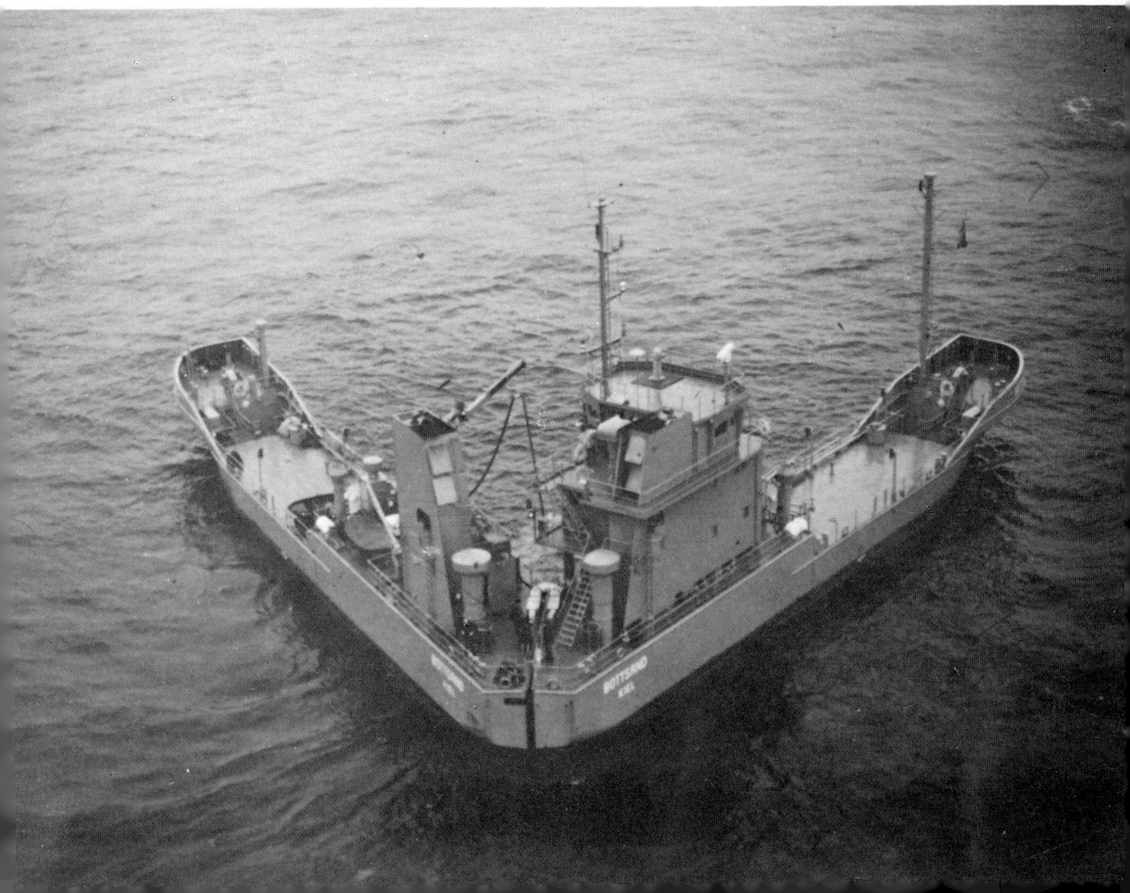

oder Fremdkörper im Wasser schwimmen, ist vor das Wehr ein mit Greifklauen bestückter Rechen zu klappen.

Dieser Katamaran ist auf etwa 35 Meter Länge und 18 Meter Breite geplant, und die Abschöpfkapazität soll stündlich 600 Kubikmeter betragen. Maßstäblich verkleinerte Modelle wurden bereits im eigens entwickelten Simulations-Wellenkanal bei Krupp und im großen Wellenkanal der Duisburger Versuchsanstalt für Binnenschiffbau mit guten Ergebnissen untersucht.

Ebenfalls in Form eines Katamarans, jedoch ohne eigenen Antrieb, baute die Werft Nobiskrug in Rendsburg das 48 Meter lange und 27 Meter breite Ölabschöpf-Schiff »Westensee«. Es ist hochseegängig, noch einsatzfähig bei Wellenhöhen bis zu 2,5 Meter, was in der Nordsee Windstärken zwischen 5 und 6 entspricht. Die beiden Rümpfe sind lediglich durch eine schmale Brücke verbunden und lassen zwischen sich einen Abstand von 15 Meter, ausreichend für einen von hinten einfahrenden Schlepper, der den Katamaran mit 2 bis 3,5 Knoten, also 3,7 bis 6,5 Kilometer pro Stunde Geschwindigkeit durch Ölteppiche schieben kann. Dabei läuft die Ölschicht auf eine zwischen den Rümpfen schräg ins Wasser ragende Rampe auf und über deren Rand in die 1960 Kubikmeter Öl-Wasser-Gemisch fassenden Sammel- und Absetztanks. Bei rund 6 Kilometer pro Stunde Schubgeschwindigkeit »kehrt« das Schiff stündlich einen Ölteppich von 90 000 Quadratmeter Fläche auf. Nach den Plänen sollen sich der »Westensee« auch kleinere Schwestern mit 10 Meter breiten Rampen, geeignet für den Einsatz in Küstengebieten, zugesellen. Im Hamburger Hafen ist bereits ein Mini-Katamaran mit 5-Meter-Rampe tätig.

Von vorne sieht auch das Mehrzweck-Ölskimmer-Pontonsystem »MPOSS« der Schiffswerft Karl Sarstedt in Bremen wie ein Katamaran aus, weil der Bug des breiten Schiffskörpers zweigeteilt ist. In diesem Einschnitt befindet sich der eigentliche Skimmer, das Abschöpfgerät. Sein Prinzip beruht auf zwei ausbalancierten Abschöpfklappen-Systemen, die über seitliche Schwimmer gesteuert der schwankenden Wasserlinie folgen und dabei gewissermaßen das Öl von der Oberfläche in einstellbarer Dicke »abschälen«, und zwar je nach Seegang 90 bis 180 Kubikmeter in der Stunde. Die »MPOSS« ist vorerst auf den Schub durch einen Schlepper angewiesen, kann aber mit Maschinen nachgerüstet werden. Der 33 Meter lange und 12 Meter breite Ponton hat einen Tiefgang von nur 1,5 Meter, so daß er vorzugsweise im Flachwasser, beispielsweise in Flüssen, Häfen, Watt- und Prielgebieten, eingesetzt werden kann.

Das Klappschiff, dem die Schere Pate stand

Eine auf den ersten Blick besonders ausgefallene Idee hatten Ingenieure der Lühring-Schiffswerft in Brake an der Unterweser. Sie wollten einen voll-motorisierten Ölfänger bauen, der mit schmalem Körper hohe Geschwindigkeiten läuft und deshalb seinen Einsatzort schnell erreicht, sich dort aber in ein breites Auffangbecken für Öllachen verwandelt. Der Schlüssel zu dieser Idee ist ein Scharnier, das zwei überschmale Rümpfe am Heck miteinander verbindet. Im zugeklappten Zustand bilden die beiden über je einen Heck- und Bugantrieb verfügenden Rümpfe eine Einheit, die immerhin mit 9 Knoten, fast 17 Kilometer pro Stunde, ihr Ziel ansteuern kann. Dort angekommen, werden die Rümpfe mit Hilfe der Bugantriebe wie die Flügel einer Schere bis auf 31 Meter Sperrweite auseinandergefahren. Das dauert nicht viel mehr als eine Minute. Dann werden die schrägen Heck-Innenseiten so zusammengekuppelt, daß ein starrer Schwimmkörper entsteht, wobei die Rümpfe einen Winkel von 65 Grad begrenzen.

Nach Vorversuchen mit Modellen legte die Werft das mit 34,5 Meter Länge und 8,2 Meter Breite schon recht beeindruckende Klappschiff »Thor« auf Stapel. Es erfüllte die Erwartungen, indem es selbst im aufgeklappten Zustand hohe Wellen standhielt. Bei Wellen bis zu 1,7 Meter Höhe genügten die Bugantriebe zum Halten des Schiffes und zum langsamen Fahren gegen die See. Erst bei größeren Wellen mußten die Heckantriebe Unterstützung leisten. Aber auch noch bei Wasserbergen von 2,6 Meter versah das Schiff seine Aufgabe. Bei einem der Versuche wurden nordwestlich von Helgoland 8 Kubikmeter Altöl und Waschbenzin ausgeschüttet. »Thor« nahm von diesem Gemisch unter erschwerten Bedingungen mehr als vier Fünftel auf.

Wenn das aufgeklappte Schiff mit einer Geschwindigkeit bis zu 1,8 Kilometer in der Stunde in den Ölteppich hineinfährt, dann verdichtet sich das Öl an den Innenseiten der Rümpfe. Dort befinden sich auch die Ansaugöffnungen. Sie lassen sich in der Höhe verstellen, als Ausgleich dafür, daß das Schiff durch das aufgenommene Öl allmählich tiefer sinkt. Die Räumleistung kann stündlich etwa 100 Kubikmeter erreichen. Bei unruhiger See sollte das Schiff möglichst gegen die Wellen fahren, damit die beiden Rümpfe als Wellenbrecher wirken und die Wasserfläche dazwischen beruhigen.

Bereits neun Tage nach dem Versuch bei Helgoland trat der Ernstfall ein. Vor den Ostfriesischen Inseln war ein Ölteppich

Das Ölschöpfschiff »Westensee« wird von einem Schlepper angetrieben und ist hochseetüchtig. Es kann bei Wellenhöhen bis 2,5 m arbeiten. Die beiden Rümpfe sind nur durch eine schmale Brücke miteinander verbunden. Foto Werst Nobiskrug

gesichtet worden. »Thor« lief aus und schöpfte mehrere Kubikmeter ei- bis faustgroße Ölklumpen ab. Es folgte noch mancher Alarm. Doch häufiger zeigte sich, daß dieses Schiff zu klein ist, um allen Anforderungen gerecht zu werden. Das gab den Anstoß, mit dem Bau eines 46,3 Meter langen Bruderschiffs mit 140 Kubikmeter Stundenleistung zu beginnen. Sobald die in geschlossenem Zustand 12 Meter breite »Bottsand« ihre beiden Rümpfe auseinanderfährt, räumt sie einen Streifen von 42 Meter des Ölteppichs frei und nimmt die Schmutzfracht in ihren Ladetanks auf, die 790 Kubikmeter fassen.

Der Trick mit dem Magnetismus

In seinem Hamburger Ingenieurbüro tüftelte Diplom-Ingenieur Günter Kupczik eine raffinierte Methode aus. Er will der verschmutzten Natur mit einer Naturkraft, dem Magnetismus, zu Hilfe kommen. Beim »Ölmag«-Verfahren vermischt er winzige Eisenfeilspäne mit feinem Torfpulver und streut dieses Gemenge auf die Ölschicht. Der Torf saugt Öl auf und verliert es auch dann nicht, wenn ein starker Magnet die Eisenteile zusammen mit dem anhaftenden Torfpulver aus dem Wasser hebt.

Bei Modellversuchen gelang es, mit einem Gemisch aus 1 Teil Eisen und 10 Teilen Torf etwa 100 Teile Öl zu absorbieren, doch theoretisch müßte es möglich sein, das Verhältnis noch günstiger zu gestalten. Unter die entstandene Schlammschicht aus Eisen, Torf und Öl greift ein Förderband, hinter dem starke Elektromagnete so angeordnet sind, daß sie ein gleichmäßiges Magnetfeld über die ganze Breite des Bandes erzeugen. Der Schlamm wird angezogen und mit dem laufenden Band aus dem Wasser gehoben. Immerhin schöpfte ein Ölmag-Modell bei einem Versuch in einem kleinen Bassin mehr als 97 Prozent des Öls ab. Der Erfinder meint, daß man den Ölbestandteil aus dem Schlamm wieder herauspressen und das Eisen-Torf-Gemisch nach dem Trocknen erneut verwenden kann. Ob dieses »Recycling« auch in der rauhen Praxis wirtschaftlich sinnvoll zu verwirklichen ist, müssen Großversuche ergeben.

Wenn Öl ins Wattenmeer gelangt

Bei einer Ölkatastrophe vor der Nordseeküste gilt es besonders, das Wattenmeer zu schützen. Gelangen Ölteppiche aber erst einmal ins Wattenmeer, so gibt es derzeit kein Gerät, das sich zur Bekämpfung im Schlickwatt durch Auslegen von Ölsperren, Reinigen des Wattbodens, Ölabschöpfen im Flachwasserbereich und Abtransportieren des ölverschmutzten Bodens eignet. Für diese Aufgaben baut die Gesellschaft für Systemtechnik in Essen ein Amphibienfahrzeug. Im Schlick sorgt eine überbreite Gummikette mit geschlossener Aufstandsfläche und im Flachwasser ein zur Fahrtrichtungsänderung schwenkbarer Wasserstrahl für den Vortrieb. Damit es nicht im Schlickuntergrund einsinkt, kann die Fahrzeugwanne bis zum Aufsetzen abgesenkt und dadurch die Last auf eine größere Bodenfläche verteilt werden. Außerdem verhindern wechselseitige Belastungsänderungen der Laufflächen das gefürchtete Festfahren im Schlick. Das erste, leer etwa 8 Tonnen wiegende Baumuster soll eine Länge von 8,1 Meter und eine Breite von 3,5 Meter haben.

Was ist noch zu tun?

Wie die Beispiele zeigen, fehlt es nicht an konventionellen und außergewöhnlichen Vorschlägen für eine wirkungsvolle Bekämpfung der Ölpest. Die größten Gefahren drohen den Anrainerstaaten von Nebenmeeren, wie Nordsee, Ostsee, Mittelmeer, Karibik und Persischer Golf. Deswegen sollten sich diese Länder bald auf gut zu handhabende Ölabschöpfverfahren einigen und in gegenseitiger Abstimmung eine schlagkräftige »Ölwehr« aufbauen. Dazu gehört selbstverständlich auch die Überwachung der Meere, insbesondere der Schiffswege, um Umweltsünder, die Öl »verlieren«, zu entdecken, abzuschrecken und entdeckte Ölteppiche schnellstens zu melden.

Doch was soll mit dem abgeschöpften Ölschlamm geschehen? Sicher wäre es am besten, Öl und Wasser möglichst vollständig zu trennen. Auch dafür gibt es Vorschläge, etwa eine von den Jastram-Werken in Hamburg vorgestellte Separationsanlage, mit der zur Erprobung eine 14 Meter lange Barge ausgerüstet wurde. In ihrem Namen ORAS I ist als Abkürzung von »Oil Recovery And Separation« die gestellte Aufgabe benannt. Die Anlage vermag bis zu 150 Kubikmeter Öl-Wasser-Gemisch in der Stunde aufzunehmen und so zu trennen, daß im Wasser lediglich ein Ölanteil von 0,05 Prozent verbleibt.

Aber auch die Verwertung des vom Wasser befreiten Öls wirft Probleme auf.

Das Wattenmeer ist ein einzigartiger Lebensraum auf dieser Welt. Er liegt am Rand der meistbefahrenen Schiffsstraßen der Erde. Es ist geradezu ein Wunder, daß vor der deutschen Küste noch keine Ölkatastrophe stattgefunden hat. Einem solchen Unglück stünde man vorerst hilflos gegenüber. Der abgebildete Prototyp eines Amphibienfahrzeugs zur Ölbekämpfung im Wattenmeer wurde erst 1984 erstellt. Foto Krupp

Weil es bei der allgegenwärtigen Verschmutzung weitere Gift- und Schadstoffe enthielt, verbietet es sich, das Restöl in Kraftwerken zu verbrennen. Es müßte aber möglich sein, es chemisch zu verwerten. Dafür Verfahren zu entwickeln, könnte eine, wenn auch vielleicht wirtschaftlich nicht lohnende, so doch sehr nützliche Aufgabe sein. Schließlich handelt es sich um einen nichtregenerativen Rohstoff, der unabwendbar eines Tages endgültig zur Neige geht.

Walter Baier
DIE SICHERSTE DEPONIE DER ERDE

Beidseits der innerdeutschen Grenze, zwischen Fulda und Eisenach, birgt der Untergrund das wichtigste deutsche Kalivorkommen, ein riesiges, rund 40 Kilometer langes und etwa 25 Kilometer breites Salzfeld. Dort findet sich nicht nur das größte entsprechende Bergwerk Europas, die Grube Wintershall, sondern auch die einzige bundesdeutsche Untertage-Deponie. Gegner wie Befürworter bedenken sie vorzugsweise mit Superlativen: »das größte Giftlager der Welt«, »optimaler Platz für den gefährlichen Industriemüll«, »weltweit der sicherste und bestkontrollierte Giftkeller«. Jahr für Jahr kommen Fachleute aus aller Welt hierher, um die unterirdische Deponie zu besichtigen und vielleicht von ihr zu lernen. Doch die günstigen geologischen Bedingungen, die sich hier finden, gibt es auf der Erde kein zweites Mal.

Die unterirdischen Formationen in diesem Gebiet gehen auf ein Meer zurück, das in einem trockenen und heißen Klima so rasch verdunstete, daß seine Zuflüsse es nicht zu erhalten vermochten. Es hinterließ eine etwa 300 Meter mächtige Salzschicht, die heute in Tiefen von 700 und mehr Meter liegt. An ihrer Oberseite finden sich die leichtestlöslichen Salze, die einst zuletzt ausgeschieden wurden. Unter ihnen sind wertvolle Kalium- und Magnesium-Verbindungen, die heute vorzugsweise abgebaut werden. Das Kochsalz (Natriumchlorid), das mit ihnen vermischt ist und gleichzeitig gefördert wird, stellt nur ein Nebenprodukt dar, denn die Kochsalzproduktion ist weitaus größer als der Bedarf. Dagegen werden Kalium-Salze als Düngemittel in der Landwirtschaft eingesetzt, Magnesium dient vorwiegend als Bestandteil moderner Leichtmetall-Legierungen oder wird von der Zuckerindustrie verwendet, um die Kristallzuckerausbeute zu erhöhen. Die Nachfrage ist weltweit. Mehr als die Hälfte der Förderung geht in alle Erdteile.

18 Millionen Jahre altes Kohlendioxid

Über dem Salzlager liegt eine rund 100 Meter starke Tonschicht, darüber ein etwa 300 Meter mächtiges Sandsteingebirge. Die Tonschicht ist absolut undurchlässig. Die Natur selbst hat das bewiesen: Mehrere Male durchstieß einst im Zusammenhang mit dem Vulkanismus der nahen Rhön flüssiger Basalt die Salz- und Tonschichten. Zerbrechen konnte er sie nicht. Im Gegenteil: Kohlendioxid, das der vulkanische Durchstoß hinterließ, blieb bei 130 Bar Umgebungsdruck und

Bei der Kontrolle in einem Ablagerungsraum. Links der Berg-Ingenieur Norbert Deisenroth, Betriebsführer der Untertage-Deponie. Beide Männer tragen umgehängt einen Akkumulator zur Versorgung der Grubenlampe und die Sauerstoff-Notversorgung. Foto Baier

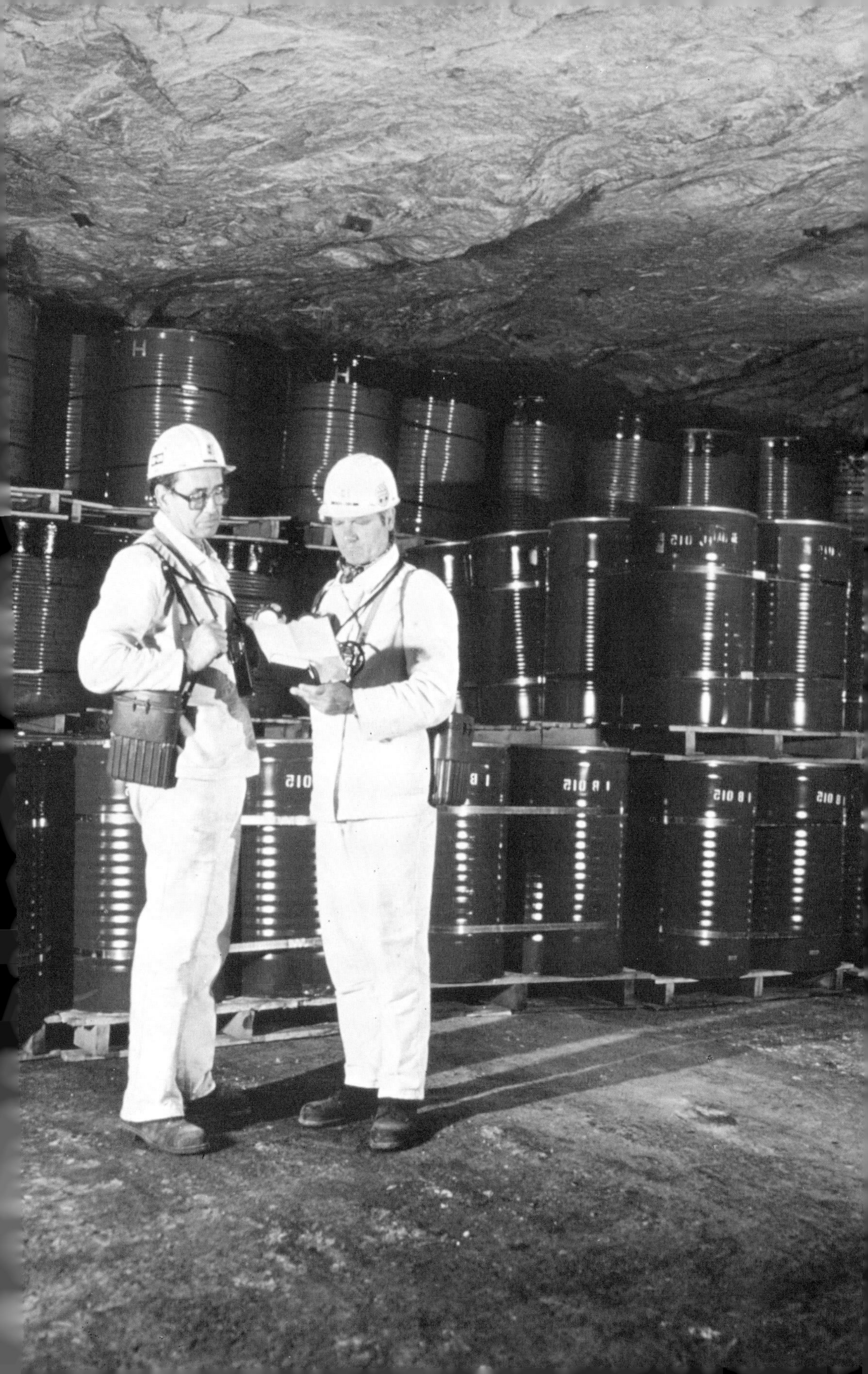

Hermann Krug
Internationale Spedition
Herfa - Neurode
Werkseinfahrt

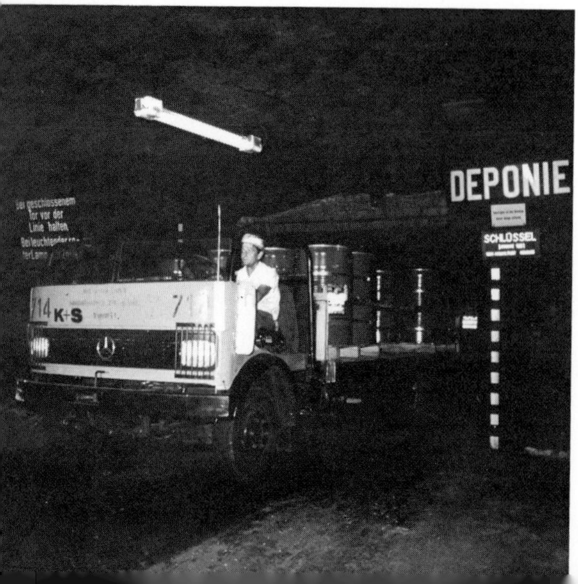
DEPONIE
714 K+S

28 Grad Celsius Umgebungstemperatur im Salz gefangen. Unter diesen Bedingungen ist Kohlendioxid flüssig. Es hat sich in den letzten 18 Millionen Jahren nicht zu befreien vermocht. Nur wenn die Bergleute in der Nähe von Kohlendioxid-Taschen sprengen, kann es frei werden und sich im Bergwerk ausbreiten. Für den Fall, daß das wieder einmal vorkommt, müssen Beschäftigte wie Besucher im Bergwerk stets einen Sauerstoffvorrat für 45 Minuten mit sich tragen.

Wer die Gelegenheit hat, bei den Vorbereitungen für eine Sprengung zuzusehen, den erwartet übrigens eine kleine Überraschung: Als Sprengstoff dient ein rosafarbenes Salz: Ammoniumnitrat, das eher als Leitdünger der deutschen Landwirtschaft bekannt ist. Ammoniumnitrat, erläutert der Bergingenieur Norbert Deisenroth, Betriebsführer der Untertage-Deponie, sei ein sehr „weicher" Sprengstoff, der die Strukturen des Salzlagers ringsumher unbeschädigt lasse. Das ist für die Sicherheit unter Tage wesentlich.

Blaues Steinsalz durch einstige Radioaktivität

Irgendwann sind im Salz auch gelegentliche Konzentrationen radioaktiver Stoffe entstanden. Alle zehn Jahre einmal, so Deisenroth, fänden sich im Berg indigofarbene Steinsalzkristalle. Einige davon sind im Empfangsgebäude über Tage ausgestellt. Ihre Existenz zeugt davon, daß die längst verschwundene Radioaktivität im Salz festgehalten wurde und sich nicht von der Stelle bewegte. Offenbar läßt das Salz nicht mehr los, was es einmal verschlungen hat.

Seit 1970 wird aus dem Grubenfeld Herfa-Neurode, das mit knapp 12 Quadratkilometer etwa so groß ist wie die Innenstadt von Kassel, kein Salz mehr abgebaut. Der Maschinenpark wurde durch Untertageverbindungen in die benachbarte Grube Wintershall geschafft und dort weiter eingesetzt. In der extrem trockenen Luft der Salzmine rostet nichts. Es gibt hier 25 Jahre alte Maschinen, die noch keine Rostspur zeigen.

Die Räumungsaktion hinterließ ein voll funktionsfähiges Bergwerk mit kompletter Infrastruktur, darunter einem »Straßennetz« von rund 30 Kilometer Länge. Voll ausgeräumt ist es indes nicht. Das Kalisalz in Herfa-Neurode ist lediglich zu 60 Prozent abgebaut. Die vorsichtigen Bergleute hatten stets nur 12 Meter breite Gänge zwischen quadratischen Pfeilern von 20 Meter Seitenlänge herausgesprengt, um das Salz zu fördern. 40 Prozent des Salzes blieben wirtschaftlich ungenutzt in den Pfeilern, deren Tragfähigkeit dreimal höher ist als der Gebirgsdruck, der auf ihnen lastet. Damit wurden Senkungen an der Erdoberfläche vermieden, die Gebäude, Straßen oder Rohrleitungen bedrohen konnten. Das zuständige Bergamt konnte auf das sonst übliche „Verfüllen" verzichten, das solchen Schäden vorbeugen muß.

Dies und die geologischen Besonderheiten des alten Bergwerks haben zu der Entscheidung geführt, hier eine Untertage-Deponie für Sondermüll einzurichten. Sie fiel 1972. Seit 1973 lagern 25 Bergleute in Herfa-Neurode jährlich bis zu 35 000 Tonnen Giftmüll ein. Diese Menge ist keineswegs durch die Aufnahmefähigkeit der Untertage-Deponie, sondern lediglich durch die des Schachtes begrenzt, durch den nicht mehr Abfälle in die Tiefe

Oben: Die Untertagedeponie Herfa-Neurode dient dem Umweltschutz, da sie es gestattet, giftige Abfälle von der Biosphäre fernzuhalten.
Unten links: Lastwagen besorgen den Transport im 30 Kilometer langen »Straßennetz« der Untertagedeponie.
Unten rechts: Vor der Lagerung wird der Inhalt der Fässer durch Stichproben überprüft. Die entnommenen Proben werden registriert und in einem besonderen Probenraum unter Tage aufbewahrt. Fotos Baier

befördert werden können. Die bislang für die Deponie freigegebenen Untertagefelder reichen noch für 30 Speicherjahre, also weit über das Jahr 2000 hinaus. Und durch den Abbau nebenan in Wintershall entstehen jährlich vier Millionen Kubikmeter neuer Hohlräume, die jeweils Deponiemöglichkeiten für weitere 20 Jahre schaffen. Daß das Salzvorkommen noch fast 100 Jahre abgebaut werden kann, schafft uns unvorstellbare Deponie-Möglichkeiten. Es ist heute nicht einmal absehbar, ob sie je zur Gänze gebraucht werden.

In der Horrorkiste

Eingehende behördliche Vorschriften, so Deisenroth, legen bis ins letzte Detail fest, welche Giftstoffe in Herfa-Neurode angenommen werden dürfen. Verboten sind zum Beispiel flüssige oder radioaktive Abfälle. Denn Flüssigkeiten und Gase würden die Lagerung komplizieren. Radioaktivität paßt nicht in das Konzept, daß die Abfälle auch rückholbar sein müssen. Tatsächlich kommt es immer wieder vor, daß bestimmte Lieferungen an die Erdoberfläche zurückgeholt und den Eigentümern zurückgegeben werden. Radioaktive Stoffe, meint Deisenroth, sollten so wenig wie möglich transportiert werden. Insofern eignen sich für sie auch die Salzdome der Norddeutschen Tiefebene besser, die durch das Emporpressen einstiger Salzablagerungen entstanden sind. In Herfa-Neurode gibt es keine emporgequetschten Salzschichten.

Angenommen werden auch nur Abfälle, die sich sonst nicht zuverlässig und umweltfreundlich vernichten lassen. Der Ursprung wird sorgsam überprüft, die Verpackung genau vorgeschrieben. Von jeder Anlieferung wird eine Probe genommen und zu Kontrollzwecken in einem speziell dafür vorgesehenen Raum der Deponie aufbewahrt. Abfälle, die nicht den Vorschriften entsprechen, werden zurückgewiesen. Sie können bis zu drei Jahre nach der Annahme dem Verursacher zurückgeschickt werden, falls es

Die Untertagedeponie Herfa-Neurode liegt weit unter den grundwasserführenden Schichten und ist von ihnen durch wasserdichte Tonschichten getrennt. Wird sie eines Tages aufgegeben, so braucht nur der Schacht wasserdicht verschlossen zu werden, um den Giftmüll zuverlässig von der Biosphäre fernzuhalten.
Grafik Baier

Links: Gabelstapler beim Entladen und Ablagern von Fässern mit Abfällen aus der Farbstoff-Produktion. Es kommt auch vor, daß deponierter Abfall dem Einliéferer zurückgeschickt wird.
Rechts: Ist eine Ablagerungskammer gefüllt, wird sie zugemauert. Fotos Baier

in ihnen zu unerwünschten chemischen Reaktionen kommt. Die Stoffe, die in Herfa-Neurode endgelagert werden, sagt Deisenroth, müßten »chemisch tot« sein. Gleichartige Abfälle werden stets gemeinsam gelagert. Gefüllte Deponieräume werden zugemauert, so daß nur noch Hinweisschilder erkennen lassen, was sich in ihnen befindet. Obwohl auf diese Weise der größte Teil der Behälter unsichtbar bleibt, kann die Fahrt durch die Untertage-Deponie, vorbei an den Hinweisen auf 20 unterschiedliche Stoffgruppen empfindsamen Gemütern zum Horror-Trip werden. Doch selbst für den engagierten Umweltschützer Fritz Vahrenholt, der heute im hessischen Umweltschutzministerium sitzt, ist Herfa-Neurode von allen Lagermöglichkeiten die »weltweit sicherste«. Eindrucksvoll ist das Register der Giftstoffe in jedem Falle. Es reicht von den Rückständen chlorierter Kohlenwasserstoffe über Zyanverbindungen, Destillationsrückständen und Quecksilber-Batterien bis zu pestizidverseuchtem Sand aus Dänemark, arsenhaltigen Abfällen und überalterten Medikamenten. In einer besonderen Kammer lagern 1700 elektrische Transformatoren und Kondensatoren, die einst Clophen enthielten, das bei Bränden zu einem Dioxin zerfällt. Möglicherweise holt man sie eines Tages wieder zur Erdoberfläche zurück. Denn mittlerweile kann man Clophen umweltneutral verbrennen, und Kupfer ist wertvoll. Daß dabei auch die Kammer wieder frei wird, spielt kaum eine Rolle.

Wäre die Untertagedeponie Herfa-Neurode wirklich eines Tages voll, müßten die Schächte nur mit wasserundurchlässigem Material verfüllt werden. Damit würde sie zuverlässig gegen die Biosphäre abgeschlossen. Die plastisch verformbaren Salzschichten mögen dann ungestört fließen und die endgelagerten Substanzen nach und nach einschließen. Danach sind sie ebenso sicher wie das Kohlendioxid in der Grube, das nur eine Sprengung aus dem Salz freisetzen kann. Sollten spätere Generationen in einer fernen Zukunft wieder einmal in die Grube eindringen wollen, würden die offensichtlich künstlichen Einschlüsse im Salz sie aufmerksam machen.

Wilfried Thien
PFLANZENJÄGER

Was ein Großwildjäger ist, weiß jeder von uns. Aber was soll man sich unter einem Pflanzenjäger vorstellen? Pflanzenjäger sind Leute, die das Pflanzensammeln als Beruf ausüben. Unter ihnen finden wir Abenteurer und Spekulanten, Weltreisende und Wissenschaftler. Und wie wir sehen werden, kann die Jagd nach Pflanzen genauso abenteuerlich sein wie die Großwildjagd. In der Hoonstraat in Amsterdam wurden im letzten Jahrhundert zwei baufällige Häuser abgerissen. Bei den Abbrucharbeiten fanden die Handwerker eine Steinplatte aus dem Jahr 1634 mit der Aufschrift, daß diese beiden Häuser für drei Tulpenzwiebeln verkauft worden waren. Welch ein Preis! Ein anderes Beispiel aus jener Zeit: Für eine seltene Tulpenzwiebel bezahlte ein Kaufmann aus Haarlem ein Vermögen. Nach dem Kauf entdeckte er, daß ein armer Schuster eine Tulpe von derselben Farbe besaß. Der Kaufmann schüchterte den Schuhmacher so ein, daß der Mann ihm seine Zwiebel für 1500 Gulden überließ. Vor den Augen des Schusters zertrampelte der Händler gefühllos die Tulpenzwiebel. Als er dem Schuster noch mitteilte, daß er auch den zehnfachen Betrag für die Tulpenzwiebel bezahlt hätte, erkannte der Mann das volle Ausmaß seines Verlustes, ging hin und erhängte sich. Heute bezahlen wir für eine Zwiebel der Gartentulpe wenige Pfennige.
Es ist verständlich, daß sich in jener Zeit Spekulanten für das Tulpengeschäft interessierten und Pflanzenjäger nach Tulpenvarietäten suchten, deren Verkauf einen hohen Gewinn versprach. Wie kam es in den Niederlanden zu dieser »Tulpomanie«, dieser Besessenheit, Tulpen besitzen zu müssen?

Die Tulpomanie

Die rund 60 Wildtulpenarten haben ihren Ursprung in Zentralasien, besonders im Pamir-, Tienschan- und Altaigebirge. Als Wappenblume der Osmanen wurde die Tulpe in der Türkei schon früh kultiviert. Nach Europa gelangte sie durch einen kaiserlichen Gesandten des Heiligen Römischen Reiches am Hofe Soliman des Großen. Dieser Ogier Ghislain de Busbecq oder Busbecquius brachte im Jahre 1554 von seiner Mission viele seltene Tiere, Samen und Knollen und eben auch Tulpenzwiebeln mit. Der Leiter des Botanischen Gartens der Universität Leiden, Clusius, erhielt von Busbecquius Samen und wahrscheinlich auch Zwiebeln.

Dendrobium ist eine der größten Gattungen unter den Orchideen. Zu ihr gehören die billigsten und verbreitetsten Schnittorchideen. Alle Dendrobien wachsen epiphytisch, das heißt, auf Ästen und Stämmen, ohne jedoch ihre Trägerpflanzen zu schädigen. Foto Angermayer

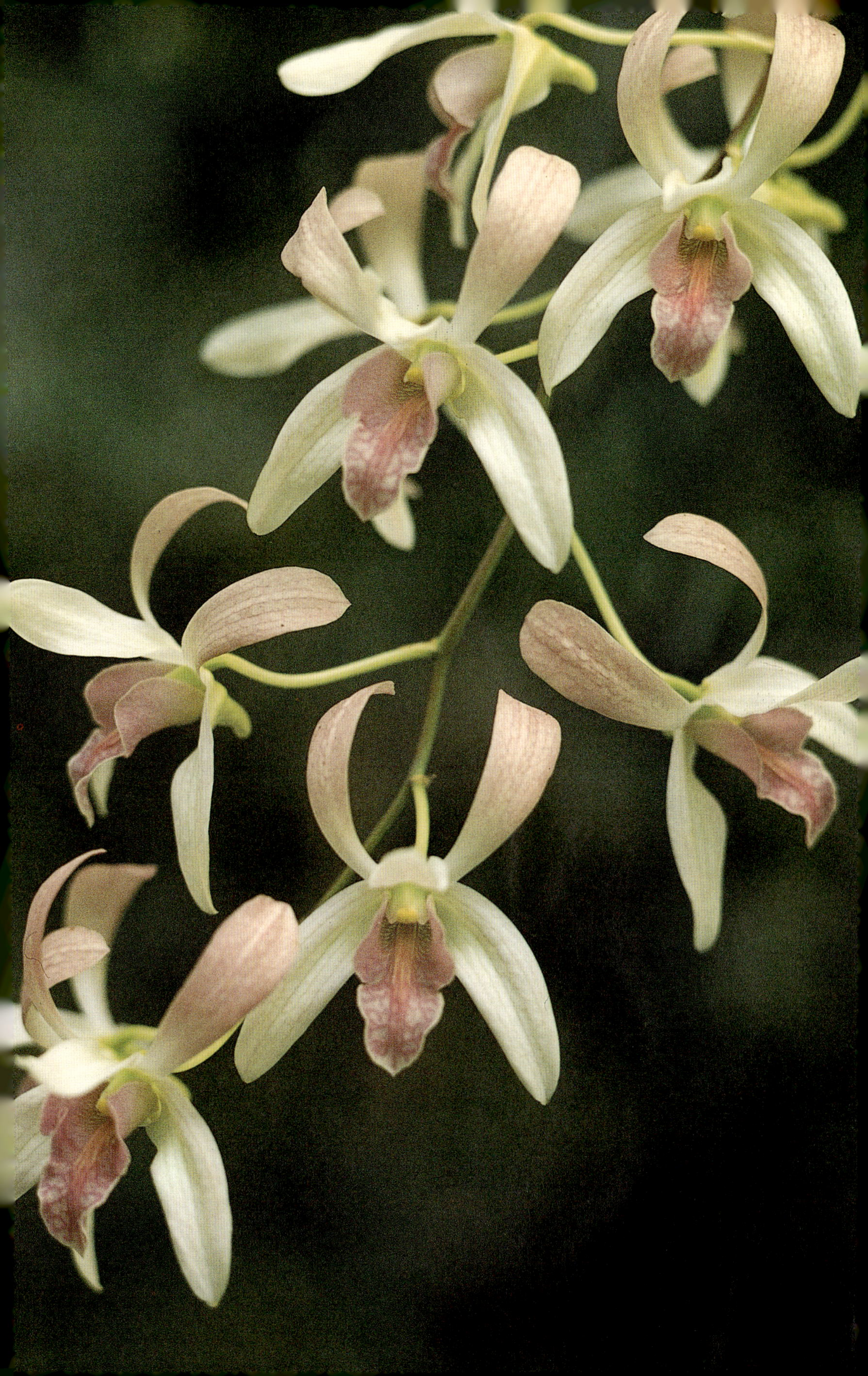

402

Man erzählt sich nun, daß Clusius bestohlen wurde und sich so die Tulpen über die holländischen Provinzen ausbreiteten, bis sie schließlich zu einem Wahrzeichen Hollands wurden. Noch heute verwandeln die berühmten Tulpenfelder um Haarlem das Land im Frühjahr in einen Riesenteppich von wunderbarer Farbenpracht.

Zu Beginn der »Tulpomanie« handelte man noch mit Pflanzen, wenn sie im Spätsommer ausgegraben wurden. Später spekulierten die Händler mit Tulpen, die noch wuchsen, und am Schluß wurden Tulpenzwiebeln verkauft, die es noch gar nicht gab; sie handelten mit sogenannten Papiertulpen, das heißt mit Tulpenzwiebeln, die nicht vorlagen, aber urschriftlich bestätigt waren. Die Spekulanten trafen sich zu jener Zeit in Brügge im Hause der Familie van der Beurse – von der sich die Bezeichnung »Börse« (siehe Seite 340) herleitet.

Zu Beginn des letzten Jahrhunderts überschwemmten amerikanische Tulpenzüchter den europäischen Markt mit so vielen gesunden Zwiebeln, daß der Preis ständig sank. Nun wurden Tulpenzwiebeln selbst für den einfachen Arbeiter erschwinglich. Die Tulpe war zu einer alltäglichen Blume geworden.

Orchideen, Orchideen

Waren es im 17. Jahrundert die Tulpen, die eine magische Anziehungskraft besaßen, so übernahmen 200 Jahre später die Orchideen diese Rolle. In der Mitte des letzten Jahrhunderts wurde der Wunsch, Orchideen zu besitzen, in England zu

Noch heute gibt es berufsmäßige Orchideensammler wie hier in Ecuador. Sie richten große Schäden in der Natur an, nicht nur weil sie Orchideen entnehmen, sondern weil sie dazu viele Bäume fällen müssen, um an die begehrten Pflanzen überhaupt heranzukommen. Foto König

einer großen Leidenschaft. Sie galten als Statussymbol, und der Autor eines Orchideenbuchs verstieg sich damals zu dem Satz: »Die Pflanze wurde eigens dazu geschaffen, die auserwählten Menschen dieses Zeitalters zu erfreuen.«

England war bis zum Beginn unseres Jahrhunderts die Hochburg der Orchideenkultur. Es entstanden in dieser Zeit große und bedeutende Sammlungen. Die großen und reichen Sammler sandten ihre Pflanzenjäger in alle Welt und gaben für diese Expeditionen Unsummen aus. Die Orchideenjäger nahmen lange und beschwerliche Reisen in unbekannte Länder und gefährliche Gegenden auf sich, um unter Umständen eine neue Art oder beträchtliche Mengen einer schon bekannten Varietät zu finden. Wie 200 Jahre vorher für Tulpen wurden nun für Orchideen astronomische Beträge bezahlt; die Orchidee Odontoglossum crispum zum Beispiel kostete im Jahre 1914 16 000 bis 34 000 Goldmark.

Orchideenjäger nahmen dichte Wolken stechender und beißender Insekten, rote Spinnen, reißende Flüsse und Stromschnellen, feuchte Urwälder mit feindlichen Indianern in Kauf, um den Gipfel ihres Berufsehrgeizes, eine unbekannte Orchideenart aufzuspüren, zu erreichen oder mit gewinnbringender Beute zurückzukehren. Sie fällten viele Tausende von Urwaldbäumen, denn die meisten tropischen Orchideen sind epiphytisch und leben auf Bäumen. Ganze Gebiete wurden auf diese Weise geplündert, und der Fortbestand einiger Arten konnte nur noch in der Kultur gesichert werden.

Jagd auf Cattleyen

Hatte ein Orchideenjäger eine ertragreiche Kolonie gefunden, so versuchte er sie geheimzuhalten. Viele Sammler trugen ihre Funde auf Landkarten mit rätselhaften Zeichen ein, die für andere Pflanzenjäger keinen Sinn ergaben. Andere legten gefälschte Karten an, in der Hoff-

Besonders beliebt beim Publikum sind die verschiedenen Frauenschuharten – im Bild Paphiopedilum villosum aus Burma. Es gibt heute Hunderte von Sorten und Kreuzungen. Foto Angermayer

nung, der Konkurrent werde sie kopieren und durch sie irregeführt werden.
Zu den geheimnisvollsten Orchideen gehörte lange die Cattleya labiata. Nachdem sie eine Zeitlang in englischen Treibhäusern gediehen war, gingen plötzlich alle Pflanzen bis auf eine zugrunde. Dieses letzte Exemplar fiel schließlich einem Brand zum Opfer. Niemand wußte zunächst, wo sie im Urwald zu finden sei. Aus einem alten Bericht erfuhr man, daß sie aus dem Orgelgebirge bei Rio de Janeiro stammte. Doch die ausgesandten Pflanzenjäger kehrte alle unverrichteter Dinge heim. Erst viele Jahre später entdeckte sie ein britischer Diplomat als Ansteckblume einer Dame auf einem Diplomatenball! Man folgte der Spur dieses Exemplars nach Brasilien und ins Orgelgebirge – und fand sie.

Wie anstrengend und gefährlich die Arbeit eines Pflanzenjägers sein kann, erfährt man aus einem Brief eines Sammlers, den Max Hirmer in seinem Buch »Wunderwelt der Orchideen« zitiert. Hier ein Auszug:

Kamarang Mouth (British Guyana),
14. August 1959

»...Plötzlich kamen wir an eine Lichtung, und so weit das Auge reichte, erstreckte sich eine Grasfläche, über die ein erfrischender Wind blies; nur einen recht kurzen Augenblick ließ er uns nach der Feuchtigkeit des Waldes aufatmen.

Vanda tricolor, die »dreifarbige Vanda«, ist der wissenschaftliche Name dieser javanischen Orchidee. Sie wird heute in großem Umfang gezüchtet. Foto Haslberger

Ich sage nur für einen kurzen Augenblick, denn während dieser Jahreszeit ist die Ebene von beißenden Insekten verseucht. Während des Tages ist es die Caboura-Fliege, in der Größe einer Blattlaus, sie hinterläßt unzählige, sehr

juckende Stiche, und nachts sind es die Moskitos, die man aber mit Netzen fernhalten kann; und dann die Sandflöhe, gegen die nichts zu unternehmen ist. Es wurde fast unerträglich.
Nach drei Tagen erreichten wir den Fluß, wo, wie mir versichert wurde, die Orchideen zu finden seien. Es war das erste Mal, daß ich tropische Flüsse mit Hochwasser sah. Den ersten Fluß überquerte ich mit Hilfe zweier Stöcke und je einem Indianer zu jeder Seite für den Fall, daß ich abrutsche. Der zweite Fluß war doppelt so tief und auch doppelt so schnell. Da meine Nerven schon arg gelitten hatten, beschloß ich zu schwimmen, und die Indianer mußten zweimal den Fluß durchqueren, um mein Gepäck hinüber zu bekommen. Leider bemerkte ich erst zu spät, daß die Ufer von hohem, scharfem Gras bewachsen waren, und als meine Füße Halt suchten, wurden sie ziemlich zerschnitten. Einer dieser Schnitte ist inzwischen entzündet, und ich kann kaum noch gehen.«
Und als der Sammler Donovan nach wochenlangen anstrengenden Fußmärschen die gesuchte Orchidee Cattleya lawrenceana findet, schreibt er:
». . . Es war ein wunderbarer Augenblick für mich; diese Pflanze war das Ziel der letzten Monate. Plötzlich schien die Savanne ein herrliches, aufregendes Gebiet zu sein, voller schönster Orchideen. Innerhalb einer Stunde hatten wir fünfzig gute Exemplare von Cattleya lawrenceana gesammelt.«
Donovans Rückreise wurde zum Alptraum. Die Pfade waren noch schwieriger als zuvor. Als Donovan einen Fluß durchqueren wollte, riß ihn die Strömung fort. Im letzten Augenblick bekam er einen herabhängenden Zweig zu fassen und konnte sich retten. Mit einem zerschundenen Knie und einem verstauchten Knöchel ging es weiter. Donovan geriet mit seinem Boot in Stromschnellen und erreichte nach vielen Mühen endlich sein Ziel, Georgetown.

»Grünes Gold«

Obwohl heute in den westlichen Industrieländern viele Milliarden für Zierpflanzen und Blumen ausgegeben werden – 2,4 Milliarden Mark pro Jahr allein in der Bundesrepublik –, haben weder Tulpen noch Orchideen eine große wirtschaftliche Bedeutung erlangt. Es waren vielmehr unscheinbarere Pflanzen, welche als »Grünes Gold« die Volkswirtschaft einzelner Länder nachhaltig beeinflußten. Die Suche nach ihnen und ihre Ausbreitung war ähnlich abenteuerlich wie die Jagd nach seltenen Orchideen.
Der Kaffee kommt wild im Bergdschungel des abessinischen Hochlands vor. Die Äthiopier brachten ihn in den Jemen. Von dort aus breitete sich die Kaffeekultur nach Arabien aus. Bis ins 17. Jahrhundert hüteten die Araber ihren Schatz am Roten Meer eifersüchtig und streng. Erst im Jahr 1652 gelang es einem Segler der Holländischen Ostindischen Kompagnie, im Hafenstädtchen Mocha heimlich Kaffeestecklinge an Bord zu nehmen. In monatelanger Fahrt wurden sie nach Java gebracht. Die Holländer pflanzten die Stecklinge in der Gegend von Bogor aus, und aus diesen wenigen Pflanzen gingen die Kaffeekulturen des ganzen Fernen Ostens hervor. Sie verdrängten in der Folgezeit die arabischen Erzeugnisse aus den Märkten der Alten Welt. Um 1711 brachten die Holländer in Java die erste größere Ernte ein.
Im Jahre 1714 schickte Mijnheer Pancras, der Direktor des Botanischen Gartens zu Amsterdam, dem Sonnenkönig Ludwig XIV. von Frankreich als Besonderheit zwei mannshohe Kaffeestauden. Sie waren als Kübelpflanzen aus Java nach Holland gekommen. Der König ließ sie in die Treibhäuser von Versailles bringen, wo es den Gärtnern gelang, aus den Samen der Jungbäumchen Keimpflanzen zu erhalten. Diese wurden vier Jahre später auf die Inseln Martinique und Guadeloupe im Karibischen Meer gebracht, auf

denen seit 1633 französische Kolonisten wohnten.

Die Pflanzer auf den Inseln »Unter dem Winde« hatten bereits Erfahrungen mit Kakaokulturen und nahmen sich der Kaffeepflanze liebevoll an. Sie gedieh auf ihren Plantagen auch prächtig. Im letzten Drittel des 18. Jahrhunderts lieferten diese Kulturen jedes Jahr fast 50 000 Tonnen Kaffeebohnen; das entsprach damals etwa drei Viertel des jährlichen Kaffeebedarfs in Europa.

Das unbedachte Geschenk des Mijnheer Pancras an den französischen König fügte Holland den allergrößten Schaden zu, denn wegen des langen, gefahrvollen Weges von Java, Ceylon und Indien um das Kap der Guten Hoffnung waren die niederländischen Kaffeehändler nicht mehr konkurrenzfähig.

Aber Martinique und Guadeloupe waren nur Zwischenstationen bei der Ausbreitung des Kaffees in der Neuen Welt. Rund 40 Jahre später hatte er auch das südamerikanische Festland erreicht, das heute 88 Prozent der Weltbestände an Kaffeebäumchen besitzt. Brasilien lieferte zeitweise mehr als zwei Drittel aller Kaffeebohnen des Welthandels, und sein Schicksal war früher geradezu mit dem Kaffee verknüpft. Die Ausweitung der Anbauflächen führte dazu, daß das Angebot die Nachfrage überstieg. Preisstürze machten den Anbau unrentabel. Die brasilianische Regierung sah sich mehrfach zu Preisstützungen und Ankäufen gezwungen, um den Kaffeemarkt zu stabilisieren.

Schmuggelgeschichten um den Kautschuk

Eine ähnliche wirtschaftliche Bedeutung wie der Kaffee erlangte in der ersten Hälfte des vorigen Jahrhunderts der Parakautschukbaum. Die Spanier lernten nach der Entdeckung Amerikas bei den Indianern Bälle kennen, die weit höher sprangen als die in Europa bekannten. Diese Bälle wurden aus einem Milchsaft hergestellt, den die Indianer des Amazonasgebiets Cahuchu nannten. Davon leitet sich das Wort Kautschuk ab. Der Milchsaft wurde von einem 20 Meter hohen Baum mit weißlicher Rinde gewonnen, der bei den Indianern Hévé hieß. Davon leitet sich die botanische Bezeichnung Hevea brasiliensis für den Parakautschukbaum ab. Genutzt wird die Rinde, welche gegliederte Milchröhren enthält. Zur Gewinnung des Milchsaftes zapft man die lebenden Bäume an, indem man in die Rinde mit einem Messer eine abwärts gerichtete Schraubenlinie oder ein Fischgrätenmuster schneidet. Am tiefsten Punkt wird ein Becher aufgehängt, in den der Milchsaft fließt. Alle zwei bis drei Tage erneuern Arbeiter den Schnitt und entfernen so die Rinde allmählich bis zur Stammbasis. Der Milchsaft oder Latex besteht im Mittel aus 33 Prozent Kautschuk, 2 Prozent Harzen, 65 Prozent Wasser und geringen Mengen an Eiweiß. Der Latex wurde früher durch rauchendes Feuer zum Gerinnen gebracht und gleichzeitig getrocknet. Dabei entstand der Naturkautschuk, eine plastische, etwas klebrige Masse.

Im Jahre 1823 imprägnierte der Engländer Charles MacIntosh zum ersten Male Gewebe mit Kautschuk und machte sie auf diese Weise wasserdicht. 1839 erfand der Amerikaner Goodyear das Verfahren der Vulkanisation, das heißt das Einarbeiten elementaren Schwefels in den Kautschuk, und legte damit die Grundlage für die heutige technische Verwendung des Kautschuks. Der klebrige Naturkautschuk wurde dadurch zu einem formbaren, elastischen und wasserdichten Material, das sich nun für Reifen, Regenbekleidung und zahllose andere Artikel verwenden ließ.

Auf einmal war der Parakautschukbaum des Amazonasbeckens eine wirtschaftlich interessante Pflanze geworden. Brasilien erkannte die volkswirtschaftliche Bedeutung des Baumes sehr schnell und verbot

Der Kaffeestrauch *(Bild oben links)* stammt aus dem abessinischen Bergland und breitete sich dank den Bemühungen der Pflanzenjäger in der ganzen tropischen Welt aus. Vor allem in Mittel- und Südamerika, Afrika und Indonesien wird Kaffee angebaut. Der Strauch hat weiße Blüten. Im Bild oben links wird deutlich erkennbar, daß eine Pflanze gleichzeitig Blüten und Früchte tragen kann. Die Kaffeefrucht gleicht einer Kirsche und enthält meist zwei Samen, die Kaffeebohnen. Früchte mit nur einem Samen ergeben den Perlkaffee. Die Kaffeefrüchte werden von Hand geerntet und kommen zu Sammelstellen *(Bild unten links)*.

Das Fruchtfleisch wird nicht gebraucht. Eine Maschine quetscht es zum größten Teil ab. Anschließend läßt man die Früchte im Wasser gären, so daß die letzten Reste des Fruchtfleisches abgelöst werden. Die Samen werden gewaschen und sortiert *(Bild rechts)*.

Die Trocknung findet an der Sonne statt. Schließlich entfernen Arbeiterinnen noch die Pergamentschale und die hauchdünne Seidenhaut. Dann kommt dieser grüne Kaffee in den Handel. Kurz vor dem Verbrauch wird er in rotierenden Trommeln bei 190 bis 230° C geröstet.

Foto oben links Angermayer, unten links und rechts Gronefeld

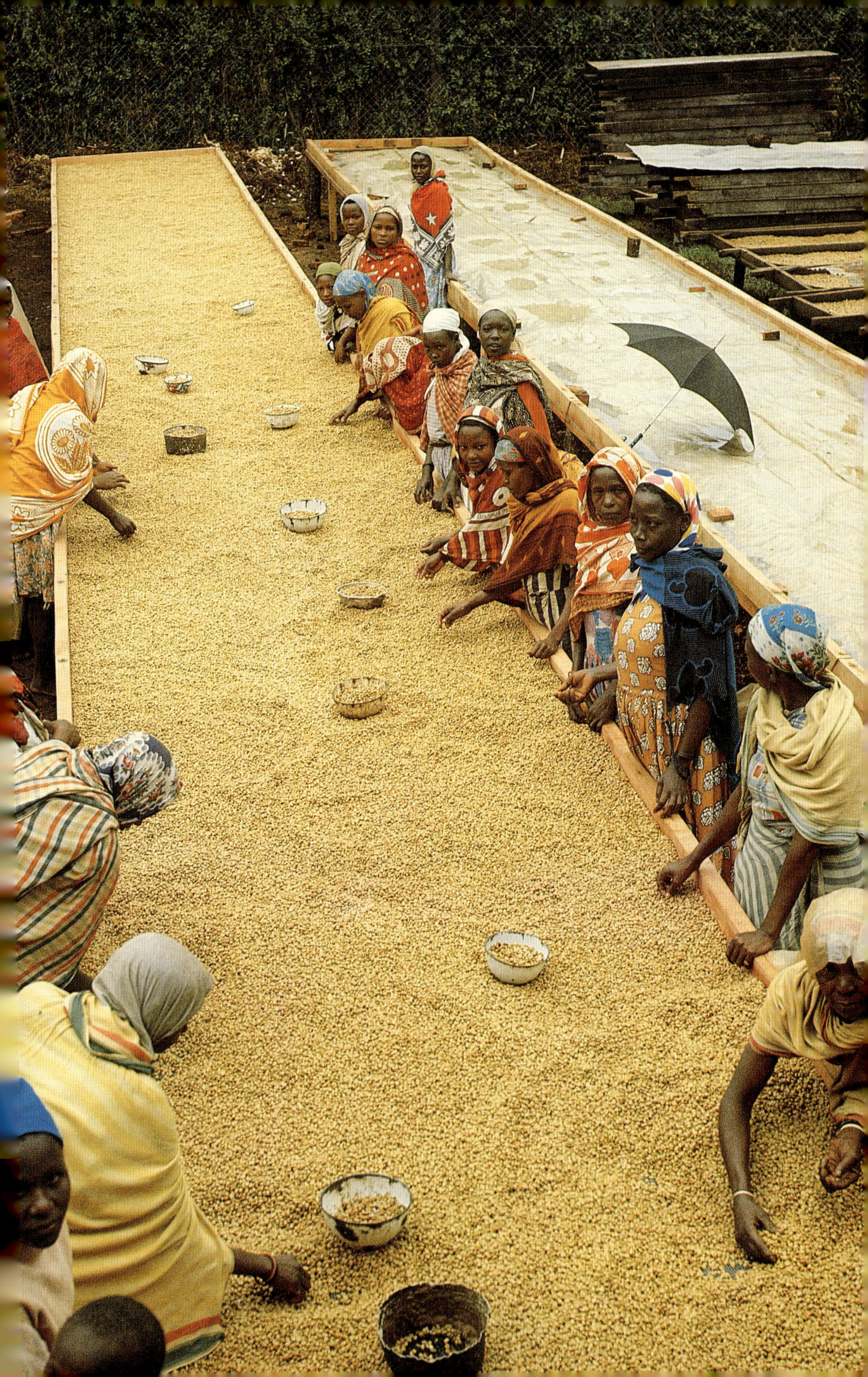

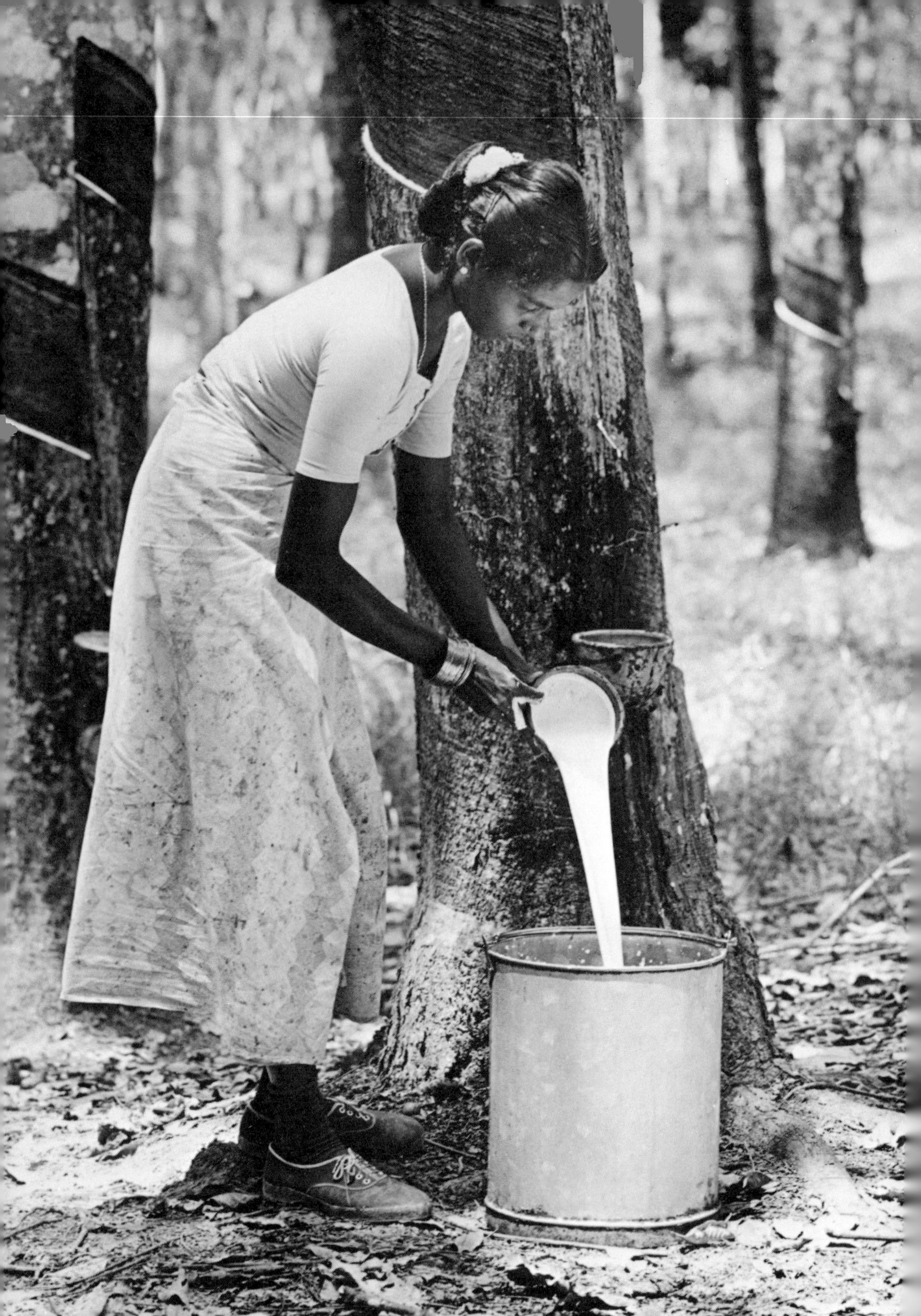

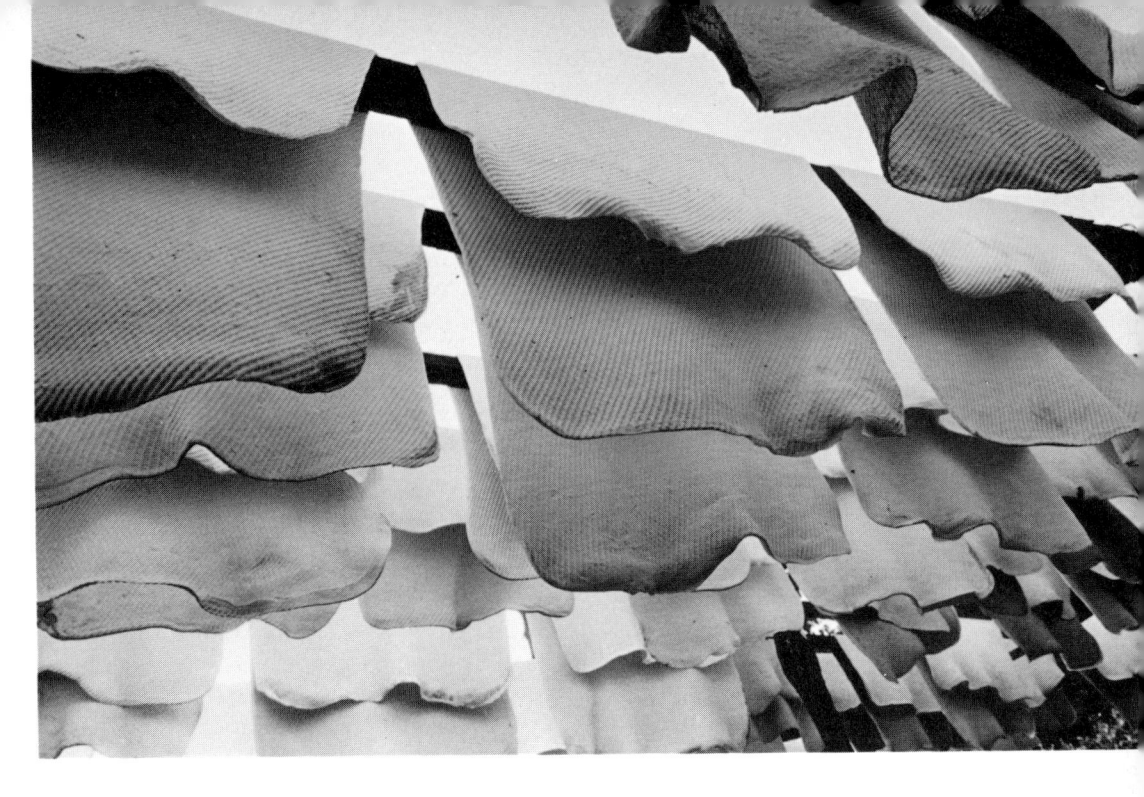

Links: Langsam tropft der Milchsaft oder Latex der Parakautschukbäume in die Gefäße. Von Zeit zu Zeit werden sie geleert. Foto Bavaria/Weber
Oben: Der rohe Kautschuk wird geräuchert und in Handpressen entwässert. Dann wird er zum Trocknen aufgehängt. Foto Süddeutscher Verlag/Krewitt

die Ausfuhr von Samen und Jungpflanzen. Auf Veranlassung des damaligen Direktors des berühmten Kew Garden bei London, Dalton Hooker, erhielt der englische Pflanzenjäger Henry Wickham 1876 den Auftrag, heimlich Kautschuksamen aus Brasilien zu schmuggeln. Wickham charterte unter dem Decknamen der indischen Regierung den Dampfer »Amazonas«, der die botanische Sammlung der »wissenschaftlichen Expedition« auf direktem Wege nach London bringen sollte. Dem brasilianischen Zollbeamten wurde vorgespiegelt, daß die »Amazonas« floristische Schönheiten seines Landes für den Garten der Königin von England geladen hatte, und Wickham bat um Unterstützung, damit die Ladung schnell und unbeschadet nach England transportiert werden könnte. Der Zollbeamte fühlte sich geschmeichelt und fiel auf Wickhams Trick herein. Die Engländer erhielten problemlos die notwendigen Zollformulare, und die »Amazonas« dampfte unbehelligt in Richtung Europa. Obwohl die Samen mit äußerster Sorgfalt verpackt und sehr rasch transportiert wurden, keimten in den Gewächshäusern von Kew Garden nur ungefähr 3000. Weniger als 2000 Jungpflanzen wurden anschließend nach Burma und in den Malaiischen Archipel – damals britische Kolonien – verschifft und bildeten die Stammeltern der Parakautschukbäume im Fernen Osten. Die Weltproduktion von Naturkautschuk liegt heute bei über 3,5 Millionen Tonnen pro Jahr. Die Hauptanbauländer sind Malaysia, Indonesien, Thailand und Sri Lanka. Aus dem Heimatland des Parakautschukbaums Brasilien kommt heute weniger als 1 Prozent der Weltproduktion. Fast aller Kautschuk wird heute in Plantagenwirtschaft gewonnen.

Die ersten Botaniker

Aus dem bisher Gesagten könnte man vermuten, daß Pflanzenjäger vor allem Spekulanten, Glücksritter und Abenteurer waren, die um ihres eigenen Vorteils nach seltenen oder volkswirtschaftlich wichtigen Pflanzen suchten. Doch die bedeutendsten Pflanzenjäger waren nicht um des Gewinnes willen unterwegs, sondern sie nahmen Mühsal und Strapazen auf sich, um ihrer Wissenschaft, der Botanik, zu dienen.

Am Beginn der Botanik als Wissenschaft stehen drei Männer, die oft als deren Väter bezeichnet werden. Otto Brunfels (1488–1534), Hieronymus Bock (1498–1554) und Leonhart Fuchs (1501–1566) – alle drei in Süddeutschland geboren – eröffneten mit ihren Kräuterbüchern eine neue Epoche dieser Naturwissenschaft. Kräuterbücher sind reichbebilderte Bücher über die Natur und Wirkung von Pflanzen. Die drei Gelehrten besannen sich auf die Forderung des großen Naturforschers, Philosophen und Theologen Albertus Magnus, der die Aufgabe der Naturwissenschaft darin sah, nicht einfach das bisher Berichtete hinzunehmen, sondern nach den Ursachen der natürlichen Dinge zu forschen. Ihre Arbeit fällt in die Zeit der Wende vom Mittelalter zur Neuzeit. Sie befreiten sich von jener mystischen, von Vorurteilen durchsetzten Naturbetrachtung der mittelalterlichen Gelehrten. Die Pflanzendarstellungen in den frühen Kräuterbüchern entsprangen zum Teil ganz der Phantasie oder wurden mit Fabelwesen in Verbindung gebracht. Daß die Väter der Botanik die Pflanzen in ihren Büchern naturgetreu abbilden konnten, lag daran, daß sie im wahrsten Sinne Pflanzenjäger waren, Gelehrte, die ihre Studierstube verließen und ihre Pflanzen sammelten und beobachteten.

Von Hieronymus Bock wird berichtet, daß er auf seinen zahlreichen botanischen Exkursionen, die ihn bis nach Graubünden und Tirol führten, Bauernkleidung trug, um nicht als Geistlicher erkannt zu werden. Er lebte ja am Beginn der Reformation, als die einfache Bevölkerung nicht besonders gut auf ihre geistliche Obrigkeit zu sprechen war und als man mit Andersgläubigen auch nicht besonders zimperlich umsprang.

Ein Berliner auf Pflanzenjagd

Einer der größten Pflanzenjäger des letzten Jahrhunderts hatte Glück: Jaguare und Krokodile, Moskitos und Giftschlangen, Seestürme und Riffe konnten ihm nichts anhaben. An eine Rückkehr nach Europa glaubte er selber nicht und hatte verschiedene Male ein Testament hinterlegt. Er bestand jedoch alle Strapazen und Abenteuer und kehrte nach seiner fünfjährigen Reise durch Mittel- und Südamerika in den Jahren 1799 bis 1804 unversehrt in seine Geburtsstadt Berlin zurück. Er hieß Alexander von Humboldt und war der größte Pflanzenjäger unter den Naturforschern. Mit seinem Freund Aimé Bonpland sammelte er auf seiner Amerikareise 60 000 Pflanzen, 3600 davon waren damals noch unbekannte Arten. Alexander von Humboldt widmete nach seiner Rückkehr die nächsten 20 Jahre der Auswertung seiner umfassenden Sammlung. Es entstand dabei eines der größten Reisewerke der Geschichte: 30 Bände mit über 1400 Abbildungen und Karten.

Das Institut für Pflanzenbau und Pflanzenzüchtung in Braunschweig sammelt alte Kulturpflanzen und bringt sie zur Fortpflanzung. Sie enthalten oft Resistenzgene, die man an Kultursorten weitergeben kann.
Foto Bavaria/Leib

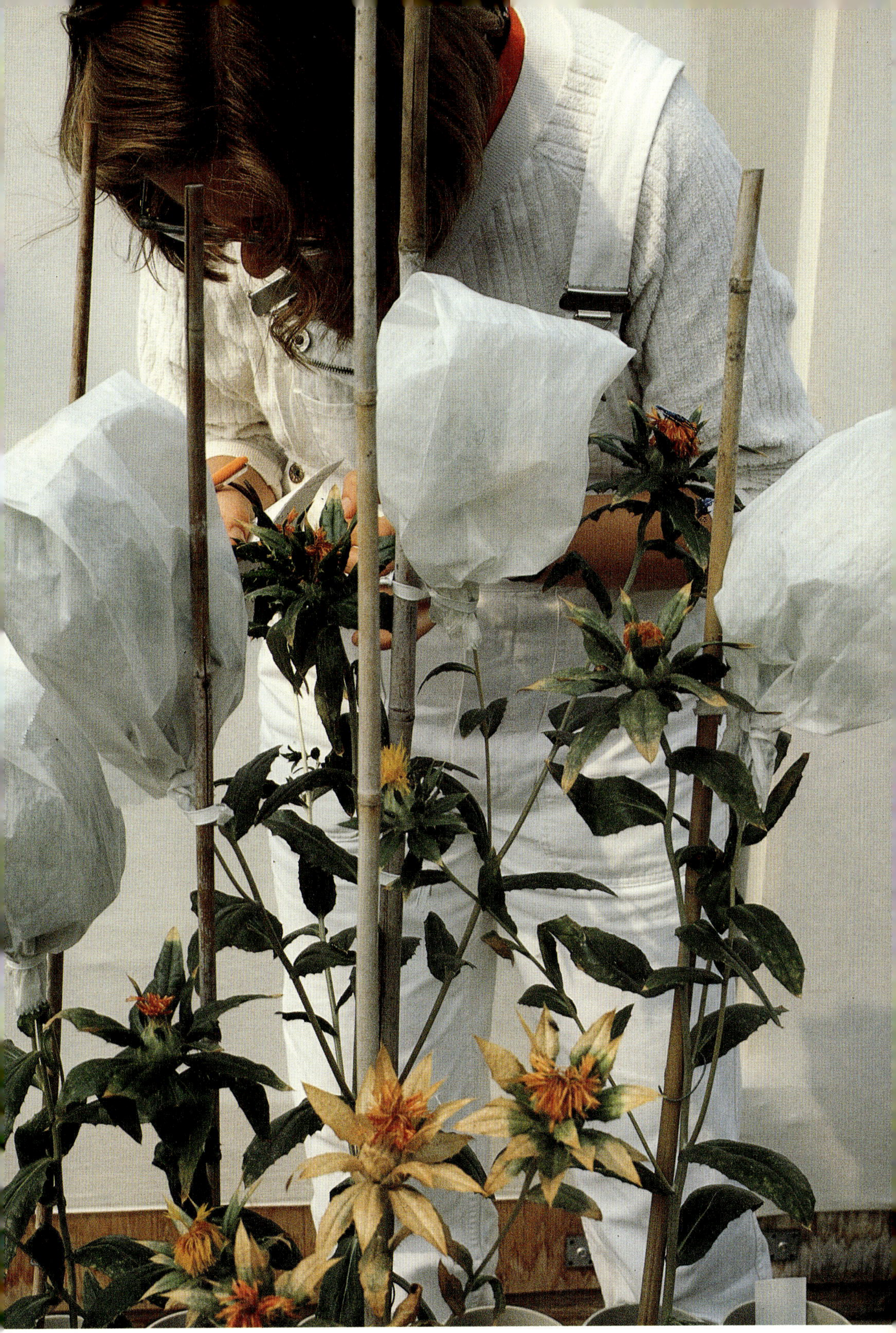

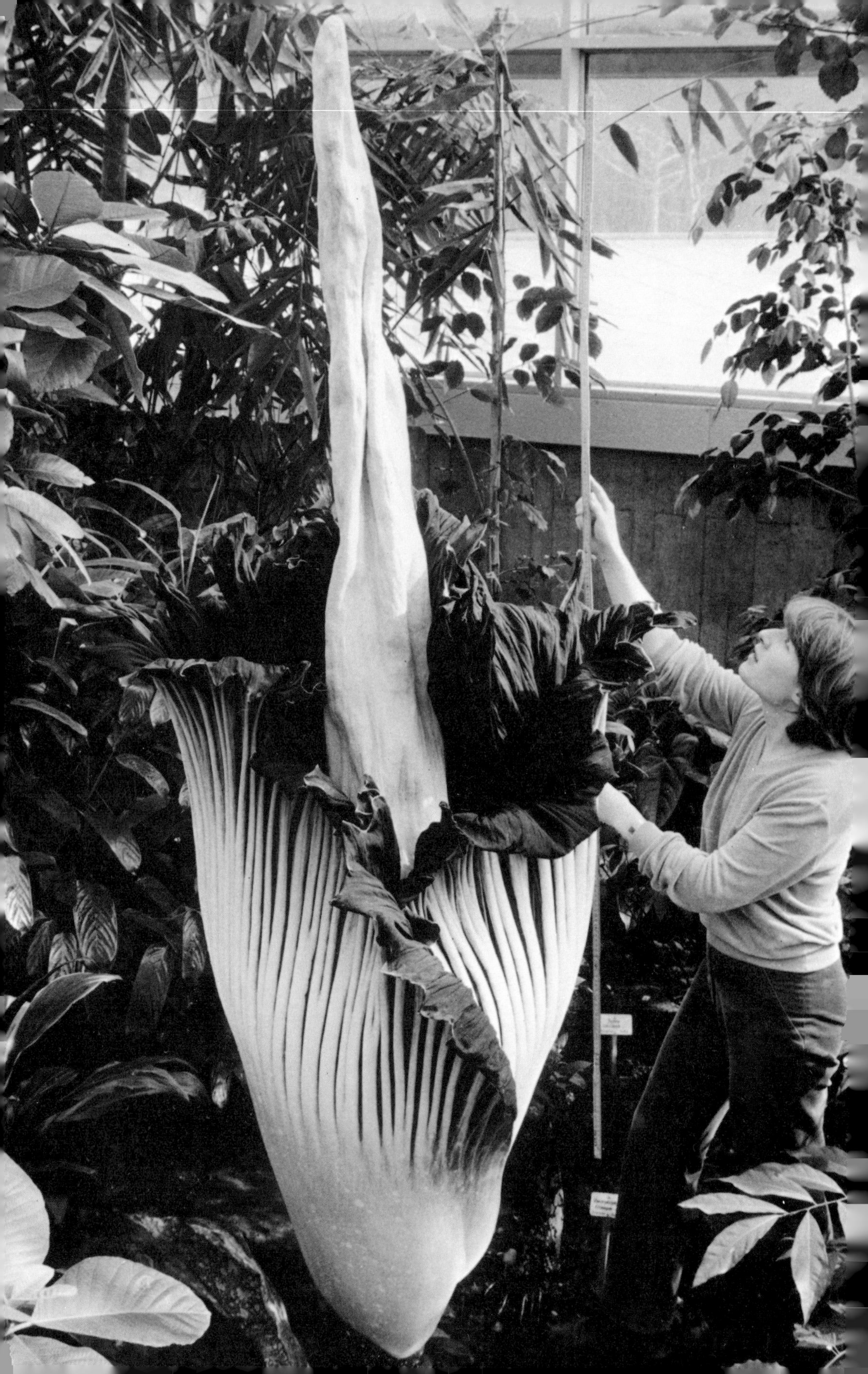

Alexander von Humboldt, der als Begründer der Pflanzengeographie gilt – der Wissenschaft von der Verbreitung der Pflanzen – hatte nicht nur Glück, er besaß auch Beharrlichkeit in seinem Tun. Mit viel Umsicht und Sorgfalt plante er seine Reisen, war zielstrebig und stets bereit zur Kooperation. Diese Eigenschaften trugen viel dazu bei, daß er ein so erfolgreicher Pflanzenjäger und Wissenschaftler wurde. Von Simon Bolivar, dem Befreier Südamerikas von der spanischen Herrschaft, wird der Ausspruch überliefert: »Humboldt hat für Südamerika mehr geleistet als alle Konquistadoren zusammen.« Die Konquistadoren waren die spanischen Eroberer, die im 16. Jahrhundert durch ihre Expeditionen die indianischen Reiche Südamerikas eroberten. Das Gedenken an Alexander von Humboldt ist auch heute noch lebendig in den Ländern, die er besuchte. So tragen die drei höchsten Berge Venezuelas die Namen Pico Bolivar, Pico Humboldt und Pico Bonpland. Welch eine Auszeichnung für einen Pflanzenjäger!

Gibt es heute noch Pflanzenjäger?

Die gesamte Pflanzenwelt umfaßt nach Angaben der Systematiker bisher rund 375 000 Arten. Rund 20 000 nutzt der Mensch als Nahrungs-, Heil- oder Genußmittel oder für technische Zwecke. Nur 500 werden feldmäßig als Kulturpflanzen angebaut. Die Versorgung der Weltbevölkerung mit Grundnahrungsmitteln hängt von nur sieben hochgezüchteten Pflanzenarten ab, die man als die »7 Säulen der Welternährung« bezeichnen kann: Weizen, Reis, Mais, Kartoffel, Maniok, Zuckerrohr und Sojabohne. Diese hochgezüchteten Pflanzenarten enthalten jedoch eine zu geringe Zahl von Resistenzgenen, also von Erbfaktoren, welche die Pflanze widerstandsfähig gegen Krankheitserreger machen. Etwa ein Drittel der jährlichen Welternte fällt nach groben Schätzungen Schädlingen zum Opfer. So gibt die Bundesrepublik jährlich 1,2 Milliarden DM für Pflanzenschutzmittel aus, das entspricht einer Wirkstoffmenge von 32 000 Tonnen.

Resistenzgene findet man sehr oft in sogenannten Land- oder Lokalsorten. Das sind Formen einer Kulturart, die der Mensch noch nicht bewußt züchterisch bearbeitet hat. Eine für den Anbau wenig geeignete Landsorte kann daher für den Pflanzenzüchter von unschätzbarer Bedeutung sein, wenn sie solche Gene besitzt. Diese Landsorten sind allerdings durch das stete Vordringen der Zuchtsorten bedroht.

In den letzten Jahren unternahmen deshalb viele Forscher ausgedehnte Sammelexpeditionen in die entlegensten Gebiete der Erde, um diese bedrohten Formen zu retten. Sie werden nach dem Sammeln vermehrt und an Züchter weitergegeben. Das bisher gesammelte Material stellt jedoch nur einen kleinen Teil des noch verfügbaren ungeheuren Formenreichtums dar. Nur durch eine internationale Zusammenarbeit können die Wissenschaftler diese Aufgabe bewältigen. Eine wichtige Rolle spielt dabei die FAO, die Organisation für Ernährung und Landwirtschaft der Vereinten Nationen.

Die Züchtung einer neuen Sorte, zum Beispiel der Gerste, verursacht Kosten in Höhe von rund 2 Millionen DM. Die Entwicklung eines neuen chemischen Wirkstoffs gegen eine Pflanzenkrankheit kostet hingegen 50 Millionen DM. So hat auch heute noch das Pflanzensammeln eine ungeheure Bedeutung, und der Pflanzenjäger unserer Tage trägt dazu bei, daß wir in Zukunft genug zu essen haben.

Nicht nur Orchideen erregen unser Staunen. Das Aronstabgewächs Amorphophallus titanus aus Sumatra entwickelte 1985 im Frankfurter Tropicarium eine 2 Meter hohe Blüte. Fünf Tage hielt dieser »Blütenzauber«. Foto dpa

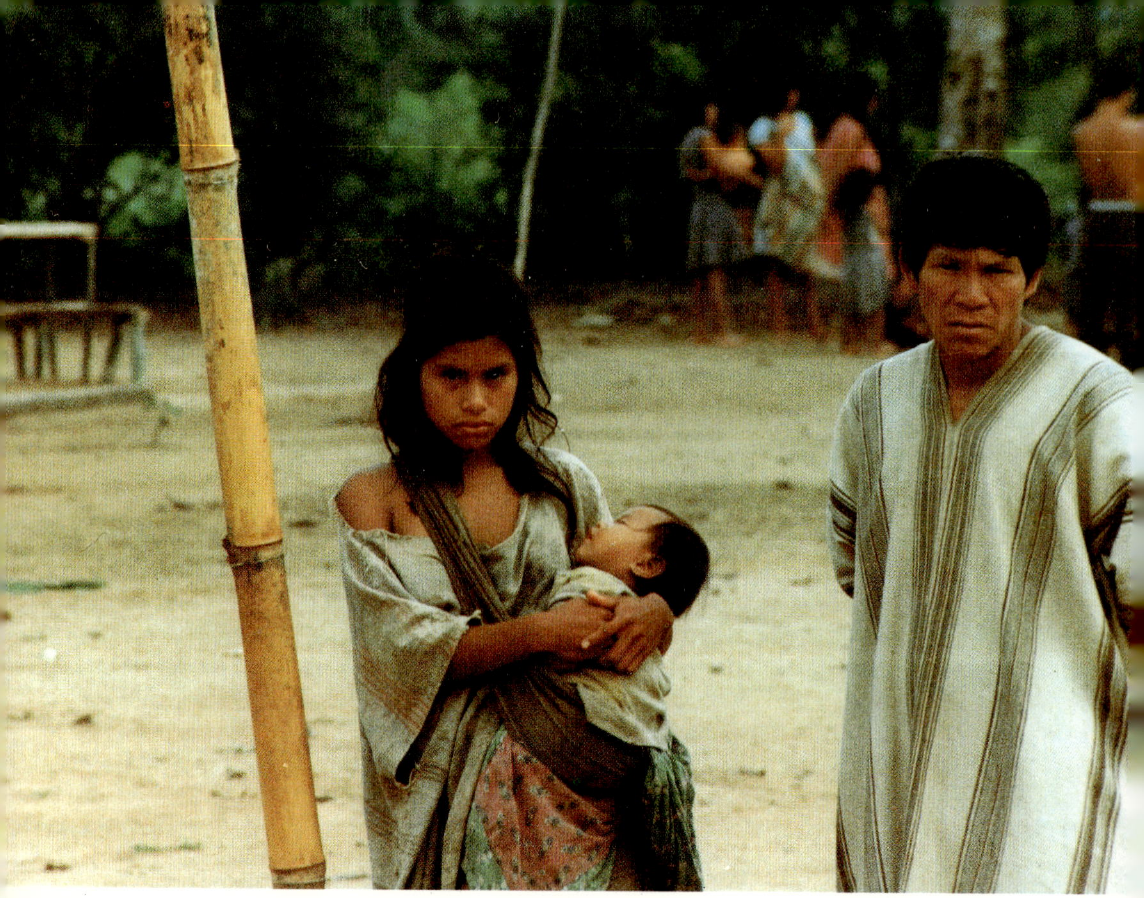

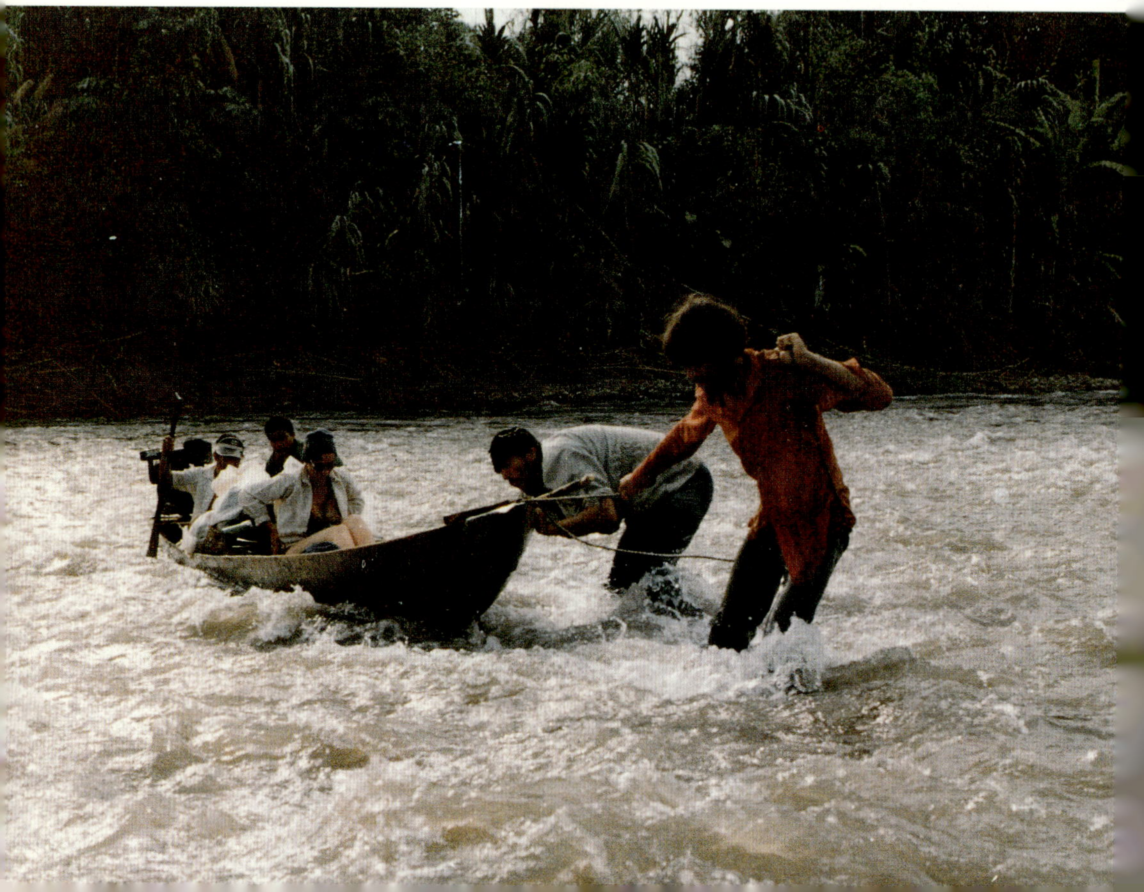

Gregor Frechen
AUCH IM URWALD KANN ES KALT WERDEN

Die beiden Einbäume gleiten am steilen Hangufer entlang, welches das reißende Wasser des Rio Urubamba auch in dieser Flußkrümmung ausgewaschen hat. Fasziniert beobachten wir auf der gegenüberliegenden Sandbank eine kleine Gruppe der storchenähnlichen Jabirus und einige Löffler, deren rosarotes Gefieder von der tiefstehenden Sonne angestrahlt wird. Graziös schreiten sie wie im Zeitlupentempo am Wasser entlang. Noch lassen wir uns nach einigen Tagen im Urwald zu sehr von schönen Bildern, von Stimmungen beeindrucken und achten zuwenig auf Geräusche, die eine nahe Gefahr ankündigen können. Die Indianer, die uns begleiten, sehen ihn zuerst: »El tigre«, den Jaguar. Die größte Raubkatze der Amazonas-Urwälder springt in unserem Rücken mit einem riesigen Satz vom hohen Ufer ans Wasser. Wie gelähmt sehen wir das Tier mit einer großen Echse wieder im dichten Unterholz verschwinden. »Da habt ihr aber Glück gehabt«, meint Señor Maulhardt, der diese Tour für uns organisiert hat. Er muß es wissen, denn er lebt seit 20 Jahren in Pucallpa, einer kleinen Stadt 800 Kilometer östlich von Lima, die bereits tief im peruanischen Urwald liegt. Und einen Jaguar hat er bisher nur zweimal gesehen. Von einem kleinen Bungalow-Hotel aus führt der Augsburger abenteuerhungrige Gäste in den Urwald Perus. Wir, meine Frau und ich sowie vier weitere Deutsche, waren vor einigen Tagen von Lima über die Anden nach Pucallpa geflogen. Eine kleine Transportmaschine brachte uns dann noch einmal 500 Kilometer weiter südlich in das Indianerdorf Carpintero. Die Einsamkeit umfing uns schon auf diesem Flug, denn der grüne Waldteppich schien endlos, nur unterbrochen von den breiten gewundenen Flußläufen des Rio Ucayali und später des Rio Urubamba mit ihren unzähligen Seitenarmen. Über 6000 Kilometer weit erstrecken sich diese Wälder bis zum Atlantik. Hier gelten andere, für uns ungewohnte Gesetze, nämlich die, die der Wald und die Natur vorschreiben. Wir sollten noch erfahren, daß nur überlebt, wer sich diesen Gesetzen beugt und wer seine eigenen Fähigkeiten richtig einschätzt.

Fahrschule im Einbaum

So sitzen wir im Augenblick in den beiden Einbäumen; das Flußwasser plätschert eine Handbreit unter den Bootsrändern. Nur wenn die Boote tief im Wasser liegen, sind sie manövrierfähig.

Oben: In einem Dorf der Machiguenga-Indianer. Alle tragen die schmucklose Cushma, eine Art Tunika.
Unten: Schon in ruhigem Wasser sind Einbäume nicht leicht zu steuern und zu bewegen, geschweige denn in reißender Strömung. Fotos Frechen

Es dauert Tage, bis wir gelernt haben, uns nach Absprache und immer gleichzeitig zu bewegen, so daß das Boot nicht schaukelt. Trotzdem findet manche Welle den Weg ins Boot. An ständig nasse Schuhe und Hosenbeine gewöhnen wir uns schnell. Unser Gepäck, ein Zelt, einen Rucksack mit Schlafmatte je Person, ein Benzinfaß, Gewehr, Küchenkiste, Batterie und Funkgeräte haben wir in Plastiksäcke verpackt. Kleine 7-PS-Motoren mit Schrauben an langen, flach angeflanschten Wellen treiben die Boote im ausreichend tiefen Wasser an. In den ersten Tagen ist alles sehr idyllisch: Sonne, Wärme, kein Regen und ein sanfter Rio Picha, auf dem wir schnell vorankommen. Wir fangen Piranhas, die nur in Filmen oder nach längerer Zeit ohne Nahrung zu reißenden Bestien werden. Kaimane sehen wir in großer Zahl, doch auch sie sind ungefährlich. Zumindest meinen das die drei Indianer, die uns begleiten. Gewisse Bedenken bleiben, sind wir doch von zu Hause nur Katzen und Hunde gewöhnt.

Vor allem in den Nächten, die hier, nur wenig südlich des Äquators, exakt zwölf Stunden dauern, spielt uns die Phantasie manchen Streich. In den Stunden der Dämmerung werden Schattenumrisse der Bäume zu Gestalten; die Geräusche sind so laut und aufdringlich, daß wir ständig mit Überraschungen rechnen. Die dünnen Häute der Zelte tragen nicht gerade dazu bei, unseren Mut zu heben. So vermischen sich die Geräusche des strömenden Wassers, die Schreie der Vögel und das Gezirpe der Insekten zu einer bedrückenden Traumwelt, in der wir nur schwer einschlafen können.

Der Nebelwald

Doch um so schöner ist das Erwachen am frühen Morgen, wenn dicke Nebelschwaden über dem Fluß und dem verfilzten Wald schweben. Wir begreifen, warum die Indianer voller Ehrfurcht vom Nebelwald sprechen. Die Sonne vertreibt den Nebel, ein warmer Tee mobilisiert die Lebensgeister. Die Temperaturen empfinden wir als angenehm: sie schwanken tagsüber und in der Nacht um 30°C. Gewöhnen müssen wir uns aber an die hohe Luftfeuchtigkeit mit Werten zwischen 80% und 100%. Streichhölzer versagen, weil der Phosphorkopf aufgeweicht wird, und die Zelte sind nur eine halbe Stunde nach Sonnenuntergang so naß, als ob es in Strömen geregnet hätte. Ohne Sonne trocknet tagsüber nichts. Um uns eben von der Sonne verwöhnen zu lassen, haben wir die Monate Mai und Juni für unsere Tour ausgesucht. Die Regenzeit, die von Dezember bis März dauert, ist vorüber, doch die Flüsse führen noch so viel Wasser, daß sie gut zu befahren sind. In den Sommermonaten trocknen trotz gelegentlicher Gewitterregen sehr viele Flußläufe aus. Sie gleichen dann, vor allem in den Ausläufern der Anden, mehr einem Geröllhang als einem tropischen Gewässer.

Zwei Tagesreisen südlich von Carpintero folgen wir dem Rio Alto Picha, der hier in den Rio Urubamba mündet. Unser Ziel ist der in Luftlinie 150 Kilometer weit entfernte Gebirgszug der Cordillera Vilcabamba, in dem der Fluß entspringt. Die Berge sind unbesiedelt und ungenügend kartographiert, so daß wir nur über unzureichende Karten verfügen. Vom Flugzeug aus sollen in einer engen Schlucht Ruinen entdeckt worden sein; wir wollen versuchen, sie zu finden.

Bei den Indianern

Hier unten am Fluß leben noch Indianer; in diesem Gebiet sollen es ungefähr 10 000 Machiguengas sein. Sie wohnen in kleinen Familiengruppen zusammen und bilden nur selten größere Siedlungen. Wir treffen auf eines dieser wenigen Dörfer, das hoch oben auf der steilen Uferböschung liegt: Puerto Huallana. Das ganze Dorf empfängt uns: alle gekleidet

Die Machiguengas bilden nur wenige größere Siedlungen wie hier. Meistens leben sie nur in kleinen Familiengruppen zusammen. Die moderne Zivilisation hat hier noch nicht richtig Einzug gehalten. Foto Frechen

in »Cushmas«, braunen, fast schmucklosen Gewändern, die wie eine Tunika von den Schultern bis zum Boden reichen. Oberhemden, Jeans oder ähnliche Markenzeichen der Zivilisation sehen wir kaum. Zu abgelegen ist dieses Gebiet bereits.

So haben sich hier auch keine Sprachforscher oder Missionare niedergelassen, die den Machiguengas auf ihrem Weg in eine neue Zeit helfen wollen. Diese Indianer legen keine Vorräte an. Sie leben von dem, was ihnen Fluß und Wald bieten. Aus dem Fluß holen sie an größeren Fischen nur den Wels; im Wald sind Affen die häufigsten Fleischspender, Tapire und Wildschweine werden selten erlegt. Dazu kommen Früchte wie Papayas und Bananen sowie Yucca, das häufigste Nahrungsmittel. Diese Wurzel wird gekocht und sättigt ungemein, schmeckt aber nur bei knurrendem Magen.

Die Indianer sind freundlich, aber zurückhaltend. Wir fühlen, daß wir als Gäste, die sich selbst versorgen, willkommen sind, sonst hier aber nicht hingehören. Die alten Männer strahlen eine starke Persönlichkeit aus und halten mit ihrer unbestrittenen Autorität die Dorfgemeinschaft zusammen. Ihre Gesichter sind zerfurcht und faltig. Anscheinend ohne jede Gefühlsregung schauen sie zu, wie wir unsere praktischen Rucksäcke entleeren, Filme sortieren und regendichte Anoraks zum Trocknen aufhängen. Doch ein wenig hilflos kommen wir uns unter ihren Blicken schon manchmal vor.

Wir schlafen in einem sogenannten Gästehaus, das Durchreisenden zur Verfügung steht. Wie die Einheimischen liegen wir auf einer Plattform, etwa einen Meter über dem Boden, nur durch ein Dach aus dichtem Blätterwerk gegen Regen geschützt. In der Nacht wird es entgegen aller klimatischen Regeln so kühl, daß die Indianer sich vors offene Feuer hocken. Doch am Morgen sorgt die Sonne schnell wieder für Wärme; versorgt mit Yucca und fade schmeckenden Kochbananen geht's dann bald weiter flußauf. In zwei, drei oder vier Tagen wollen wir das nächste Dorf, Mayappo, erreichen. Die Reisezeit hängt von der Strömung des Flusses und vom Wetter ab. Die Zeit spielt hier in den kleinen Einheiten »Stunde« und »Tag« keine so bedeutende Rolle, wichtig sind nur die Regenzeit und die regenarmen Monate. So fahren wir los, wenigstens mit der beruhigenden Sicherheit, daß es das Dorf Mayappo gibt. Der Fluß wird wilder: Die Strömung nimmt zu, die bewaldeten Ufer sind nicht mehr so weit voneinander entfernt. Der Wald ist mittlerweile so dicht, daß man nur noch mit der Machete vorankommt. Hier stehen noch die Urwaldriesen, die an den leichter befahrbaren Flüssen bereits herausgeschlagen wurden und einem Sekundärwald Platz gemacht haben.

Arriva, arriva!

Auf dem dicht bewaldeten Teil einer Insel schlagen wir unsere Zelte auf. Wie immer geht der Abend an einem romantischen Lagerfeuer zu Ende. Die Boote sind fest vertäut. Wir schlafen nur kurz, denn bald toben Gewitter, wie man sie in Deutschland nur selten erlebt. Der Regen ist so stark, daß sich die Zeltwände nach innen durchbeulen und wir bald im Wasser liegen. Als uns die Indianer plötzlich laut schreiend mit einem »Arriva, arriva« aus den Zelten jagen, begreifen wir, daß der Fluß rasend schnell steigt. In der Morgendämmerung sehen wir hinter den Zelten tosendes Wasser. Am Abend zuvor war da noch ein ausgetrockneter Seitenarm gewesen. Das Wasser steigt so schnell, daß wir unsere Sachen ungeordnet in die Boote werfen, und als durch einen Stau im Hauptfluß das Wasser auch durchs Unterholz über den höchsten Punkt der Insel schießt, reißen wir die Zelte einfach aus dem sandigen Boden. Wir ziehen uns an Ästen in den Wald hinein, um die Boote zwischen den Stämmen zu verkanten. So vermeiden wir ein Abtreiben und Kollidieren mit den rieseigen, umgerissenen Baumstämmen, die jetzt im Fluß treiben. Innerhalb von einer Stunde stieg der Fluß um beinahe 4 Meter. Schon früher hatten wir von schnell steigenden Flüssen gehört, doch viele Dinge glaubt man erst, wenn man sie selbst erlebt hat. Der Himmel ist jetzt verhangen, und kühl ist es auch. Zum Glück sind wir bald in Mayappo.

Die Indianer, auch hier Machiguengas, empfangen uns mit großen Augen; von ihnen ist bei solchem Wetter nämlich keiner unterwegs. Bei nur spärlichem Sonnenschein müssen wir in den nächsten beiden Tagen unsere Sachen über dem Feuer trocknen. Das erfordert ebenso viel Geduld wie das Angeln im Fluß.

Und wenn was passiert?

Das eigentliche Abenteuer beginnt erst jetzt. Von Mayappo wollen wir noch etwa 80 Kilometer flußaufwärts bis in die Cordillera Vilcabamba vordringen; von

Oben: Die älteren Männer der Machiguengas sind starke Persönlichkeiten und strahlen eine natürliche Autorität aus.
Unten: Indianerfrauen beim Kochen und Spinnen. Die Schlafplätze liegen erhöht einen Meter über dem Boden. Nachts kann es so kalt werden, daß ein Feuer wohltut. Fotos Frechen

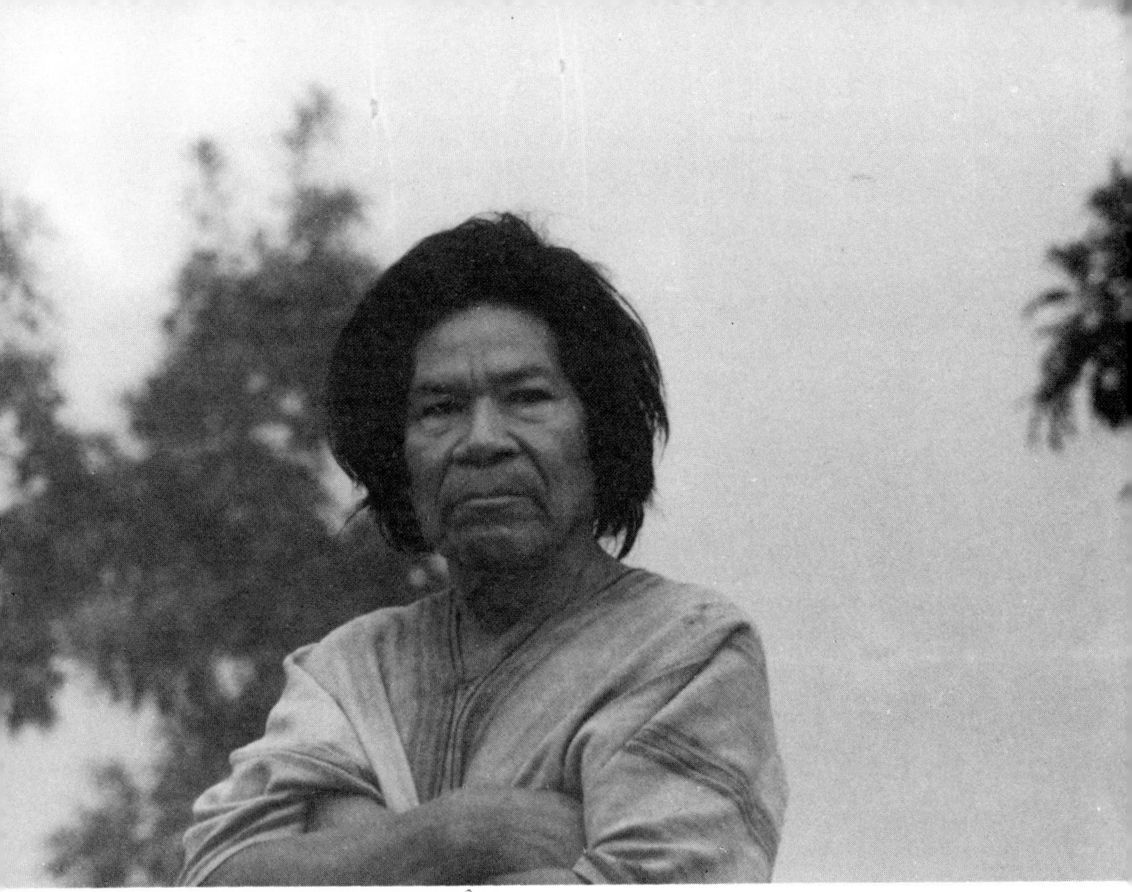

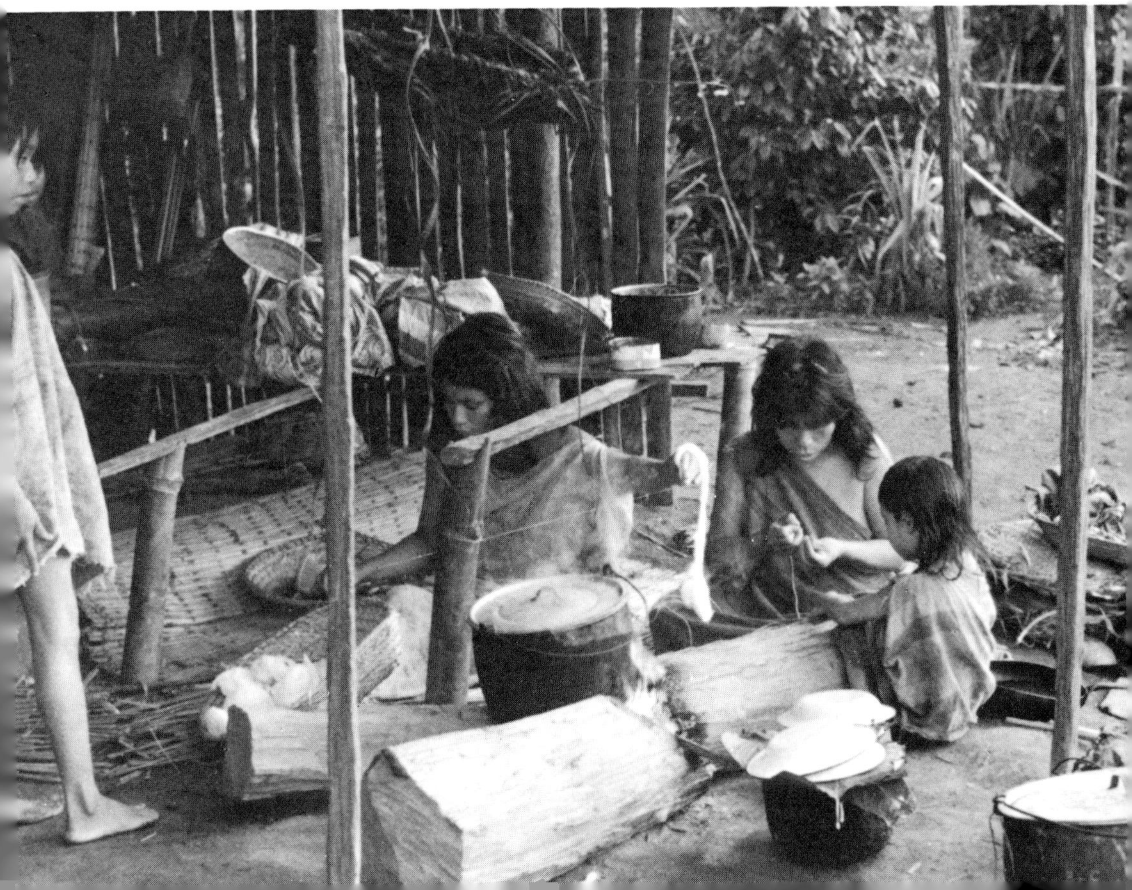

nun an sind wir auf uns allein angewiesen. In den Wäldern südlich von Mayappo leben keine Menschen mehr. Nur Jäger durchstreifen auf der Suche nach Wildschweinen und Tapiren den Urwald, folgen dabei aber meist den Flüssen.

Oberhalb Mayappo wird der Rio Alto Picha immer unberechenbarer – noch schaffen es die kleinen Motoren, doch an flachen Stromschnellen müssen wir alle ins Wasser und die Boote ziehen. »Hoffentlich sinkt das Wasser nicht noch weiter«, meint Heinrich Maulhardt, »dann sitzen wir fest.« Der Flußgrund ist mit immer größeren Steinen bedeckt, die im erdbraunen Wasser nicht zu sehen sind.

Welse sind die einzigen Fische, welche die Indianer aus dem Fluß ziehen. Die Fische kommen in sehr trübem Wasser vor. Die langen Barteln deuten darauf hin. Foto Frechen

Wir tragen Schuhe beim Ziehen der Boote, um Verletzungen zu vermeiden, denn immer wieder rutschen die Füße von den glitschigen Steinen ab. Manchmal sitzen wir wie in einem Schraubstock fest und müssen darauf achten, daß uns das Boot und die starke Strömung nicht mitreißen. Zum Glück ist das Wasser warm, nur der Himmel hat mittlerweile deutsche Grauwerte angenommen. Das Fortkommen wird immer anstrengender; wir ziehen nur noch, an Fahren ist nicht mehr zu denken.

Nach zwei Tagen erreichen wir einen sehr schönen Rastplatz, der von einem wilden Zitronenbaum überragt wird. Die Vitamine frischen unsere Lebensgeister auf. Es regnet jetzt immer häufiger, unsere Sachen trocknen nur noch zum Teil. Doch wir wollen weiter; das Abenteuer reizt, und Angst hat eigenartigerweise keiner. Niemand weiß aber, wie es uns im Notfall gelingen sollte, einen Verletzten zurückzubringen. Das wäre nur auf einem Boot möglich und später vielleicht

mit einem Hubschrauber. Aber unangenehme Gedanken verdrängen wir eben; wir sind ziemlich sicher, daß nichts passieren wird. Die meist schlechte Verbindung über ein Funkgerät zeigt uns zwar, daß wir auf dieser Welt nicht allein sind, doch der Wert dieser Verbindung liegt wohl darin, daß sie uns aufmuntert.
Am nächsten Tag marschieren wir zu Fuß weiter. Jeder mit seinem Rucksack auf dem Rücken und einem kleinen Teil der Nahrungsmittel. Zwei Indianer bleiben mit einem Boot auf dem Fluß; sie bewegen es, indem sie mit 3 Meter langen Stangen aus wildem Rohr vorwärtsstaken. Das zweite Boot bleibt zurück. So geht es langsam flußaufwärts.

Weiter zu Fuß

Zu Anfang versuchen wir »Fußgänger«, uns an den Prallhängen des Flusses einen Pfad durch den Wald zu schlagen, um dauernd nasse Füße zu vermeiden. Doch die Anstrengung ist bei der hohen Luftfeuchtigkeit einfach zu groß. Die Hänge sind steil und glitschig, das Unterholz dicht. Dornenbesetzte Baumstämme ritzen die Haut auf, und selbst eine Schuhsohle ist für manche Dornen kein Hindernis. Auch kleine Verletzungen sind in der feuchten Urwaldluft nicht ungefährlich, weil sie kaum heilen und zu Blutvergiftungen führen können. Eine andere Gefahr im dichten Unterholz ist der Buschmeister, eine Grubenotter, deren gewebszersetzendes Gift in vielen Fällen tödlich ist. Wir fühlen uns zwar sicher in unseren dicken Schuhen, müssen uns aber belehren lassen, daß eine aufgerichtete Grubenotter meist in die Wade beißt. Die meisten Unfälle ereignen sich in den Morgenstunden, weil die Schlangen, von der Nachtkühle zum Teil noch bewegungsunfähig, nicht fliehen können. Die alltäglichen Gefahren rechts und links des Weges verscheuchen die Schlangenangst, zum Beispiel Ameisen- und Wespennester. Mit unserer unglaublichen Geschicklichkeit im Umgang mit den Macheten gelingt es uns, ein Wespennest genau in der Mitte zu teilen. Ein Indianer wird von acht Wespen erwischt und weist uns anschließend wohlwollend darauf hin, daß doch er besser die Führung übernehmen solle, weil er mit weniger Eifer, dafür aber mit mehr Überlegung und Erfahrung ans Werk gehe. Etwas zerschunden und wieder auf dem Boden der Tatsachen halten wir uns nun an den Flußlauf, denn die nassen Füße sind doch bei weitem das geringere Übel.

Erfolglose Selbstversorger

Das Boot setzt uns immer dann über den Fluß, wenn das Wasser zu tief zum Durchwaten war. Die Strömung ist mittlerweile so stark, daß wir uns selbst bei einer Wassertiefe von einem halben Meter nicht mehr auf den Beinen halten können. Das Schicksal schlägt dann plötzlich zu: Das Boot bleibt an einem großen Stein hängen, wird zur Seite gedrückt, läuft voll Wasser und schlägt um. Der ganze Inhalt, vor allem unsere »Küche«, verschwindet im trüben Wasser. Keiner kommt zu Schaden, doch der Schrecken ist groß. Nun wird ein Jugendtraum Wirklichkeit: Wir haben kaum noch etwas zum Essen, ausgenommen natürlich die schmackhaften, grünen Kochbananen, die mehligen Yuccawurzeln und einige wenige Dosen mit gesalzener Butter und Corned Beef. Wir müssen nun mit dem auskommen, was uns der Fluß und der Wald bieten, der hier sehr tierreich sein soll.
Doch in den nächsten Tagen gibt der Fluß nichts her. Auch der Versuch, einen Tapir zu erlegen, schlägt fehl. Er hätte uns mit genügend Fleisch versorgt. Ein zäher Nieselregen setzt ein, der über einen stundenlangen Landregen in einen Wolkenbruch übergeht. Die Wolken hängen tief. Wir sind ebenso wie unsere Sachen vollkommen durchnäßt. Plötzlich

wird es kälter; die Temperatur fällt auf 18° C. Wir frieren und wärmen uns nur mühsam an Lagerfeuern aus nassem Holz. Wie durch ein Wunder gelingt es den Indianern immer wieder, Holz zu finden, das außen naß, innen aber pulvertrocken ist. Allein wären wir jetzt ziemlich hilflos. In den kurzen Regenpausen gehen die Indianer auf Jagd, zwei Tage lang ohne Erfolg – sie sind ratlos. Sie schießen zwar einige Vögel, die immerhin etwas Fleisch und eine Suppe liefern. Dazu reichern wir unseren Speiseplan mit Bananen und Yucca an. Gekocht oder geröstet, sie schmecken immer besser. Der Wald ist unheimlich still geworden, selbst die Dämmerung lebt nicht mehr. Es sind keine Tiere mehr da. Wir finden nur noch Spuren von Tapir, Wasserschwein oder Ozelot. Selbst Vögel zeigen sich nur noch vereinzelt, von Affen ganz zu schweigen. Das ist eine Folge des »Kälteeinbruchs«, der im Monat August für eine Woche üblich ist; jetzt, Ende Mai, ist er aber viel zu früh und zu ausgeprägt. »Kalte Winde aus Patagonien wehen am Osthang der Anden bis in die Nähe des Äquators«, muntert uns Señor Maulhardt auf, »mit zum Teil katastrophalen Folgen für die Tierwelt.« Vor einigen Jahren wurden in Pucallpa an zwei Tagen nur 8° C gemessen. Unzählige Tiere sind damals an Unterkühlung eingegangen. Uns reichen 18° C schon.

Umkehr vor dem Ziel – und doch zufrieden

Wir verzichten darauf, die nahe Schlucht aufzusuchen, in der sich vielleicht Ruinen befinden. Der Fluß ist hier zu reißend, und unsere Kräfte lassen spürbar nach. Die ständige Nässe, in der nichts mehr trocknet, wird unerträglich, und die Gefahr wächst, daß sich jemand erkältet. Wir verteilen uns auf ein Boot und ein Floß aus Balsaholz und rumpeln so flußab. Die Fahrt ist schnell und nicht ungefährlich, wenn wir ganz knapp an riesigen Felsbrocken vorbeirutschen. Mit den langen Rohrstangen werden Boot und Floß gesteuert. Wir kentern mehrmals, doch Wasser schreckt uns nicht mehr.

Zwei Tage später holt uns das Glück ein, zumindest aus unserer hungrigen Perspektive. Die Indianer erlegen zwei Affen. Trotz ihres menschenähnlichen Aussehens ist der Hunger stärker als alle Grundsätze. Uns stört auch eine Suppe wenig, die aus Händen, Füßen und Kopf ausgekocht wurde.

Der letzte Teil der Reise an den Orten Mayappo und Puerto Huallana vorbei wird zu einer gemütlichen Kaffeefahrt. Trotz einer Blutvergiftung am Knie, hervorgerufen durch einen vereiterten Mückenstich und behandelt mit Penizillin, genieße ich die Sonnenstrahlen, die das Flußwasser in ein gleißendes Licht tauchen. In den Dörfern können wir Fleisch und Yucca kaufen. Aus den Blättern der »Hierba luisa«, einem Gras, kochen wir uns Tee. Wir sind zufrieden und glücklich, obwohl wir unser eigentliches Ziel nicht erreicht haben. Aber den Reiz einer solchen Reise bilden eben die Überraschungen, die uns die ungebändigte Natur bereitet. Es ist kein Haus da zum Schutz gegen Regen und Kälte, auch keine trockene Wäsche mehr nach tagelangem Regen. Man muß sich den Herausforderungen stellen. Wir fühlten uns etwas freier nach diese Reise und sahen viele Probleme, die uns in Deutschland täglich beschäftigen, mit anderen Augen. Und manche erschienen plötzlich nicht mehr so wichtig.

Claus Militz
ABENTEUER IM ALLTAG
Einmal rund um die Uhr bei der Feuerwehr

Oft sehen wir – gottlob meist als Zaungäste und nicht als Betroffene – die Fahrzeuge der Feuerwehr mit Blaulicht und Martinshorn vorbeigewittern. Manchmal ist ihr Einsatzort in der Nähe, und wir bekommen die Lösch- oder Rettungsarbeiten sogar hautnah mit. Doch in der Regel bleibt man Außenstehender – der Blick hinter die Kulissen ist verwehrt. Diesen Blick wollte ich schon lange riskieren; denn die Feuerwehr hat mich seit jeher fasziniert. Das fing damit an, daß ich als kleiner Junge stolz bei einem der vielen Brände in den Ziegeleien am linken Niederrhein das Staurohr mithalten durfte. Besonders hat mich immer interessiert, ob diese Männer, die nicht selten den eigenen Kopf hinhalten, um den anderer zu retten, heimliche Abenteurer sind oder auch nur Bürger wie wir alle, obwohl sie einem nicht ganz alltäglichen Beruf nachgehen.
Um Antwort auf meine Fragen zu finden, bin ich jetzt mit Kamera und Tonbandgerät in Richtung Hamburg unterwegs. Während einer kompletten Dienstwache bei der Hamburger Feuerwehr will ich sehen, was sich da so tut.
Gerade passiere ich zu früher Morgenstunde die Niederelbe. Über dem Wasser liegt leichter Dunst, den die Sonne sicher bald aufsaugen wird, denn der Wetterbericht sagt gutes Wetter voraus. Auf den Straßen Hamburgs herrscht bereits reger Verkehr. Ich fahre in Richtung Berliner Tor, um die Feuerwache 22 zu erreichen.

Hier hat man mich für meine »Dienstzeit« untergebracht, weil immer etwas los ist, wie mir versichert wurde.
Dienstbeginn ist um 7.00 Uhr – und entsprechend früh habe ich mich, aus dem Ruhrgebiet kommend, bereits auf den Weg machen müssen. Das wird ein langer 24-Stunden-Tag werden! Bevor ich in den Hof des alten Gebäudes mit seiner Backsteinfassade einbiege, überzeuge ich mich noch einmal, ob meine wichtigsten Ausrüstungsgegenstände, einmal abgesehen von der Kamera, auch wirklich vorhanden sind: Ohne Helm, schwarzen Ledermantel als feuerfeste Bekleidung und Sicherheitsschuhe würde man mich bei den Einsätzen nicht mitfahren lassen. Das ist Vorschrift und Bestandteil des Vertrages, den ich mit der Feuerwehr geschlossen habe.
Alles da – es kann losgehen! Doch zunächst einmal hält eine rote Schranke meinen Tatendrang auf. Gesichtskontrolle – Ausweis. Der Kollege in der Pförtnerloge ist bereits von meinem Eintreffen unterrichtet und empfiehlt mir Eile, damit ich zum Dienstantritt noch zurechtkomme: »Nun machen Sie man hin! Sonst kriegen Sie den Dienstantritt nicht mehr mit«, bedeutet er mir in freundlicher Hamburger Art. »Fahren Sie gleich rechts um die Ecke; dort können Sie Ihr Auto lassen. Dann gehen Sie die Treppe hier vorne rauf und kommen im ersten Stock direkt gegenüber dem Treppenaufgang in das Büro des Wachhabenden, der

auch den C-Dienst macht. Das ist Charlie Möller. Er wird sich um Sie kümmern.«

Der Dienst beginnt

Im Büro der ersten Etage sitzt wirklich, wie versprochen, Werner »Charlie« Möller, ein altgedienter und verdienter Brandamtsrat. Genau drei Minuten vor 7.00 Uhr. »So – Sie sind also der Fotograf, der uns heute auf die Finger gucken will. Dann stellen Sie man erst fix Ihr Gepäck hier in die Ecke und kommen Sie mit mir runter in die Fahrzeughalle. Dort wird angetreten.« Das kenne ich schon von Besuchen bei der Berufsfeuerwehr in Düsseldorf. Bei Dienstbeginn tritt die gesamte Wachmannschaft, in einer ordentlichen Reihe an. Krawatten – schwarze sind Vorschrift – werden kurz vorher auf ihren Sitz überprüft, blinkende Metallknöpfe geschlossen und der Sitz der Haare unter der Schirmmütze noch ein letztes Mal kontrolliert, bevor der Wachführer kommt. Anwesenheitsliste und Dienstplan für den betreffenden Tag werden verlesen. Ein jeder wird aufgerufen und meldet sich. Auch der Gast – wie ich.

Nach Abfragen der Personalliste wird verlesen, wie die Mannschaften für die einzelnen Fahrzeuge eingeteilt ist. Da gibt es das Löschfahrzeug LF, eine Art Gerätewagen mit Mannschaft, das Löschfahrzeug TLF mit Wasser- und Trockenpulver-Tank, vielen Geräten und Mannschaft, das Drehleiter-Fahrzeug, kurz DL genannt, und andere, für bestimmte Einsätze vorgesehene Feuerwehr-Fahrzeuge.

Feuerwehrmann – kein fauler Job

Für den Augenblick sind die Männer und ich entlassen. Wachführer Möller nimmt mich unter seine Fittiche, um mir die Örtlichkeiten zu zeigen und zu erklären. Wache 22 ist ein ziemlich großer Komplex. Da gibt es außer der Fahrzeughalle mit den Toren zum Hof und nach außen, die sich bei Alarm automatisch öffnen, Aufenthaltsräume für die Wachbesatzung, Freizeiträume, Schlafräume, Küche, Büros, Werkstätten, Fotoarchiv, Waschhallen und wer weiß, was sonst noch alles. Ich erfahre, daß die Hamburger Feuerwehr jährlich mit ihren Fahrzeugen im Durchschnitt drei bis vier Millionen Kilometer zurücklegt, daß allein die Zahl der Brandeinsätze durchschnittlich 6000 bis 8000 beträgt und die Zahl aller Einsätze im Jahresdurchschnitt bei über 200 000 liegt! Das alles wird von fast 6000 Feuerwehrleuten im Einsatz rund um die Uhr bewältigt. Sie sind in 19 Feuerwehrwachen, die sich über die ganze Stadt verteilen, untergebracht. Für alle Hilfsmaßnahmen und den Unterhalt einer derart großen Organisation zahlt der Steuerzahler im Jahr etwa 120 Millionen Mark.

»So – jetzt lasse ich Sie mal in Ruhe. Um 9.30 Uhr gibt es eine Tasse Kaffee im Aufenthaltsraum, da kommen Sie dann auch hin. Übrigens: sollte das Alarmsignal inzwischen kommen, laufen Sie so schnell es geht die Treppe runter zu unserem Einsatzfahrzeug. Bitte Beeilung – wir können leider nicht lange auf Sie warten! Seh' Sie also später.« Herr Möller entschwindet in Richtung Büro.

Das zeigt mir, daß der Dienst hier wirklich Dienst ist und nicht nur ein Warten auf mögliche Einsätze. Es gibt für jeden zwischen den Einsätzen bestimmte Aufgaben. Wer nicht Verwaltungsdienst macht wie Herr Möller, geht anderen Beschäftigungen nach. Nicht umsonst

Bei Wohnungsbränden gilt es schnell handeln: Schutzmasken anziehen, Menschen retten, größere Schäden verhüten. Foto Süddeutscher Verlag/Städt. Branddirektion München

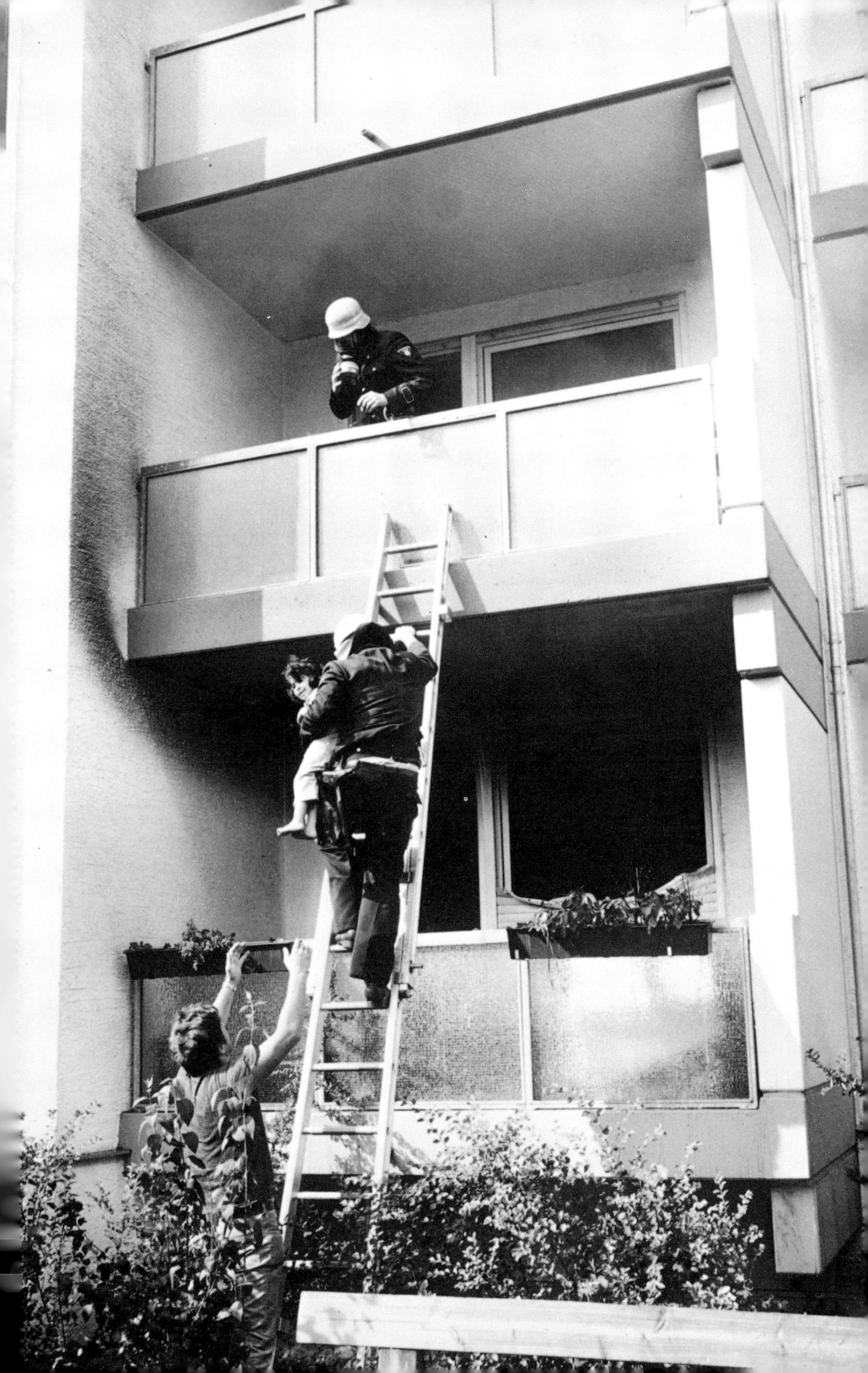

sind die meisten Feuerwehrleute Handwerker mit solider Grundausbildung. Die Skala reicht vom Schlosser über den Zimmermann bis zum Elektriker oder Installateur.

Und Arbeit gibt es während eines Tages auf Wache auch ohne Einsätze genug. Da werden Geräte überprüft und repariert, Funkproben abgehalten, Fahrzeuge gewaschen und dergleichen mehr. Wenn es gar nichts zu tun geben sollte, stehen immer noch Schulungen und Übungen an, damit keiner etwas verlernt. Alle müssen in Übung bleiben. Erste Hilfe, Umgang mit Geräten verschiedenster Art, vorbeugender Brandschutz, Normierung von Schläuchen und Material, verschiedene Arten von Löschmitteln, Vorgehen bei bestimmten Bränden, Atemschutz, Funkdienst – die Themen nehmen kein Ende und erscheinen immer auf dem Dienstplan. Und schließlich muß der Feuerwehrmann auch körperlich fit sein. Der tägliche Dienstsport mit Gymnastik, Laufen oder Ballspielen sorgt dafür.

All das erfahre ich durch den geduldigen Vortrag von Charlie Möller im Aufenthaltsraum, während wir unseren Kaffee schlürfen. Die gesamte Wachbesatzung hat sich eingefunden. Passiert ist bisher nichts. Natürlich sitze ich etwas unruhig auf »einer Backe« und warte darauf, daß es endlich bimmelt. Die Ausrüstung nebst Kamera ist bereits im Dienstauto verstaut. Charlie Möller hat mich nicht auf ein Löschfahrzeug gesetzt, sondern für den C-Dienst in seinem Einsatzfahrzeug eingeteilt. Ich erfahre, daß im C-Dienst immer ein Beamter mit höherem Rang ein größeres Einsatzgebiet kontrolliert als die Wache, auf der er Dienst tut. Er leitet also nicht nur Einsätze der 22er, sondern auch die anderer Feuerwehrbezirke. So ist für mich die Wahrscheinlichkeit größer, mehr Einsätze mitzubekommen. »Na, hoffentlich kriege ich überhaupt was zu sehen«, denke ich gerade, da kommt der erste Alarm.

10.00 Uhr – Hamburg-Sasen, Wohnsiedlung

Alarm für den C-Dienst. Ein Dachstuhl in Hamburg-Sasen steht in hellen Flammen. Einfamilien-Reihenhaus.

»Nu mal los«, meint Charlie Möller, während wir schon in Richtung Fahrzeughalle laufen. »Sie scheinen tatsächlich Glück zu haben – gleich 'ne dicke Sache. Jetzt aber schnell – wir haben Y-Signal.« Im Höchsttempo flitzen wir die Treppen runter und springen ins Auto, das bereits mit laufendem Motor im mittlerweile offenen Tor auf uns wartet. Jochen Wievelspütz, Fahrer für diesen Tag, sitzt mit unternehmungslustig blitzenden Augen hinter dem Steuer. Und los geht's mit Blaulicht und Martinshorn.

Im Wagen erfahre ich, daß »Y-Signal« im internen Funkcode der Hamburger Feuerwehr »Menschenleben in Gefahr« bedeutet. Darum die Hektik!

Alarmfahrten im Einsatz sind eine eigene Sache. Die ersten Ausflüge dieser Art habe ich in Düsseldorf im Rettungstransportwagen erlebt und mich krampfhaft festhalten müssen. Die Autoschlange, die im ersten Moment unüberwindlich scheint, weicht vor uns auseinander wie eine Horde Lämmer vor dem Leithammel. Geht gar nichts mehr, so fahren die Fahrzeuge im Alarm auch über Busspuren und entgegen der Richtung von Einbahnstraßen. Diese »Krönung« veranlaßt einen Unerfahrenen meist dazu, vor Schreck die Augen zuzukneifen. Ich hingegen fühle mich schon als alter Hase und mache ein betont gleichgültiges Gesicht, als der Fahrer einen prüfenden Blick über den Rückspiegel zu mir schickt. Ich grinse ihn an. Sein Kommentar »... wohl schon öfter bei der Feuerwehr mitgefahren, was?« kommt mir vor, als hätte ich einen Orden bekommen.

Im Funk läuft die Nachricht ein, daß keine unmittelbare Lebensgefahr für An- und Einwohner mehr besteht. Die Stimmung im Wagen wird etwas gelöster.

Währenddessen haben wir die Peripherie in Richtung Norden passiert und sind auf die Bramfelder Chaussee in Richtung Sasen eingebogen. Dort liegt der Einsatzort. Zuständig für den Einsatz sind die 24er – Sie sind bereits da und gehen gegen den Brand vor. Ein Angriffstrupp hat sich das Dach erobert und deckt an mehreren Stellen ab. Die Pfannen knallen auf die Terrasse. Ich staune: Sogar ein friedliches Einfamilienhaus kann zum flammenden Inferno werden. Schaudernd betrachte ich den armen, ehemals gepflegten Vorgarten, in dem nicht nur ich mit meinen klobigen Schuhen herumtrample.

Im Augenblick bin ich mir überlassen – Charlie Möller ist irgendwo im Haus, aus dem ein Gewirr von Schläuchen rauskommt – und habe Zeit, das Szenario ruhig zu beobachten. Feuerwehrleute

Jeder Einsatz stellt die Feuerwehr vor neue Probleme. Deswegen muß man bei der Feuerwehr Köpfchen haben, und schwindelfrei sollte man unbedingt sein... Foto Bavaria/ GEWE

hocken bereits mit einem Staurohr auf dem Dach und schicken durch die abgedeckten Stellen Löschwasser ins Innere. Vom Balkon im ersten Stock fliegen – begleitet von Qualm und Funkenflug – im hohen Bogen angekohlte und zum Teil noch brennende Möbel und andere Einrichtungsgegenstände auf den Rasen, wo weitere Kollegen mit kleineren Schläuchen alles ablöschen.

Trotz Hektik und Eile – der Brand droht sich noch auf die Nachbarhäuser auszu-

dehnen – geht alles sehr diszipliniert vor sich, nur unterbrochen durch gelegentliche Kommandorufe und das Knacken und Prasseln der Flammen. Rauchschwaden entziehen die Feuerwehrleute immer wieder den Blicken der Außenstehenden. Der kleine Vorgarten ist jetzt total lädiert, das Feuer aber eingedämmt und einigermaßen gelöscht. »Überspringen kann nichts mehr«, sagt Charlie Möller, der irgendwo aus den nebligen Tiefen des Hauses auftaucht. Er sieht keinen Grund, noch länger hier zu weilen, und übergibt das Kommando an den Zugführer der Wache 24. »Wir fahren zurück in die Stadt.«
»Da sehen Sie, was ein Fernseher so alles anrichten kann. Nicht das erste Mal, daß so ein Ding platzt und die ganze Bude in Brand steckt. Wird sich die Versicherung freuen«, meint er trocken und meldet uns anschließend über Funk bei der Einsatzzentrale ab und zurück:
»Florian 22 an Florian Hamburg – bitte kommen.«
Florian Hamburg, die Funkleitstelle der Feuerwehr, meldet sich: »Florian Hamburg hört Florian 22 – bitte kommen.«
»Einsatz in Sasen beendet. Die 24er haben jetzt alles unter Kontrolle. Wir werden da nicht mehr gebraucht und rücken ein.«
»Verstanden Florian 22 – rücken Sie ein. Ende.« Die Leitstelle hängt ab. Da Charlie Möller im C-Dienst fast in der ganzen Stadt hin und her flitzen muß, ist es wichtig, das Ende seines Einsatzes sofort der Leitstelle zu melden, damit er für neue Fälle wieder verfügbar ist.
Zurück zur Wache fährt ein Einsatzfahrzeug übrigens nicht im Alarm, sondern wie jeder andere Verkehrsteilnehmer auch. Neuerlicher Alarm macht es aber wieder zum bevorrechtigten Sonderfahrzeug, das sich mit Blaulicht und Martinshorn freien Weg schaffen darf. Doch wir fahren ungestört zurück. Beim Aussteigen schnuppere ich an meinen Klamotten und stelle einen vertrauten Geruch fest.

»Man stinkt wie ein Räucheraal«, grinst Fahrer Wievelspütz mich an, der mein Schnuppern bemerkt hat.
Mittlerweile ist hoher Mittag, und mir knurrt der Magen. Den anderen geht es wohl ebenso. Denn alles strebt verdächtig in Richtung Küche. »...Um mal zu inspizieren, was es denn heute mittag so zu futtern gibt«, sagt ein Kollege, der den gleichen Weg nimmt. In der Küche ist der Koch währenddessen fleißig gewesen. Ein Glück, daß bisher für die Wachbesatzung auf 22 kein Alarm kam. Ist der Zug nämlich etwas knapp besetzt, muß natürlich auch der Koch mit raus. So hat es schon Tage gegeben, wo alle miteinander von Sprudel, trockenen Brötchen und Landjägern leben mußten.
Heute gibt es Kotelett mit Kartoffelsalat. Die Koteletts sind bereits auf Tellern angerichtet und auf dem riesigen Tisch in der Mitte verteilt. Die ganze Mannschaft reckt bewundernd die Hälse. So große Koteletts habe ich schon lange nicht mehr gesehen. Doch der Koch schmeißt alle raus und baut sich hinter dem Ausgabefenster der Küchentüre auf. »Jetzt drängelt nicht; ich hab' für jeden sein Kotelett und für die drei verfressensten sogar zwei!«
Jeder nimmt seinen Teller entgegen und bekommt darauf einen Schlag Kartoffelsalat. Die Koteletts sind wirklich was für gestandene Männer! Zum Essen gibt es Getränke nach Wunsch. Alkohol im Dienst ist aber streng untersagt. Selbst Bier fällt unter diese Dienstanordnung.

13.00 Uhr – Hamburg-Altona, Wohnungsbrand Altstadt

Mein Kotelett ist leider nur halb gegessen, da kommt erneuter Alarm. »Klingt wie 'ne Blockflöte«, denke ich noch, während ich bedauernd mein halbes Essen im Stich lasse. Jetzt wird mir auch klar, warum Feuerwehrleute so flott essen!
Aber auch diesmal »nur« Alarm für den

C-Dienst. Die Wachbesatzung schiebt heute wirklich eine ruhige Kugel. Gut für mich, daß es den C-Dienst gibt!

Auf meine Frage, was die Bezeichnung C-Dienst bedeutet, antwortet mir Charlie Möller, »wir haben den A-, B- und C-Dienst. Alles, was an Einsätzen für einen normalen Zugführer zu groß wird, braucht den C-Dienst. Das heißt, der im C-Dienst befindliche Beamte wird als Einsatzleiter hinzugezogen. Ab einer bestimmten Größenordnung von Bränden oder anderen Katastropehen wird dann der B-Dienst eingeschaltet, in ganz seltenen Fällen sogar der A-Dienst. Aber das sind Gott sei Dank große Dinger, die nicht alle Tage vorkommen.«

Während dieser Erklärungen fahren wir bereits unter Alarmbedingungen durch die Stadt – Richtung Altona. Dort brennt eine Wohnung im »Türkenviertel«, wie Einsatzleiter Möller sich ausdrückt, der gerade über Funk der Leitstelle sein Anrücken meldet.

Mittlerweile fegen wir über die Reeperbahn, die sündigste Meile der Welt, die um diese Tageszeit ein ziemlich übernächtigtes Gesicht zeigt und noch nicht zu ihrer allgemeinen Form aufgelaufen ist. Schließlich ist es erst früher Nachmittag. Wir tauchen in das Häusergewirr der Altstadt ein. Ich lasse mir erklären, daß hier meist Gastarbeiter wohnen, weil deutsche Mieter die zum großen Teil nicht modernisierten Häuser in den schmalen Straßen wegen mangelnden Komforts meiden. Darum haben sich hier vor allem türkische Gastarbeiter angesiedelt. Das gab der Gegend die Bezeichnung »Türkenviertel«.

Dieser Stadtteil ist ein Alptraum für die Feuerwehr. Denn mit den Zügen kommt man kaum durch. »Wenn's da mal im Hinterhof brennt und Leute eingeschlossen sind, kommste mit der Drehleiter nicht rein. Wie wir die armen Leute da rausholen sollen, ist uns manchmal schleierhaft«, klärt mich diesmal unser Fahrer auf.

Wie vorhergesagt, sind die Sträßchen hoffnungslos verstopft, und so müssen wir wohl oder übel die letzten 200 Meter zu Fuß laufen, um überhaupt an den Einsatzort zu gelangen. Doch hier haben die Kollegen bereits alles unter Kontrolle. Der Brand ist gelöscht. Menschenleben sind keine gefährdet, und die Kollegen sind dabei, die Wohnung im zweiten Stock, die tatsächlich einer türkischen Familie gehört, mit der Schaufel von qualmendem Hausrat zu befreien. Es bietet sich uns kein erhebender Anblick. Vor lauter Rauch sieht man kaum etwas, und alles stinkt. Überall tropft Wasser, die Räume sind klamm vor Feuchtigkeit. Unangenehm und unheimlich – draußen scheint die Sonne und hier ist es durch die schwarzen Wände fast dunkel.

Ich frage meinen Nebenmann, warum die Kollegen sich ab und zu bücken und mit ihren Lampen am Fußboden herumleuchten. »Ganz einfach«, lautet die Antwort »wenn ein Raum so verqualmt ist wie dieser und man die Hand vor den Augen nicht sehen kann, muß man knapp über den Fußboden hinweg sehen. Dort gibt es immer eine qualmfreie Zone. Die leuchten wir ab, um zu sehen, wo sich Kollegen befinden. Man sieht die Stiefel!« Gewußt wie!

Kurze Beratung zwischen Charlie Möller und dem Zugführer – wir können abrükken. Für uns gibt es hier nichts mehr zu tun. Gerade, als wir zur Haustüre rauskommen, fliegt ein Paket angesengter Zeitschriften an uns vorbei und knallt mit Wucht auf den Gehsteig. Oben zeigt sich das grinsende Gesicht eines verschwitzten Kollegen. »Zieht die Köppe ein – vom Himmel hoch, da komm ich her. Das Zeug muß raus, sonst fängt's wieder an zu kokeln.« Also Löschwasser drauf, um alle Risiken zu vermeiden.

Kurz nach 14.00 Uhr quälen wir uns durch eine verstopfte Hamburger City zurück zur Wache. »Lieber Florian, schick uns einen schönen Einsatz, damit wir hier rauskommen«, stöhnt Fahrer

Wievelspütz und schickt im Stau einen bittenden Augenaufschlag zum Himmel. Leider hat der sonst vielbeschäftigte Schutzpatron aller Feuerwehren diesmal kein Einsehen. Bei mittlerweile 30° C im Schatten erreichen wir, verschwitzt und genervt, erst um 15.00 Uhr wieder die Wache.

Hier spürt man den herannahenden Feierabend, das heißt, das Ende des Tagesdienstes um 16.00 Uhr. Schließlich ist Freitag. Nach 16.00 Uhr kann sich dann jeder die Zeit auf seine Art vertreiben. Nur dableiben muß er. Einige bereits dienstfreie Kollegen schlafen auf Vorrat für etwaige Einsätze in der Nacht. Vor den offenen Fenstern brandet der Verkehr. Gardinen sind zugezogen und flattern müde in der schwülen Nachmittagsbrise. Es riecht nach ungewaschenen Socken und Männerschweiß.

Mit irgendeiner Lektüre ziehe ich mich zurück in den Aufenthaltsraum und träume zwischen den Zeilen von aufregenden Einsätzen. Mit halbem Ohr horche ich auf einen Alarm, der doch nicht kommt.

16.23 Uhr – Mettlerkampsweg, Türöffnung

Dann endlich, um 16.23 Uhr – ich bin beinahe eingeschlafen – tut sich was. Alarm. jetzt rückt die Einzelhilfe aus. Das ist ein sogenanntes Kleinlöschfahrzeug (KLF), das bei kleineren Einsätzen mit einem oder höchstens zwei Männern ausgeschickt wird. Meistens müssen Türen geöffnet oder andere Kleinigkeiten erledigt werden. Charlie Möller ist der Meinung, wir hätten sowieso eine ruhige Zeit, und schickt mich bei diesem Einsatz mit, damit ich auch das einmal erlebe. Es geht nach Hamburg-Horn, wo tatsächlich eine Wohnungstüre geöffnet werden soll, hinter der man einen alten Herrn – hoffentlich nicht tot – vermutet. Die Herren vom Notarztdienst stehen bereits wartend herum, um helfend zur Hand zu sein.

Flink öffnet ein Kollege die geschlossene Tür. Wenn man so zusieht, fragt man sich, warum es nicht mehr Einbrüche gibt – so einfach ist das! Der Notarzt findet unterdessen den alten Herrn im Schlafzimer. Er lebt zwar, liegt aber steif auf seinem Bett und kann nicht sprechen. Sehr wahrscheinlich Schlaganfall. Eine sofortige erste Hilfe scheint aber nicht angebracht. Man schnallt den Patienten auf einer Tragbahre fest, damit er beim anschließenden Transport im engen Treppenhaus mit steil hochgehaltener Bahre nicht von der Platte rutscht.

Neugierige Nachbarn werden aus der Wohnung komplimentiert – die Polizei ist mittlerweile auch eingetroffen. Gardinen bewegen sich hinter Fenstern. Es sind Nachbarn, die sich nicht trauen, ihre Neugier offen zu zeigen, aber ein Sensatiönchen als Gesprächsthema für den Freitagabend erhoffen. Bevor wir wieder abrücken, verschließen die Kollegen die vorhin geöffnete Türe sorgfältig, damit sich nicht irgendwer verleitet fühlt, aus der nun verlassenen Wohnung etwas abzuschleppen.

Der Rettungstransportwagen (RTW) fährt unter Alarm ins nächste Krankenhaus. Wir zockeln durch den noch stärker angewachsenen Feierabendverkehr zurück zur Wache.

Für 19.00 Uhr ist Abendessen angekündigt. Die Kollegen stehen wieder in der Küche und betrachten andächtig die dort vorbereiteten Portionen. Irgendein Gönner hat einen großen Schinken spendiert, der vom Koch großzügig als »Schinkenbrot« vorbereitet worden ist. Jede Scheibe mindestens ein bis zwei Zentimeter dick und so groß, daß man glauben könnte, ein Elefant habe dafür sein Leben lassen müssen. Die Reste vom mittäglichen Kartoffelsalat kommen noch einmal zu Ehren. Als Getränk gibt es mit Rücksicht auf die Hitze Eistee mit Zitrone. Hinterher sind alle so satt, daß keiner mehr piep sagen kann. So formuliert es jedenfalls Charlie Möller.

»So, meine Herren – und nun der Dienstsport.« Jetzt wird mir klar, warum die meisten schon in Trainingsanzügen beim Essen sitzen. Also runter in den Hof zum Ballspielen. Was bei den vollen Bäuchen daraus wird, kann man sich lebhaft vorstellen.
Mich interessiert hingegen, wie man beim Alarm aus dem Trainingsanzug raus und in die Uniform reinkommt. In der Fahrzeughalle stehen etliche Paar Stiefel herum, um deren Schäfte ziehharmonikaartig gefaltete Hosen drapiert sind. »Du machst die Hose auf, schiebst sie runter bis über die Stiefelschäfte und steigst aus deinen Stiefeln. Kommt Alarm, hast du – zack – die Trainingshose aus, springst in die Stiefel und ziehst nur noch die Hose hoch. Zumachen kannst du dann im Fahrzeug. Das sind höchstens 20 Sekunden – garantiert«, erklärt mir jemand. Ich glaub's ihm und

Viele große Firmen haben eine eigene Betriebsfeuerwehr. Bei der Firma Bayer in Leverkusen beispielsweise sind nicht weniger als rund 150 Männer angestellt. Das Bild zeigt den Einsatz von Schaumlöschern bei einer Übung. Foto Bavaria/Bayer

hätte doch zu gerne bei Alarm erfahren, wie das funktioniert. Leider kommt keiner.
Nach dem Dienstsport zieht sich eine Gruppe um und macht sich auf den Weg zur »Tut-ench-Amun«-Ausstellung, die gerade in Hamburg zu sehen ist. Dort muß eine »Ausstellungs-Sicherheitsüberprüfung« gemacht werden, und viele Kollegen lassen sich die Gelegenheit nicht entgehen, einen Blick auf die ausgebreiteten Schätze zu werfen. Ich selbst nehme die Einladung nicht an, weil ich keinen Einsatz verpassen möchte. Denn

434

Charlie Möller und sein Fahrer bleiben in Rufbereitschaft auf Wache. Ich frage mich allerdings, wie der Besuch eines Museums mit der Rufbereitschaft zu vereinbaren ist.
»Überhaupt kein Problem – der Zug fährt geschlossen dorthin. Sollte was sein, werden die dort über Funk alarmiert. Der Zug kann sofort zum nächsten Einsatz ausrücken, ohne vorher auf die Wache zu müssen«, werde ich von Herrn Möller aufgeklärt.

21.55 Uhr – Einsatz U-Bahnhof Sternschanze

Und dann – wir sitzen gerade im Aufenthaltsraum und reden über dies und das – ein Einsatz. »Mann unter U-Bahn am Bahnhof Sternschanze. Y-Signal.« Also Menschen in Gefahr! Auch diesen Einsatz fahre ich mit dem C-Dienst, obwohl diesmal der Zug mit ausrückt.
Ängste werden wach, wenn ich daran denke, was uns dort erwartet, während diesmal die ganze rote Phalanx mit Alarmsignal durch die mittlerweile fast menschenleere City donnert. Der Vorplatz zum U-Bahnhof Sternschanze am Rand der City ist im blauen Dämmerlicht der hereinbrechenden Nacht fast menschenleer. Nur das Aufgebot an Fahrzeugen von Feuerwehr und Polizei weist darauf hin, was unter der Erde geschehen ist. Im Laufschritt überqueren wir den Vorplatz und nehmen im Geschwindschritt die Stufen abwärts. Menschen mit verschreckten Gesichtern, die man aus

Brandbekämpfung in alten Häusern ist oft sehr schwierig. Holztreppen brennen leicht und können dann nicht mehr begangen werden. Die Feuerwehr kann den Brand dann nur noch über Leitern und durch die Fenster bekämpfen. Foto Süddeutscher Verlag/Städt. Branddirektion München

dem Bahnhof herausgescheucht hat, bilden Spalier.
Eine stille – zu stille – Halle empfängt uns. Der Strom in der Leitschiene ist abgeschaltet, um die Rettungsarbeiten nicht zu gefährden. Polizei und Feuerwehrleute stehen herum. Ich habe den Eindruck, daß keiner sich so recht traut, als erster nachzusehen, was los ist. Und in der Mitte des Bahnsteiges der Zug. Ruhig nimmt mich Charlie Möller am Arm – ein Fels in der Brandung. »Nun gehen Sie mal ohne Hast an die Sache ran. Wir wissen zwar nicht, was wir finden. Aber wir werden versuchen zu helfen. Wenn es überhaupt was zu helfen gibt!«
Möller wendet sich mit Anweisungen an Polizei, Feuerwehrleute und Notarztteam. Jetzt kommt Bewegung in die Sache. Ich gehe mit meiner Kamera vorbei an Polizisten mit Sprechfunkgeräten auf den Unglückszug zu. Auf den Schienen dahinter hat sich das Notarztteam bereit gemacht, um rettend einzugreifen. Eine vor Aufregung fahrige junge Ärztin hat die unglückliche Aufgabe, diesen Einsatz erfolgreich zu überstehen.
50 Meter weiter, etwa in der Mitte des ruhenden Zuges, kriechen Feuerwehrleute in das dunkle Loch, das sich zwischen zwei aneinandergekoppelten Wagen auftut. Man spürt förmlich, daß jeder Angst hat vor dem, was er in der Dunkelheit vorfinden wird. Jeder der hier Anwesenden ist davon überzeugt, daß der arme Mensch da unten nur teilweise zu Tage befördert werden kann.
Ich bewundere den Mut der jungen Männer, die sich zwischen Bahnsteigkante, Karosserierand der Wagen, Puffer und diversen Bremskabeln nach unten winden. Wir warten fast gebannt darauf, was uns die Kollegen aus dem Dunkeln zurufen werden. Der Polizist neben mir beugt sich mit offenem Mund vor. Das Grauen vor dem, was dem armen Kerl, der hinuntergestürzt ist, passiert sein mag, hält alle gefangen. Und dann der Ruf von

unten: »Er lebt!« Ein zweiter Ruf »Und ist komplett!« läßt alles erleichtert aufatmen.

Das Unvorstellbare ist wirklich geschehen. Wie wir später erfahren, wurde der junge Mann, in einer Gruppe von offensichtlich Angetrunkenen und selbst angetrunken, zwischen die Wagen des einfahrenden Zuges gestoßen und hat dieses Inferno überstanden. Ein echtes Wunder!

Mit einer Schleppe aus Segeltuch an langen Seilen zieht man den kaum Verletzten unter den Wagen her bis zum Notarztteam. Gehirnerschütterung und tiefe Schürfwunden am Rücken sind alles, was die Ärztin im Augenblick diagnostizieren kann. Der junge Mann hat Glück gehabt – »unvorstellbar«, kommentiert Charlie Möller. Betrunkene und kleine Kinder haben eben einen Schutzengel.

Kurz vor 22.30 Uhr sind wir wieder in der Wache. Langsam denken nun alle an Schlaf. Der größte Teil der Zugbesatzung begibt sich zur Ruhe. Ich gehe vor dem Zubettgehen noch einmal in den Aufenthaltsraum, um etwas zu trinken. Schlaf ist hier im Dienst immer eine Sache mit Vorbehalt. Denn Rufbereitschaft herrscht bis zum Ende des Dienstes um 7.00 Uhr morgens.

Letzter Einsatz – eine Bagatelle

Und was das bedeutet, erfahre ich kurze Zeit später. Kaum bin ich eingeschlafen, ertönen schon wieder »die Posaunen von Jericho«. Diesmal fahre ich im Löschfahrzeug mit. Da ich mich, wie vorgesehen, angezogen zur Ruhe gelegt habe, bin ich schnell unten und kann beobachten, wie Leute von einem Moment zum anderen aus tiefem Schlaf in höchste Alarmbereitschaft gerufen werden. Manche sind bleich und verdächtig wackelig auf den Beinen. Einige kommen die Stange noch in Unterhosen herunter und ziehen ihre Kleidung im Fahrzeug an. So ist man eben schneller!

Mit Getöse rauscht der Zug in Richtung Hafen durch das nächtliche Hamburg. Wohin, wissen im Augenblick nur Zugführer und Fahrer. Als der ganze Zug in einen Speditionshof einläuft, der Sturmtrupp bereits mit Atemschutzgeräten, fallen uns fast die Augen aus dem Kopf. Am Ende des Hofes liegen drei oder vier Holzpaletten nahe der Abgrenzung zu einem Kanal. Das Wasser schimmert dunkel herauf, und die drei unschuldigen Paletten brennen munter vor sich hin. Daneben zwei Polizisten, die Hände zum Schutz vor der Nachtkühle tief in den grünen Lederjacken versenkt.

Unser Zugführer faß sich an den Kopf. »Das darf doch wohl nicht wahr sein! Dafür holt ihr einen ganzen Zug mitten in der Nacht raus, um diese lausigen Dinger hier auszupusten?« Den Rest des Kommentares sparen wir uns – er ist nicht jugendfrei. Doch da wir schon einmal da sind, wird ein Schlauch der kleinsten verfügbaren Größe – etwas dicker als unsere Gartenschläuche – ausgerollt und damit das Feuerchen gelöscht.

Auf der Fahrt am Samstagmorgen nach Hause – der heilige Florian hatte ein Einsehen mit schlafbedürftigen Feuerwehrleuten und schickte keinen Alarm mehr – denke ich darüber nach, ob ich Antwort auf die Fragen finden konnte, die mich beschäftigen.

Eines ist mir klargeworden: Retter in letzter Sekunde ist meist die Feuerwehr. Egal, ob Menschenleben zu retten sind, Brände gelöscht oder Katastrophen bekämpft werden müssen, diese Männer tun ihre Pflicht klaglos und meist sogar mit Begeisterung. Oft setzen sie ihr eigenes Leben ein. Einen Hang zum Abenteuer im Alltag hat wohl jeder Feuerwehrmann in sich. Warum auch nicht? Es muß wohl so sein, denn wie sonst wären sie bereit, brennende Häuser zu stürmen, Eingeklemmte aus Fahrzeugen zu befreien, unter U-Bahnen zu kriechen und sonst noch gefährliche Dinge zu tun, um Mitmenschen zu helfen?

REGISTER
Gesucht und gefunden

Abgas-Katalysator 39
Abplatzung 153
Abrasiv-Verschleiß 149, 153
Abraumhalde 108
Abschöpfkapazität 390
Abstandhalter 323
Abwasserleitung 110
Achat 295
Acht, liegende 31
Acrolein 228
Active Magnetospheric Particle Tracer Explorers 285
Adapter 196
Additiv 155
Adenin 163
Adhäsiv-Verschleiß 152 f.
A-Dienst 431
Aerobatic-Team 21
Aerodynamik 28
aerodynamische Rauhigkeit 181 f.
Afrikanischer Elefant 57 ff.
Agaleanos 249
Agia Vlassi 255
Agrinio 249
Ahmad, Ismail ibn 144
Ahnen 208
Aiwan 141
Akkomodation 244
Akron 14
Aktivkohle 110
Alb 355
Alcochete 48
Ale 374
Alemtejo 50
Aletschgletscher 161
Alexander der Große 132
Algenschabende Schleimfische 244
Allah 141
Allesfresser 118
Altbier 376, 381
Altglas 38
Altöl 383

Altpapier 38
Aluminium 38, 235
Aluminiumoxid 155
Amateurteleskop 188
Amine 104
Ammon 339
Ammon-Gelit 206
Ammoniak 339
Ammoniten 339, 367
Ammoniumnitrat 397
Ammonsalpeter 206
Ammonshörner 339
Amoco Cadiz 383
Amorphophallus titanus 415
Ampere 341 f.
Ampère, André Marie 341
Amphibien 275 ff.
Amphibienfahrzeug 392
Amphibienkartierung 275
amphibische Fische 241 ff.
Amphore 362
AMPTE 285
Amsterdam 343, 400
Amu-Darja 140
Amun 339
Anableps 244
Analytik 227
Anbieterverzeichnis 268
ANC-Sprengstoff Andex 206
Andex 206
Anschießer 295
Anschütz-Kaempfe, Hermann 41
Antibiotika 120
Antiquarium 301
»Anton Dohrn« 45
Antragsstuck 299
Apfelkopf 125
Aphel 289
Apian, Peter 289
Apulien 252
Araber 132, 338, 406
Aralsee 140
Arbeitselefant 57 ff.

Archäologie 348
Architeuthis 367
Aresti-Katalog 30
Aresti-System 24
Armbrust 200
Aronstabgewächs 415
Arsenik 228
Artemisia 170 ff.
Artenschutzübereinkommen, Washingtoner 68
Arvenwald 161
Arzneimittel 326
Asbest 39
Asiatischer Elefant 57 ff.
asiatisches Kampfhuhn 129
Aspropirgos 254
Astrofotografie 184 ff.
Astronomie 195
Atair 344
Äther 75 ff.
Äthiopier 406
Atlaselefant 58
Ato 98
Atomenergie 79
Atomuhr 46
Atomzeitalter 264
Atto- 225
Auffahrgeschwindigkeit 199
Auflösungsvermögen 196
Aufschwung 31
Auge 241 ff., 367
Augustus 288
Ausbrüche 153
Austern 313, 383
Auswertung 227
Auto 39
Autopilot 47
A-Vermittlungsstellen 272
Azeton 228
Azurit 299

Bach 111
Badain-Jaran 168
Baekeland, Leo 341

Baggara 207 ff.
Bagger 109, 147
Bahag 91
Bahai 141
Bahn 308
Bahnlinie 176
Bakelit 341
Bakterien 386
Balsaholz 424
Banderilla 51
Bangkok 67
Bank 341
Baptiste de Cambrai 342
Bardeen, John 260
Bariumdampf 285
Barr, Hortense 342
Barsche 279
Barteln 241
Basalt 394
Basen 163 ff.
Batavia 343
Batist 342
Baudock 316
Bauhütte 295
Bautzen 201
Bayern 376
Bazar 131
B-Dienst 431
Beanspruchungskollektiv 149
bedingter Reflex 159
Begradigung 111
Beifuß 170 ff.
Belém 48
Belgier, Blauweiße 121
Belichtungszeit 189
Bell Laboratories 260
Benzin 385
Benzin, bleifreies 39
Benzinverbrauch 39
Berenike 339
Bergbau 199 ff.
Bergkristall 257
Bergmolch 279 ff.
Bergung 344
Bergwald 92
Bergwerk 397
Berner Sennenhund 129
Bernhardiner 125
Berzelius, Jöns Jakob Freiherr von 259
Beschichtung 153
Beschleunigungskräfte 25
Beschuppter Schleimfisch 244
Betriebsfeuerwehr 433
Bewässerung 111, 137
Bewegung 73 ff.
Bewegungsrechnung 28
Beweidung 271
Bibi-Chanym 137
Bier 372 ff.

Bild, holographisches 164
Bildschirmterminal 266
Bildschirmtext 265 ff.
Binger Loch 202
Bioelektrizität 369
Biosphäre 399
bipolarer Nebel 238
black box 41, 158
Blackout 29
Blattgold 295
Blaulicht 425
Blausucht 104
Blauweiße Belgier 121
Blei 39
bleifreies Benzin 39
Blockstreckeneinteilung 304
Blondin 341
Bloy, Léon 337
Blutstein 295
Bockbier 380 f.
Bock, Hieronymus 412
Bodenerosion 33
Bodenstation 44 ff.
Bodentiefe 176
Bodong 98
Bogor 406
Bohrer 147, 202
Bohrfäustel 202
Bohrmaschine 204
Bolivar, Simon 415
Bonaparte, Napoleon 17, 339
Bondone, Giotto di 293
Bönickhausen, Gustave 337
Bonickhaussen 337
Bonpland, Aimé 412
Bontoc 92, 98
Bor 263
Börse 340
Botanik 412
»Bottsand« 392
Brachyzephalie 127
Brahe, Tycho 289
Bramme 150
Brandanus 367
Brandschutz 428
Brandung 334
Brattain, Walter 260
Brauchwasser 110
Braunkohleabbau 147
Bremsbelag 147
Bremse 150
Brenner 34
Brennerstraße 202
Brennholz 181
Brennmaterial 172
Brennpunkt, Newtonscher 234
brisant 203
Bronzezeit 264
Bruderhausbuch 375
Brügge 341

Brunfels, Otto 412
Brunst 58
Brustkrebs 320
Btx 266
Bucharà 132 ff.
Bucher, Fritz 59
Bulle 58 ff.
Bullie 127
Bullterrier 129
Burghausen 262
Büroautomatisierung 270
Busbecq, Ogier Ghislain de 400
Busbecquius 400
Buschklee 170
Butzenscheiben 228

Cahuchu 407
Calar Alto 231 ff.
Calligonum 170 ff.
Cambrai, Baptiste de 342
Cammeron 342
Camote 92
Canal du Midi 202
Caragana 170
»Cardium« 314 ff.
Carmen 338
Carpintero 417
Cassegrain-Reflektor 234
Cattleya labiata 404
Cattleya lawrenceana 406
Cavaleiro 50 ff.
CCD-Detektoren 238
C-Dienst 431
Celestron C8 187 ff.
Cephalopoden 362
Cephalotoxin 364
CEPT 267
Charolais 121
Chiang-mai 68
Chihuahua 122 ff.
China 167 ff., 352 ff.
Chips 264
Chiwa 137 ff.
chlorierte Kohlenwasserstoffe 101 ff., 399
Chloroform 109
Chocolate mousse 385
chondrodystrophe Zwerge 127
Chorherr 380
Chow-chow 122
Chrom 229
Chromatophoren 370
Chromosomen 122
Chungtien 355
Claudius, Kaiser 199
Clophen 399
Clusius 400
Cockpit 359

Code, genetischer 164
Colani, Luigi 117
Collie 124
Comino 17
Cominotto 17
Computer 236 f., 320
Concepción 338
Conférence Européenne des Administrations des Postes et des Télécommunications 267
Conolly 144
Cordillera Vilcabamba 418
Corgie 124
Corpus callosum 162
Corrida de Touros 48
Coudé-Reflektor 234
Coulomb 341
Crotonaldehyd 228
Cuatro ojos 245 ff.
Cutis laxa 118, 122
Cuvilliéstheater 296 f.
c_w 39
Cypero 256
Cytosin 163
Czochralski Crucible-Pulling 259

Dachständer 40
Daimler-Benz 339
Daimler, Gottlieb 338
Dalmatiner 125
Dampfdrucktopf 37
Dampfpfeife 351
Darre 375
Darrmalz 375
Data Vision 267
Datenverarbeitung 265
Datenzentrale 270
Deckenstukkatur 299
Decoder 266
Defektzucht 118 ff.
Dehnmeßstreifen 28
Deich 309
Deka 225
Deltaprojekt 310 ff.
Depotwirkung 326
Derwisch 144
Desertifikation 171
Desoxyribonukleinsäure 163 ff.
Detektor 83, 240
Detonation 203
Deutsche Dogge 123, 127
Deutsche Forschungs- und Versuchsanstalt für Luft- und Raumfahrt 80 ff.
Deutsch-Spanisches Astronomisches Zentrum 231 ff.
Dezi- 225
DFVLR 80 ff.

Dialommus fuscus 244
Diamantbohrer 147
Diamantsäge 264
Dieburg 308
diffus 191
Dioxin 399
Dittrich, Dr. Lothar 65
Diwan 144
DNS 163 ff.
Dogge, Deutsche 123, 127
Dolores 338
Donarit 1 206
Doppelbock 381
Doppelhelix 165
Doppellender 121
Doppelnase 129
Doppelrumpf-Ölfangschiff 388
Dopplereffekt 42
Dortmund 377
Dosis 228
Dotieren 263
Draisienne 342
Draisine 340
Drais, Karl Friedrich Ludwig Freiherr von 340 ff.
Dreidecker 22
Dresden 299
Dressur 57
Drucköl 235
DSAZ 231
Dschihad 141
Dschingis-Khan 132
Düne 169 ff.
Dünger 101 ff.
Dunhuang 169
Durchschreibeformulare 322
Dynamit 203
Dynastien 181

East River 204
Ebbe 43, 332
Ebbinghaus, H. 158
Echolot 344
Edinburgh 345
EDV 320
Eichelhäher 162
Eiffel, Gustave 337
Eiffelturm 337
Einbaum 417
Einbeck 380
Eindiffusion 152
Einkristall 259 ff.
Einstein, Albert 76 ff.
Eis 352
Eisbock 381
Eisen 199
Eisenach 394
Eisenfeilspäne 392
Eisenzeit 264
Eisernes Tor 204

Eiweiß 118
Ekofisk 383
Elaeagnus angustifolius 182
Elefanten 57 ff.
Elefantenbulle 58 ff.
elektrische Schaltkreise 164
elektrisches Organ 241
Elektrogeräte 37
Elektroherd 37
Elektron 259
Elektronenstrahl 152
Elektronik 257 ff., 305
Elfenbein 57, 295
Emission 33, 191
Emulsion 385
Energie 34, 79
Energieverlust 147
Engramm 161 ff.
Entwaldung 172
Entwässerung 109
epiphytisch 403
Epulufluß 58
Erbfehler 122
Erdachse 192
Erdanziehungskraft 25
Erdbeere 228
Erde 74
Erdgas 36
Erdgötter 213 ff.
Erdkröte 276 ff.
Erdkruste 257, 352
Erinnerung 159 ff.
Erosion 19, 172
Erzhütte 228
Esel 171
ESO 232
Espera de touros 48
Estremadura 50
Eurom 270
Europäisches Süd-Observatorium 232
Euterentzündung 120
Exa- 225
Explosion 200
Exportbier 381

Fahrrad 342
Fahrverhalten 39
FAI 30
Fail-Safe-Prinzip 306
Falschfarbenfilm 82
Fancy-Zucht 129
Fangspiegel 234
FAO 415
Farad 341
Faraday 341
Färber 342
Farbgeber 323
Farbnegativemulsion 189
Farbstoff 325

439

Farbumkehremulsion 189
Farbzellen 370
Färöerinseln 343
Faun 299
Fédération Aéronautique
   Internationale 30
Federgras 177
Fehlfarben 125
Feigenkaktus 19
Feldbau 172
Feldeffekt-Transistoren 260
Femto- 225
Fernerkundung 83
Fernwärmeheizung 36
Festa 17 f.
Fett 154
Feuchtgebiet 109
Feuer 199
Feuersalamander 283
Feuerwehr 69, 425 ff.
Fichtenwald 169 f.
Filfla 17
Firnis 340
Fischdampfer 351
Fische 241 ff.
Fische, fliegende 241
Fixstern 287
Flachbrunnen 101 ff.
Flammpunkt 72
Flechten 176
Fleischschwein 121
fliegende Fische 241
Flitterzellen 370
Float zoning 261
Flugblätter 288
Flughafen 104
Flugmechaniker 28
Flugzeugbau 325
Fluide 154
Fluß 111
Flußbegradigung 109
Fluß, Gelber 167 f.
flüssige Reibung 149
Flüssiggas 71
Flüssigkristalle 320
Flußsedimente 169
Flußvermögen 156
Flut 43, 332
Fokker, Anthony 22, 25
Fokker, Dr. I. 22
Forcados 48 ff.
Förderband 147
Formaldehyd 341
Formular 320
Fotoamateur 184 ff.
Fränkische Alb 355
Fräswerkzeug 150 ff.
Frauenschuh 404
Fremdatom 263
Friedenshalter 98

Friedenspakt 98
Friedrich der Große 200
Frösche 241, 275 ff.
Fruchtbarkeitsgöttin 12
Frühdiagnose 320
Fuchs, Leonhart 412
Fucinosee 199
Fugger, Jakob 320
Fulda 394
Funknavigation 41

Galapagos 327 ff.
Galaxie 240
Galeone 348
Galeriewald 170
Gallium-Arsenid 259
Gangala na Bodio 58
Gärkeller 374
Gartentulpe 400
Gärten, zoologische 62 ff.
Gasherd 37
Gas, ionisiertes 291
Geber-Papier 322
Gebirgswald 172
Geburtshelferkröte 283
Gedächtnis 157 ff.
Gedächtnisspur 161
Gegenkörper 148
Gehirn 157 ff.
Geister, böse 208
Gelbbauchunke 279 ff.
Gelber Fluß 167 f.
Generator 154
genetischer Code 164
Georgette-Stoff 342
Germanium 259
Geröllhalde 275
Geschirrspülmaschine 37
Geschlechtshormone 127
Gesellschaftstiere 122
Gesetze, Keplersche 43
Gesperre 300
Gezeiten 309
Gezeitenzone 327 ff.
Ggantija 10 ff.
Ghar Dalam 12
»Giacobini-Zinner« 294
Giftmehl 228
Giga- 225
»Giotto« 293
Gips 354
Glas 234, 257
Glas, Hans 114
Glashütte 228
Glaskeramik 233
Glastechnologie 232
Glattwasserbereich 386
Gleis 152
Gleisbildstellwerk 305
Gleitlager 156

Gleitreibung 148
Global Positioning System 46 f
Glockenfrosch 283
Glotzauge 125
Gobelin 338, 342
Gobi 168 ff.
Gold 249 ff., 345
Goodyear 117, 407
Gozo 9, 17
GPS/Navstar 46 f.
Grade, Hans 24
Gramm 224
Granulationskörper 197
Graphit 154
Grasflur 169
Grasfrosch 275 ff.
Gravelet, Jean-François 341
Gravitationsfeld 43
Greenwich 287
Grenzschicht 155
Griechen 254
Große Mauer 175
Großgriechenland 252
Großhirn 159
Großmeister 17
Großversandhaus 272
Großvieheinheit 177
Grubenbahn 200
Grubenotter 423
Grube Wintershall 394 ff.
Grundkörper 148
Grundmatte 316
Grundwasser 101 ff., 177, 182
grüner Kaffee 408
Grüner Wasserfrosch 276 ff.
Grünlandwirtschaft 182
Grzimek, Bernhard 57
Guadeloupe 406
Guangxi 352
Guanin 163
Guinness 374
Guizhou 352
Gur-Emir-Mausoleum 137
Gürtler 299
Güterzug 150

Haar der Berenike 340
Haarlem 403
Hacke 199
Hacker 265
Hadith 141
Hagar Quim 9 ff.
Hahnenkampf 129, 359
Hai 241
Halbleiter 257 ff.
Halbwüste 167 f.
Halde 108
Halley, Edmond 286 ff.
Halleyscher Komet 284 ff.
Haloxylon 182

Hal Tarxien 12
Hammer 199
Hämoglobin 371
Hämozyanin 371
Han-Chinesen 167
Handel-Mazzetti, Heinrich 352
Handwerk 296 ff.
Han-Dynastie 172 ff.
Hansekogge 348 ff.
Hanyu Pinjyin 358
Harlekinsprenkelung 120 ff.
Harnstoff 109
Hartstoff 152
Haspel 150
Haubenente 129
Haubenhuhn 129
Hauptgärung 374
Hauptgefahr 69 ff.
Häuptling 214
Havarie 383
Hawker Hunter 21
Hebeschiff 315
Hebung 359
Hediger, Heini 241
Hedin, Sven 177
Hedysarum scoparium 182
Hefe 372
Heide 182
Heiliger Krieg 141
Heimtierzucht 121
Heineken, Freddie 377
Heizung 34
Hekto- 225
Hektokotylus 366
Helan-Gebirge 172
Hellabrunn, Tierpark 65
Hellgate 204
Hemisphären 159
Henry 341
Herfa-Neurode 397 ff.
Herkules, Sternbild 190
Hertz 342
heterozygot 124
Hévé 407
Hevea brasiliensis 407
Hieroglyphenbarsch 332
Himmelsatlas 192
Himmelsfotografie 184 ff.
Himmelskörper 74, 290
Hirnrinde 160
Hirse 208 ff.
Hirsebier 208, 219 ff.
Hirsebrei 207
Hochleistungskuh 120
Hochseefischer 313
Höhenruder 26
Holländische Ostindische Kompagnie 406
Hologramm 166
Holographie 165

holographische Bilder 164
Holzbildhauer 296
Holzkohle 199
Holzschienen 200
Holzschutzmittel 104
Homecomputer 260
Homer 256
homozygot 124
Hompesch, Ferdinand von 17
»Honda-Mrkos-Pajdusakova« 289
Hooker, Dalton 411
Hopfen 372 ff.
Horizontallage 28
Hornhaut 241
Hortensie 342
Huang He 167 f.
Hüftgelenksdysplasie 123, 127
Humboldt, Alexander von 412 ff.
Hundekampf 129
Huskisson, William 304
Hüttenrauch 228
Huygens, Christian 75
Hydraulikzylinder 312
hydrodynamische Schmierung 156
hydrostatische Schmierung 156
Hyperbolspiegel 234
Hypogäum 12

Ifugao 91, 98
Igoroten 91 ff.
IHW 290
Ijsselmeer 310
Impfkristall 259
Imprägnierung 257
Industrie 108
Industrieabfälle 101
Informationen 157 ff.
Infrarotfilm 82
Infrarotstrahlung 82, 89, 238
Insulin 229
integrierte Schaltungen 261
International Halley Watch 290
interstellare Materie 238
Ionen 152
Ionenimplantation 152, 154
ionisiertes Gas 291
Ion Release Module 285
IRM 285
Irtysch 140
ISEE-3 294
Islam 131 ff.
Island 343
Ismail ibn Ahmad 144
Ismail-Samani-Mausoleum 144
Isolator 259
Ituri-Urwald 58

IUCN/SSC 57
Iwán 141

Jabirus 417
Jacquard-Gewebe 342
Jacquard, Joseph Marie 342
Jaguar 417
Jahr des Waldes 33
Jakobsstab 43
Jamaika 359
Jauche 101
Java 406
Jellinek, Mercedes 338
Jemen 214, 406
Jet 238 f.
Johanniter 14 ff.
Jöns Jakob Freiherr von Berzelius 259
Julian 372
Jungbier 374
Juniperus rigida 170
Jupiter 290
Jupiter Ammon 339
Jurte 131

Kaaba 141
Kachelofen 36
Kadugli 207
Kafenion 250, 256
Kaffee 406 ff.
Kaffee, grüner 408
Kaiman 418
Kaiser Claudius 199
Kaiserschnitt 121, 127
Kaiser-Wilhelm-Gesellschaft 232
Kalabrien 252
Kalebassen 210 ff.
Kalinga 98
Kalium-Salze 394
Kalixt III. 288
Kaljan-Moschee 144
Kalk 36, 355, 361
Kalligraphie 132
Kalmar 367, 369
Kalziumbikarbonat 355
Kalziumhydrogenkarbonat 355
Kalziumkarbonat 355
Kalziumoxid 361
Kamel 171
Kamelmilch 144
Kamera, Metrische 80 ff.
Kampfhuhn, asiatisches 129
Kanal von Korinth 204
Kannibalismus 328
Kanone 200
Karawane 139
Karbolsäure 103
Karl V. 15
Karpenissi 249, 256

Karren 360
Karst 14, 355 ff.
Karstkegel 359
Karsttrichter 359
Karsttürme 359
Karthager 12
Kartoffel 228, 415
Kassaba 99
Katamaran 388
Katapult 200
Kaulhuhn 129
Kaulquappen 275 f.
Kautschuk 407
Keilhaue 199
Kemlerzahl 69 ff.
Kepler, Johannes 289
Keplersche Gesetze 43
Keramik 131 f., 228, 254
Keramisierung 234
Kernspaltung 79
Kernverschmelzung 79
Kew Garden 411
K-Faktor 30
Khartoum 207, 221
Kiefernwald 169 ff.
Kieselalgen 203
Kieselgur 203
Kilo- 225
Kilogramm 224
Kilometer 224
Kindchenschema 127
Kirchenfenster 228
Kirchenmaler 302
Kisilkum 137
Kleinhirn 159
Kleinlöschfahrzeug 432
KLF 432
Klima 140
Klimaveränderung 167
Klimaverschlechterung 33
Klippenkrabbe 327 ff.
Kloster 377
Klosterbier 380
Klosterbrauerei 375
Klüfte 359
Knallquecksilber 203
Knollenblätterpilz 228
Kochbanane 420
Kochsalz 394
kohärentes Licht 165
Kohlendioxid 102, 355, 394
Kohlenmonoxid 39
Kohlensäure 355
Kohlenstoff 257
Kohlenwasserstoffe 386
Kohlenwasserstoffe,
  chlorierte 101 ff., 399
Kohlepapier 320
Kohlenbohrer 202
Kolbenfresser 147

Kolbenring 147
Kollektivierung 175
Kolonie 252
Kölsch 374, 381
Kolumban 380
Koma 291
Komet 286 ff.
Komet, Halleyscher 284 ff.
Komet West 186
Kommerz 338
Kompaß 43
Kompostieren 38
Kondensator 399
konditioniert 160
Kongo 58
Königin Saba 214
Konon von Samos 340
Konquistadoren 415
Konstantinopel 14
Konstruktionslehre 148
Konzentration 226
Konzil zu Aachen 380
Kopffüßer 362
Kopfjäger 92 ff.
Korallenfisch 241
Koran 141
Korona 184
Körperbemalung 213 ff.
Körperfühlbereich 159
Korrosion 359
Kosmos 287
Krabbenfischerei 313
Kraftwerk 34 ff.
Kraken 332, 362 ff.
Kräuterbuch 412
Kreiselkäfer 244
Kreiselkompaß 41, 44
Kreislaufkollaps 121
Kreuzkröte 279, 281
Kreuzzug 14
Krieg, Heiliger 141
Krieg, Punischer 12
Kriegselefant 60
Kriegstechnik 200
Kristalle 260, 263
Kristallgitter 263
Krokodil 241
Kronenbehandlung 147
Kronenbohrer 202
Kröten 275 ff.
Krüperhuhn 129
Kudjur 213
Kugelsternhaufen 190 ff.
Kühlofen 234
Kühlschiff 375
Kühlung 147
Kulturart 415
Kulturpflanzen 415
Kulturrevolution 176
Kunming 352 ff.

Kunstdünger 182, 275
Kunstflug 21 ff.
Kupfer 399
Kuppelbau 139
Kupplung 147
Kürbis 210, 219
Kurzzeitgedächtnis 161
Küstenschutz 312

Lager 147 ff.
Lagerbier 374, 381
Laichgewässer 275
Laichschnur 283
Lanchester, F. W. 25
Landsorten 415
Landwirtschaft 108
Länge 79
Längenverkürzung 77
Langzeitgedächtnis 161
Laplume, Major 58
Larve 332
Laser 152
Laser-Interferometer 235
Lashley, K. S. 160, 163
La Silla 232
Lastannahmeexperte 28
Lastkraftwagen 114
Lateritböden 172
Latex 407
Laubfrosch 279
Laufmaschine 342
Läutewerk 304
Lava 328
La Valetta 12 ff.
Lavareiher 332
Lebensraum 245
Lebertal 200
Lehm 210
Leitfähigkeit 259, 263
Leitzentrale 270
Lenz, Günther 59
Leonardo da Vinci 43
Leo X. 367
Lesezentrum 159
Lespedeza 170
Lex Columbanis 380
Licht 75 ff.
Lichtgeschwindigkeit 44, 73 ff.
Lichtjahr 224 ff.
Licht, kohärentes 165
Licht, polarisiertes 335
Licht, ultraviolettes 33
Lichtwellenleitertechnik 305
liegende Acht 31
Lilienfeld, Julius Edgar 260
Linkshänder 162
Linse 241, 245, 367
Linsenfernrohr 195
Lippen-Kiefer-
  Gaumenspalte 129

Lissabon 48
Liverpool 304
Liwan 141
Löffler 417
Lokalsorten 415
Looping 25, 30
Löschfahrzeug 426
Löß 169
Lübeck 200
Ludwig XIV. 406
Luftbildkamera 82 ff.
Luftfahrtsalon 21
Luftfilter 39
Luftkissenfahrzeug 149
Luftverschmutzung 33 ff.
Luftwiderstandsbeiwert 39
Lüneburger Heide 182
Lupeneffekt 308

Mäander 111
Maas 309
Machiguenga-Indianer 417 ff.
MacIntosh, Charles 407
Magnesium 394
Magnetismus 392
Magnetometermessungen 344
Magnet-Schwebebahn 149
Magnus, Albertus 412
Mahout 58 ff.
Mais 415
Maische 373
Malania 170
Malaysia 411
Malpas-Tunnel 202
Malat 9 ff.
Malteserorden 17 ff.
Malti 12
Malz 372 f.
Malzbier 381
Mangbetu-Stamm 58
Mangrovedschungel 245
Mangrovenküsten 243 ff.
Männerhaus 98
Manxkatze 127
Marco Polo 167, 172
Mar da Palha 48
Marissa 208, 213
Martinique 406
Martinshorn 425
»Mary Rose« 349
Märzenbier 381
Masakin-Nuba 207
Maß 224
Masse 79
Massentierhaltung 106
Mastino Napoletano 127
Mastitis 120
Matador 50
Materie, interstellare 238
Mattenleger 316

Mauer, Große 175
Maupassant 337
Maximilian I. 299
Max-Planck-Institut für Astronomie 232
Mayappo 420
Medina 141
Medium 75
Medizinmann 214
Medrese 131 ff.
Meersalz 50
Meetingskunstflug 26
Mega- 225
Megagramm 232
Megalithen 10
Megawatt 224
Mehrfachbeschichtung 155
Mehrweg-Flasche 38
Meißelbohrer 202
Mekka 141
Melanin 368
Merbold, Ulf 80, 83
Mercedes 338
Merle-Faktor 120 ff.
Mesonen 78
messenger-Ribonukleinsäure 164
Metall 259
Metallurgie 148
Meteorit 188
Meter 224
Methanol 228
Metrische Kamera 80 ff.
Michelson, Albert Abraham 73 ff.
Miesmuschel 313
Mikro- 225
Mikroelektronik 257 ff.
Mikrogramm 224
Mikrokapseln 320 ff.
Mikroprozessor 257, 305
Mikrorisse 153
Mikroverschweißung 152 f.
Milchfieber 120
Milchleistung 120
Milchsaft 407
Milchstraße 195
Militär 200
Milli- 225
Milligramm 224
Milwaukee 377
Minarett 141
Mineralwasser 102, 354
Ming-Dynastie 175
Miniaturisierung 260
Missionare 208
Mist 101
Mithras-Glauben 139
Mittelasien 131 ff.
Mittelmeer 12

Mittenbohrung 232 ff.
Mocha 406
Modem 266
Modularer Optoelektronischer Multispektral-Scanner 80 ff.
Mohammed 137, 141
Molche 275 ff.
Molekularbiologie 163
Molybdändisulfid 154
MOMS 80 ff.
Mönche 377
Mond 74, 196, 287
Mondfinsternis 187
Mongolei 170
Mongolen 132
Monitor 267
monoklonale Stecklinge 181
Montierung, parallaktische 192
Moorfrosch 280
Mops 127
Mopsköpfigkeit 127
Moschee 131 ff.
Motor 147
Mount Palomar 238
MPIA 232
MPOSS 390
Muezzin 131, 141
Muleta 55
Müllkippe 104, 108
Münchner Residenz 295
Muräne 332, 370
Murnau 306
Mustafa, Emir 132
Musterprüfung 29
Musth 58 ff.
Muttermilch 67
Mu-Us 168

Nachgärung 374
Nachtstrom-Speicherheizung 36
Nährbier 381
Nano- 225
Nanogramm 225
Nanosekunde 224
Napoleon Bonatparte 17, 339
Naßreisanbau 91
Nationalpark 68
Natriumchlorid 394
Naturgesetze 74 ff.
Naturkautschuk 407
Naturschutz 276
Nautilus 367
Navigation 41 ff., 343
Navigationsakte 343
Navy Navigation Satellite System 44
Nebel, bipolarer 238
Nebelwald 418
Nehmer-Papier 323

Nei Mongol 170, 172
Netzhaut 245
Neufahrn 308
Neurochirurg 159
Neurophysiologie 163, 369
Newton 341
Newton, Isaac 73, 289, 341
Newtonscher Brennpunkt 234
Newtonscher Reflektor 234
New York 204, 343
Nickbewegung 26
Niederlande 309
Niedertemperaturkessel 36
Nickel 291
Nilpferd 241
Ningxia 172
Nitraria 170, 182
Nitrat 101 ff.
Nitrit 104
Nitroglykol 206
Nitroglyzerin 203
Nitrosamine 104
NNSS 44
Nobel, Alfred 203
Nobelium 203
Nobelpreis 203
Nomaden 167, 172
Nord-Luzon 92
Nordsee 309, 383
Normannen 12

Nuba 207 ff.
Nurpeisow, Abdishamil 140
Nutzfahrzeuge 117
Nutztierzucht 118
Nutzungsgrad 147

Oase 167 ff.
Oase Ammon 339
Ob 140
Oberflächen 147, 152
Oberflächenbehandlung 152
Oberflächenrauhigkeit, aerodynamische 182
Oberflächenveredelung 154
Oberflächenwasser 110
Oberflächenzerrüttung 153, 156
obergärig 376, 381
Oberhausen 306
Objektivbrennweite 196
Observatorium 232
Octopus 362
odd-eyed 120, 125
Odontoglossum crispum 403
öffentliche Verkehrsmittel 40
Ogier Ghislain de Busbecq 400
Ohm 341
Oil Recovery And
  Separation 393

Ökosystem 140
Okularbrennweite 196
Öl 34, 154, 392
Ölabsaug-Pumpe 385
Ölabschöpf-Schiff 390
Öldin sautjanda 343, 350
Oleander 19
Ölfänger 390
Ölheizung 34
»Ölmag«-Verfahren 392
Ölpest 383 ff.
Ölschlurf 386
Ölskimmer-Ponton 390
Ölteppich 383
Ölweide 170, 182
Omnibus 117
Oosterschelde 309 ff.
Opal 257
Optik 232
Opuntie 19
ORAS I 393
Orchideen 403
Ordensritter 14
Organ, elektrisches 241
Organisation für Ernährung und
  Landwirtschaft 415
Orgelgebirge 404
Orientierung 335
Orionnebel 191
Ornament 132
»Ostrea« 315
Ozelot 424
Ozon 38, 109

Paarung 328
Palau 145
Panätoliko 249 ff.
Paphiopedilum villosum 404
Papierboot 366
Papiertulpen 403
Pappel 170, 181
Paräa 251
Parabolspiegel 234
Paracelsus 228
Parakautschukbaum 407
parallaktische Montierung 192
Parker, Bob 82
Parkside 304
part per billion 223, 227
part per million 224, 227
part per quadrillion 227
part per trillion 226 f.
Patentzünder 203
Pawlow, Iwan 159
Pawlowscher Versuch 160
Pégoud, Adolphe 25
Pekinese 127
Pendschikent 137
Perchloräthylen 109
Pergamentschale 408

Perihel 289
Periophthalmus barbarus 243
Perlfluß 167
Perlkaffee 408
Perser 127
Peru 417
Pestizide 101 f.
Peta- 225
Pfeiler 315
Pflanzengeographie 415
Pflanzenjäger 400 ff.
Pflanzensammeln 400 ff.
Pflanzenschutzmittel 415
Phenol 103, 341
Pherenike 339
Philippinen 91 ff.
Phönizier 12
Phosphor 263
Phosphor-Zucker-Ketten 163
Photon 240
Photooxidantien 33
Phugoid-Theorie 25
Picea abies 170
Picea asperata 170
Pico- 225
Pico Bolivar 415
Pico Bonpland 415
Pico Humboldt 415
Pigment 244
Pilaf 145
Pils 377, 381
Pindosgebirge 249
Pinus tabulaeformis 170 f.
Piranhas 418
Piraten 15
Piratenschiffe 346
Pitts Special 30
Pixel 83
Plaggenhieb 182
Planeten 74, 287
Plejaden 192
Pleopodium 330
Plitvicer Seen 358
Plow 145
Pluto 192, 290
Polachse 234
polarisiertes Licht 335
Polarlicht 291
Polarstern 188
Polder 315
Polimenttechnik 295
Polo, Marco 167, 172
Polypen 362
Ponte Marechal Carmona 48
Pontoppian 367
Portalkräne 314
Portugal 48 ff.
Porzellan 259
Pottwale 367
ppb 223 f., 227

ppm 224, 227
ppq 227
ppt 226 f.
Prallblech 147, 149
Prestel 265
Primärspiegel 232 ff.
Produktionsausfall 148
Protein 164
Proteus-Phänomen 370
Protonen 291
Protuberanz 184
Proussos 249, 256
PSE-Schwein 121
Pseudolaufzeit 46
Ptolemaios' III. 340
Pucallpa 417
Puerto Huallana 418
Pulvermacher 199
Punischer Krieg 12
Pupille 245
Putzmittel 339

Quarz 258
Quasar 240
quasistellare Radioquelle 240
Quecksilber-Batterien 399
Querruder 26
Qing-Dynastie 175
Quinta 55

Rad 148 f.
Radioquelle, quasistellare 240
Radioröhre 260
Ramin, Wolfgang 63
Rassengeflügel 129
Rassenstandard 122
Räuber 332
Rauchbier 381
Rauhigkeit,
  aerodynamische 181
Raum-Schiedsrichter 31
Raumschiff 78
Raumsonde 292
Raumsonde »Giotto« 286
Raumtransporter 82
Recycling 37
Rechtshänder 162
Red Data Book 57
Reflektor, Newtonscher 234
Reflex, bedingter 159
Reflexion 191
Regenbogenhaut 245
Regenmacher 214
Regen, saurer 33 ff., 108, 355
Regenwald 33
Registan 131 ff.
Reibung 147 ff.
Reibung, flüssige 149
Reibungswärme 147

Reibung, trockene 149
Reifen 147
Reifendruck 39
Reikha 207
Reinheitsgebot,
  bayerisches 372
Reinsilizium 261
Reinstsilizium 262
Reis 92, 373, 415
Reiz 159
Rekonstruktion 296
Relais 305
Relativitätstheorie 44, 73 ff.
Relief 352
Reservat 68
Residenzwerkstätten 295
Resistenzgene 415
Restaurierung 296
Retsinawein 252
Rettungstransportwagen 432
Rexkaninchen 129
Rexkatze 129
Rhein 309
Rhodos 14
Ribatejo 50
Ribonukleinsäure 164
Richthofen, Manfred von 22
Riedtmann, Hans 59
Riefenstahl, Leni 207
Riesenkalmar 367, 371
Riesenmolekül 164
Riesenwuchs 123 ff.
Rind 171
Rinderzucht 51
Ringkämpfe 207 ff.
Rio Ucayali 417
Rio Urubamba 417
RNS 164
Roboter 257
Rohsalpeter 200
Rohöl 383
Rokoko 296
Rollbewegung 26
Rollreibung 148
Rom 12
Rote Liste 57
Rote Wüste 137
Rotkehlchen 157
Rotor 233 ff.
RTW 432
Rückstoß 291, 369
Rundkopf 125
Ruß 34

Saba, Königin 214
Sachbeschädigung 118
Saksaul 170 ff.
Salamander 275
Sal ammoniacum 339
Salar Coipasa 89

Salazar-Brücke 48
Salmiak 339
Salpeter 200
Salpeterer 200
Salz 354
Salzbefrachtung 109
Salze 109
Salzkruste 169
Salzsäure 261
Salzsee 89, 169
Salzwüste 140
Samaniden 144
Samarkand 131 ff.
Samenpaket 366, 370
Sanddorn 170
Sanddüne 174 ff.
Sandflohkrebs 335
Sandgrube 275
Sandschutzstreifen 177
Sandsturm 169
Sandwüste 167 ff.
Sarazenen 12
Sassaniden 132
Satellit 188
Satellitennavigation 41 ff.
Sattelzug 114
Saturn 290
Sauerstoff 257
Sauerstoffmangel 104
Saugbagger 349
Saugnäpfe 364
saurer Regen 33 ff., 108, 355
Scagliolatechnik 299
Schacht 199
Schädlingsbekämpfung 102
Schadstoffbelastung 39
Schadstoffe 102
Schaf 171
Schalter 147
Schaltkreise, elektrische 164
Schaltungen, integrierte 261
Schatzsucherei 343 ff.
Schaufel 147 ff.
Schaumlöscher 433
Schelde 309
Schemnitz 201
Schiedsrichter 219 ff.
Schießarbeit 201
Schießpulver 201
Schiiten 132, 141
Schinken-Doppelender 121
Schlägel 199
Schlagwörter 268
Schlamm 247
Schlammflut 168
Schlammspringer 241 ff.
Schleimfisch, Beschuppter 244
Schleimfische,
  Algenschabende 244
Schliemann, Heinrich 350

Schloß Nymphenburg 296
Schmelzöfen 258
Schmidt-Teleskop 195, 234
Schmierfilm 154 ff.
Schmieröl 155
Schmierstoff 149 ff.
Schmierung, hydrodynamische 156
Schmierung, hydrostatische 156
Schnellarbeitsstahl 152
Schopfhund 124
Schrotkasten 375
Schrotmühle 375
Schulp 364
Schützen 312, 316
Schutzschicht 153
Schwäbische Alb 355
Schwaden 204
Schwarzer Kasten 158
Schwarzpulver 199
Schwarzwald 33
»Schwassmann – Wachmann« 289
Schwefel 200, 407
Schwefeldioxid 33 ff.
Schwein 118, 121
Schweif 285 ff.
Schwermetalle 108, 228
Schwermetalloxide 228
Schwingspiegel 197
Schwingung 75
Seelöwe 328
Seevögel 313
Seftigschwendervarietät 129
Sehstörungen 29
Sehzellen 367
Seide 350
Seidelbast 228
Seidenhaut 408
Seidenstraße 132, 167
Seife 154
Seitenlinienorgan 241
Seitenruder 26
Sekundärspiegel 232
Selbstdurchschreibepapiere 322
Selbstreduplikation 165
Selenchuskaja 238
Semper-Oper 299
Sennenhund, Berner 129
Sensor 82
Sepia 364 ff.
Sextant 41, 132
Shaanxi 169
Shakespeare, William 382
Sharpei 118, 122
Sheltie 124
Shilin 361
Shir-Dor 131, 134
Shockley, Walter 260

Sickertempo 101
Sidescan-Sonar 344
Siebengestirn 192
Siemens, Werner 304
Sierra de los Filabres 231
Signale 304
Signalumwandler 267
Silicon Valley 262
Silikon 257
Silizium 257 ff.
Siliziumdioxid 258
Siliziumoxid 264
Sinterterrassen 355
Sipho 369 f.
Siwah 339
Skeidarasandur 343, 350
Skimmer 388
Sklavenjäger 208
Slawen 254
Slurries 206
Sojabohne 415
Solanin 228
Solarenergie 36
Soliman der Große 400
Sonar 344
Sondermüll 397
Song-Dynastie 175
Sonne 196, 287, 335
Sonnenfinsternis 184 f.
Sonnenflecken 196
Sonnenkollektor 34
Sonnenwind 285, 291
Sonnenzellen 264
Sopwith-Triplane 22
Sowjetunion 131 ff.
Spacelab 80 ff.
Space Shuttle 82
Spaltnase 129
Spannbeton 314
SPAS 83, 88
Speichelsekretion 159
Speicher 162
Spermatophoren 370
Spezialglas 154
sphärischer Spiegel 234
Spiegelbrennweite 196
Spiegelreflexkamera 184
Spiegel, sphärischer 234
Spiegelteleskop 195, 232 ff.
Sporttaucher 346
Sprachzentrum 159
Sprengöl 203
Sprengpulver 206
Sprengschlämme 206
Sprengstoffe 199 ff., 397
Sprengung 199 ff.
Springflut 309
Spritzwasserbereich 332
Spülmaschine 110
Spülsaum 334

Sputnik 42
Stabilität 29
Stahllegierung 258
Stammwürze 374, 381
Standard 122 f.
Standlinie 45 f.
Starkbier 381
Stärke 373
Statussymbol 118, 403
Staubsturm 169
Stecklinge, monoklonale 181
Steenstrup, J. J. 367
Steinbüchse 200
Steingeröllwüste 167
Steinmarder 166
Steinsäulen 360
Steinwald 352, 361
Steinwinter, Manfred 113
Steinzeit 264
Stellwerk 304 ff.
Steppe 137, 167
Sterblichkeit 167
Sternatlas 132
Sternbild Herkules 190
Sternfeld-Aufnahme 189
Sternhaufen 192
Sternnachführung 236
Sternspuren 188
Stern von Bethlehem 286
Sternwarte 132
Steuerbarkeit 29
St.-Gotthard-Bahn 204
Stickoxide 33 ff.
Stierkampf 49 ff.
Stipa 177
Stockente 279
Stockkämpfe 216
Stockpunkt 156
Stoddart 144
Stollen 199
Stollenbau 202
Storchennest 34
Stout 374
Strafrecht 118
Strahlungsdruck 43
Strandvogt 350
Straßen 108
Straßensalz 275
Streckenblock 304
Streichanlage 323
Streulicht 184
Streunutzung 172, 182
Stroh 210
Strom 259
Stromverbrauch 34
Strudelwurm 164
Strupphuhn 129
Stuckmarmor 299
Stukkateur 296 f.
Stundenachse 234

Sturmflut 309
Sturmflutwehr 309 ff.
Sudan 207
Südchina 355
Sudhaus 378
Sulfat 108
Sumpfmeise 157 f.
Sunna 141
Sunniten 141
Superscratcher-Katze 129
Supertanker 383
Sure 141
Surin 60 ff.
Süßkartoffel 92, 99
Symbiose 118
Syr-Darja 140
System 73 ff.
System, tribologisches 148 f.

Tacitus 372
Taklimakanwüste 168 f.
Talodi 221
Tamariske 170
Tamerlan 131, 137
Tang-Dynastie 175
Tankwagen 71
Tanne 34
Tannenhäher 161
Tapir 422 f.
Tarimbecken 168, 172
Tarnfarben 370
Tätowierung 97
Taucherglocke 344
Taucherprahm 344
Taucherschiff 345
Taumelkäfer 244
Tausalz 108
Technischer
   Überwachungsverein 110
Teehaus 144
Teichmolch 279
Teilchenbeschleuniger 152
Tejo 48
Teleobjektiv 192
Teleskop 188 ff., 232
Teletel/Antiope 267
Tenggerwüste 168 ff.
Tentakel 362
Teppichmanufaktur 342
Tera- 225
Terminatorgegend 196
Terrassen 91
Territorium 332
Thermo 249
Thymin 163
Tiefbrunnen 101
Tiefseefisch 241
Tiegelziehen 259, 264
Tierhaltung 106
Tierpark Hellabrunn 65

Tierquälerei 118 ff.
Tierschutz 118 ff.
Tierschutzgesetz 129
Tierzucht 118 ff.
Tigerdogge 124
Tigerteckel 124
Tilja-Kari 132
Timur der Lahme 132
Timuriden 132
Tintenfische 362
Titanic 348
Titankarbid 155
Titannitrid 152, 155
Tjin Schi Huang 175
Toilette 110
Tollkirsche 228
Tonerde 295
Tongolo 207
Tonne 224, 232
Ton-Pigmente 325
Torero 54
Torfpulver 392
Torpedos 345
Torrey Canyon 383
Totenfeier 208
Toy-Spaniel 127
Trägheitsnavigation 42
Tragzeit 65
Trainingskunstflug 26
Transformatoren 399
Transistor 260
Transit-Satellit 44
Transpiration 182
Transpluto 290
Trasse 304
Tribologie 148 ff.
tribologisches System 148 f.
Tribosystem 148 f.
Trichloräthan 109
Trichloräthylen 109
Trichlorsilan 261
Trinkwasser 101 ff.
Trinkwasserverordnung 106
Triumphator 381
trockene Reibung 149
Tschaichana 137, 144
Tschor-Minor-Medrese 142 ff.
Tsela 341
Tubus 233, 236
Tulpenzwiebeln 400
Tulpomanie 400
Tunnelbau 202
Turbine 154
Türken 14 f., 132, 256
Turn 30
TÜV 110

Überbauung 109
Überbevölkerung 57
Überstoßen 29

Ulmenwald 169 ff.
Ulmus pumila 170 ff.
ultraviolettes Licht 33
Ulug Bek 131 f.
Umweltprobleme 140
Umweltschutz 148, 312
Umweltverschmutzung 140, 386
UNESCO 144
Unfallmerkblätter 72
Ungläubige 141
UN-Nummer 69 ff.
untergärig 376
Untertage-Deponie 394
Urmutter 12
Urwald 417 ff.
Usanagornkul, Dr. Surachet 66
Usbeken 144

Vámbéry 144
Vanda tricolor 405
Varus 288
VEGA 1 293
VEGA 2 293
Ventil 147
Venus 293
Verbrecher 213
Verbrennungsmotor 148
Verdichtung 39
Veredelung 152
Verfüllen 397
Vergessen 158 ff.
Vergolder 295
Vergrößerung 196
Verjüngung 171
Verkarstung 33, 167 ff.
Verkehrsmittel, öffentliche 40
Vernissage 340
Verödung 167 ff.
Versalzung 169 ff.
Verschleiß 147 ff.
Verschleißkenngrößen 149
Versteppung 33
Versuch, Pawlowscher 160
Verunreinigung 227, 263
Verwitterungs-Karst 352
Verwüstung 167 ff.
Verzögerung 25
Via Mala 202
Vibratoren 315
Videotel 265
Videotex 265
Videotext 265
Viditel 267
Vieh 171
Viehhirt 55
Vieraugenfisch 241 ff.
Vieraugen-Schleimfisch 244
Vila Franca de Xira 48
Vinci, Leonardo da 43

447

Viskosität 155
Vitamin B$_{12}$ 228
Vogelbeere 170
Vogelhäuschen 157
Volkswirtschaft 121
Vollbier 381
Vollwüste 171
Volt 339, 342
Volta, Alessandro 339
Vortrieb 199
Vulkanisation 407
Vulkanismus 394

Wacholder 170
Wacker, Alexander 262
Wacker-Chemitronic 263
Wahrsager 213
Waldsterben 33 ff., 101
Waldtümpel 276
Waldweide 182
Waldzerstörung 167 ff.
Walzen 150
Walzstraße 149
Walzwerk 148
Wanderdüne 174 ff.
Warmbreitbandstraße 150
Wärmebehandlung 234
Wärmeenergie 147
Wärmerückgewinnung 110
Wärmestau 147
Wärmestrahlung 82
Warmwasser 36
Warntafel 69
»Wasa« 349
Wasagel 1 206
Wäschetrockner 36
Waschmaschine 110
Washingtoner Artenschutz-
  übereinkommen 68
Wasser 352, 372
Wasserbaukunst 309
Wasserfrosch, Grüner 276, 280
Wasserglas 257
Wasserkrug 210
Wasserqualität 101
Wasserschlange 241
Wasserschwein 424
Wasserstelle 178
Wasserwerk 108

Watt 225, 342
Wattenmeer 392
Weber 341
Wechselkröte 279
Weichtiere 362
Weideland 171, 177
Weiden 170
Weigel, Christoff 300
Weilenmann, Dr. Peter 62
Wein 372
Weindl, Caspar 201
Werkstoffkunde 148
»Westensee« 390
Weißbier 381
Weißmacher 257
Weizen 373, 415
Weizenbier 381
Welle 75 ff., 156
Weltraumbild 80 ff.
Weltzeit 77
Werbung 330
Werkstoff 152
Westfalit C 206
Wettbewerbskunstflug 26
Wettersprengstoff 206
Wickham, Henry 411
Wiedergeburt 213
Wiederverwertung 37
Wikingerschiff 349
Wind 169 ff., 352
Winderosion 169 ff.
Windhose 169
Windkanalmodell 29
Windschutzstreifen 177
Winterfütterung 157
Wirkungsgrad 147
Wohnanlage 210
Wolf 125
Wracksuchschiffe 344
Wright, Orville 25
Würzpfanne 375
Wüste 137, 167 ff.
Wüstenbekämpfung 183
Wüste, Rote 137

Yangtze 167
Yorkshire Terrier 124
Yucca 419 f.
Yunnan 352

Zackenbarsch 370
Zähflüssigkeit 155
Zahl 224
Zahnkärpfling 245
Zahnrad 147 ff., 236
Zaire 58
Zarathustra 139
Zehnerpotenzen 225
Zeiss, Carl 237
Zeiss, Firma 232, 235
Zeit 79
Zeitdehnung 78
Zeitmultiplex-Verfahren 306
Zenti- 225
Zentralgriechenland 254
Zephyr 340
Zerodur 233
Zeus 339
Ziege 171
Zinnkrug 228
Zipfelmütze 50
Zirbelkiefer 161
Ziseleur 299
Zitterpappel 170
Zoea 332
Zonenschmelzen 261, 264
zoologische Gärten 62 ff.
Zuchtsorten 415
Zuchtziel 120
Zucker 373
Zuckerrohr 415
Zugnummern-
  Meldeanlage 306
Zuidersee 310, 349
Zuiderseeprojekt 310
Zündkerze 39
Zusatzgefahr 69 ff.
Zweikomponentenkleber 325
Zweiter Punischer Krieg 12
Zwerge, chondrodystrophe 127
Zwergstrauch 169
Zwergstrauchvegetation 172
Zwergwuchs 124
Zwinger 129
Zwischenstoff 148
Zyanidverbindungen 109
Zyanverbindungen 399
Zylinder 147

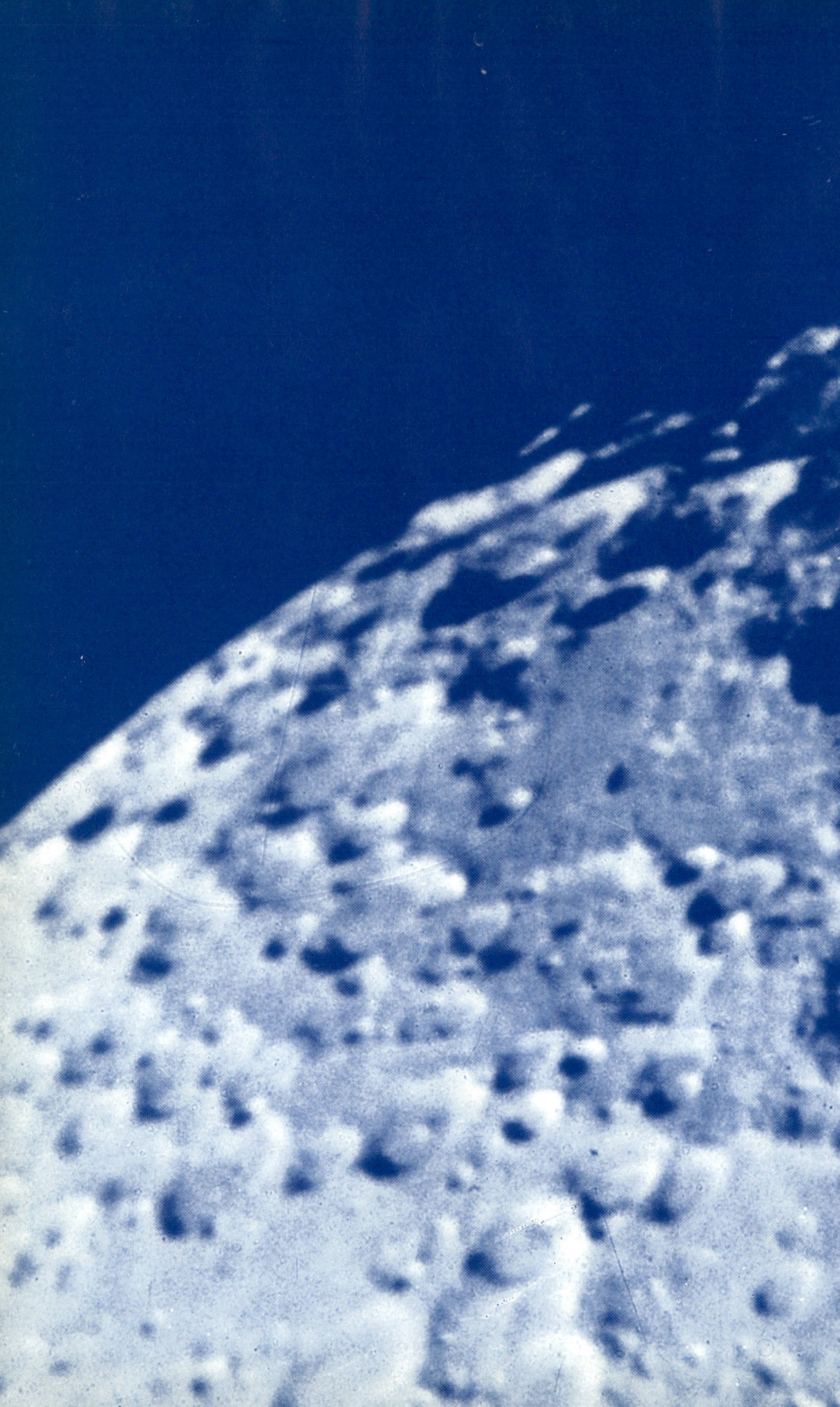